Dipak Dutta

Hohlprofil-Konstruktionen

Ernst & Sohn
A Wiley Company

Dipak Dutta

Hohlprofil-
Konstruktionen

Ernst & Sohn
A Wiley Company

Verfasser:
Dipl.-Ing. Dipak Dutta
Marggrafstraße 13
40878 Ratingen

Dieses Buch enthält 526 Abbildungen und 120 Tabellen

Die Deutsche Bibliothek – CIP-Einheitsaufnahme
Dutta, Dipak:
Hohlprofil-Konstruktionen / Dipak Dutta – Berlin : Ernst, 1999
ISBN 3-433-01310-1

Satz: ProSatz, Weinheim
Druck: betz-druck GmbH, Darmstadt
Bindung: Großbuchbinderei J. Schäffer, Grünstadt

Printed in Germany

Meiner lieben Frau Helma

Vorwort

Zur Erläuterung der Frage, warum ein spezielles Buch über die Anwendung von kreisförmigen und rechteckigen (quadratischen) Hohlprofilen erarbeitet wurde, sind die folgenden zwei wesentlichen Punkte zu unterstreichen:

1. Obwohl kreisförmige Hohlprofile seit dem letzten Jahrhundert im Einsatz sind, fing die industrielle Fertigung der rechteckigen Hohlprofile erst Ende der fünfziger Jahre dieses Jahrhunderts an (Stewarts & Lloyds in England, 1959). Die Hohlprofile sind sozusagen das jüngste Mitglied der Familie der Stahlbauprofile. Nicht nur für Rechteckhohlprofilkonstruktionen, sondern auch für Konstruktionen aus Kreishohlprofilen, gab es bis in die siebziger Jahre auf praktisch allen Gebieten – statische und dynamische Tragfähigkeit, Stabilität (Knicken, Kippen, Beulen), Verbundbau mit Beton, Brand- und Korrosionsschutz, Windwiderstand und Fertigungstechnik – einen großen Nachholbedarf in der Forschung. Es fehlten den Stahlbauern genaue Kenntnisse, wie mit Hohlprofilen wirtschaftlich konstruiert wird. Fach- und Hochschulprofessoren konnten ihren Studenten kaum die Anwendungstechniken von Stahlhohlprofilen vermitteln. Dies wird dadurch belegt, daß Hohlprofile in den Stahlbaubüchern dieser Zeit fast keine Erwähnung fanden.

2. Wegen der geschlossenen Form der Hohlprofile erfordert die Berechnung und Bemessung von Hohlprofilkonstruktionen Kenntnisse, die wesentlich über das allgemeine Stahlbauwissen hinausgehen. Hinzu kommt die Tatsache, daß eine theoretische Bestimmung der Tragfähigkeit von Hohlprofilverbindungen, insbesondere der überwiegend vorkommenden geschweißten Fachwerkknoten, wegen der Ungleichmäßigkeit der Spannungsverteilung bisher in allgemeingültiger Form nicht gelungen ist (FE-Analysen von Fall zu Fall sind sehr kostenaufwendig!). In den letzten dreißig Jahren wurden daher, glücklicherweise weltweit koordiniert, zahlreiche praktische Versuche durchgeführt, die zu semi-empirischen Bemessungsformeln für die Ermittlung der statischen und dynamischen Tragfähigkeiten von Hohlprofilverbindungen führten. Allerdings gelten diese Forschungsarbeiten nicht nur der Tragfähigkeitsbestimmung, sondern auch den anderen vorgenannten Gebieten, worin sich die Hohlprofilanwendung von denen der allgemeinen offenen Profile erheblich unterscheidet. Durch diese Anstrengung änderte sich mit Beginn der achtziger Jahre allmählich das Bild, als weltweit die wichtigen Forschungsprojekte zum Abschluß kamen. Es konnten die wesentlichen Bemessungsregeln erarbeitet werden, die in die nationalen Vorschriften von Deutschland (DIN 18 808, DIN 1055), Frankreich, Großbritannien, Italien, USA, Kanada und Japan sowie in die harmonisierte europäische Norm ENV 1993-1-1 (Eurocode 3) Eingang gefunden haben.

Leider liegen die Informationen über die genannten Tätigkeiten bisher nicht in zusammengefaßter Form vor. Vielfach sind die Veröffentlichungen auch dem allgemeinen Interessenten nicht zugänglich. Als einer der internationalen Koordinatoren für die weltweiten Forschungsarbeiten über Hohlprofilanwendungen hat sich der Autor die Aufgabe gesetzt, diese Ergebnisse zusammenfassend darzustellen.

Besonderer Dank gilt den nachfolgend genannten Herren und Freunden, ohne deren intensive Anstrengung und zahlreiche Forschungsarbeiten die Kenntnisse über das Tragverhalten von Stahlhohlprofilen nicht das heutige Niveau erreicht hätten:

Dr.-Ing. Reinhard Bergmann, Universität
Bochum
Prof. Dr.-Ing. Ömer Bucak, Fachhochschule
München
Dr.-Ing. Dietmar Grotmann, Preussag Stahl AG
Prof. Dr. Yoshiaki Kurobane, Kumamoto
Universität, Japan
Prof. Dr.-Ing. habil. Friedrich Mang, ehem.
Universität Karlsruhe (TH)
Prof. Dr. Jeff Packer, Toronto Universität,
Kanada
Prof. Dr. Jacques Rondal, Lüttich Universität,
Belgien

Prof. Dr. Jaap Wardenier, Technische
Universität Delft, Niederlande
Dipl.-Ing. Karl-Gerd Würker, ehem.
Mannesmannröhren-Werke AG
N. Yeomans, British Steel Tubes & Pipes,
Großbritannien

Andere, deren Namen hier unerwähnt bleiben,
mögen dem Autor verzeihen.
Ferner bedankt sich der Autor bei der Firma
Mannesmannröhren-Werke AG und der Organisation CIDECT für die Überlassung des Bild-
materials.

Mai 1999   Dipak Dutta

Inhaltsverzeichnis

1	**Einleitung**	1
2	**Herstellungsverfahren für Stahlhohlprofile**	19
2.1	Allgemeines	19
2.2	Herstellungsverfahren nahtloser Rohre	19
2.2.1	Schrägwalz-/Pilgerschrittverfahren	21
2.2.2	Stoßbankverfahren	22
2.2.3	Stopfenwalzverfahren	22
2.2.4	Strangpreßverfahren	22
2.2.5	Rohrkonti-Walzverfahren	23
2.3	Herstellungsverfahren geschweißter Rohre	23
2.3.1	Unter-Pulver-Schweißverfahren	23
2.3.2	Schutzgasschweißverfahren	25
2.3.3	Feuerpreßschweißverfahren (Fretz-Moon)	25
2.3.4	Elektrisches Preßschweißverfahren	26
2.4	Streckreduzier- oder Reduzierverfahren	26
2.5	Herstellung rechteckiger und quadratischer Hohlprofile	26
2.6	Herstellung anderer Hohlprofilformen	27
2.7	Prüfungen von Stahlhohlprofilen	27
3	**Stähle für Hohlprofile**	29
3.1	Allgemeines	29
3.2	Auswahl der Stahlsorten für die Bemessung von Bauteilen	35
4	**Abmessungen, Toleranzen und statische Werte kreisförmiger, quadratischer und rechteckiger Hohlprofile**	39
4.1	Allgemeines	39
4.1.1	Kreisförmige Hohlprofile	39
4.1.2	Quadratische und rechteckige Hohlprofile	41
4.2	Geometrische und statische Kennwerte der Hohlprofile	43
4.2.1	Kreisförmige Hohlprofilquerschnitte	43
4.2.2	Rechteckige bzw. quadratische Hohlprofilquerschnitte	44
4.2.3	Größere Abmessungen der Rechteck-(Quadrat-)hohlprofile	45
5	**Grundlagen zur Berechnung und Bemessung von Hohlprofilen in Stahlbaukonstruktionen**	47
5.1	Allgemeines	47
5.2	Teilsicherheitsfaktoren	48
5.2.1	Einwirkungen und ihre Teilsicherheitsfaktoren	48
5.2.2	Widerstände und ihre Teilsicherheitsfaktoren	50
5.3	Beanspruchbarkeit der Querschnitte	50
5.3.1	Hohlprofile unter Normalkraft	51

5.3.2   Hohlprofile unter Biegung und Schub 52
5.3.2.1   Tragfähigkeitsermittlung bei reiner Biegung 52
5.3.2.2   Einachsige Biegung mit Normalkraft (ohne Querkraftberücksichtigung) 53
5.3.2.3   Zweiachsige Biegung mit Normalkraft (ohne Querkraftberücksichtigung) 53
5.3.2.4   Ermittlung der Schubspannungen in Hohlprofilen 54
5.3.2.5   Tragfähigkeitsermittlung bei Biegung (mit Querkraftberücksichtigung) 54
5.3.2.6   Vergleichsspannung bei Normalkraft und Schub 56
5.3.3   Stabilitätsfälle – Knicken und Beulen von Hohlprofilen 56
5.3.3.1   Nachweis gegen Biegeknicken 56
5.3.3.2   Örtliches Beulen 61
5.3.3.3   Hohlprofile unter zusammengesetzter Beanspruchung aus Druck und Biegung 71
5.3.3.4   Knicklänge 76
5.3.3.5   Beispielberechnungen 80
5.3.4   Torsionsbeanspruchte Hohlprofile 82
5.3.5   Symbolerklärungen 84

6   **Bauteile und Konstruktionen aus Hohlprofilen unter vorwiegend ruhender**
            Beanspruchung 87
6.1   Vollwandträger aus Einzelhohlprofilen 88
6.2   Stützen 88
6.2.1   Binderauflager auf Stützen 90
6.2.2   Verbindungen zwischen Balken und Stützen 92
6.3   Bogenträger 96
6.4   Rahmenecken 97
6.4.1   Rahmenecken aus kreisförmigen Hohlprofilen 101
6.5   Längsstoßverbindungen 102
6.5.1   Mittelbare Schraubenverbindungen 102
6.5.2   Mittelbare Schweißverbindungen 115
6.5.3   Unmittelbare Schweißverbindungen 115
6.6   Fachwerkträger 120
6.6.1   Ebene Fachwerkformen aus Hohlprofilen 122
6.6.1.1   Wirtschaftliche Aspekte bei der Wahl der Fachwerkformen 124
6.6.2   Knotengestaltung in Fachwerkträgern aus unmittelbar zusammengeschweißten
            Füll- und Gurtstäben 124
6.6.3   Schweißnähte in Fachwerkträgern aus unmittelbar geschweißten Füll- und
            Gurtstäben 129
6.6.3.1   Schweißnahtausführungen in Knotenpunkten von Hohlprofilfachwerken 133
6.6.3.2   Schweißabfolge in Hohlprofil-Fachwerkknoten 136
6.6.3.3   Schweißnahtlängen in Fachwerkknoten 136
6.6.4   Analyse des Tragverhaltens eines Fachwerkträgers aus Hohlprofilen 138
6.6.4.1   Tragfähigkeit von Fachwerkknoten aus unmittelbar geschweißten Gurt- und
            Füllstäben 141
6.6.4.2   Tragfähigkeit ausgesteifter Hohlprofilknoten unter vorwiegend ruhender
            Beanspruchung 172
6.6.4.3   Bemessung von Fachwerkknoten mit abgeknicktem Gurtstab 177
6.6.4.4   Traglasten geschweißter, ebener Knoten aus Hohlprofilstreben und I-Profilen
            als Gurtstäbe 177
6.6.4.5   Traglasten geschweißter, ebener Knoten aus Hohlprofilstreben und U-Profilen
            als Gurtstäbe 181
6.6.5   Bemessung ebener Fachwerkträger mit unmittelbar verschweißten Hohlprofilen .. 185

6.6.6   Traglasten besonderer ebener KHP-Knoten 188
6.6.7   Traglasten geschweißter, räumlicher Knoten 191
6.6.8   Hohlprofilknoten aus KHP-Füllstäben mit abgeflachten Enden 195
6.6.9   RHP-Knoten eines Doppelgurt-Fachwerkträgers 207
6.7   Hohlprofilknoten unter Momentenbeanspruchung bei Vierendeelträgern 209
6.7.1   T-Knoten aus RHP unter M_{ip} 210
6.7.2   X-Knoten aus RHP unter M_{ip} 214
6.7.3   Interaktion von Normalkraft N_i und ebenem Biegemoment M_{ip} in T- und
           X-Knoten aus RHP 214
6.7.4   Bemessung T-förmiger, geschweißter RHP-Knoten unter Normalkraft N_i und
           Biegemoment M_{ip} mit Hilfe von Bemessungsdiagrammen 214
6.7.5   T-, Y- und X-Knoten aus KHP unter M_{ip} 216
6.7.6   T-Knoten in Vierendeelträgern aus RHP 218
6.7.7   Traglasten für Momente aus der Ebene $M_{op,i,Rd}$ in KHP- und RHP-Knoten ... 221
6.7.7.1   Momentenbeanspruchbarkeit aus der Ebene $M_{op,i,Rd}$ für RHP-Knoten 221
6.7.7.2   Momentenbeanspruchbarkeit aus der Ebene $M_{op,i,Rd}$ für KHP-Knoten 221
6.8   T- und X-Verbindungen von Blechen, I-Profilen oder RHP-Querschnitten
           mit KHP bzw. RHP 222
6.8.1   T- und X-Verbindungen aus KHP-Gurtstäben 222
6.8.2   T-Verbindungen aus RHP-Gurtstäben 225
6.9   Hinweise zur Bemessung von Balken-Stützen-Verbindungen 225
6.9.1   RHP-Stütze mit I-Balken 225
6.9.2   I-Stütze mit RHP-Balken 227
6.10   Sonderverbindung aus RHP mit schnabelförmigen RHP-Füllstabenden 228
6.11   Symbolerklärungen 229

7   **Zeit- und Dauerfestigkeit geschweißter Hohlprofilverbindungen** 233
7.1   Allgemeines zur Schwingfestigkeit 233
7.2   Betriebsfestigkeit unter einem Beanspruchungskollektiv 237
7.3   Einfluß der Eigenspannungen auf die Schwingfestigkeit von Hohlprofilknoten ... 238
7.4   Einfluß der korrosiven Umgebung auf die Schwingfestigkeit von
           Hohlprofilknoten 239
7.5   Spannungs- bzw. Dehnungsverteilung in Hohlprofilverbindungen 239
7.5.1   Spannungskonzentrationsfaktor SCF (**S**tress **C**oncentration **F**actor) und
           Dehnungskonzentrationsfaktor SNCF (**Strai**n **C**oncentration **F**actor) 244
7.5.1.1   Experimentelle Messung der Dehnungen mit **D**ehnungs**me**ßstreifen (DMS) 244
7.5.1.2   Theoretische Bestimmung der Spannungen bzw. Dehnungen mit Hilfe der
           „Finite-Elemente"-Methode 246
7.5.1.3   Bestimmung des Spannungs- bzw. Dehnungskonzentrationsfaktors (SCF bzw.
           SNCF) 248
7.5.1.4   Bestimmung der Gesamtspitzenspannungsschwingbreite $S_{r,hs,ges.}$ mit Hilfe der
           Spannungskonzentrationsfaktoren 250
7.5.1.5   Parametrische Formeln zur Bestimmung der Spannungskonzentrationsfaktoren
           SCF in Hohlprofilknoten 250
7.6   Einflüsse sekundärer Biegemomente in geschweißten K- und N-förmigen
           Fachwerkknoten aus QHP und KHP 277
7.7   Basis-„$S_{r,hs}$-N_B"-Linien für ebene KHP- und QHP-Knoten (T, X, K, N und KT) ... 278
7.7.1   Korrektur-Faktoren für Wanddicken des Gurt- und Füllstabes und Bemessungs-
           kurven „$S_{r,hs}$-N_B" 280
7.7.2   Einsatz hochfester Stahlsorten 282

7.8   Basis-„$S_{r,hs}$-N_B"-Linien für räumliche KHP- und QHP-Knoten (TT, XX und KK) .   284
7.9   Bemessungsverfahren für Ermüdungsfestigkeit ebener bzw. räumlicher
        Fachwerkknoten aus KHP oder QHP   287
7.10   Bemessungsverfahren für Ermüdungsfestigkeit bei Hohlprofilverbindungen
        und -fachwerkknoten nach der „Klassifikations"-Methode   288
7.10.1 Laschen-Verbindungen mit KHP   292
7.10.2 Modifizierungsempfehlung der Kerbgruppenziffern von Hohlprofilknoten nach
        EC 3   292
7.11   Einfluß örtlicher Verstärkungen durch Bleche auf die Schwingfestigkeit in
        RHP-Knoten   294
7.12   Reparatur und Sanierung von Hohlprofilknoten im rißbruchkritischen Bereich   297
7.12.1 Anbringen eines Rißstoppers in Form einer Bohrung   300
7.12.2 Abschleifen bzw. Ausfugen des Risses und Nachweißen   300
7.12.3 Anbringen einer Platte oder Schale auf dem Gurtflansch (Riß am Gurtoberflansch)   300
7.12.4 Anbringen von Eckstücken aus Rechthohlprofilen   300
7.13   Verbesserung der Ermüdungsfestigkeit durch mechanische und thermische
        Verfahren   301
7.13.1 Wärmebehandlung   301
7.13.2 Kugelstrahlen und Hämmern   303
7.13.3 Einmalige Zugbelastung des Bauteils   303
7.13.4 Vibrationsentspannung   303
7.13.5 Schleifen der Nahtübergänge   303
7.13.6 WIG- oder Plasma-Nachbehandlung   303
7.14   Symbolerklärungen   304

8   **Herstellung, Zusammenbau und Transport von Hohlprofilkonstruktionen**   307
8.1   Allgemeines   307
8.2   Schneiden   308
8.2.1   Brennschneiden   308
8.2.1.1 Manuelles Brennschneiden   309
8.2.1.2 Automatisches, maschinelles Brennschneiden   310
8.2.2   Sägen   312
8.2.3   Plasma-Schmelzschneiden   315
8.2.4   Laserschneiden   315
8.3   Schlitzen   315
8.4   Flach- und Andrücken von Hohlprofilenden   317
8.5   Biegen von Hohlprofilen   317
8.5.1   Kaltbiegen von KHP   318
8.5.1.1 Kaltes Biegepressen   318
8.5.1.2 Kaltbiegen mit Biegekasten   318
8.5.1.3 Biegen mit Dreiwalzenbiegemaschine   319
8.5.1.4 Bogen, erzeugt durch Gehrungsschnitte oder „V"-förmige Ausschnitte   319
8.5.2   Kaltbiegen von RHP   320
8.5.2.1 Kaltes Biegepressen   320
8.5.2.2 Bogen, erzeugt durch Gehrungsschnitte oder „V"-förmige Ausschnitte   320
8.5.2.3 Biegen mit Dreiwalzenbiegemaschine   320
8.5.3   Warmbiegen von Hohlprofilen   320
8.5.3.1 Warmbiegen von Hohlprofilen mit Sandfüllung   320
8.5.3.2 „Hamburger Rohrbogen" (nur für KHP)   321
8.5.3.3 Biegen durch induktive Erwärmung   321

8.5.3.4   Warmbiegen mit Dreiwalzenbiegemaschine 322
8.5.3.5   Wölbung 322
8.6   Verschrauben 322
8.6.1   Blindschrauben 323
8.6.1.1   Flowdrill 323
8.6.1.2   Lindapter „HolloFast" 323
8.7   Schweißen 324
8.7.1   Hohlprofil-Werkstoffe und deren Schweißeignung 324
8.7.2   Schweißverfahren zum Verbindungsschweißen von Hohlprofilen 325
8.7.2.1   Elektro-Lichtbogenhandschweißen mit umhüllten Elektroden 325
8.7.2.2   Schutzgasschweißen 326
8.7.2.3   Schweißen mit Fülldrahtelektroden 327
8.7.2.4   Unterpulverschweißen 327
8.7.3   Schweißnahtvorbereitung für Hohlprofilkonstruktionen 327
8.7.4   Schweißlagen und -reihenfolge 328
8.7.5   Heftschweißen 328
8.7.6   Wärmebehandlung nach dem Schweißen 328
8.7.7   Schweißeigenspannungen und Verformungen sowie Abbaumaßnahmen ... 328
8.7.8   Schweißfehler und deren Reparatur 331
8.7.9   Schweißnahtprüfungen 331
8.7.9.1   Sichtkontrolle 331
8.7.9.2   Magnetpulverprüfung 333
8.7.9.3   Farbeindringverfahren 333
8.7.9.4   Ultraschallprüfung 333
8.7.9.5   Durchstrahlungsprüfung (Röntgen- und γ-Strahlen) 334
8.7.10   Eignungsprüfung der Schweißer und Schweißbetriebe 334
8.7.11   Schweißen kaltgefertigter Hohlprofile 335
8.7.12   Bolzenschweißen 335
8.7.13   Laserschweißen 336
8.7.14   Allgemeine Empfehlungen zum Schweißen 336
8.8   Nageln 337
8.9   Anwendung von Gußteilen in Hohlprofilkonstruktionen 338
8.10   Zusammenbau 339
8.11   Transport von Hohlprofilen und Hohlprofilkonstruktionen 341
8.12   Symbolerklärungen 343

9   Raumfachwerke 345
9.1   Allgemeines 345
9.2   Hinweise zur Berechnung von Raumfachwerken 348
9.3   Konstruktionsteile von Raumfachwerken 349
9.4   Wirtschaftlich optimierte Raumfachwerke 350

10   Einspannung rechteckiger Hohlprofile in Betonfundamente 353

11   Hohlprofile im Verbundbau 357
11.1   Hohlprofil-Verbundstützen 357
11.1.1   Berechnung der Tragfähigkeit von Hohlprofil-Verbundstützen 358
11.1.1.1   Allgemeines 358
11.1.1.2   Planmäßig mittiger Druck 358

11.1.1.3   Einfluß des Langzeitverhaltens des Betons auf die Tragfähigkeit schlanker
           Stützen 360
11.1.1.4   Erhöhte Tragfähigkeit bei gedrungenen betongefüllten KHP 360
11.1.1.5   Druck und einachsige Biegung 360
11.1.1.6   Grenztragfähigkeit der Querschnitte bei Druck und Biegung 361
11.1.1.7   Druck und zweiachsige Biegung 368
11.1.1.8   Näherungsberechnung für M-N-Interaktion bei betongefüllten Hohlprofilen 368
11.1.1.9   Nachweis der Schubübertragung 369
11.1.1.10 Lasteinleitung 371
11.2   Hohlprofil (RHP oder QHP)-Fachwerkknoten mit betongefülltem Gurtstab 373
11.3   Herstellung von betongefüllten Hohlprofilstützen 374
11.3.1   Bauteilkomponenten 374
11.3.1.1   Hohlprofile 374
11.3.1.2   Beton 374
11.3.1.3   Bewehrungen 375
11.3.2   Ausführung der Betonfüllung bei Hohlprofilstützen 376
11.3.2.1   Geschoßweise Verbindung betongefüllter Hohlprofilstützen 379
11.4   Symbolerklärungen 379

12   Korrosionsverhalten und Korrosionsschutz von Stahlhohlprofilen
           und -konstruktionen 381
12.1   Allgemeines 381
12.2   Innenkorrosion von Hohlprofilen und Hohlprofilbauteilen 381
12.3   Außenkorrosion von Hohlprofilen und Hohlprofilbauteilen 383
12.4   Korrosionsschutzmaßnahmen 384
12.4.1   Korrosionsschutzbeschichtungen 384
12.4.1.1   Fertigungsbeschichtungen 385
12.4.2   Metallspritzüberzüge 385
12.4.2.1   Feuerverzinken 385
12.4.2.2   Elektrolytische Zinküberzüge 386
12.4.3   Elektrochemische Polarisation 387
12.4.4   Einsatz von Hohlprofilen aus wetterfesten Stählen 387

13   Bauelemente aus Hohlprofilen unter Brandbeanspruchung 389
13.1   Allgemeines 389
13.2   Ungeschützte Hohlprofile unter Brandbeanspruchung 392
13.3   Brandschutz von Hohlprofilen durch äußere Brandschutzisolierung 393
13.3.1   Brandschutzummantelungen 393
13.3.2   Brandschutzbeschichtungen 394
13.3.3   Bemessung der äußeren Brandschutzisolierung 394
13.4   Brandschutz von Stahlhohlprofilen durch Wasserkühlung 394
13.4.1   Grundsätzliches zu den Wasserkühlungssystemen 394
13.4.2   Bemessungsmethoden für Wasserkühlungsanlagen 398
13.5   Brandschutz von Stahlhohlprofilstützen mit Betonfüllung 398
13.5.1   Grundsätzliches 399
13.5.2   Brandschutztechnische Bemessung betongefüllter Hohlprofile ohne
           Außenisolierung 401
13.5.2.1   Bemessungsstufe 1: Tabellierte Werte 401
13.5.2.2   Bemessungsstufe 2: Vereinfachte Bemessungsdiagramme 402
13.5.2.3   Bemessungsstufe 3: Allgemeine Berechnungsverfahren 402

13.5.3	Brandschutz von betongefüllten Hohlprofilstützen mit Stahlfaser-Bewehrung	432
13.6	Brandschutz von Hohlprofilstützen/Träger-Verbindungen	432
13.6.1	Ungefüllte Hohlprofilstützen mit oder ohne Außenisolierung	432
13.6.2	Betongefüllte Hohlprofilstützen	432
13.6.3	Wassergekühlte Hohlprofilstützen	433
13.7	Symbolerklärungen	434

14	**Windwiderstände kreisförmiger und rechteckiger Hohlprofile und Fachwerke**	**437**
14.1	Allgemeines	437
14.2	Windwiderstand des einzelnen kreiszylindrischen Stabes	437
14.3	Windwiderstand des einzelnen Quadratprofilstabes mit Eckradien	439
14.4	Windwiderstand von Fachwerken	440
14.5	Windwiderstandsbeiwerte kreiszylindrischer Hohlprofile und Fachwerke nach DIN 1055-4 Ausg. 8/86	444
14.6	Windkräfte auf ebene und räumliche Fachwerke aus Quadrathohlprofilen nach Lit. [16]	446
14.6.1	Ebene Fachwerke	446
14.6.2	Räumliche Fachwerke mit rechteckigem und quadratischem Grundriß	447
14.6.3	Berechnungsbeispiel	448
14.7	Windwiderstände nach Eurocode 1	449
14.7.1	Windbelastung	449
14.7.1.1	Windkraftbeiwert C_f für rechteckige Hohlprofile mit abgerundeten Ecken	450
14.7.1.2	Windkraftbeiwert C_f für kreiszylindrische Stäbe mit $\lambda = l/d$	451
14.7.1.3	Windkraftbeiwert C_f für Fachwerke und Gerüste	451
14.8	Symbolerklärungen	453

| Anlagen I–III: Nennabmessungen und statische Werte von Hohlprofilen .... | 455 |

| Anlage IV: Neuere Traglastformeln für ebene und räumliche Knoten aus kreisförmigen Hohlprofilen .... | 499 |

| Literaturverzeichnis .... | 503 |

| Register .... | 525 |

British Steel

Warmgefertigte
Stahlbau-Hohlprofile

RHS

British Steel
Deutschland GmbH
Gartenstraße 2,
40479 Düsseldorf,
Germany
Tel: 00 49 211 4926-0
Fax: 00 49 211 4926-282

1 Einleitung

Die Entwicklungsgeschichte der Herstellung von Stahlhohlprofilen ist alt und neu zugleich. Wie die zusammengefaßten Entwicklungsdaten der Stahlbauprofile in der Tabelle 1-1 vor Augen führen, entstanden 1825 die feuergeschweißten Stahlrohre in England etwa zusammen mit den Schienen- und Winkelprofilen. Andererseits begann die industrielle Fertigung von quadratischen und rechteckigen Hohlprofilen, die die jüngsten Mitglieder in der Familie der Stahlbauprofile sind, erst in der zweiten Hälfte des zwanzigsten Jahrhunderts.

Tabelle 1-1 Geschichtliche Entwicklung gewalzter Stahlbauprofile

1800 bis 1820	Schienen- und Winkelprofile in England
1825	Feuergeschweißte Stahlrohre (C. Whitehouse) in England
1831	Winkelprofile in Deutschland
1835	Eisenbahnschienen in Deutschland
1845	Feuergeschweißte Stahlrohre (A. Poensgen) in Deutschland
1849	Erstes I-Profil (Zores/Frankreich)
1857	I-Profile in Deutschland
1886 bis 1889	Nahtlose Stahlrohre (Gebrüder Mannesmann) in Deutschland
1930 bis 1940	Elektrisch geschweißte Stahlrohre
1959	Warmgewalzte quadratische und rechteckige Stahlhohlprofile, geschweißt in England
1962	Warmgewalzte quadratische und rechteckige Stahlhohlprofile, nahtlos in Deutschland

Die Entstehung des Begriffs „Hohlprofil" ist in Zusammenhang mit der Herstellungsgeschichte der Stahlbauprofile zu sehen.

Der Begriff wurde erst in den sechziger Jahren zur Unterscheidung der Bezeichnungen „Rohr" und „Hohlprofil" eingeführt. Er basiert auf der internationalen Vereinbarung, für die Bauelemente von Leitungen für den Transport von Flüssigkeiten die Bezeichnung „Rohre" zu verwenden, im Stahlbau aber sogenannte „Hohlprofile" mit kreisrundem (Konstruktionsrohre = Kreishohlprofile) und quadratischem oder rechteckigem (Vierkantrohre = Rechteckhohlprofile) Querschnitt zu verarbeiten.

Schon in der Frühzeit verstand der Mensch die Vorzüge der Hohlprofilquerschnitte sowohl als Leitungselemente als auch als tragende Bauteile zu nutzen. Man übernahm die Verwendung geschlossener, kreisförmiger Hohlquerschnitte von der Natur. Diese Querschnittsformen dienen als Versorgungskanäle für Wasser oder Nährlösung in Tierkörpern und Pflanzen sowie als tragende Skelette von Wirbeltieren, die leicht und zugleich widerstandsfähig sind. Auch die Stiele der Gräser, des Getreides, des Schilfes und insbesondere des Bambusrohres entsprechen diesem Naturgesetz (siehe Bild 1-1).

Bild 1-1 Vogel auf einem Roggenhalm

Vor Tausenden von Jahren haben die Bewohner von Hinterindien begonnen, die tragenden Teile ihrer Hütten wie Pfosten, Stützen und Quer- und Dachbalken aus Bambusrohr zu errichten. Bis zum heutigen Tage wird in diesen Schwellenländern der Einsatz von Bambusrohr in Gerüstkonstruktionen von sogar mehrstöckigen Hochhäusern fortgeführt.

Bis James Watt 1784 in England die gußeisernen Rohre für den Bau seines Dampfmaschinenprototyps verwendete, wurden röhrenförmige Elemente aus Eisen lediglich für die Herstellung von Kanonen und Feuerwaffen gebraucht.

Im Zuge der industriellen Revolution, beginnend Ende des 18. Jahrhunderts, fing der Siegeszug von Eisen und Stahl an. Es entwickelten sich Stahlherstellungsverfahren und Verarbeitungstechniken, die zur industriellen Fertigung der klassischen offenen Profile wie L-, U- und I-Formen sowie der geschweißten und nahtlosen Kreishohlprofile führten.

Das Gewindeschneiden zur Verbindung von Wasser- und Gasleitungsrohren wurde unter Verwendung der in den napoleonischen Kriegen übriggebliebenen Musketenrohre von William Murdoch im Jahre 1815 entwickelt. Die kleine Stadt Fredonia in den U.S.A. baute 1821 ein Rohrleitungssystem für die Beleuchtung der Stadt mit Naturgas, wobei die Ingenieure das Verfahren von Murdoch zu Hilfe nahmen.

Jedoch glückte die industrielle Fertigung von Stahlrohren tatsächlich erst, als der Engländer Cornelius Whitehouse 1825 diese nach dem sogenannten „Glocken"-Verfahren herstellte. Dabei wurde ein Stahlband bis zur Weißglut erhitzt, gleichzeitig zylindrisch verformt und durch Zusammenpressen der Ränder metallisch verschweißt.

Geschweißte Stahlrohre wurden 1845 in Deutschland von Albert Poensgen hergestellt, der eine bedeutsame Produktion in dieser Zeitepoche schuf.

Durch die Entwicklung des ersten industriellen Stahlherstellungsverfahrens von Bessemer 1854 gewann der Stahl wegen seiner außergewöhnlich günstigen Eigenschaften die Vorrangstellung gegenüber allen anderen Werkstoffen für die Rohrherstellung.

Im Jahre 1871 gründete August Thyssen in Mülheim an der Ruhr das Werk für die Herstellung geschweißter Stahlrohre. Einen weiteren entscheidenden Impuls gaben 1884 die Gebrüder Max und Richard Mannesmann, als sie die Herstellungstechniken nahtloser Rohre nach dem Schrägwalzverfahren entwickelten und kurze Zeit später diese Erfindung mit dem Pilgerschrittverfahren ergänzten.

Die Entwicklung gewalzter quadratischer und rechteckiger Hohlprofile ließ einige Zeit auf sich warten, bis 1959 die englische Firma Stewarts & Lloyds die Industrieproduktion dieser Profile mit Warmformgebung begann. Die Firma Mannesmann in Deutschland vervollständigte 1962 diese Entwicklung durch die Warmformgebung nahtloser Kreishohlprofile. Die Herstellung von quadratischen und rechteckigen Hohlprofilen durch Kaltformgebung begann auch etwa zu dieser Zeit.

Andere Hohlprofilquerschnitte mit z. B. drei-, sechs- oder achteckigen Formen werden gegenwärtig zwar auch industriell hergestellt, haben aber, von Sonderfällen abgesehen, keine große Bedeutung gewinnen können.

Die Herstellung geschweißter und nahtloser Kreis- und Rechteckhohlprofile hat heute einen bedeutenden Stellenwert in der Weltwirtschaft. Die Herstellungsarten sowie die Anwendungen der Hohlprofile sind zahlreich. Mit dieser Veröffentlichung wird beabsichtigt, die wichtigsten Verfahren zur Herstellung dieses Produktes dem Leser zu erläutern sowie ihn über die immer bedeutender werdenden Anwendungen zu informieren.

Eine möglichst genaue Berechnung und Bemessung von Bauteilen einer Konstruktion unter Ausnutzung aller vorteilhaften statischen bzw. dynamischen Eigenschaften der Profile, die Anwendung geeigneter Verarbeitungs- und Fügetechniken sowie Korrosionsschutz und Rationalisierung bei der Herstellung, Montage, Transport und Aufstellung – das sind die wichtigsten Kriterien, die neben den reinen Materialpreisen herangezogen werden müssen, um eine Stahlkonstruktion unter dem Gesichtspunkt der Wirtschaftlichkeit aussagefähig zu analysieren und die Qualität und die Zweckmäßigkeit des angewendeten Stahlbauprofils für ein bestimmtes Projekt zu beurteilen. Obwohl allgemeingültig, gilt dies besonders für Hohlprofilkonstruktionen.

Im Vergleich zu offenen Profilen (z. B. L-, U- und I-Formen) erscheinen Hohlprofile wegen ihrer

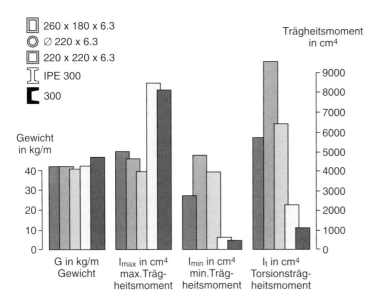

Bild 1-2 Vergleich der statischen Werte einiger Querschnittsformen

höheren Tonnenpreise auf den ersten Blick unwirtschaftlich. Werden die vorgenannten Aspekte aber ins Kalkül gezogen, können Hohlprofilkonstruktionen häufig wirtschaftlicher sein.

Dank spezifischer Querschnittseigenschaften hinsichtlich Druck, mehrachsiger Biegung und Verdrehung ist das Hohlprofil vornehmlich bei diesen Beanspruchungsarten den konventionellen offenen Profilen weit überlegen. Diese statischen Eigenschaften werden aus Bild 1-2 deutlich, in dem die statischen Werte einiger Querschnittsformen mit ungefähr gleichem Metergewicht gegenübergestellt sind. In der Reihenfolge von links nach rechts sind:

Rechteckhohlprofil	$260 \times 180 \times 6{,}3$ mm
Kreishohlprofil	220 ä$\varnothing \times 6{,}3$ mm
Quadrathohlprofil	$220 \times 220 \times 6{,}3$ mm
Mittelbreiter I-Träger	IPE 300
Rundkantiger [-Stahl	[300

Größere Knicksteifigkeit von Hohlprofilen gegenüber offenen Profilen wird durch das höhere Trägheitsmoment um die schwache Achse I_{min} demonstriert. Bei runden und quadratischen Hohlprofilen liegt in den Hauptachsen Symmetrie vor. Es gibt also keine sogenannte „schwache" Achse, die der Bemessung eines Druckstabes zugrunde gelegt werden muß. Der mittelbreite IPE-Träger bzw. [-Stahl erbringt zwar großes I_{max}, fällt aber für die andere Hauptachse deutlich ab.

Dazu kommt das Torsionsträgheitsmoment I_t des Hohlprofils, das um 3 bis 9 mal größer ist als bei offenen Profilen (siehe Bild 1-2). Beim gleichen Moment beträgt der Verdrehwinkel eincs Hohlprofils einen Bruchteil von dem eines offenen Profils (Bild 1-3).

Beides ist vielfach der Grund für die Wahl von Hohlprofilen im Stahl- und Fahrzeugbau (Bild

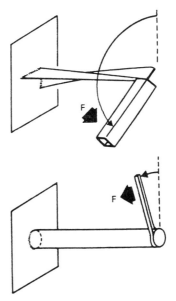

Bild 1-3 Torsionsbelastung von Hohlprofilen

a)

b)

Bild 1-4 Beispiele der Anwendung von Hohlprofilen.
a) Automobiltransporter, b) Turmdrehkran

1-4) als auch im Feineisenbau, denn auch bei nicht zum tragenden Stahlbau gezählten Konstruktionen wie Fenster und Türen liegen oft weit ausladende Bauformen vor, die in sich drillsteif sein müssen, um Verformungen zu vermeiden.

Unter einachsiger Biegebeanspruchung zeigt ein I-Profil wegen des höheren Trägheitsmomentes um die „starke" Achse I_{max} größere Tragfähigkeit als ein Hohlprofil. Bei zwei- oder mehrachsiger Biegung allerdings sind die Hohlprofile günstiger anwendbar. Bei allseitiger Biegebeanspruchung ist das kreisförmige Hohlprofil am geeignetsten.

Ein weiterer, besonderer Vorteil von Hohlprofilen ist deren geringer Formwiderstand gegenüber Wind- und Wasserströmungsangriff. Kräfte aus Wind und Strömung lassen sich hiermit wesentlich herabsetzen. Weit überlegen sind die kreisförmigen Hohlprofile den offenen Walzenprofilen (U-, L-, I- und [-Profile) (Bild 1-5).

Sie werden daher häufig für Konstruktionen im Freien eingesetzt, wo sie durch Windkräfte (insbesondere bei Türmen, Kränen, Förderbrücken etc.) oder Wasserströmungen (z. B. für Dalben und Offshore-Bauten, siehe Bild 1-6) beansprucht werden.

Auch für quadratische und rechteckige Hohlprofile mit abgerundeten Ecken ergeben sich geringere Formwiderstandsbeiwerte C_W als für scharfkantige rechteckige Baukörper und offene Walzprofile.

Für wind- und wasserströmungsbelastete Bauten führen Hohlprofile zu kleineren Lasten, die ihrerseits Einsparungen beim Materialeinsatz ergeben. In Kapitel 14 wird auf dieses Thema noch näher eingegangen.

Hinsichtlich der Herstellung besteht ein grundsätzlicher Unterschied zwischen Hohlprofilen und konventionellen offenen Walzstahlprofilen. Hohlprofile sind im allgemeinen lediglich von außen zugänglich, innen nur beschränkt. Auf dieses Hauptmerkmal hat man beim Konstruieren mit Hohlprofilen Rücksicht zu nehmen. Naturgemäß ist die richtige Wahl von Verarbeitungstechniken in diesem Zusammenhang einer der wichtigsten Faktoren.

Unter den üblichen Fügetechniken – Schrauben, Schweißen und Kleben – ist bei Hohlpro-

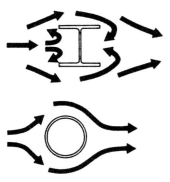

Bild 1-5 Aerodynamisch günstiges Rundhohlprofil gegenüber I-Profil

Bild 1-6 Dalben an einer Schiffsanlegestelle

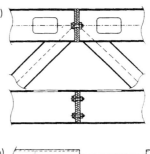

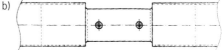

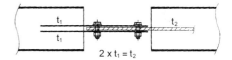

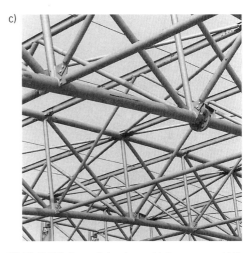

Bild 1-7 Mittelbare Schraubenverbindungen aus Hohlprofilen. a) Versteckter, geschraubter Kopfplattenstoß (Verschraubung durch Handlöcher möglich). b) Längsstoß durch Verschraubung von angeschweißten Blechen. c) Fachwerk aus Rundhohlprofilen (Gurt- und Füllstäbe über Anschlußplatten miteinander verschraubt, auch für Feldmontage Flanschverbindungen eingesetzt)

filkonstruktion das Schweißen die am häufigsten angewendete Fügetechnik. Wegen der beschränkten Zugänglichkeit auf der Innenseite ist eine unmittelbare Schraubenverbindung zwischen zwei Hohlprofilen oder zwischen einem Hohlprofil und einem offenen Profil mit den im Stahlbau üblichen Schrauben nicht möglich – es sei denn, es werden besondere Vorkehrungen getroffen: Handlöcher, mittelbare Anschlußformen mit angeschweißten Knotenblechen, Steifen, Kopfplatten oder ähnliche (Bild 1-7). Die mittelbaren Schraubenverbindungen werden bevorzugt in der Feldmontage eingesetzt.

Das Schweißen ist für die Herstellung sowohl unmittelbarer als auch mittelbarer Hohlprofilverbindungen uneingeschränkt anwendbar. Bei

Längsstoßverbindungen können die Hohlprofile direkt miteinander einseitig verschweißt werden. Es ist hierfür Schweißnahtvorbereitung notwendig, die davon abhängig ist, ob das Schweißen mit oder ohne Schweißbadsicherung durchgeführt wird.

Bild 1-8 zeigt Fachwerke aus Hohlprofilen, wobei die Gurt- und Füllstäbe mittelbar bzw. un-

mittelbar miteinander verschweißt sind. Das
Schweißen erfolgt von außen mit Kehl-,
Stumpf- oder HV-Naht über den ganzen Um-
fang des Hohlprofils.

In den letzten vierzig Jahren ist das Verhältnis
der Lohn- zu den Materialkosten in allen Industrieländern stark gestiegen. Es zwingt den
Stahlbauer, der einfachen Herstellung von Knoten und Anschlüssen besondere Aufmerksamkeit zu widmen. Um Verbindungen wirtschaftlich herzustellen, soll möglichst auf Anschlußbleche und Versteifungsplatten verzichtet und
dabei der Kostenaufwand für Verarbeitung und
Schweißen gesenkt werden. Dies ist bei geschweißten Hohlprofilkonstruktionen leichter
möglich, weil Hohlprofile einfacher als offene
Profile unmittelbar miteinander verschweißt
werden können. Der Aufwand für Schweißarbeit ist bei direkt angeschlossenen Hohlprofilen deutlich niedriger als bei Anschlüssen aus
offenen Profilen.

Bei Rechteckhohlprofilknoten, bei denen En-
denvorbereitung von Profilen mit geraden
Sägeschnitten ausreicht (siehe Bild 1-8 c) und
die Verbindung häufig nur mit einer umlaufen-
den Kehlnaht erfolgt, ist die Herstellung besonders wirtschaftlich.

Das Kleben in Hohlprofilkonstruktionen hat
nur geringe Bedeutung. Diese Verarbeitungs-
technik ist auch für Hohlprofilverbindungen
bis jetzt kaum erforscht worden.

Das Thema „Herstellung, Zusammenbau, Feldmontage und Aufstellung von Hohlprofilbauten" wird in Kapitel 8 ausführlicher behandelt.

Grundsätzlich sind die Tragfähigkeitseigen-
schaften einer Konstruktion nicht nur von den
Profilarten, sondern auch von deren Verbindungen abhängig. Es müssen daher für den Entwurf
von Hohlprofilkonstruktionen nicht nur genaue
Kenntnisse über die angewendeten Bauteil-
werkstoffe vorhanden sein, vielmehr muß ausreichende Aufmerksamkeit der Geometrie der
Bauteile sowie der Konfiguration der daraus
zusammengesetzten Verbindungen geschenkt
werden.

a)
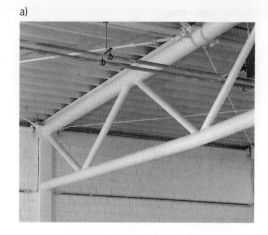
b)

c)

Bild 1-8 Fachwerke aus a) unmittelbar verschweißten
kreisförmigen Hohlprofilen, b) mittelbar verschweißten
kreisförmigen Hohlprofilen, c) unmittelbar verschweißten
Rechteckhohlprofilen

Die Berechnung und Bemessung von Hohlprofilverbindungen erfordert Kenntnisse, die wesentlich über die allgemeinen Stahlbaukenntnisse hinausgehen. Für die Bemessung der geschweißten Knotenpunkte ist nicht nur die Tragfähigkeit der Schweißnähte, sondern vor allem die „Gestaltfestigkeit" abhängig von der Bauteilgeometrie und den Knotenkonfigurationen, zu berücksichtigen. Die Gestaltfestigkeit drückt sich in erster Linie durch die örtlichen Verformungen aus (Bild 1-9).

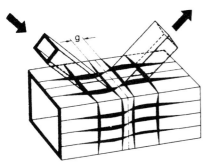

Bild 1-9 Verformung eines Rechteckhohlprofilknotens in einem ebenen Fachwerkträger

Eine theoretische Bestimmung der Tragfähigkeit von Hohlprofilknoten, insbesondere von häufig vorkommenden K- und N-förmigen Knoten, ist wegen der Ungleichmäßigkeit der Spannungsverteilung sehr schwierig. Es wurden daher in den letzten dreißig Jahren analytische Modelle entwickelt und weltweit in vielen Ländern zahlreiche praktische Versuche zur Ermittlung der statischen und dynamischen Tragfähigkeit von Hohlprofilverbindungen durchgeführt. Bild 1-10 zeigt als Beispiel zwei Versuchseinrichtungen. Auf die Verwendung der Ergebnisse zur Erarbeitung von Bemessungsverfahren für verschiedene Hohlprofilverbindungen (z. B. Knoten in Fachwerken, Rahmenecken, Verbindungen in Vierendeelträgern usw.) wird in Kapitel 6 dieses Buches umfassend eingegangen.

Der innere Hohlraum eines Hohlprofils kann vielfältig genutzt werden:

– Anordnung von Abwasserleitungen oder Kabeln im Inneren von Hohlprofilstützen
– Luft- und Wasserzirkulation im Hohlraum für Klimatisierung oder Brandschutz eines Bauwerkes

Der Einsatz von betongefüllten Stahlhohlprofilen (Bild 1-11) als Verbundstütze im Hochbau – und auch Brückenbau – bildet ein relativ neues Anwendungsfeld, das durch die Erforschung des Tragverhaltens und der daraus hervorgegangenen Bemessungsrichtlinien in den letzten Jahren wesentliche Impulse erhalten hat. Dem Kapitel 11 wird dieses Thema besonders gewidmet.

Durch die Betonfüllung – im allgemeinen mit Bewehrung – wird nicht nur ein Anwachsen der Tragfähigkeit gegenüber den einfachen Stahlhohlprofilstützen erzielt, sondern bei entsprechend ausgelegter Bewehrung trotz Verzicht auf einen äußeren Brandschutz des Stahlhohlprofils auch eine Feuerwiderstandsdauer bis zu 120 Minuten. Dieses Thema zusammen mit dem äußeren Brandschutz und der Wasserkühlung wird in Kapitel 13 behandelt.

Wie überall im Stahlbau kommt auch bei Konstruktionen aus Hohlprofilen dem Korrosionsschutz erhebliche Bedeutung zu. Hohlprofile weisen hierbei beträchtliche technische und wirtschaftliche Vorteile auf. Die Oberflächen von Bauwerken aus Hohlprofilen sind im Regelfall erheblich kleiner als solche aus konventionellen Walzstahlprofilen; dies kann bei weitgespannten Tragwerken bis zu einer Ersparnis von 50 % der Anstrichfläche führen. Große Einsparungen an Beschichtungsstoff und Arbeitszeit sind die Folgen. Die Unterhaltung einer Hohlprofilkonstruktion, bei der eine Wiederholung der Aufbringung des Korrosionsschutzes vorzusehen ist, ist erheblich wirtschaftlicher als die einer Konstruktion aus offenen Profilen.

Hohlprofile haben keine scharfe Kanten (Bild 1-12). Dies vereinfacht den Aufwand bei der Aufbringung eines gleichmäßigen Korrosionsschutzanstriches und begünstigt ein besseres Langzeitverhalten.

Hohlprofilkonstruktionen mit knotenblechlosen Verbindungen bieten korrosionsaggressiven Medien geringe Angriffsmöglichkeiten – keine Hohlräume, Wasser- und Schneesäcke und einspringenden Ecken. Bei Verbindungen mit Knotenblech muß das Blech mit einer Öffnung versehen sein, damit das Wasser herausfließen kann (Bild 1-13).

Im Zuge der Harmonisierung der Nationalnormenwerke der Mitgliedstaaten der Europäischen Union sind in den letzten Jahren einige europäische Produkt- und Verarbeitungsnormen (Euronorm EN, Eurocode EC) erstellt worden. Diese Arbeit ist nur teilweise fertig und wird noch lange Zeit in Anspruch nehmen. Solange

die bereits erschienenen europäischen Normen vom CEN („Comité Européen de Normalisation", Europäisches Komitee für Normung) nicht endgültig freigegeben werden, gelten die nationalen und europäischen Normen parallel; d. h. in Deutschland kann man zur Zeit sowohl die DIN- als auch die EN-Normen (bzw. europäische Vornorm ENV) anwenden. Allerdings ist eine Vermischung der Normen beider Arten unzulässig.

In diesem Buch werden die DIN- und EN-Normenwerke stets gesondert behandelt. Außerdem werden auch die internationalen Normen ISO („International Standards Organisation") sowie die anderen wichtigen Normen, z. B. amerikanische, australische, kanadische und japanische kurz beschrieben, soweit es notwendig erscheint.

Wie bereits erläutert, spielen für die Entscheidung der Verwendung von Hohlprofilen folgende Faktoren eine gewichtige Rolle:

– günstiges Verhältnis von Eigengewicht zu Tragfähigkeit
– kleinere zu schützende und zu erhaltende Oberfläche
– einfaches Säubern
– klares, ästhetisches Erscheinungsbild

Um dies zu demonstrieren, werden zum Schluß dieses Einleitungskapitels die mannigfaltigen

a)

b)

Bild 1-10 a) Versuch an Einzelknoten, b) Versuch an Knoten im Gesamtfachwerkträger

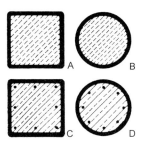

Bild 1-11 Regelquerschnitte von Hohlprofilverbundstützen. A + B: betongefüllte Hohlprofile ohne Bewehrung, C + D: betongefüllte Hohlprofile mit Bewehrung

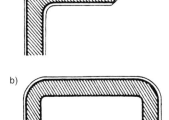

Bild 1-12 a) Durch scharfe Kanten unterbrochene oder geschwächte Schutzschicht. b) Gleichmäßige Schutzschicht bei Stahlhohlprofilen

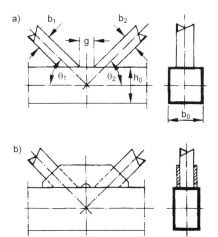

Bild 1-13 Ausgeführte Hohlprofilknoten mit Korrosionsschutzbeschichtung. a) Knotenblechlose Hohlprofilverbindung (Korrosionsschutzmäßig günstig). b) Hohlprofilverbindung mit Knotenblech (Korrosionsschutzmäßig ungünstig, Abhilfe durch Öffnung im Knotenblech)

Anwendungsmöglichkeiten von Hohlprofilen aufgezählt und einige besondere Anwendungsgebiete erläutert. Ferner werden verschiedene Anwendungen in einer Sequenz von Bildern dargestellt.

Typische Anwendungsgebiete sind:

Im Stahlbau (Bilder 1-14 bis 1-20) als Stützen, Unterzüge, Rahmen, Dachbinder und Fachwerkträger im Industrie- und Hallenbau, bei Brücken, Kesselgerüsten, Palettenlagern, Tribünen, Sportstätten und Ausstellungsbauten sowie für Kioske, Gewächshäuser, Grubenausrüstungen.

In der Architektur (Bilder 1-21 bis 1-26) als sichtbare Stützen (auch wassergekühlt oder betongefüllt für den Brandschutz), für Lichtbänder und Fensterwände, für Kirchenbauten, als Rahmen für Wandelemente und Wandskelette, Treppenwangen und Podeste, für Geländer, Gitter, Tore und Torpfosten.

Im Fahrzeugbau für Straße und Schiene (Bild 1-27) für Rahmen und Aufbauten von LKWs, Omnibussen, Anhängern, Wohnwagen, Fahrrädern, Eisenbahnwagen, Tankwagen, Straßenbahnwagen, für fahrbare Wartungsbühnen, Waschanlagen, Fahrzeugrahmen von Lokomotiven.

In der Offshore-Technik (Bilder 1-28 und 1-29) für feste und mobile Offshoreplattformen, Helikopterdecks, Stützen für hydraulische Plattformen, Offshoreplattform-Aufbauten.

Im Maschinenbau (Bilder 1-30 und 1-31) als Unterbauten und Stützen für Maschinen, Apparate und Behälter, Traversen, Vorrichtungen.

Für Geräte und Maschinen in der Landwirtschaft (Bild 1-32).

In der Fördertechnik (Bilder 1-33 bis 1-35) als Ausleger für Bau-, Mobil- und Schiffskrane, als Lenker und Ausleger für Bagger und andere Baumaschinen, Kranbahnen, Unterkonstruktionen für Förderbänder, Tragkonstruktionen für Rolltreppen, Rahmenkonstruktionen für Aufzüge.

Verschiedenes (Bilder 1-36 bis 1-38) für Baugerüste, Container, Schiffsdockbauten, Regale, Gestelle für Fässer, Stapel- und Transportbehälter (Paletten), Rahmen für Schalungstafeln, für Stromleitungsmaste, Radioteleskope, Verkehrszeichenbrücken, Freizeitanlagen.

Bild 1-14 Vorraum
einer Hotelhalle

Bild 1-15 Flughafen-Eingangs-
halle in Frankfurt am Main

Bild 1-16 Ansicht der Messehalle Leipzig

Bild 1-17 Schwimmhalle mit Dach-konstruktion aus ebenen Hohlprofil-Fachwerkträgern

Bild 1-18 Dreigurtbogen-Fachwerke als tragende Konstruktion

Bild 1-19 Fußgänger- und Radfahrer-
brücke

Bild 1-20 Dreigurtträger-Brücke aus
Kreishohlprofilen (Lully, Schweiz)

Bild 1-21 Kirchenhalle mit räum-
lichem Fachwerk als Dachkonstruktion

Bild 1-22 Überdeckungskonstruktion eines Gebäudes

Bild 1-23 Großfassadenkonstruktion in Filigran-Strukturierung

Bild 1-24 Glasdachkonstruktion in Form eines halbseitigen geöffneten Schirms

Bild 1-27 Chassis eines Omnibusses

Bild 1-25 Treppen-Tragkonstruktion und Geländer

Bild 1-26 Interessante Tragkonstruktion eines Bahnhofes mit Hohlprofilen

Bild 1-28 Schwimmende Bohrplattform

Bild 1-29 Zwischenbau einer Offshore-Plattform

Bild 1-31 Aufstiegsbühne

Bild 1-30 Windenergie-Anlage

Bild 1-32 Egge- und Zerkleinerungsmaschine zum Säen

Bild 1-33 Mobilkran

Bild 1-34 Automatische fördertechnische Anlage (Foto: Mannesmann Demag Fördertechnik, Wetter, Deutschland)

Bild 1-35 Unterkonstruktion von Rolltreppen

Bild 1-36 Hochregallager

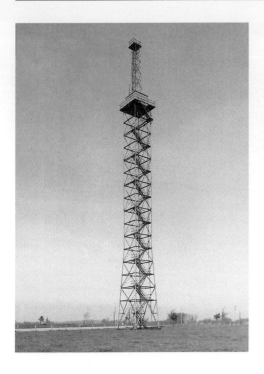

Bild 1-37 Radarmast

Bild 1-38 Achterbahn

2 Herstellungsverfahren für Stahlhohlprofile

2.1 Allgemeines

Die Herstellung kreisförmiger Hohlprofile oder Rohre aus Stahl unterscheidet sich nicht grundsätzlich – unabhängig davon, ob diese für den Transport von Flüssigkeiten oder für die Konstruktion von Tragwerken bestimmt sind. Grundlage ist ein Zylinder, der in zahlreichen Durchmessern und Wanddicken aus Stählen verschiedener Güten und nach verschiedenen Produktionsverfahren gefertigt wird. Ausgangsmaterial ist entweder ein Vollquerschnitt für das nahtlose Rohr oder ein ebenes Band oder Blech für das geschweißte Rohr. Quadratische und rechteckige Hohlprofile (auch sechs- und achteckige Formen) werden im allgemeinen in gleicher Weise aus Kreishohlprofilen kalt oder warm umgeformt, unabhängig davon ob sie nahtlos oder geschweißt sind.

In den nachfolgenden Abschnitten werden die wichtigsten Verfahren zur Herstellung nahtloser und geschweißter Kreishohlprofile sowie quadratischer, rechteckiger und anderer Hohlprofilformen erläutert.

2.2 Herstellungsverfahren nahtloser Rohre

Nahtlose Rohre werden hauptsächlich nach verschiedenen Warmformgebungsverfahren hergestellt. Jedes Verfahren hat zwei aufeinanderfolgende Phasen:

– In der ersten Phase wird aus einem runden, vieleckigen oder quadratischen Block mit Hilfe eines Lochapparates ein hohler Rohling.
– In der zweiten Phase wird dieser Rohling zu einem Rohr mit den endgültigen Abmessungen gestreckt.

Die meisten Stahlsorten können zu nahtlosen Rohren bzw. Kreishohlprofilen geformt werden, vorausgesetzt, der Werkstoff ist homogen und hat ausreichende Wärmedehnung.

Die verschiedenen Herstellungsverfahren nahtloser Rohre haben alle einen technischen und wirtschaftlichen Qualitätsbereich, der von Durchmesser, Wanddicke und Toleranzen bestimmt wird. Sie decken insgesamt den walzbaren Durchmesserbereich bis 660 mm ab. Über diesen Durchmesser hinaus können nahtlose Rohre noch warm bis zu einem Durchmesser von ca. 800 mm aufgeweitet werden.

Die heute wichtigsten Herstellungsverfahren in der zeitlichen Reihenfolge ihrer Entwicklung und ihres Fertigungsbereiches sind:

1. Schrägwalz-/Pilgerschrittverfahren
   (Gebr. Mannesmann) (Bild 2-1 a und b)
   Außendurchmesser ca. 60 bis 660 mm
   Wanddicke   ca. 3,2 bis über 100 mm

2. Stoßbankverfahren (nach Ehrhardt)
   (Bild 2-1 c und d)
   Außendurchmesser ca. 17 bis 159 mm
   Wanddicke   ca. 2 bis 10 mm

3. Stopfenwalzverfahren (Bild 2-1 e und f)
   Außendurchmesser ca. 100 bis 355,6 mm
   Wanddicke   ca. 3,6 bis 25 mm

4. Strangpreßverfahren (Bild 2-1 g)
   Außendurchmesser ca. 17 bis 260 mm
   Wanddicke   ca. 5 bis 40 mm

5. Rohrkonti-Walzverfahren (Bild 2-2)
   Außendurchmesser ca. 21,3 bis 177,8 mm
   Wanddicke   ca. 2 bis 30 mm

Ein weiteres Verfahren, das sog. Preß- und Ziehverfahren (Bild 2-3) ist dem Stoßbankverfahren ähnlich, hat aber einen wesentlich größeren Fertigungsbereich:

   Außendurchmesser ca. 220 bis 1450 mm
   Wanddicke   ca. 20 bis 270 mm
                       je nach Durchmesser

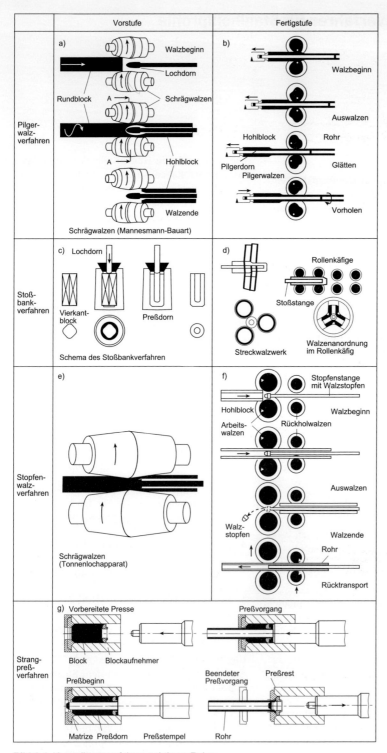

Bild 2-1 Herstellungsverfahren nahtloser Rohre

a)

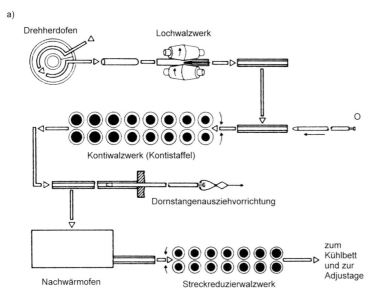

b)

Bild 2-2 Rohrkontistraße. a) Anlageteile, b) Kontiwalzwerk

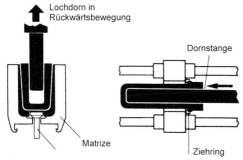

Bild 2-3 Preß- und Ziehverfahren

2.2.1 Schrägwalz-/Pilgerschrittverfahren

Die wichtigsten Anlagenteile dieses nach seinen Erfindern benannten, auch allgemein als „Mannesmann"-Verfahren bekannten, Herstellungsverfahrens für nahtlose Rohre sind (Bild 2-1 a und b):

– Drehherdofen zum Erwärmen des Vormaterials (Rundstahl oder Rundstrangguß, runde oder polygonale Gußblöcke) auf die werkstoffabhängige Umformtemperatur zwischen 1200 und 1400 °C
– Lochpresse zum Umformen des Massivblocks zu einem Hohlblock mit Boden (bei großen Abmessungen mit Außendurchmesser bis 660 mm)
– Schrägwalzwerk zum Lochen des Rundstahles (bei kleinen Abmessungen) oder für eine Wanddickenreduzierung mit Streckung und Durchstoßen des verbliebenen Bodens (bei großen Abmessungen)
– Pilgergerüst für das Ausstrecken zum fertigen Rohr
– Maßwalzwerk zum Kalibrieren des Rohres oder ein Reduzierwalzwerk

Eine schematische Darstellung des Schrägwalzvorganges in Bild 2-1 a wird wie folgt beschrieben: Der Block wird in das Walzwerk gestoßen, im konischen Einlauf von den Walzen erfaßt und in schraubenförmiger Bewegung über den Lochdorn zum dickwandigen Hohlkörper geformt. Dabei wird der Block zunächst in der horizontalen Ebene eingeschnürt und gleichzeitig in der vertikalen Ebene aufgeweitet. Nach Eingriff des Lochdornes erfolgt die Umformung jeweils beim Durchgang zwischen Walze und Lochdorn.

Im Anschluß an den Schrägwalzvorgang wird der dickwandige Hohlblock in gleicher Walzhitze im Pilgergerüst zum fertigen Rohr ausgewalzt. Das Pilgergerüst arbeitet mit zwei auf ihrem Umfang konisch kalibrierten Walzen, die entgegen der Walzrichtung angetrieben werden. Bild 2-1 b veranschaulicht schematisch den Ablauf des Pilgerwalzvorganges. Der Hohlblock wird auf einen mit Schmiermittel versehenen zylindrischen Pilgerdorn geschoben, dessen Durchmesser etwa der lichten Weite des zu fertigenden Rohres entspricht. Durch einen Vorschubapparat wird das Walzgut den Pilgerwalzen zugeführt. Das Pilgermaul erfaßt den Hohlblock, drückt von außen eine kleine Werkstoffwelle ab, die anschließend vom Glattkaliber auf dem Pilgerdorn zu der vorgesehenen Wanddicke ausgestreckt wird. Der Walzvorgang läuft periodisch schrittweise bei hin- und hergehender Bewegung ab und hat daher seinen Namen „Pilgern" wegen der Ähnlichkeit mit der „Echternacher" Springprozession erhalten, bei der jeweils drei Schritte vorwärts und zwei Schritte rückwärts gegangen werden.

Ein Maßwalzwerk dient zur Fixierung eines genauen Außendurchmessers und der Rundheit. Es besteht meist aus drei Gerüsten in Zwei- oder Dreiwalzenanordnung, wobei die Walzen ein geschlossenes Kaliber bilden.

Im Reduzierwalzwerk wird der Außendurchmesser des Rohres stärker als im Maßwalzwerk reduziert, um Zwischenabmessungen herstellen zu können.

2.2.2 Stoßbankverfahren

Beim Stoßbankverfahren, nach seinem Erfinder auch „Ehrhardt"-Verfahren genannt, wird ein quadratischer oder runder Knüppel erhitzt und in die zylindrische Matrize einer Lochpresse gebracht. Hier wird ein Lochdorn in den Block gepreßt (Bild 2-1 c). Das so entstandene Loch-

stück (mit Boden an einem Ende) wird in einem Dreiwalzenschräg- oder Schulterwalzwerk gestreckt und anschließend in einer Stoßbank durch eine Dornstange in eine Reihe hintereinandergeordneter Rollenkäfige gestoßen (Bild 2-1 d). Zur abschließenden Fertigung des Rohres wird die Dornstange gelöst und das Rohrende abgesägt.

2.2.3 Stopfenwalzverfahren

Das Stopfenwalzverfahren besteht aus folgenden Anlageteilen:

– Drehherdofen zum Erwärmen der Vormaterialblöcke auf Umformtemperatur von etwa 1280 °C
– Schrägwalzwerk (mit zwei doppelkonisch kalibrierten Walzen) zum Lochen des massiven Vormaterials zum Hohlkörper
– Stopfengerüst für das Abstrecken zum Rohr
– Maßwalzwerk zum Kalibrieren des Rohres oder ein Streckreduzierwalzwerk (Bild 2-10)

Nach der Erwärmung der Blöcke folgen eine Entzunderung der Oberfläche und das Umformen zum dünnwandigen Hohlblock im Schrägwalzwerk (Bild 2-1 e). Die Umformung des Hohlblockes zum Rohr erfolgt im nachfolgenden Duo-Stopfengerüst mit zwei Walzstichen.

In Bild 2-1 f wird der Verfahrensablauf gezeigt: Mittels einer pneumatischen Einstoßvorrichtung wird der Walzvorgang eingeleitet, der Hohlblock von den Walzen erfaßt und über den Walzstopfen ausgewalzt. Dabei werden Außendurchmesser und Wanddicke reduziert. Nach dem Durchwalzen liegt das Rohr auf der Stange, und der Walzstopfen fällt aus dem Walzspalt in eine Kühl- und Wechselvorrichtung. Zum Rücktransport des Rohres auf die Anstichseite werden die oberen Arbeitswalzen angehoben und gleichzeitig die Rückholwalzen angestellt. Anschließend werden im Maßwalzwerk die Rohre zum genauen Außendurchmesser kalibriert.

2.2.4 Strangpreßverfahren

Bei diesem Verfahren wird das Vormaterial als gewalzte oder geschmiedete Rundstange auf Preßblocklänge unterteilt und mit einer kleinen, durchgehenden Längsbohrung versehen. Die Erwärmung der so vorbereiteten Blöcke erfolgt in Induktionsöfen. Dann werden sie mit

Schmiermittel versehen, und der Innendurchmesser wird mittels einer Presse aufgeweitet. Nach Durchlaufen eines Nachwärmofens wird der Block innen und außen mit einem Schmier- und Trennmittel beschichtet und in den Blockaufnehmer einer hydraulischen Strangpresse eingelegt. Preßdorn und Matrize bilden beim Auspressen des Blockes einen Ringspalt, durch den Außendurchmesser und Wanddicke des Rohres bestimmt sind. Bild 2-1 g stellt vier Stadien des Strangpreßverfahrens dar.

2.2.5   Rohrkonti-Walzverfahren

Die wichtigsten Anlageteile eines Rohrkonti-Walzverfahrens sind (Bild 2-2):

- Drehherdofen zum Erwärmen des Vormaterials, vorwiegend als Rundstrangguß, bis auf 1280 °C
- Schrägwalzwerk zum Lochen des Rundmaterials mit 2–4facher Streckung
- Kontistaffel zum Ausstrecken des Hohlblockes mit etwa vierfacher Streckung
- Nachwärmofen, in dem die bis zu 30 Meter langen Kontiluppen auf etwa 980 °C nachgewärmt werden
- Streckreduzierwalzwerk mit 28 Walzgerüsten, mit denen maximal eine 10fache Streckung durchgeführt werden kann
- Kühlbett zur Aufnahme von Rohrlängen bis 160 m

Hochgeschwindigkeitslocher moderner Rohrkontistraßen zeichnen sich dadurch aus, daß die tonnenförmigen Arbeitswalzen senkrecht übereinander angeordnet und gegen die Walzgutachse um 12° geneigt sind.

Im Kontiwalzwerk sind acht Duogerüste in einer Walzlinie dicht hintereinander angeordnet. Jedes Gerüst ist gegenüber dem vorhergehenden um 90° versetzt und zur Horizontalen um 45° geneigt. Der Kaliberdurchmesser wird von Gerüst zu Gerüst kleiner. In den Hohlblock wird eine Stange mit gleichbleibendem Durchmesser eingeführt. Sie dient beim Walzvorgang als Innenwerkzeug. Hohlblock und Stange werden gemeinsam der Kontistaffel zugeführt. Kontinuierlich wird der Hohlblock ohne Drehung über die mitlaufende Stange von Gerüst zu Gerüst durch die oval kalibrierten Duowalzen ausgestreckt. Das letzte Gerüst ist als Rundkaliber ausgeführt.

Nach dem Walzvorgang wird die Dornstange im Nebenfluß aus dem Rohr herausgezogen und für einen neuen Walzvorgang vorbereitet.

Nach Schopfen des Endes wird das Rohr für das Streckreduzieren (siehe Abschnitt 2.4) in einem Hubbalkenofen nachgewärmt.

2.3   Herstellungsverfahren geschweißter Rohre

Bei der Herstellung geschweißter Rohre wird ein Flacherzeugnis als Ausgangsmaterial verwendet. Dem Rohrdurchmesser entsprechend dient Blech, Breitband oder Bandstahl (zusammengerollt in sogenannten „Coils") als Vormaterial. Der herstellbare Durchmesserbereich geschweißter Rohre ist wesentlich größer als der für nahtlose Rohre. Im Prinzip ist er nur durch die Transportmöglichkeit der fertigen Rohre begrenzt. Die Wanddicken sind jedoch weniger stark als die für nahtlose Rohre.

Die Herstellung erfolgt in zwei aufeinanderfolgenden Phasen:

- In der ersten Phase wird aus dem Band oder Blech ein Zylinder mit Schlitz gefertigt
- In der zweiten Phase werden die Ränder in der Mantellinie verschweißt (Längs- oder Spiralnaht)

Bei den Schweißverfahren hat man zwischen Preß- und Schmelzschweißen zu unterscheiden. Die wesentlichen Schweißverfahren sind:

1. Unter-Pulver-Schweißen (Schmelzschweißen)
2. Schutzgasschweißen (Schmelzschweißen)
3. Feuerpreßschweißen (Fretz-Moon; Preßschweißen)
4. Elektrisches Preßschweißen

2.3.1   Unter-Pulver-Schweißverfahren

Das Unter-Pulver-Schweißverfahren (UP-Schweißen) ist ein elektrisches Schmelzschweißverfahren mit verdecktem Lichtbogen, das sowohl für die Herstellung längs- als auch spiralnahtgeschweißter Rohre angewendet wird. Beim UP-Schweißverfahren wird ein blanker Schweißzusatzdraht verwendet, der unter einem Schweißpulver abschmilzt. Durch die Hitze des Lichtbogens werden Zusatzdraht und Blechkanten sowie ein Teil des Schweißpulvers aufgeschmolzen. Das Schweißpulver bildet dabei eine zähflüssige Schlacke, die die Schweißstelle nach außen abschließt und die Aufnahme von Sauerstoff oder Stickstoff aus der Luft verhindert. Beidseitiges Unter-Pulver-Schweißen wird bei Rohren großen Durchmessers, etwa über 500 mm, sowohl für Längs- als auch für Spiralnahtschweißung angewendet.

Für die Schlitzrohrherstellung sind heute drei Verfahren üblich:

a) Das 3-Walzenbiegeverfahren für das Einformen von Grobblechen als Kalt- oder Warmverformung in Abhängigkeit von Blechdicke und Stahlgüte (Bild 2-4).

b) Das UOE-Verfahren (U = U-Formen, O = O-Formen, E = Expandieren) (Bild 2-5) für Grobbleche als Kaltverformung
Durchmesserbereich: von 610 bis 1626 mm
Wanddickenbereich: von 7 bis 40 mm

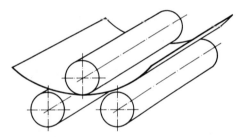

Bild 2-4 Einformung durch Dreiwalzenbiegesystem. Max. Durchmesser: nur von Transportmöglichkeit abhängig. Max. Wanddicke: etwa 50 bis 100 mm, mehr je nach Anlage

Durch Hobeln beider Längskanten der Bleche in einer Einspannung werden die Blechlängskanten mit hoher Genauigkeit planparallel in Form einer Doppel-Y-Fase bearbeitet. Danach werden die Blechlängskanten einschließlich der An- und Auslaufstücke im Bereich von etwa 200 bis 400 mm auf beiden Seiten gleichzeitig auf den endgültigen Rohrradius angebogen. Die eigentliche Umformung vom Blech zum Rohr erfolgt in zwei aufeinander abgestimmten Preßvorgängen; zu einem „U" in einer U-Presse und schließlich zum Schlitzrohr in der O-Presse.

Die Schweißkanten der Schlitzrohre werden anschließend im Durchlaufheftgerüst ohne Versatz gegeneinander gedrückt, und die Rohre werden auf der Außenseite über die ganze Rohrlänge kontinuierlich mit Doppelkopf-MAG-Schweißautomaten geheftet. Die gehefteten Rohre werden auf Schweißanlagen zuerst von innen und dann von außen UP-geschweißt.

c) Die Spiraleinformung von Warmbreitband (Coils) als Kaltverformung (Bild 2-6)
Durchmesserbereich: von 508 bis 2032 mm
Wanddickenbereich: von 6,3 bis 14,2 mm

Das von der Coilauflage abgehaspelte Band wird an das Ende des zuvor eingesetzten Bandes angeschweißt und in einer Richtmaschine gerichtet. Scheren beschneiden die Bandkan-

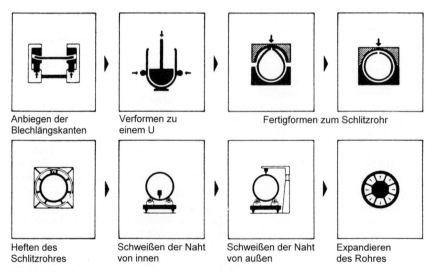

Anbiegen der   Verformen zu   Fertigformen zum Schlitzrohr
Blechlängskanten   einem U

Heften des   Schweißen der Naht   Schweißen der Naht   Expandieren
Schlitzrohres   von innen   von außen   des Rohres

Bild 2-5 Geschweißte Rohrherstellung nach UOE-Verfahren

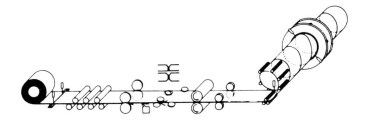

Bild 2-6 Prinzipskizze des Spiral-
rohrverfahrens

ten, und rotierende Werkzeuge fräsen an beiden Seiten gleichzeitig die Schweißfasen. Das
Band gelangt anschließend in das Formge-
bungsteil, in dem es in einer Dreiwalzen-Biegevorrichtung und über einen dahinterliegenden kalibrierenden Innenstern schrauben-
nienförmig zum zylindrischen Rohr gebogen
wird. Die Bandkante des einlaufenden Teiles
und die des bereits umgeformten Teiles werden am unteren Punkt zusammengeführt und
an der sich bildenden Stoßstelle zuerst von innen und nach einer halben Drehung des Rohres auch von außen mit dem UP-Schweißverfahren kontinuierlich zusammengeschweißt.
Auf diese Weise entsteht ein endloser Rohr-
strang.

2.3.2 Schutzgasschweißverfahren

Das Schutzgasschweißen zählt zu den Schmelzschweißverfahren. Man versteht darunter die
Lichtbogenschweißung unter einem Schutzgas-
mantel (Bild 2-7). Das Gas hält die umgebende
Luft von Lichtbogen und Schweißbad fern.

Schutzgasschweißung wird stets für nichtro-
stende Stähle und für Legierungen auf Basis
von Nickel oder Titan verwendet. Für längs-
nahtgeschweißte Rohre aus diesen Werkstoffen

hat sich mit dem WIG (Wolfram-Inert-Gas)-
Verfahren ein Schmelzschweißverfahren besonders bewährt, bei dem unter einer Schutzgas-
atmosphäre aus Reinstargon ein Lichtbogen
zwischen einer nicht abschmelzenden Elektrode und dem Schlitzrohr brennt.

Die Rohrfertigung erfolgt kontinuierlich, indem das auf Einsatzbreite geschnittene Band
vom „Coil" abgewickelt, durch angetriebene
Rollenpaare zum Schlitzrohr eingeformt und
dem Lichtbogen zugeführt wird.

2.3.3 Feuerpreßschweißverfahren (Fretz-Moon)

Durchmesserbereich: von 13,5 bis 88,9 mm
Wanddickenbereich: von 1,8 bis 7,1 mm

Als vollkontinuierliche Herstellungsart wurde
dieses Verfahren Mitte der zwanziger Jahre aus
dem ältesten Verfahren zur Herstellung geschweißter Stahlrohre – dem Trichterziehverfahren – entwickelt. Die Erwärmung des ganzen Bandes findet in einem Durchlaufofen
statt. Nach Einformung des Bandes zum
Schlitzrohr werden die Bandkanten auf
Schweißtemperatur erhitzt und anschließend in
den Schweißwalzen zusammengepreßt und
ohne Zusatzmaterial verschweißt (Bild 2-8).

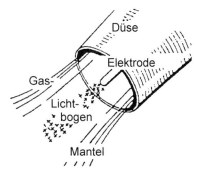

Bild 2-7 Prinzip des Schutzgasschweißens

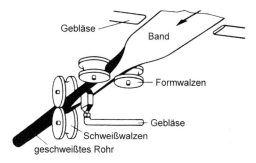

Bild 2-8 Schematische Darstellung des Fretz-Moon-
Verfahrens

2.3.4 Elektrisches Preßschweißverfahren

Durchmesserbereich: von etwa 20 bis 508 mm
Wanddickenbereich: von 1 bis 12,5 mm
                   je nach Durchmesser

Bei dem elektrischen Preßschweißverfahren
mit entweder induktiver oder konduktiver
Stromübertragung hat sich das hochfrequente
gegenüber dem niederfrequenten Widerstands-
schweißen mehr und mehr durchgesetzt. Ausgangsmaterial für die längsnahtgeschweißten
Rohre ist Warm- oder Kaltband. Eine mehrge-
rüstige Einformstrecke formt das Band, wobei
es zunächst angebogen und beim Durchlaufen
verschiedener Profilwalzen zum Schlitzrohr geformt wird. Das eingeformte Schlitzrohr läuft
bei dem induktiven Verfahren im Schweißteil
der Anlage durch einen das ganze Rohr umschließenden Induktor (Bild 2-9). Die Bandkanten werden dann durch den induzierten oder
durch Schleifkontakte übertragenen Strom auf
Schweißtemperatur erhitzt, durch Druckrollen

zusammengepreßt und ohne Zusatzmaterial
verschweißt.

2.4 Streckreduzier- oder Reduzierverfahren

Durchmesserbereich: von 21 bis 219 mm
Wanddickenbereich: von 2 bis 25 mm

Bei modernen Hochleistungsanlagen zur Herstellung nahtloser und geschweißter Rohre werden nur wenige großformatige Basisabmessun-
gen bis etwa 219 mm Durchmesser hergestellt,
und über ein Streckreduzier- oder Reduzierwalzwerk werden die kleinen Abmessungen gefertigt. Mehrere Walzgerüste (bis zu 28) sind
hintereinander angeordnet. In jedem Gerüst befinden sich drei Walzen, deren Kaliber von Gerüst zu Gerüst kleiner werden (Bild 2-10). Die
Umfanggeschwindigkeit nimmt entsprechend
dem kleiner werdenden Rohrdurchmesser und
der größer werdenden Rohrlänge von Gerüst zu
Gerüst zu. Durch Einstellen unterschiedlicher
Langszüge zwischen den Gerüsten kann die
Wanddicke beeinflußt werden.

2.5 Herstellung rechteckiger und quadratischer Hohlprofile

Quadratische und rechteckige Hohlprofile werden sowohl warm (Normalisierungstemperatur
ca. 890–950 °C) als auch kalt aus nahtlosen und
geschweißten Kreishohlprofilen umgeformt.

Das Kreishohlprofil wird in hintereinander
angeordnete Walzenkäfige (zwei oder drei)
(Bild 2-11) – auch Türkenkopf (Bild 2-12)
genannt – eingeführt und erhält dort die gewünschte Form eines Quadrat- oder Recht-
eckprofils. Kaltgeformte Profile werden mitun-
ter noch wärmebehandelt (Spannungsarmglühen auf 530–580 °C), um Eigenspannungen
abzubauen.

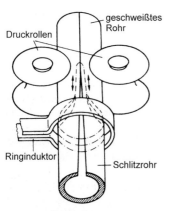

Bild 2-9 Schematische Darstellung des induktiven
Schweißverfahrens

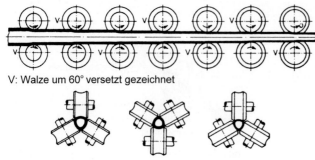

V: Walze um 60° versetzt gezeichnet

Gerüst: 1   2   3   **Bild 2-10** Streckreduzieranlage (Skizze)

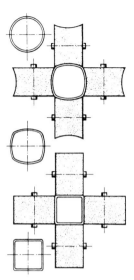

Bild 2-11 Umformung von Kreishohlprofilen zu Rechteck- (bzw. Quadrat-)hohlprofilen (schematische Darstellung)

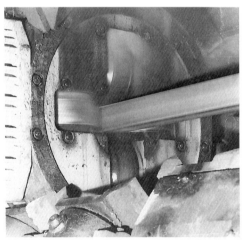

Bild 2-12 Hohlprofil (Quadrat) im Türkenkopf

2.6 Herstellung anderer Hohlprofilformen

Kaltgefertigte Hohlprofile mit verschiedenen Querschnittsformen, die teilweise recht kompliziert sein können, werden durch Walzen, auch durch Mehrfach-Kaltzüge durch eine Matrize (evtl. mit innenliegendem Ziehkern) und Zwischenglühen zur Beseitigung der durch die Kaltverformung entstehenden Aufhärtung und zur Wiederherstellung der Dehnfähigkeit des Stahles hergestellt.

2.7 Prüfungen von Stahlhohlprofilen

Die technischen Lieferbedingungen von Hohlprofilen, angegeben in nationalen und internationalen Normen und Spezifikationen, bestimmen den Umfang und die Art der verschiedenen Prüfungen, die grundsätzlich von der späteren Verwendung der Hohlprofile abhängen.

Die Kontrolle am Ausgangsprodukt findet durch die Bestimmung der chemischen Zusammensetzung des Werkstoffes mittels Schmelzproben und Makrographie statt.

Bei weiteren Prüfungen unterscheidet man zwischen zerstörenden und zerstörungsfreien Prüfungen.

Zu den erstgenannten zählen die mechanischen und technologischen Prüfungen, wobei die Prüfkörper aus den vorgeschriebenen Abschnitten (siehe als Beispiel Bild 2-13) der Erzeugnisse hergestellt werden. Folgende Versuche sind normalerweise für Konstruktionshohlprofile vorgesehen:

a) Zugversuche zur Ermittlung der Festigkeits- und Verformungs-Kennwerte: Streckgrenze, Zugfestigkeit und Bruchdehnung.
Zugversuche werden überwiegend bei Raumtemperatur durchgeführt. Die Art der Zugprobe, die häufig die Gesamtwanddicke erfaßt, und ihre Lage im Hohlprofil (längs oder quer) ist in den Technischen Lieferbedingungen der Hohlprofile festgelegt (siehe Tabellen 3-9 und 3-10, Zugproben gemäß EN 10002–1 [1]).

b) Kerbschlagbiegeversuche zur Ermittlung der verbrauchten Schlagarbeit als kennzeichnenden Wert für die Zähigkeit des Stahles.

Bruchdehnung und Kerbschlagarbeit geben Aufschluß über die Zähigkeit des Stahles. Die Kerbschlagarbeit wird in Joule gemessen. Es wird hierbei das Verhalten des Stahles bei hoher Verformungsgeschwindigkeit und gleichzeitig bei behinderter Verformung, d. h. unter mehrachsigem Spannungszustand, untersucht. Die Zähigkeit bei tiefen Temperaturen wird auch für solche Einsatzbedingungen bestimmt (siehe Tabellen 3-9 und 3-10, Kerbschlagarbeitsproben Charpy-V gemäß EN 10045-1 [2]).

Der zweiten Art der Prüfung gehören die zerstörungsfreien Prüfverfahren an, deren großer Vorteil darin liegt, daß man auch das Innere

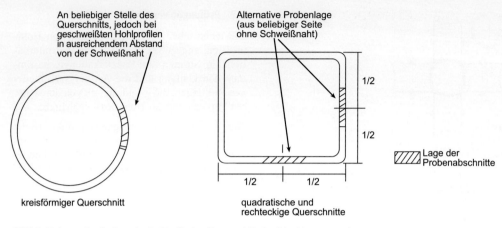

kreisförmiger Querschnitt   quadratische und
                                               rechteckige Querschnitte

Bild 2-13 Lage der Probenabschnitte für den Zug- und Kerbschlagbiegeversuch

eines Körpers auf Werkstoffehler untersuchen kann, ohne diesen Teil zerstören zu müssen. Die Prüfungen dieser Art für Konstruktionshohlprofile sind wie folgt:

a) Ultraschallprüfung (siehe Bild 2-14)

Ein Schallbündel wird von einem akustischen Sender (Sendeprüfkopf) üblicherweise bei Frequenzen von 2 bis 4 MHz erzeugt und meist mit Wasser als Ankoppelungsmedium in den Prüfling eingebracht. Ein Teil der Schallenergie wird von den Inhomogenitäten im Prüfling reflektiert. Ein Teil des reflektierten Schalls wird wieder empfangen und zur Anzeige gebracht.

Bei einer Weiterentwicklung des Verfahrens wird der Ultraschall elektromagnetisch erzeugt, wobei das sonst notwendige Koppelmedium entfällt.

b) Magnetisches Streuflußverfahren (Magnetpulver-Verfahren) (siehe Bild 2-15)

Beim magnetischen Streuflußverfahren wird zuerst der Prüfling magnetisiert. Danach werden magnetische Teilchen auf die Oberfläche des zu prüfenden Hohlprofils aufgestäubt, die die vorhandene Inhomogenität des Hohlprofils an der Oberfläche sichtbar machen.

Zerstörungsfreie Prüfungen werden vornehmlich für die Untersuchung von Schweißnähten in geschweißten Konstruktionen eingesetzt. Außer Ultraschall- und Magnetpulver-Verfahren werden für diesen Zweck weitere Prüfverfahren wie Röntgenprüfung und Farbeindringverfahren angewendet, die in den Abschnitten 8.7.9.3 und 8.7.9.5 behandelt werden.

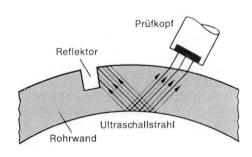

Bild 2-14 Ultraschallprüfung

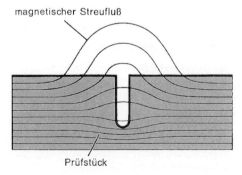

Bild 2-15 Prüfung mittels magnetischen Streuflusses

3 Stähle für Hohlprofile

3.1 Allgemeines

Die Tabellen 3-1 bis 3-3 enthalten die chemischen Zusammensetzungen und die mechanischen Kennwerte der allgemeinen Baustähle nach der internationalen Normung ISO 630 [1].

Die folgenden ISO-Normen zeigen diese Werte für hochfeste Stähle und Stähle mit verbessertem Korrosionswiderstand:

ISO 4951 High yield strength steel bars and sections

ISO 4952 Structural steel with improved corrosion resistance

Praktisch in allen Industrieländern sind nationale Werkstoffnormen gültig, die teilweise von den ISO-Normen abweichen. Im großen und ganzen jedoch ergeben diese Normen vergleichbare Kennwerte. Ob eine Austauschbarkeit der Stähle möglich ist, muß von Fall zu Fall vom Besteller entschieden werden. Die Stähle aus einigen nationalen Normen sind in Tabelle 3-4 den Stählen nach ISO 630 gegenübergestellt.

Neben den allgemeinen unlegierten Baustählen werden in ihren Festigkeitseigenschaften teilweise darüber hinausgehende „Feinkornbaustähle" verwendet. Sie weisen zur Erzielung einer besonderen Feinkörnigkeit neben Aluminium Legierungselemente wie Niob, Titan oder Vanadium oder eine Kombination solcher Elemente auf und erreichen dadurch eine hohe Feinkörnigkeit und Sprödbruchunempfindlichkeit. Neben der Grundreihe wird eine kaltzähe Reihe mit Mindestwerten für die Kerbschlagarbeit bei $-50°C$ genannt. Folgende DIN-Normen

Tabelle 3-1 Chemische Zusammensetzung (Schmelzanalyse) der Baustähle nach ISO 630 [1]

Stahlsorte	Güte	Wanddicke in mm	C % max.	P % max.	S % max.	N_2 % max. [a]	Desoxidation [b]
Fe 360	B	≤ 16 > 16	0,18 0,20	0,050	0,050	0,009	
	C		0,17	0,045	0,045	0,009	NE
	D		0,17	0,040	0,040		GF
Fe 430	B	≤ 40 > 40	0,21 0,22	0,050	0,050	0,009	NE
	C		0,20	0,045	0,045	0,009	NE
	D		0,20	0,040	0,040		GF
Fe 510 [c]	B		0,22	0,050	0,050		NE
	C	≤ 16 > 16	0,20 0,22	0,045	0,045		NE
	D	≤ 35 > 35	0,20 0,22	0,040	0,040		GF

[a] Für den Al-legierten Stahl darf der maximale Stickstoff-Anteil auf 0,015% erhöht werden. Stickstoffanteile sind vorgeschrieben; sie werden aber nur dann geprüft, wenn dies ausdrücklich im Bestellungsschreiben angegeben ist. Für Stähle, die in elektrischen Öfen hergestellt sind, kann der maximale N_2-Anteil 0,012% sein

[b] NE = beruhigter Stahl
GF = Diese Stähle haben ausreichend hohe Legierungsanteile, die ein feinkörniges Gefüge ermöglichen; zum Beispiel ist der Gesamtanteil von Al größer als 0,02%

[c] Mn- bzw. Si-Anteil ist nicht größer als 1,60% bzw. 0,55%

Tabelle 3-2 Zulässige Abweichung der Produktanalyse von der Schmelzanalyse

Element	Zulässige Abweichung	
	unberuhigter Stahl	beruhigter Stahl
C	+0,05	+0,03
P	+0,015	+0,005
S	+0,015	+0,005
Mn		+0,10
Si		+0,05
N_2	+0,002	+0,002

Tabelle 3-3 Mechanische Eigenschaften der Baustähle nach ISO 630 [1]

Stahl-sorte	Güte	Mindeststreckgrenze N/mm^2			Zugfestigkeit N/mm^2	Mindest-Bruch-dehnung % $L_0 = 5,65\sqrt{S_0}$	Kerbschlagarbeit	
		$t \leq 16$ mm	$t > 16$ mm $t \leq 40$ mm	$t > 40$ mm $t \leq 63$ mm			Prüftemp. °C	Energie (min) Joule
Fe 360	B	235	225	215	360–460	25	+20	27
	C	235	225	215		25	0	27
	D	235	225	215		25	–20	27
Fe 430	B	275	265	255	430–530	22	+20	27
	C	275	265	255		22	0	27
	D	275	265	255		22	–20	27
		$t \leq 16$ mm	$16 < t \leq 35$ mm	$35 < t \leq 50$ mm				
Fe 510	B	355	345	335	490–630	21	+20	27
	C	355	345	335		21	0	27
	D	355	345	335		21	–20	27

Tabelle 3-4 Vergleichbare Baustähle einiger ausgewählter Länder

DIN 17100[a] [2] DIN 17119 [3] DIN 17120 [4] DIN 17121 [5] Deutschland	BS 4360 [6] Großbritannien	NF 49–501 [7] NF 49–541 [8] Frankreich	UNI 7806 [9] UNI 7810 [10] Italien	ASTM USA	JISG 3444 [20] JISG 3466 [21] Japan	ISO 630 [1]
St 37–2 USt 37–2 RSt 37–2	40 B	E 24–2	Fe 360 B	A 36 [11] A 500 [13] A 501 [14]	STK 41	Fe 360 B
St 37–3	40 C+D	E 24–3+4	Fe 360 C+D	A 572 [16]		Fe 360 C+D
St 44–2	43 B	E 28–2	Fe 430 B	A 500 [11] A 529 [15]		Fe 430 B
St 44–3	43 C+D	E 28–3+4	Fe 430 C+D	A 633 [19]		Fe 430 C+D
St 52–3	50 C+D	E 36–3+4	Fe 510 C+D	A 441 [12] A 588 [17] A 618 [18] A 633 [19]		STK 50

[a] DIN EN 10025 „Warmgewalzte Erzeugnisse aus unlegierten Baustählen, Technische Lieferbedingungen", März 1994 hat DIN 17100/01.1980 ersetzt

sind für die Hohlprofile aus Feinkornbaustählen zuständig:

DIN 17123 Geschweißte kreisförmige Rohre aus Feinkornbaustählen für den Stahlbau, Technische Lieferbedingungen

DIN 17124 Nahtlose kreisförmige Rohre aus Feinkornbaustählen für den Stahlbau, Technische Lieferbedingungen

DIN 17125 Quadratische und rechteckige Rohre (Hohlprofile) aus Feinkornbaustählen für den Stahlbau, Technische Lieferbedingungen

Diese Normen umfassen die Stahlsorten St E 255, St E 285, St E 355, St E 420 und St E 460. Die Ziffern bezeichnen die Mindest-Streckgrenzen dieser Stähle, z. B. 255 N/mm^2 oder 460 N/mm^2. Die Stähle liegen in normalisiertem oder einem gleichwertigen Zustand. Wegen ihrer äußerst feinkörnigen Struktur sind alle diese Stähle sehr gut schweißbar und haben eine hohe Biegebeanspruchbarkeit.

Im Zuge der europäischen Produktharmonisierung werden für Stahlhohlprofile zwei eigene Werkstoff-Normen – EN 10210–1 [22] für warmgefertigte und EN 10219–1 [23] für kaltgefertigte Hohlprofile – vorbereitet. Diese Euronormen, deren Teil 1 [22, 23] die Technischen Lieferbedingungen für kreisförmige, quadratische und rechteckige Hohlprofile beschreibt, erfassen sowohl unlegierte allgemeine Baustähle als auch Feinkornbaustähle.

Vorgesehen ist, daß diese Euronormen die entsprechenden nationalen Normen der 15 Mitgliedstaaten der Europäischen Union vollkommen ersetzen werden. Vereinbarungsgemäß werden binnen sechs Monaten nach der Akzeptanz und Veröffentlichung dieser Euronormen durch CEN (Comité Européen de Normalisation, Europäisches Komitee für Normung) die Mitgliedstaaten ihre eigene Normen auslaufen lassen.

Die Tabellen 3-5 bis 3-10 zeigen die chemischen Zusammensetzungen und die mechanischen Eigenschaften der Baustähle nach EN 10210-1 (warmgefertigt) [22] und EN 10219-1 (kaltgefertigt) [23]. Die Stahlbezeichnungen in diesen Tabellen werden wie folgt in der genannten Reihenfolge erklärt:

Unlegierte Baustähle

– Kennbuchstabe S (Baustahl)
– Kennzahl für den festgelegten Mindestwert der Streckgrenze bei Wanddicken t ≤ 16 mm in N/mm^2

Tabelle 3-5 Chemische Zusammensetzung (Schmelzanalyse) der warmgefertigten (HF) und kaltgeformten (CF) Hohlprofile aus unlegierten Baustählen nach EN 10210-1 [22] und EN 10219-1 [23]

Stahlsorte	Desoxidations-art[b]	C % max		Si % max.	Mn % max.	P % max.	S % max.	N$_2$ % max.
		Nenn-Wanddicke						
		t ≤ 40 mm	40 < t ≤ 65 mm					
S 235 JRH+HF[a]	FN	0,17	0,20	–	1,40	0,045	0,045	0,009
S 275 JOH+HF	FN	0,20	0,22	–	1,50	0,040	0,040	0,009
S 275 J2H+HF	FF	0,20	0,22	–	1,50	0,035	0,035	–
S 355 JOH+HF	FN	0,22	0,22	0,55	1,60	0,040	0,040	0,009
S 355 J2H+HF	FF	0,22	0,22	0,55	1,60	0,035	0,035	–
		Nenn-Wanddicke						
		t ≤ 40 mm						
S 235 JRH+CF[a]	FF	0,17						
S 275 JOH+CF	FF	0,20		Alle diese Werte sind mit denen der EN 10210-1 identisch				
S 275 J2H+CF	FF	0,20						
S 355 JOH+CF	FF	0,22						
S 355 J2H+CF	FF	0,22						

[a] HF = warmgefertigt
CF = kaltgeformt
[b] FN = Unberuhigter Stahl ist nicht zulässig
FF = Vollberuhigter Stahl mit einem ausreichenden Gehalt an Elementen zur Bindung des Stickstoffes

Tabelle 3-6 Zulässige Abweichung der Produktanalyse von der Schmelzanalyse

Element	Maximale Anteile in Schmelzanalyse %	Zulässige Abweichung %
C [a]	≤ 0,20 > 0,20	+0,02 +0,03
Si	≤ 0,60	+0,05
Mn	≤ 1,60	+0,10
P	≤ 0,045	+0,010
S	≤ 0,045	+0,010
N	≤ 0,025	+0,002

[a] Für S 235 JRH, bei Wanddicke t ≤ 16 mm ist die zulässige Abweichung = 0,04 % C und bei 16 < t ≤ 40 mm ist die zulässige Abweichung = 0,05 % C

Tabelle 3-7 Chemische Zusammensetzung (Schmelzanalyse) der warmgefertigten (HF) und kaltgeformten (CF) Hohlprofile aus Feinkornbaustählen nach EN 10210-1 [22] und EN 10219-1 [23]

Stahlsorte	Desoxidations-art 1)	C % max.	Si % max.	Mn %	P % max.	S % max.	Nb % max.	V % max.	Al_total min.	Ti % max.	Cr % max.	Ni % max.	Mo % max.	Cu % max.	N % max.
S 275 NH+HF* S 275 NLH+HF*	FF	0,20	0,40	0,50–1,40	0,035 0,030	0,030 0,025	0,05	0,05	0,02	0,03	0,30	0,30	0,10	0,35	0,015
S 355 NH+HF* S 355 NLH+HF*	FF	0,20 0,18	0,50	0,90–1,65	0,035 0,030	0,030 0,025	0,05	0,12	0,02	0,03	0,30	0,50	0,10	0,35	0,015
S 460 NH+HF* S 460 NLH+HF*	FF	0,20	0,60	1,00–1,70	0,035 0,030	0,030 0,025	0,05	0,20	0,02	0,03	0,30	0,80	0,10	0,70	0,025
S 275 NH+CF** S 275 NLH+CF**															
S 355 NH+CF** S 355 NLH+CF**				Alle diese Werte sind denen der EN 10210-1 identisch											
S 460 NH+CF** S 460 NLH+CF**															

* Wanddicke t ≤ 65 mm

** Wanddicke t ≤ 40 mm; Wanddicke über 24 mm ist nur für kreisförmige Hohlprofile erhältlich

1) FF = Vollberuhigter Stahl mit einem ausreichenden Gehalt an Elementen zur Bindung des Stickstoffes

Tabelle 3-8 Zulässige Abweichung der Produktanalyse von der Schmelzanalyse

Element	Maximale Anteile in Schmelzanalyse %	Zulässige Abweichung %
C [a)]	$\leq 0{,}20$ $> 0{,}20$	$+0{,}02$ $+0{,}03$
Si	$\leq 0{,}60$	$+0{,}05$
Mn	$\leq 1{,}70$	$-0{,}05$ $+0{,}10$
P	$\leq 0{,}035$	$+0{,}005$
S	$\leq 0{,}030$	$+0{,}005$
Nb	$\leq 0{,}060$	$+0{,}010$
V	$\leq 0{,}20$	$+0{,}02$
Ti	$\leq 0{,}03$	$+0{,}01$
Cr	$\leq 0{,}30$	$+0{,}05$
Ni	$\leq 0{,}80$	$+0{,}05$
Mo	$\leq 0{,}10$	$+0{,}03$
Cu	$\leq 0{,}35$ $0{,}35 < Cu \leq 0{,}70$	$+0{,}04$ $+0{,}07$
N	$\leq 0{,}025$	$+0{,}002$
Al_{total}	$\geq 0{,}020$	$-0{,}005$

[a)] Für S 235 JRH, bei Wanddicke $t \leq 16$ mm ist die zulässige Abweichung $= 0{,}04\%$ C, und bei $16 < t \leq 40$ mm ist die zulässige Abweichung $= 0{,}05\%$ C.

- Kennbuchstaben JR bei der Gütegruppe mit festgelegtem Mindestwert der Kerbschlagarbeit bei Raumtemperatur
- Kennbuchstabe J mit nachfolgender Ziffer 0 oder 2 bei den Gütegruppen mit festgelegtem Mindestwert der Kerbschlagarbeit bei $0\,^{\circ}$C oder $-20\,^{\circ}$C
- Kennbuchstabe H für „Hohlprofil"

Feinkornbaustähle

- Kennbuchstabe S (Baustahl)
- Kennzahl für den festgelegten Mindestwert der Streckgrenze bei Wanddicken $t \leq 16$ mm in N/mm^2
- Lieferzustand N für normalgeglüht oder normalisierend gewalzt
- Kennbuchstabe L für die Gütegruppen mit festgelegten Mindestwerten der Kerbschlagarbeit bis $-50\,^{\circ}$C
- Kennbuchstabe H für „Hohlprofil"

Vergleichbar mit der Feinkornbaustahlsorte S 460 NH nach EN 10210-1 [22] bzw. EN 10219-1 [23] ist die Stahlgüte St E 460

nach DASt-Richtlinie 011 [24], die in Deutschland allgemein bauaufsichtlich zugelassen ist. Ein weiterer hochfester Feinkornbaustahl ist der vergütete Stahl St E 690 nach DASt-Ri 011, der nicht in den Euronormen EN 10210-1 und EN 10219-1 enthalten ist und dessen mechanische Eigenschaften über die des Stahles St E 460 hinausgehen. St E 690 ist für die nahtlosen, kreisförmigen und rechteckigen Hohlprofile allgemein bauaufsichtlich zugelassen. Für die chemische Zusammensetzung und die mechanischen Eigenschaften der Stähle St E 460 und St E 690, siehe Tabellen 3-11 und 3-12. Weitere Auskunft über die chemische Analyse, mechanische und technologische Eigenschaften, Verarbeitung und Anwendung geben neben der DASt-Ri 011 auch die Werkstoffblätter der Rohrhersteller.

Weitergeführt wurde die Entwicklung der hochfesten, schweißbaren, vergüteten Feinkornbaustähle, deren mechanische Kennwerte über denen des St E 690 liegen, auf dem Hohlprofilsektor. Veranlassung waren hierzu Forderungen des Kranbaus nach weiter vermindertem Eigen-

Tabelle 3-9 Mechanische Eigenschaften der warmgefertigten (HF) und kaltgeformten (CF) Hohlprofile aus unlegierten Baustählen nach EN 10210-1 [22] und EN 10219-1 [23]

Stahlsorte	Mindest-Streckgrenze N/mm²			Zugfestigkeit N/mm²		Mindest-Bruchdehnung in %, $L_0 = 5{,}65\sqrt{S_0}$				Kerbschlagarbeit Charpy-V	
						längs		quer		Prüftemp. °C	Energie Joule
	t ≤ 16 mm	t > 16 mm t ≤ 40 mm	t > 40 mm t ≤ 65 mm	t < 3 mm	t ≥ 3 mm t ≤ 65 mm	t ≤ 40 mm	t > 40 mm t ≤ 65 mm	t ≤ 40 mm	t > 40 mm t ≤ 65 mm		
S 235 JRH+HF	235	225	215	360–510	340–470	26	25	24	23	+20	27
S 275 J0H+HF S 275 J2H+HF	275	265	255	430–580	410–560	22	21	20	19	0 −20	27 27
S 355 J0H+HF S 355 J2H+HF	355	345	335	510–680	490–630	22	21	20	19	0 −20	27 27
S 235 JRH+CF	235	225 [a]	–	Identisch mit den Werten der EN 10210-1 (HF)		NennWanddicke t ≤ 40 mm: 24				Identisch mit den Werten der EN 10210-1 (HF)	
S 275 J0H+CF S 275 J2H+CF	275	265 [a]	–			20					
S 355 J0H+CF S 355 J2H+CF	355	345 [a]	–			20					

[a] Wanddicken über 24 mm sind nur für kreisförmige Hohlprofile erhältlich

Tabelle 3-10 Mechanische Eigenschaften der warmgefertigten (HF) und kaltgeformten (CF) Hohlprofile aus Feinkornbaustählen nach EN 10210-1 [22] und EN 10219-1 [23]

Stahlsorte	Mindest-Streckgrenze N/mm²			Zugfestig-keit N/mm²	Mindestbruchdehnung in %, $L_o = 5,65\sqrt{S_o}$		Kerbschlagarbeit	
	$t \le 16$ mm	$t > 16$ mm $t \le 40$ mm	$t > 40$ mm $t \le 65$ mm	$t \le 65$ mm	$t \le 65$ mm längs	$t \le 65$ mm quer	Prüftemp. °C	Energie Joule
S 275 NH+HF S 275 NLH+HF	275	265	255	370–510	24	22	−20 −50	40 27
S 355 NH+HF S 355 NLH+HF	355	345	335	470–630	22	20	−20 −50	40 27
S 460 NH+HF S 460 NLH+HF	460	440	430	550–720	17	15	−20 −50	40 27
				$t \le 40$ mm[a)]	$t \le 40$ mm[a)]			
S 275 NH+CF S 275 NLH+CF	275	265	–	Identisch mit den Werten der EN 10210-1 (HF)	24		Identisch mit den Werten der EN 10210-1 (HF)	
S 355 NH+CF S 355 NLH+CF	355	345	–		22			
S 460 NH+CF S 460 NLH+CF	460	440			17			

[a)] Wanddicken über 24 mm sind nur für kreisförmige Hohlprofile erhältlich

gewicht seiner Konstruktionen. Für nahtlose Hohlprofile wurden die beiden folgenden Stahlsorten nach Tabelle 3-13 entwickelt.

In den gleichen Festigkeitsstufen – wie bei allgemeinen Baustählen gibt es die sogenannten „wetterfesten" Baustähle, die unter bestimmten Bedingungen eine gewisse Beständigkeit gegenüber atmosphärischer Korrosion aufweisen. DASt-Ri 007 [25] sowie EN 10155 [26] geben Hinweise über Legierungszusätze u.a. von Chrom, Kupfer, Nickel, teilweise auch einem erhöhten Phosphorgehalt zur Erzielung der Wetterbeständigkeit. Außerdem geben über die Zusammensetzung dieser Stähle, ihre mechanischen und technologischen Eigenschaften sowie über Verarbeitungshinweise die Werkstoffblätter der Rohrhersteller Auskunft.

3.2 Auswahl der Stahlsorten für die Bemessung von Bauteilen

Bild 3-1 zeigt ein „Spannung f–Dehnung ε"-Diagramm, das durch Zugversuch ermittelt wird. Dieses charakterisiert die mechanischen Kennwerte – Streckgrenze f_y, Zugfestigkeit f_u und Bruchdehnung ε_u – eines Stahles, die als Basis zur Bemessung eines Bauteils gelten.

Die Streckgrenze f_y ist prinzipiell die Grundlage zur Bemessung, da diese die Verformung

kontrolliert. Man muß bei der Bemessung darauf achten, daß die Verformungen nicht zu groß werden. Andererseits muß auch ein ausreichendes Verformungs- oder Rotationsvermögen vorhanden sein, wenn in einem Bauteil eines Tragwerkes die Streckgrenze überschritten und diese durch Lastumverteilung an dem entsprechenden Ort ausgeglichen werden soll (z.B. in statisch unbestimmten Tragwerken).

Unter Zugbeanspruchung kann ein Querschnitt auch aus einem Stahl ausreichender Zähigkeit durch Löcher so geschwächt werden, daß der Stahl spröde reagiert, d.h. die Zugfestigkeit des Stahles an dem geschwächten Querschnitt überschritten wird, bevor das Gesamtbauteil fließt. Das bedeutet, daß das Verhältnis f_u/f_y bei besonderen Anwendungen beachtet werden muß. Manche Normen, z.B. DIN V ENV 1993-1, Eurocode 3 [27] schreiben diese Bedingung vor:

$$\frac{f_u}{f_y} \ge 1,2$$

Ein Konstrukteur wird im Stahl- und Maschinenbau häufig mit gefährlichen Situationen – wie der Sprödbruchgefahr – konfrontiert. Dieser verformungslose Spaltbruch ist um so gefährlicher, da er plötzlich ohne jede Vorankün-

Tabelle 3-11 Chemische Zusammensetzung der Stähle St E 460 und St E 690 nach der Schmelzanalyse für kreisförmige und rechteckige Hohlprofile

Stahlsorte	Stahlart [a]	% C	% Si	% Mn	% P	% S	% N	% Cr	% Cu	% Nb	% Ni	% V [b]	% Mo
St E 460	Ni-V	≤ 0,20	0,10/0,50	1,1/1,7	≤ 0,035	≤ 0,030	≤ 0,020	≤ 0,3	≤ 0,2	≤ 0,05	0,15/0,80	0,10/0,20	≤ 0,10
	Cu-Ni-V	≤ 0,18	0,10/0,50	1,1/1,6			≤ 0,020	≤ 0,3	0,30/0,70	≤ 0,04	0,40/0,70	0,08/0,20	≤ 0,10
St E 690	Ni-Mo-V	≤ 0,19	0,30/0,60	1,4/1,7	≤ 0,030	≤ 0,030	≤ 0,020	≤ 0,30	≤ 0,20	≤ 0,05	0,30/0,70	0,07/0,12	0,30/0,45
	Ni-Cr-Mo-V	≤ 0,15	0,25/0,50	1,0/1,4	≤ 0,025	≤ 0,025	≤ 0,015	0,40/0,60	≤ 0,20	≤ 0,05	1,0/1,4	0,06/0,12	0,20/0,40

[a] Die Stähle enthalten ausreichende Legierungselemente zur Erzielung der Feinkörnigkeit. Der Stickstoffgehalt von max. 0,020 % wird zu Nitriden abgebunden
[b] Die Untergrenze gilt nicht für Erzeugnisse aus Nb-legiertem Stahl

Tabelle 3-12 Mechanische Eigenschaften der Stähle St E 460 und St E 690 für kreisförmige und rechteckige Halbprofile

Stahlsorte	Zugfestigkeit	Obere Streckgrenze für Wanddicken in mm				Bruchdehnung ($l_o = 5\,d_o$)	Kerbschlagarbeit (ISO-V Längs) bei −20 °C für Wanddicke ≤ 20 mm
		≤ 12	> 12 ≤ 20	> 20 ≤ 40	> 40 ≤ 50		
	N/mm²	mind. N/mm²				mind. %	mind. Joule
St E 460	560 bis 730	460	450	440	425	längs 19 quer 17	längs 39 quer 21
St E 690 Ni-Mo-V	770 bis 960 (bis ≤ 20 mm)	690	690	650	615	längs 16 quer 14	längs 50 quer 30
St E 690 Ni-Cr-Mo-V	770–960 (bis ≤ 40 mm)	690			650	längs 16 quer 14	längs 55 quer 35

Tabelle 3-13 Hochfeste, schweißbare, vergütete Feinkornbaustähle St E 770 und St E 790 für nahtlose Hohlprofile; mechanische Eigenschaften

DIN-Bezeichnung	Zugfestigkeit für Wanddicke ≤ 20 mm	Obere Streckgrenze für Wanddicken in mm				Bruchdehnung ($l_o = 5\ d_o$)	Kerbschlagarbeit (ISO-V Längs) bei –20°C und Wanddicke ≤ 20 mm
		≤ 12	>12 ≤ 20	> 20 ≤ 40	> 40 ≤ 50		
	N/mm²	mind. N/mm²				mind. %	mind. Joule
St E 770 [a]	820 bis 1000	770	750	700	670	längs 15 quer 13	längs 50 quer 30
St E 790 [b]	850 bis 1030	790		750	710	längs 15 quer 13	längs 55 quer 35

[a] Siehe Werkstoffblatt 292 R der Mannesmannröhren-Werke AG
[b] Siehe Werkstoffblatt 293 R der Mannesmannröhren-Werke AG

digung auftritt. Als wichtiges Indiz für eine Sprödbruchneigung wird der Kerbschlagarbeitswert angesehen (siehe Abschnitt 2.7), d. h. im Falle einer Stoßbelastung soll sich das Bauteil ausreichend duktil, (gegeben durch hohe Zähigkeit), verhalten. Für den Stahlbau erfolgt die Stahlauswahl hinsichtlich der Zähigkeit nach DASt-Richtlinie 009 [28]. Spannungszustand, Schadensrisiko (Bedeutung des Bauteils für die Sicherheit des Gesamtbauwerkes) und Temperatur führen zur Klassifizierungsstufe, aus der sich unter Berücksichtigung der Materialdicke die Stahlgütegruppe ermitteln läßt.

Daneben spielt auch die metallurgische Reinheit eine Rolle. Bei niedrigen Werten von Verunreinigungen (Elementen wie Schwefel, Phos-

phor und freiem Stickstoff) und bei mit Aluminium vollberuhigten Stählen vermindert sich die Sprödbruchanfälligkeit [28, 29].

Das Sprödbruchverhalten hängt darüber hinaus auch von konstruktiven Gegebenheiten ab. Große Materialanhäufungen und Steifigkeitssprünge bei großen Querschnittsdifferenzen sollten vermieden werden.

Ausreichende Kerbschlagarbeitswerte sind für die Anwendungsfälle im Tieftemperaturbereich besonders wichtig, da diese sich bei niedrigen Temperaturen verschlechtern (Bild 3-2).

In den Euronormen [22, 23] ist eine minimale Kerbschlagarbeit von 27 Joule auch bei tiefen Temperaturen angegeben. Dickwandige Bauteilquerschnitte, die in Dickenrichtung beansprucht werden, sollen ausreichende Festigkeit und Zähigkeit besitzen, um Rißbildung wie in Bild 3-3 („Terrassenbruch") zu vermeiden.

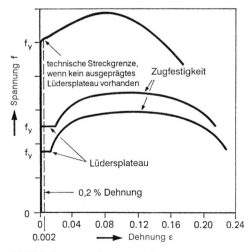

Bild 3-1 Spannungs-Dehnungs-Linien

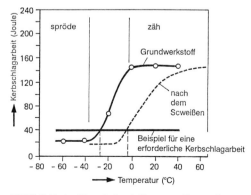

Bild 3-2 Kerbschlagarbeiten in Bezug zur Temperatur

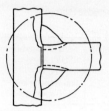

Bild 3-3 Terrassenbruch

Ursachen sind die nichtmetallischen Magnesiumsulfid- und Magnesiumsilikat-Einschlüsse im Gefüge. Grundsätzlich findet die Rißbildung dieser Art nicht statt, wenn der Schwefelgehalt in der chemischen Zusammensetzung des Stahles sehr niedrig ist oder der Schwefel durch andere Elemente wie Ca (Kalzium) gebunden wird. Die Überprüfung der sogenannten Z-Güte kann durch einen Zugversuch gemacht werden, wobei die Anforderung einer bestimmten Reduktion R_{AZ} der Querschnittsfläche des Probekörpers erfüllt wird.

Beim Einsatz von kaltgeformten Hohlprofilen sind noch die folgenden Punkte zu beachten:

• Durch Kaltverformung erhöht sich die Streckgrenze f_y und in geringem Maße die Zugfestigkeit f_u; dies führt zu einer Verkleinerung des Verhältnisses f_u/f_y. Ferner verkleinert sich etwas die Bruchdehnung ε_u.
  Die Erhöhung der Streckgrenze durch Kaltverfestigung kann bei der Benutzung des Berechnungsverfahrens nach Tabelle 3-14 ausgenutzt werden. Diese Berechnungsmethode zur Bestimmung der äquivalenten mittleren Streckgrenze f_{ya} von kaltgeformten Hohlprofilen wird in DIN V ENV 1993-1, Eurocode 3 [27] angegeben.

Tabelle 3-14 Erhöhung der Streckgrenze von rechteckigen Hohlprofilen wegen Kaltverfestigung

Die mittlere Streckgrenze f_{ya} darf anhand maßstäblicher Versuche am gesamten Querschnitt oder wie folgt ermittelt werden:

$$f_{ya} = f_{yb} + (k\,n\,t^2/Ag)\,(f_u - f_{yb})$$

mit:

f_{yb} = Streckgrenze des Grundwerkstoffes [a] in N/mm^2

f_u = Zugfestigkeit des Grundwerkstoffes in N/mm^2

t = Wanddicke in mm

Ag = Bruttoquerschnittsfläche in mm^2

k = Beiwert abhängig von der Kaltverformung ($k = 7$ für Kaltwalzen)

n = Anzahl der 90° Bögen im Querschnitt mit einem inneren Eckenradius < 5 t (Bruchteile von 90° Abkantungen sind nur als Bruchteile von n zu rechnen)

f_{ya} = Mittlere Streckgrenze, jedoch $\leq f_u$ und $\leq 1,2\,f_{yb}$

Eine Erhöhung der Streckgrenze durch Kaltverformung soll nicht für Bauteile ausgenutzt werden, die nach dem Verformen einer Wärmebehandlung [b] ausgesetzt, geschweißt oder über eine größere Länge mit großer Wärmeeinbringung erhitzt werden.

[a] Als Grundwerkstoff gilt das unverformte Ausgangsmaterial, aus dem die Querschnitte durch Kaltverformen hergestellt werden.

[b] Nichtausnutzung nur bei mehr als 580°C oder bei einer Glühdauer von mehr als 1 Stunde

• Kaltgeformte Profile sollten die Grenzwerte (Eckenradius r/Wanddicke t) in Tabelle 3-15 einhalten, um ausreichende Zähigkeit zu garantieren. Da Kaltverformung Sprödbruchgefahr wesentlich beeinflußt, geben die Grenzwerte an, wann die kaltgeformten Bereiche überhaupt geschweißt werden dürfen. Sonst muß die Schweißung in einem Abstand von 5 · t von der Ecke durchgeführt werden.

Tabelle 3-15 Bedingungen zum Schweißen von kaltgeformten Rechteckhohlprofilen im Kantenbereich

Stahlsorte [23]	Wanddicke t (mm)	min (r/t)
S 235	12 < t ≤ 16	3,0
S 275	8 < t ≤ 12	2,0
S 355	6 < t ≤ 8	1,5
	t ≤ 6	1,0

4 Abmessungen, Toleranzen und statische Werte kreisförmiger, quadratischer und rechteckiger Hohlprofile

4.1 Allgemeines

Die Abmessungen und Gewichte nahtloser und geschweißter Hohlprofile sind genormt. Wie die Werkstoffnormung (siehe Kapitel 3) werden auch die nationalen Normen für die Maße, die Grenzabmaße und die statischen Werte der Hohlprofile der fünfzehn Mitgliedsländer der europäischen Union durch die entsprechenden harmonisierten Euronormen – EN 10210-2 [1] und EN 10219-2 [2] – ersetzt, sobald diese vom CEN (Comité Européen de Normalisation, Europäisches Komitee für Normung) für die Anwendung freigegeben werden. Es werden daher in diesem Buch hauptsächlich diese beiden Euronormen behandelt.

Ferner gelten weltweit die vorgeschlagenen Abmessungen, Toleranzen und statischen Werte der internationalen Normen ISO 657/14 [3] für warmgefertigte und ISO 4019 [4] für kaltgefertigte Hohlprofile.

Da die obengenannten EN- und ISO-Normen bei Maßtoleranzen voneinander abweichen, ergeben sich unterschiedliche statische Werte.

Nachfolgend werden die Toleranzwerte der EN- und ISO-Normen miteinander verglichen.

4.1.1 Kreisförmige Hohlprofile

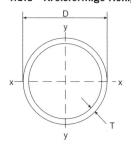

Bild 4-1 Querschnitt eines kreisförmigen Hohlprofils

Zulässige Abweichungen von Außendurchmesser, Wanddicke und Gewicht:

	ISO 657/14 [3]	EN 10210-2 [1]	ISO 4019 [4]	EN 10219–2 [2]
	Warmgefertigt		Kaltgefertigt	
Außendurchmesser D	$\pm 1\%$ des Durchmessers mit einem minimalen Wert von $\pm 0,5$ mm	$\pm 1\%$ des Durchmessers mit einem minimalen Wert von $\pm 0,5$ mm und einem maximalen Wert von ± 10 mm	wie [3]	wie [1]
Wanddicke T	$-12,5\%$ mit einem minimalen Wert von $-0,4$ mm	-10% [a), b)]	$\pm 10\%$ mit einem minimalen Wert von $\pm 0,2$ mm	Für $D \leq 406,4$ mm, $T \leq 5$ mm: $\pm 10\%$ $T > 5$ mm: $\pm 0,50$ mm Für $D > 406,4$ mm, $\pm 10\%$ mit einem maximalen Wert von ± 2 mm
Gewicht	$+10\%$ -6% bei Einzellängen $+8,5\%$ -4% bei Losen von 10 Tonnen	$\pm 6\%$ [c)] bei Einzellängen	–	wie [1]

a) Positive Abweichung ist durch Gewichtstoleranz begrenzt
b) Für nahtlose Hohlprofile können Wanddicken kleiner als 10%, aber nicht kleiner als 12,5% der nominalen Wanddicke, über eine glatte Übergangszone nicht größer als 25% des Umfanges sein
c) Für nahtlose Hohlprofile darf Gewichtstoleranz +8% sein

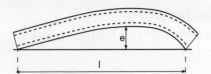

Bild 4-2 Angaben zur Geradheitsmessung $e/l \times 100\,\%$

Geradheit:

Geradheit %	ISO 657/14 [3]	EN 10210-2 [1]	ISO 4019 [4]	EN 10219-2 [2]
	Warmgefertigt		Kaltgefertigt	
	0,2 % der Gesamt-länge	wie [3]	wie [3]	wie [3]

Längenabweichungen:

Genaue Länge	ISO 657/14 [3]	EN 10210-2 [1]	ISO 4019 [4]	EN 10219-2 [2]
	Warmgefertigt		Kaltgefertigt	
	Für ≤ 6000 mm, +10 mm 0 Für >6000 mm +15 mm 0	Für ≥ 2000 bis 6000 mm +10 mm 0 Für >6000 mm +15 mm 0	wie [3]	Für ≤ 6000 mm +5 mm 0 Für > 6000 bis 10000 mm +15 mm 0 Für > 10000 mm +5 mm + 1 mm/m 0

4.1.2 Quadratische und rechteckige Hohlprofile

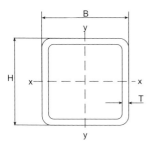

Bild 4-3 Querschnitt eines quadratischen
bzw. rechteckigen Hohlprofils

Zulässige Abweichungen von Seitenlängen, Wanddicke und Gewicht:

	ISO 657/14 [3]	EN 10210-2 [1]	ISO 4019 [4]	EN 10219-2 [2]
	Warmgefertigt		Kaltgefertigt	
Seitenlänge B, H	±1% mit einem minimalen Wert von ±0,5 mm	wie [3]	wie [3]	H, B < 100 mm, ±1% mit einem minimalen Wert von ±0,5 mm 100 ≤ H, B ≤ 200 mm, ±0,8% H, B > 200 mm, ±0,6%
Wanddicke T	−12,5% mit einem minimalen Wert von −0,4 mm	−10% [a) b)]	±10% mit einem minimalen Wert von ±0,2 mm, außerhalb der Schweißnahtzone	T ≤ 5 mm: ±10% T > 5 mm: ±0,5%
Gewicht	+10% −6% bei Einzellängen +8,5% −4% bei Losen von 10 Tonnen	±6% [c)] bei Einzellängen	–	wie [1]

[a)] Positive Abweichung ist durch Gewichtstoleranz begrenzt
[b)] Für nahtlose Hohlprofile können Wanddicken kleiner als 10%, aber nicht kleiner als 12,5% der nominalen Wanddicke, über eine glatte Übergangszone nicht größer als 25% des Umfanges sein
[c)] Für nahtlose Hohlprofile darf Gewichtstoleranz +8% sein

Geradheit: (siehe Bild 4-2)

	ISO 657/14 [3]	EN 10210-2 [1]	ISO 4019 [4]	EN 10219-2 [2]
	Warmgefertigt		Kaltgefertigt	
Geradheit %	0,2% der Gesamtlänge	wie [3]	wie [3]	0,15% der Gesamtlänge

Längenabweichungen:

	ISO 657/14 [3]	EN 10210-2 [1]	ISO 4019 [4]	EN 10219-2 [2]
	Warmgefertigt		Kaltgefertigt	
Genaue Länge	Für ≤ 6000 mm +10 mm 0 Für > 6000 mm +15 mm 0	Für ≥ 2000 bis 6000 mm +10 mm 0 Für > 6000 mm +15 mm 0	wie [3]	Für ≤ 6000 mm +5 mm 0 Für > 6000 bis 10000 mm +15 mm 0 Für > 10000 mm +5 mm + 1 mm/m 0

Rechtwinkligkeit:

$90° - \Theta$

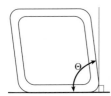

Bild 4-4 Rechtwinkligkeits-Abweichung

	ISO 657/14 [3]	EN 10210-2 [1]	ISO 4019 [4]	EN 10219-2 [2]
	Warmgefertigt		Kaltgefertigt	
Rechtwinkligkeit	$90° \pm 1°$	wie [3]	$90° \pm 2°$	wie [3]

Abweichungen der äußeren Eckenradien:

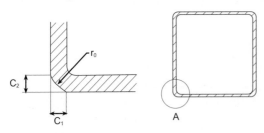

Bild 4-5 Äußere Eckenradien eines quadratischen bzw. rechteckigen Hohlprofils

	ISO 657/14 [3]	EN 10210-2 [1]	ISO 4019 [4]	EN 10219-2 [2]
	Warmgefertigt		Kaltgefertigt	
Äußerer Eckenradius	Für ≤ 120 × 120 und ≤ 160 × 80: 2 T max. Für > 120 × 120 und > 160 × 80 sowie $T^{1)}$ ≤ 10 mm: 3 T max.	max. 3 T für jede Ecke	max. 3 T	Für T ≤ 6 mm: 1,6 T bis 2,4 mm Für 6 < T ≤ 10 mm: 2 T bis 3 T Für T > 10 mm: 2,4 T bis 3,6 T

Konkavität und Konvexität:

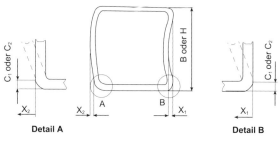

Detail A   Detail B

Bild 4-6 Konkavität und Konvexität eines quadratischen bzw. rechteckigen Hohlprofils X_1/B, X_2/B; X_1/H, X_2/H in %

Konkavität bzw. Konvexität	ISO 657/14 [3]	EN 10210-2 [1]	ISO 4019 [4]	EN 10219-2 [2]
	Warmgefertigt		Kaltgefertigt	
	$\pm 1\%$	1%	wie [3]	max. 0,8% mit einem minimalen Wert von 0,5 mm

Verdrehung:

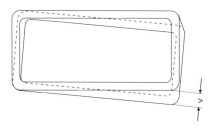

Bild 4-7 Verdrehung eines quadratischen bzw. rechteckigen Hohlprofils

Verdrehung V	ISO 657/14 [3]	EN 10210-2 [1]	ISO 4019 [4]	EN 10219-2 [2]
	Warmgefertigt		Kaltgefertigt	
	2 mm + 0,5 mm/m Länge	wie [3]	wie [3]	wie [3]

4.2 Geometrische und statische Kennwerte der Hohlprofile

Die in den ISO- und EN-Normen [1–4] enthaltenen Abmessungen für Hohlprofile (Durchmesser, Seitenlängen, Wanddicken) sind teilweise unterschiedlich. Darüber hinaus differieren auch die von den einzelnen Produzenten hergestellten Abmessungen.

Einerseits werden über die Normen hinausgehende Abmessungen, auch Zwischenwerte, hergestellt, andererseits wiederum nicht alle in den Normen genannten Abmessungen. Näheres kann den Druckschriften der Herstellerwerke entnommen werden.

Die Anlagen I bis III enthalten die Abmessungen und die statischen Werte für kreisförmige, quadratische und rechteckige Hohlprofile.

In den folgenden Abschnitten sind die Formeln für die statischen Werte angegeben. Damit ist auch für Querschnittsabmessungen, die nicht in den Tabellen genannt werden, jederzeit eine schnelle Berechnung möglich.

4.2.1 Kreisförmige Hohlprofilquerschnitte
(siehe Bild 4-1)

Nenn-Außendurchmesser D (mm)
Nenn-Wanddicke T (mm)
Nenn-Innendurchmesser $D_i = D - 2\ T$ (mm)

- Querschnittsfläche

$$A = \frac{\pi(D^2 - D_i^2)}{4 \cdot 10^2} \; (\text{cm}^2)$$

- Oberfläche pro Meter Länge (m²/m)

$$A_s = \pi \cdot D/10^3$$

- Trägheitsmoment

$$I = \frac{\pi(D^4 - D_i^4)}{64 \cdot 10^4} \; (\text{cm}^4)$$

- Gewicht

$$M = 0{,}785 \; A \; (\text{kg/m})$$

- Trägheitsradius

$$i = \sqrt{\frac{I}{A}} \; (\text{cm})$$

- Elastisches Widerstandsmoment

$$W_{el} = \frac{2I \cdot 10}{D} \; (\text{cm}^3)$$

- Plastisches Widerstandsmoment

$$W_{pl} = \frac{D^3 - D_i^3}{6 \cdot 10^3} \; (\text{cm}^3)$$

- Torsionsträgheitsmoment (Polares Trägheitsmoment)

$$I_t = 2 \; I \; (\text{cm}^4)$$

- Torsionswiderstandsmoment (Konstante)

$$C_t = 2 \; W_{el} \; (\text{cm}^3)$$

4.2.2 Rechteckige bzw. quadratische Hohlprofilquerschnitte (siehe Bild 4-3)

Nenn-Breite des rechteckigen bzw. quadratischen Hohlprofils	B (mm)
Nenn-Höhe des rechteckigen bzw. quadratischen Hohlprofils	H (mm)
Nenn-Wanddicke	T (mm)
Nennwert des äußeren Eckenradius (für die Berechnung)	r_o (mm)
Nennwert des inneren Eckenradius (für die Berechnung)	r_i (mm)

- Querschnittsfläche

$$A = \left[2T(B + H - 2T) - (4 - \pi)(r_o^2 - r_i^2)\right] \frac{1}{10^2} \; (\text{cm}^2)$$

- Oberfläche pro Meter Länge

$$A_s = \frac{2}{10^3} \; (H + B - 4r_o + \pi r_o) \; (\text{m}^2/\text{m})$$

- Gewicht

$$M = 0{,}785 \; A \; (\text{kg/m})$$

- Trägheitsmomente

$$I_{xx} = \frac{1}{10^4}\left[\frac{BH^3}{12} - \frac{(B - 2T)(H - 2T)^3}{12} - 4\left(I_{zz} + A_z h_z^2\right) + 4\left(I_{\xi\xi} + A_\xi h_\xi^2\right)\right] (\text{cm}^4)$$

$$I_{yy} = \frac{1}{10^4}\left[\frac{HB^3}{12} - \frac{(H - 2T)(B - 2T)^3}{12} - 4\left(I_{zz} + A_z h_z^2\right) + 4\left(I_{\xi\xi} + A_\xi h_\xi^2\right)\right] (\text{cm}^4)$$

- Trägheitsradien

$$i_{xx} = \sqrt{\frac{I_{xx}}{A}} \; (\text{cm})$$

$$i_{yy} = \sqrt{\frac{I_{yy}}{A}} \; (\text{cm})$$

- Elastische Widerstandsmomente

$$W_{el_{xx}} = \frac{2I_{xx}}{H} \cdot 10 \; (\text{cm}^3)$$

$$W_{el_{yy}} = \frac{2I_{yy}}{B} \cdot 10 \; (\text{cm}^3)$$

- Plastische Widerstandsmomente

$$W_{pl_{xx}} = \frac{1}{10^3}\left[\frac{BH^2}{4} - \frac{(B - 2T)(H - 2T)^2}{4} - 4(A_z h_z) + 4(A_\xi h_\xi)\right] (\text{cm}^3)$$

$$W_{pl_{yy}} = \frac{1}{10^3}\left[\frac{HB^2}{4} - \frac{(H - 2T)(B - 2T)^2}{4} - 4(A_z h_z) + 4(A_\xi h_\xi)\right] (\text{cm}^3)$$

- Torsionsträgheitsmoment

$$I_t = \frac{1}{10^4}\left[\frac{T^3 \cdot h}{3} + 2KA_h\right] \ (\text{cm}^4)$$

- Torsionswiderstandsmoment (Konstante)

$$C_t = 10\left[\frac{I_t}{T + K/T}\right] \ (\text{cm}^3)$$

Hierbei sind:

$$A_z = \left(1 - \frac{\pi}{4}\right) r_o^2 \ (\text{mm}^2)$$

$$A_\xi = \left(1 - \frac{\pi}{4}\right) r_i^2 \ (\text{mm}^2)$$

$$h_z = \frac{H}{2} - \left(\frac{10 - 3\pi}{12 - 3\pi}\right) \cdot r_o \ (\text{mm})$$

$$h_\xi = \frac{H - 2T}{2} - \left(\frac{10 - 3\pi}{12 - 3\pi}\right) \cdot r_i \ (\text{mm})$$

$$I_{zz} = \left(\frac{1}{3} - \frac{\pi}{16} - \frac{1}{3(12 - 3\pi)}\right) \cdot r_o^4 \ (\text{mm}^4)$$

$$I_{\xi\xi} = \left(\frac{1}{3} - \frac{\pi}{16} - \frac{1}{3(12 - 3\pi)}\right) \cdot r_i^4 \ (\text{mm}^4)$$

$$h = 2[(B - 2T) + (H - 2T)] - 2R_c(4 - \pi) \ (\text{mm})$$

$$A_h = (B - T)(H - T) - R_c^2(4 - \pi) \ (\text{mm}^2)$$

$$K = \frac{2A_hT}{h} \ (\text{mm}^2)$$

$$R_c = \frac{r_o + r_i}{2} \ (\text{mm})$$

Wie man aus den Anlagen II und III entnehmen kann, ergeben sich geringfügig unterschiedliche statische Werte bei der Berechnung nach EN 10210-2 [1] und EN 10219-2 [2], weil diese Normen unterschiedliche Eckenradien für die Berechnung festlegen.

EN 10210-2:
$r_o = 1,5 \ T$ (mm)
$r_i = 1,0 \ T$ (mm)

EN 10219-2:
für $T \leq 6$ mm, $r_o = 2,0 \ T$ (mm) und $r_i = 1,0 \ T$ (mm)
für $6 < T \leq 10$ mm, $r_o = 2,5 \ T$ (mm) und $r_i = 1,5 \ T$ (mm)
für $T > 10$ mm, $r_o = 3,0 \ T$ (mm) und $r_i = 2,0 \ T$ (mm)

4.2.3 Größere Abmessungen der Rechteck-(Quadrat-)hohlprofile

In einigen Ländern werden wesentlich größere Rechteckhohlprofil-Abmessungen hergestellt, die für die Anwendung auf den Gebieten Hochhausbau und Offshore-Technik besonders geeignet sind.

Japan:

Kaltgewalzte, geschweißte Quadrathohlprofile, Elektrowiderstandsschweißen

300 × 300 × 6–19 mm
350 × 350 × 9–22 mm
400 × 400 × 9–22 mm
450 × 450 × 9–22 mm
500 × 500 × 9–22 mm
550 × 550 × 12–22 mm

Kaltgepreßte, geschweißte Quadrathohlprofile, verdecktes Lichtbogenschweißen

300 × 300 × 9–22 mm
350 × 350 × 9–25 mm
400 × 400 × 9–32 mm
450 × 450 × 9–36 mm
500 × 500 × 9–40 mm
550 × 550 × 9–40 mm
600 × 600 × 9–40 mm
700 × 700 × 12–40 mm
750 × 750 × 16–40 mm
800 × 800 × 16–40 mm
850 × 850 × 16–40 mm
900 × 900 × 16–40 mm
950 × 950 × 19–40 mm
1000 × 1000 × 19–40 mm

Großbritannien:

Warmgefertigte, geschweißte Quadrathohlprofile

350 × 350 × 19–25 mm
400 × 400 × 22–25 mm
450 × 450 × 12–32 mm
500 × 500 × 12–36 mm
550 × 500 × 16–40 mm
600 × 600 × 25–40 mm
650 × 650 × 25–40 mm
700 × 700 × 25–40 mm

5 Grundlagen zur Berechnung und Bemessung von Hohlprofilen in Stahlbaukonstruktionen

5.1 Allgemeines

Grundlegende Überlegungen zur Bemessung von Stahlbaukonstruktionen gehen von den Grenzzuständen [1, 2] aus, wobei die Bemessungswerte die Einwirkungsgrößen (z. B. Eigengewicht, Wind, Verkehrslast, Temperatur, Baugrundbewegung) und die Widerstandsgrößen (Festigkeiten und Steifigkeiten gegeben durch Werkstoffkennwerte und Querschnittswerte) sind. Die Grenzzustände entsprechen dem Punkt, an dem das Bauteil oder das Tragwerk die Bemessungsanforderungen nicht mehr erfüllt.

Zwei Kategorien der Grenzzustände werden unterschieden, für die mit ausgewählten Bemessungssituationen ein Tragfähigkeitsnachweis der Konstruktion oder ihrer Teile vorgenommen wird:

1. Grenzzustände für das Gleichgewicht und die Tragfähigkeit („ultimate limit state")
   – Verlust des Gleichgewichtes (z. B. Gleiten, Umkippen, Abheben)
   – Verlust der Tragfähigkeit (z. B. Instabilität, Bruch, Ermüdung oder sonstige vereinbarte Grenzzustände, wie zu hohe Spannungen)

2. Grenzzustände für die Gebrauchstauglichkeit („serviceability limit state")
   Diese entsprechen den Zuständen, über die hinaus die spezifizierten Gebrauchskriterien nicht mehr erfüllt werden. Die normale Nutzung kann gefährdet sein durch
   – Verformungen und Verschiebungen
   – Erschütterungen, Schwingungen
   – örtliche, unzulässige Schäden (z. B. Risse bestimmter Größe)

Es ist nachzuweisen, daß die maßgebenden Grenzzustände nicht überschritten werden.

$$S_d \leq R_d \qquad\qquad (5\text{-}1)$$

Dabei sind:

S_d die Beanspruchung, die durch die Bemessungswerte der Einwirkungen F_d (z. B. Lasten, Spannungen, Schnittgrößen, Dehnungen und Durchbiegungen) dargestellt wird, und

R_d die Beanspruchbarkeit, die sich aus den zugehörigen Bemessungswerten der Widerstände M_d (z. B. Grenzlasten, Grenzspannungen, Grenzschnittgrößen, Grenzdehnungen) ergibt.

Die Berechnung der Beanspruchungen erfolgt nach der Elastizitäts- bzw. Fließgelenk- oder Fließzonentheorie, die der Beanspruchbarkeiten erfolgt elastisch oder unter Ausnutzung plastischer Tragfähigkeiten.

Die Ausnutzung der plastischen Tragfähigkeit stellt an die Wanddicken von Hohlprofilen schärfere Anforderungen als bei elastischer Berechnung (max d/t- bzw. b/t-Verhältnis, siehe Abschnitt 5.3.3.2).

Sie nutzt die Duktilität des Stahles aus. Wenn bei Biegebeanspruchung eine plastische Berechnung des Querschnittes zulässig ist, ist diese i. a. wirtschaftlicher als eine Berechnung mit der rein „elastischen" Grenzlast, bei der das erste Erreichen der Fließgrenze am Querschnittsrand maßgebend ist.

Bild 5-1 zeigt die Spannungsverteilung bei Vollplastizierung des Querschnitts bei getrennter Wirkung von Biegemoment und Querkraft.

Die Schnittgrößen bei Vollplastizierung von Hohlprofilen können nach Tabelle 5-1 ermittelt

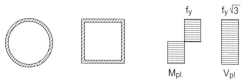

Bild 5-1 Spannungsverteilung bei Vollplastizierung, wenn Biegemoment oder Querkraft allein wirken

Tabelle 5-1 Schnittgrößen bei Vollplastizierung. Näherungswerte für d_m, h_m, $b_m \gg t$ und unter Vernachlässigung von Kantenrundungen

Profil	Biegung $M_{pl} = W_{pl} \cdot f_y$	Schub	Formfaktor $\alpha = \dfrac{W_{pl}}{W_{el}}$
	$M_{pl} = t \cdot d_m^2 \cdot f_y$	$V_{pl} = Q_{pl} = 2\,t \cdot d_m \cdot \dfrac{f_y}{\sqrt{3}}$	$\dfrac{4}{\pi} = 1{,}273$
	$M_{pl} = \dfrac{3}{2} \cdot t \cdot b_m^2 \cdot f_y$	$V_{pl} = Q_{pl} = 2\,t\,b_m \cdot \dfrac{f_y}{\sqrt{3}}$	$\dfrac{9}{8} = 1{,}125$
	$M_{pl,x} = (t \cdot b_m \cdot h_m + \dfrac{1}{2}\,t \cdot h_m^2)\,f_y$	$V_{pl} = Q_{pl} = 2\,t\,h_m \cdot \dfrac{f_y}{\sqrt{3}}$	$\dfrac{1 + \dfrac{1}{2}\dfrac{h_m}{b_m}}{1 + \dfrac{1}{3}\dfrac{h_m}{b_m}}$

werden. Der Formfaktor α ist das Verhältnis $M_{pl}/M_{el} = W_{pl}/W_{el}$ und gibt einen Hinweis auf die plastischen Reserven eines Querschnitts (W_{pl} und W_{el} sind das plastische und elastische Widerstandsmoment).

5.2 Teilsicherheitsfaktoren

Überlegungen zur Sicherheit von Baukonstruktionen [1] bis [5] gehen von einer semi-probabilistischen Methode aus, auf der Grundlage gesplitteter Sicherheits- und Kombinationsfaktoren. Für die Einwirkungen und die Widerstände werden in den Bemessungsnormen Nennwerte (charakteristische Werte) definiert. Diese Nennwerte werden jeweils mit Teilsicherheitsfaktoren entsprechend ihrem Risiko belegt. Das Risiko kann z. B. in der Größe der Lasten und der Häufigkeit oder Gleichzeitigkeit ihres Auftretens bestehen, aber z. B. auch in der Übertragung von Modellversuchen auf baupraktische Größenordnungen. Ferner werden mit Hilfe der Teilsicherheitsfaktoren günstig oder ungünstig wirkende Einwirkungen auf Baukonstruktionen sowie ständige, vorübergehende und außergewöhnliche Bemessungssituationen berücksichtigt.

Beanspruchung S_d (Einwirkungsgröße F_{Sd}) und Beanspruchbarkeit R_d (Widerstandsgröße M_{Rd})

werden unter Berücksichtigung der Teilsicherheitsfaktoren γ_F und γ_M berechnet, die die Streuungen der charakteristischen Einwirkungen F_k und Widerstandsgrößen M_k in Rechnung stellen.

Der Tragfähigkeitsnachweis lautet:

$$S_d \triangleq F_{Sd} = \gamma_F \cdot F_k \leq R_d \triangleq M_{Rd} = M_k/\gamma_M \qquad (5\text{-}2)$$

5.2.1 Einwirkungen und ihre Teilsicherheitsfaktoren

Im allgemeinen werden γ_F (Teilsicherheitsfaktor für Einwirkung) und F_k (charakteristischer Wert für Einwirkung) in einschlägigen Normen (z. B. [3]) festgelegt. Ferner kann F_k auch vom Bauherrn oder dem Entwurfsverfasser in Abstimmung mit dem Bauherrn festgelegt werden, wobei Mindestanforderungen nach den einschlägigen Normen bzw. den Behördenbestimmungen eingehalten werden.

Die Einwirkungen werden unterschieden:

- durch ihre zeitlichen Veränderungen
  - ständige Lasten (G, charakteristischer Wert G_k), z. B. Eigengewicht von Tragwerken, Ausrüstungen, festen Einbauten, haustechnischen Anlagen

- veränderliche Lasten (Q, charakteristischer Wert Q_k), z. B. Verkehrs- bzw. Nutzlast, Windlast, Schneelast
- außergewöhnliche Lasten (A, charakteristischer Wert A_k), z. B. Unfalllasten wie Explosion, Anprall eines Fahrzeugs
- nach ihren räumlichen Veränderungen
  - fixierte Lasten (z. B. ständige Lasten)
  - freie Lasten (z. B. bewegliche Lasten)

Es gibt in der Literatur verschiedene Schreibweisen des Sicherheitsmodells. Als ein Beispiel werden hier die Bemessungswerte der Einwirkungen anhand der Kombinationsregeln und der Häufigkeit des Auftretens nach Eurocode 3 [2] wie folgt angegeben:

1. Ständige und vorübergehende Bemessungssituationen (ausgenommen Nachweis der Ermüdung):

$$F_{Sd} = \sum_j \gamma_{F,Gj} \cdot G_{kj} + \gamma_{F,Q,1} \cdot Q_{k,1} + \sum_{i>1} \gamma_{F,Q,i} \cdot \psi_{o,i} \cdot Q_{k,i}$$ (5-3)

2. Außergewöhnliche Bemessungssituationen:

$$F_{Sda} = \sum_j \gamma_{F,Gaj} \cdot G_{kj} + \gamma_{F,A} \cdot A_k + \psi_{1,1} \cdot Q_{k,1} + \sum_{i>1} \psi_{2,i} \cdot Q_{k,i}$$ (5-4)

Hierbei sind:

G_{kj} charakteristische Werte der ständigen Einwirkungen

$Q_{k,1}$ charakterischer Wert einer der veränderlichen Einwirkungen

$Q_{k,i}$ charakteristische Werte der weiteren veränderlichen Einwirkungen

A_k charakteristischer Wert außergewöhnlicher Einwirkung

γ_A Teilsicherheitsfaktor für außergewöhnliche Einwirkung

$\gamma_{F,Gj}$ Teilsicherheitsfaktoren für ständige Einwirkungen G_{kj}

$\gamma_{F,Gaj}$ Teilsicherheitsfaktoren für ständige Einwirkungen in außergewöhnlichen Situationen

$\gamma_{F,Q,1}$ Teilsicherheitsfaktor für eine führende, veränderliche Einwirkung $Q_{k,1}$

$\gamma_{F,Q,i}$ Teilsicherheitsfaktoren für veränderliche Einwirkungen $Q_{k,i}$

$\psi_{o,i}$ Kombinationsfaktor ⎫ Festgelegt durch
ψ_1 Häufigkeitsfaktor ⎬ einschlägige
ψ_2 Quasiständiger Wert ⎭ Normen, z. B. [2]

Die Gl. 5-3 wird für Hochbauten wie folgt vereinfacht, wobei jeweils der ungünstigere Wert maßgebend ist. Diese Vereinfachung ist sowohl nach DIN 18 800, Teil 1 [1] als auch nach Eurocode 3 [2] gültig.

- Wenn nur eine führende veränderliche Einwirkung $Q_{k,1}$ berücksichtigt wird:

$$F_{Sd} = \sum_j \gamma_{F,Gj} \cdot G_{kj} + \gamma_{F,Q1} \cdot Q_{k,1}$$ (5-5)

- Wenn zwei oder mehrere veränderliche Einwirkungen $Q_{k,i}$ berücksichtigt werden:

$$F_{Sd} = \sum_j \gamma_{F,Gj} \cdot G_{kj} + 0.9 \sum_{i>1} \gamma_{F,Q,i} \cdot Q_{k,i}$$ (5-6)

Tabelle 5-2 listet die Teilsicherheitsfaktoren für Einwirkungen nach den Gln. 5-5 und 5-6 auf.

Tabelle 5-3 zeigt die Kombinationen der Einwirkungen unter Verwendung der Teilsicherheitsfaktoren nach Tabelle 5-2.

Für die Grenzzustände der Gebrauchstauglichkeit werden nach Eurocode 3 [2] die folgenden vereinfachten Formeln zur Berechnung der Kombinationen der Einwirkungen eingesetzt. Die ungünstigste Kombination wird angewendet.

$$F_{Sd} = \sum_j G_{kj} + Q_{k,1\,(\text{max})}$$ (5-7)

$$F_{Sd} = \sum_j G_{kj} + 0.9 \sum_{i>1} Q_{k,i}$$ (5-8)

Nach DIN 18 800, Teil 1 [1] sind die Teilsicherheits- und Kombinationsfaktoren sowie die Einwirkungskombinationen für die Gebrauchstauglichkeit mit den Bauherren, Behörden und

Tabelle 5-2 Teilsicherheitsfaktoren für γ_F nach [1, 2] für die Versagensgrenzzustände ("ultimate limit state")

Ständige Lasten $\gamma_{F,G}$	Führende veränderliche Last $\gamma_{F,Q,1}$	Begleitende veränderliche Lasten $\gamma_{F,Q,i}$
1,35	1,5	1,5

Tabelle 5-3 Kombinationen der Einwirkungen nach [1, 2]

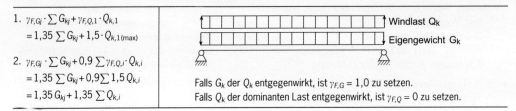

1. $\gamma_{F,Gj} \cdot \sum G_{kj} + \gamma_{F,Q,1} \cdot Q_{k,1}$

    $= 1{,}35 \sum G_{kj} + 1{,}5 \cdot Q_{k,1\,(max)}$

2. $\gamma_{F,Gj} \cdot \sum G_{kj} + 0{,}9 \sum \gamma_{F,Q,i} \cdot Q_{k,i}$

    $= 1{,}35 \sum G_{kj} + 0{,}9 \sum 1{,}5\, Q_{k,i}$

    $= 1{,}35\, G_{kj} + 1{,}35 \sum Q_{k,i}$

Windlast Q_k

Eigengewicht G_k

Falls G_k der Q_k entgegenwirkt, ist $\gamma_{F,G} = 1{,}0$ zu setzen.
Falls Q_k der dominanten Last entgegenwirkt, ist $\gamma_{F,Q} = 0$ zu setzen.

Bauplanern zu vereinbaren, sofern diese nicht in Grund- oder Fachnormen geregelt sind.

5.2.2 Widerstände und ihre Teilsicherheitsfaktoren

Die Beanspruchbarkeiten R_d werden aus den Bemessungswerten der Widerstandsgrößen M_d bestimmt, die mittels Dividieren der charakteristischen Werte M_k durch die Teilsicherheitsfaktoren berechnet werden:

$$M_d = M_k / \gamma_M \qquad (5\text{-}9)$$

Die charakteristischen Werte M_k sind die Festigkeitskennwerte der Werkstoffe, z. B. Streckgrenze f_y und Zugfestigkeit f_u (siehe z. B. Tabellen 3-3, 3-9 und 3-10) sowie die Steifigkeitswerte (Biegesteifigkeit EI, Knicksteifigkeit $EI_{\min}$, Torsionssteifigkeit GI_t), die aus den Nennwerten der Querschnitte (siehe z. B. Anlage I–III) und den charakteristischen Werten für das Elastizitäts- oder das Schubmodul (siehe Tabelle 5-4) zu berechnen sind.

Tabelle 5-4 Physikalische Werte von Baustählen

Elastizitätsmodul	$E = 210\,000\ \text{N/mm}^2$
Schubmodul	$G = \dfrac{E}{2(1+v)} = 81\,000\ \text{N/mm}^2$
Querdehnungszahl	$v = 0{,}3$
Temperatur-Ausdehnungskoeffizient	$\alpha = 12 \cdot 10^{-6} / {}^{\circ}\text{C}$
Dichte	$\varrho = 7850\ \text{kg/m}^3$

Zur Bemessung nach der Grenzzustandsmethode werden Bauteilquerschnitte in vier Klassen eingestuft, die die Zusammenhänge zwischen den Schnittgrößen (Beanspruchung) und den Querschnittstragfähigkeiten (Beanspruchbarkeit) darstellen. Es bestehen entsprechende Modelle für die Nachweisverfahren (siehe Tabelle 5-5).

Querschnittsklasse 1

Nachweisverfahren: Plastisch-Plastisch
Die Querschnitte können Fließgelenke bilden mit einer Rotationskapazität, die erforderlich ist für eine plastische Berechnung.

Querschnittsklasse 2 (kompakt)

Nachweisverfahren: Elastisch-Plastisch
Die Querschnitte können ihre plastische Beanspruchbarkeit entwickeln, besitzen aber eine begrenzte Rotationskapazität.

Querschnittsklasse 3 (semikompakt)

Nachweisverfahren: Elastisch-Elastisch
Die Querschnittstragfähigkeit wird bei Randspannung = Streckgrenze des Werkstoffes erreicht. Da das Beulen jedoch verantwortlich dafür ist, daß die plastische Beanspruchbarkeit nicht erreicht werden kann, dürfen die Querschnitte nicht zu dünnwandig sein.

Querschnittsklasse 4

Nachweisverfahren: Elastisch-Elastisch
Bei der Ermittlung der Momenten- oder Druckbeanspruchbarkeit ist es erforderlich, die Wirkung des Beulens zu berücksichtigen. Um dies zu tun, werden wirksame Breiten berechnet.

Teilsicherheitsfaktoren γ_M für die Bauteil-Querschnitt- sowie Verbindungstragfähigkeiten nach [1, 2] werden in Tabelle 5-6 zusammengefaßt.

5.3 Beanspruchbarkeit der Querschnitte

Dieser Abschnitt beschreibt die entsprechenden Nachweisverfahren des Eurocodes 3 [2], die sich jedoch nicht grundsätzlich von denen der anderen Normungswerke in außereuropäischen Ländern wie Kanada, USA, Japan, Australien usw. unterscheiden. Für einige Regelungen werden zusätzliche Hintergrundinformationen gegeben.

Tabelle 5-5 Querschnittsklassifikation, Definitionen

Querschnittsklasse	Klasse 1	Klasse 2	Klasse 3	Klasse 4
Beanspruchbarkeit im Querschnitt	Querschnitt vollplastisch, volle Rotationskapazität	Querschnitt vollplastisch, eingeschränkte Rotationskapazität	Querschnitt elastisch, Randspannung = Streckgrenze	Querschnitt elastisch, Berücksichtigung der örtlichen Beulung
Spannungsverteilung und Rotationskapazität	$-f_y$ / $+f_y$	$-f_y$ / $+f_y$	$-f_y$ / $+f_y$	$-f_y$ / $+f_y$
Verfahren zur Schnittgrößenermittlung (Beanspruchung) eines Querschnittes	Plastisch	Elastisch	Elastisch	Elastisch
Verfahren zur Ermittlung der Traglast (Beanspruchbarkeit) eines Querschnittes	Plastisch	Plastisch	Elastisch	Elastisch (mit Berücksichtigung der mittragenden Breite)

Tabelle 5-6 Teilsicherheitsbeiwerte γ_M nach DIN 18800 [1] und DIN V ENV 1993-1, Eurocode 3 [2]

	DIN 18800 [1]	DIN V ENV 1993-1 [2]
Für Bauteilquerschnitte der Klassen 1, 2 und 3	$\gamma_M = 1,1$	$\gamma_{M0} = 1,1$
Für Bauteilquerschnitte der Klasse 4	$\gamma_M = 1,1$	$\gamma_{M1} = 1,1$
Für Knicken und Beulen von Bauteilen	$\gamma_M = 1,1$	$\gamma_{M1} = 1,1$
Schweißnähte	$\gamma_{MW} = 1,1$	$\gamma_{MW} = 1,25$
Schrauben	$\gamma_{Mb} = 1,1$	$\gamma_{Mb} = 1,25$
Nieten	$\gamma_{Mr} = 1,1$	$\gamma_{Mr} = 1,25$
Bolzen	$\gamma_{Mp} = 1,1$	$\gamma_{Mp} = 1,25$
Geschweißte Hohlprofilfachwerkverbindungen	$\gamma_{Mj} = 1,1^*$	$\gamma_{Mj} = 1,1$

* Gemäß DIN 18808 [6, 7]

5.3.1 Hohlprofile unter Normalkraft

Für die Grenzspannungen für Normalkräfte gilt:

$$f_{Rd} = f_y / \gamma_M \qquad (5\text{-}10)$$

Der Nachweis für die Normalspannungen wird ausgeführt durch:

$$\frac{f_{Sd}}{f_{Rd}} \leq 1 \qquad (5\text{-}11)$$

Für Hohlprofile, die auf Zug beansprucht werden, muß die Zugbeanspruchung

$$N_{t,Sd} \leq N_{t,Rd} \qquad (5\text{-}12)$$

$N_{t,Rd}$ ist die Zugbeanspruchbarkeit des Querschnitts, die sich als der kleinere der folgenden Werte ergibt:

• Die plastische Beanspruchbarkeit des Bruttoquerschnitts

$$N_{t,Rd} = N_{pl,Rd} = A \cdot f_y / \gamma_M \qquad (5\text{-}13)$$

• Die Beanspruchbarkeit des Nettoquerschnitts im kritischen Schnitt durch die Löcher der Verbindungsmittel

$$N_{t,Rd} = N_{u,Rd} = 0{,}9\, A_{net} \cdot f_u / \gamma_{Mb} \qquad (5\text{-}14)$$

Bei gleitfesten Verbindungen im Grenzzustand der Tragfähigkeit (hochfeste vorgespannte Verschraubung) darf die plastische Beanspruchbarkeit des Nettoquerschnitts $N_{net,Rd}$ nicht größer sein als $A_{net} \cdot f_y / \gamma_M$.

Wo duktiles Verhalten erforderlich ist, darf die plastische Beanspruchbarkeit $N_{pl,Rd}$ nicht kleiner als die Beanspruchbarkeit des Nettoquerschnitts sein:

$$\frac{0{,}9\, A_{net} \cdot f_u}{\gamma_{Mp}} \geq \frac{A \cdot f_y}{\gamma_M} = \frac{N_{pl}}{\gamma_M} \qquad (5\text{-}15)$$

$$0{,}9 \cdot \frac{A_{net}}{A} \geq \frac{f_y}{f_u} \cdot \frac{\gamma_{Mp}}{\gamma_M} \qquad (5\text{-}16)$$

Für Hohlprofile, die auf Druck beansprucht sind, muß die Druckbeanspruchung $N_{c,Sd}$ in jedem Querschnitt folgende Bedingung erfüllen:

$$N_{c,Sd} \leq N_{c,Rd} \qquad (5\text{-}17)$$

$N_{c,Rd}$ ist die Druckbeanspruchbarkeit des Querschnitts, wobei der kleinere der folgenden Werte maßgebend ist:

● Die plastische Beanspruchbarkeit des Bruttoquerschnitts

$$N_{pl,Rd} = A \cdot f_y / \gamma_M \qquad (5\text{-}18)$$

(Querschnittsklasse 1, 2 und 3)

● Die Beanspruchbarkeit des durch örtliches Ausbeulen reduzierten wirksamen Querschnitts

$$N_{c,Rd} = A_{eff} \cdot f_y / \gamma_M \qquad (5\text{-}19)$$

(Querschnittsklasse 4)

A_{eff} ist die wirksame Querschnittsfläche, die auf der wirksamen Breite der Druckbauteile basiert (siehe Abschnitt 5.3.3.2).

Die Stabilitätsnachweise für druckbeanspruchte Hohlprofile gegen Knicken und Beulen werden im Abschnitt 5.3.3 ausführlicher behandelt.

Ferner ist zu erwähnen, daß in druckbeanspruchten Bauteilen keine Lochabzüge vorgenommen werden, außer bei übergroßen Löchern oder Langlöchern.

5.3.2 Hohlprofile unter Biegung und Schub

Bei einfacher Biegung mit oder ohne Querkraft gibt es keine grundsätzlichen Unterschiede zwischen den Berechnungen von Hohlprofilen und konventionellen offenen Stahlbauprofilen.

Örtliches Beulen der Wand ist bei sehr dünnwandigen Hohlprofilen zu überprüfen (siehe Abschnitt 5.3.3.2).

Ein Nachweis der Kippsicherheit (seitliches Ausweichen und gleichzeitiges Verdrillen bei reiner Biegung) ist bei kreisförmigen Hohlprofilen und rechteckigen Hohlprofilen üblicher Abmessungen ($b/h \geq 0{,}5$) im allgemeinen nicht erforderlich.

5.3.2.1 Tragfähigkeitsermittlung bei reiner Biegung

Bei reiner einachsiger Biegung wird die Momentenbeanspruchbarkeit M_{Rd} des Querschnitts wie folgt berechnet:

Querschnittsklasse 1 und 2 (plastisch berechnet):

$$M_{Rd} = W_{pl} \cdot f_y / \gamma_M \qquad (5\text{-}20)$$

Querschnittsklasse 3 (elastisch berechnet):

$$M_{Rd} = W_{el} \cdot f_y / \gamma_M \qquad (5\text{-}21)$$

Querschnittsklasse 4 (elastisch berechnet mit Berücksichtigung des örtlichen Beulens):

$$M_{Rd} = W_{eff} \cdot f_y / \gamma_M \qquad (5\text{-}22)$$

Nachweis gegen Kippen

Wie bereits erläutert, kann im allgemeinen bei Trägern aus Hohlprofilen auf den Biegedrillknicknachweis (Kippen) verzichtet werden.

Das kritische Kippmoment eines Trägers nimmt mit zunehmender Trägerlänge l ab. Tabelle 5-7 zeigt die Trägerlängen (für verschiedene Stahlsorten), für die bei Überschreiten ein Kippversagen auftritt.

Es gilt die folgende Gleichung, die mit einem bezogenen „Kipp-Schlankheitsgrad" $\bar{\lambda}_{LT} = \sqrt{\frac{f_y}{f_{cr,LT}}}$ $= 0{,}4$ nach Eurocode 3 [2] ermittelt wird [9]:

$$\frac{l}{h-t} \leq \frac{113400}{f_y} \cdot \frac{\gamma_x^2}{1+3\gamma_x} \sqrt{\frac{3+\gamma_x}{1+\gamma_x}} \qquad (5\text{-}23)$$

f_y = Streckgrenze in N/mm^2

$f_{cr,LT}$ = kritische Spannung für das Kippversagen

Tabelle 5-7 Längenverhältnis $l/(h-t)$ für Rechteckhohlprofile bis zu dem ein Kippnachweis nicht geführt werden muß ($\gamma_x \geq 0,5$)

γ_x	$l/(h-t)$			
	$f_y = 235$ N/mm²	$f_y = 275$ N/mm²	$f_y = 355$ N/mm²	$f_y = 460$ N/mm²
0,5	73,7	63,0	48,8	37,7
0,6	93,1	79,5	61,6	47,5
0,7	112,5	96,2	74,5	57,5
0,8	132,0	112,8	87,4	67,4
0,9	151,3	129,3	100,2	77,3
1,0	170,6	145,8	112,9	87,2

$$\gamma_x = \frac{b-t}{h-t} = \frac{b_m}{h_m}$$

$$\gamma_x = \frac{b-t}{h-t} = \frac{b_m}{h_m}$$

Gl. (5-23) gilt für reine Biegung (ungünstigster Lastfall, auf der sicheren Seite) bei elastischer Spannungsverteilung (Querschnittsklasse 3). Sie ist jedoch auch gültig bei plastischer Spannungsverteilung (Querschnittsklasse 1 und 2).

5.3.2.2 Einachsige Biegung mit Normalkraft (ohne Querkraftberücksichtigung)

Bei einachsiger Biegung mit Normalkraft ohne Querkraftberücksichtigung ist der folgende Nachweis (Querschnittsklasse 1 und 2) zu führen:

$$M_{Sd} \leq M_{N,Rd} \qquad (5\text{-}24)$$

$M_{N,Rd}$ ist infolge Normalkraft reduzierter Bemessungswert des Biegemomentes im plastischen Zustand.

Folgende Näherungsformeln sind anwendbar:

Für quadratische Hohlprofile
$$M_{N,Rd} = 1,26\, M_{pl,Rd}\,(1-n) \leq M_{pl,Rd} \qquad (5\text{-}25)$$

Für rechteckige Hohlprofile
$$M_{N,x,Rd} = 1,33\, M_{pl,x,Rd}\,(1-n) \leq M_{pl,x,Rd} \qquad (5\text{-}26)$$

$$M_{N,y,Rd} = M_{pl,y,Rd}(1-n)/\left(0,5+\frac{ht}{A}\right) \leq M_{pl,y,Rd} \qquad (5\text{-}27)$$

Für kreisförmige Hohlprofile
$$M_{N,Rd} = 1,04\, M_{pl,Rd}\,(1-n^{1,7}) \leq M_{pl,Rd} \qquad (5\text{-}28)$$

Für die Gln. (5-25) bis (5-28)

$$n = \frac{N_{Sd}}{N_{pl,Rd}} = \frac{N_{Sd} \cdot \gamma_M}{A \cdot f_y} \qquad (5\text{-}29)$$

Für kreisförmige Hohlprofile gilt anstelle von Gl. (5-28) auch die genaue Beziehung [8]:

$$\frac{M_{Sd}}{M_{pl,Rd}} \leq \cos\left(\frac{N_{Sd}}{N_{pl,Rd}} \cdot \frac{\pi}{2}\right) \qquad (5\text{-}30)$$

5.3.2.3 Zweiachsige Biegung mit Normalkraft (ohne Querkraftberücksichtigung)

Bei zweiachsiger Biegung mit Normalkraft (Querschnittsklasse 1 und 2) gilt der folgende Nachweis:

$$\frac{N_{Sd} \cdot \gamma_M}{A \cdot f_y} + \frac{M_{x,Sd} \cdot \gamma_M}{W_{pl,x} \cdot f_y} + \frac{M_{y,Sd} \cdot \gamma_M}{W_{pl,y} \cdot f_y} \leq 1 \qquad (5\text{-}31)$$

oder

$$\frac{N_{Sd}}{N_{pl,Rd}} + \frac{M_{x,Sd}}{M_{pl,x,Rd}} + \frac{M_{y,Sd}}{M_{pl,y,Rd}} \leq 1 \qquad (5\text{-}32)$$

Es kann auch folgendes Näherungskriterium angewendet werden:

$$\left[\frac{M_{x,Sd}}{M_{N,x,Rd}}\right]^{\alpha} + \left[\frac{M_{y,Sd}}{M_{N,y,Rd}}\right]^{\beta} \leq 1,0 \qquad (5\text{-}33)$$

Dabei bedeuten:

α, β = Exponenten

Für kreisförmige Hohlprofile: $\alpha = \beta = 2$ (5-34)

Für quadratische und rechteckige Hohlprofile:

$$\alpha = \beta = \frac{1,66}{1 - 1,13\,n^2} \leq 6 \qquad (5\text{-}35)$$

n = siehe Gl. (5-29)

Bei elastischer Traglastberechnung gilt anstelle von Gl. (5-31) die einfache lineare Beziehung:

$$\frac{N_{Sd}}{A \cdot f_{yd}} + \frac{M_{x,Sd}}{W_{el,x} \cdot f_{yd}} + \frac{M_{y,Sd}}{W_{el,y} \cdot f_{yd}} \leq 1 \qquad (5\text{-}36)$$

mit:

$f_{yd} = f_y / \gamma_M$

Gl. (5-36) kann vereinfacht und auf der sicheren Seite auch anstelle des plastischen Querschnittsnachweises (Klasse 1 und 2) nach Gl. (5-31) angewendet werden.

5.3.2.4 Ermittlung der Schubspannungen in Hohlprofilen

Unter dem Einfluß von Querkräften verteilen sich die Schubspannungen nach Bild 5-2.

Im allgemeinen ist folgender Schubspannungsnachweis zu führen:

$$\tau_{max} = \frac{Q\,(\text{oder}\,V_{Sd}) \cdot maxS}{I \cdot t} \leq \tau_{Rd} = \frac{f_y}{\sqrt{3} \cdot \gamma_M}$$
$$(5\text{-}37)$$

mit:

Q oder V_{Sd} = Querkraft

S = Statisches Moment (= Flächenmoment 1. Grades) der Fläche zwischen dem freien Rand und der betrachteten Faser des Querschnitts, bezogen auf die neutrale Achse

I = Trägheitsmoment des Gesamtquerschnitts

t = Wanddicke

Mit genügender Genauigkeit können die folgenden Formeln benutzt werden:

Für kreisförmige Hohlprofile

$$\tau_{max} = \frac{2Q}{A} = \frac{2Q}{d_m \cdot \pi \cdot t} \qquad (5\text{-}38)$$

wobei $d_m = d - t$ ist.

Für rechteckige Hohlprofile

$$\tau_{max} = \frac{Q}{2 \cdot h_m \cdot t} \qquad (5\text{-}39)$$

wobei h_m = mittlere Steghöhe = $h - t$ ist.

5.3.2.5 Tragfähigkeitsermittlung bei Biegung (mit Querkraftberücksichtigung)

Die Querkraft in jedem Bauteil muß folgendes Kriterium erfüllen:

$$V_{Sd} \leq V_{pl,Rd} \qquad (5\text{-}40)$$

$V_{pl,Rd}$ ist die plastische Schubbeanspruchbarkeit, gegeben durch:

$$V_{pl,Rd} = \frac{A_V \cdot f_y}{\gamma_M \cdot \sqrt{3}} \qquad (5\text{-}41)$$

Die Scherfläche A_V kann wie folgt angenommen werden:

Für rechteckige Hohlprofile

a) parallel zur Höhe belastet $A_V = \dfrac{Ah}{b+h}$

b) parallel zur Breite belastet $A_V = \dfrac{Ab}{b+h}$

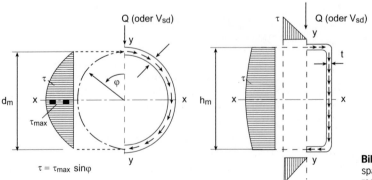

Bild 5-2 Verteilung der Schubspannungen in kreisförmigen und rechteckigen Hohlprofilen

Tabelle 5-8 Reduzierte plastische Momententragfähigkeit $M_{N,V,Rd}$ unter Berücksichtigung der Normal- und Querkraft

Hohlprofile			$V_{Sd} \le 0,5\ V_{pl,Rd}$	$V_{Sd} > 0,5\ V_{pl,Rd}$
		$N_{Sd} \le 0,5\ N_{pl,Rd}$	$\dfrac{M_{N,V,Rd}}{M_{pl,Rd}} = 1,0$	$\dfrac{M_{N,V,Rd}}{M_{pl,Rd}} = 1-\varrho$
		$N_{Sd} > 0,25\ N_{pl,Rd}$	$\dfrac{M_{N,V,Rd}}{M_{pl,Rd}} = 1,04\,(1-n^{1,7})$	$\dfrac{M_{N,V,Rd}}{M_{pl,Rd}} = 1,04\left\{1 - \varrho - \dfrac{n^{1,7}}{(1-\varrho)^{1,7}}\right\}$
		niedrig	$\dfrac{M_{N,V,Rd}}{M_{pl,Rd}} = 1,0$	$\dfrac{M_{N,V,Rd}}{M_{pl,Rd}} = 1-\varrho$
		hoch	$\dfrac{M_{N,V,Rd}}{M_{pl,Rd}} = 1,26\,(1-n)$	$\dfrac{M_{N,V,Rd}}{M_{pl,Rd}} = 1,26\,(1-n-\varrho)$
		niedrig	$\dfrac{M_{N,V,Rd}}{M_{pl,x,Rd}} = 1,0$	$\dfrac{M_{N,V,Rd}}{M_{pl,x,Rd}} = 1-\varrho$
		hoch	$\dfrac{M_{N,V,Rd}}{M_{pl,x,Rd}} = 1,33\,(1-n)$	$\dfrac{M_{N,V,Rd}}{M_{pl,x,Rd}} = 1,33\,(1-n-\varrho)$
		niedrig	$\dfrac{M_{N,V,Rd}}{M_{pl,y,Rd}} = 1,0$	$\dfrac{M_{N,V,Rd}}{M_{pl,y,Rd}} = 1-\varrho$
		hoch	$\dfrac{M_{N,V,Rd}}{M_{pl,y,Rd}} = \dfrac{1-n}{0,5+\dfrac{ht}{A}}$	$\dfrac{M_{N,V,Rd}}{M_{pl,y,Rd}} = \dfrac{1-n-\varrho}{0,5+\dfrac{ht}{A}}$
Niedriges Niveau } $N_{Sd} \le 0,25\ N_{pl,Rd}$			Hohes Niveau } $N_{Sd} > 0,25\ N_{pl,Rd}$	

$$n = \frac{N_{Sd}}{N_{pl,Rd}} = \frac{N_{Sd}}{\left(\dfrac{A \cdot f_y}{\gamma_M}\right)} \qquad\qquad \varrho = \left(2\,\frac{V_{Sd}}{V_{pl,Rd}} - 1\right)^2$$

Für kreisförmige Hohlprofile

$$A_V = \frac{2A}{\pi}$$

Die vorhandene Querkraft kann unberücksichtigt bleiben, wenn der Bemessungswert der Querkraft $V_{Sd} \le 0,5\ V_{pl,Rd}$ ist. Diese Bedingung wird in nahezu allen praktischen Fällen erfüllt.

Es sei angemerkt, daß in anderen Regelwerken der Grenzwert $V_{Sd}/V_{pl,Rd}$, bis zu dem die Querkräfte vernachlässigt werden dürfen, beträchtlich geringer sein kann (siehe z. B. [1]).

Für $V_{Sd} > 0,5\ V_{pl,Rd}$ wird dies bei der Ermittlung der Tragfähigkeit des Querschnitts durch eine Reduzierung der Streckgrenze f_y für die anteilige, mit Schubspannung „belegte" Querschnittsfläche berücksichtigt:

$$\text{red.}\ f_y = (1-\varrho) \cdot f_y \tag{5-42}$$

$$\varrho = \left(2 \cdot \frac{V_{Sd}}{V_{pl,Rd}} - 1\right)^2 \tag{5-43}$$

Tabelle 5-8 zeigt die reduzierte plastische Tragfähigkeitsbeziehung (Biegemoment) $M_{N,v,Rd}$ unter Berücksichtigung der Normal- und Querkraft.

Für kreisförmige Hohlprofile läßt sich bei Berücksichtigung der Querkraft eine geschlossene, genaue und einfache Lösung angeben [8]:

$$\frac{M_{Sd}}{M_{pl,Rd}} \leq \eta \cdot \cos\left(\frac{N_{Sd}}{\eta \cdot N_{pl,Rd}} \cdot \frac{\pi}{2}\right) \tag{5-44}$$

mit:

$$\eta = \sqrt{1 - \left(\frac{V_{Sd}}{V_{pl,Rd}}\right)^2} \tag{5-45}$$

$$V_{Sd} = \sqrt{V_{x,Sd}^2 + V_{y,Sd}^2} \tag{5-46}$$

$$M_{Sd} = \sqrt{M_{x,Sd}^2 + M_{y,Sd}^2} \tag{5-47}$$

$V_{pl,Rd} =$ siehe Gl. (5-41)

Keine Reduzierung von f_y wie in Gl. (5-42)

5.3.2.6 Vergleichsspannung bei Normalkraft und Schub

Die Vergleichsspannung f_v unter Berücksichtigung der Normalspannungen f_x, f_y und f_z sowie der Schubspannungen τ_{xy}, τ_{xz} und τ_{yz} ist wie folgt zu berechnen:

$$f_v = \sqrt{f_x^2 + f_y^2 + f_z^2 - f_x \cdot f_y - f_x \cdot f_z - f_y \cdot f_z + 3\,\tau_{xy}^2 + 3\,\tau_{xz}^2 + 3\,\tau_{yz}^2} \tag{5-48}$$

Es gilt der Nachweis:

$$\frac{f_v}{f_{Rd}} \leq 1 \tag{5-49}$$

wobei $f_{Rd} = f_y / \gamma_M$

5.3.3 Stabilitätsfälle – Knicken und Beulen von Hohlprofilen

Das Knicken einer zentrisch beanspruchten Stütze stellt wohl das älteste Stabilitätsproblem dar und wurde schon von Euler und später für die Erstellung verschiedener Vorschriftenwerke [1, 2] vielfach behandelt. Beim Versagen infolge Knicken treten Verschiebungen und Verdrehungen um die Stabachsen auf (siehe Bild 5-3). Diese können auch gleichzeitig vorkommen. Es wird zwischen „Biegeknicken" und „Biegedrillknicken" unterschieden. Beim Biegeknicken treten Verschiebungen auf, wobei Verdrehungen vernachlässigt werden können. Beim Biegedrillknicken werden sowohl die Verschiebungen als auch die Verdrehungen berücksichtigt.

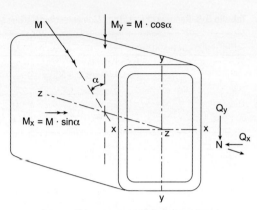

Bild 5-3 Verschiebungs- und Verdrehungsrichtungen um die Stabachsen eines rechteckigen Hohlprofils

Wie bereits im Abschnitt 5.3.2 erläutert, ist wegen der ungleich größeren Torsionssteifigkeit der Hohlprofile gegenüber offenen Profilen (siehe Bild 1-2) im allgemeinen für diese ein Nachweis gegen Biegedrillknicken nicht erforderlich. Ein Nachweis gegen Biegeknicken ist ausreichend.

5.3.3.1 Nachweis gegen Biegeknicken

Gegenwärtig hat sich in fast allen europäischen Ländern für die Berechnung der Traglasten gegen Biegeknicken planmäßig mittig belasteter und planmäßig gerader einteiliger Stäbe mit gleichbleibendem Querschnitt und konstanter Druckbelastung das Verfahren der „europäischen Knickspannungskurven"[1] durchgesetzt. Zur Erstellung dieser Knickspannungskurven wurden mit Hilfe der EKS (Europäische Konvention für Stahlbau) mehr als tausend Knickversuche mit verschiedenen Profilformen (u. a. auch kreisförmige Hohlprofile) in Belgien, Deutschland, Frankreich, Großbritannien, Italien, den Niederlanden und dem früheren Jugoslawien durchgeführt [10]. Weitere Versuche, insgesamt dreihundert, wurden mit kreisförmigen, quadratischen und rechteckigen Hohlprofilen mit der Unterstützung des CIDECT (Comité International pour le Developpement et l'Etude de la Construction Tubulaire) unternommen [11, 12]. Eine Simulationsrechnung, veranlaßt

---

1) Das „ω-Verfahren" gemäß DIN 4114 [17] ist seit 1.1.1996 nicht mehr gültig.

durch die EKS und geleitet von Schulz und Beer [13, 14], beruht auf einer numerischen Lösung von Gleichungen, die das Knicken unter Berücksichtigung struktureller Imperfektionen (Eigenspannungen, ungleichmäßige Verteilung der Streckgrenze) und geometrischer Imperfektionen (Lastausmitte, Ungeradheit der Stabachse) beschreiben. Das Ergebnis dieser und weiterer Untersuchungen war die Darstellung von fünf dimensionslosen Knickkurven a_o und a–d, denen jeweils einzelne Profilformen aufgrund ihrer unterschiedlichen Eigenspannungsverteilungen zugeordnet wurden (Bild 5-4). Tabelle 5-9 zeigt die Auswahl der Knickspannungskurven (a–c) von Hohlprofilen, die von den unterschiedlich großen Eigenspannungen durch die unterschiedlichen Herstellungsprozesse abhängig sind.

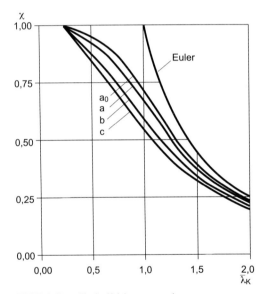

Bild 5-4 Europäische Knickspannungskurven

Für warmgefertigte Hohlprofildruckstäbe aus der Stahlsorte S 460 kann die höhere Knickspannungskurve „a_o" angewendet werden. Dies wurde durch neuere Versuche [16] und numerische Untersuchungen bestätigt und begründet sich damit, daß bei hochfesten Stählen die strukturellen und geometrischen Imperfektionen einen geringeren Einfluß auf das Knickverhalten ausüben als bei normalen Baustählen.

Der Tragsicherheitsnachweis für Hohlprofil-Druckstäbe der Querschnittsklassen 1, 2 und 3 bei Knickbeanspruchung wird wie folgt durchgeführt:

$$N_{c,Sd} \leq N_{K,Rd} \tag{5-50}$$

mit:

$N_{c,Sd}$ = Bemessungslast des Knickstabes (aus γ_F-facher Gebrauchslast)

$N_{K,Rd}$ = Grenzlast des Knickstabes

$$= \chi \cdot N_{pl,Rd} = \chi \cdot \frac{A \cdot f_y}{\gamma_M} \tag{5-51}$$

mit:

χ = Reduktionsfaktor (zu entnehmen aus Bild 5-4 oder Tabelle 5-10 oder Gl. 5–54). Er drückt das Verhältnis der Knicktraglast $N_{K,Rd}$ zur plastischen Längskraft $N_{pl,Rd}$ aus.

$$\chi = \frac{N_{K,Rd}}{N_{pl,Rd}} = \frac{f_{K,Rd}}{f_y/\gamma_M} \tag{5-52}$$

$f_{K,Rd}$ = Querschnittsspannung bei Knicktraglast

$$= \frac{N_{K,Rd}}{A}$$

χ ist abhängig von dem bezogenen Schlankheitsgrad $\bar{\lambda}_K$ und den europäischen Knickspannungskurven a_o und a–d sowie dem maßgebenden Stabilitätsfall (χ_{min} entsprechend I_{min}).

Tabelle 5-9 Knickspannungskurven der Hohlprofile, den Herstellungsprozessen zugeordnet [1, 2]

Querschnitt			Herstellungsprozeß	Knickspannungskurve
			Warmformgebung	a
			Kaltformgebung (f_{yb} angewendet)	b
			Kaltformgebung (f_{ya} angewendet)	c

f_{yb} = Streckgrenze des (nicht kaltgeformten) Ausgangsmaterials
f_{ya} = Erhöhte Streckgrenze durch Kaltverformung (siehe Tabelle 3-14)

Tabelle 5-10a Knickspannungskurve a_o – Reduktionsfaktor χ

$\bar{\lambda}_K$	0	1	2	3	4	5	6	7	8	9
0,00	1,0000	1,0000	1,0000	1,0000	1,0000	1,0000	1,0000	1,0000	1,0000	1,0000
0,10	1,0000	1,0000	1,0000	1,0000	1,0000	1,0000	1,0000	1,0000	1,0000	1,0000
0,20	1,0000	0,9986	0,9973	0,9959	0,9945	0,9931	0,9917	0,9903	0,9889	0,9874
0,30	0,9859	0,9845	0,9829	0,9814	0,9799	0,9783	0,9767	0,9751	0,9735	0,9718
0,40	0,9701	0,9684	0,9667	0,9649	0,9631	0,9612	0,9593	0,9574	0,9554	0,9534
0,50	0,9513	0,9492	0,9470	0,9448	0,9425	0,9402	0,9378	0,9354	0,9328	0,9302
0,60	0,9276	0,9248	0,9220	0,9191	0,9161	0,9130	0,9099	0,9066	0,9032	0,8997
0,70	0,8961	0,8924	0,8886	0,8847	0,8806	0,8764	0,8721	0,8676	0,8630	0,8582
0,80	0,8533	0,8483	0,8431	0,8377	0,8322	0,8266	0,8208	0,8148	0,8087	0,8025
0,90	0,7961	0,7895	0,7828	0,7760	0,7691	0,7620	0,7549	0,7476	0,7403	0,7329
1,00	0,7253	0,7178	0,7101	0,7025	0,6948	0,6870	0,6793	0,6715	0,6637	0,6560
1,10	0,6482	0,6405	0,6329	0,6252	0,6176	0,6101	0,6026	0,5951	0,5877	0,5804
1,20	0,5732	0,5660	0,5590	0,5520	0,5450	0,5382	0,5314	0,5248	0,5182	0,5117
1,30	0,5053	0,4990	0,4927	0,4866	0,4806	0,4746	0,4687	0,4629	0,4572	0,4516
1,40	0,4461	0,4407	0,4353	0,4300	0,4248	0,4197	0,4147	0,4097	0,4049	0,4001
1,50	0,3953	0,3907	0,3861	0,3816	0,3772	0,3728	0,3685	0,3643	0,3601	0,3560
1,60	0,3520	0,3480	0,3441	0,3403	0,3365	0,3328	0,3291	0,3255	0,3219	0,3184
1,70	0,3150	0,3116	0,3083	0,3050	0,3017	0,2985	0,2954	0,2923	0,2892	0,2862
1,80	0,2833	0,2804	0,2775	0,2746	0,2719	0,2691	0,2664	0,2637	0,2611	0,2585
1,90	0,2559	0,2534	0,2509	0,2485	0,2461	0,2437	0,2414	0,2390	0,2368	0,2345
2,00	0,2323	0,2301	0,2280	0,2258	0,2237	0,2217	0,2196	0,2176	0,2156	0,2136
2,10	0,2117	0,2098	0,2079	0,2061	0,2042	0,2024	0,2006	0,1989	0,1971	0,1954
2,20	0,1937	0,1920	0,1904	0,1887	0,1871	0,1855	0,1840	0,1824	0,1809	0,1794
2,30	0,1779	0,1764	0,1749	0,1735	0,1721	0,1707	0,1693	0,1679	0,1665	0,1652
2,40	0,1639	0,1626	0,1613	0,1600	0,1587	0,1575	0,1563	0,1550	0,1538	0,1526
2,50	0,1515	0,1503	0,1491	0,1480	0,1469	0,1458	0,1447	0,1436	0,1425	0,1414
2,60	0,1404	0,1394	0,1383	0,1373	0,1363	0,1353	0,1343	0,1333	0,1324	0,1314
2,70	0,1305	0,1296	0,1286	0,1277	0,1268	0,1259	0,1250	0,1242	0,1233	0,1224
2,80	0,1216	0,1207	0,1199	0,1191	0,1183	0,1175	0,1167	0,1159	0,1151	0,1143
2,90	0,1136	0,1128	0,1120	0,1113	0,1106	0,1098	0,1091	0,1084	0,1077	0,1070
3,00	0,1063	0,1056	0,1049	0,1043	0,1036	0,1029	0,1023	0,1016	0,1010	0,1003
3,10	0,0997	0,0991	0,0985	0,0979	0,0972	0,0966	0,0960	0,0955	0,0949	0,0943
3,20	0,0937	0,0931	0,0926	0,0920	0,0915	0,0909	0,0904	0,0898	0,0893	0,0888
3,30	0,0882	0,0877	0,0872	0,0867	0,0862	0,0857	0,0852	0,0847	0,0842	0,0837
3,40	0,0832	0,0828	0,0823	0,0818	0,0814	0,0809	0,0804	0,0800	0,0795	0,0791
3,50	0,0786	0,0782	0,0778	0,0773	0,0769	0,0765	0,0761	0,0756	0,0752	0,0748
3,60	0,0744	0,0740	0,0736	0,0732	0,0728	0,0724	0,0720	0,0717	0,0713	0,0709

Tabelle 5-10b Knickspannungskurve a – Reduktionsfaktor χ

$\bar{\lambda}_K$	0	1	2	3	4	5	6	7	8	9
0,00	1,0000	1,0000	1,0000	1,0000	1,0000	1,0000	1,0000	1,0000	1,0000	1,0000
0,10	1,0000	1,0000	1,0000	1,0000	1,0000	1,0000	1,0000	1,0000	1,0000	1,0000
0,20	1,0000	0,9978	0,9956	0,9934	0,9912	0,9889	0,9867	0,9844	0,9821	0,9798
0,30	0,9775	0,9751	0,9728	0,9704	0,9680	0,9655	0,9630	0,9605	0,9580	0,9554
0,40	0,9528	0,9501	0,9474	0,9447	0,9419	0,9391	0,9363	0,9333	0,9304	0,9273
0,50	0,9243	0,9211	0,9179	0,9147	0,9114	0,9080	0,9045	0,9010	0,8974	0,8937
0,60	0,8900	0,8862	0,8823	0,8783	0,8742	0,8700	0,8657	0,8614	0,8569	0,8524
0,70	0,8477	0,8430	0,8382	0,8332	0,8282	0,8230	0,8178	0,8124	0,8069	0,8014
0,80	0,7957	0,7899	0,7841	0,7781	0,7721	0,7659	0,7597	0,7534	0,7470	0,7405
0,90	0,7339	0,7273	0,7206	0,7139	0,7071	0,7003	0,6934	0,6865	0,6796	0,6726
1,00	0,6656	0,6586	0,6516	0,6446	0,6376	0,6306	0,6236	0,6167	0,6098	0,6029
1,10	0,5960	0,5892	0,5824	0,5757	0,5690	0,5623	0,5557	0,5492	0,5427	0,5363
1,20	0,5300	0,5237	0,5175	0,5114	0,5053	0,4993	0,4934	0,4875	0,4817	0,4760
1,30	0,4703	0,4648	0,4593	0,4538	0,4485	0,4432	0,4380	0,4329	0,4278	0,4228
1,40	0,4179	0,4130	0,4083	0,4036	0,3989	0,3943	0,3898	0,3854	0,3810	0,3767
1,50	0,3724	0,3682	0,3641	0,3601	0,3561	0,3521	0,3482	0,3444	0,3406	0,3369
1,60	0,3332	0,3296	0,3261	0,3226	0,3191	0,3157	0,3124	0,3091	0,3058	0,3026
1,70	0,2994	0,2963	0,2933	0,2902	0,2872	0,2843	0,2814	0,2786	0,2757	0,2730
1,80	0,2702	0,2675	0,2649	0,2623	0,2597	0,2571	0,2546	0,2522	0,2497	0,2473

Tabelle 5-10b (Fortsetzung)

$\bar{\lambda}_K$	0	1	2	3	4	5	6	7	8	9
1,90	0,2449	0,2426	0,2403	0,2380	0,2358	0,2335	0,2314	0,2292	0,2271	0,2250
2,00	0,2229	0,2209	0,2188	0,2168	0,2149	0,2129	0,2110	0,2091	0,2073	0,2054
2,10	0,2036	0,2018	0,2001	0,1983	0,1966	0,1949	0,1932	0,1915	0,1899	0,1883
2,20	0,1867	0,1851	0,1836	0,1820	0,1805	0,1790	0,1775	0,1760	0,1746	0,1732
2,30	0,1717	0,1704	0,1690	0,1676	0,1663	0,1649	0,1636	0,1623	0,1610	0,1598
2,40	0,1585	0,1573	0,1560	0,1548	0,1536	0,1524	0,1513	0,1501	0,1490	0,1478
2,50	0,1467	0,1456	0,1445	0,1434	0,1424	0,1413	0,1403	0,1392	0,1382	0,1372
2,60	0,1362	0,1352	0,1342	0,1332	0,1323	0,1313	0,1304	0,1295	0,1285	0,1276
2,70	0,1267	0,1258	0,1250	0,1241	0,1232	0,1224	0,1215	0,1207	0,1198	0,1190
2,80	0,1182	0,1174	0,1166	0,1158	0,1150	0,1143	0,1135	0,1128	0,1120	0,1113
2,90	0,1105	0,1098	0,1091	0,1084	0,1077	0,1070	0,1063	0,1056	0,1049	0,1042
3,00	0,1036	0,1029	0,1022	0,1016	0,1010	0,1003	0,0997	0,0991	0,0985	0,0978
3,10	0,0972	0,0966	0,0960	0,0954	0,0949	0,0943	0,0937	0,0931	0,0926	0,0920
3,20	0,0915	0,0909	0,0904	0,0898	0,0893	0,0888	0,0882	0,0877	0,0872	0,0867
3,30	0,0862	0,0857	0,0852	0,0847	0,0842	0,0837	0,0832	0,0828	0,0823	0,0818
3,40	0,0814	0,0809	0,0804	0,0800	0,0795	0,0791	0,0786	0,0782	0,0778	0,0773
3,50	0,0769	0,0765	0,0761	0,0757	0,0752	0,0748	0,0744	0,0740	0,0736	0,0732
3,60	0,0728	0,0724	0,0721	0,0717	0,0713	0,0709	0,0705	0,0702	0,0698	0,0694

Tabelle 5-10c Knickspannungskurve b – Reduktionsfaktor χ

$\bar{\lambda}_K$	0	1	2	3	4	5	6	7	8	9
0,00	1,0000	1,0000	1,0000	1,0000	1,0000	1,0000	1,0000	1,0000	1,0000	1,0000
0,10	1,0000	1,0000	1,0000	1,0000	1,0000	1,0000	1,0000	1,0000	1,0000	1,0000
0,20	1,0000	0,9965	0,9929	0,9894	0,9858	0,9822	0,9786	0,9750	0,9714	0,9678
0,30	0,9641	0,9604	0,9567	0,9530	0,9492	0,9455	0,9417	0,9378	0,9339	0,9300
0,40	0,9261	0,9221	0,9181	0,9140	0,9099	0,9057	0,9015	0,8973	0,8930	0,8886
0,50	0,8842	0,8798	0,8752	0,8707	0,8661	0,8614	0,8566	0,8518	0,8470	0,8420
0,60	0,8371	0,8320	0,8269	0,8217	0,8165	0,8112	0,8058	0,8004	0,7949	0,7893
0,70	0,7837	0,7780	0,7723	0,7665	0,7606	0,7547	0,7488	0,7428	0,7367	0,7306
0,80	0,7245	0,7183	0,7120	0,7058	0,6995	0,6931	0,6868	0,6804	0,6740	0,6676
0,90	0,6612	0,6547	0,6483	0,6419	0,6354	0,6290	0,6226	0,6162	0,6098	0,6034
1,00	0,5970	0,5907	0,5844	0,5781	0,5719	0,5657	0,5595	0,5534	0,5473	0,5412
1,10	0,5352	0,5293	0,5234	0,5175	0,5117	0,5060	0,5003	0,4947	0,4891	0,4836
1,20	0,4781	0,4727	0,4674	0,4621	0,4569	0,4517	0,4466	0,4416	0,4366	0,4317
1,30	0,4269	0,4221	0,4174	0,4127	0,4081	0,4035	0,3991	0,3946	0,3903	0,3860
1,40	0,3817	0,3775	0,3734	0,3693	0,3653	0,3613	0,3574	0,3535	0,3497	0,3459
1,50	0,3422	0,3386	0,3350	0,3314	0,3279	0,3245	0,3211	0,3177	0,3144	0,3111
1,60	0,3079	0,3047	0,3016	0,2985	0,2955	0,2925	0,2895	0,2866	0,2837	0,2809
1,70	0,2781	0,2753	0,2726	0,2699	0,2672	0,2646	0,2620	0,2595	0,2570	0,2545
1,80	0,2521	0,2496	0,2473	0,2449	0,2426	0,2403	0,2381	0,2359	0,2337	0,2315
1,90	0,2294	0,2272	0,2252	0,2231	0,2211	0,2191	0,2171	0,2152	0,2132	0,2113
2,00	0,2095	0,2076	0,2058	0,2040	0,2022	0,2004	0,1987	0,1970	0,1953	0,1936
2,10	0,1920	0,1903	0,1887	0,1871	0,1855	0,1840	0,1825	0,1809	0,1794	0,1780
2,20	0,1765	0,1751	0,1736	0,1722	0,1708	0,1694	0,1681	0,1667	0,1654	0,1641
2,30	0,1628	0,1615	0,1602	0,1590	0,1577	0,1565	0,1553	0,1541	0,1529	0,1517
2,40	0,1506	0,1494	0,1483	0,1472	0,1461	0,1450	0,1439	0,1428	0,1418	0,1407
2,50	0,1397	0,1387	0,1376	0,1366	0,1356	0,1347	0,1337	0,1327	0,1318	0,1308
2,60	0,1299	0,1290	0,1281	0,1272	0,1263	0,1254	0,1245	0,1237	0,1228	0,1219
2,70	0,1211	0,1203	0,1195	0,1186	0,1178	0,1170	0,1162	0,1155	0,1147	0,1139
2,80	0,1132	0,1124	0,1117	0,1109	0,1102	0,1095	0,1088	0,1081	0,1074	0,1067
2,90	0,1060	0,1053	0,1046	0,1039	0,1033	0,1026	0,1020	0,1013	0,1007	0,1001
3,00	0,0994	0,0988	0,0982	0,0976	0,0970	0,0964	0,0958	0,0952	0,0946	0,0940
3,10	0,0935	0,0929	0,0924	0,0918	0,0912	0,0907	0,0902	0,0896	0,0891	0,0886
3,20	0,0880	0,0875	0,0870	0,0865	0,0860	0,0855	0,0850	0,0845	0,0840	0,0835
3,30	0,0831	0,0826	0,0821	0,0816	0,0812	0,0807	0,0803	0,0798	0,0794	0,0789
3,40	0,0785	0,0781	0,0776	0,0772	0,0768	0,0763	0,0759	0,0755	0,0751	0,0747
3,50	0,0743	0,0739	0,0735	0,0731	0,0727	0,0723	0,0719	0,0715	0,0712	0,0708
3,60	0,0704	0,0700	0,0697	0,0693	0,0689	0,0686	0,0682	0,0679	0,0675	0,0672

Tabelle 5-10d Knickspannungskurve c – Reduktionsfaktor χ

$\bar{\lambda}_K$	0	1	2	3	4	5	6	7	8	9
0,00	1,0000	1,0000	1,0000	1,0000	1,0000	1,0000	1,0000	1,0000	1,0000	1,0000
0,10	1,0000	1,0000	1,0000	1,0000	1,0000	1,0000	1,0000	1,0000	1,0000	1,0000
0,20	1,0000	0,9949	0,9898	0,9847	0,9797	0,9746	0,9695	0,9644	0,9593	0,9542
0,30	0,9491	0,9440	0,9389	0,9338	0,9286	0,9235	0,9183	0,9131	0,9078	0,9026
0,40	0,8973	0,8920	0,8867	0,8813	0,8760	0,8705	0,8651	0,8596	0,8541	0,8486
0,50	0,8430	0,8374	0,8317	0,8261	0,8204	0,8146	0,8088	0,8030	0,7972	0,7913
0,60	0,7854	0,7794	0,7735	0,7675	0,7614	0,7554	0,7493	0,7432	0,7370	0,7309
0,70	0,7247	0,7185	0,7123	0,7060	0,6998	0,6935	0,6873	0,6810	0,6747	0,6684
0,80	0,6622	0,6559	0,6496	0,6433	0,6371	0,6308	0,6246	0,6184	0,6122	0,6060
0,90	0,5998	0,5937	0,5876	0,5815	0,5755	0,5695	0,5635	0,5575	0,5516	0,5458
1,00	0,5399	0,5342	0,5284	0,5227	0,5171	0,5115	0,5059	0,5004	0,4950	0,4896
1,10	0,4842	0,4790	0,4737	0,4685	0,4634	0,4583	0,4533	0,4483	0,4434	0,4386
1,20	0,4338	0,4290	0,4243	0,4197	0,4151	0,4106	0,4061	0,4017	0,3974	0,3931
1,30	0,3888	0,3846	0,3805	0,3764	0,3724	0,3684	0,3644	0,3606	0,3567	0,3529
1,40	0,3492	0,3455	0,3419	0,3383	0,3348	0,3313	0,3279	0,3245	0,3211	0,3178
1,50	0,3145	0,3113	0,3081	0,3050	0,3019	0,2989	0,2959	0,2929	0,2900	0,2871
1,60	0,2842	0,2814	0,2786	0,2759	0,2732	0,2705	0,2679	0,2653	0,2627	0,2602
1,70	0,2577	0,2553	0,2528	0,2504	0,2481	0,2457	0,2434	0,2412	0,2389	0,2367
1,80	0,2345	0,2324	0,2302	0,2281	0,2260	0,2240	0,2220	0,2200	0,2180	0,2161
1,90	0,2141	0,2122	0,2104	0,2085	0,2067	0,2049	0,2031	0,2013	0,1996	0,1979
2,00	0,1962	0,1945	0,1929	0,1912	0,1896	0,1880	0,1864	0,1849	0,1833	0,1818
2,10	0,1803	0,1788	0,1774	0,1759	0,1745	0,1731	0,1717	0,1703	0,1689	0,1676
2,20	0,1662	0,1649	0,1636	0,1623	0,1611	0,1598	0,1585	0,1573	0,1561	0,1549
2,30	0,1537	0,1525	0,1514	0,1502	0,1491	0,1480	0,1468	0,1457	0,1446	0,1436
2,40	0,1425	0,1415	0,1404	0,1394	0,1384	0,1374	0,1364	0,1354	0,1344	0,1334
2,50	0,1325	0,1315	0,1306	0,1297	0,1287	0,1278	0,1269	0,1260	0,1252	0,1243
2,60	0,1234	0,1226	0,1217	0,1209	0,1201	0,1193	0,1184	0,1176	0,1168	0,1161
2,70	0,1153	0,1145	0,1137	0,1130	0,1122	0,1115	0,1108	0,1100	0,1093	0,1086
2,80	0,1079	0,1072	0,1065	0,1058	0,1051	0,1045	0,1038	0,1031	0,1025	0,1018
2,90	0,1012	0,1006	0,0999	0,0993	0,0987	0,0981	0,0975	0,0969	0,0963	0,0957
3,00	0,0951	0,0945	0,0939	0,0934	0,0928	0,0922	0,0917	0,0911	0,0906	0,0901
3,10	0,0895	0,0890	0,0885	0,0879	0,0874	0,0869	0,0864	0,0859	0,0854	0,0849
3,20	0,0844	0,0839	0,0835	0,0830	0,0825	0,0820	0,0816	0,0811	0,0806	0,0802
3,30	0,0797	0,0793	0,0789	0,0784	0,0780	0,0775	0,0771	0,0767	0,0763	0,0759
3,40	0,0754	0,0750	0,0746	0,0742	0,0738	0,0734	0,0730	0,0726	0,0722	0,0719
3,50	0,0715	0,0711	0,0707	0,0703	0,0700	0,0696	0,0692	0,0689	0,0685	0,0682
3,60	0,0678	0,0675	0,0671	0,0668	0,0664	0,0661	0,0657	0,0654	0,0651	0,0647

Der bezogene Schlankheitsgrad ermittelt sich aus:

$$\bar{\lambda}_K = \frac{\lambda_K}{\lambda_E} = \sqrt{\frac{N_{pl,Rd}}{N_{KE}}} = \sqrt{\frac{f_y/\gamma_M}{f_{KE}}} \qquad (5\text{-}53)$$

mit:

λ_K = Schlankheitsgrad = $\dfrac{l_K}{i}$

λ_E = $\pi \cdot \sqrt{\dfrac{E}{f_y}}$ = Bezugsschlankheitsgrad, auch als „Eulerscher" Schlankheitsgrad bezeichnet, abhängig von Baustählen (siehe Tabelle 5-11)

l_K = Knicklänge des Stabes (s. Abschnitt 5.3.3.4)

i = Trägheitsradius des Stabquerschnittes

= $\sqrt{\dfrac{I_{min}}{A}}$

I = Trägheitsmoment des Stabquerschnittes

A = Querschnittsfläche des Stabes

E = Elastizitätsmodul des Baustahles

= 210 000 N/mm^2

$N_{KE} = \dfrac{\pi^2 \cdot E \cdot I}{l_K^2}$ = „Eulersche" Knicklast (Verzweigungslast)

$f_{KE} = \dfrac{\pi^2 \cdot E}{\lambda_K^2}$ = „Eulersche" Knickspannung

Tabelle 5-11 „Eulersche" Schlankheit für verschiedene Baustähle

Stahlsorte	S235	S275	S355	S460
f_y (N/mm^2)	235	275	355	460
λ_E	93,9	86,8	76,4	67,1

Da die europäischen Knickspannungskurven aus den Versuchen an Stützen und durch Simulationsrechnungen zustandegekommen sind, gibt es für diese keine exakte analytische Formulierung, sondern lediglich tabellarische Werte. In der Vergangenheit gab es verschiedene Vorschläge für eine analytische Formulierung. Durchgesetzt hat sich die folgende Formel [2]:

$$\chi = \frac{1}{\phi + \sqrt{\phi^2 - \bar{\lambda}_K^2}}, \text{ jedoch } \chi \le 1 \qquad (5\text{-}54)^{2)}$$

mit:

$\phi = 0,5\,[1 + \alpha\,(\bar{\lambda}_K - 0,2) + \bar{\lambda}_K^2]$

α = Imperfektionsfaktor, für verschiedene Knickspannungskurven der Tabelle 5-12 zu entnehmen

Tabelle 5-12 Imperfektionsfaktor α verschiedener Knickspannungskurven für Hohlprofile

Knickspannungskurve	a_o	a	b	c
Imperfektionsfaktor α	0,13	0,21	0,34	0,49

Bei den z.B. in den USA und Japan benutzten Verfahren bestehen zu den Ergebnissen der „europäischen Knickspannungskurven" nur geringe Differenzen. Die Unterschiede zwischen den in der Welt gebräuchlichen Knickspannungskurven werden in [15] diskutiert. Ähnlich [1, 2] wird auch in Australien und Kanada mit mehreren Knickspannungskurven gearbeitet. Aus Einfachheitsgründen benutzen einige Regelwerke eine einzige Knickspannungskurve. Differenzen im mittleren Schlankheitsbereich ($\bar{\lambda}_K$) zwischen den Kurven a, b und c werden in Bild 5-5 gezeigt.

5.3.3.2 Örtliches Beulen

Kreisförmige oder rechteckige Hohlprofile, deren Wanddicke gegenüber dem Durchmesser oder der Seitenlänge klein ($d \gg t$, $b \gg t$) ist, müssen wie dünnwandige Bauelemente untersucht werden. Neben dem Nachweis der Traglasten und des globalen Knickens ist es dann not-

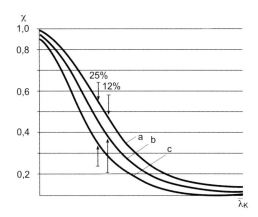

Bild 5-5 Die a-Kurve zeigt bis zu 25% höhere Werte als die c-Kurve und bis zu 12% höhere Werte als die b-Kurve

wendig, die örtliche Stabilität der Wände zu berechnen. Örtliches Beulen kann einen wesentlichen Tragfähigkeitsverlust zur Folge haben und zum vorzeitigen Versagen führen. Die unvermeidlichen Imperfektionen der Querschnitte führen auch zu einer Interaktion zwischen lokalem Beulen im Querschnitt und dem Knicken des ganzen Stabes. Der Knickwiderstand wird dadurch erheblich beeinträchtigt. Aufgrund dieser Interaktion ergibt sich für bestimmte Bereiche von $\bar{\lambda}_B$ (bezogener Beulschlankheitsgrad) und $\bar{\lambda}_K$ (bezogener Knickschlankheitsgrad, siehe Gl. 5-53) eine deutlich niedrigere Traglast als bei getrennter Berechnung von Beulen und Knicken. Bild 5-6 erläutert dies an Hand eines quadratischen Hohlprofils.

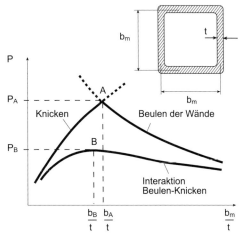

Bild 5-6 Vergleich der Versagenslasten einer Hohlprofilstütze mit konstantem Querschnitt $A = 4\,b_m \cdot t$ bei veränderlichem b_m/t-Verhältnis

---

2) Gemäß DIN 18800 [1], Teil 2:

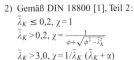

$\bar{\lambda}_K \le 0,2,\ \chi = 1$

$\bar{\lambda}_K > 0,2,\ \chi = \frac{1}{\phi + \sqrt{\phi^2 - \bar{\lambda}_K^2}}$

$\bar{\lambda}_K > 3,0,\ \chi = 1/\bar{\lambda}_K\,(\bar{\lambda}_K + \alpha)$

Örtliches Beulen quadratischer und rechteckiger Hohlprofile [2, 8, 9]

Rechteckige Hohlprofile können bei Druck-, Biege- oder Schubbeanspruchung in ihren ebenen Flächen örtlich ausbeulen. Die Größe der zum Beulen führenden Belastung hängt von dem Verhältnis Seitenlänge (b oder h)/Wanddicke (t) ab. Es entsteht Plattenbeulen (siehe Bild 5-7).

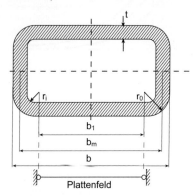

Bild 5-7 Plattenbeulen rechteckiger Hohlprofile. Bezeichnungen: $b_1 = b - 2(t + r_i)$ mit r_i = Innenneckradius

Bei alleiniger Druck- oder Schubbeanspruchung eines Plattenfeldes beträgt die ideale Beulspannung:

$$f_{B,P,\text{ideal}} = k_P \frac{\pi^2 \cdot E}{12(1 - v^2)} \cdot \left(\frac{t}{b_1}\right)^2 \qquad (5\text{-}55)$$

(bzw. $\tau_{B,P,\text{ideal}}$) (= Eulerspannung des gelenkig gelagerten Plattenstreifens, Biegesteifigkeit durch Plattensteifigkeit ersetzt)

k_P bzw. k_τ = Platten-Beulfaktor [1] abhängig von:
- Spannungsart und Spannungsverteilung (siehe Tabelle 5-13)
- dem Seitenverhältnis α des Beulfeldes (für lange, unausgesteifte Hohlprofile ist $\alpha = \infty$)
- der Lagerung (beidseitig gelenkig nach Bild 5-7, eine Randeinspannung wird nicht in Rechnung gestellt)

E = Elastizitätsmodul ($= 210\,000$ N/mm^2 für Stahl)
v = Querkontraktionszahl ($= 0,3$ für Stahl)
t = Wanddicke
b_1 = Breite des Plattenfeldes (in einigen Regelwerken wird statt b_1 die mittlere Breite b_m oder die volle Breite b eingesetzt)

Tabelle 5-13 Platten-Beulfaktor k_P und k_τ

Rechteckiges Hohlprofil	Spannungsverlauf (Druck positiv)	Beulwerte k_P bzw. k_τ
	b_1, f $\boxed{+}$	4,0
	f $\boxed{+}$	7,81
	$\boxed{- \quad f}$, f $\boxed{+}$	23,9
	τ $\boxed{}$	5,34

Analog zum Knickvorgang läßt sich ein Platten-Beulschlankheitsgrad $\lambda_{B,P}$ definieren:

$$\lambda_{B,P} = \pi \cdot \sqrt{\frac{E}{f_{B,P}}} \qquad (5\text{-}56)$$

Bezieht man $\lambda_{B,P}$ auf die vom Knicken her bekannte Bezugsschlankheit $\lambda_E = \pi \cdot \sqrt{\frac{E}{f_y}}$ (f_y = Streckgrenze), so erhält man den bezogenen Platten-Beulschlankheitsgrad

$$\bar{\lambda}_{B,P} = \frac{\lambda_{B,P}}{\lambda_E} = \sqrt{\frac{f_y}{f_{B,P}}} = \sqrt{\frac{1}{\bar{f}_{B,P}}} \qquad (5\text{-}57)$$

mit:

$$\bar{f}_{B,P} = \frac{f_{B,P}}{f_y} = \text{bezogene Platten-Beulspannung}$$

Aus Gln. (5-55) und (5-57) erhält man für die bezogene Platten-Beulschlankheit

$$\bar{\lambda}_{B,P} = \frac{1}{0,95} \cdot \frac{1}{\sqrt{k_P}} \cdot \sqrt{\frac{f_y}{E}} \cdot \frac{b_1}{t} \qquad (5\text{-}58)$$

Die ideale Platten-Beulspannung $f_{B,P,\text{ideal}}$ gilt im überkritischen, elastischen Bereich. Im elastisch-plastischen Übergang ist eine abgeminderte Beulspannung $f_{B,P}$ zu bestimmen (Bild 5-8). Während die DASt-Richtlinie 012 [19] im überkritischen (elastischen) Bereich die Eulerkurve nach Gl. (5-57) benutzt, die ab $\bar{f}_{B,P} = \frac{f_{B,P}}{f_y}$ $= 0,6$ geradlinig bis $\bar{f}_{B,P} = 1,0$ weiterläuft, legen andere Regelungen durchgehende Kurvenzüge

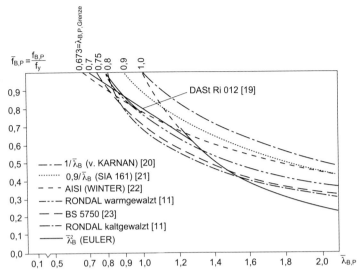

Bild 5-8 Bezogene Beulspannung $\bar{f}_{B,P}$ in Abhängigkeit von der bezogenen Beulschlankheit $\bar{\lambda}_{B,P}$

für rechteckige Hohlprofile $\bar{\lambda}_{B,P} = \dfrac{1}{1,9} \sqrt{\dfrac{f_y}{E}} \cdot \dfrac{b_1}{t}$

bis $\bar{f}_{B,P} = 1,0$ zugrunde, die im schlanken Bereich, d. h. für große b/t, deutlich über der Eulerkurve liegen. Dies hängt auch damit zusammen, daß schlanke Platten, insbesondere mit großem Seitenverhältnis α im allgemeinen große überkritische Reserven haben.

Von besonderer Bedeutung ist die Grenzschlankheit $\bar{\lambda}_{B,P,\text{Grenze}}$, unterhalb der Fließen vor dem Beulen auftritt, d. h. $\bar{f}_{B,P} = 1,0$ wird. Sie grenzt denjenigen Bereich des b_1/t-Verhältnisses nach oben hin ab, in dem eine Beuluntersuchung nicht mehr durchgeführt werden muß.

Aus Gl. (5-58) ist max. b_1/t festzulegen:

$$\text{max.}\ \frac{b_1}{t} = 0,95 \cdot \bar{\lambda}_{B,P,\text{Grenze}} \cdot \sqrt{k_P} \cdot \sqrt{\frac{E}{f_y}} \quad (5\text{-}59)$$

Mit $k_P = 4$ (zentrischer Druck oder gedrückter Flansch bei Biegung, siehe Tabelle 5-13)

$$\text{max.}\ \frac{b_1}{t} = 1,9 \cdot \bar{\lambda}_{B,P,\text{Grenze}} \cdot \sqrt{\frac{E}{f_y}} \quad (5\text{-}60)$$

Einige Richtlinien definieren die Grenzschlankheit ausgehend von der vollen oder mittleren Breite (b oder b_m) der Profilseiten. Bild 5-8 enthält die Beulkurven für die bezogene Platten-Beulspannung $\bar{f}_{B,P}$ nach verschiedenen Richtlinien [20–23].

Tabelle 5-14 zeigt die max. Verhältnisse Breite/Wanddicke für den Übergang $\bar{\lambda}_{B,P,\text{Grenze}}$ vom plastischen zum elastisch-plastischen Bereich in einigen Regelwerken (bei konstanter Druckspannung, $k_P = 4$).

Tabelle 5-14 Max. Breite/Wanddicke – Verhältnisse für rechteckige Hohlprofile ohne Plastifizierungen, wenn kein Beulnachweis geführt wird ($k_P = 4$)

	$\bar{\lambda}_{B,P,\text{Grenze}}$	Max. Verhältnis Breite/Wanddicke, wofür keine Beuluntersuchung erforderlich ist	
		Wert	bezogen auf
EKS 1978 [24]	0,8	$1,52 \sqrt{\dfrac{E}{f_y}}$	b_m/t
SIA161, 1979 [21]	0,9	$1,71 \sqrt{\dfrac{E}{f_y}}$	b_m/t
DASt 012, 1980 [19]	0,7	$1,33 \sqrt{\dfrac{E}{f_y}}$	b_1/t

EC 3 [2] gibt die b/t- bzw. h/t-Verhältnisse für rechteckige Hohlprofile der Querschnittsklassen 1, 2 oder 3 an, wobei die Querschnitte oder Teile der Hohlprofile vor Erreichen ihrer Grenztragfähigkeit nicht örtlich beulen (siehe Tabellen 5-15 bis 5-17).

Tabelle 5-15 Obere Grenzen für das Verhältnis h_1/t von Stegteilen rechteckiger Hohlprofile

Stegblechteile: beidseitig gestützte Teile rechtwinklig zur Biegeachse

$h_1 = h - 3t$

Klasse	Stegblech unter Biegung	Stegblech unter Druck	Stegblech unter Druck und Biegung
Spannungsverteilung über Querschnittsteil (Druck positiv)			
1	$h_1/t \leq 72\,\varepsilon$	$h_1/t \leq 33\,\varepsilon$	falls $\alpha > 0{,}5$: $h_1/t \leq 396\,\varepsilon/(13\,\alpha-1)$ falls $\alpha < 0{,}5$: $h_1/t \leq 36\,\varepsilon/\alpha$
2	$h_1/t \leq 83\,\varepsilon$	$h_1/t \leq 38\,\varepsilon$	falls $\alpha > 0{,}5$: $h_1/t \leq 456\,\varepsilon/(13\,\alpha-1)$ falls $\alpha < 0{,}5$: $h_1/t \leq 41{,}5\,\varepsilon/\alpha$
Spannungsverteilung über Querschnittsteil (Druck positiv)			
3	$h_1/t \leq 124\,\varepsilon$	$h_1/t \leq 42\,\varepsilon$	falls $\psi > -1$: $h_1/t \leq 42\,\varepsilon/(0{,}67+0{,}33\,\psi)$ falls $\psi < -1$: $h_1/t \leq 62\,\varepsilon(1-\psi)\sqrt{(-\psi)}$

$\varepsilon = \sqrt{\dfrac{235}{f_y}}$	f_y (N/mm^2)	235	275	355	460
	ε	1	0,92	0,81	0,72

Druckbeanspruchung rechteckiger Hohlprofile der Querschnittsklasse 4

Falls die Querschnitte „dünnwandiger" als die Grenzen nach Klasse 3 sind (siehe Tabelle 5-17), fallen sie in Klasse 4. Es ist dann für die Ermittlung der Grenztragfähigkeit „lokales Beulen" zu berücksichtigen.

Die Grenzlast des Knickstabes der Querschnittsklasse 4 ergibt sich zu:

$$N_{B,Rd} = \chi \cdot \beta_A \cdot A \cdot f_y/\gamma_M \qquad (5\text{-}61)$$

mit:

$$\beta_A = A_{eff}/A \qquad (5\text{-}62)$$

Die effektiven statischen Werte (A_{eff}, i_{eff}, W_{eff}) von Hohlprofilquerschnitten der Klasse 4 werden unter Berücksichtigung der effektiven (verminderten) Breiten b_1 (Bild 5-7) der unter Druck, Biegung und Biegeknicken stehenden Querschnittsteile bestimmt. Die effektiven Breiten entstehen durch die zunehmende Entziehung der Fasern in der Mitte des Beulfeldes von der Lastaufnahme. Man nimmt hier als vereinfachtes Berechnungsmodell an, daß die infolge des Ausbeulens größeren Spannungen in den Eckbereichen auf einer Breite ($b_{e1}+b_{e2}$) kleiner als die Länge der Seite b_1 – gleichförmig angreifen. Der sich durch die wirksame Breite ergebende reduzierte Querschnitt wird der weiteren Rechnung zugrunde gelegt.

Tabelle 5-16 Obere Grenzen für das Verhältnis b_1/t von Flanschteilen rechteckiger Hohlprofile

Flanschteile: beidseitig gestützte Teile parallel zur Biegeachse

$b_1 = b - 3t$

Klasse	Querschnitt unter Biegung	Querschnitt unter Druck
Spannungsverteilung über Querschnittsteil und Querschnitt		
1	$b_1/t \leq 33\,\varepsilon$	$b_1/t \leq 42\,\varepsilon$
2	$b_1/t \leq 38\,\varepsilon$	$b_1/t \leq 42\,\varepsilon$
Spannungsverteilung über Querschnittsteil und Querschnitt		
3	$b_1/t \leq 42\,\varepsilon$	$b_1/t \leq 42\,\varepsilon$

$\varepsilon = \sqrt{\dfrac{235}{f_y}}$	f_y (N/mm^2)	235	275	355	460
	ε	1	0,92	0,81	0,72

Tabelle 5-17 Obere b/t- und h/t-Grenzen rechteckiger Hohlprofile für die Querschnittsklassen 1, 2 und 3, bei deren Einhaltung kein Beulnachweis notwendig ist

Querschnittsklasse				1				2				3			
Gesamt-Querschnitt	Querschnittsteil	f_y (N/mm^2)		235	275	355	460	235	275	355	460	235	275	355	460
RHP	Druck[a]	Druck		45	41,6	36,6	32,2	45	41,6	36,6	32,2	45	41,6	36,6	32,2
RHP	Biegung	Druck		36	33,3	29,3	25,7	41	37,9	33,4	29,3	45	41,6	36,6	32,2
RHP	Biegung	Biegung		75	69,3	61,1	53,6	86,0	79,5	70,0	61,5	127	117,3	103,3	90,8

[a] Bei einem Gesamt-Querschnitt nur unter Druckbeanspruchung besteht kein Unterschied zwischen den b/t- bzw. h/t-Werten der Querschnittsklassen 1, 2 und 3.

Tabelle 5-18 Effektive Breiten für dünnwandige, rechteckige Hohlprofile

Spannungsverteilung (Druck positiv) $b_1 = b - 3\,t$ oder $h - 3\,t$	Effektive Breite b_{eff}
	$b_{eff} = \varrho \cdot b_1$ $b_{e1} = 0,5 \cdot b_{eff}$ $b_{e2} = 0,5 \cdot b_{eff}$
	$b_{eff} = \varrho \cdot b_1$ $b_{e1} = \dfrac{2 b_{eff}}{5 - \psi}$ $b_{e2} = b_{eff} - b_{e1}$ $\psi = \dfrac{f_2}{f_1}$
	$b_{eff} = \varrho \cdot b_c$ $b_{e1} = 0,4 \cdot b_{eff}$ $b_{e2} = 0,6 \cdot b_{eff}$

$\psi = f_2/f_1$	+1	$+1 > \psi > 0$	0	$0 > \psi > -1$	-1	$-1 > \psi > -2$
Beulfaktor $k_P{}^{a)}$	4,0	$\dfrac{8,2}{1,05 - \psi}$	7,81	$7,81 - 6,29\,\psi + 9,78\,\psi^2$	23,9	$5,98\,(1-\psi)^2$

$$^{a)} \quad k_P = \frac{16}{\sqrt{(1+\psi)^2 + 0,112\,(1-\psi)^2} + (1+\psi)} \quad \text{für } 1 \ge \psi \ge 1 \tag{5-63}$$

Tabelle 5-19 Platten-Beulreduktionsfaktor ϱ

Für $\bar{\lambda}_{B,P} \le 0,673$, $\quad \varrho = 1,0$

$$\text{Für } \bar{\lambda}_{B,P} > 0,673, \quad \varrho = \frac{\bar{\lambda}_{B,P} - 0,22}{\bar{\lambda}_{B,P}} \le 1,0 \tag{5-64}$$

$\bar{\lambda}_{B,P}$ = Bezogener Beul-Schlankheitsgrad des flachen druckbeanspruchten Querschnittselementes

$\bar{\lambda}_{B,P} = \sqrt{\dfrac{f_y}{f_{B,P}}}$ (siehe Gl. 5-57)

$\bar{\lambda}_{B,P} = \dfrac{b_1/t}{28,4\,\varepsilon\sqrt{k_P}}$

$f_{B,P}$ = kritische Beulspannung

f_y = Streckgrenze des Stahles

k_P = Beulfaktor des Plattenelementes

Laut [2], $r_i \le 5\,t$ (siehe Bild 5-7)
$r_i/b_1 \le 0,15$

Dies wird von allen praktisch vorkommenden RHP-Abmessungen erfüllt.

Diese effektiven Breiten druckbeanspruchter Plattenelemente sind gemäß Eurocode 3 [2] in Tabelle 5-18 angegeben. In Anlehnung an EC 3 zeigt [9] den (Platten-)Beulreduktionsfaktor ϱ aus den Gleichungen in Tabelle 5-19.

Die effektive Breite b_{eff} eines Flansches darf mit Hilfe des Spannungsverhältnisses f_2/f_1 (siehe Tabelle 5-18) mit dem vollen (nicht reduzierten) Hohlprofilquerschnitt ermittelt werden. Bei Ermittlung der effektiven Höhe der Stege (h_{eff}) ist der effektive Querschnitt ($b_{\text{eff}} \cdot t$) des gedrückten Flansches, jedoch der volle Quer-schnitt der Stege ($h \cdot t$) einzusetzen. Eine direkte Berechnung der effektiven Breiten b_{eff} ist durch diese Vereinfachung möglich. Eine genaue Berechnung kann man durch Iteration erreichen.

Unter Biegebeanspruchung kann sich ergeben, daß nur für einen Flansch eine (reduzierte) effektive Breite wirksam wird. Es entsteht ein einfach symmetrischer Querschnitt mit entsprechender Verschiebung δ der neutralen Achse. Es ist daher erforderlich, das Widerstandsmoment W_{eff} um die neue neutrale Achse zu berechnen (siehe Tabelle 5-20).

Tabelle 5-20 Effektive geometrische Werte dünnwandiger, rechteckiger Hohlprofile

Effektive Querschnittsfläche A_{eff} und effektive Trägheitsradien i_{eff}:

$$A_{\text{eff}} = 2 \cdot t \cdot (b_{\text{eff}} + h_{\text{eff}} + 4 \cdot t)$$

$$i_{\text{eff},x} = 0{,}289 \cdot h_m \sqrt{3 - \left(\frac{h_{\text{eff}} + 2t}{h_m}\right)^2 \left(\frac{3h_m - h_{\text{eff}} - 2t}{b_{\text{eff}} + h_{\text{eff}} + 4t}\right)}$$

$$i_{\text{eff},y} = 0{,}289 \cdot b_m \sqrt{3 - \left(\frac{b_{\text{eff}} + 2t}{b_m}\right)^2 \left(\frac{3b_m - b_{\text{eff}} - 2t}{b_{\text{eff}} + h_{\text{eff}} + 4t}\right)}$$

Verschiebungen der neutralen Achse δ und effektive Widerstandsmomente W_{eff}:

$$\delta_x = \left(\frac{h_m}{2}\right)\left(\frac{b_m - b_{\text{eff}} - 2t}{2h_m + b_m + b_{\text{eff}} + 2t}\right)$$

$$\delta_y = \left(\frac{b_m}{2}\right)\left(\frac{h_m - h_{\text{eff}} - 2t}{2b_m + h_m + h_{\text{eff}} + 2t}\right)$$

$$W_{\text{eff},x} = t\left[(b_{\text{eff}} + 2t)\left(\frac{3h_m}{2} - \delta_x\right) - 2\left(\frac{h_m}{2} - \delta_x\right)(h_m + b_{\text{eff}} + 2t) + \frac{b_m\left(\frac{h_m}{2} - \delta_x\right)^2 + \frac{2}{3}h_m^3}{\frac{h_m}{2} + \delta_x}\right]$$

$$W_{\text{eff},y} = t\left[(h_{\text{eff}} + 2t)\left(\frac{3b_m}{2} - \delta_y\right) - 2\left(\frac{b_m}{2} - \delta_y\right)(b_m + h_{\text{eff}} + 2t) + \frac{h_m\left(\frac{b_m}{2} - \delta_y\right)^2 + \frac{2}{3}b_m^3}{\frac{b_m}{2} + \delta_y}\right]$$

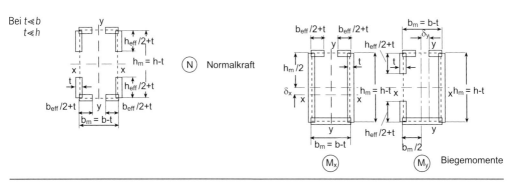

Bei $t \ll b$
$t \ll h$

Ein anderes Verfahren zur Berechnung druckbeanspruchter Rechteck-Hohlprofile unter Berücksichtigung örtlichen Beulens ist außer dem obengenannten Verfahren der „effektiven Breite" die Benutzung von „Beulkurven", die in Bild 5-8 dargestellt sind $\left(\bar{\lambda}_{B,P} = 1/1{,}9 \cdot \sqrt{f_y/E} \cdot b_1/t\right)$. Empfohlen werden die Kurven von Rondal [11], die aufgrund der neueren Versuchsergebnisse mit Unterstützung der EGKS und CIDECT [11, 12] entwickelt wurden. Das Verfahren läßt sich auch mit jeder anderen Beulspannungskurve (Bild 5-8) durchführen.

Aufgrund des Vergleichs mit den Versuchsergebnissen [11, 12] wird ein Berechnungsverfahren vorgeschlagen, das sinngemäß an die europäischen Knickspannungskurven anknüpft. Dieses Verfahren geht von dem Gedanken aus, daß die Knicklast $N_{K,Rd}$ (oder die Knickspannung $f_{K,Rd}$) kleiner als oder höchstens gleich der durch das Beulen der Wandung gegebenen Versagenslast (oder Beulspannung $f_{B,P}$) ist, die letztere wiederum kleiner als oder gleich der plastischen Normalkraft $N_{pl,Rd}$ (oder Streckgrenze f_y/γ_M) ist.

Man geht für Hohlprofile von der europäischen Knickspannungskurve „a" (Bild 5-4) aus, modifiziert aber die Parameter auf Abszisse und Ordinate derart, daß die Streckgrenze f_y durch die Beulspannung $f_{B,P}$ ersetzt wird (vgl. Gln. 5-56 und 5-57; siehe Bild 5-9).

Der Bezugsschlankheitsgrad $\left(\lambda_E = \pi \cdot \sqrt{E/f_y}\right)$ schreibt sich damit:

$$\lambda_{BK} = \pi \cdot \sqrt{\frac{E}{f_{B,P}}} = \pi \cdot \sqrt{\frac{E}{\bar{f}_{B,P} \cdot f_y}} \qquad (5\text{-}65)$$

(Der Index „BK" soll „Beulknicken" bedeuten.)

Der bezogene Schlankheitsgrad (Einheit der Abszisse) lautet:

$$\bar{\lambda}_{BK} = \frac{\lambda_K}{\lambda_{BK}} = \sqrt{\frac{N_{B,P}}{N_{KE}}} = \sqrt{\frac{\bar{f}_{B,P} \cdot f_y}{f_{KE}}} \qquad (5\text{-}66)$$

Hierbei bedeuten:

$$\lambda_K = \frac{l_K}{i}$$

$$f_{KE} = \frac{\pi \cdot E}{\lambda_K^2}$$

Auf der Ordinate der Knickspannungskurve „a" wird anstelle $f_K/f_y = \bar{f}_K$, die auf die Beulspannung bezogene Beulknickspannung

$$\bar{f}_{BK} = \frac{f_{BK}}{f_{B,P}} = \frac{f_{BK}}{\bar{f}_{B,P} \cdot f_y}$$

abgelesen. Für $\bar{f}_{B,P} = 1$ (d. h. z. B. nach [11] für $\bar{\lambda}_{B,P} \leq \bar{\lambda}_{BK} \approx 0{,}8$) geht das Beulknicken in reines Knicken über.

Die Knickkurve „a" mit den modifizierten Koordinaten $\bar{\lambda}_{BK}$ und $\bar{f}_{BK}$ beschreibt die Versuchsergebnisse aus [11] mit guter Genauigkeit (siehe Bild 5-9).

Aufgrund der Versuchsergebnisse [11] wurden unterschiedliche Beulkurven für warmgefertigte und kaltgeformte rechteckige Hohlprofile

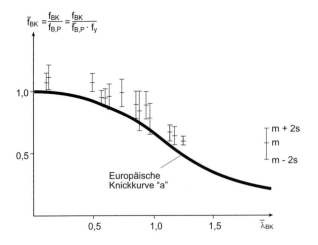

Bild 5-9 Vergleich der modifizierten Knickkurve „a" mit sechs Versuchsreihen an dünnwandigen rechteckigen Hohlprofilen [11]

ermittelt. Das unterschiedliche Knickverhalten ist entsprechend der Einstufung gemäß Tabelle 5-9 zu berücksichtigen.

Örtliches Beulen kreisförmiger Hohlprofile

Die Beurteilung des Beulverhaltens dünnwandiger, kreisförmiger Hohlprofile ist komplexer als bei Platten. Dies ist im Zusammenhang mit dem Beulinstabilitätsverhalten von Zylinderschalen zu sehen. Die hierbei wesentlichen Charaktereigenschaften der Zylinderschalen sind große Imperfektionsempfindlichkeit und plötzliche Tragkraftreduzierung ohne Reserven.

Die ersten Ansätze zur Lösung des Beulproblems längs gedrückter, dünnwandiger Kreiszylinderschalen stammen von R. Lorenz (1908) [25] und S. Timoshenko (1910) [26]. Unter Annahme einer im Querschnitt über die Länge genauen Kreiszylinderform (d. h. ohne geometrische Imperfektion) ermittelten sie theoretisch die bekannte klassische Formel für die ideale Beulspannung dünnwandiger, kreisförmiger Hohlprofile im rein elastischen Bereich:

$$f_{B,S,\text{ideal}} = \frac{E}{\sqrt{3(1-v^2)}} \cdot \frac{t}{r_m} = 0{,}605 \cdot E \cdot \frac{t}{r_m} \quad (5\text{-}67)$$

mit:
E = Elastizitätsmodul
t = Wanddicke des kreisförmigen Hohlprofils
v = Querkontraktionszahl, 0,3 für Stahl

r_m = mittlerer Radius des kreisförmigen Hohlprofils

Die späteren Versuche [20, 27–34] demonstrieren die große Abhängigkeit der Beulspannung von der Größe des „Vorbeulens" (geometrische Imperfektion), wodurch $f_{B,S,\text{real}}$ auf 1/2 bis 1/6 des klassischen Wertes $f_{B,S,\text{ideal}}$ heruntergedrückt wird. J. Plantema [35] faßte die bis dahin bekannten Versuchsergebnisse in einem Diagramm zusammen (Bild 5-10) und kam zu dem folgenden Ergebnis im elastischen Bereich:

$$f_{B,S,\text{real}} = 0{,}166 \cdot E \cdot \frac{t}{d_m} \quad (5\text{-}68)$$

Für $f_{B,S}/f_y = 1{,}0$, beträgt bei Plantema:

$$\frac{E}{f_y} \cdot \frac{t}{d_m} = 8 \quad (\text{siehe Bild 5-10})$$

Diese Grenze findet sich, oftmals zur sicheren Seite verschoben, in Berechnungsempfehlungen der Regelwerke verschiedener Länder. Oberhalb dieser Werte ($E/f_y \cdot t/d_m$) ist kein Nachweis für das lokale Beulen der Wandung kreisförmiger Hohlprofile notwendig (siehe Tabelle 5-21). Die angegebenen Grenzwerte gelten für Druck und bei elastischer Ermittlung der Querschnittstragfähigkeit auch für Biegung.

Die DASt-Richtlinie 013 [37] sowie die Bemessungsrichtlinien der Europäischen Konvention für Stahlbau EKS [38] berücksichtigen neuere Auswertungen vorhandener Ver-

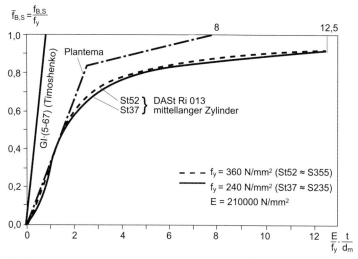

Bild 5-10 Bezogene Beulspannungen $f_{B,S}/f_y$ kreisförmiger Hohlprofile

Tabelle 5-21 Grenzwerte $(E/f_y \cdot t/d_m)$ kreisförmiger Hohlprofile, für die ein Nachweis gegen Beulen nicht erforderlich ist

	Plantema [35]	AISI [22]	SIA 161 [21]	DNV [36]	DASt-Ri 013 [37]
$\dfrac{E}{f_y} \cdot \dfrac{t}{d_m} \geq$	8,0	9,21	8,0	9,0	12,5

Tabelle 5-22 Max. d/t-Verhältnisse verschiedener Vorschriftenwerke

	AISI [22]	SIA [21]	DNV [36]	DASt-Ri 013 [37]
$\dfrac{d}{t} \leq$ $f_y = 240 \text{ N/mm}^2$	96	110	98	71
$\dfrac{d}{t} \leq$ $f_y = 360 \text{ N/mm}^2$	64	74	66	48

Tabelle 5-23 Obere Grenzen der d/t-Verhältnisse kreisförmiger Hohlprofile nach [2]

Querschnittsklasse	Axialer Druck und/oder Biegung
1	$\dfrac{d}{t} \leq 50\,\varepsilon^2$
2	$\dfrac{d}{t} \leq 70\,\varepsilon^2$
3	$\dfrac{d}{t} \leq 90\,\varepsilon^2$

ε = siehe Tabelle 5-15

suchsergebnisse. Es werden Formeln und Darstellungen für auf die Streckgrenze f_y bezogene Beultragspannungen $\bar{f}_{B,S}$ im elastischen und elastisch-plastischen Bereich angegeben (siehe Bild 5-10), wobei auch zuverlässige geometrische Imperfektionen genannt werden. Es gilt hier die Grenze $E/f_y \cdot t/d_m \geq 12,5$, ab der sich eine Berücksichtigung des Beulens erübrigt.

Die max. d/t-Verhältnisse verschiedener Vorschriftenwerke weichen teilweise beträchtlich voneinander ab. Dies wird in Tabelle 5-22 dargestellt, wobei die max. d/t-Verhältnisse mit den Streckgrenzenwerten für die deutschen Stahlsorten St 37 $(f_{y,k} = 240 \text{ N/mm}^2)$ und St 52 $(f_{y,k} = 360 \text{ N/mm}^2)$ [1] errechnet wurden.

Nach EC 3 [2] sind die max. d/t-Verhältnisse der Querschnittsklassen 1, 2 und 3 eingehalten, wenn die Querschnitte oder Teile derselben vor Erreichen ihrer Grenztragfähigkeit nicht örtlich beulen (siehe Tabellen 5-23 und 5-24).

Druckbeanspruchung kreisförmiger Hohlprofile der Querschnittsklasse 4

Bei Überschreitung der d/t-Grenzen der Querschnittsklasse 3 muß die örtliche Beulung beim Nachweis der Tragfähigkeit kreisförmiger Hohlprofile berücksichtigt werden, d.h. der Querschnitt gehört der Klasse 4 an. Dies ist i.allg. bei Stahlkonstruktionen selten der Fall,

Tabelle 5-24 d/t-Grenzen der Querschnittsklassen 1, 2 und 3 für die Stahlgüten S235, S275, S355 und S460

Klasse		1				2				3			
Querschnitt	f_y N/mm²	235	275	355	460	235	275	355	460	235	275	355	460
Druck und/oder Biegung		50	42,7	33,1	25,5	70,0	59,8	46,3	35,8	90,0	76,9	59,6	46,0

da kreisförmige Hohlprofile mit $d/t > 50$ für diesen Zweck nicht (oder kaum) verwendet werden.

Bei seltener Anwendung dünnwandiger Kreishohlprofile mit $d/t >$ Grenzwerten nach Tabelle 5-24 kann auf der sicheren Seite so verfahren werden, daß f_y (Streckgrenze) durch reale Beulspannungen $f_{B,S,\text{real}}$ ersetzt wird. Die realen Beulspannungen $f_{B,S,\text{real}}$ (kurzer bzw. mittellanger Zylinder) können nach [1, Teil 4] ermittelt werden. Folgende Gleichungen werden angewendet:

Ideale Beulspannung für Kreiszylinder:

$$f_{B,S,\text{ideal}} = 0,605 \cdot C \cdot E \cdot \frac{t}{r_m} \qquad (5\text{-}69)$$

Ermittlung von C für mittellange und kurze Kreiszylinder:

$$\text{Bei } \frac{l}{r_m} \le 0,5\sqrt{\frac{r_m}{t}}, \quad C = 1 + 1,5\left(\frac{r_m}{l}\right)^2 \cdot \frac{t}{r_m}$$
$$(5\text{-}70)$$

C darf vereinfachend gleich 1 gesetzt werden.
l = Kreiszylinderlänge

Bezogener Schalenschlankheitsgrad $\bar{\lambda}_{B,S}$:

$$\bar{\lambda}_{B,S} = \sqrt{\frac{f_y}{f_{B,S,\text{ideal}}}} \qquad (5\text{-}71)$$

Für f_y ist der Wert $f_{y,k}$ aus [1, Teil 1] zu nehmen.

Reale Beulspannung $f_{B,S,\text{real}}$:

$$f_{B,S,\text{real}} = \kappa \cdot f_y \qquad (5\text{-}72)$$

Dabei ist κ = Abminderungsfaktor = $f(\bar{\lambda}_{B,S})$

Abminderungsfaktoren κ:

Für normal imperfektionsempfindliche Schalenbeulfälle

$$\bar{\lambda}_{B,S} \le 0,4: \kappa = 1,0 \qquad (5\text{-}73\,\text{a})$$

$$0,4 < \bar{\lambda}_{B,S} < 1,2: \kappa = 1,274 - 0,686\,\bar{\lambda}_{B,S} \qquad (5\text{-}73\,\text{b})$$

$$1,2 \le \bar{\lambda}_{B,S}: \kappa = 0,65/\bar{\lambda}_{B,S}^2 \qquad (5\text{-}73\,\text{c})$$

Für sehr imperfektionsempfindliche Schalenbeulfälle

$$\bar{\lambda}_{B,S} \le 0,25: \kappa = 1 \qquad (5\text{-}74\,\text{a})$$

$$0,25 < \bar{\lambda}_{B,S} \le 1,0: \kappa = 1,233 - 0,933\,\bar{\lambda}_{B,S} \qquad (5\text{-}74\,\text{b})$$

$$1,0 < \bar{\lambda}_{B,S} \le 1,5: \kappa = 0,3/\bar{\lambda}_{B,S}^2 \qquad (5\text{-}74\,\text{c})$$

$$1,5 < \bar{\lambda}_{B,S}: \kappa = 0,2/\bar{\lambda}_{B,S}^2 \qquad (5\text{-}74\,\text{d})$$

Teilsicherheitsfaktor γ_M [1, Teil 4]:

Für Gl. (5-73), $\gamma_M = 1,1$

Für Gl. (5-74 a), $\gamma_M = 1,1$

Für Gl. (5-74 b–d),

$$\gamma_M = 1,1\left(1 + 0,318\,\frac{\bar{\lambda}_{B,S} - 0,25}{1,75}\right)$$

Beulnachweis:

$$\frac{f_{\text{axial}} \cdot \gamma_M}{f_{B,S,\text{real}}} \le 1 \qquad (5\text{-}75)$$

f_{axial} = Axialspannung (Normalspannung) infolge der Bemessungswerte der Einwirkungen, berechnet nach der Elastizitätstheorie

5.3.3.3 Hohlprofile unter zusammengesetzter Beanspruchung aus Druck und Biegung

Die zusammengesetzte Beanspruchung aus Biegung und Druckkraft ist neben der planmäßig zentrischen Druckkraft der häufigste Bemessungsfall im Stahlbau. Die Bemessungsverfahren für Stützen unter Normalkraft mit sowohl einachsiger als auch zweiachsiger Biegung sind in DIN 18800, Teil 2 [1] und Eurocode 3 [2] angegeben. Sie gelten für die Querschnittsklassen 1, 2 und 3.

Hohlprofile unter Druck und einachsiger Biegung

Nachweis nach DIN 18800, Teil 2 [1]

Der Nachweis nach der Elastizitätstheorie II. Ordnung basiert auf der Grundlage der Empfehlungen der Europäischen Konvention für Stahlbau EKS [24], wobei neben den Endmomenten und Momenten aus Querkräften auch ein Moment aus der Normalkraft mit einer Ersatzimperfektion e eingeführt wird. Diese Imperfektion repräsentiert eine Kombination aller Imperfektionen des Stabes wie Ungeradheit, Eigenspannungen, Inhomogenität der Streckgrenze, Härte usw. Die Gleichung für die Querschnittsspannung f'' lautet für Biegung um die x-Achse:

$$f'' = \frac{N_{c,Sd}}{A} + \frac{\beta_m \cdot M_{x,Sd} + N_{c,Sd} \cdot e}{W_{x,el,Rd}} \cdot$$

$$\cdot \frac{1}{1 - \dfrac{N_{c,Sd}}{N_{KE}}} \leq f_{y,k} \qquad (5\text{-}76)$$

$M_{x,Sd}$ = Biegemoment I. Ordnung
$W_{x,el,Rd}$ = elastisches Widerstandsmoment

Übrige Bezeichnungen siehe unter Gl. (5-82)

Die Ersatzimperfektion e wird so bestimmt, daß im Falle $M_x = 0$, die Bedingung nach Gl. (5-51) erfüllt wird. D. h., sie stimmt mit der in die europäischen Knickspannungskurven (Bild 5-4) „eingebauten" Imperfektion überein. Außerdem wird noch der Nachweis gegen Knicken um die y-Achse (siehe Bild 5-3) geführt (ohne Momente).

Tabelle 5-25 Momentenbeiwerte β_m und β_M nach [1]

	1	2	3
	Momentenverlauf	Momentenbeiwerte β_m für Biegeknicken	Momentenbeiwerte β_M für Biegedrillknicken
1	Stabendmomente $-1 \leq \psi \leq 1$	$\beta_{m,\psi} = 0{,}66 + 0{,}44\,\psi$ jedoch $\beta_{m,\psi} \geq 1 - \dfrac{1}{\eta_{KE}*}$ und $\quad \beta_{m,\psi} \geq 0{,}44$	$\beta_{M,\psi} = 1{,}8 - 0{,}7\,\psi$
2	Momente aus Querlast 	$\beta_{m,Q} = 1{,}0$	$\beta_{M,Q} = 1{,}3$ $\beta_{M,Q} = 1{,}4$
3	Momente aus Querlasten mit Stabendmomenten 	$\psi \leq 0{,}77$: $\beta_m = 1{,}0$ $\psi > 0{,}77$: $\beta_m = \dfrac{M_Q + M_1 \cdot \beta_{m,\psi}}{M_Q + M_1}$	$\beta_M = \beta_{M,\psi} + \dfrac{M_Q}{\Delta M}(\beta_{M,Q} - \beta_{M,\psi})$ $M_Q = |\max M|$ nur aus Querlast $\Delta M = \begin{cases} |\max M| & \text{bei nicht durchschlagendem Momentenverlauf} \\ |\max M| + |\min M| & \text{bei durchschlagendem Momentenverlauf} \end{cases}$

* $\eta_{KE} = \dfrac{N_{KE}}{N_{c,Sd}}$, wobei N_{KE} = Normalkraft unter der kleinsten Verzweigungslast nach der Elastizitätstheorie

Das neuere Verfahren der „Ersatzstabmethode" [1] ist eine Näherung auf Basis der Fließgelenktheorie II. Ordnung, das von Gl. (5-76) (jedoch mit plastischen Schnittgrößen) ausgeht und für die Ersatzimperfektion e folgende Beziehung ableitet [39, 40]:

$$M_x = 0, \; N_{pl,Rd} = A \cdot f_{y,k}/\gamma_M,$$

$$M_{pl,Rd} = W_{pl} \cdot f_{y,k}/\gamma_M, \; N_{KE} = N_{pl,Rd}/\bar{\lambda}_K^2,$$

$$N_{K,Rd} = \chi \cdot N_{pl,Rd},$$

$$e = \frac{(1-\chi)(1-\chi \cdot \bar{\lambda}_K^2)}{\chi} \cdot \frac{M_{pl,Rd}}{N_{pl,Rd}} \qquad (5\text{-}77)$$

Die dimensionslose χ-$\bar{\lambda}_K$-Beziehung kann nach [41] mit sehr guter Genauigkeit beschrieben werden:

$$(1-\chi)(1-\chi \cdot \bar{\lambda}_K^2) = \eta \cdot \chi \qquad (5\text{-}78)$$

$$\text{mit } \eta = \alpha(\bar{\lambda}_K - 0{,}2) \qquad (5\text{-}79)$$

Man kann Gl. (5-77) unter Verwendung der Gln. (5-78 und 5-79) wie folgt schreiben:

$$e = \eta \cdot \frac{M_{pl,Rd}}{N_{pl,Rd}} = \alpha(\bar{\lambda}_K - 0{,}2) \cdot \frac{M_{pl,Rd}}{N_{pl,Rd}} \qquad (5\text{-}80)$$

Setzt man Gl. (5-77) in Gl. (5-76) ein, so ist schließlich mit:

$$N_{KE} = \frac{N_{pl,Rd}}{\bar{\lambda}_K^2}:$$

$$\frac{N_{c,Sd}}{\chi_x \cdot N_{pl,Rd}} + \frac{1}{1 - \dfrac{N_{c,Sd}}{\chi_x \cdot N_{pl,Rd}} \cdot \chi_x \cdot \bar{\lambda}_K^2} \cdot$$

$$\cdot \frac{\beta_m \cdot M_{x,Sd}}{M_{pl,x,Rd}} \le 1 \qquad (5\text{-}81)$$

Nach weiterer Umformung:

$$\frac{N_{c,Sd}}{\chi_x \cdot N_{pl,Rd}} + \frac{\beta_m \cdot M_{x,Sd}}{M_{pl,x,Rd}} \le 1 - \Delta n \qquad (5\text{-}82)$$

mit:

$$\Delta n = \chi_x^2 \cdot \bar{\lambda}_K^2 \cdot \frac{N_{c,Sd}}{\chi_x \cdot N_{pl,Rd}} \left(1 - \frac{N_{c,Sd}}{\chi_x \cdot N_{pl,Rd}}\right)$$

$$(5\text{-}83)$$

Es bedeuten:
$N_{c,Sd}$ = Längsdruckkraft auf den Knickstab (unter γ_F-fachen Lasten)

$M_{x,Sd}$ = max. Biegemoment um die x-Hauptachse (bei Momenten um y-Hauptachse entsprechend $M_{y,Sd}$)

β_m = Beiwerte zur Erfassung der Form des Momentenverlaufes nach Tabelle 5-25

χ_x = Reduktionsfaktor; zu entnehmen aus Bild 5-4 oder Gl. (5-54) oder Tabelle 5-10 (bei Moment um y-Achse: χ_y)

$f_{y,k}$ = charakteristische Streckgrenze; aus [1, Teil 1] zu entnehmen

γ_M = Teilsicherheitsfaktor = 1,1

$\bar{\lambda}_K$ = bezogener Schlankheitsgrad nach Gl. (5-53)

Δn = Zusatzanteil (läßt sich durch eine Näherung auf der sicheren Seite vereinfachen)

Wie Bild 5-11a zeigt, ergibt der Ausdruck

$$\frac{N_{c,Sd}}{\chi_x \cdot N_{pl,Rd}} \left(1 - \frac{N_{c,Sd}}{\chi_x \cdot N_{pl,Rd}}\right) \text{ maximal } 0{,}25$$

a)

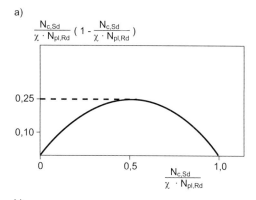

b)

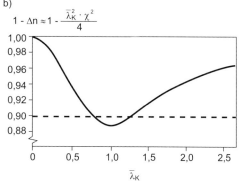

Bild 5-11 Verlauf der rechten Seite der Gln. (5-82) und (5-83) (angenähert) mit χ nach der europäischen Knickkurve „a"

Daher kann näherungsweise geschrieben werden:

$$\Delta n = 0,25 \, \chi_x^2 \cdot \bar{\lambda}_K^2 \qquad (5\text{-}84)$$

Zur weiteren Vereinfachung kann der Anteil Δn, auf der sicheren Seite liegend, $\sim 0,1$ gesetzt werden (siehe Bild 5-11 b).

Bei doppeltsymmetrischen Querschnitten, die mindestens einen Stegflächenanteil von 18 % aufweisen, darf in Gl. (5-82) $M_{pl,x,Rd}$ durch $1,1 \cdot M_{pl,x,Rd}$ ersetzt werden, wenn $N_{c,Sd}/N_{pl,Rd} >$ 0,2 ist.

Ferner kann bei geringer Drucklängskraft $N_{c,Sd}$, die die Bedingung Gl. (5-85) erfüllt, $N_{c,Sd}$ vernachlässigt werden.

$$\frac{N_{c,Sd}}{\chi \cdot N_{pl,Rd}} < 0,1 \qquad (5\text{-}85)$$

Nachweis nach DIN V ENV 1993, Teil 1-1, Eurocode 3 [2]

Es gilt die folgende Bedingung (Querschnittsklassen 1 und 2), wobei die „europäischen Knickspannungskurven" (siehe Bild 5-4 oder Gl. 5-54 oder Tabelle 5-10) verwendet werden:

$$\frac{N_{c,Sd}}{\chi_x \cdot N_{pl,Rd}} + \frac{\kappa_x \cdot M_{x,Sd}}{M_{pl,x,Rd}} \le 1 \qquad (5\text{-}86)$$

mit:
$M_{x,Sd}$ = größter Absolutwert des Biegemomentes (Beanspruchung) nach Theorie I. Ordnung ohne Ansatz von Imperfektionen

$$\frac{N_{c,Sd} \cdot \gamma_{M1}}{\chi_x \cdot A \cdot f_y} + \frac{\kappa_x \cdot M_{x,Sd} \cdot \gamma_{M1}}{W_{pl,x} \cdot f_y} \le 1 \qquad (5\text{-}87)$$

mit:

$$\kappa_x = 1 - \frac{\mu_x \cdot N_{c,Sd}}{\chi_x \cdot A \cdot f_y}, \text{ jedoch } \kappa_x \le 1,5 \qquad (5\text{-}88)$$

$$\mu_x = \bar{\lambda}_{K,x}(2\,\beta_{M,x} - 4) + \left\{\frac{W_{pl,x} - W_{el,x}}{W_{el,x}}\right\},$$
jedoch $\mu_x \le 0,9$ (5-89)

$\beta_{M,x}$ = siehe Tabelle 5-26

$\gamma_{M1} = 1,1$; f_y = min. Streckgrenze aus [22, 23 des Abschnitts 3]

Bei elastischer Querschnittsausnutzung (Klasse 3) ist in Gl. (5-89) $W_{pl,x} = W_{el,x}$ einzusetzen.

Ferner ist zusätzlich der Nachweis zu führen:

$$\frac{N_{c,Sd}}{\chi_y \cdot N_{pl,Rd}} = \frac{N_{c,Sd} \cdot \gamma_{M1}}{\chi_y \cdot A \cdot f_y} \le 1 \curvearrowright$$

$$N_{c,Sd} \le \chi_y \cdot \frac{A \cdot f_y}{\gamma_{M1}} \qquad (5\text{-}90)$$

Hohlprofile unter Druck und zweiachsiger Biegung

Nachweis nach DIN 18800, Teil 2 [1]

Der Tragsicherheitsnachweis ist nach folgender Bedingung zu führen:

$$\frac{N_{c,Sd}}{\chi_{min} \cdot N_{pl,Rd}} + \frac{\kappa_x \cdot M_{x,Sd}}{M_{pl,x,Rd}} + \frac{\kappa_y \cdot M_{y,Sd}}{M_{pl,y,Rd}} \le 1 \qquad (5\text{-}91)$$

mit:
χ_{min} = min (χ_x, χ_y) = Abminderungsfaktor der maßgebenden Knickspannungskurve (siehe Bild 5-4 oder Tabelle 5-10)
$M_{x,Sd}, M_{y,Sd}$ = größter Absolutwert der Biegemomente (Beanspruchung) nach Theorie I. Ordnung, ohne Ansatz von Imperfektionen

$$\kappa_x = 1 - \frac{\mu_x \cdot N_{c,Sd}}{\chi_x \cdot A \cdot f_{y,k}}, \text{ jedoch } \kappa_x \le 1,5$$
(vgl. Gl. 5-88)

$$\mu_x = \bar{\lambda}_{K,x}(2\,\beta_{M,x} - 4) + \left\{\frac{W_{pl,x} - W_{el,x}}{W_{el,x}}\right\},$$
jedoch $\mu_x \le 0,8$ (vgl. Gl. 5-89)

$$\kappa_y = 1 - \frac{\mu_y \cdot N_{c,Sd}}{\chi_y \cdot A \cdot f_{y,k}}, \kappa_y \le 1,5 \qquad (5\text{-}92)$$

$$\mu_y = \bar{\lambda}_{K,y}(2\,\beta_{M,y} - 4) + \left\{\frac{W_{pl,y} - W_{el,x}}{W_{el,y}}\right\},$$
jedoch $\mu_y \le 0,8$ (5-93)

$\beta_{M,x}{}^{*}$, $\beta_{M,y}{}^{*}$ = Momentenbeiwerte β_M nach Tabelle 5-25, Spalte 3 zur Erfassung der Form der Biegemomente $M_{x,Sd}, M_{y,Sd}$ (Beanspruchung)

---

* Die Momentenbeiwerte $\beta_{M,x}$ und $\beta_{M,y}$ sind in Abhängigkeit vom Momentenverlauf zwischen den seitlichen Abstützungen der Tabelle 5-25, Spalte 3 zu entnehmen:

Momenten- verlauf	Moment um die Achse	Seitliche Abstützung in Richtung
$\beta_{M,x}$	$x-x$	$y-y$
$\beta_{M,y}$	$y-y$	$x-x$

Tabelle 5-26 Momentenbeiwerte β_M nach [2]

Momentenverlauf	Momentenbeiwert β_M
Stabendmomente	$\beta_{M,\psi} = 1{,}8 - 0{,}7\,\psi$
Momente aus Querbelastung	$\beta_{M,Q} = 1{,}3$ $\beta_{M,Q} = 1{,}4$
Momente aus Querbelastung mit Stabendmomenten	$\beta_M = \beta_{M,\psi} + (\beta_{M,Q} - \beta_{M,\psi}) \cdot M_Q/\Delta M$ $M_Q =$ $\lvert \max M \rvert$ nur infolge Querbelastung $\Delta M = \begin{cases} \lvert \max M \rvert & \text{bei Momentenverlauf ohne Vorzeichenwechsel} \\[2ex] \lvert \max M \rvert + \lvert \min M \rvert & \text{bei Momentenverlauf mit Vorzeichenwechsel} \end{cases}$

$M_{pl,x,Rd}$, $M_{pl,y,Rd}$ = Bemessungswert der Biegemomente (Beanspruchbarkeit) im vollplastischen Zustand

$$\left.\begin{aligned} M_{pl,x,Rd} &= W_{pl,x} \cdot f_{y,k}/\gamma_M \\ \text{bzw.} \\ M_{pl,y,Rd} &= W_{pl,y} \cdot f_{y,k}/\gamma_M \end{aligned}\right\} \begin{aligned} &\text{bei plastischer} \\ &\text{Ausnutzung} \end{aligned}$$

Bei elastischer Querschnittsausnutzung (Klasse 3) ist in den Gln. (5-88, 5-89, 5-92 und 5-93) $W_{pl,x} = W_{el,x}$ und $W_{pl,y} = W_{el,y}$ einzusetzen.

Nachweis nach DIN V ENV 1993, Teil 1-1, Eurocode 3 [2]

Die Nachweismethode ist der nach DIN 18 800, Teil 2 beinahe identisch. Folgende Unterschiede sind zu beachten:

1. μ_x, μ_y nach Gl. (5-89) und (5-93): $\leq 0{,}9$.

2. Die charakteristische Streckgrenze $f_{y,k}$ nach [1, Teil 1] ist durch die Mindeststreckgrenze f_y nach [22, 23 des Abschnitts 3] zu ersetzen.

3. $\beta_{M,x}$, $\beta_{M,y}$ Momentenbeiwerte sind aus Tabelle 5-26 zu entnehmen.

„Ersatzstabmethode" nach DIN 18 800, Teil 2 [1]

Als zweites Nachweisverfahren nach [1] wird die Ersatzstabmethode angegeben, die von Roik [42] für Profile vorgeschlagen wurde, die nicht durch Biegedrillknicken gefährdet sind:

$$\frac{N_{c,Sd}}{\chi_{min} \cdot N_{pl,Rd}} + \frac{\kappa_x \cdot \beta_{m,x} \cdot M_{x,Sd}}{M_{pl,x,Rd}} +$$

$$+ \frac{\kappa_y \cdot \beta_{m,y} \cdot M_{y;Sd}}{M_{pl,y,Rd}} + \Delta n \leq 1 \qquad (5\text{-}94)$$

$$\Delta n = \chi_{min} \cdot \bar{\lambda}_K^2 \cdot \frac{N_{c,Sd}}{\chi_{min} \cdot N_{pl,Rd}} \left(1 - \frac{N_{c,Sd}}{\chi_{min} \cdot N_{pl,Rd}} \right)$$

(vgl. Gl. 5-83)

$\chi = \min(\chi_x, \chi_y)$; $\bar{\lambda}_K = \max(\bar{\lambda}_{K,x}, \bar{\lambda}_{K,y})$

$M_{x,Sd}$, $M_{y,Sd}$ = größter Absolutwert der Biegemomente (Beanspruchungen) nach Theorie I. Ordnung, ohne Ansatz von Imperfektionen

$M_{pl,x,Rd}$, $M_{pl,y,Rd}$ = Bemessungswert der Biegemomente (Beanspruchbarkeit) im vollplastischen Zustand

$\beta_{m,x}$, $\beta_{m,y}$ = Momentenbeiwerte für Biegeknicken nach Tabelle 5-25, Spalte 2 zur Erfassung der Form des Biegemomentes $M_{x,Sd}$ bzw. $M_{y,Sd}$

$$\begin{aligned} \kappa_x &= 1, \kappa_y = c_y & \text{für} \quad \chi_x < \chi_y \\ \kappa_x &= 1, \kappa_y = 1 & \text{für} \quad \chi_x = \chi_y \\ \kappa_x &= c_y, \kappa_y = 1 & \text{für} \quad \chi_y < \chi_x \end{aligned}$$

$$c_y = \frac{1}{c_x} = \frac{1 - \dfrac{N_{c,Sd}}{N_{pl,Rd}} \cdot \bar{\lambda}_{K,x}^2}{1 - \dfrac{N_{c,Sd}}{N_{pl,Rd}} \cdot \bar{\lambda}_{K,y}^2}$$

5.3.3.4 Knicklänge

Definitionsgemäß ist die Knicklänge l_K eines Druckstabes gleich der Systemlänge l_o eines an beiden äußeren Enden gelenkig gelagerten Stabes, der das gleiche Trägheitsmoment und die gleiche kritische Traglast des tatsächlichen Druckstabes aufweist. Andere mögliche Einspannungsverhältnisse an den Stabenden (siehe Bild 5-12) führen zu einer Reduktion der Systemlänge auf die sogenannte „effektive" Knicklänge.

Effektive Knicklänge $l_K = K \cdot l_o$ \qquad (5-95)

mit:

K = Knicklängenbeiwert

Im allgemeinen wird die Knicklänge l_K durch die folgende Formel angegeben:

$$l_K = \pi \sqrt{\frac{EI}{N_{KE}}} \qquad (5\text{-}96)$$

mit:

N_{KE} = siehe Gl. (5-53)

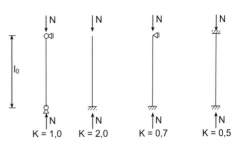

Bild 5-12 Knicklängenbeiwerte K

Knicklängen von Stäben in Fachwerkträgern aus Hohlprofilen

Bei üblichen statischen Berechnungen von Fachwerkträgern werden die Stabkräfte in Gurt- und Füllstäben unter der Annahme gelenkiger Knoten ermittelt. Tatsächlich jedoch sind die Stäbe am Knoten teilweise eingespannt, wodurch die Knicklänge der Stäbe reduziert wird.

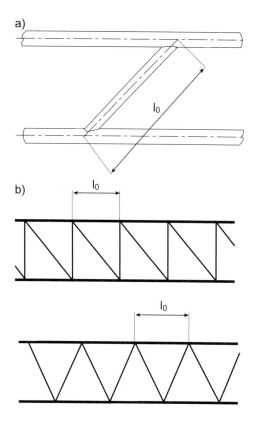

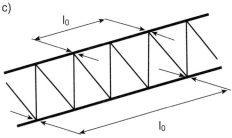

Bild 5-13 Systemlänge l_0 der Stäbe eines Fachwerkträgers. a) Abstand zwischen den Schnittpunkten der neutralen Achse des Füllstabes und den neutralen Achsen der Gurte. b) Abstand zwischen zwei benachbarten Fachwerkknoten. c) Abstand zwischen zwei seitlichen Stützpunkten

Die Knicklängenbeiwerte $K(=l_K/l_o)$ werden in verschiedenen Ländern unterschiedlich bewertet. In Deutschland wird für geschweißte Hohlprofilfachwerke mit seitlich gehaltenen Enden nach DIN 18808 [43] auf der sicheren Seite liegend $K=1,0$ genommen. In Großbritannien und Kanada wird $K=0,7$ angenommen. Gemäß API [44] wird $K=0,8$ empfohlen. DNV [45] empfiehlt für kreisförmige Hohlprofile Werte zwischen 0,7 und 1,0 in Abhängigkeit vom Verhältnis Wanddicke zu Durchmesser.

Nach DIN V ENV 1993, Teil 1.1, EC 3 [2] muß als Knicklänge l_K für Gurtstäbe allgemein und Füllstäbe für Knicken aus der Fachwerkebene die Systemlänge l_o (siehe Bild 5-13) angesetzt werden, wenn keine genauere Bestimmung erfolgt. Beim Knicknachweis von Füllstäben für Knicken in der Fachwerkebene **darf** die Knicklänge l_K geringer als die Systemlänge angesetzt werden, wenn die Endverdrehung der Füllstäbe durch die Gurte und die Anschlußkonstruktion (geschweißt oder verschraubt durch mindestens 2 Schrauben) behindert wird. Treffen diese Bedingungen zu, darf die Knicklänge l_K von Füllstäben für Knicken in der Ebene mit $0,9\,l_o$ angesetzt werden.

Grundsätzlich kann die Knicklänge l_K der Fachwerkstäbe theoretisch ermittelt werden, wenn die Knotensteifigkeiten für die entsprechenden Lasten bekannt sind. Jedoch sind nur wenige Daten über die Knotensteifigkeiten bei einer Kombination von Normalkraft und Momenten vorhanden. Die spätere theoretische sowie experimentelle Forschung [46] hat hier teilweise Abhilfe geschaffen. Sie liefert Ansätze zur Lösung des Stabilitätsproblems von Fachwerkstäben in Abhängigkeit von deren Abmessungen, wobei die Knotensteifigkeiten berücksichtigt werden.

Da die ausgezeichnete Torsionssteifigkeit von Hohlprofilen (siehe Bild 1-2) in den bereits erwähnten Vorschriften nur ungenügend berücksichtigt wurde, veranlaßte CIDECT[3] Untersuchungen mit dem Ziel, genauere Berechnungsmethoden zur Bestimmung der Knicklänge von Fachwerkfüllstäben aus Hohlprofilen, die durch Schweißen an Gurtstäbe aus Hohlprofilen angeschlossen sind [47, 48], zu entwickeln. Zur Bestimmung der Knicklängen von Füllstäben ist in diesem Fall die Anwendung einfacher

---

3) Comité International pour le Developpement et l'Etude de la Construction Tubulaire, Genf

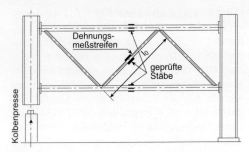

Bild 5-14 Versuchskörper und Versuchsanordnung [47, 48] (kurze Träger mit drei Feldern und lange Träger mit zwölf Feldern)

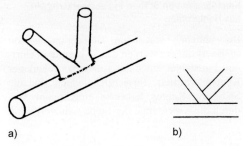

a)   b)

Bild 5-16 a) Kreishohlprofilknoten mit abgeflachten Füllstabenden. b) Hohlprofilknoten mit voll überlappten Füllstäben

theoretischer Methoden nicht möglich, da unter dem Einfluß der vom Füllstab ausgeübten Druckkraft die Wand des Gurtstabes eine leichte Verformung erfährt. Dies ergibt eine Veränderung des Koeffizienten für die elastische Einspannung (Berechnungsmethode der „elastischen Gelenke" [49]) in Abhängigkeit von der Größe der aufgebrachten Kraft. Es konnte daher auf zerstörende Versuche an Hohl-

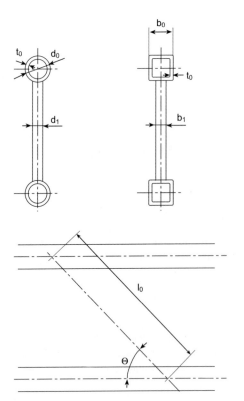

Bild 5-15 Versuchsparameter [47, 48]

profilträgern nicht verzichtet werden. Der Versuchskörper und die Versuchsanordnung sind in Bild 5-14 dargestellt.

Eine auf der Knickspannungskurve „a" (siehe Bild 5-4) dargestellte Analyse der experimentellen Ergebnisse führte zu den empirischen Beziehungen zwischen der Knicklänge l_K der Füllstäbe und den in Bild 5-15 definierten typischen Parametern.

Die aus [47, 48] erhaltenen Gleichungen wurden nach einigen Jahren von Rondal [50] mit einer statistischen Auswertung modifiziert und vom CIDECT zur Anwendung empfohlen [9] (siehe Tabelle 5-27).

1. Die in Tabelle 5-27 angegebenen Formeln sind nur für Füllstäbe gültig, die über ihren ganzen Umfang mit dem Gurt verschweißt sind. Für Füllstäbe im Knoten mit Überlappung ist die Knicklänge $l_K = l_0$ einzusetzen.

2. Für Füllstäbe, deren Enden angedrückt („cropped"), abgeflacht (Bild 5-16 a) oder voll überlappt am Knoten miteinander verbunden (Bild 5-16 b) sind, gilt: $l_K = l_0$ (Knicken in und aus der Ebene)

3. Für Füllstäbe mit abgeflachten Enden, die durch Schrauben an einer mit dem Gurtstab verschweißten Platte (Bild 5-17) befestigt sind, ist die Knicklänge l_K in und aus der Ebene mit 1,0 l_0 anzunehmen.

4. Für Füllstäbe aus Hohlprofilen, die an Gurtstäbe aus I- oder H-Profilen geschweißt sind, gilt $l_K = l_0$ in allen Ebenen. Die Knicklänge der Gurtstäbe, hergestellt aus I- oder H-Profilen, ist mit 0,9 l_0 in der Ebene und mit l_0 aus der Ebene anzunehmen, wenn kleinere Werte nicht gerechtfertigt sind.

Tabelle 5-27 Eurocode 3 [2] – und CIDECT-Empfehlungen zur Berechnung der Knicklänge für Gurt- und Füllstäbe eines Fachwerks aus Hohlprofilen (siehe Punkt 1–4 im Text) (Voraussetzung: a) Ober- und Untergurte sind parallel oder beinahe parallel b) Ober- und Untergurte haben identische Abmessungen[a])

Gurtstäbe:

Knicken in der Ebene: $l_K = 0{,}9 \times l_0$ (Systemlänge zwischen den Knoten)

Knicken aus der Ebene: $l_K = 0{,}9 \times l_0$ (Systemlänge zwischen den seitlichen Lagerungen)

Füllstäbe: Für alle β-Verhältnisse,

Knicken in und aus der Ebene $l_K = 0{,}75 \times l_0$ (Systemlänge zwischen den Knoten)

Falls $\beta < 0{,}6$ (im allgemeinen $0{,}5 \leq l_K/l_0 \leq 0{,}75$), wird wie folgt mit den angegebenen Formeln genauer berechnet:

l_K/l_0	Gurtprofil	Füllstabprofil
$2{,}20 \cdot [d_1^2/(l_0\, d_0)]^{0{,}25}$	(Kreisprofil, d_0)	(Kreisprofil, d_1)
$2{,}35 \cdot [d_1^2/(l_0\, b_0)]^{0{,}25}$	(Quadratprofil, h_0, b_0)	(Kreisprofil, d_1)
$2{,}30 \cdot [b_1^2/(l_0\, b_0)]^{0{,}25}$	(Quadratprofil, h_0, b_0)	(Quadratprofil, h_1, b_1)

l_K – Knicklänge
l_0 – Systemlänge
d_1 – Strebendurchmesser
d_0 – Gurtdurchmesser
b_1 – Strebenbreite (Quadrat- bzw. Rechteckhohlprofil)
b_0 – Gurtbreite (Quadrat- bzw. Rechteckhohlprofil)

$$\beta = \frac{d_1}{d_0} \text{ oder } \frac{d_1}{b_0} \text{ oder } \frac{b_1}{b_0}$$

[a] Wenn Ober- und Untergurtstäbe mit unterschiedlichen Bauteilabmessungen ausgeführt sind, wird empfohlen, den Knicklängenbeiwert K für die Knotenverbindungen an jedem Knotenpunkt der Füllstäbe zu bestimmen und den größeren Wert als maßgebend anzusehen [47]. Lit. [2] empfiehlt aus diesen Werten den daraus resultierenden Mittelwert zu verwenden. Ein weiterer konservativer Vorschlag von [2] lautet: 1) Für RHP-Gurtstäbe: b_0 ist durch h_0 zu ersetzen, wenn $h_0 < b_0$. 2) Für RHP-Füllstäbe: b_1 ist durch h_1 zu ersetzen, wenn $h_1 > b_1$. Ferner empfiehlt [2], die Parameter b_1 und b_0 für die Bestimmung der Knicklänge in der Ebene und die Parameter h_1 und h_0 zur Bestimmung der Knicklänge aus der Ebene zu verwenden.

Knicklängen seitlich nicht gehaltener Gurtstäbe

Die beiden bekannten Berechnungsmethoden zur Lösung dieses Problems sind schwierig und langwierig, weil sie iterativ arbeiten und am besten mit einem Computer durchgeführt werden. In diesem Abschnitt werden daher nur die Referenzen genannt [47, 51, 52], die zur Berechnung unbedingt zu Hilfe genommen werden müssen. Die Ergebnisse der Berechnungen zeigen, daß die effektive Knicklänge bei seitlich nicht abgestützten Fachwerkträger-Gurten er-

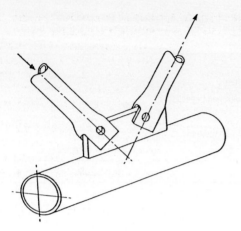

Bild 5-17 Abgeflachte Füllstabenden für Schraubenverbindungen an eine Platte

heblich niedriger sein kann als die reale (volle) nicht abgestützte Länge.

Um in den meisten auftretenden Fällen (seitlich gehaltene Träger) die Anwendung zu vereinfachen, sind in [47] 64 Bemessungsdiagramme angegeben.

5.3.3.5 Beispielberechnungen

Rechteckige Hohlprofilstütze unter planmäßig mittiger Druckbeanspruchung

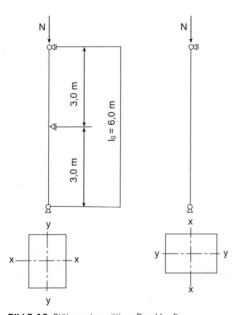

Bild 5-18 Stütze unter mittiger Druckkraft

Gegeben:

RHP $140 \times 80 \times 4$ mm (warmgefertigt)

$A = 16,8$ cm^2
$i_x = 5,12$ cm
$i_y = 3,31$ cm

Werkstoff: Stahlsorte S 235, $f_y = 235$ N/mm^2

Knicklänge: $l_{K,x} = 6,0$ m
                 $l_{K,y} = 3,0$ m

Belastung: ständige Last $N_G = 80$ kN
                  veränderliche Last $N_Q = 40$ kN

Bemessungslast:

$N_{c,Sd} = 1,35\ N_G + 1,50\ N_Q = 1,35 \cdot 80 + 1,50 \cdot 40$
$= 168$ kN

Vollplastische Querschnittskennwerte (Beanspruchbarkeit):

$$N_{pl,Rd} = \frac{A \cdot f_y}{\gamma_M} = \frac{16,8 \cdot 23,5}{1,1} = 358,91 \text{ kN}$$

$$\max \cdot \frac{b_1}{t} = \frac{140 - 3 \cdot 4}{4} = 32 < 42$$

(vgl. Tabelle 5-15 und 5-16)

Ein Beulnachweis ist nicht erforderlich.

Achse $x-x$:

$$\lambda_{K,x} = \frac{l_{K,x}}{i_x} = \frac{600}{5,12} = 117,19 \qquad \lambda_E = 93,9$$

(siehe Tabelle 5-11)

$$\bar{\lambda}_{K,x} = \frac{\lambda_{K,x}}{\lambda_E} = \frac{117,19}{93,9} = 1,25 \ \rightarrow \ \chi_x = 0,4993$$

(siehe Tabelle 5-10b: Knickspannungskurve „a")

Achse $y-y$:

$$\lambda_{K,y} = \frac{l_{K,y}}{i_y} = \frac{300}{3,31} = 90,63 \qquad \lambda_E = 93,9$$

$$\bar{\lambda}_{K,y} = \frac{\lambda_{K,y}}{\lambda_E} = \frac{90,63}{93,9} = 0,97 \ \rightarrow \ \chi_y = 0,6865$$

Nach Gl. (5-51) ist

$N_{K,Rd} = \chi_{\min} \cdot N_{pl,Rd} = 0,4993 \cdot 358,91$
$= 179,2$ kN > 168 kN

Rechteckige Hohlprofilstütze unter zusammengesetzter Beanspruchung aus Druck und zweiachsiger Biegung

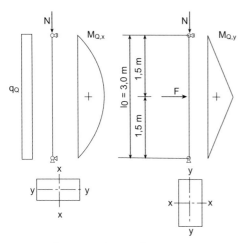

Bild 5-19 Stütze unter Druckkraft und zweiachsiger Biegung

Gegeben:

RHP 200 × 100 × 12 (kaltgefertigt)

$A = 60,1$ cm^2
$i_x = 6,59$ cm
$i_y = 3,82$ cm
$W_{pl,x} = 350$ cm^3 $W_{el,x} = 261$ cm^3
$W_{pl,y} = 215$ cm^3 $W_{el,y} = 175$ cm^3

Werkstoff: Stahlsorte S 355, $f_y = 355$ N/mm^3

Mittlere Streckgrenze nach Kaltverformung f_{ya} nach Tabelle 3-14 ($k=7$, $n=4$, $A_g = 2\ t\ (b+h-2\ t) \approx (b+h) \cdot 2\ t$:

$$f_{ya} = 355 + \frac{14 \cdot 12}{200 + 100}(490-355)$$
$$= 430,6\ \text{N/mm}^2 \approx 1,2 \cdot 355 = 426\ \text{N/mm}^2$$

Knicklänge: $l_{K,x} = l_{K,y} = 3,0$ m

Belastung: Ständige Last $N_G = 130$ kN
Veränderliche Last $N_Q = 45$ kN
$F_Q = 30$ kN
$q_Q = 10$ kN/m

Bemessungsschnittgrößen:
(Theorie I. Ordnung)

Die Last F_Q ist die Last mit dem größten Einfluß auf die Beanspruchung ($\gamma_{F,Q} = 1,5$).

$$N_{c,Sd} = \gamma_{F,G} \cdot N_G + 0,9\, \gamma_{F,Q} \cdot N_Q$$
$$= 1,35 \cdot N_G + 1,35 \cdot N_Q$$
$$= 1,35\,(130+45) = 236\ \text{kN}$$

$$M_{Q,x} = 0,9\, \gamma_{F,Q} \cdot \frac{q_Q \cdot l_0^2}{8} = 1,35 \cdot \frac{10 \cdot 3^2}{8}$$
$$= 15,2\ \text{kNm}$$

$$M_{Q,y} = \gamma_{F,Q} \cdot \frac{F_Q \cdot l_0}{4} = 1,5 \cdot \frac{30 \cdot 3}{4}$$
$$= 33,7\ \text{kNm}$$

$$\left.\begin{array}{l} \max \cdot \dfrac{b_1}{t} = \dfrac{200 - 3 \cdot 12}{12} = 13,7 \\[4mm] \max \cdot \dfrac{h_1}{t} = \dfrac{100 - 3 \cdot 12}{12} = 5,3 \end{array}\right\} < 33 \cdot \varepsilon =$$

$$= 33 \cdot \sqrt{\frac{235}{430,6}} = 24,3$$

Der Querschnitt genügt der Klasse 1.

Für $f_{ya} = 430,6$ N/mm^2 ($f_y = 355$ N/mm^2)

$$\lambda_E = 93,9 \cdot \sqrt{235/430,6} = 69,4$$

Achse $x-x$:

$$\lambda_{K,x} = \frac{l_{K,x}}{i_x} = \frac{300}{6,59} = 45,52$$

$$\bar{\lambda}_{K,x} = \frac{\lambda_{K,x}}{\lambda_E} = \frac{45,52}{69,4} = 0,66 \;\rightarrow\; \chi_x = 0,7493$$

(siehe Tabelle 5-10d, Knickspannungskurve „c")

Achse $y-y$:

$$\lambda_{K,y} = \frac{l_{K,y}}{i_y} = \frac{300}{3,82} = 78,53$$

$$\bar{\lambda}_{K,y} = \frac{\lambda_{K,y}}{\lambda_E} = \frac{78,53}{69,4} = 1,13 \;\rightarrow\; \chi_y = 0,4685$$

(siehe Tabelle 5-10d, Knickspannungskurve „c")

Momentenbeiwerte (nach Tabelle 5-26):
$\beta_{M,x} = 1,3$
$\beta_{M,y} = 1,4$

Der Tragsicherheitsnachweis ist nach Gl. (5-91) zu führen.

$$\mu_x = \bar{\lambda}_{K,x}\,(2\,\beta_{M,x}-4) + \left\{\frac{W_{pl,x} - W_{el,x}}{W_{el,x}}\right\}$$

$$= 0,66\,(2 \cdot 1,3 - 4) + \left\{\frac{350 - 261}{261}\right\}$$

$$= -0,583$$

$$\mu_y = \bar{\lambda}_{K,y}\,(2\,\beta_{M,y} - 4) + \left\{\frac{W_{pl,y} - W_{el,y}}{W_{el,y}}\right\}$$

$$= 1,13\,(2 \cdot 1,4 - 4) + \left\{\frac{215 - 175}{175}\right\}$$

$$= -1,128$$

$$\kappa_x = 1 - \frac{\mu_x \cdot N_{c,Sd}}{\chi_x \cdot A \cdot f_{ya}}$$

$$= 1 - \frac{(-0,583) \cdot 236 \cdot 10}{0,7493 \cdot 60,1 \cdot 430,6}$$

$$= 1,071$$

$$\kappa_y = 1 - \frac{\mu_y \cdot N_{c,Sd}}{\chi_y \cdot A \cdot f_{ya}}$$

$$= 1 - \frac{(-1,128) \cdot 236 \cdot 10}{0,4685 \cdot 60,1 \cdot 430,6}$$

$$= 1,220$$

Nachweis nach Gl. (5-91):

$$\frac{N_{c,Sd} \cdot \gamma_{M1}}{\chi_y \cdot A \cdot f_{ya}} + \frac{\kappa_x \cdot M_{Q,x} \cdot \gamma_{M1}}{W_{pl,x} \cdot f_{ya}} + \frac{\kappa_y \cdot M_{Q,y} \cdot \gamma_{M1}}{W_{pl,y} \cdot f_{ya}}$$

$$\frac{236 \cdot 10 \cdot 1,1}{0,4685 \cdot 60,1 \cdot 430,6} + \frac{1,071 \cdot 15,2 \cdot 1,1 \cdot 1000}{350 \cdot 430,6}$$

$$+ \frac{1,220 \cdot 33,7 \cdot 1,1 \cdot 1000}{215 \cdot 430,6} =$$

$$= 0,214 + 0,119 + 0,489 = 0,822 < 1,0$$

Der Nachweis eines ausreichenden Querschnittswiderstandes wird vereinfacht und auf der sicheren Seite liegend mit der „elastischen" Gl. (5-36) geführt:

$$\frac{N_{Sd} \cdot \gamma_{M1}}{A \cdot f_{ya}} + \frac{M_{Q,x} \cdot \gamma_{M1}}{W_{el,x} \cdot f_{ya}} + \frac{M_{Q,y} \cdot \gamma_{M1}}{W_{el,y} \cdot f_{ya}}$$

$$= \frac{236 \cdot 1,1}{6010 \cdot 0,4306} + \frac{15,2 \cdot 1000 \cdot 1,1}{261 \cdot 430,6}$$

$$+ \frac{33,7 \cdot 1000 \cdot 1,1}{175 \cdot 430,6} = 0,100 + 0,149 + 0,492$$

$$= 0,741 < 1,0$$

5.3.4 Torsionsbeanspruchte Hohlprofile

Wie Bild 1-2 zeigt, haben Hohlprofile die günstigste Profilform für die Aufnahme von Torsionsbeanspruchungen. Insbesondere auf Grund seiner gleichmäßigen Massenverteilung um die Stabachse hat das Kreishohlprofil unter den geschlossenen Profilen das beste Tragverhalten bei Torsion. Deshalb wird diese Profilform im Maschinen-, Fahrzeug-, Flugzeug-, Schiffbau usw. vorzugsweise angewendet, um Torsionsmomente zu übertragen.

Es gibt jedoch zahlreiche Anwendungsfälle, insbesondere im landwirtschaftlichen Maschinenbau, Kranbau und Wohnungsbau, wo aus grundsätzlichen Erwägungen (z. B. wirtschaftliche Herstellung) heraus quadratischen und rechteckigen Hohlprofilen der Vorzug gegeben wird, obwohl sie, verglichen mit Kreishohlprofilen, bei Torsion ein etwas ungünstigeres Tragverhalten besitzen.

Eine genaue Analyse des Tragverhaltens torsionsbeanspruchter Profile führt in das Gebiet der höheren Festigkeitslehre. Bei unstetigem Einsatz der Torsionsmomente oder bei Behinderung der freien Wölbung der Profilquerschnitte teilt sich das Torsionsmoment in Saint-Venant'sche Torsionsschubspannungen und Wölbschubspannungen. Die Ermittlung der Verteilung der Wölbschubspannungen erfordert aufwendige Berechnungen. Deshalb begnügt man sich in der Praxis oft mit einer Abschätzung der Torsionsschubspannungen und vernachlässigt die aus Wölbbehinderung und Profilverformung resultierenden Zusatzspannungen in Längs- und Querrichtung des Profils. Ein besonderer Vorteil von Hohlprofilen gegenüber offenen Profilen liegt darin, daß hierbei das Torsionswölbmoment vernachlässigt werden kann. Bild 5-20 zeigt für verschiedene Querschnittstypen den Anteil des Gesamt-Torsionsmomentes, der über St. Venant'sche Torsion aufgenommen wird [53]. Man stellt fest, daß in allen Fällen die Hohlprofile nach der St. Venant'schen Torsion mit ausreichender Genauigkeit untersucht werden können.

Bei Beanspruchung auf Torsion werden die wölbfreien, quadratischen bzw. kreisförmigen Hohlprofile unter den folgenden Voraussetzungen nach der St. Venant'schen Theorie berechnet:

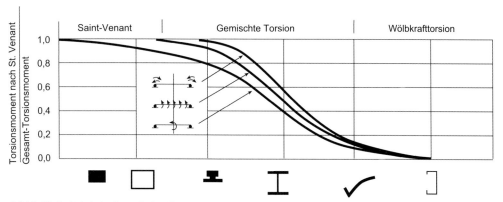

Bild 5-20 Verhältnis St. Venant'sches Torsionsmoment zu Gesamt-Torsionsmoment bei verschiedenen Profilarten

– Die Querschnittsform wird durch Anbringung von Steifen oder Schotten an den Lasteinleitungsstellen erhalten. Ohne Aussteifungen kann in bestimmten Fällen die Tragfähigkeit eines Hohlprofils überschätzt werden.
– Es besteht ein konstantes Torsionsmoment.
– Es liegt ein reiner Schubspannungszustand vor. Es treten nur Schubspannungen und Gleitungen auf. Normalspannungen und Dehnungen werden nicht hervorgerufen.

Ausgehend von der Elastizitätstheorie wird eine einfache Ermittlung der Torsionsschubspannungen auf der Basis der St. Venant'schen Torsionstheorie durchgeführt.

Ein auf einen Stab wirkendes Drehmoment M_T ist bestrebt, zwei im Abstand l voneinander liegende Querschnittsflächen gegeneinander zu verdrehen. Der Verdrehwinkel θ ist proportional zur Stablänge l und errechnet sich aus:

$$\theta = \frac{M_T}{I_T \cdot G} \cdot l \qquad (5\text{-}97)$$

im Gradmaß $\theta = \dfrac{M_T \cdot l}{I_T \cdot G} \cdot \dfrac{180}{\pi}$

Dabei ist:
M_T = Torsionsmoment in Ncm
l = Stablänge in cm
I_T = Torsionsträgheitsmoment cm^4
G = Schubmodul
$$= \frac{E}{2(1+\upsilon)} = \frac{21 \cdot 10^6}{2(1+0,3)}$$
$$= 8,1 \cdot 10^6 \ \text{N/cm}^2$$

E = Elastizitätsmodul $= 21 \cdot 10^6$ N/cm^2 (für Stahl)
υ = Querdehnungszahl (0,3 für Stahl)

Für kreisförmige Hohlprofile ist I_T gleich dem „polaren" Trägheitsmoment. Für andere Profilarten ist das Torsionsträgheitsmoment immer kleiner als das polare Trägheitsmoment.

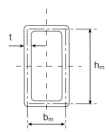

Bild 5-21 RHP-Querschnitt, Definition von b_m und h_m

Für dünnwandige Rechteckhohlprofilquerschnitte (Bild 5-21) gilt:

$$I_T = \frac{4 \cdot A_m^2 \cdot t}{4} \qquad (5\text{-}98)$$

A_m = von der Mittellinie der Wand eingeschlossene Fläche $A_m \approx h_m \cdot b_m$
U = Umfang der Mittellinie $\approx 2\,(h_m + b_m)$

Die St. Venant'sche Torsionsschubspannung τ_T läßt sich im allgemeinen sehr einfach ermitteln:

$$\tau_{T,Rd} = \frac{M_{T,Sd}}{W_T \cdot \gamma_M} \qquad (5\text{-}99)$$

W_T ist das Torsionswiderstandsmoment.

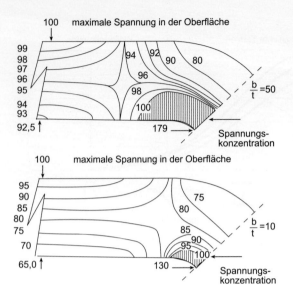

Bild 5-22 Spannungskonzentrationen an Innenecken rechteckiger Hohlprofile

Für Kreishohlprofile ist W_T gleich dem polaren Widerstandsmoment.

KHP: $W_T = \dfrac{\pi}{16}\ \dfrac{d^4 - d_i^4}{d}$

Die für dünnwandige RHP-Querschnitte oft benutzte BREDT'sche Formel lautet:

$$W_T = 2\ A_m \cdot t$$

wobei $A_m \approx h_m \cdot b_m$

Bei rechteckigen Hohlprofilen macht sich der Einfluß der Wanddicke auf die Torsionsschubspannung stark bemerkbar. Dies hat seinen Grund in dem nicht konstanten Verlauf der Torsionsspannung über die Wanddicke; τ_T nimmt nach innen ab.

Eine Spannungskonzentration stellt sich im Inneren der gerundeten Ecken rechteckiger Hohlprofile ein. Timoshenko hat eine Formel zur Berechnung des Spannungskonzentrationsfaktors [54], der Werte höher als 2 erreichen kann, gegeben. Bild 5-22 zeigt Schubspannungsdarstellungen für zwei Rechteckhohlprofile mit $b/t = 50$ und $b/t = 10$, die mit Hilfe der finiten Elemente ermittelt wurden. Da die Eckenbereiche mit Spannungskonzentrationen nur 1,13 % bis 1,15 % des Gesamtquerschnitts ausmachen, brauchen bei b/t-Verhältnissen von 10 bis 50 die Spannungskonzentrationen bei der Berechnung praktisch nicht berücksichtigt zu werden.

5.4 Symbolerklärungen

KHP	Kreishohlprofil
RHP	Rechteckhohlprofil
QHP	Quadrathohlprofil
A	(Gesamt-)Querschnittsfläche
A_{net}	Nettoquerschnittsfläche
A_V	Scherfläche
E	Elastizitätsmodul
G	Schubmodul
G	ständige Last
I	Trägheitsmoment
K	Knicklängenbeiwert ($= l_K/l_0$)
M	Gewicht
M	Moment
M_x, M_y	Biegemomente
N	Normalkraft
Q, V	Querkraft, Schubkraft
Q	veränderliche Last
W	Widerstandsmoment
$b, B; h, H$	äußere Seitenlängen eines Rechteckhohlprofils
b_1, h_1	gerader Teil der Seitenlängen eines Rechteckhohlprofils (siehe Tabelle 5-15 und 5-16)
b_m, h_m	mittlere Seitenlängen rechteckiger Hohlprofile
b_c b_{e1}, b_{e2} b_{eff} b_1	siehe Tabelle 5-18
d, D	Außendurchmesser kreisförmiger Hohlprofile

d_m	mittlere Durchmesser von KHP $= (d - t)$	ϱ	Platten-Beulreduktionsfaktor (siehe Tabelle 5-19)
d_i, D_i	Innendurchmesser von KHP	ε_u	Bruchdehnung
f	Normalspannung	ε_y	Dehnung bei Streckgrenze
f_y	Streckgrenze	λ	Schlankheitsgrad einer Stütze
f_u	Zugfestigkeit	λ_E	Eulersche Schlankheit
f_{ya}	durchschnittliche, erhöhte Streckgrenze kaltgeformter Hohlprofile	$\bar{\lambda}$	bezogener Schlankheitsgrad einer Stütze
f_{yb}	Streckgrenze des (nicht kaltgeformten) Ausgangsmaterials	$\bar{\lambda}_{LT}$	bezogener Kipp-Schlankheitsgrad
$f_{cr,LT}$	kritische (elastische) Spannung bei Kippversagen	κ_x, κ_y	Beiwerte (siehe Gl. 5-88 und 5-92)
		μ_x, μ_y	Faktoren (siehe Gl. 5-89 und 5-93)
i	Trägheitsradius	υ	Querdehnungszahl (0,3 für Stahl)
k_p	Platten-Beulfaktor	χ	Reduktionsfaktor nach Europäischen Knickspannungskurven
l	Länge		
l_0	Systemlänge	ψ	Momenten- oder Spannungsverhältnis an den Stabenden (siehe Tabelle 5-15 und 5-18)
l_K	Knicklänge		
r_0	äußerer Eckenradius von RHP (QHP)		
		f_v	Vergleichsspannung
r_i	innerer Eckenradius von RHP (QHP)	τ	Schubspannung

r	äußerer Radius eines kreisförmigen Hohlprofils	**Indizes:**	
r_m	mittlerer Radius eines kreisförmigen Hohlprofils	b	Schrauben
		B	Beulen
t, T	Wanddicke	BK	Beulknicken
x, y	Hauptachsen des Querschnitts	c	Druck
z	Stabachse	eff	effektiv (wirksam)
α	Temperaturausdehnungskoeffizient (siehe Tabelle 5-4)	el	elastisch
		k	charakteristisch
α	Imperfektionsfaktor zur Ermittlung der Knickkurven	K	Knicken
		max	maximum
α, β	Exponenten für Interaktion bei zweiachsiger Biegung	min	minimum
		net	netto
β_M, β_m	Momentenbeiwerte	pl	plastisch
γ_F	Teilsicherheitsfaktor auf der Einwirkungsseite (Beanspruchung)	P	Platte
		p	Bolzen
		Rd	Beanspruchbarkeit
γ_M	Teilsicherheitsfaktor auf der Widerstandsseite (Beanspruchbarkeit)	r	Nieten
		S	Schale
δ_x, δ_y	Verschiebung der neutralen Achse bei dünnwandigen Profilen (siehe Tabelle 5-20)	Sd	Beanspruchung
		t	Zug
		T	Torsion

Masterson Oy

Konstruktionen aus Stahlbau-Hohlprofilen!

RAUTARUUKKI verfügt u.a. über ein umfangreiches Liefer-
programm geschweißter Stahlrohre. In dem wachsenden
Markt für Stahlbau-Hohlprofile sind wir z.B. schon heute
Partner der Bau-, Maschinenbau- und Automobilindustrie.
Für ausführliche Produktinformationen wenden Sie sich
bitte an unser Büro in Düsseldorf.

 RAUTARUUKKI (DEUTSCHLAND) GMBH

Rautaruukki (Deutschland) GmbH
Grafenberger Allee 87
40237 Düsseldorf
Tel. (0211) 669 03-0, Fax (0211) 689 842

Praxiswissen für Ihre tägliche Arbeit

Ulrich Krüger
Stahlbau
Teil 1: Grundlagen
1998. 328 Seiten mit 127 Abbildungen
und 37 Tabellen. Format 17 x 24 cm.
Br. DM 98,-/öS 715,-/sFr 89,-
ISBN 3-433-01765-4

Teil 2: Stabilitätslehre
Stahlhochbau und Industriebau
1998. 342 Seiten mit 167 Abbildungen
und 71 Tabellen. Format 17 x 24 cm.
Br. DM 98,-/öS 715,-/sFr 89,-
ISBN 3-433-01766-2

Teil 1 enthält die Grundlagen:
Von der Einführung in die Regelwerke des Stahlbaus,
deren Handhabung und Auslegung wird weiterge-
führt bis zur Berechnung abgeschlossener Stahlbau-
Objekte, die vollständig durchgerechnet werden. Ziel
ist die Anleitung des Studierenden beim Einstieg in
den Stahlbau und die Einführung und Unterstützung
des Stahlbau-Tragwerksplaners zum problemlosen
Umgang mit der „neuen" DIN 18800.
Teil 2 ist in zwei Abschnitte gegliedert:
Im ersten Abschnitt werden spezielle Probleme des
Hochbaus und Industriebaus behandelt: Konstruktion
und Berechnung für Dach, Wand und Decken bei
Stahlbauten, konstruktive Besonderheiten bei Dach-
bindern, Pfetten und den aussteifenden Verbänden.
Eingeführt wird in die Nachweise für Verbundträger
und Verbundstützen, Kranbahnen, Wärmeschutz und
Brandschutz.
Im zweiten Abschnitt werden die Nachweise druckbeanspruchter Stahlkonstruktionen ausführlich behandelt. Es wird in Stabilitätstheorie und Tragfähigkeitsnachweis nach Theorie II. Ordnung eingeführt.
Dabei wird Wert darauf gelegt, überschaubare Systeme auch ohne Computer behandeln zu können,
was wiederum das Verständnis für computerunter-
stützte Problembearbeitung weckt oder gar erst
ermöglicht.

Ernst & Sohn
Verlag für Architektur
und technische Wissenschaften GmbH
Bühringstraße 10, 13086 Berlin
Tel. (030) 470 31-284
Fax (030) 470 31-240
E-mail: mktg@verlag-eus.de
www.wiley-vch.de/ernst+sohn

6 Bauteile und Konstruktionen aus Hohlprofilen unter vorwiegend ruhender Beanspruchung

Wie Bild 1-2 veranschaulicht, sind die wichtigsten Vorzüge der Hohlprofile ihre charakteristischen Eigenschaften als Tragelemente für Druck, Torsion und zwei- oder mehrachsige Biegung. Bei allen konstruktiven Einsätzen von Hohlprofilen muß daher beachtet werden, daß diese Eigenschaften ausreichend genutzt werden.

Ferner wurde im Einleitungskapitel erläutert, daß das Schweißen bei Konstruktionen mit Hohlprofilen eine vorrangige Stellung über die anderen Fügetechniken besitzt. Der wesentliche Grund liegt darin, daß wegen der einseitigen Zugänglichkeit eine unmittelbare Verbindung zwischen zwei Hohlprofilen nur durch das Schweißen hergestellt werden kann. Will man das Verschrauben als Fügetechnik anwenden, dann kann es nur mittelbar über angeschweißte Platten, Winkel oder ähnlichem geschehen, wobei sowohl Schweißen als auch Verschrauben kombiniert zum Einsatz kommen (siehe Bild 1-7). In einigen Fällen werden auch Schrauben verwendet, die ganz durch das Hohlprofil gehen (siehe Bild 6-27). Allerdings sind einige Blindschrauben entwickelt worden, womit eine unmittelbare Verschraubung zweier Hohlprofile möglich ist. Dieses Thema wird im Abschnitt 8.5 behandelt.

Grundsätzlich sind also die Hohlprofilverbindungen in zwei Haupttypen zu klassifizieren (Bild 6-1):

– unmittelbare Verbindungen, bei denen die Bauteile direkt miteinander verbunden sind.
– mittelbare Verbindungen, bei denen die Bauteile über Kopfplatte oder Knotenbleche miteinander verbunden sind.

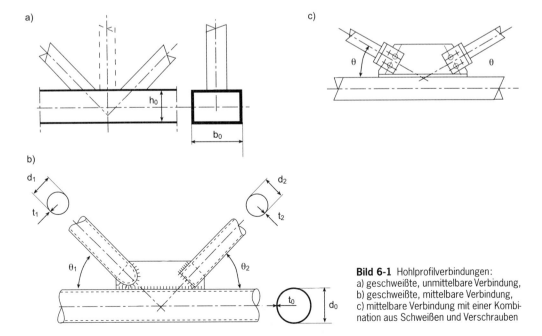

Bild 6-1 Hohlprofilverbindungen:
a) geschweißte, unmittelbare Verbindung,
b) geschweißte, mittelbare Verbindung,
c) mittelbare Verbindung mit einer Kombination aus Schweißen und Verschrauben

Die bauliche Integrität und technische Sicherheit einer Konstruktion mit unmittelbaren Verbindungen sind eindeutig günstiger als die mit mittelbaren Anschlüssen. Dies begründet sich damit, daß in einer unmittelbaren Verbindung die Kraft- bzw. Momentenübertragung von einem Hohlprofil zu einem anderen direkt stattfindet. Bei mittelbaren Verbindungen hingegen werden die Schnittgrößen zweimal übertragen – zuerst vom Hohlprofil zum Knotenblech und dann vom Knotenblech zum anderen Hohlprofil. Die Fehlermöglichkeit bei der Bemessung und Fertigung von mittelbaren Verbindungen ist daher statistisch mindestens doppelt so hoch wie bei unmittelbaren Verbindungen (Bild 6-1).

Diese Tatsache spricht unter Berücksichtigung aller Aspekte für unmittelbare Verbindungen von Hohlprofilkonstruktionen. Solche Aspekte sind z. B. Berechnung und Bemessung, Herstellung, Montage, Aufstellung, Unterhaltung und Reparatur sowie technische Sicherheit, Wirtschaftlichkeit und Ästhetik. Es ist daher empfehlenswert, möglichst unmittelbare Verbindungen anzuwenden.

Natürlich werden in vielen Fällen, z. B. bei Feldmontage oder bei Einschränkungen bez. der Transportgrößen (wenn die Konstruktionen in kleinen Teilen transportiert werden müssen) und zur Vermeidung von Baustellenschweißungen lösbare Schraubenverbindungen bevorzugt verwendet. Vorgefertigte geschweißte Teileinheiten werden auf der Baustelle einfach verschraubt. Auf Einhaltung der Fertigungstoleranzen wird besonders hingewiesen.

6.1 Vollwandträger aus Einzelhohlprofilen

I-Profile, Rechteckhohlprofile, Wabenträger usw. bieten unterschiedliche Lösungen, die je nach Spannweite und Belastung als Biegeträger geeignet sind (Bild 6-2), siehe Abschnitt 5.3.2.1.

Träger aus Rechteckhohlprofilen mit der längeren Seite in der Biegeebene werden normalerweise für die Aufnahme einachsiger Biegung verwendet, da sie in dieser Lage maximale Biegesteifigkeit EI_{max} besitzen. Es ist jedoch klar, daß die wirtschaftlichere Lösung für einachsige Biegebeanspruchung die Verwendung eines I-Profils ist.

Für zweiachsige Biegung sind Quadrat- und Kreishohlprofile besser geeignet. Wegen gleicher Tragfähigkeit in allen Ebenen ist das

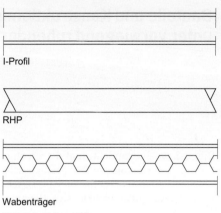

I-Profil

RHP

Wabenträger

Bild 6-2 Vollwandträger

Kreishohlprofil für mehrachsige Biegung am besten anwendbar.

Bei geringen Spannweiten zeigen Hohlprofile eine gute Aufnahmefähigkeit für die Querkraft, auch ohne Versteifung. Bei längeren Spannweiten haben die Rechteckhohlprofile eine ausgezeichnete Kippstabilität, siehe Nachweis gegen Kippen (siehe Abschnitt 5.3.2.1).

6.2 Stützen

Wegen des überlegenen Stabilitätsverhaltens (Knicken, Kippen, Beulen) gegenüber anderen Stahlbauprofilen werden Hohlprofile am häufigsten als Stützen verwendet. Dies gilt sowohl im Wohnungsbau als auch in verschiedenen anderen Anwendungsgebieten. Überhaupt werden für alle druckbeanspruchten Bauteile Hohlprofile vorzugsweise eingesetzt.

Bild 6-3 zeigt ein Beispiel, das die höheren Materialersparnisse in kg/m bei der Anwendung von KHP/RHP für eine 3 m lange Stütze gegenüber offenen Profilen demonstriert.

Die bauliche Anordnung einer Stütze ist entsprechend des Biegemoments am Fuß der Stütze zu gestalten. Gängiger Fall ist eine Hohlprofilstütze, die am Stützenende an eine vollflächige, relativ dickwandige Fußplatte (Bild 6-4) geschweißt wird. Das Stützenende wird entweder mit einem geraden Schnitt vorbereitet oder zu einer ebenen Fläche abgefräst, um ebenmäßig auf die Platte gesetzt werden zu können.

Stützen können anstatt aus einem Einzelhohlprofil auch aus einer Fachwerkkonstruktion bestehen (Bild 6-5).

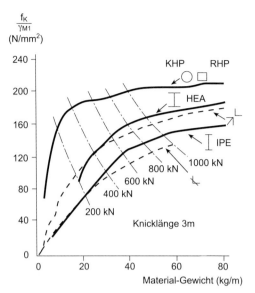

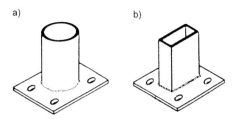

Bild 6-4 Stütze aus Einzelhohlprofil, an die Fußplatte geschweißt: a) KHP, b) RHP

Bild 6-3 Vergleich der Materialgewichte von Hohlprofilen gegenüber offenen Profilen unter Knickbeanspruchung

Die Anordnungen in Bild 6-4 sind normalerweise für die Übertragung geringer Biegemomente geeignet. Um größere Biegemomente übertragen zu können, sind Versteifungen bestehend aus Platten und Winkeln vorzusehen (Bild 6-6). Die Anordnung der Versteifungen hängt von der Momenteinleitungsrichtung ab. Grundsätzlich soll aber wegen der wirtschaftlichen Fertigung die Auflagerung ohne Verstei-

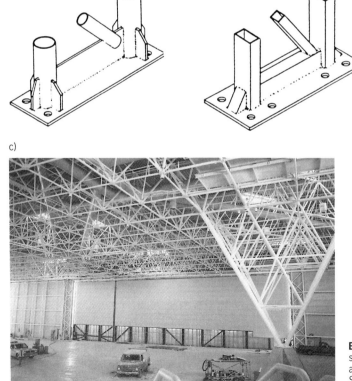

Bild 6-5 Stütze als Fachwerkkonstruktion, an die Fußplatte geschweißt: a) KHP, b) RHP, c) ausgefachte KHP-Stütze für eine Dachkonstruktion

a)
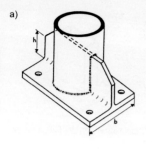

b)
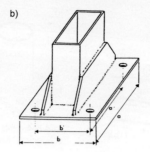

c)
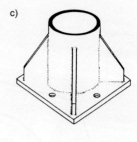

d)
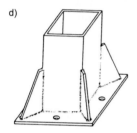

e)
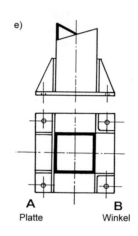

A
Platte

B
Winkel

Bild 6-6 Einzelprofil-Stützen mit unterschiedlichen Aussteifungsanordnungen: a) und b) einachsige Biegung, c) bis e) mehrachsige Biegung

fungen gestaltet werden, wobei die Fußplatte ziemlich dick sein kann.

Es kann Fälle geben, bei denen die Rechenannahmen ein echtes Gelenk in einer Ebene erfordern, das eine Rotation um eine Achse möglich macht. Bild 6-7 zeigt Beispiele für derartige gelenkige Auflager.

Stützenfüße können auch nach Bild 6-8 sowohl in der Höhenlage als auch in der Lotrechten ausrichtbar sein.

Bild 6-9 zeigt ein Beispiel zur Anordnung eines Regenfallrohres am Fuß einer Hohlprofilstütze: Ein PVC- oder Faserzementbogen wird gleichzeitig mit den Ankerschrauben in das Fundament eingelassen. Wichtig sind die Vorkehrungen für den Korrosionsschutz im Inneren des Hohlprofils. Das Stützenhohlprofil kann entweder verzinkt werden oder mit einer Abdichtung an Kopf und Fuß des Hohlprofils zwischen Regenrohr und Stahlhohlprofil ausgeführt werden.

6.2.1 Binderauflager auf Stützen

Der Binder liegt auf dem Stützenkopf. Diese Ausführung ist typisch an der Auflagerstelle von Bindern auf Hohlprofilstützen. Üblicherweise werden diese Schraubenkonstruktionen verwendet, um durch Vermeidung von Feldschweißen Wirtschaftlichkeit bei Montage und Aufstellung der Konstruktionen zu erzielen. Teileinheiten (Binder) werden in der Werkstatt zusammengeschweißt, an die Baustelle transportiert und dann mit der Kopfplatte am Stützenkopf verschraubt. Die Bilder 6-10a und b zeigen Ausführungen, bei denen die Verbindungen über durchgehende Ober- und Untergurte der Binder hergestellt werden.

Für hohe Belastungen kann in b) zusätzlich eine Versteifung angebracht werden.

Es ist auch möglich, an einer Blechkonsole die konvergent verlaufenden Ober- und Untergurte zu verschweißen und diese als tragenden Fuß zu benutzen (Bild 6-11).

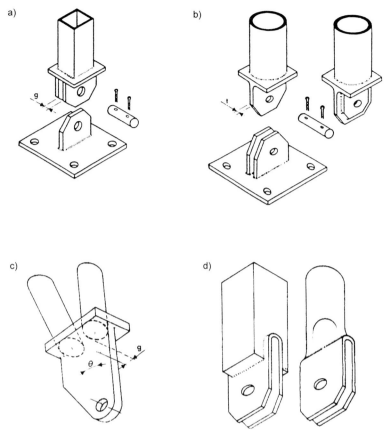

Bild 6-7 Stützen mit gelenkiger Auflagerung

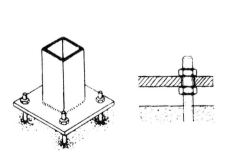

Bild 6-8 Stützenfußausbildung zum Ausrichten

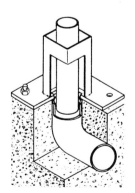

Bild 6-9 Hohlprofilstütze mit innen liegendem
Regenfallrohr

a)

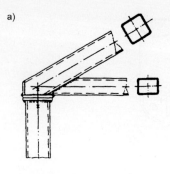

b)

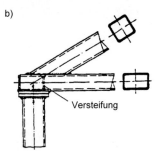

Versteifung

Bild 6-10 Stützen–Binder-Verbindung mit a) durchgehendem Obergurtstab, b) durchgehendem Untergurtstab

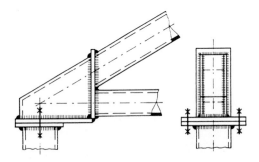

Bild 6-11 Stützenkopfplatte am Blechkonsolenfuß verschraubt und am Bindergurt verschweißt

a)

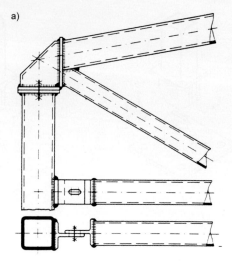

b)

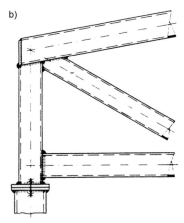

Bild 6-12 Ober- und Untergurt der Binder getrennt an der Stütze verschweißt oder verschraubt. a) Obergurt angeschweißt an Konsole, Untergurt verschraubt an T-Querschnitt, der mit der Hohlprofilstütze verschweißt ist. b) Geschweißter Gesamtbinder verschraubt am Stützenkopf

Ober- und Untergurte von Bindern werden manchmal unterschiedlich mit den Stützen durch Schweißen oder Verschrauben verbunden (Bild 6-12).

Eine weitere Alternative ist die Ausführung, bei der der Binder an die Seitenfläche der Stütze stößt (Bild 6-13).

6.2.2 Verbindungen zwischen Balken und Stützen

Voraussetzung für eine einfache Gestaltung von Stützen-Balken-Verbindungen ist, daß sie aus-

reichende Flexibilität und Rotationskapazität besitzen, damit die Balkendurchbiegung der Rotation des Balkenendes entspricht. Diese mittelbaren Verbindungen sind beinahe immer aus einer Kombination von Schweißen und Verschrauben hergestellt. Meist sind im Stahlskelettbau I-Deckenträger an Hohlprofilstützen anzuschließen.

Die angegebenen Beispiele (Bild 6-14) können auf die verschiedensten Konstruktionen angewendet werden: ebene und mehrgeschossige Bauten, leichte und schwere Konstruktionen. Die zu wählende Art der Verbindung hängt im

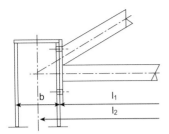

Bild 6-13 Stützen-Binder-Verbindung an der Seitenfläche der Stütze

wesentlichen von den Abmessungen der Balken und den zu übertragenden Kräften ab. Die Verbindungen können als gelenkig oder nahezu gelenkig betrachtet werden. Bild 6-15 zeigt die Prinzipskizze für eine klassische Verbindung und erläutert die verschiedenen Beanspruchungsmöglichkeiten:

Q = vertikale Auflagerkraft (Aktion)
H = horizontale Auflagerkraft (Aktion)
M_1 = das vom Balken zu übertragende Biegemoment
M_2 = Biegemoment aus der Exzentrizität des Anschlusses = $Q \cdot e$

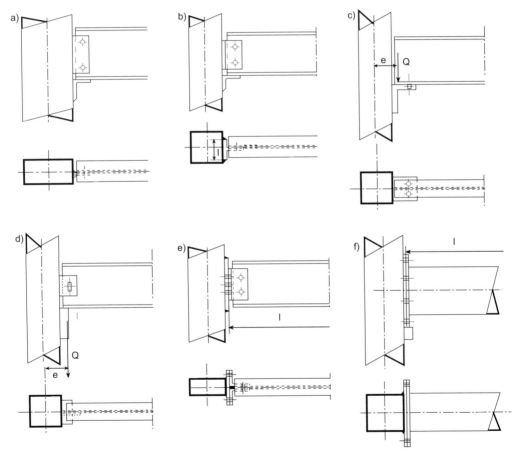

Bild 6-14 Verschiedene Ausführungen der Verbindungen zwischen Balken und Stützen: a) mit Hilfskonsole und geschweißtem Blech, b) mit Hilfskonsole und geschweißtem T-Profil, c) mit einem Winkel an die Stützenseite geschweißt und mit dem unterem Flansch des Balkens verschraubt, d) zwei Bleche an die Stützenseite in horizontaler und vertikaler Richtung geschweißt, vertikales Blech mit dem Balkensteg verschraubt, unterer Balkenflansch auf das horizontale Blech gesetzt, e) ein Winkelpaar mit dem Blech verschraubt, das an die Stützenseite geschweißt ist; das Winkelpaar ferner mit dem Balkensteg verschraubt, f) Anschluß von Stütze und Balken aus RHP mit Hilfskonsole

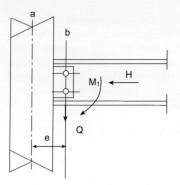

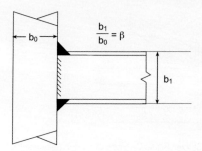

Bild 6-16 I-Balken unmittelbar an RHP-Stütze geschweißt

Bild 6-15 Prinzipskizze einer Balken-Stützen-Verbindung

Entsprechend der Vorrichtung (eine Schraube oder mehrere Schrauben) findet eine unterschiedliche Einwirkung des Biegemomentes statt:

– Das Gelenk befindet sich in der Achse a: eine Vorrichtung mit zwei Schrauben ermöglicht eine leichte Einspannung des Anschlusses im Balken. M_1 wirkt auf Balken.
– Das Gelenk befindet sich in der Achse b: eine Vorrichtung mit einer Schraube bewirkt, daß M_2 von der Stütze aufgenommen wird.

Die Anschlüsse nach Bild 6-14a und b sind gängige Anschlüsse, die auf mittlere Lasten begrenzt sind. Höhere Querkräfte können von den Anschlüssen nach Bild 6-14c und d übertragen werden, wobei die Stütze das Moment $M=Q\cdot e$ aufnimmt. Die Bilder 6-14e und f zeigen weitere Verbindungen unterschiedlicher Steifigkeiten, wobei Bild 6-14f einen Anschluß sowohl mit der Stütze als auch dem Balken aus rechteckigem Hohlprofil darstellt. Dies ist jedoch ein nur sehr selten vorkommender Fall.

Falls ein Balken mit einem breiten Flansch unmittelbar an die Stützenseite eines Rechteckhohlprofils geschweißt ist (Bild 6-16), wird die Steifigkeit in der Ebene des Stützenflansches für $\beta \ll 1,0$ sehr klein gegenüber der konzentrierten Last aus dem Balkenflansch sein. Als Folge kann der Stützenflansch kollabieren und der Stützensteg durch die Momentenbelastung im Balkenflansch verbeulen.

Um dieses Verformungsverhalten zu vermeiden, ist es notwendig, Aussteifungen in Höhe des Balkenflansches anzubringen, damit die Spannungen in dem vorderen Flansch der Stütze auf den gegenüberliegenden Flansch übertragen werden können und das Krumpeln der Stege nicht stattfindet. Bild 6-17 zeigt drei Arten von Diaphragmen, die sowohl als Aussteifung fungieren, als auch als Auflagerung für die Balken dienen [1].

Weiter zeigt Bild 6-18 drei Vorschläge schwieriger, aber häufig angewendeter Anschlüsse, bei denen sich die Balkenträger beiderseits der Stützen fortsetzen. Diese können für die Übertragung großer Lasten und Momente bemessen werden.

Erwähnenswert ist auch eine in Schweden entwickelte Verbindung mit einer durchgehenden

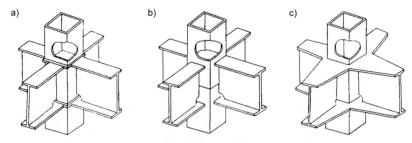

Bild 6-17 Diaphragmaarten für Steifigkeitsvergrößerung von Balken-Stützen-Verbindungen: a) durchgehendes Diaphragma, b) innenliegendes Diaphragma, c) außenliegendes Diaphragma

a)
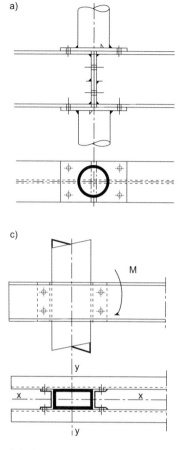

c)

M

Bild 6-18 Balken-Stützen-Verbindungen mit durchgehenden Balken

b)
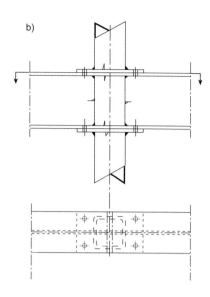

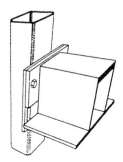

Bild 6-19 Anschluß eines „Hut"-Querschnitts als Balken mit RHP-Stütze

Stütze und einem geschweißten „Hut-Querschnitt" als einfach gestützer Balken (Bild 6-19). Der Balken enthält eine geschweißte Kopfplatte und wird von einer Tragkonsole an der Stützenseite, bestehend aus horizontalen und vertikalen Blechen, getragen. Die Kopfplatte des Balkens ist mit dem über die Stützenbreite hinausgehenden Teil der vertikalen Platte verschraubt. Das horizontale Blech bildet den unteren Flansch des „Hut"-Balkens, dessen über die Breite des Hut-Querschnitts hinausgehender Teil Flurteile aus Beton aufnehmen kann (Bild 6-20). In dieser Lage ragt der Balken nicht unter den Flur hinaus. Der innenliegende Balken wird von dem Betonflur gegen Feuer geschützt. Auf Feuerschutz kann voll oder teilweise verzichtet werden.

Bild 6-20 Der „Hut"-Balken ist innerhalb des Betonflurs eingebaut. Diese Anordnung ist raumsparend und benötigt keinen bzw. nur teilweisen Feuerschutz

Bild 6-21 Dachkonstruktion mit gebogenen Rechteckhohlprofilen

6.3 Bogenträger

Mit der fortschreitenden Entwicklung der Biegetechnik verwenden Architekten mehr und mehr Träger aus gebogenen Stahlhohlprofilen, um ansprechende Bauten wie Kuppelhallen und Gewölbekonstruktionen zu entwerfen. Sie werden sowohl als Bogen aus Einzelprofilen (Bild 6-21) als auch als Fachwerkbogenträger (Bild 6-22) eingesetzt. Wegen der einfachen Herstellung werden einteilige Hohlprofil-Bauteile häufig kreisförmig gebogen. Bögen aus Fachwerkträgern können kreisförmig, elliptisch oder parabolisch sein.

Bogenenden werden je nach Konstruktionsart entweder im Fundament eingespannt oder auf senkrechten Stützen aufgelagert.

Statisch gesehen werden am häufigsten folgende drei Grundtypen verwendet: Dreigelenkbögen, Zweigelenkbögen und vollständig eingespannte Bögen (Bild 6-23).

Die konstruktive Auslegung der Fußpunkte muß unter Berücksichtigung der Festigkeit des Erdreichs und der möglichen Setzung der Fundamente vorgenommen werden.

Bild 6-22 Dreigurtbogenträger mit eingespanntem Fuß im Beton-Fundament

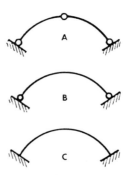

Bild 6-23 Statische Systeme für Bogenträger: A) Dreigelenkbogen, B) Zweigelenkbogen, C) vollständig eingespannter Bogen

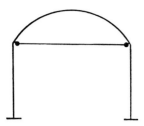

Bild 6-24 Das Zugband trägt die horizontalen Feder-kräfte aus dem Bogen

Bei Bögen auf Stützen verwendet man häufig das Zugband, um die horizontalen Kräfte aus dem Bogen an dessen Enden aufzufangen (Bild 6-24).

Zur Sicherung der Stabilität eines Gewölbes trägt die Anwendung von Hohlprofilen mit ihrer hervorragenden Drillsteifigkeit und der sich daraus ergebenden hohen Kippstabilität bei. Bild 6-25 zeigt eine Gewölbekonstruktion bestehend aus Bogenträger und Füllstäben. Es ist möglich große Spannweiten zu überbrücken, auch ohne die als Verbindung der Bogenträger dienenden Füllstäbe. Nach Bild 6-25 können die Bogenträger sowohl als einteiliges Hohlprofil als auch als Fachwerkträger (insbesondere Dreigurtbinder) ausgeführt werden.

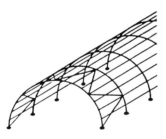

Bild 6-25 Gewölbekonstruktion mit Bogenträger und verbindenden Füllstäben

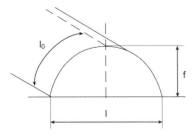

Bild 6-26 Definitionen zur Bogen-Knicklänge

Für die Berechnung eines Bogenträgers können die Methoden für die geradlinigen Träger angewendet werden. Der Knicknachweis in der Ebene kreisförmiger oder parabolischer Bögen kann wie folgt durchgeführt werden [2]:

$$\text{Knicklänge } l_K = B \cdot l_o \qquad (6\text{-}1)$$

Die Werte des Koeffizienten B sind der Tabelle 6-1 zu entnehmen.

Tabelle 6-1 Werte des Koeffizienten B (siehe Gl. 6-1 und Bild 6-26)

Verhältnis f/l	0,05	0,20	0,30	0,40	0,50
Dreigelenkbögen	1,20	1,16	1,13	1,19	1,25
Zweigelenkbögen	1,00	1,06	1,13	1,19	1,25
Eingespannte Bögen	0,70	0,72	0,74	0,75	0,76

6.4 Rahmenecken

Wie die bereits beschriebenen Stützenverbindungen werden auch Hohlprofil-Rahmenecken sowohl als geschweißte Anschlüsse (biegesteife) als auch als geschraubte (lösbare) Verbindungen ausgeführt.

Bild 6-27 zeigt einige Beispiele von lösbaren, geschraubten Verbindungen.

Die Bilder 6-27a und b stellen zwei Anschlußmöglichkeiten dar. Löcher von Bohrungen in Hohlprofilriegeln können mit eingeschweißten Rohrhülsen (Bild 6-27a) nach innen verschlossen werden, um eine eventuelle Anrostung im Inneren des Riegels zu vermeiden. Das Anbohren des Riegels kann unterbleiben, wenn man am Riegel angeschweißte Knotenbleche (Bild 6-27b) vorsieht, die mit am Stiel angeschweißten Gegenblechen verschraubt werden.

Bild 6-27c zeigt eine einfache, über schräge Kopfplatten geschraubte Rahmenecke.

Geschweißte, biegesteife Rahmenecken sind eine oft gebrauchte Verbindungsform für Rechteckhohlprofile, bei denen die Hohlprofile auf Gehrung geschnitten und dann entweder unmittelbar oder über ein Zwischenblech miteinander verschweißt werden (siehe Bild 6-28). Obwohl Rechteckhohlprofile häufiger für diese Verbindungsform eingesetzt werden, ist für die-

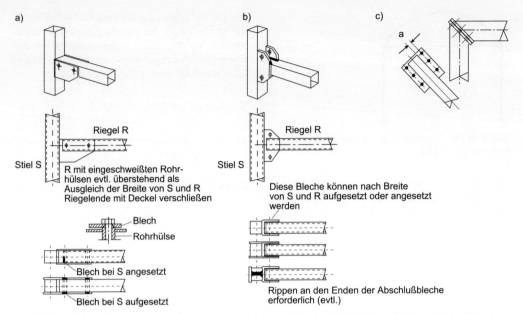

Bild 6-27 Lösbare, geschraubte Rahmenverbindungen. a) Rahmenecke mit durchlaufendem, lösbarem Stiel und Laschen, b) Rahmenecke mit durchlaufendem, lösbarem Stiel und doppelten Laschen, c) Rahmenecke, Stiel nicht durchlaufend

sen Zweck auch die Verwendung kreisförmiger Hohlprofile möglich.

Bild 6-28 a ist eine einfache und wirtschaftliche Konstruktion, die aus Hohlprofilen gleicher Abmessungen besteht. Diese unausgesteifte Verbindungsart ist für niedrige Belastung geeignet. Üblicherweise versagen Konstruktionen unter Druckbeanspruchung durch

hohe Verformung der Seitenfläche der Hohlprofile.

Die ausgesteifte Verbindung mit Zwischenblech (Bild 6-28 b) kann Hohlprofile unterschiedlicher Abmessungen verbinden. Sie wird normalerweise dann angewendet, wenn eine große Tragfähigkeit der Verbindung erforderlich ist. Übermäßige Verformung kann nur

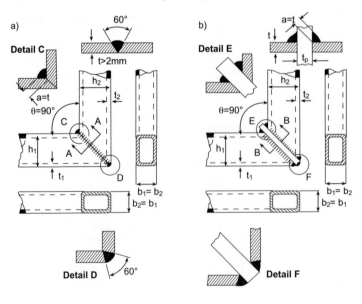

Bild 6-28 Biegesteife, geschweißte Rahmenecken a) ohne Zwischenblech, b) mit Zwischenblech

dann stattfinden, wenn die Wanddicken der Hohlprofile sehr dünn sind.

Für die Zwischenblechdicke in ausgesteiften Rahmenecken sind die folgenden Bedingungen einzuhalten [3]:

$$t_p \geq 1,5 \ t_i \ (i=1 \text{ oder } 2) \text{ und } t_p \geq 10 \text{ mm} \qquad (6\text{-}2)$$

Forschungsarbeiten zur Erarbeitung der Bemessungsregeln ausgesteifter und unausgesteifter RHP-Rahmenecken wurden an der Versuchsanstalt für Stahl, Holz und Steine der Universität Karlsruhe durchgeführt [4]. Die in [4] vorgeschlagenen Bemessungsempfehlungen sind in [3, 5, 6] übernommen worden. Weitere Literatur hierzu siehe [7–9].

Bei Tragwerken, bei denen ein hohes Rotationsvermögen erforderlich ist, sind mit Zwischenblech ausgesteifte Verbindungen aus RHP-Bauteilen zu verwenden, die die plastischen Bemessungsanforderungen für ausgesteifte Tragwerke erfüllen [7]. Bei unausgesteiften Rahmenecken kann man mit dickwandigen RHP der Querschnittsklasse 1 dieses Ziel erreichen (Bild 6-29) [8].

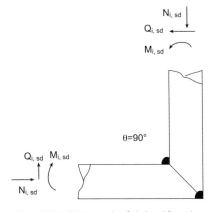

Bild 6-29 Definitionen der Schnittgrößen einer unausgesteiften Rahmenecke

Die Versuchsergebnisse [4] zeigen, daß eine ausreichende Beanspruchbarkeit der unausgesteiften Rahmenecken mit einem Gehrungsschnitt von 90° unter Biegung und Normalkräften berechnet werden kann, indem die Werkstoffstreckgrenze f_y mit einem Reduktionsfaktor α verkleinert wird. Gemäß [4] empfiehlt DIN 18 808 [5] die folgende Beziehung:

$$\frac{M_{i,Sd}}{W_{i,pl}} + \frac{N_{i,Sd}}{A_i} \leq \alpha \cdot \frac{f_{y,i}}{\gamma_M} \qquad (6\text{-}3)$$

Dabei ist:

$M_{i,Sd}$ = Beanspruchung aus Biegemoment im jeweiligen Hohlprofil i (1 oder 2) im Systempunkt der Rahmenecke

$N_{i,Sd}$ = Beanspruchung aus Normalkraft im Hohlprofil i

$W_{i,pl}$ = Plastisches Widerstandsmoment des Hohlprofils i

A_i = Querschnittsfläche des Hohlprofils i

$f_{y,i}$ = Streckgrenze des Materials des Hohlprofils i

α = Reduktionsfaktor

γ_M = 1,1 (Teilsicherheitsbeiwert der Widerstandsseite)

Der Reduktionsfaktor α ist aus den Diagrammen in Bild 6-30 abzulesen. Für die Anwendung dieser Diagramme gilt der Gültigkeitsbereich in Tabelle 6-2. Folgende weitere Voraussetzungen sind zu erfüllen:

– Schweißnahtdicke a = mindestens t
– Schweißnahtvorbereitung gemäß Bild 6-28
– die Querkraft im Anschlußbereich sollte die folgende Bedingung erfüllen:

$$Q_{i,Sd} \leq \frac{1}{3} \cdot \frac{f_{y,i}}{\sqrt{3}} \cdot A_V \cdot \frac{1}{\gamma_M} \qquad (6\text{-}4)$$

A_V = Querschnittsfläche der RHP-Stege $(2 \cdot h_i \cdot t_i)$

– Schweißnahtnachweis ist nach DIN 18800, Teil 1, Abschnitt 8.4 zu führen [10]. Falls
$\alpha \leq 0,84$ bei S235
$\alpha \leq 0,71$ bei S355
darf auf einen Schweißnahtnachweis verzichtet werden.

Für biegesteife Rahmenecken mit geschweißtem Zwischenblech ist $\alpha=1,0$ einzusetzen. Zur Ermittlung der Blechdicke siehe Gl. (6-2).

Der Winkel zwischen den Stabachsen kann 90° überschreiten $(90° < \theta < 180°)$ (Bild 6-31). Diese Verbindungen können auch nach der Methode für 90°-Verbindungen bemessen werden. Sie zeigen jedoch ein etwas besseres Tragverhalten.

Die Festigkeitssteigerung durch Anwendung des stumpfen Winkels wird nach Eurocode 3 [3] wie folgt vorteilhaft genutzt:

$$\frac{N_{i,Sd}}{N_{pl,i,Rd}} + \frac{M_{i,Sd}}{M_{pl,i,Rd}} \le \alpha \tag{6-5}$$

wobei für $\theta \le 90°$,

$$\alpha = \frac{\sqrt{b/h}}{(b/t)^{0,8}} + \frac{1}{(1 + 2\,b/h)} \tag{6-6}$$

für $90° < \theta \le 180°$,

$$\alpha = 1 - \sqrt{2}\cos\left(\frac{\theta}{2}\right)(1 - \alpha_{90°}) \tag{6-7}$$

$\alpha_{90°}$ = Wert für α bei $\theta = 90°$ gemäß Gl. (6-6)

Tabelle 6-2 Grenzen und Regelungen für Stababmessungen biegesteifer RHP-Rahmenecken [5]

Gültigkeitsbereich für biegesteife Rahmenecken mit Gehrungsstoß	
Mit Versteifungsplatte	Ohne Versteifungsplatte
$b \le 400$ mm	$b \le 300$ mm
$h \le 400$ mm	$h \le 300$ mm
$0,33 \le h/b \le 3,5$	$0,33 \le h/b \le 3,5$
$t \ge 2,5$ mm	$t \ge 2,5$ mm
Für S235: $t \le 30$ mm	Für S235: $t \le 30$ mm
Für S355: $t \le 25$ mm	Für S355: $t \le 25$ mm
Für S235: $b/t \le 43$;	Für S235: $b/t \le 43$;
$h/t \le 43$	$h/t \le 43$
Für S355: $b/t \le 36$;	Für S355: $b/t \le 36$;
$h/t \le 36$	$h/t \le 36$

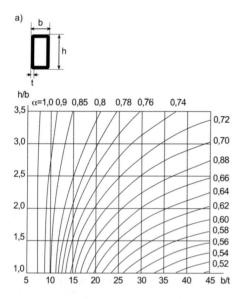

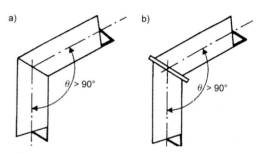

Bild 6-31 Rahmenecken mit stumpfem Winkel zwischen den RHP-Achsen

Bei Anwendung der Gln. (6-5), (6-6) und (6-7) sind folgende Voraussetzungen zu erfüllen:

- Für reine Biegung soll RHP der Querschnittsklasse 1 angehören

- $N_{i,Sd} \le 0,2\,N_{pl,i,Rd} = 0,2\,A \cdot f_{y,i}/\gamma_M \tag{6-8}$

- Schweißnahtausführung wie in Bild 6-28

- $V_{i,Sd} \le 0,5\,V_{pl,i,Rd}$

$$= 0,5 \cdot \frac{f_{y,i}}{\sqrt{3}}(2 \cdot h_i \cdot t_i)\frac{1}{\gamma_M} \tag{6-9}$$

Falls die Bedingung (Gl. 6-9) nicht erfüllt ist, kann trotzdem die Verbindungstragfähigkeit als ausreichend angesehen werden, wenn der Interaktionsnachweis (Normalkraft, Biegemoment und Querkraft) positiv durchgeführt werden kann (siehe Tabelle 5-8).

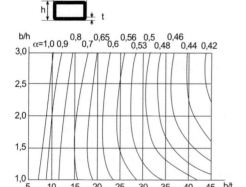

Bild 6-30 Reduktionsfaktor α für biegesteife unausgesteifte RHP-Rahmenecken

Eine weitere Methode zur Vergrößerung der Tragfähigkeit geschweißter Rahmenecken ist die Einschweißung einer Voute in der Ecke, die

a) 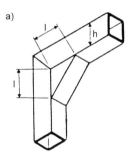 b) 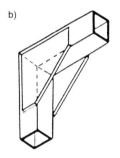 c)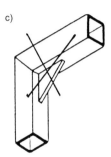

Bild 6-32 Verstärkungsmaßnahmen für unausgesteifte Rahmenecken

auch aus Hohlprofilen zurechtgeschnitten werden kann (Bild 6-32 a). Mit Hilfe zweier eingeschweißter Seitenbleche ist es ebenfalls möglich, örtliches Beulen zu vermeiden (Bild 6-32 b). Man darf jedoch kein Einzelblech an Stelle der Voute anbringen (Bild 6-32 c).

Nimmt man die Voutenbreite gleich der Breite der RHP-Stäbe, ist die Voute aus einem Hohlprofilabschnitt einfach herzustellen. Ist die Voutenlänge ausreichend, damit das Biegemoment das Fließmoment $W_i \cdot f_{y,i}$ der Stabquerschnitte nicht überschreitet, dann ist eine wei-

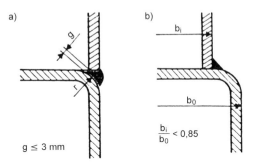

Bild 6-33 Schweißnahtgestaltung einer Voute an einer Rahmenecke

tere Überprüfung der Verbindungstragfähigkeit nicht erforderlich.

Beim Schweißen der Voute darf der Schweißspalt nicht größer als 3 mm sein (Bild 6-33 a). Als eine einfache Alternative ist das Verhältnis $b_1/b_0 \leq 0{,}85$ zu nehmen (Bild 6-33 b).

Weiterhin zeigt Bild 6-34 eine geschweißte, dreiachsige Verbindung (je 90°) gleicher Rechteckhohlprofile ohne Bleche.

6.4.1 Rahmenecken aus kreisförmigen Hohlprofilen

Die Forschungsergebnisse, die dem Bericht der Versuchsanstalt für Stahl, Holz und Steine der Universität Karlsruhe [11] entnommen werden können, bieten die Möglichkeit zum Nachweis der Tragfähigkeit von geschweißten, biegesteifen Rahmenecken.

Es gelten auch für KHP-Ausführungen die Gln. (6-3) und (6-4), wobei der Wert für den Reduktionsfaktor α aus Bild 6-35 abzulesen ist.

Gemäß der durchgeführten Untersuchungen [11] ist der folgende Gültigkeitsbereich maßgebend:

$d \leq 300$ mm
$d/t \leq 67$
$\theta \leq 90°$

In Gl. (6-4) ist der „A_V"-Wert für KHP-Verbindung wie folgt zu berechnen:

$$A_V \approx 2\,d \cdot t \qquad (6\text{-}10)$$

6.5 Längsstoßverbindungen

Zwei Grundtypen – mittelbar verbundene, lösbare Anschlüsse aus einer Kombination von Schweißen und Verschrauben und unmittelbar

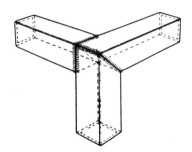

Bild 6-34 Geschweißte, dreiachsige Rahmenverbindung

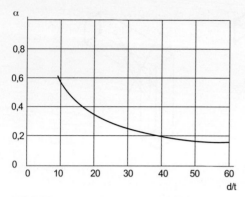

Bild 6-35 Reduktionsfaktor α für geschweißte, biegesteife KHP-Rahmenecken ohne Zwischenblech

miteinander verschweißte Hohlprofile – werden in diesem Abschnitt beschrieben.

6.5.1 Mittelbare Schraubenverbindungen

Die Berechnung von Schraubenverbindungen aus Hohlprofilen wird normalerweise nach den Verfahren des konventionellen Stahlbaus durchgeführt. Jedoch gibt es Besonderheiten im Tragverhalten von Hohlprofilverbindungen untereinander oder mit anderen Profilen bzw. Blechen, die diese Tragfähigkeit wesentlich beeinflussen und daher in den letzten Jahrzehnten untersucht werden mußten.

Bild 6-36 stellt eine Reihe von einfachen lösbaren Schraubenverbindungen mit einem stumpf vorgeschweißten L-, U- oder T-Stahlstück oder mit einem Blech, wodurch die Hohlprofilstäbe nach innen abgeschlossen sind (Bild 6-36a–g), dar. Bei der Bemessung des T-Profilstückes in Bild 6-36c (das T-Stück kann auch durch Zusammenschweißen zweier Bleche hergestellt werden) muß darauf geachtet werden, daß der Flansch des T-Stückes ausreichend dick ist, damit die Last zum Hohlprofilquerschnitt effektiv übertragen werden kann [12].

Einfache Berechnung einer KHP-Verbindung durch ein T-Stück (Voraussetzung: Verbindungstragfähigkeit $\geq$ volle Tragfähigkeit des KHP) kann wie folgt durchgeführt werden:

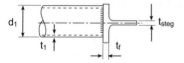

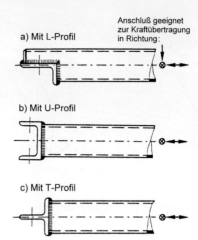

a) Mit L-Profil

Anschluß geeignet zur Kraftübertragung in Richtung:

b) Mit U-Profil

c) Mit T-Profil

d) Mit Blech vor Kopf

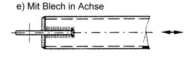

e) Mit Blech in Achse

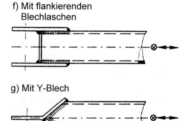

f) Mit flankierenden Blechlaschen

g) Mit Y-Blech

Bild 6-36 Schraubenverbindungen von Hohlprofilen und stumpfgeschweißten offenen Profilen bzw. Blechen

$$\pi \cdot d_1 \cdot a \cdot f_{a,\text{schw.}} \geq A_1 \cdot f_{y1} \qquad (6\text{-}11)$$

$$A_{T,\text{Stegblech}} \cdot f_{y,\text{Steg}} \geq A_1 \cdot f_{y1} \qquad (6\text{-}12)$$

$$t_f \geq \frac{d_1 - t_{\text{Steg}}}{5} \qquad (6\text{-}13)$$

(gilt auch für Bild 6.37a) [230]

Für größere Abmessungen kann man aus Blechen doppelzüngige Gabeln fertigen und an die Hohlprofilenden anschweißen (Bild 6-37a). Eine an-

a)

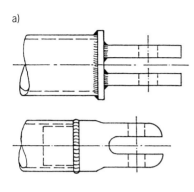

b)

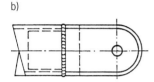

Bild 6-37 Anschlüsse a) mit doppelzüngigen Gabeln, b) mit Gabelenden aus Stahlschmiedstücken

dere Alternative ist die Herstellung der Gabelenden als Stahlschmiedestücke (Bild 6-37 b).

Laut [230] gilt Gl. (6-13) in ähnlicher Form auch für RHP-Verbindung:

$$t_f \geq \frac{b_1 - t_{1,\text{Steg}}}{5} \quad \text{bzw.} \quad t_f \geq \frac{h_1 - t_{1,\text{Steg}}}{5}$$

Bild 6-38 zeigt eine Kopfplatten- bzw. Flanschverbindung, deren Beanspruchung innerhalb zulässiger Grenzen bleiben und deren Steifigkeit so groß sein muß, daß eine Verformung der Kopfplatte vermieden wird. Die möglichen Versagensarten sind:

a) Fließen des Hohlprofils
b) Bruch der Schweißnähte zwischen Hohlprofil und Kopf- bzw. Flanschplatte

c) Fließen oder Bruch der HV-Schrauben
d) Fließen oder Bruch der Kopf- bzw. Flanschplatte

Die Flanschplatten können sowohl als Vollplatte als auch ringförmig gestaltet werden (Bild 6-38). Entsprechend dem kreisförmigen, rechteckigen oder quadratischen Hohlprofil können sie verschiedene Formen haben. Für Kopf- bzw. Flanschplattenverbindungen mit Kreishohlprofilen unter Längszugkraft ist eine kreisförmige Kopfplatte mit gleichmäßiger Schraubenverteilung am besten geeignet.

Die Versagensart a) kann durch die richtige Wahl der Hohlprofilabmessungen und -werkstoffe leicht vermieden werden.

Der Versagensart b) kann durch entsprechende Gestaltung und Bemessung der Schweißnaht zwischen Hohlprofil und Kopf- bzw. Flanschplatte begegnet werden. Es werden sowohl HV-Nähte als auch Kehlnähte verwendet. Die Schweißnähte können nach verschiedenen Vorschriften bzw. Empfehlungen, z.B. DIN 18800, Teil 1 [10], Eurocode 3 [3], AWS [13] berechnet werden.

Bei Druckbeanspruchung soll auch im Biegedruckbereich die Dicke von Kehlnähten das 0,4fache der Wanddicke des Hohlprofils nicht unterschreiten. Bei zugbeanspruchten Kopfplattenstößen soll die Schweißnahtdicke „a" der Wanddicke „t" des Hohlprofils entsprechen.

Die Versagensarten c) und d) hängen von der Beanspruchungsverteilung in Schrauben und Platte ab, die im wesentlichen von folgenden geometrischen Parametern bestimmt werden:

– Abmessungen der Kopf- bzw. Flanschplatte (Durchmesser bzw. Breite, Höhe, Dicke)
– Durchmesser und Anzahl der Schrauben
– Anordnung der Schrauben

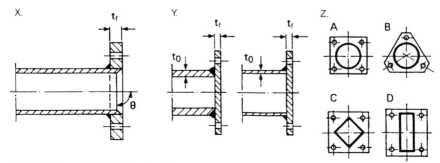

Bild 6-38 Unterschiedliche Flanschverbindungen mit Hohlprofilen

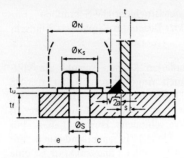

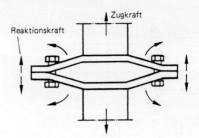

Bild 6-40 Spaltaufweitung bei Zugbelastung

Bild 6-39 Definitionen für die Kopf- bzw. Flanschverbindung

Der Abstand der Schraubenachsen zur Hohlprofilseite c und zum Kopfplattenrand e (Bild 6-39) muß so klein wie möglich gehalten werden, damit Biegung und Spaltaufweitung der Kopfplatte (Bild 6-40) niedrig bleiben; allerdings muß der Platz für den Steckschlüssel zum Anziehen der Schraube vorhanden sein.

Der theoretische Mindestabstand c zwischen Hohlprofilseite und Schraubenachse ergibt sich zu (Bild 6-39):

$$\text{erf.}\,c = \sqrt{2} \cdot a + \frac{\varnothing N}{2} - t_u$$

wobei

a = Schweißnahtdicke
$\varnothing N$ = Außendurchmesser des Steckschlüssels
t_u = Dicke der Unterlegscheibe

Aus praktischen Gründen sollte das Maß „c" um 5 mm vergrößert werden. Die Rand- und Zwischenabstände der HV-Schrauben sind in verschiedenen Vorschriften festgelegt worden, z.B. in DASt-Ri 010 [20], CAN CSA-S 16.1-M89 [21]. Das Tragverhalten von Flanschverbindungen bei kreisförmigen Hohlprofilen un-

ter Längszugbelastung wurde im wesentlichen in den 70er Jahren von Rockey und Griffith untersucht [14] bis [18]. Man hat versucht, durch Vergrößerung der Flanschplattendicke die Abstützkraft am Plattenende (Bild 6-40) auf Null zu bringen. Natürlich war dieses Verfahren unwirtschaftlich.

Im allgemeinen werden Kopfplatten unter Zugbeanspruchung nach der Elastizitätstheorie für kreisförmige Platten berechnet [19]. Unter der Voraussetzung kontinuierlich ringförmig angreifender Schraubenkräfte kann die erforderliche Mindest-Plattendicke nach Gl. (6-14) berechnet werden. Diese Gleichung ist bei Schraubenzahl ≤ 6 gültig. Der Achsenabstand der Schrauben ist bei ca. 5 d_s zu halten, wobei d_s = Schraubendurchmesser ist.

$$t_f \geq \sqrt{\frac{k \cdot N_{i,Sd}}{f_{y,p}}} \tag{6-14}$$

Dabei sind:
t_f = Dicke der Flanschplatte
k = Beiwert (aus Bild 6-41 abzulesen)
$N_{i,Sd}$ = Zugkraft (aus γ_F-fachen Lasten)
$f_{y,p}$ = Streckgrenze des Flanschplattenwerkstoffes

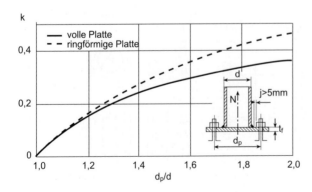

Bild 6-41 Beiwert k zur Berechnung von Kopfplattenverbindungen bei ringförmig angeordneten Schrauben

In den 80er Jahren wurden in Japan [22, 23] eine Reihe von Forschungsarbeiten über ringförmige Flanschverbindungen aus kreisförmigen Hohlprofilen durchgeführt, aus denen Berechnungsvorschläge entstanden sind, die verhältnismäßig einfach angewendet werden können [24]. Die neueste Regelung [23] basiert auf der Annahme, daß die KHP-Flanschverbindung durch hohe plastische Verformung der ringförmigen Flanschplatte und nicht durch den Bruch der HV-Schrauben versagt.

Nach Lit. [23] kann die Flanschplattendicke t_f bestimmt werden aus:

$$t_f \geq \sqrt{\frac{2N_{i,Sd} \cdot \gamma_M}{f_{y,p} \cdot \pi \cdot f_3}} \qquad (6\text{-}15)$$

mit:
$N_{i,Sd}$ = Normalkraft im Zugstab
$f_{y,p}$ = Streckgrenze des Flanschplattenwerkstoffes
γ_M = Teilsicherheitsbeiwert

$$f_3 = \frac{1}{2k_1}\left[k_3 + \sqrt{k_3^2 - 4k_1(1 + k_1 k_2)}\right]$$

wobei
$\left.\begin{array}{l} k_1 = \ln(r_2/r_3) \\ k_2 = r_4/r_3 \\ k_3 = 2 + k_1(k_2 + 1) - k_2 \end{array}\right\}$ siehe Bild 6-42

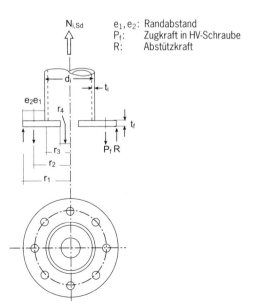

N$_{i,Sd}$ e$_1$, e$_2$: Randabstand
P$_f$:   Zugkraft in HV-Schraube
R: Abstützkraft

Bild 6-42 Definitionen für die Berechnung von f_3

Gemäß der Fließlinien-Analyse hat die plastische Tragfähigkeit der Flanschverbindung (KHP) zwei kreisförmige Fließlinien mit den Radien r_1 und r_2.

Die Anzahl der Schrauben n kann bestimmt werden durch:

$$n \geq \frac{N_{i,Sd}\left[1 - \dfrac{1}{f_3} + \dfrac{1}{f_3 \cdot \ln(r_1/r_2)}\right]\gamma_M}{T_u} \qquad (6\text{-}16)$$

mit:
$r_1 = (d_i/2 + 2e_1)$
$r_2 = (d_i/2 + e_1)$
T_u = Tragkraft (Zug) einer HV-Schraube
f_3 = abzulesen aus Bild 6-43

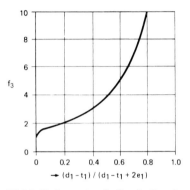

Bild 6-43 Parameter f_3 für die Berechnung von KHP-Flanschverbindungen (siehe Gl. 6-16)

Ferner wird angenommen, daß durch die Last die KHP-Streckgrenze erreicht wird. Die Traglast der gesamten Flanschverbindung ist dann $A \cdot f_y$ des Hohlprofils.

In Gl. (6-16) soll T_u um 1/3 vermindert werden, um zusätzliche „Abstützkräfte" aus den Flanschmomenten zu berücksichtigen.

Bild 6-44 zeigt einen Versuch zur Verkleinerung der Dicke der Flanschplatte durch Aussteifung [23]. Wegen der negativen Auswirkungen durch örtliches Beulen der KHP-Wand über den Rippen sowie der zusätzlichen Kosten für die Fertigung, Schutz und Unterhaltung wird diese Ausführung jedoch nicht empfohlen.

Der Einsatz dickwandiger Platten ohne Aussteifung ist günstiger. Jedoch muß man auf die Werkstoffqualität besonders achten. Bei sehr dickwandigen Platten ist ein niedriger Schwefelanteil in der Werkstoff-Zusammensetzung

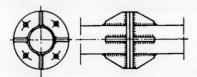

Bild 6-44 KHP-Flanschverbindung mit Verstärkungsrippen

notwendig, damit kein Terrassenbruch stattfinden kann (Belastung in Dicken-Richtung).

Es gibt verhältnismäßig wenige bzw. unvollständige Untersuchungen zu Flanschverbindungen rechteckiger Hohlprofile. Daher ist es notwendig, weitere Forschungsarbeiten auf diesem Gebiet durchzuführen, um sichere Bemessungsmethoden aufzustellen.

In [25] wird über Versuche mit zugbeanspruchten Kopfplattenverbindungen quadratischer Hohlprofile berichtet. Bild 6-45 zeigt die Verteilung von Kräften und Verformungen.

Es ist ersichtlich, daß die Schrauben an den Eckpunkten geringere Kräfte übernehmen und deshalb eine Schraubenanordnung gemäß Bild 6-46 den Verhältnissen besser Rechnung trägt.

Versuche mit auf Biegung beanspruchten RHP-Flanschverbindungen werden auch in [25]

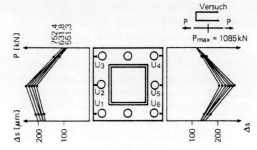

Bild 6-45 Spaltaufweitung zwischen den Platten bei zugbeanspruchten QHP-Kopfplattenverbindungen

beschrieben, Versuchsanordnung gemäß Bild 6-47.

Bild 6-48 stellt die untersuchten Schraubenbilder dar.

Form III mit vorzugsweise am Zugflansch angeordneten Schrauben lieferte das beste Ergebnis. Interessant ist, daß die Schrauben in den oberen Ecken nicht oder kaum die Belastung mittragen (Bild 6-49 b). In Bild 6-49 a sind die gemessenen Dehnungen für die Form II aufgetragen, wobei erwartungsgemäß die Schrauben in Höhe des Zugbereiches am höchsten beansprucht werden.

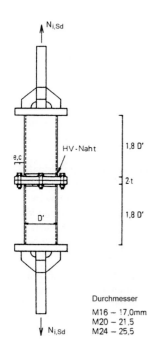

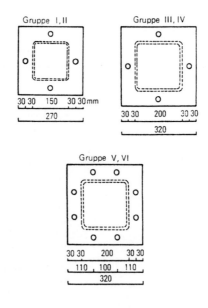

Bild 6-46 Geschraubte QHP-Kopfplattenverbindungen, Zugversuche [26]

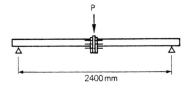

Bild 6-47 Versuchsanordnung für RHP-Kopfplattenverbindungen unter Biegebeanspruchung

Anschlüsse gemäß Form I erfordern die größte
Plattendicke, da die Platte wie ein Biegebalken
einachsig beansprucht wird.

Die Auswertung der Versuchsergebnisse in [25]
ist im wesentlichen qualitativ:

– Bei Biegebeanspruchung wird eine erhöhte
  und gleichmäßig verteilte Schraubenzahl im
  Zugbereich (entsprechend Form III, Bild
  6-48) empfohlen. Auf die Schrauben in den
  Ecken kann unter Umständen verzichtet werden.
– Grundsätzlich sind kleine Schraubendurchmesser und mehr Schrauben vorzuziehen
  (bessere Verteilung, Lage näher am Hohlprofil, Plattenbeanspruchung geringer).
– Sowohl bei auf Zug als auch auf Biegung beanspruchten Stäben wird vorgeschlagen, daß
  die Kopfplattendicke mind. das 1,5fache des
  Schraubendurchmessers betragen sollte, sofern keine genaueren Nachweise geführt
  werden.

a)

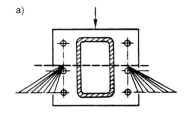

b)

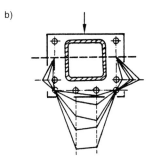

Bild 6-49 Gemessene Dehnungen an den Meßschrauben
beim Biegeversuch [25]

In Lit. [26] werden quadratische Hohlprofil-
Anschlüsse mit einer Schraubenanordnung
entlang aller vier Seiten gemäß Bild 6-46
untersucht. Basierend auf der Fließlinientheorie wurde mit einer Schätzung der Abstützkraft ein Berechnungsmodell erstellt, das,
wie eine spätere Untersuchung [8] erwiesen
hat, die Tragfähigkeit der Verbindung etwa
um 25 % überschätzt und daher unzuverlässig
ist.

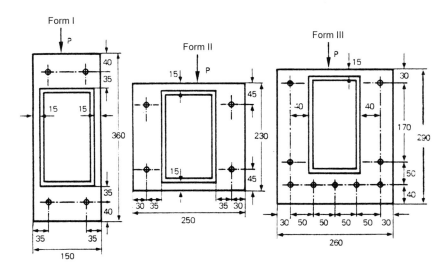

Bild 6-48 Untersuchte RHP-Kopfplattenverbindungen unter Biegebeanspruchung [25]

Zur praktischen Anwendung nennt Lit. [26] eine vereinfachte Nachweismethode, die aus den Ergebnissen der Versuche an Flansch- bzw. Kopfplattenverbindungen von 150 und 200 mm breiten quadratischen Hohlprofilen (Bild 6-46) abgeleitet wurde:

- für Schraubenverbindungen mit $n = 4$ soll die Flanschdicke $t_f \geq$ Schrauben-$\emptyset$ sein
- für Schraubenverbindungen mit $n = 8$ gilt $t_f \geq$ Schrauben-$\emptyset + 3$ mm

Bei Versuchen mit Schrauben M16, M20 und M24 ergab sich, daß die Fließlast der Kopfplattenverbindung P_y ungefähr das 0,8fache der Summe der Vorspannkräfte (Zug) in den Schrauben ist und daß die Kraft pro Schraube P_f infolge äußerer Last nicht mehr als 75 % der Zugbeanspruchbarkeit jeder Schraube T_u beträgt.

Daraus kann folgendes abgeleitet werden:

Bemessungslast (γ_F-fach) $\leq P_y$, wobei

$$P_y \leq 0,8 \times \Sigma \quad \text{(Vorspannkräfte aller Schrauben)} \tag{6-17}$$

$$P_f \leq 0,75 \times T_u \tag{6-18}$$

Da gegenwärtig bei der Anwendung des obengenannten Bemessungsvorschlages eine gewisse Unsicherheit besteht (Bei der Berechnung wird die Werkstoffstreckgrenze der Kopfplatte nicht berücksichtigt.), wird empfohlen, auf der sicheren Seite liegend die Kopfplattendicke für die Verbindungen (Bild 6-46) mit $t_f \geq 1,5 \times$ Schraubendurchmesser auszuführen.

Über umfangreiche experimentelle Untersuchungen an RHP-Flanschplattenverbindungen mit einer Schraubenanordnung entlang zweier gegenüberliegender Seiten (siehe Bild 6-50) sowie deren Bemessung wird in [27, 28] berichtet. Es wird gezeigt, daß auch bei dieser Schraubenanordnung durch eine geeignete Wahl der Verbindungsparameter die Zugfestigkeit der Bauteile erreicht werden kann.

Ein Berechnungsmodell wurde entwickelt, das durch Modifizierung des üblichen Berechnungsmodells für T-Stümpfe [29] bestimmt war. Das Berechnungsmodell für T-Stümpfe ist inzwischen von Eurocode 3 [3] übernommen worden. Das modifizierte Modell enthält eine Neudefinition verschiedener Parameter. Z.B. wird der Abstand b neu zu b' definiert (siehe

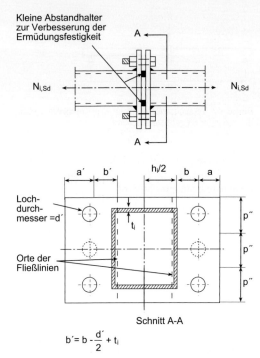

$$b' = b - \frac{d'}{2} + t_i$$

Bild 6-50 RHP-Flanschverbindungen mit einer Schraubenanordnung entlang zweier gegenüberliegender Seiten

Bild 6-50), um das wahre Trag- und Deformationsverhalten darzustellen und die nahe an den Hohlprofilwänden innenliegenden plastischen Fließlinien abbilden zu können.

Nachfolgend wird der Ablauf der Bemessung zusammengefaßt [6] (Definitionen sind Bild 6-50 zu entnehmen):

- Die Anzahl, die Güte und die Abmessung der erforderlichen Schrauben bei bekannter Zugkraft N_i werden abgeschätzt, und die entstehenden Abstützkräfte werden berücksichtigt. Üblicherweise beträgt die Kraft pro Schraube aus den aufgebrachten äußeren Lasten wegen der Abstützwirkung nur 60 bis 80 % der Schraubenzugfestigkeit. Die Steigung der Schraube p'' ist generell auf den 3- bis 5fachen Schraubendurchmesser (kleinere Steigungen sind möglich) und der Kantenabstand a auf etwa $1,25\,b$ festzulegen. Bis max. $1,25\,b = a$ wird die Abstützkraft R kleiner, darüber hinaus bleibt sie konstant.

- Berechnung von δ (Verhältniswert der Nettoquerschnittsfläche entlang der Schraubenreihe zur Bruttoquerschnittsfläche an der Hohlprofilseite):

$$\delta = 1 - \frac{d'}{p''} \qquad (6\text{-}19)$$

Dabei ist
d' = Schraubenlochdurchmesser
p'' = Steigung der Schraube

- Bestimmung (erste Schätzung) der Kopfplattendicke t_f:

$$[KP_f/(1+\delta)]^{0,5} \le t_f \le (K \cdot P_f)^{0,5} \qquad (6\text{-}20)$$

mit:

$P_f = \dfrac{N_{i,Sd}}{n}$ = Bemessungswert der äußeren Beanspruchung pro Schraube

n = Anzahl der Schrauben

und

$$K = 4b'/(0,9 f_{y,p} \cdot p'') \qquad (6\text{-}21)$$

- Berechnung von α (Verhältnis Biegemoment pro Einheitsplattenbreite an der Schraubenreihe zum Biegemoment pro Einheitsplattenbreite an der inneren Fließlinie) für das Gleichgewicht unter der Annahme, daß die Schrauben bis zu ihrer Zugbeanspruchbarkeit belastet werden:

Vorgewählt: Anzahl, Güte und Abmessungen der Schrauben sowie die erste Schätzung von t_f

$$\alpha = \left[\left(K T_u / t_f^2 \right) - 1 \right] \left[\left(a + \frac{d'}{2} \right) / \delta (a + b + t_i) \right] \qquad (6\text{-}22)$$

mit:
$a \le 1,25\, b$ und T_u = Zugfestigkeit einer Schraube

- Berechnung der Beanspruchbarkeit der Verbindung $N_{i,Rd}^*$ unter Verwendung von α nach Gl. (6-22) (Setze $\alpha = 0$, wenn $\alpha < 0$!):

$$N_{i,Rd}^* = t_f^2 (1 + \delta\alpha)\, n/K \qquad (6\text{-}23)$$

$N_{i,Rd}^*$ muß größer als $N_{i,Sd}$ sein.

- Wenn erforderlich, ist die Gesamt-Zugkraft der Schrauben T_f einschließlich der Abstützwirkung zu überprüfen:

$$T_f = P_f \left[1 + \left(\frac{b'}{a'} \right) \left\{ \frac{\delta\alpha}{1 + \delta\alpha} \right\} \right] \qquad (6\text{-}24)$$

mit:

$a' = a$ (jedoch $\le 1,25\, b$) $+ \dfrac{d'}{2}$

$$\alpha = \left[\left(\frac{KP_f}{t_f^2} \right) - 1 \right] \left(\frac{1}{\delta} \right) \qquad (6\text{-}25)$$

α ergibt sich aus Gl. (6-25). Der α-Wert ist hier nicht der gleiche wie nach Gl. (6-22), in der angenommen wird, daß die Schrauben durch ihre volle Zugfestigkeit beansprucht werden. Gl. (6-25) entspricht Gl. (6-20), wenn $\alpha = 0$ oder $\alpha = 1,0$ ist.

Diese Berechnungsmethode ist für Flanschplattendicken von 12 bis 26 mm gültig. In diesem Bereich ist sie experimentell und analytisch untersucht worden.

Unter *nicht* vorwiegend ruhender Beanspruchung wird empfohlen, die Flanschplatte möglichst dick und steif auszuführen, damit praktisch keine Verformung der Flanschplatte stattfindet ($\alpha \le 0$). In den meisten Stahlbauvorschriften wird gefordert, daß Schrauben unter Zugbeanspruchung vorgespannt werden; diese Anforderung ist für Ermüdungsbeanspruchung besonders wichtig. Werden Abstandhalter zwischen den Platten parallel zu den Schraubenreihen angebracht (siehe Bild 6-50), werden Abstützwirkungen vermieden und Ermüdungsfestigkeiten verbessert [30].

Bild 6-36 e zeigt eine Lösung für Längsstoßverbindungen, die durch Schlitzen des Hohlprofilendes und Einschieben und Verschweißen eines Flachbleches mit Bohrungen hergestellt werden. Lit. [6] gibt folgende einfache Berechnungsschritte an: Voraussetzung ist, daß die Verbindungstragfähigkeit gleich oder größer als die volle Tragfähigkeit des KHP ist.

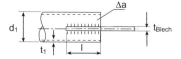

Annahme: $t_{\text{Blech}} \ge t_1$

$$4l \cdot a \cdot f_{s,W} + 2 \cdot t_{\text{Blech}} \cdot a \cdot f_{a,W} \ge f_{y1} \cdot A_1 \qquad (6\text{-}26)$$

$$4l \cdot t_1 \cdot \frac{f_{y1}}{\sqrt{3}} + 2 \cdot t_{\text{Blech}} \cdot t_1 \cdot f_{y1} \ge f_{y1} \cdot A_1 \qquad (6\text{-}27)$$

Tabelle 6-3 Bemessungsempfehlungen für KHP-Blech (durchgehend)-Verbindungen [24]

Verbindungsart		Belastungsart	Erforderliche Schweißnahtlänge	Bemessungs-beanspruchbarkeit	Gültigkeitsbereich
t_1 d_1 $\leftarrow l \rightarrow$	A	Zug		$0{,}85\,A_1 \cdot f_{y1}$	
$N_i \leftarrow\!\!\rightarrow$			$l \geq 1{,}2\,d_1$		$18 \leq \dfrac{d_1}{t_1} \leq 50$
$N_i \leftarrow\!\!\rightarrow$		Druck		$0{,}85\,A_1 \cdot f_{y1}$	
$N_i \leftarrow\!\!\rightarrow$	B	Zug		$0{,}85\,A_1 \cdot f_{y1}$	$18 \leq \dfrac{d_1}{t_1} \leq 50$
		Druck	$l \geq 0{,}6\,d_1$	$0{,}85\,A_1 \cdot f_{y1}$	
$N_i \leftarrow\!\!\rightarrow$	C	Zug	$l \geq 1{,}2\,d_1$	$0{,}85\,A_1 \cdot f_{y1}$	$20 \leq \dfrac{d_1}{t_1} \leq 34$
			$l \geq 1{,}5\,d_1$		$34 \leq \dfrac{d_1}{t_1} \leq 42$
		Druck	$l \geq 1{,}2\,d_1$	$0{,}85\,A_1 \cdot f_{y1}$	$20 \leq \dfrac{d_1}{t_1} \leq 42$

A_1 = Querschnittsfläche des KHP; d_1 = Durchmesser des KHP; t_1 = Wanddicke des KHP; f_{y1} = Mindest-Streckgrenze des KHP-Werkstoffes

$$A_{\text{Blech}} \cdot f_{y,\text{Blech}} \geq A_1 \cdot f_{y1} \qquad (6\text{-}28)$$

Um einen vorzeitigen Riß in der Schweißnaht an der Blechspitze zu vermeiden, wird in einigen Regelwerken der Faktor 0,85 ($A_{\text{Blech}} \cdot f_{y,\text{Blech}}$) empfohlen. Die Blechbreite soll um $4 \cdot t_{\text{Blech}}$ größer als der Außendurchmesser des kreisförmigen Hohlprofils (bzw. der Breite des rechteckigen Hohlprofils) sein, um eine einwandfreie Schweißnaht zu gewährleisten.

Zur experimentellen und analytischen Bestimmung des Tragverhaltens der KHP-Blech (durchgehend)-Verbindungen unterschiedlicher Ausführungen wurden in Japan umfangreiche Untersuchungen durchgeführt [31]. Aufgrund dieser Forschungsergebnisse ist vom AIJ [24] hierfür eine Bemessungstabelle (siehe Tabelle 6-3) angegeben worden. Diese Bemessungsregeln geben folgende Versagensarten vor:

– Verbindung unter Zugbeanspruchung versagt durch Risse in der KHP-Wand, die entlang der Schweißnaht an der Blechspitze entstehen.

– Verbindung unter Druckbeanspruchung versagt durch örtliches Beulen der KHP-Wand im Nachbarbereich der Blechspitze.

Verwendet man quadratische Hohlprofile anstatt kreisförmiger, so ist die Schweißnahtlänge l von $1{,}2\,d_1$ auf $1{,}5\,b_1$ und von $1{,}5\,d_1$ auf $1{,}9\,b_1$ zu vergrößern.

Weitere Literatur über andere Forschungsarbeiten siehe Lit. [32].

Bild 6-51 zeigt eine Versagensmöglichkeit der Hohlprofil-Gabel-Verbindung, wobei das Einzelflachblech durch eine Gabel ersetzt wird. Zwei getrennte KHP-Segmente stehen in diesem Fall unter exzentrischer Zugbeanspruchung. Wie Bild 6-51 darstellt, können die

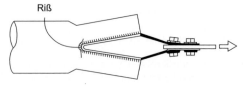

Bild 6-51 Versagensart einer KHP-Gabel-Verbindung

KHP-Wände durch kombinierte Zug- und Biegebeanspruchung versagen, da dadurch eine wesentliche Reduzierung der Tragfähigkeit der Verbindung verursacht wird.

Einfache Berechnung einer KHP-Verbindung mit einem Gabelstück: (Voraussetzung: Verbindungstragfähigkeit $\geq$ volle Tragfähigkeit des KHP)

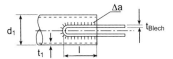

Annahme: $t_{Blech} \geq t_1$

$$4\,l \cdot a \cdot f_{s,W} + 4\,t_{Blech} \cdot a \cdot f_{a,W} \geq A_1 \cdot f_{y1} \qquad (6\text{-}29)$$

$$4\,l \cdot t_1 \cdot \frac{f_{y1}}{\sqrt{3}} + 4\,t_{Blech} \cdot t_1 \cdot f_{y1} \geq A_1 \cdot f_{y1} \qquad (6\text{-}30)$$

$$A_{Blech} \cdot f_{y,Blech} \geq A_1 \cdot f_{y1} \qquad (6\text{-}31)$$

Da die beiden Hälften des KHP exzentrisch belastet sind, müssen diese Schraubenverbindungen mit dem Gabelblech bez. des Exzentrizitätsmomentes nachgewiesen werden.

Anstatt des Einschiebens eines Bleches durch den Schlitz des Hohlprofils kann man auch

zwei Bleche an den Flanken des Rechteckhohlprofils verschweißen (Bild 6-36 f).

Ein etwa gleichmäßiger Kräftefluß in allen vier Wänden des Hohlprofils wird durch zweiseitiges Abschneiden des Rechteckhohlprofils unter 60° und Anschweißen eines aus zwei Blechen gebildeten „Y-Stückes" erreicht (Bild 6-36 g).

Bild 6-52 zeigt eine weitere Alternative von Längsverbindungen mit geschraubten Blechen (durchgesteckt), die sowohl offen als auch mit einem Deckel ausgeführt werden können. Die Deckplatte trägt zum glatten äußeren Aussehen der Gesamtkonstruktion bei.

In Bild 6-53 sind typische Beispiele für geschraubte RHP-Laschen-Verbindungen dargestellt, die auf der Baustelle einfach handhabbare Anschlußformen sind. Die hierbei auftretenden Versagensformen – Abscheren der Schrauben, Bruch des Nettoquerschnitts, Lochleibungsversagen – sind allgemein bekannt. Allgemeine Hinweise zur Berechnung dieser Verbindungen sind in den Vorschriften [5, 10] und Lit. [33] zu finden. Ein wesentlicher Unterschied zu den bisher beschriebenen Schraubenverbindungen mit Hohlprofilen liegt darin, daß die Schrauben durch den Hohlraum des Profils

a)

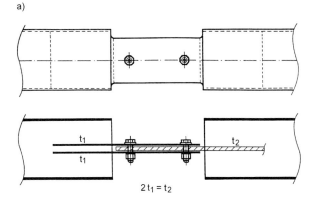

b)

Bild 6-52 Hohlprofil-Blech(durchgesteckt)-Verbindung: a) offen, b) mit Deckel

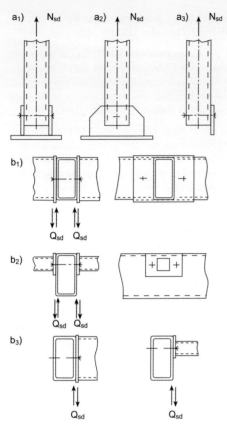

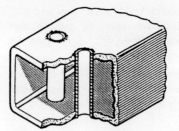

Bild 6-54 Aufbohren des Hohlprofil-Querschnitts und Einschweißen des Paßrohrstückes

die Bestimmung der Tragfähigkeit der Verbindung in bezug auf Schraubenlochleibungsversagen und Bruch im Nettoquerschnitt und nicht das Abscheren von Schrauben.

Die Lochleibungstragfähigkeit ist hierbei in erster Linie von den Rand- und Lochabständen (Bild 6-55) abhängig [35, 36].

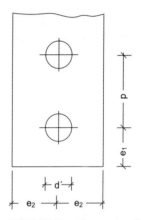

Bild 6-53 RHP-Laschenverbindungen mit durchgesteckten Schrauben. a) Normalkraftbeanspruchung, b) Querkraftbeanspruchung

durchgesteckt und auf der Gegenseite durch die Mutter befestigt werden.

Im Gegensatz zu üblichen Laschenverbindungen fehlt bei den Hohlprofilen die lokale Stützung des Lochbereichs im RHP-Inneren durch Laschen sowie Schraubenkopf und Mutter. Ein Zwischenstecken von Paßröhrchen (siehe Bild 6-54) ist prinzipiell möglich; aber der erforderliche Aufwand ist nicht praxisgerecht. Darüber hinaus treten größere Biegebeanspruchungen der Schrauben, insbesondere in den unsymmetrischen Anschlüssen, auf.

Lit. [33, 34] enthalten Ergebnisse der Untersuchungen für normalkraft- bzw. querkraftbeanspruchte RHP-Laschen-Verbindungen.

Unter Normalkraftbeanspruchung der Hohlprofile, die in diesem Abschnitt behandelt wird, sind die Schrauben senkrecht zu ihrer Achse belastet. Das Hauptziel der Untersuchung war

Bild 6-55 Bezeichnung der Rand- und Schraubenabstände

Beim Versagen durch Bruch im Nettoquerschnitt des Hohlprofils schlagen Lit. [33, 34] folgende Tragfähigkeit der symmetrischen Verbindung vor:

$$N_{t,Rd} = 1,0 \cdot A_{net} \cdot f_u / \gamma_{Mb} \qquad (6\text{-}32)$$

anstelle von Gl. (5-14) gemäß Eurocode 3 [3]

Bei Lochleibungsversagen ist die Verbindungstragfähigkeit wie folgt:

Für symmetrische Verbindungen mit einer Schraube:

$$N_{b,Rd} = 2,5 f_u \cdot d_{schaft} \cdot t_{RHP} \cdot \alpha / \gamma_{Mb} \qquad (6\text{-}33)$$

mit:

α ist der kleinere Wert von $e_1/3d'$ und 1,0

f_u = Zugfestigkeit des RHP-Materials

d_{schaft} = Schaftdurchmesser der Schraube

t_{RHP} = Wanddicke des Rechteckhohlprofils

γ_{Mb} = Teilsicherheitsbeiwert = 1,25 nach Eurocode 3 [3] für Schrauben

$N_{b,Rd}$ = Lochleibungstragfähigkeit

Für symmetrische Verbindungen mit zwei Schrauben:

$$N_{b,Rd} = 2,5 f_u \cdot d_{schaft} \cdot t_{RHP} [\alpha_1 + (n-1)\alpha_2] \quad (6\text{-}34)$$

mit:

α_1 ist der kleinere Wert von $e_1/3d'$ und 1,0

α_2 ist der kleinere Wert von $p/3d'-0,25$ bzw. 1,0

Die Anzahl der durchgeführten Versuche im Bereich $e_1 > 3d'$ sowie an Verbindungen mit zwei Schrauben ist nach Lindner [34] nicht ausreichend, um eine genaue statistische Auswertung durchzuführen. Er schlägt vor, die Gln. 6-32 bis 6-34 für symmetrische Verbindungen in dem nachfolgenden eng begrenzten Bereich zu verwenden:

Hohlprofilwanddicke $t_{RHP} = 2,7$ bis 4,6 mm

Randabstand $e_1 = 1$ bis 6 d'

Schraubenabstand $p = 2$ bis 4 d'

Materialgüte S 235

Schraubendurchmesser M16

$$\text{Verhältnis } \frac{\text{Profilwanddicke}}{\text{Schraubendurchmesser}} > 0,18$$

Die unsymmetrischen Verbindungen weisen eine deutlich geringere Tragfähigkeit als die gleichartigen symmetrischen Verbindungen auf. Alle Versuchkörper dieser Art mit $e_1/d' > 2$ versagten durch Abscheren der Schrau-ben; andere Versagensarten fanden bei sehr geringem e_1 statt [34].

Reine Zugstöße mit Ein-, Zwei- und Dreischraubenanordnungen wie in Bild 6-56 dargestellt, wurden von Mang [37] untersucht, wobei die maßgebenden Parameter gemäß EC 3 [3] so ausgerichtet waren, daß die Grenzabscherkraft der Schraube immer größer als die Grenzlochleibungskraft war (siehe Tabelle 6-4 und Bild 6-57).

Folgende Schlüsse lassen sich aus den Versuchen ableiten:

- Die Dicke der Laschen muß größer als die Wanddicke des Hohlprofils sein, damit die Lochleibung im Hohlprofil stattfindet.
- Die Schrauben sollen nicht vorgespannt sein; dies kann im Hohlprofil große Verformungen hervorrufen.
- Schraubengrenzabscherkraft, -grenzlochleibungskraft und -grenzzugkraft können nach EC 3 [3] ermittelt werden (Tabelle 6-4). Die Grenzabscherkraft soll größer als die Grenzlochleibungskraft sein.
- Der Randabstand e_1 der Schrauben beeinflußt wesentlich die Tragfähigkeit der Verbindung.
  Der Lochabstand p_1 beeinflußt die Tragfähigkeit nicht in so starkem Maße; jedoch darf ein Mindestwert nicht unterschritten werden (siehe Bild 6-57).
- Im Bereich $e_1 \geq 3 d'$ und $p_1 \geq 3,5 d'$ soll der Maximalwert von α nach EC 3 [3] um 10 % reduziert werden.
- Verbindungen mit Einschraubenanordnung können nach EC 3 [3] bemessen werden. Mehrschraubenverbindungen können durch Variationen der Schraubenanordnung höhere

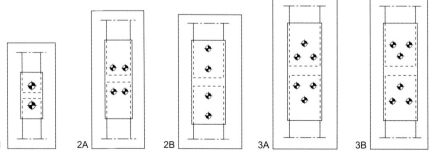

Bild 6-56 Zugstöße mit unterschiedlichen Schraubenanordnungen

Tabelle 6-4 Beanspruchbarkeiten von Schrauben [3]

Grenzabscherkraft pro Scherfuge

wenn der glatte Teil des Schaftes in der Scherfuge liegt:
für Festigkeitsklassen 4.6, 5.6 und 8.8:

$$N_{V,Rd} = \frac{0,6 f_{ub} A_s}{\gamma_{Mb}}$$

für Festigkeitsklassen 4.8, 5.8, 6.8 und 10.9

$$N_{V,Rd} = \frac{0,5 f_{ub} A_s}{\gamma_{Mb}}$$

wenn der Gewindeteil des Schaftes in der Scherfuge liegt:

$$N_{V,Rd} = \frac{0,6 f_{ub} A}{\gamma_{Mb}}$$

Grenzlochleibungskraft

$$N_{b,Rd} = \frac{2,5 \alpha f_u d t}{\gamma_{Mb}}$$

wobei α der kleinste Wert ist von:

$$\frac{e_1}{3 d'}; \quad \frac{p_1}{3 d'} - \frac{1}{4}, \quad \frac{f_{ub}}{f_u} \text{ oder } 1,0$$

Grenzzugkraft

$$N_{t,Rd} = \frac{0,9 f_{ub} A_s}{\gamma_{Mb}}$$

A = Schaftquerschnittsfläche der Schraube
A_s = Spannungsquerschnittsfläche der Schraube
d = Schaftdurchmesser der Schraube
d' = Lochdurchmesser
f_u = Zugfestigkeit des Hohlprofils
f_{ub} = Zugfestigkeit des Schraubenwerkstoffes
γ_{Mb} = Teilsicherheitsbeiwert für Schrauben

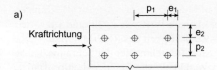

a)

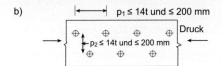

b)

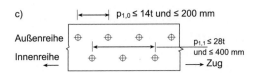

c)

Bild 6-57 Rand- und Schraubenabstände nach EC 3 [3] a) Bezeichnungen der Lochabstände, b) Versetzte Lochanordnung bei druckbeanspruchten Bauteilen, c) Lochabstände bei zugbeanspruchten Bauteilen

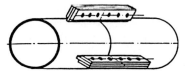

Bild 6-58 Blechstreifenverbindung

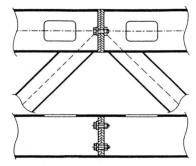

Bild 6-59 Versteckter, geschraubter Stirnplattenstoß im Gurt eines Fachwerkträgers

Tragfähigkeit erhalten. Bei Zweischraubenverbindungen ist die Verbindungstragfähigkeit von 2A höher als die von 2B (siehe Bild 6-56); bei Dreischraubenanordnungen ist 3A größer als 3B.

Eine Laschenverbindung anderer Art wird in Bild 6-58 gezeigt. In dieser Ausführung werden vier, sechs oder acht Blechstreifen entlang dem Umfang eines Hohlprofils angeschweißt. Sie werden durch einen Satz doppelt überlappter Bleche miteinander verbunden. Mit diesem Anschluß lassen sich große Lasten übertragen. Es muß auf Korrosionsschutz besonders geachtet werden.

Zwei Hohlprofile, mit angeschweißten Stirnplatten versehen, sind miteinander zu verschrauben. Um ihnen ein glattes Aussehen zu verleihen, gehen die Stirnplatten über die

Breite bzw. Durchmesser des Hohlprofils nicht hinaus. In diesem Fall ist die Zugänglichkeit des Hohlprofil-Innenraums erforderlich, um die im Inneren angeordneten Schrauben des Anschlusses anziehen zu können. Bild 6-59 zeigt eine Ausführung, bei der Handlöcher in das Hohlprofil eingeschnitten werden, um die Schrauben zu erreichen.

Die Ausführung von Gewindezugverbindungen wird in Bild 6-60 dargestellt. Für kleine Querschnittsabmessungen der KHP kann eine Schraube an das eine Ende und eine Mutter an das andere Ende der zu verbindenden Profile angeschweißt werden. Man kann anstelle der Schraube auch einen Gewindezapfen (Bild 6-61) und anstelle der Mutter eine Gewindemuffe verwenden. Diese Form des Anschlusses ist für tragende Bauteile nicht geeignet. Diese Anschlußformen werden im allgemeinen bei Verbindungen von Geländern, Leitplanken, Drahtstiften usw. eingesetzt.

Bild 6-62 zeigt einen Anschluß unter Verwendung eines Muffenrohres, der sich besonders für Geländer oder Leitplanken eignet. Das Muffenrohr wird im Inneren des Hohlprofils durch eine Punktschweißung in seiner Position fixiert. Am freien Ende des Muffenrohres ist eine weitere Punktschweißung oder das Bohren eines Loches für das Anbringen von Schrauben auf der Baustelle notwendig.

Bild 6-63 stellt eine weitere Form von punktgeschweißten Verbindungen mit Blechstreifen dar.

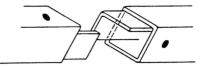

Bild 6-63 RHP-Verbindung mit punktgeschweißten Blechen

6.5.2 Mittelbare Schweißverbindungen

In bestimmten Fällen werden auch mittelbare Längsstoßverbindungen aus Hohlprofilen nur durch Schweißen hergestellt. Bild 6-64a zeigt ein Beispiel mit einem innenliegenden Muffenprofil. Das geschlossene Muffenprofil wird als Schweißunterlage eingesetzt. Die Verwendung dieser Ausführung wird dann vorgeschlagen, wenn der Spalt g zwischen den Hohlprofilteilen groß ist und es keine andere konstruktive Lösung gibt. Umgekehrt kann man auch ein außenliegendes Muffenprofil als „Stoßlasche" einsetzen (Bild 6-64b). Hierbei ist zu beachten,

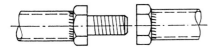

Bild 6-60 Schraube und Mutter an die KHP-Enden angeschweißt

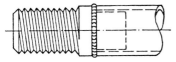

Bild 6-61 Gewindezapfen an das KHP angeschweißt

a)

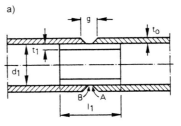

b)

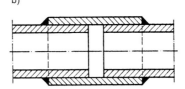

Bild 6-64 Geschweißte Längsstöße mit Muffenhohlprofilen: a) innenliegend, b) außenliegend

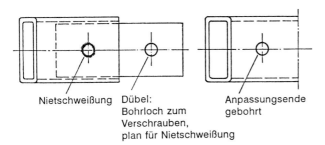

Nietschweißung   Dübel: Bohrloch zum Verschrauben, plan für Nietschweißung   Anpassungsende gebohrt

Bild 6-62 Endverbindung mit einem angeschweißten Vollstab

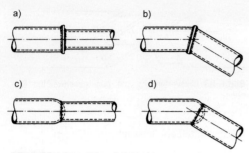

Bild 6-65 Längsstöße mit Kehlnaht

daß Kehlnähte anstelle der Stumpfnähte vorliegen.

Eine weitere Möglichkeit für das „Längsstoßen" von Hohlprofilen zeigen die Bilder 6-65 a–d. Während in Bild 6-65 a der Stoß mittels zwischengeschweißter Scheibe hergestellt wird und für KHP und RHP verwendbar ist, zeigt Bild 6-65 c einen KHP-Stoß, bei dem ein Hohlprofil halbrund zugekümpelt und ein möglicherweise kleines Hohlprofil mittels Kehlnaht aufgeschweißt wird. Beide Verbindungsarten können auch für abgeknickte Stöße (Bild 6-65 b und d) angewendet werden.

6.5.3 Unmittelbare Schweißverbindungen

Unmittelbare Hohlprofilverbindungen mit Längsstoß werden grundsätzlich durch Stumpfnahtschweißung hergestellt. Die Methode ist einfach, wobei bei der Durchführung einer der drei folgenden Fälle eintreten kann (siehe Bild 6-66).

Fall 1. Bei dünnwandigen Hohlprofilstäben ist keine Schweißnahtvorbereitung an den Stabenden erforderlich.

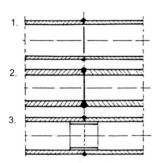

Bild 6-66 Stumpfnahtgeschweißte Längsstöße

Fall 2. Bei dickwandigen Hohlprofilstäben treten in der Regel I-, V- und Y-Nahtformen ohne gegengeschweißte Wurzel auf.

Fall 3. Stumpfstoßverbindungen durchlaufender Hohlprofile können auch mit innenliegendem Nippel geschweißt werden. Die nippelartigen Blechstreifen werden dann innerhalb der Hohlprofile unter der Schweißnahtwurzel angeordnet, um das Durchschweißen mit Schweißbadsicherung zu erleichtern. Die Breite des Blechnippels beträgt ca. 30 bis 40 mm, die Dicke ca. 3 bis 6 mm. Der Blechnippel kann je nach erforderlicher Anpassung sowohl einteilig als auch zweiteilig ausgeführt werden (siehe Bild 6-67).

Bei der Einsetzung des Blechnippels in RHS muß auf dessen Anpassung am RHP-Eckenbereich besonders geachtet werden. Die Biegung des Eckteils des Blechnippels muß sehr präzise durchgeführt werden und während der Montage muß falsche Verformung durch örtliche Erwärmung und Hammerschläge korrigiert werden. Der Spalt zwischen zwei Blechnippeln muß durch Schweißgut ausgefüllt sein, um die Entstehung von Fehlern während des Schweißens zu verhindern.

Technisch ist der Stumpfstoß ohne innenliegenden Nippel vorteilhafter, da er sich besser prüfen läßt. Es werden allerdings geschulte Schweißer für die Durchführung dieser Arbeit

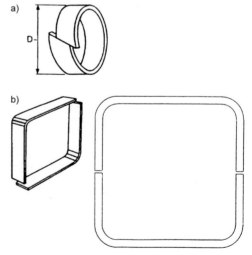

Bild 6-67 Stumpfstoß-Nippelarten: a) einteilig, b) zweiteilig

benötigt. Ferner wird der Stumpfstoß unter Wechselfestigkeitsbeanspruchung eingesetzt.

In der Tabelle 6-5 sind die üblichen Fugenformen für Stumpfstöße nach der europäischen Vornorm ENV 1090-4 [38] aufgelistet. Die nationalen Normen der Länder der europäischen Union, z.B. DIN 2559 [39] und DIN 8551 [40], die nach der Einführung der europäischen Norm (EN) auslaufen werden, weichen von [38] nur leicht ab.

Die Tragfähigkeit der Stumpfstöße, die mit voll durchgeschweißten Stumpfnähten durchgeführt werden, ergibt sich aus der Tragfähigkeit des schwächeren Bauteils. Dabei ist die richtige Schweißelektrodenwahl für die verwendete Stahlsorte sehr wichtig. Ein vollständiger Einbrand und eine Verschmelzung des Schweißwerkstoffes und des Grundwerkstoffes über die gesamte Dicke der zu verbindenden Hohlprofile sind für eine Durchschweißung erforderlich.

Tabelle 6-5 Stumpfnahtvorbereitung für Stoßverbindungen längsbeanspruchter Hohlprofile [38]

Fugenform	Nahtdicke t mm	Spaltgröße g mm min.	max.	Steghöhe R mm min.	max.	Unterlegblechdicke t_P mm min.	max.
I-Naht ohne Unterlage	bis 3	0	3				
I-Naht mit Unterlage	3	3	5			3	3
	5	5	6			3	5
	6	6	8			3	6
V-Naht ohne Unterlage	bis 20	2	3	1	2,5		
V-Naht mit Unterlage	bis 20	5	8	1	2,5	3	6
V-Naht mit Unterlage (Brennschnitt)	20–30	8	10	1	3	3	10

Die Nahtdicke einer *nicht* durchgeschweißten Stumpfnaht ist gleich der Tiefe des Einbrandes anzunehmen.

Von den durch Messung nachweisbaren Anforderungen des äußeren Befunds der Stumpfnähte sind die folgenden zu betrachten:

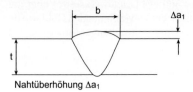

Nahtüberhöhung Δa₁

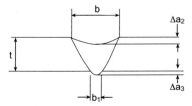

Decklagenunterwölbung Δa₂
Wurzelüberhöhung Δa₃

Wichtig ist die Nahtdicke, die nur dann angegeben werden muß, wenn der Querschnitt nicht voll durchgeschweißt wird. Schweißnahtüberhöhung, Decklagenunterwölbung und Wurzelüberhöhung an Stumpfnähten kann man z. B. mit Lehren messen. Eine solche selbstgefertigte Lehre ist schematisch dargestellt.

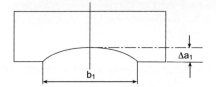

Bild 6-68 zeigt die Schweißnahtspannungen in Stumpf- und Kehlnähten, wobei der Vergleichwert der vorhandenen Schweißnahtspannungen wie folgt berechnet wird:

$$f_{V,\text{Schw.}} = \sqrt{f_\perp^2 + \tau_\perp^2 + \tau_\parallel^2} \qquad (6\text{-}35)$$

Die Schweißnahtspannung $f_\parallel$ in Richtung der Schweißnaht muß nicht berücksichtigt werden.

a)

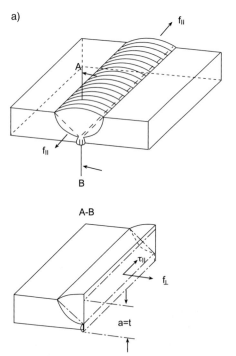

b)

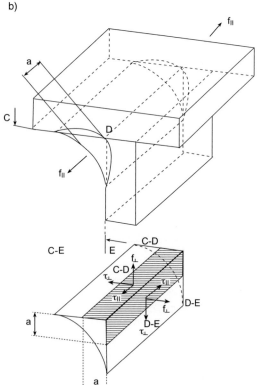

Bild 6-68 Schweißnahtspannungen in Schweißnähten.
a) Stumpfnaht, b) Kehlnaht

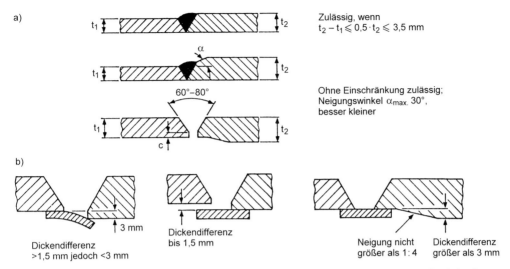

Bild 6-69 Schweißnahtvorbereitung für Stumpfnahtstöße von Hohlprofilen: a) ohne Blechnippel, b) mit Blechnippel

In Bild 6-69 ist die Vorbereitung der Stumpfschweißnaht für den Fall dargestellt, daß die Wanddicken der Bauteile voneinander abweichen. Hierbei ist der Übergang so glatt wie möglich zu gestalten, besonders bei Konstruktionen unter dynamischer Beanspruchung.

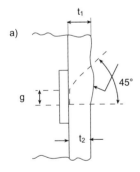

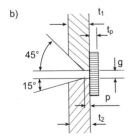

Bild 6-70 Vertikalstehender Stumpfnahtstoß aus Hohlprofilen mit Blechnippeln: a) $t_1 = t_2$, b) $t_1 > t_2$

Man kann auch Stumpfstöße mit Bauteilen unterschiedlicher Wanddicken mit innenliegenden Blechnippeln ausführen (siehe Bild 6-69 b).

Auf der Baustelle kommen auch vertikalstehende Stumpfnahtstöße vor. Für die Schweißbadsicherung werden Blechnippel empfohlen. Der Winkel für die Schweißkante auf der oberen Seite soll größer sein als der Winkel unten (siehe Bild 6-70).

Nachweis der Grenzkraft einer Stumpfnaht bei Längsstößen

Wie bereits erwähnt, muß die Grenzkraft einer durchgeschweißten Stumpfnaht gleich der Grenzkraft oder größer als die Grenzkraft des schwächeren der zu verbindenden Bauteile sein:

$$N_{W,Rd} = f_{y,W} \cdot (\textstyle\sum L \cdot a)/\gamma_{MW} \geq N_{Rd} = A \cdot f_y/\gamma_M$$

$$(6\text{-}36)$$

mit:

$f_{y,W}$ = Charakteristische Streckgrenze des Schweißzusatzwerkstoffes

γ_{MW} = Teilsicherheitsbeiwert der Beanspruchbarkeit der Schweißnaht (siehe Tabelle 5-6)

$N_{W,Rd}$ = Beanspruchbarkeit der Schweißnaht

N_{Rd} = Bauteilbeanspruchbarkeit

γ_M = Teilsicherheitsbeiwert der Bauteilbeanspruchbarkeit (siehe Tabelle 5-6)

L = Schweißnahtlänge (es sind die Schweißnahtlängen für den Nachweis einzusetzen, die aufgrund ihrer Lage imstande sind, die vorhandenen Schnittgrößen zu übertragen)

a = Schweißnahtdicke (siehe Bild 6-68) $\approx$ Dicke des schwächeren Bauteils

A = Querschnittsfläche des schwächeren Bauteils

f_y = Charakteristische Streckgrenze des Bauteilwerkstoffes

Die Grenzkraft einer nicht durchgeschweißten Stumpfnaht eines Längsstoßes ist – wie für eine Kehlnaht – mit tiefem Einbrand zu ermitteln.

6.6 Fachwerkträger

Fachwerkträger, sowohl ebene als auch räumliche (Dreigurt- und Viergurtträger), sind die für Hohlprofile typischen und am häufigsten ausgeführten Baukonstruktionen. Bild 6-71 und Tabelle 6-6 stellen die Kombinationen von Profilarten für die Herstellung von Hohlprofil-Fachwerkträgern dar.

Tabelle 6-6 Kombinationen der Profilquerschnitte in Fachwerkträgern

Füllstäbe	Gurtstäbe
○	○
○	□ □ □
□ □	□ □
○	I I
□	I I
○	⌐
□ □	⌐

Ferner sind die Fachwerkträger auch hinsichtlich der Ausführung von Verbindungen bzw. Knoten grundsätzlich zu unterscheiden:

- Unmittelbare Verbindungen bzw. Knoten, bei denen Gurte und Streben direkt miteinander verschweißt werden (Bild 1-8 a und b, Bild 6-72 a und b).
- Mittelbare Verbindungen, bei denen Knotenbleche oder Anschlußplatten an Bauteile angeschweißt werden, die wiederum durch Verschraubung oder Verschweißung miteinander verbunden werden (siehe Bild 1-8 c, Bild 6-72 c und d).

Die Vorrangstellung von Hohlprofilen für den Einsatz in Fachwerkträgern begründet sich durch folgende wesentliche Punkte:

- **Statische Eigenschaften** (siehe Bild 1-2)
Im Hinblick auf Längsdruckbeanspruchung sind sowohl KHP als auch QHP (oder RHP) den offenen Profilen (I, U, L) überlegen. Diese Eigenschaft trägt zur höheren kritischen Knicklast von Stützen oder druckbeanspruchten Fachwerkbauteilen aus Hohlprofilen bei. Die „europäischen Knickspannungskurven" tragen dieser Tatsache Rechnung (Bild 5-4).

Unter Längszug sind Hohl- und offene Profile gleichwertig. Als Biegeträger unter einachsiger Biegung ist das I-Profil jedoch wesentlich tragfähiger als das Einzel-Hohlprofil.

Die elastische Berechnung von Fachwerkträgern wird unter der Annahme durchgeführt, daß alle Stäbe in den Knotenpunkten gelenkig angeschlossen sind und nur mit Normalkräften belastet werden (Bild 6-73). Diese Berechnungsart wirkt sich beim Einsatz von Hohlprofilen günstig aus, da dadurch in längsdruckbe-

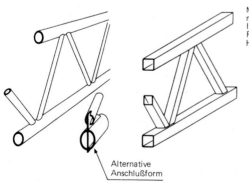

Alternative Anschlußform

Mischbauweise mit Gurten aus IPE-Profilen und Füllstäben aus Hohlprofilen

Bild 6-71 Ebene Fachwerkträger mit unterschiedlichen Kombinationen von Profilarten

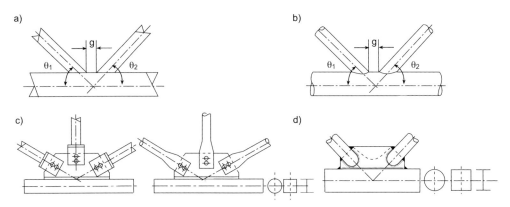

Bild 6-72 Hohlprofil-Fachwerkknoten a) und b) unmittelbare Verbindung, c) und d) mittelbare Verbindung: In Mischbauweise können die Gurtstäbe auch aus offenen Profilen (I- oder ⊏-Profilen) bestehen. a) RHP-Knoten (Strebenenden mit Sägeschnitt). b) KHP-Knoten (Strebenenden mit räumlichen Schnittkurven). c) Hohlprofilknoten (Strebenenden verschraubt am Knotenblech). d) Hohlprofilknoten (Strebenenden angeschweißt am Knotenblech)

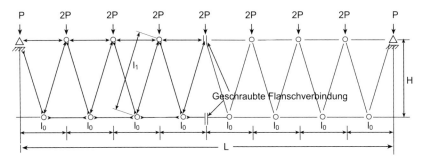

Bild 6-73 Ebener Fachwerkträger mit Gelenkknoten

anspruchten Gurt- und Füllstäben Materialersparnisse erreicht werden. In üblichen Fachwerkträgern machen Gurtstäbe unter Druck etwa 50 %, Gurtstäbe unter Zug grob 30 % und Füllstäbe ungefähr 20 % des Gesamt-Materialgewichtes aus. Unter Berücksichtigung dieser Anteile sollten die Druckstäbe (insbesondere die Druckgurtstäbe) mit dem Ziel optimiert werden, dünnwandige Hohlprofile zu verwenden (größerer Trägheitsradius → größere Knickfestigkeit). Über den Einfluß der Profilabmessungen auf die Knotentragfähigkeit, die umgekehrt ein dickwandigeres Druckgurt-Hohlprofil fordert, wird später berichtet (siehe Abschnitt 6.6.4.1). Die endgültige Druckgurtabmessung ($\triangleq d_o/t_o$- bzw. b_o/t_o-Verhältnis) wird ein Kompromiß zwischen Knotentragfähigkeit und Knickfestigkeit des Stabes sein, und in aller Regel wird ein nicht zu dünnwandiges Hohlprofil zur Anwendung kommen.

An dieser Stelle sei besonders erwähnt, daß eine Fachwerkberechnung unter der Annahme biegesteifer (überhöhte Momentenbeanspruchung in den Füllstäben) Knoten für die meisten ebenen und dreigurtigen Träger mit unmittelbar geschweißten Gurt- und Füllstäben nicht empfohlen wird, da die Längskräfte in den Stäben auch in diesem Fall gleich denen nach der Annahme der gelenkigen Knoten sind.

Aus den oben genannten Gründen werden Fachwerke aus Hohlprofilen als Konkurrenzkonstruktionen zu den Biegeträgern aus I-Profilen (Einzelprofil) eingesetzt. Man muß hierbei berücksichtigen, daß die Abmessungen von I-Profilen in den Herstellungsprogrammen der Stahlprofilhersteller wesentlich größer sind als die der Hohlprofile. Normal verfügbare Einzelhohlprofile werden daher die größeren I-Profile als Biegeträger nicht ersetzen können (siehe Kapitel 4). Bei der Anwendung der größten verfügbaren Abmessung in Deutschland $260 \times 260 \times 17,5$ mm als Gurtstab eines üblichen ebenen Fachwerkträgers kann eine große Spannweite von ca. 50 m erreicht werden.

Die Charakteristiken der Fachwerke sind hauptsächlich durch die Spannweite L, die Höhe H, die Fachwerkgeometrie und den Abstand l_0 der Knotenpunkte voneinander gegeben. Die Höhe H wird entsprechend der Spannweite L, den Gurt-Belastungen und der maximal vorgesehenen (zulässigen) Durchbiegung eines Fachwerkes bemessen. Durch Vergrößerung der Höhe H können Fachwerkbeanspruchungen verkleinert werden, dabei werden gleichzeitig die Längen der Füllstäbe größer. Das ideale Spannweite L/ Höhe H-Verhältnis liegt zwischen 10 und 15. Im Zusammenhang mit der Längenvergrößerung der Füllstäbe kommt die große Torsionssteifigkeit und die damit verbundene hohe Kippstabilität von Hohlprofilen zur Geltung. Größere freie Knicklängen von Druckbauteilen können durch den Einsatz von Hohlprofilen ohne Probleme erreicht werden (siehe Abschnitt 5.3.2.1).

Als Bauteil unter zwei- oder mehrachsiger Biegung sind Hohlprofile, sowohl quadratische als auch kreisförmige, besser geeignet als konventionelle offene Profile. Da sie auch gegenüber Wind- oder Wasserströmungen niedrige Formwiderstandsbeiwerte aufweisen, werden mehrachsige biegebeanspruchte Konstruktionen wie Maste, Türme, Offshorebauten usw. als Fachwerke aus Hohlprofilen hergestellt.

● **Herstellung**
Eine geschweißte Fachwerkkonstruktion mit unmittelbaren Verbindungen aus Hohlprofilen (Gurt- und Füllstäbe) benötigt weniger Schweißaufwand als die aus offenen Profilen, die häufig mit Anschlußplatten oder Knotenblechen versehen sind. Bei der Schweißnahtvorbereitung besitzen rechteckige Hohlprofile für die Endenbearbeitung einen wesentlichen Vorteil gegenüber kreisförmigen Hohlprofilen, weil sie nur gerade Sägeschnitte brauchen. Für kreisförmige Hohlprofile als Gurt- und Füllstäbe ist ein räumlicher Profilierungsschnitt notwendig, der arbeits- und kostenaufwendiger ist. Allerdings gibt es für die Durchführung dieser Arbeit automatische Brennschneidemaschinen, die schneller und kostengünstiger arbeiten. Das Thema „Herstellung" von Hohlprofilkonstruktionen wird im Kapitel 8 eingehend behandelt.

● **Korrosionsschutz**
Die Schutzanstriche und ihre spätere Unterhaltung verursachen für Hohlprofilfachwerke niedrigere Kosten. Die Gründe dafür sind einmal die geringeren Oberflächen, zum anderen die einfachen geschweißten Anschlüsse ohne Knotenbleche, zugängliche Ecken und Kanten usw. (siehe Bild 1-13). Die im allgemeinen luftdicht geschlossenen Innenräume der Hohlprofile bedürfen keines Korrosionsschutzes.

● **Transport und Montage**
Fachwerke aus Hohlprofilen haben ein geringeres Konstruktionsgewicht und erzielen damit bessere Wirtschaftlichkeit bei Transport und Montage.

● **Erscheinungsform**
Wegen der äußeren Erscheinungsform der Hohlprofilfachwerke werden diese häufig von den Architekten gegenüber anderen Profilen bevorzugt.

6.6.1 Ebene Fachwerkformen aus Hohlprofilen

Nachfolgend werden einige typische ebene Fachwerkformen aus Hohlprofilen beschrieben und ihre Vor- und Nachteile erläutert. Die Konfigurationen von Knoten und deren konstruktiven Details spielen bei der Gestaltung von Fachwerken eine wichtige Rolle, um den Spannungsverlauf in der Konstruktion möglichst gleichmäßig (d. h. ohne große Spitzen) zu erhalten (insbesondere für Verbindungen unter wiederkehrenden Beanspruchungen). Diese Kenntnis ist zur Erarbeitung der Richtlinien für die Tragfähigkeit von Fachwerken aus Hohlprofilen von großer Wichtigkeit. In diesem Zusammenhang muß man wissen, daß der Spannungsverlauf in einem Hohlprofilknoten rechnerisch schwer zu bestimmen ist. Es muß daher auf Versuche und Messungen, z. B. mittels Reißlackverfahren oder Dehnungsmessungen über Meßstreifen, zurückgegriffen werden.

● **Strebenfachwerke** (Bild 6-74)
Strebenfachwerke aus Hohlprofilen mit parallelen und nicht parallelen Ober- und Untergurten bieten den Architekten nicht nur ästhetische Gestaltungsmöglichkeiten, sondern auch die wirtschaftlichste Lösung. Die Vorteile liegen in der Möglichkeit, die druckbeanspruchten Füll-

a)

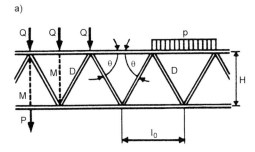

b)

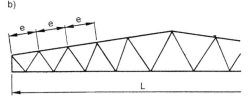

Bild 6-74 Strebenfachwerk mit K-Knoten (Vorschlag zur Modifizierung mit Vertikalstäben, KT-Knoten)

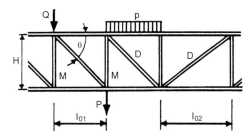

Bild 6-75 Ständerfachwerk mit N-Knoten

stäbe mit großer Knicklänge bemessen zu können. Es verkleinert sich der Anlaufwinkel θ von Füllstäben auf den Gurtstab und damit die Anzahl der Knoten im Fachwerkträger. Mit der Minimierung der Knotenzahl reduzieren sich auch die Herstellungskosten der Fachwerkträger. Optimierungsuntersuchungen über die Füllstäbe belegen, daß der günstigste Anlaufwinkel θ im Bereich $40°-50°$ liegt. Eine weitere Verkleinerung von θ kann zur Wirtschaftlichkeit der Fertigung beitragen. Es wird jedoch empfohlen, den Anlaufwinkel θ nicht kleiner als $30°$ zu gestalten, damit Probleme beim Schweißen im Bereich des Halses der Füllstäbe (Der theoretische Wurzelpunkt kann meist nicht voll erfaßt werden, siehe Bilder 6-94 bis 6-97) vermieden werden.

Im Falle der Forderung, alle Belastungsangriffspunkte auf dem Gurtstab abzustützen, z.B. zur Reduzierung der Systemlängen (bzw. freien Knicklängen) der Stäbe, können zusätzliche Vertikalstäbe eingesetzt werden (KT-Knoten, Stab M in Bild 6-74).

Ein Strebenfachwerk ist ein leichtes Tragwerk, das genügend Raum für die Anordnung von elektrischen und anderen Leitungen bietet.

• **Ständerfachwerke** (Bild 6-75)
Die Knoten der Ständerfachwerke sind N-förmig und bestehen aus einem Vertikal(Pfosten)-,

einem Diagonal(Strebe)- und einem Gurtstab. Wie beim Strebenfachwerk können Ober- und Untergurte entsprechend der Dachneigung parallel oder nicht parallel zueinander angeordnet sein. Die Anordnung der Stäbe im Ständerfachwerk führt zu einer größeren Anzahl der Füllstäbe als beim Strebenfachwerk und somit zu mehr Knoten. Es ist daher eine unwirtschaftliche Lösung, die zusätzlich höhere Herstellungs- und Korrosionsschutzkosten verursacht. Es ist wichtig zu wissen, daß man mit Ständerfachwerken innerhalb ihrer Anwendungsgrenzen höhere Wirtschaftlichkeit erzielen kann, wenn die Druckbeanspruchung vorwiegend durch die kürzesten Stäbe (den Vertikalen) übertragen wird.

• **Rautenfachwerke** (Bild 6-76)
Rautenfachwerke enthalten X-förmige Knoten mit oder ohne Vertikalstäbe (Pfosten). Eine weitere Ausführung dieses Trägers besteht aus zwei Halbträgern mit je halber Höhe, die in der Werkstatt zusammengeschweißt werden und dadurch wegen des geringen Gewichts sowie der kleineren Größe Vorteile beim Transport zur Baustelle bieten. Der Zusammenbau auf der Baustelle erfolgt durch Verschrauben der Fachwerkstäbe in Trägermitte (Bild 6-77).

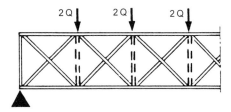

Bild 6-76 Rautenfachwerk mit X-Knoten (falls die Kräfte in den Pfosten durchweg gering sind, kann auf sie verzichtet werden)

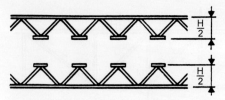

Bild 6-77 Zweigeteiltes Rautenfachwerk zum leichten Transport und Verschrauben zum X-Knoten auf der Baustelle

● **K-förmige Fachwerke** (Bild 6-78)
Wegen der relativ großen Anzahl von Bauteilen und Knoten benötigt das K-förmige Fachwerk mehr Herstellungs- und Arbeitsaufwand. Es ist dennoch für hohe Träger interessant, weil durch die Anordnung der Knoten die effektiven Knicklängen der Streben verkürzt werden können.

Das bei den Rautenfachwerken angewendete Herstellungsprinzip mit zwei Halb-Trägern ist auch hier anwendbar.

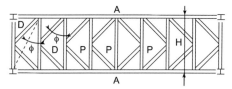

Bild 6-78 K-förmiges Fachwerk mit K-Knoten am Pfosten

● **Fachwerkbogenträger** (Bild 6-79)
Die gebogenen Gurte sind die Hauptmerkmale der Fachwerkbogenträger, wobei die Füllstäbe verschiedene Fachwerkformen bilden. Bild 6-79 zeigt zwei Beispiele.

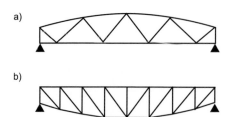

Bild 6-79 Fachwerkbogenträger: a) Strebenfachwerk, b) Ständerfachwerk

6.6.1.1 Wirtschaftliche Aspekte bei der Wahl der Fachwerkformen

In einem Fachwerkträger wird der Großteil der Herstellungskosten durch die Füllstäbe verursacht. Bei der Wahl der Fachwerkform ist es daher wichtig, darauf zu achten, daß die Anzahl der Füllstäbe möglichst reduziert wird. Bild 6-80 zeigt ein Beispiel zum Vergleich der Fachwerke mit N-, KT- und K-Knoten [41]. Es wird deutlich, daß das Strebenfachwerk mit K-Knoten die niedrigste Anzahl der Füllstäbe und der Knoten ergibt.

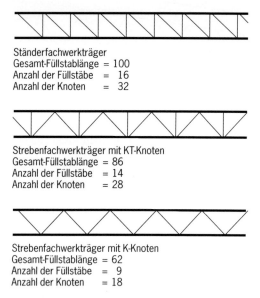

Ständerfachwerkträger
Gesamt-Füllstablänge = 100
Anzahl der Füllstäbe = 16
Anzahl der Knoten = 32

Strebenfachwerkträger mit KT-Knoten
Gesamt-Füllstablänge = 86
Anzahl der Füllstäbe = 14
Anzahl der Knoten = 28

Strebenfachwerkträger mit K-Knoten
Gesamt-Füllstablänge = 62
Anzahl der Füllstäbe = 9
Anzahl der Knoten = 18

Bild 6-80 Vergleich von Fachwerkformen

6.6.2 Knotengestaltung in Fachwerkträgern aus unmittelbar zusammengeschweißten Füll- und Gurtstäben

Von den in Bild 6-81 gezeigten Knotenformen aus unmittelbar zusammengeschweißten Profilen (Tabelle 6-6 zeigt die Kombinationen der Profilquerschnitte) kommen K- und N-Knoten am häufigsten vor. Spalt und Überlappung sind zwei Hauptmerkmale, die das Tragverhalten dieser Knoten wesentlich beeinflussen. Es ist daher wichtig, diese Merkmale genauer zu definieren (Bild 6-82).

Der Spalt ist definiert als der entlang der Anschlußseite des Gurtstabes gemessene Abstand zwischen den Fußspitzen der angrenzenden Füllstäbe (Schweißnähte werden vernachläs-

a)   K-Knoten mit Spalt

b)   K-Knoten mit Überlappung

c)   N-Knoten mit Spalt

d)   N-Knoten mit Überlappung

e)   KT-Knoten

f)   X-Knoten

g)   Kreuz-Knoten

h)   Y-Knoten

i)   T-Knoten

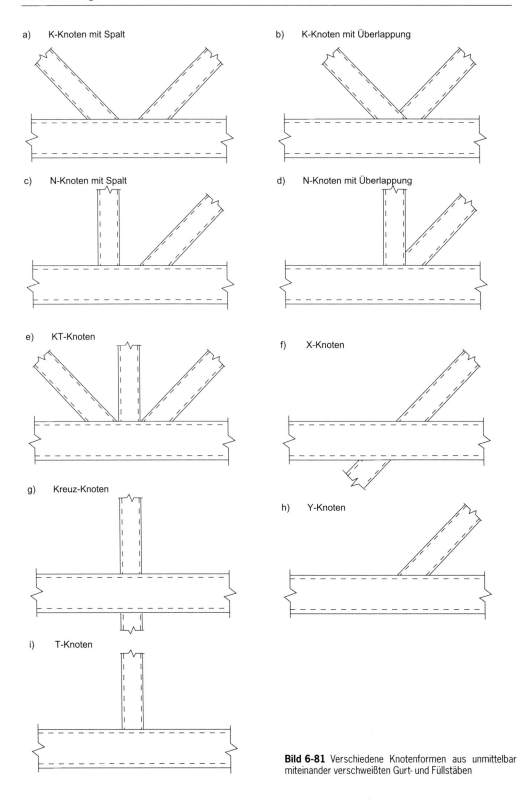

Bild 6-81 Verschiedene Knotenformen aus unmittelbar miteinander verschweißten Gurt- und Füllstäben

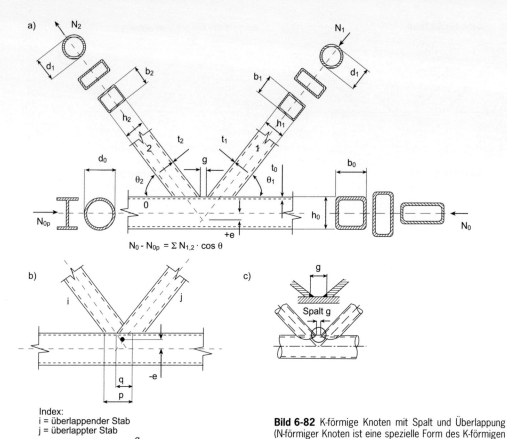

a)

$N_0 - N_{0p} = \Sigma N_{1,2} \cdot \cos \theta$

b)

c)

Index:
i = überlappender Stab
j = überlappter Stab

Überlappungsgrad $\lambda_\ddot{u} = \dfrac{q}{p} \cdot 100\%$

Bild 6-82 K-förmige Knoten mit Spalt und Überlappung (N-förmiger Knoten ist eine spezielle Form des K-förmigen Knotens)

sigt) (Bild 6-82 c). Es sollte im allgemeinen ein Mindestspalt $g \geq (t_1 + t_2)$ (Summe der Wanddicken der beiden angrenzenden Füllstäbe) vorhanden sein, so daß die Schweißnähte nicht übereinander liegen.

Die Überlappung der Diagonale wird in Teil- und Vollüberlappung unterschieden (Bild 6-83). Bild 6-82 b definiert die Überlappung, die in Prozent angegeben wird.

Von Knotenverbindungen mit Teilüberlappung über Vollüberlappung bis hin zu denen mit Spalt verringern sich die Herstellungskosten. Der RHP-Knoten mit Spalt benötigt einen einfachen Sägeschnitt der Füllstäbe, mit dem gleichen Schnittwinkel an beiden Enden, während der Knoten mit Teilüberlappung einen doppelten Schnitt an einem Ende des Füllstabes und einen einfachen Sägeschnitt am anderen Ende braucht. Die Bauteile der Knoten mit Spalt sind

a)

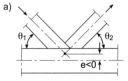

b)

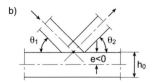

Bild 6-83 Knoten mit überlappten Diagonalstäben: a) Teilüberlappung, b) Vollüberlappung

am leichtesten zu bearbeiten, anzupassen und zu verschweißen. Der Knoten mit 100prozentiger Überlappung benötigt einen einfachen Sägeschnitt an beiden Enden der Füllstäbe, die Schnittwinkel sind unterschiedlich.

Die Kosten für die Herstellung von Knoten hängen von den Knotenformen und Profilkombinationen (KHP, RHP, I- und ⊏-Profile) sowie den Schnittarten (Säge- oder Profilierungsschnitt, siehe Bild 6-72a und b) ab. Auch die Verfügbarkeit der Bearbeitungsmaschinen (z.B. Schneid- und Schweißgeräte) spielt eine wichtige Rolle.

Der Profilierungsschnitt ist für Knoten mit KHP-Gurt- und -Füllstäben praktisch immer erforderlich. Man kann jedoch auch einen einfachen Sägeschnitt verwenden, falls der Füllstabdurchmesser kleiner als ein Drittel des Gurtstabdurchmessers ist (Bild 6-84c).

Die gewählte Knotenform übt großen Einfluß auf die Bearbeitung der Bauteile aus und damit auch auf die Kosten für die Herstellung des Gesamt-Trägers in Abhängigkeit vom Anpassungsniveau und der Toleranzen.

Für Knoten mit Spalt ist die Herstellung des Trägers wegen der hohen Toleranzen am einfachsten. Kleine Anpassungen können in jedem Knoten vorgenommen werden, um die Positionen der Knotenpunkte sicher halten zu können.

Für Knoten mit 100% Überlappung ist die Herstellung des Trägers etwas schwieriger als für Knoten mit Spalt. Hierbei ist die Möglichkeit der Anpassung kleiner; falls die Längen der Füllstäbe nicht präzise sind, können die akkumulierten Fehler die Positionen der Knotenpunkte gefährden. Für Knoten mit Teilüberlappung ist die Möglichkeit der Anpassung kleiner und daher ist die Herstellung des Trägers noch schwieriger als die für Träger mit Knoten mit 100% Überlappung.

Im folgenden werden die relativen Kosten aufgelistet:

Preiswert:
1. Knoten mit Spalt bestehend aus RHP als Gurt- und RHP oder KHP als Füllstab
2. Knoten mit 100% Überlappung bestehend aus RHP als Gurt- und Füllstab
3. Knoten mit Spalt bestehend aus KHP als Gurt- und Füllstab
4. Knoten mit Teilüberlappung bestehend aus RHP als Gurt- und Füllstab
5. Knoten mit 100% Überlappung bestehend aus KHP als Gurt- und Füllstab

Am teuersten: Knoten mit Teilüberlappung bestehend aus KHP als Gurt- und Füllstab

Knoten mit Teilüberlappung haben einen größeren Bearbeitungsumfang in der Werkstatt, und es ist besonders wichtig, die geeigneten Knotendetails richtig auszuwählen, um die Herstellungskosten möglichst niedrig zu halten.

Bild 6-85 stellt drei Lösungen für K-Knoten mit Teilüberlappung aus kreisförmigen Profilen dar. In Bild 6-85a wird der Anschluß zwischen den zwei Diagonalen durch Anordnung eines angeschweißten Blechs hergestellt. An der Anschlußstelle werden die Füllstäbe mit geradem Sägeschnitt versehen.

In Bild 6-85b sind die Außendurchmesser und Wanddicken der beiden Füllstäbe etwa gleich und der Anlaufwinkel $\theta_1 \neq \theta_2$. In diesem Fall muß der Zugfüllstab zuerst an den Gurtstab angeschweißt werden. Danach wird die Teilüberlappung des Zugfüllstabes durch Druckfüllstab mittels Schweißung vorgenommen (doppelte Profilierungsschnitte des Druckfüllstabes).

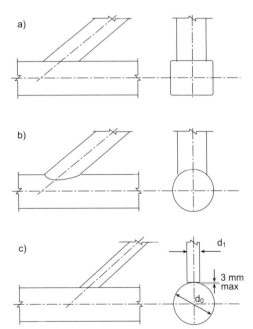

Bild 6-84 Schnittformen für Knoten mit Spalt. a) Einfacher Sägeschnitt mit RHP als Gurt- und RHP oder KHP als Füllstab (I- oder ⊏-Profil kann auch als Gurtstab verwendet werden). b) Profilierungsschnitt mit KHP als Gurt- und Füllstab. c) einfacher Sägeschnitt mit KHP als Gurt- und Füllstab (falls $d_1 \leq 1/3\ d_0$)

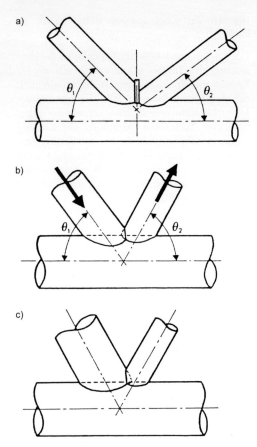

Bild 6-85 Unterschiedliche KHP-Knoten mit Teilüberlappung

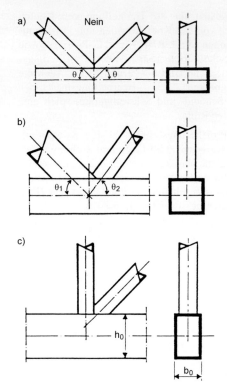

Bild 6-86 RHP-Knoten mit Teilüberlappung (Füllstäbe können sowohl aus RHP oder QHP oder KHP bestehen, Gurtstäbe können aus RHP oder QHP oder I- oder ⊏-Profilen bestehen)

Wenn der Unterschied zwischen den Durchmessern beider Füllstäbe groß ist (Bild 6-85 c), muß der größere Füllstab zuerst an den Gurtstab angeschweißt werden. Der kleinere Stab überlappt den größeren teilweise durch Schweißen. In diesem Fall werden für den kleineren Stab doppelte Profilierungsschnitte erforderlich sein.

K-Knoten mit Teilüberlappung aus rechteckigen Hohlprofilen werden in Bild 6-86 gezeigt.

In Bild 6-86a ist der Knoten so konstruiert, daß die beiden Füllstäbe mit zwei geraden Schnitten versehen werden. Diese Knotenart ist *nicht* zu empfehlen, weil die Knotentragfähigkeit durch diese Ausführung niedriger ist als die der Knoten mit einem an den Gurtstab voll angeschweißten Füllstab.

Bild 6-86b zeigt einen asymmetrischen K-Knoten mit Füllstäben unterschiedlicher Brei-

ten und Anlaufwinkeln. Der breitere Füllstab muß zunächst auf den Gurt aufgeschweißt werden. Das Stabende des schmaleren Stabes wird dann zweimal gerade geschnitten und durch Schweißen den breiteren Stab teilweise überlappen.

Bei N-förmigen Knoten mit Teilüberlappung (Bild 6-86c) sollten folgende Herstellungsschritte eingehalten werden:

- Der Vertikalstab wird zuerst an den Gurtstab angeschweißt.
- Der Diagonalstab wird zweimal zugeschnitten (gerade Sägeschnitte) und den Vertikalstab durch Schweißen teilweise überlappen. Eine Durchführung dieser Reihenfolge der Arbeit ist jedoch nicht immer möglich.

In einem 90°/45°-Knoten erfährt der Diagonalstab eine etwa 40 % größere Beanspruchung als der Vertikalstab. Dies kann bedeuten, daß der

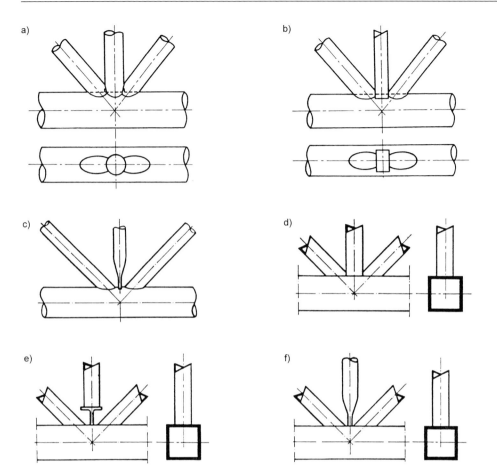

Bild 6-87 KT-Knoten mit Teilüberlappung und Spalt. a) KT-Knoten mit Teilüberlappung aus KHP. b) KT-Knoten mit Teilüberlappung (RHP als Vertikalstab, alle anderen Stäbe aus KHP). c) KT-Knoten mit Spalt (Vertikalstab aus KHP mit angedrücktem Stabende, alle anderen Stäbe aus KHP). d) KT-Knoten mit Teilüberlappung aus RHP (oder QHP), Füllstäbe können auch aus KHP sein. e) KT-Knoten mit Spalt (Vertikalstab aus zusammengesetztem T-Profil mit KHP (oder RHP), alle anderen Stäbe aus RHP (oder QHP)) Füllstäbe können auch aus KHP sein. f) KT-Knoten mit Spalt (Vertikalstab aus KHP mit angedrücktem Stabende, alle anderen Stäbe aus RHP (oder QHP), Füllstäbe können auch aus KHP sein

Diagonalstab eine größere Abmessung und/oder höhere Wanddicke hat als der Vertikalstab. In diesem Fall muß der Diagonalstab zuerst an den Gurtstab angeschweißt werden.

Bild 6-87 zeigt KT-Knoten mit Spalt und Teilüberlappung, einige von ihnen in Mischbauweise. Im allgemeinen ist die Belastung durch den Vertikalstab viel geringer als die der Diagonalen.

In Mischbauweise können die Gurtstäbe aus Hohlprofilen in Bild 6-86 und 6-87 mit I- oder ⊏-Profilen ersetzt werden.

6.6.3 Schweißnähte in Fachwerkträgern aus unmittelbar zusammengeschweißten Füll- und Gurtstäben

Hohlprofile in Fachwerkknoten werden im allgemeinen unmittelbar durch Kehl- oder HV-Nähte oder eine Kombination aus beiden verschweißt. Die Wahl der Nahttypen hängt von dem Anlaufwinkel θ der Füllstäbe zum Gurtstab sowie der Wanddicke des Füllstabes, die nach den Bemessungsregeln [3, 5, 13, 24, 38, 42, 43] normalerweise kleiner als die Gurtstabwanddicke ist, ab.

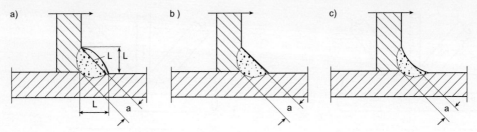

Bild 6-88 Kehlnahtformen: a) Wölbnaht, b) Flachnaht, c) Hohlnaht

Die am häufigsten angewandte Schweißnaht-form ist die Kehlnaht. Bei einer Kehlnaht läßt sich die Nahtdicke „a" beliebig gestalten. Sie kann als Wölbnaht (konvex), Flachnaht oder Hohlnaht (konkav) ausgebildet werden. Als Nahtdicke „a" gilt in jedem Fall die Dicke der Naht des eingezeichneten gleichschenkligen Dreiecks (Bild 6-88).

Bei Kehlnähten wird die Höhe des eingeschriebenen gleichschenkligen Dreiecks nicht immer meßbar sein. So gibt es Schweißnahtlehren, mit denen sich die Nahtdicke „a" nur bei der Flach- und etwas problematisch bei der Hohlnaht genau ermitteln läßt [44]. Für die Wölbnähte wird die Höhe der Überwölbung geschätzt und von dem Meßwert abgezogen. Dagegen können die Nahtdicke „a" und die Ungleichschenkligkeit „Δz" mit Lehren, die die Nahtschenkel „z_1" und „z_2" messen können, exakt bestimmt werden (Bild 6-89).

Für die rechnerische Ermittlung von *nur* Flach- und Wölbnahtdicken werden zunächst die Naht-schenkel z_1 und z_2 gemessen, und der kürzere der beiden wird in die folgende Gleichung eingesetzt:

$$a = 0,5 \cdot \sqrt{2} \cdot z = 0,71 \cdot z \qquad (6\text{-}37)$$

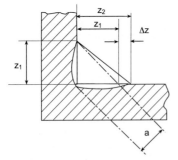

Bild 6-89 Merkmale für den Befund der Oberfläche von Kehlnähten. a = Istmaß der Nahtdicke, z = Nahtschenkel, Δz = Ungleichschenkligkeit

Der Eigenbau genauer Meßlehren ist dann angebracht, wenn sich die Nähte mit handelsüblichen Lehren nicht messen lassen. Falls die Kehlfuge nicht rechtwinklig ist, wird dies i. allg. erforderlich sein. Als Beispiel für den Eigenbau einer Meßlehre (nur für „eine" Naht-dicke und gegebene Kehlwinkel) werden folgende Schritte beschrieben:

Ein Blechstück wird im gleichen Winkel wie die schräg gegeneinanderstoßenden Werkstücke zugeschnitten; die verlangte Nahtdicke „a" wird von der Ecke aus gemessen. Um auch Hohlkehlnähte messen zu können, werden zwei Halbbögen ausgearbeitet. Bild 6-90 zeigt zwei solcher Lehren.

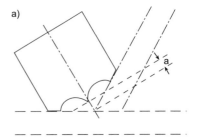

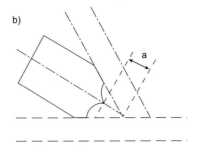

Bild 6-90 Selbstgefertigte Lehre zum Bestimmen der Kehlnahtdicke „a": a) bei Kehlwinkeln > 90°, b) bei Kehlwinkeln < 90°

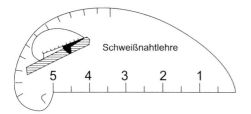

Bild 6-91 Schablonenschweißnahtlehre, geeignet zum Messen von Kehlnähten von 3 bis 15 mm Dicke; Meßbereich für Nahtüberhöhung: 0 bis 5 mm; Ablesemöglichkeit: etwa 0,2 bis 0,5 mm; Kehlwinkelabweichung: zulässig nur in geringem Maß; Nahtdicke „a" bei überhöhter Naht ist nicht meßbar

Diese Fertigungsweise wird auch für rechtwinklig aufeinander stoßende Teile und ungleichschenklige Kehlnähte angewendet.

Auf dem Markt wird auch eine Vielzahl von Schweißnahtlehren angeboten, die mehr oder weniger gut für sämtliche Aufgaben bzw. für bestimmte Aufgaben geeignet sind. Bild 6-91 zeigt ein Beispiel. Diese Lehre wird mit dem kurvenförmigen Teil in die Kehle so eingesetzt, daß sie an drei Punkten das Werkstück und die Kehlnaht berührt. Mit dem geradlinigen Teil können Überhöhungen von Stumpfnähten gemessen werden.

Tabelle 6-7 zeigt Empfehlungen [3, 5, 10, 38] zur rechnerischen Auslegung der Schweißnahtdicke für Kehlnähte in Fachwerkknoten aus Hohlprofilen unter Einbeziehung der Einbrandtiefe.

IIW [49] schlägt wie folgt vor:

- für S235/275, $a \geq t_1$
- für S355, $a \geq 1{,}1\, t_1$

Es sei an dieser Stelle erwähnt, daß Hohlkehlnähte (Bild 6-88 c) wegen des glatten und kontinuierlichen Überganges vom Schweißgut zum Basiswerkstoff ein besseres Tragverhalten unter wiederholter Beanspruchung (Zeit- und Dauerfestigkeit) zeigen.

Die Bilder 6-92 und 6-93 zeigen zwei besondere Ausführungen von Hohlkehlnähten an Rechteckhohlprofilen. In diesen Fällen wird die wirksame Nahtdicke durch Bildung des Mittelwertes der Schweißnähte an Bauteilproben für jeden Satz der Verfahrensbedingungen ermittelt. Die Schweißnähte an Bauteilproben werden durchgeschnitten und gemessen, damit die erreichte Bemessungsnahtdicke in der Fertigung geprüft werden kann.

Tabelle 6-7 Schweißnahtdicke der Kehlnähte in Fachwerkverbindungen aus Hohlprofilen

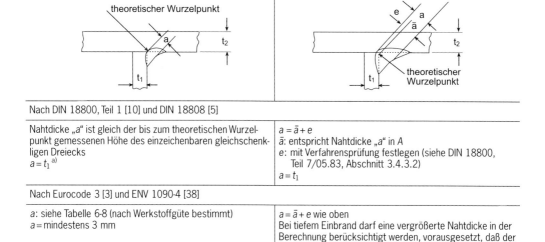

Nach DIN 18800, Teil 1 [10] und DIN 18808 [5]	
Nahtdicke „a" ist gleich der bis zum theoretischen Wurzelpunkt gemessenen Höhe des einzeichenbaren gleichschenkligen Dreiecks $a = t_1$ [a)]	$a = \bar{a} + e$ $\bar{a}$: entspricht Nahtdicke „a" in A e: mit Verfahrensprüfung festlegen (siehe DIN 18800, Teil 7/05.83, Abschnitt 3.4.3.2) $a = t_1$
Nach Eurocode 3 [3] und ENV 1090-4 [38]	
a: siehe Tabelle 6-8 (nach Werkstoffgüte bestimmt) a = mindestens 3 mm	$a = \bar{a} + e$ wie oben Bei tiefem Einbrand darf eine vergrößerte Nahtdicke in der Berechnung berücksichtigt werden, vorausgesetzt, daß der über den theoretischen Wurzelpunkt hinausgehende Einbrand durch eine Verfahrensprüfung sichergestellt wird, $a = t_1$

a) 1) Bei Hohlprofilfachwerkknoten muß die Nahtdicke „a" gleich der Wanddicke t_a des aufgesetzten Stabes sein, falls $t_a \leq 3$ mm ist.
   2) Falls $t_a > 3$ mm, ist $a \geq \text{red} \cdot t_a$, mindestens aber $a = 3$ mm.

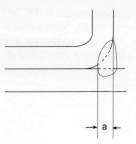

Bild 6-92 Hohlkehlnaht zwischen Rechteckhohlprofil und Flachblech

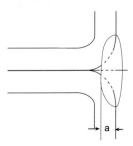

Bild 6-93 Hohlkehlnaht zwischen zwei Rechteckhohlprofilen

Tabelle 6-8 Kehlnahtdicken nach Eurocode 3 [3] in Abhängigkeit von der Werkstoffgüte

Für Stähle gemäß EN 10025 [45]:

– für Fe360 (S 235*), $a/t \geq 0,84\ \alpha$
– für Fe430 (S 275*), $a/t \geq 0,87\ \alpha$
– für Fe510 (S 355*), $a/t \geq 1,01\ \alpha$

Für Stähle gemäß pr EN 10113 [46]:

– für FeE 275 (S 275**), $a/t \geq 0,91\ \alpha$
– für FeE 355 (S 355**), $a/t \geq 1,05\ \alpha$

  * nach [47, 48] unlegierte Baustähle
 ** nach [47, 48] Feinkornbaustähle

α wird wie folgt bestimmt:

$$\alpha = \frac{1,1}{\gamma_{Mj}} \times \frac{\gamma_{MW}}{1,25}$$

Hierbei ist
γ_{Mj} = Teilsicherheitsbeiwert für Fachwerkknoten
γ_{MW} = Teilsicherheitsbeiwert für Schweißnaht

Nach [3] ist $\gamma_{Mj} = 1,1$ und $\gamma_{MW} = 1,25$; daraus folgt $\alpha = 1,0$

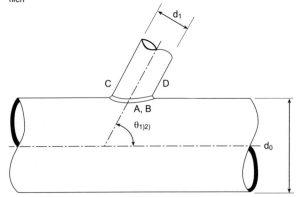

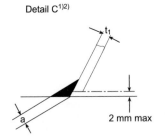

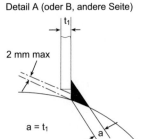

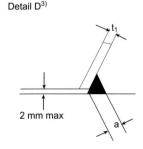

Detail C[1)2)]   Detail A (oder B, andere Seite)   Detail D[3)]

Bild 6-94 Kehlnahtformen für Fachwerkknoten aus KHP ($t_1 < 8$ mm). 1) θ sollte nicht kleiner als 30° sein. 2) Falls $\theta < 60°$, ist das Stumpfnahtdetail C aus Bild 6-96 zu verwenden. 3) Für kleinere Winkel ist die volle Erfassung des theoretischen Wurzelpunktes nicht vorgesehen, falls ausreichende Schweißnahtdicke vorhanden ist

Der Vergleichwert der vorhandenen Schweißnahtspannungen in der Kehlnaht (siehe Bild 6-68 b) wird nach Gl. (6-35) berechnet.

6.6.3.1 Schweißnahtausführungen in Knotenpunkten von Hohlprofilfachwerken

Wie bereits am Anfang des Abschnitts 6.6.3 erwähnt, werden Fachwerkknoten aus unmittelbar miteinander verschweißten Gurt- und Füllstäben mit Kehl- oder HV-Nähten bzw. einer Kombination daraus hergestellt. Die Wahl der Nähte ist abhängig vom Winkel zwischen den Achsen der Gurt- und Füllstäbe sowie der Wanddicke des Füllstabes, die normalerweise kleiner als die Gurtstabwanddicke ist (siehe Bild 6-82).

Für die Füllstabwanddicke $t_{1,2} < 8$ mm, zeigt Bild 6-94 bzw. Bild 6-95 die Kehlnahtformen von Fachwerkknoten aus KHP bzw. RHP (oder QHP).

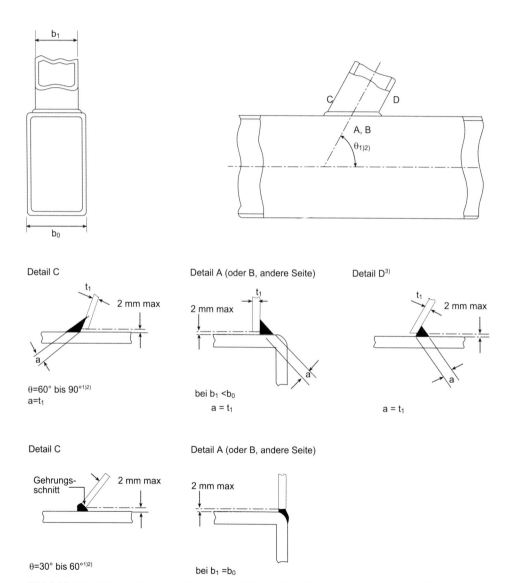

Bild 6-95 Kehlnahtformen für Fachwerkknoten aus RHP (oder QHP) ($t_1 < 8$ mm). 1) θ sollte nicht kleiner als 30° sein. 2) Falls $\theta < 60°$, ist das Stumpfnahtdetail C aus Bild 6-97 zu verwenden. 3) Für kleinere Winkel ist die volle Erfassung des theoretischen Wurzelpunktes nicht vorgesehen, falls ausreichende Schweißnahtdicke vorhanden ist

Bild 6-96 und Bild 6-97 stellen die Stumpf-nähte (HV-Nähte) für Fachwerkknoten aus KHP bzw. RHP (bzw. QHP) mit Füllstabwanddicke $t_1 \geq 8$ mm dar.

In Mischbauweise (I- oder ⊏-Profil als Gurt-stab und RHP- oder KHP als Füllstab) sind die Schweißnahtausführungen ähnlich wie in Bild 6-95 und 6-97.

Der Übergang der Schweißnaht, die als Kombi-nation von Kehlnaht und Stumpfnaht (HV-Naht)

ausgeführt wird, muß gleichmäßig und glatt er-folgen. Wie die Detailausbildungen (siehe Bild 6-94 bis 6-97) darstellen, wechselt der Win-kel der Schnittfläche zwischen dem aufgesetzten Hohlprofil und dem durchlaufenden Profil.

Für Rechteckhohlprofilknoten mit $b_1 = b_0$ (Bild 6-98) ist der Schweißnahtquerschnitt vom Eck-radius des Gurthohlprofils abhängig. Falls mög-lich, sollte der Spalt $g \leq 3$ mm durch Reduzie-rung der Füllstabbreite b_1 erreicht werden. In

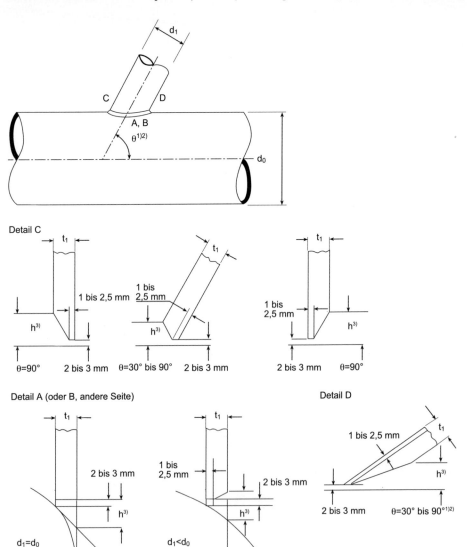

Bild 6-96 HV-Naht-Fügeformen für Fachwerkknoten aus KHP ($t_1 \geq 8$ mm). 1) θ sollte nicht kleiner als 30° sein. 2) Falls $\theta \geq 60°$, ist das Kehlnahtdetail D aus Bild 6-94 zu verwenden. 3) $h_{min} = t_1$. 4) Für kleinere Winkel ist die volle Erfassung des theoretischen Wurzelpunktes nicht vorgesehen, falls ausreichende Schweißnahtdicke vorhanden ist

unvermeidbaren Fällen muß der Spalt mit dem Schweißgut ausgefüllt werden. Diese Ausführung ist jedoch kostenaufwendig.

Für Knoten mit Teilüberlappung ist eine Besonderheit in der Ausführung zu berücksichtigen (Bild 6-99). In der Fertigungswerkstatt ist es üblich, die Bauteile eines Fachwerks in einer Bauvorrichtung durch Heftschweißen zusammenzubauen. Das endgültige Schweißen findet in einem getrennten Arbeitsvorgang statt.

Diese Reihenfolge macht es unmöglich, die Schweißnaht „A" im verdeckten Teil durchzuführen. Jedoch haben Untersuchungen gezeigt, daß die Tragfähigkeit des Knotens durch Weglassen der Schweißnaht „A" nicht beeinflußt wird. Allerdings ist diese Schweißnaht durchzuführen, wenn die vertikalen Lastkomponenten mehr als 20 % voneinander abweichen, d. h., daß das Heftschweißen des verdeckten Teils „A" durch Vollschweißung ersetzt wird.

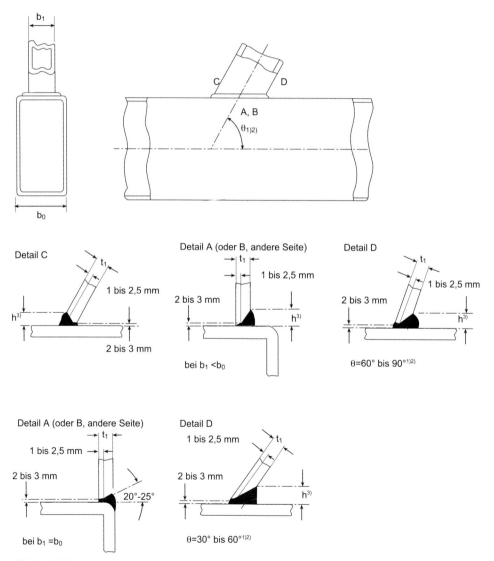

Bild 6-97 HV-Naht-Fügeformen für Fachwerkknoten aus RHP (oder QHP) ($t_1 \geq 8$ mm). 1) θ sollte nicht kleiner als 30° sein. 2) Falls $\theta \geq 60°$, kann das Kehlnahtdetail D aus Bild 6-95 zu verwenden. 3) $h_{min} = t_1$. 4) Für kleinere Winkel ist die volle Erfassung des theoretischen Wurzelpunktes nicht vorgesehen, falls ausreichende Schweißnahtdicke vorhanden ist

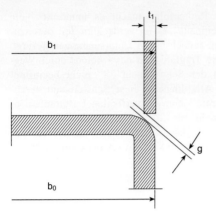

Bild 6-98 RHP-Knoten mit $b_1 = b_0$

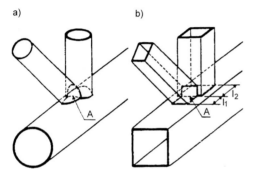

Bild 6-99 Schweißnahtdurchführung in Fachwerkknoten aus: a) KHP, b) QHP mit Teilüberlappung. A: Schweißnahtdurchführung ist nicht erforderlich, falls die vertikalen Lastkomponenten sich nicht mehr als 20 % voneinander unterscheiden

6.6.3.2 Schweißabfolge in Hohlprofil-Fachwerkknoten

Beim Schweißen der Hohlprofile in Fachwerkknoten muß darauf geachtet werden, daß unzulässige Verformungen und größere Schweißeigenspannungen nicht entstehen. Es ergeben sich beim Schweißen ungleichmäßige Erwärmungen der Gurte, die unerwünschte Verformungen und Eigenspannungen verursachen.

Diese Erscheinungen können durch eine zweckmäßige Schweißabfolge klein gehalten werden. Grundsätzlich sollte die Schweißabfolge so gewählt werden, daß die einzelnen Bauteile möglichst lange frei schrumpfen können. Die Nähte sollten z.B. von der Mitte zu

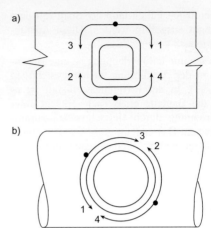

Bild 6-100 Empfohlene Ausführungsreihenfolge der Schweißnähte in Fachwerkknoten: a) RHP (bzw. QHP), b) KHP

den Enden geschweißt werden. Dadurch wird erreicht, daß im eingebrachten Schweißgut keine Zugspannungen sondern günstig wirkende Druckspannungen entstehen.

Bild 6-100 zeigt die Reihenfolge der Durchführung der Schweißnähte in Fachwerkknoten, wie sie von [38] empfohlen wird.

Bei RHP-Knoten müssen der Anfang und das Ende der Schweißnähte an der Ecke des Hohlprofils vermieden werden, d.h. man beginnt in der Mitte der Ebene zu schweißen und arbeitet dann wechselweise an beiden Seiten nach außen zu den Enden.

Bei KHP-Knoten sind Schweißnahtanfang und -ende nicht in die Nähe des Hohlprofilfußes oder der seitlichen Flanke zu legen.

Eine Schweißnahtüberlappung ist zu vermeiden, die beim Schweißen eines nachfolgenden Bauteils im Knoten entstehen kann.

Eine volle Schweißung über den gesamten Hohlprofilquerschnitt ist erwünscht, auch wenn diese von der Tragfähigkeitsforderung her nicht immer notwendig ist. Bild 6-99 zeigt eine Ausnahme.

6.6.3.3 Schweißnahtlängen in Fachwerkknoten

Die rechnerische Länge der Kehl- und HV-Nähte l_W wird durch die geometrische Länge der Wurzellinie dargestellt und wie folgt berechnet:

1. Anschluß eines Kreishohlprofils an ein Blech oder ein Rechteckhohlprofil

   Bei $\theta = 90°$,
   Nahtlänge $l_W = \pi \cdot d_1$
   Bei anderen θ-Werten,
   Nahtlänge $l_W = a + b + \sqrt{a^2 + b^2} \cdot 3$
   wobei $a = \dfrac{d_1}{2 \cos \theta}$ und $b = \dfrac{d_1}{2}$ sind.

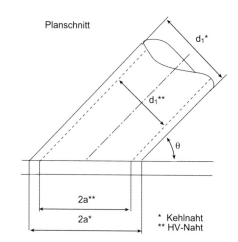

2. Anschluß eines Rechteckhohlprofils an ein Blech oder ein Rechteckhohlprofil

   Bei $\theta = 90°$,
   Nahtlänge $l_W = 2 h_1 + 2 b_1$
   Bei anderen θ-Werten,
   Nahtlänge $l_W = \dfrac{2 h_1}{\cos \theta} + 2 b_1$

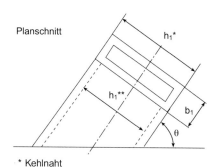

3. Anschluß eines Kreishohlprofils an ein anderes Kreishohlprofil

   Nahtlänge $l_W = a + b + \sqrt{a^2 + b^2} \cdot 3$

   wobei

   $a = \dfrac{d_1}{2 \cos \theta}$ und $b = \dfrac{d_0 \cdot \Phi}{4}$ (Φ in Radian) sind.

   $\sin \dfrac{\Phi}{2} = \dfrac{d_1}{d_0}$

   Die rechnerische Schweißnahtfläche beträgt:

   $A_W = \sum a \cdot l_W$

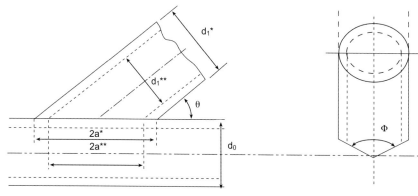

6.6.4 Analyse des Tragverhaltens eines Fachwerkträgers aus Hohlprofilen

Die Bestimmung der Schnittgrößen in Fachwerkträgern wird im allgemeinen mit einer elastischen Berechnung unter der Annahme gelenkig miteinander verbundener Bauteile durchgeführt (siehe Bild 6-73), wobei die Bauteile durch Normalkräfte beansprucht werden. Der Unterschied zwischen den Fachwerkträgern aus Hohlprofilen und den aus offenen Profilen liegt in den Knotenexzentrizitäten (Bild 6-101), die sich häufig aus den Schnittpunkten der Systemlinien an den Knotenpunkten ergeben. Sie erzeugen „primäre" Biegemomente, die für das Gleichgewicht der Belastungen in Stäben berücksichtigt werden müssen. Diese Exzentrizitäten entstehen durch den Spalt zwischen den Füllstäben bzw. die Überlappung der Füllstäbe, die entweder zur Verbesserung der Knotentragfähigkeit oder zur günstigen Herstellung führen.

Bei Knotenverbindungen (siehe Bild 6-82) bedingen sich Spaltweite ($+g$), Überlappung ($-q$) und Exzentrizität e gegenseitig. Durch die folgenden Formeln lassen sich die Exzentrizität ($\pm e$) und die Spaltweite ($+g$) bzw. die Überlappung ($-q$) mit den Werten der Stababmessungen und der Systemwinkel ermitteln:

Voraussetzung: $0° \leq \theta_1, \theta_2 \leq 180°$

$$(+g) \text{ bzw. } (-q) = \frac{\pm e + D}{C} - (A + B) \qquad (6\text{-}38)$$

$$\pm e = C \cdot (A + B(+g) \text{ bzw. } (-q)) - D \qquad (6\text{-}39)$$

Hierin bedeuten,

$$A = \frac{h_1 \text{ bzw. } d_1}{2 \sin \theta_1} \qquad (6\text{-}40)$$

$$B = \frac{h_2 \text{ bzw. } d_2}{2 \sin \theta_2} \qquad (6\text{-}41)$$

$$C = \frac{\sin \theta_1 \cdot \sin \theta_2}{\sin (\theta_1 + \theta_2)} \qquad (6\text{-}42)$$

$$D = \frac{h_0 \text{ bzw. } d_0}{2} \qquad (6\text{-}43)$$

Sonderfall: $e = 0$

$$(+g) \text{ bzw. } (-q) =$$

$$= \frac{h_0 \text{ (bzw. } d_0) \cdot \cos \theta_1 - h_1 \text{ (bzw. } d_1)}{2 \sin \theta_1} +$$

$$+ \frac{h_0 \text{ (bzw. } d_0) \cdot \cos \theta_2 - h_2 \text{ (bzw. } d_2)}{2 \sin \theta_2} \qquad (6\text{-}44)$$

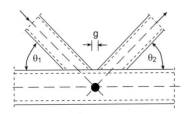

Spaltknoten mit e=0

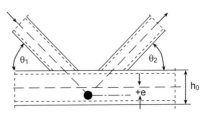

Spaltknoten mit e>0

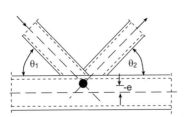

Teilüberlappte Knoten mit e<0

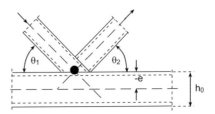

Vollüberlappte Knoten mit e<0

Bild 6-101 Beispiele von Knotenexzentrizitäten

„Primäre" Biegemomente, die aus Knotenexzentrizitäten resultieren, können vernachlässigt werden, sofern die Exzentrizität in den folgenden Grenzen liegt:

$$-0{,}25 \leq \frac{e}{h_0} \text{ bzw. } \frac{e}{d_0} \leq +0{,}25 \quad \text{(nach [5])}$$

$$-0{,}55 \leq \frac{e}{h_0} \text{ bzw. } \frac{e}{d_0} \leq +0{,}25 \quad \text{(nach [3])}$$

Liegen die Exzentrizitäten innerhalb dieser Grenzen, sind die primären Biegemomenteinflüsse bereits in die angegebenen Formeln für die Hohlprofilknotentragfähigkeit integriert worden (siehe Tabellen 6-9 bis 6-14).

Außerhalb dieser Grenzen sind die druckbeanspruchten Gurtstäbe unter den Biegemomenten aus den Knotenexzentrizitäten zu bemessen. Wegen der meist relativ geringen Steifigkeit der Füllstäbe werden diese Momente in Füllstäben vernachlässigt und das gesamte Moment wird nach Bild 6-102 im Gurtstab verteilt.

Beim Druckgurtnachweis muß unter Berücksichtigung des Exzentrizitätsmomentes (z. B. M_{l1} bzw. M_{l2}) die Interaktion des Längsdruckes N_0 bzw. der Gurtvorspannkraft N_{0p} mit dem Exzentrizitätsmoment (Bild 6-102) beachtet werden. Hierfür können die Gln. (5-82) bzw. (5-86) angewendet werden.

Beim Bauteilnachweis der Füllstäbe und des zugbeanspruchten Gurtstabes können die Momente infolge Knotenexzentrizität vernachlässigt werden.

Weiter kann ein „primäres" Biegemoment entstehen, wenn Vertikallasten außerhalb der Knotenpunkte angreifen. Bei der Bemessung von Gurtstäben im Fachwerk muß dieses Moment auf alle Fälle berücksichtigt werden.

Bild 6-103 zeigt die Modellierung eines Fachwerkträgers, die üblicherweise in ebenen Stabwerksprogrammen („Computer plane frame programs") zur Berechnung der Schnittkräfte verwendet wird. Die durchlaufenden Gurtstäbe sind mit den Füllstäben an Gelenkpunkten im Abstand $+e$ oder $-e$ von den Systemlinien der Gurtstäbe verbunden. Es wird angenommen, daß die Verbindungsstäbe zu den Gelenkpunkten unendlich steif sind. Diese Modellierung führt zu einer automatischen Verteilung der Biegemomente über das Fachwerk für die Fälle, an denen die Biegemomente in der Bemessung der Gurtstäbe berücksichtigt werden müssen.

Obwohl die Bemessung von Fachwerken aus Hohlprofilen, wie bereits beschrieben, unter der Annahme von gelenkig angeschlossenen Stäben in den Knotenpunkten durchgeführt wird, entstehen tatsächlich „sekundäre" Biegemomente, da die Füllstäbe an den durchlaufenden Gurtstäben angeschweißt sind und teilweise biegesteifen („semi-rigid") Verbindungen entsprechen. Ursachen sind die wirklichen Deformierungen im Bausystem (Bild 6-104 a) oder die Knotensteifigkeiten (Bild 6-104 b). Grundsätzlich sind sekundäre Biegemomente für das Lastengleichgewicht nicht erforderlich. Sekundäre Biegemomente dürfen in den Bauteil- und Knotennachweisen vernachlässigt werden, wenn ein ausreichendes Verformungs- und Rotationsvermögen (Bild 6-104 c) vorhanden ist. Dies erlaubt die Spannungen durch lokales Plastizieren an den Knoten umzulagern.

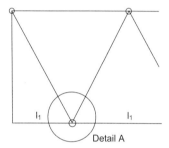

Detail A

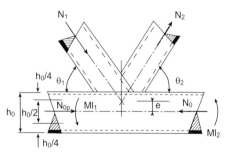

$$M_{Total} = e(N_1 \cdot \cos\theta_1 + N_2 \cdot \cos\theta_2)$$

$$Ml_1 = M_{Total}\left(\frac{I_1/l_1}{I_1/l_1 + I_2/l_2}\right)$$

$$Ml_2 = M_{Total}\left(\frac{I_2/l_2}{I_1/l_1 + I_2/l_2}\right)$$

I = Trägheitsmoment

Bild 6-102 Verteilung des primären Biegemomentes aus der Knotenexzentrizität e im Gurtstab

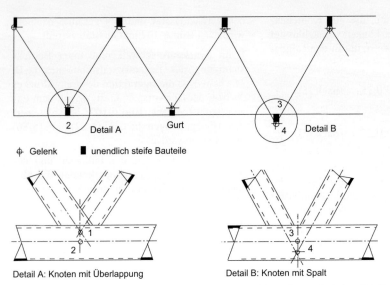

Detail A: Knoten mit Überlappung　　　　　Detail B: Knoten mit Spalt

Bild 6-103 Ebene Knotenmodellierung mit Annahmen zur Erzielung einer realistischen Schnittgrößenverteilung

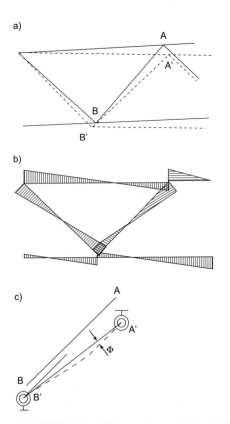

Bild 6-104 Wirkliche Momente in einem Fachwerkträger.
a) Wirkliche Deformationen, b) wirkliche Momentenverteilung aufgrund der Knotensteifigkeit, c) erforderliche Rotationskapazität

Für die Annahme von Gelenkknoten in Fachwerkträgern muß eine der folgenden Bedingungen erfüllt werden [7]:

– Die Knoten haben eine höhere Tragfähigkeit als die angeschlossenen Bauteile, und die geometrischen Verhältnisse der Bauteilabmessungen erlauben eine Spannungsumlagerung.
– Die Knoten haben eine niedrigere Tragfähigkeit als die angeschlossenen Bauteile, aber diese besitzen im Grenzzustand ausreichendes Verformungs- und Rotationsvermögen, wodurch eine Spannungsumlagerung möglich ist.

Zusätzlich müssen die Schweißnähte im Knoten eine Beanspruchbarkeit aufweisen, die eine adäquate Spannungsumlagerung vor dem vorzeitigen Versagen ermöglicht. Die im Abschnitt 6.6.3 angegebenen Kehlnahtdicken für die Füllstäbe [3, 49] erfüllen diese Bedingung. Diese Empfehlungen sind vorsichtig auf der sicheren Seite gewählt und erlauben einen gewissen Grad der Schweißnahtfehler. Die entsprechend Lit. [3, 49] geschweißten Fachwerkknoten sind für jede Bauteillast im Fachwerk bemessen.

Folgendes ist bei der Bemessung der Schweißnaht entsprechend bestimmten Füllstablasten zu beachten:

Die gesamte Länge (die Peripherie des Füllstabes) der Schweißnaht kann nicht in allen Fällen
wirksam sein und dies muß bei der Ermittlung
der Tragfähigkeit und Verformungen der
Schweißnähte berücksichtigt werden.

Zur Bestimmung der Schnittgrößen in Fachwerkträgern kann auch eine plastische Berechnungsart angewendet werden. Es ist zulässig,
die Profilabmessungen der Gurtstäbe durch die
Modellierung des Fachwerkträgers als durchlaufenden Gurtstab mit gelenkigen Unterstützungen an den Anschlußpunkten der Füllstäbe
zu ermitteln. Hierfür müssen die folgenden Voraussetzungen erfüllt sein:

– Die Bauteile erfüllen die Anforderungen der
  Querschnittsklasse 1 (siehe Tabellen 5-5, 5-15
  bis 5-17, 5-23, 5-24).
– die Mindestbeanspruchbarkeiten der Schweißnähte müssen gleich den Querschnittsbean-
  spruchbarkeiten der angeschlossenen Füllstäbe sein.

6.6.4.1 Tragfähigkeit von Fachwerkknoten aus unmittelbar geschweißten Gurt- und Füllstäben

Bild 6-105 stellt zwei Beispiele der ungleich-
mäßigen Spannungsverteilung in KHP- bzw.
RHP-Knoten im Fachwerk dar. Komplexe Kraft-
und Momentenübertragung sowie nichtlineare
Steifigkeitsverteilung in Fachwerkknoten aus
Hohlprofilen machen es sehr schwierig, die
Knotentragfähigkeit theoretisch ausreichend
genau zu bestimmen. Die Berechnung hat einerseits die Knotenkonfigurationen (Bild 6-81)
und die geometrischen Verhältnisse der Bauteilabmessungen und andererseits die aus der Knotengeometrie resultierenden örtlich wirksamen
Beanspruchungen quer und längs zur Profil-
achse zu berücksichtigen. Diese Tragfähigkeit,
auch „Gestaltfestigkeit" genannt, drückt sich in
erster Linie durch die örtlichen Verformungen
an der Anschlußseite des Gurtes aus, die ja – da
vorwiegend unversteift – relativ weich ist. Das
örtliche Verformungsverhalten ist in Bild 1-9
(K-Knoten aus RHP) dargestellt. Die örtliche
Spannungsspitze im Knoten kann durch plastische Verformung und Spannungsumlagerung
abgebaut werden. Der Einfluß dieses Vorganges
ist bei statischer Beanspruchung wesentlich.

Aus den oben beschriebenen Gründen waren
umfangreiche Forschungsarbeiten notwendig

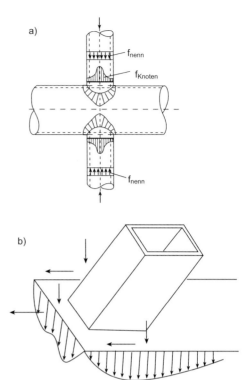

Bild 6-105 Spannungsverteilung in Hohlprofilknoten.
a) KHP (X-Knoten), b) QHP (Y-Knoten)

(theoretische Modelle und praktische Versuche), Bemessungsregeln und semi-empirische
Bemessungsformeln für die Tragfähigkeit von
Hohlprofilknoten unter vorwiegend ruhender
Beanspruchung zu entwickeln. Die Veröffentlichungen über diese Forschungsarbeiten sind,
soweit dem Autor bekannt, im Abschnitt Literatur aufgelistet. Aufgrund der Forschungsergebnisse wurden Empfehlungen zur Bemessung
von Hohlprofilknoten vorgeschlagen, die bei
der Bearbeitung verschiedener nationaler und
internationaler Normen bzw. Richtlinien berücksichtigt wurden [3, 5, 6, 13, 24, 49, 148,
226].

In diesem Zusammenhang muß erwähnt werden,
daß der Großteil der Versuche an Einzelknoten
durchgeführt wurde. Die Übertragbarkeit der an
Einzelknoten gewonnenen Versuchsergebnisse
und der daraus gezogenen Schlußfolgerungen
für Gesamtfachwerke wurde zusätzlich durch
Untersuchungen an Gesamtfachwerken überprüft (Bild 1-10 b). Diese Versuche bestätigen
die entsprechende Übertragbarkeit.

Bei der Bemessung der Bauteile in einem Fachwerk aus Hohlprofilen nach der üblichen Fachwerkstatik ist es erforderlich, zusätzliche Nachweise für die Knotentragfähigkeit (Gestaltfestigkeit) zu führen. Die maßgebenden Parameter für die „Gestaltfestigkeit" sind folgende (siehe Bild 6-82):

– die Steifigkeit des Gurtstabquerschnittes abhängig von $\gamma = \dfrac{d_0}{2\,t_0}$ bzw. $\dfrac{b_0}{2\,t_0}$

– das Durchmesser- bzw. Breitenverhältnis

$\beta = \dfrac{d_1}{d_0}$ bzw. $\dfrac{d_1}{b_0}$ bzw. $\dfrac{b_1}{b_0}$ bzw. $\dfrac{d_1 + d_2}{2\,d_0}$ bzw.

$\dfrac{b_1 + b_2}{2\,b_0}$ bzw. $\dfrac{b_1 + b_2 + h_1 + h_2}{4\,b_0}$ usw.

– das Wanddickenverhältnis Füllstab/Gurtstab

$\tau = \dfrac{t_1}{t_0}$

– die Spaltweite g bzw. die Überlappung $\lambda_{\ddot{u}}\%$

– das Verhältnis Höhe zu Breite $\eta = \dfrac{h_i}{b_i}$

– der Anlaufwinkel der Füllstäbe zum Gurtstab θ_i

– die Funktion zur Berücksichtigung der Gurtvorspannung $f(n') = \dfrac{N_{0p}}{A_0 \cdot f_{y0}} + \dfrac{M_0}{W_0 \cdot f_{y0}}$

Über die Einflüsse der geometrischen Verhältnisse auf die Traglasten sei folgendes angemerkt:

Verformungen im Hohlprofilknoten treten hauptsächlich an der Anschlußseite des Gurtes auf. Sie können vorzugsweise durch die Wahl steiferer Gurtprofile (γ-Verhältnis) reduziert werden.

Kleinere γ-Verhältnisse erhöhen die Lastabtragung durch eine stärkere Rahmenwirkung des Hohlprofilquerschnittes. Diese Aussage ist von wesentlicher Bedeutung: Gurtprofile sollten möglichst mit größerer Wanddicke und kleinerer Profilbreite ausgeführt werden, um die Traglast zu erhöhen.

Eine weitere Möglichkeit zur Erzielung höherer Knotensteifigkeiten liegt in der Vergrößerung des β-Verhältnisses sowie in der Verringerung der Spaltweite g.

Neben dem γ- bestimmt das τ-Verhältnis die Beanspruchungsverteilungen im Anschlußbereich der Füllstäbe bzw. des Gurtstabes maßgebend.

Merkmale zur Beurteilung der Knotentragfähigkeit

Im allgemeinen wird die statische Tragfähigkeit von Hohlprofilknoten durch die folgenden Kriterien charakterisiert, siehe Bild 6-106:

– Traglast (5)
– Verformungsgrenze (2)
– Visuelle Rißentstehung (4)

Bild 6-107 zeigt die Kräfte im K-förmigen Knoten in der Prüfvorrichtung (Bild 6-108). Die Meßvorrichtungen werden in Bild 6-109 gezeigt.

Die Traglast unter Druckbeanspruchung (Punkt 5) ist klar definiert und wird daher als Grundlage zum statischen Knotenbemessungsverfahren herangezogen.

Wegen des nichtlinearen Last-Verformungs-Verhaltens der Hohlprofilknoten gibt es bisher keine internationalen Vereinbarungen über die

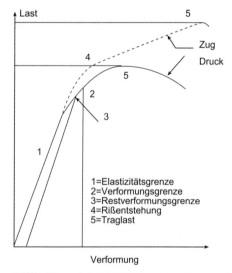

1=Elastizitätsgrenze
2=Verformungsgrenze
3=Restverformungsgrenze
4=Rißentstehung
5=Traglast

Bild 6-106 Last-Verformungskurven eines Druck- und Zugstabes in einem Hohlprofilknoten

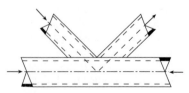

Bild 6-107 Kraftrichtungen in einem K-förmigen Prüfknoten

Bild 6-108 Prüfvorrichtung für Hohl-profilknoten

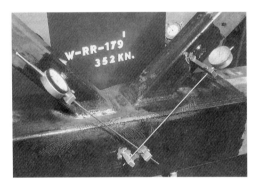

Bild 6-109 Meßvorrichtungen für Tragfähigkeitsversuche von Hohlprofilknoten (Meßdosen für die Messung der Längenveränderung)

Verformungsgrenze (Punkt 2) oder die Ermittlung der Streckgrenze von Hohlprofilknoten (1).

Wie Bild 6-106 darstellt, ist die Traglast des zugbeanspruchten Stabes beträchtlich höher als die des druckbeanspruchten Stabes.

Ferner ist die Verformung für T-, Y- und X-förmige Knoten unter Zugbeanspruchung groß, wenn das Durchmesser- bzw. Breitenverhältnis β klein ist. Andererseits verkleinert sich die Verformungsgrenze mit größer werdendem β. Aus diesem Grund wird im allgemeinen die Traglast unter Zugbeanspruchung gegenüber der unter Druckbeanspruchung nicht für die Knotenbemessung verwendet.

Das Last-Verformungs-Diagramm, wie es für Hohlprofilknoten typisch ist (Bild 6-106),

zeigt einen Knick sowohl bei der Traglast unter Druckbeanspruchung (Punkt 5) als auch bei der Rißentstehung (Punkt 4) unter Zugbeanspruchung etwa in der gleichen Höhe. Um eine zu große Verformung zu vermeiden und zusätzliche Sicherheit für Knoten mit kleinerem Verformungsvermögen zu erreichen, wird empfohlen, die Traglast für Druckbeanspruchung als Knotenbemessungsgrundlage für sowohl Zug- als auch Druckbeanspruchung zu benutzen.

Die Versuche mit geschweißten Hohlprofilknoten verschiedener Bauart zur Bestimmung der Tragfähigkeit haben gezeigt, daß die Last-Verformungs-Kurve bei zunehmender äußerer Last stetig verläuft, bis der Knoten versagt (Bild 6-110).

Dieses Verhalten zeigte, daß mit den praxisüblichen KHP- und RHP-Abmessungen ein plötzliches Instabilwerden nicht auftritt. Ein Knotenversagen, wie es durch die gestrichelte Linie

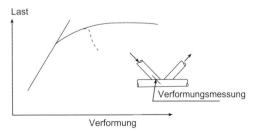

Bild 6-110 Last-Verformungs-Diagramm für Hohlprofilknoten

des Bildes 6-110 dargestellt wird, kann in folgenden Fällen eintreten:

- Bei Knoten aus extrem dünnwandigen Hohlprofilen, die durch lokale Instabilität unterhalb der Knoten-Elastizitätsgrenze versagen können.
- Bei Knoten aus Werkstoffen, die eine niedrige Duktilität aufweisen.

Während der erstgenannte Fall durch die Bestimmung der Tragfähigkeit (Bemessung) berücksichtigt werden muß, z.B. durch ein ausreichend großes $\gamma \left(= \dfrac{b_0}{2\,t_0} \text{ oder } \dfrac{d_0}{2\,t_0} \right)$-Verhältnis, wird der zweite Fall durch die Verwendung der für den Stahlbau zugelassenen Werkstoffe verhindert. In manchen Fällen wird eine mangelnde Duktilität des Werkstoffes, hervorgerufen z.B. durch ein großes Verhältnis von Streckgrenze/Bruchfestigkeit, durch die Forderung nach einer höheren Sicherheit kompensiert.

Theoretische Modelle zur Analyse des Tragfähigkeitsverhaltens von Hohlprofilknoten

Neben den im Abschnitt 6.6.4.1 erwähnten Traglastversuchen mit den verschiedensten Knotenformen wurden auch Ansätze zur theoretischen Bestimmung der Traglasten gemacht [76–79]. Diese Berechnungen beschränken sich i. allg. auf Knoten mit T-Form aus kreisförmigen Hohlprofilen. Die berechneten Traglasten stimmen bei kleinen d_i/d_0-Werten mit den Versuchsergebnissen gut überein, in anderen Bereichen dagegen nicht.

[7] gibt einfache Modelle an, die zur Ermittlung der maßgebenden Parameter für die Traglasten von KHP- und RHP-Knoten angewendet

werden. Es ist hierbei zu bemerken, daß analytische Modelle unter Einbeziehung **aller** Einflußgrößen i. allg. sehr kompliziert sind und deshalb meistens darauf verzichtet wird.

Für die häufig gebrauchten K- und N-Knotenformen ist eine theoretische Behandlung wegen des komplizierten Kraftflusses sehr schwierig und liegt in brauchbarer Form für Knoten aus kreisförmigen Hohlprofilen auch nicht vor. Für Rechteckhohlprofilknoten sind theoretische Berechnungsansätze für K-Knoten entwickelt worden [179].

Für Knoten aus kreisförmigen Hohlprofilen werden hauptsächlich das Ring-Modell und das Abscherkraft ("punching shear")-Modell verwendet. Das Tragverhalten von Rechteck-Hohlprofilknoten wird im allgemeinen mit Hilfe des Fließlinien-Modells und des der „wirksamen Breite" beschrieben.

- ### Ring-Modell

Das Ring-Modell, dargestellt in Bild 6-111, wurde zuerst in [52] verwendet. Hierbei wird der Knoten zu einem Ring mit einer effektiven Länge B_e vereinfacht.

Die Spannungen im Füllstab werden an den Sattelstellen konzentriert angenommen, wobei die Lasten durch den Füllstab durch zwei Linienlasten im Abstand von $c_1 \cdot d_1$ ersetzt werden. c_1 ist ein konstanter Wert, der etwas kleiner als 1,0 ist.

Vernachlässigt man die Schubspannungseinflüsse auf das plastische Moment, kann die plastische Versagenslast eines X-förmigen Knotens wie folgt ermittelt werden:

$$2\,m_p = \frac{N_1 \cdot \sin\theta_1}{2}\,(1 - \sin\varphi)\left(\frac{d_0 - t_0}{2}\right) \quad (6\text{-}45)$$

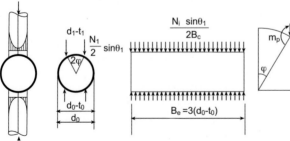 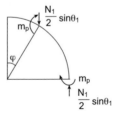

Bild 6-111 Ring-Modell

Hierbei sind:

$$m_p = \frac{B_e \cdot t_0^2}{4} \cdot f_{y0} \qquad (6\text{-}46)$$

$$\sin \varphi \approx c_1 \cdot \beta \qquad (6\text{-}47)$$

$$\frac{d_0 - t_0}{2} \approx \frac{d_0}{2} \qquad (6\text{-}48)$$

$$N_1 = \frac{2B_e}{d_0} \cdot \frac{1}{1 - c_1 \cdot \beta} \cdot \frac{f_{y0} \cdot t_0^2}{\sin \theta_1} \qquad (6\text{-}49)$$

Die wirksame Länge wird experimentell bestimmt:

$$B_e \approx 3 d_0 \qquad (6\text{-}50)$$

Es ergibt sich die folgende Formel für X-Knoten:

$$N_1 = \frac{c_2}{1 - c_1 \cdot \beta} \cdot \frac{f_{y0} \cdot t_0^2}{\sin \theta_1} \cdot f(n') \qquad (6\text{-}51)$$

In Gl. (6-51) sind c_1 und c_2 zwei Koeffizienten, die experimentell ermittelt wurden. $f(n')$ stellt den Einfluß der Zusatzlast im Gurtstab dar:

$f(n') = 1,0$ für Zugkraft und

$f(n') \le 1,0$ für Druckkraft

Bei T-förmigen Knoten, insbesondere bei K- und N-förmigen Knoten, ist die Kraftübertragung wesentlich komplizierter. Das führt zu der folgenden Basis-Gleichung:

$$N_1 = f(\beta) \cdot f(\gamma) \cdot f(g) \cdot f(n') \cdot \frac{f_{y0} \cdot t_0^2}{\sin \theta_1} \qquad (6\text{-}52)$$

Die Funktionen von β, γ, g und n' werden hauptsächlich durch praktische Versuche ermittelt.

● **Abscherkraft („„punching shear"")-Modell**

Bild 6-112 zeigt das Abscherkraft-Modell für Knoten aus kreisförmigen Hohlprofilen in schematisierter Form. Es wird angenommen, daß die Abscherspannung v_p über die Abscherfläche gleichmäßig verteilt ist. Es ergibt sich daraus:

$$N_1 \cdot \sin \theta_1 = k_a \cdot \pi d_1 t_0 \cdot v_p \qquad (6\text{-}53)$$

Hierbei sind:

$$v_p = 0,58 f_{y0} \quad \text{und} \quad k_a \approx \frac{1 + \sin \theta_1}{2 \sin \theta_1}$$

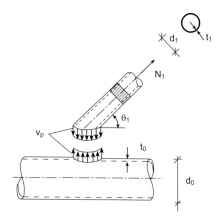

Bild 6-112 Abscherkraft („„punching shear")-Modell für Knoten aus kreisförmigen Hohlprofilen

$$N_1 = 0,58 f_{y0} \cdot \pi d_1 t_0 \cdot \frac{1 + \sin \theta_1}{2 \sin^2 \theta_1} \qquad (6\text{-}54)$$

Dieses Versagenskriterium kann i. allg. nur dann kritisch sein, wenn β klein ist.

Bei Rechteck-Hohlprofilknoten (Bild 6-113) ist die Steifigkeit an den Seiten der Füllstäbe wesentlich größer als in der Mitte des Gurtflansches. Für $\beta \approx 1,0$ kann der gesamte Umfang des Füllstabes als wirksam angenommen werden. Die Abscherkraft $\hat{N}_1$ für T-, Y- und X-Knoten ist wie folgt:

$$\hat{N}_1 = v_p \cdot t_0 \cdot \left(\frac{2 h_1}{\sin \theta_1} + 2 b_{ep} \right) \cdot \frac{1}{\sin \theta_1} \qquad (6\text{-}55)$$

Der volle Umfang des Füllstabes kann nur dann wirksam sein, wenn sowohl b_0/t_0 als auch β klein sind.

Die wirksame Breite für die Abscherkraft b_{ep} wird durch Versuche ermittelt. Bei Knoten mit mehr als einem Füllstab bestimmt die innere Steifigkeitsverteilung an der Stelle der Durchdringung der Füllstäbe und des Gurtflansches die wirksame Abscherfläche. Damit die wirksame Breite nicht zu klein wird, muß die Spaltgröße g im Vergleich zum Breitenverhältnis β eingeschränkt werden.

● **Modell der „wirksamen Breite"" der Füllstäbe eines RHP-Knotens**

Das Abscherkraft („„punching shear")-Modell ist hauptsächlich für Knoten mit relativ dickwandigen Füllstäben maßgebend. Die wirk-

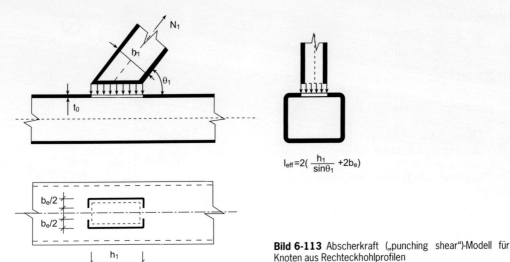

$$l_{eff} = 2\left(\frac{h_1}{\sin\theta_1} + 2b_e\right)$$

Bild 6-113 Abscherkraft („punching shear")-Modell für Knoten aus Rechteckhohlprofilen

same Breite der Füllstäbe kann jedoch für Knoten mit dünnwandigen Füllstäben kritisch werden. Das Modell der „wirksamen Breite" sieht ähnlich wie das Abscherkraft-Modell aus.

Beispielsweise gilt für T-, Y und X-Knoten:

$$\hat{N}_1 = f_{y1} \cdot t_1 (2h_1 - 4t_1 + 2b_e) \qquad (6\text{-}56)$$

Die Wirksamkeit wird größer mit kleiner werdenden b_0/t_0- und t_1/t_0-Verhältnissen.

● **Fließlinien-Modell**

Das Fließlinien-Modell wird hauptsächlich für Knoten aus Quadrat- und Rechteck-Hohlprofilen angewendet. Bild 6-114 zeigt ein vereinfachtes Fließlinien-Modell zur Ermittlung der

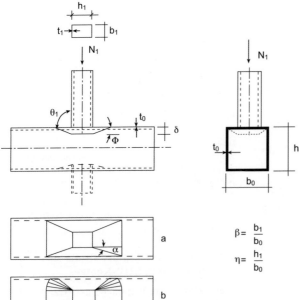

$$\beta = \frac{b_1}{b_0}$$

$$\eta = \frac{h_1}{b_0}$$

Bild 6-114 Fließlinien-Modell für T-förmige Knoten aus Rechteckhohlprofilen

Last beim Erreichen der Streckgrenze von T-, Y- und X-Knoten mit $\beta \leq 0,8$.

Die Fließlinien-Methode liefert eine obere Grenze der Last beim Erreichen der Streckgrenze. In vereinfachten Fließlinien-Modellen werden die Einflüsse der Membranaktion und Verfestigung vernachlässigt. Es ergibt sich dadurch eine vorsichtige Schätzung der wirklichen Lasten. Dies gilt insbesondere für Knoten mit niedrigem β-Verhältnis, die bei der Traglast eine sehr große Verformung haben. Für T-, Y- und X-Knoten wird die Last beim Erreichen der Streckgrenze als Grundlage genommen, damit bei der wirklichen Bemessung große Verformung vermieden wird.

Für K- und N-förmige Knoten werden in Fließlinien-Modellen Membranaktionen berücksichtigt [227]. Das Verfahren basiert auf der Gleichsetzung der Arbeiten der äußeren Kräfte und der des Systems der plastischen Gelenke.

Ein Beispiel für Y-Knoten:

$$N_1 (\sin\theta_1 \cdot \delta) = \sum l_i \cdot \varphi_i \cdot m_{pi} \qquad (6\text{-}57)$$

mit:

$$m_{pi} = \frac{f_{y0} \cdot t_0^2}{4}$$

δ ist die Verformung durch die Last N_1, l_i die Länge der Fließlinie i und φ_i die Rotation der Fließlinie i.

Die Gl. (6-57) kann als eine Funktion der Winkel zwischen den Fließlinien geschrieben werden.

Das Minimum der Last N_1 kann durch Differential-Ableitung ermittelt werden:

$$N_1 = \frac{f_{y0} \cdot t_0^2}{1-\beta} \left(\frac{2\eta}{\sin\theta_1} + 4\sqrt{1-\beta} \right) \frac{1}{\sin\theta_1} \quad (6\text{-}58)$$

• **Modell für tragende Gurtstege eines RHP-Knotens**

Wie Bild 6-115 zeigt, können T-, Y- und X-Knoten durch Fließen oder Beulen der Gurtstege versagen.

Bei $\beta = 1,0$ ergibt sich die Tragfähigkeit des Knotens unter Zugbeanspruchung aus der folgenden Formel:

$$N_1 = 2 f_{y0} \cdot t_0 \left(\frac{h_1}{\sin\theta_1} + 5\,t_0 \right) \cdot \frac{1}{\sin\theta_1} \qquad (6\text{-}59)$$

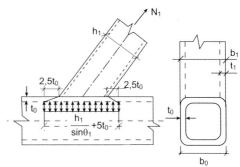

Bild 6-115 Modell tragender Gurtstege

Für Knoten unter Druckbeanspruchung ist die Streckgrenze f_{y0} des Gurtstabes in Gl. (6-59) durch die kritische Knickspannung f_K zu ersetzen:

$$N_1 = 2 f_K \cdot t_0 \left(\frac{h_1}{\sin\theta_1} + 5\,t_0 \right) \cdot \frac{1}{\sin\theta_1} \qquad (6\text{-}60)$$

Lit. [228] zeigt, daß für Knoten mit $h_0 < b_0$ das Ergebnis nach Gl. (6-60) zu vorsichtig (auf der sicheren Seite) sein wird, falls man f_K nach den „Europäischen Knickspannungskurven" (Bild 5-4) ermittelt. Die Schlankheit λ_K wird hierfür wie folgt ermittelt:

$$\lambda_K = 3,46 \left(\frac{h_0}{t_0} - 2 \right) \sqrt{\frac{1}{\sin\theta_i}}$$

• **Modell für das Versagen bei Schubbeanspruchung im Gurtstab eines RHP-Knotens** (Bild 6-116)

Die Knoten mit hohem β- und/oder niedrigem h_0/b_0-Verhältnis können durch Schubbeanspruchung im Gurtstab versagen. Dieses Versagen wird durch die Tragfähigkeit des Gurtquerschnittes zwischen den Füllstabfüßen bestimmt. Die maximale Schubtragfähigkeit eines Knotens ergibt sich aus der folgenden Formel:

$$\hat{N}_1 = \frac{f_{y0}}{\sqrt{3}} (2\,h_0 \cdot t_0 + \alpha \cdot b_0 \cdot t_0) \cdot \frac{1}{\sin\theta_1} \qquad (6\text{-}61)$$

Hierbei gibt α den Einfluß des oberen Gurtflansches in Abhängigkeit vom g/t_0-Verhältnis an. Der wirksame Teil des Gurtflansches A_v für die Schubbeanspruchung in RHP-Knoten ist gleich $\alpha \cdot b_0 \cdot t_0$ mit

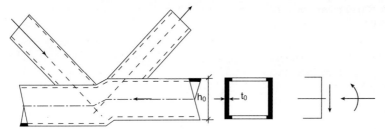

Bild 6-116 Modell für das Versagen bei Schubbeanspruchung im Gurtstab

$$\alpha = \sqrt{\dfrac{1}{1 + \dfrac{4\,g^2}{3\,t_0^2}}} \qquad (6\text{-}62)$$

Die axiale Tragfähigkeit von Knoten kann nach dem „Huber Hencky-von Mises"-Kriterium wie folgt ermittelt werden:

$$\hat{N}_1 = (A_0 - A_V)f_{y0} + A_V \cdot f_{y0} \cdot \sqrt{1 - \left\{ \dfrac{V}{\dfrac{f_{y0}}{\sqrt{3}} \cdot A_v} \right\}} \qquad (6\text{-}63)$$

Versagensarten von Hohlprofilknoten

In Abhängigkeit von den unterschiedlichen Konstellationen der Profilarten (siehe Tabelle 6-6) des Knotentyps (Bild 6-81), der geometrischen Parameter (β, γ, τ, g, $\lambda_{\ddot{u}}$, θ), der Belastungszustände sowie der Gurtvorspannkraft in Hohlprofilknoten treten unterschiedliche Versagensarten auf (Bild 6-117).

Außerdem können auch in vielen Fällen Kombinationen der oben erwähnten Versagensarten zum Versagen von Hohlprofilknoten führen. Zum Beispiel werden die Versagensarten c und f_2 als Versagen nach der „wirksamen Breite" dargestellt und identisch behandelt. In beiden Fällen wird die Traglast durch den wirksamen Querschnitt des kritischen Füllstabes bestimmt. Ein anderes Beispiel ist das Zusammentreffen von Versagensarten a und b bei $\beta = 0{,}6 - 0{,}8$ mit dünnwandigem Füllstab. Die Versagensart c kann auch mit a auftreten, falls der Füllstab relativ dünnwandig ist. Ferner sei angemerkt, daß die Versagensart f_2 für Knoten mit Überlappung am häufigsten stattfindet.

Weiter kann bei dickwandigen Hohlprofilen durch Beanspruchung in Dickenrichtung „Terrassenbruch" auftreten. Dieses Problem ist bereits im Abschnitt 3.1 erörtert worden.

Ermittlung der Hohlprofil-Knotentragfähigkeit

Die Bemessung von Hohlprofilknoten wird durch eine Kombination theoretischer Ansätze (analytische Modelle) und praktischer Versuchsergebnisse semi-empirisch durchgeführt. Dies bedeutet, daß die Einflußgrößen zuerst mit Hilfe der vereinfachten theoretischen Modelle bestimmt werden. Danach werden die endgültigen Bemessungsformeln mit einer statistischen Auswertung der Versuchsergebnisse durch Modifizierung der theoretischen Ergebnisse aufgestellt. Es muß darauf geachtet werden, daß die Versuchsergebnisse verschiedene, möglichst alle Einflußgrößen berücksichtigen.

Aus den Traglasten N_{Rd} werden die charakteristischen Traglasten N_k unter Berücksichtigung aller Variablen, z.B. Streuung der Knotentraglast-Versuchsergebnisse sowie unterschiedliche mechanische Eigenschaften, Abmessungen und Fertigungstoleranzen, ermittelt. Die charakteristische Traglast wird durch die folgende Beziehung dargestellt:

$$N_k = N_{um} - K \cdot s \qquad (6\text{-}64)$$

Hierbei ist N_{um} der arithmetische Mittelwert der Versuchswerte und s die Standardabweichung. Nach Lit. [143] wird K gleich 1,64 gesetzt (95%-Fraktile), siehe Bild 6-118.

Die charakteristische Traglast ist durch den Teilsicherheitsbeiwert γ_M zu dividieren, um sie mit der auftretenden äußeren Last (Produkt aus der charakteristischen äußeren Last Q_k mit dem entsprechenden Lastsicherheitsfaktor $Q_k \times \gamma_F$) vergleichen zu können:

$$N_{Rd} = \dfrac{N_k}{\gamma_{Mj}} \qquad (6\text{-}65)$$

KHP-Knoten	QHP- und RHP-Knoten	
a) 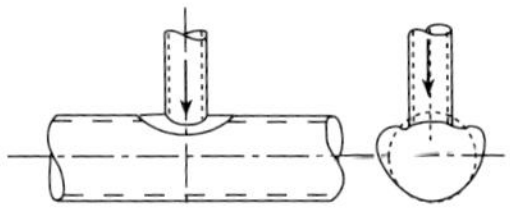	a) 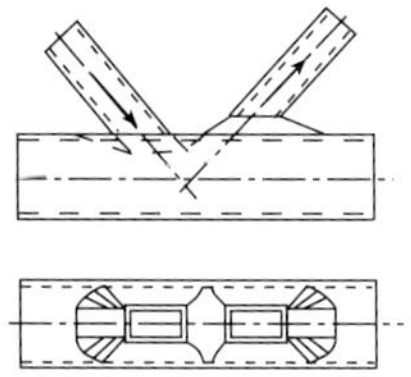	a) Versagen durch Plastizierung des Gurtstabflansches oder Gurtstabquerschnittes
b) 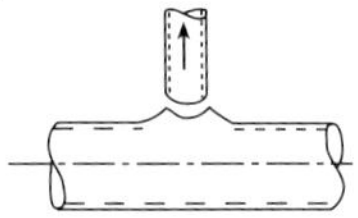	b) 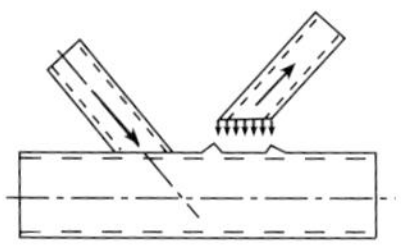 *	b) Versagen durch Abscheren des Füllstabes vom Gurtstab (Gurtstab reißt aus.)
c) 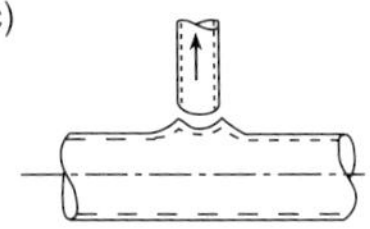	c) 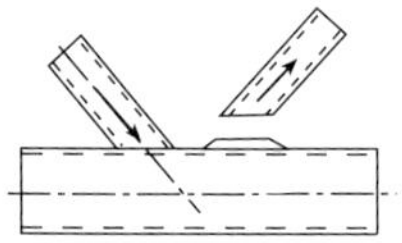 *	c) Riß im Füllstab in der Nähe des Knotens
d) wie c) aber Schweißnahtversagen	d) wie c) aber* Schweißnahtversagen	d) Schweißnahtversagen
e) 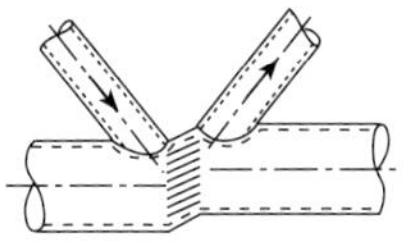	e) 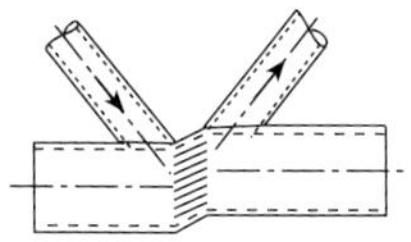	e) Versagen durch Schubbeanspruchung im Gurtstab
f1) 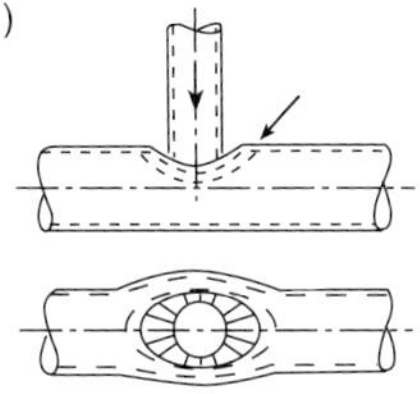	f1) 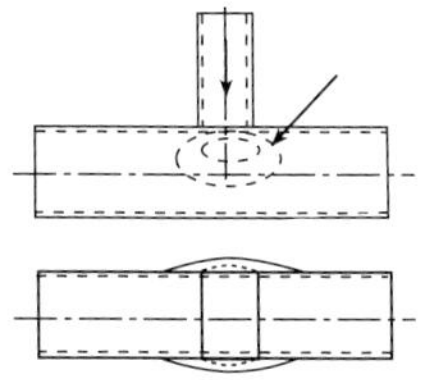	f) Versagen durch örtliches Beulen in druckbeanspruchten Bereichen von Knotenbauteilen
f2) 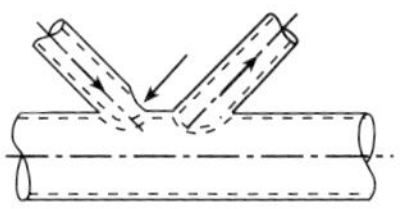	f2) 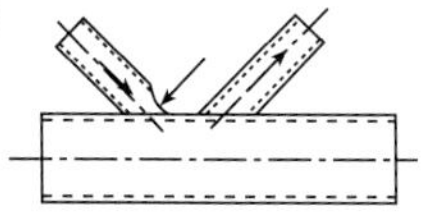	
f3) 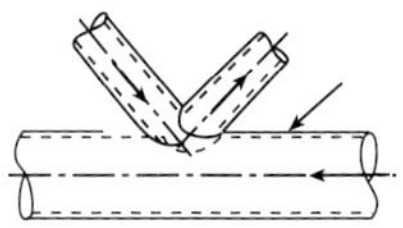	f3) 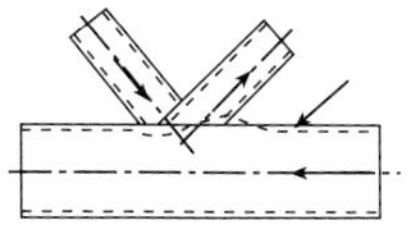	

Bild 6-117 Versagensarten von Hohlprofilknoten

f (Knotentragfähigkeit)

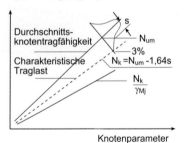

Bild 6-118 Ermittlung der Knotentragfähigkeit durch Versuche (Prinzip) [143]

$$Q_k \leq \frac{N_{Rd}}{\gamma_s} = \frac{N_k}{\gamma_{Mj} \cdot \gamma_F} \qquad (6\text{-}66)$$

Laut Lit. [3] wird der Sicherheitsbeiwert auf der Widerstandsseite $\gamma_{Mj} = 1{,}1$ gesetzt. Es wird in diesem Fall $\gamma_F = 1{,}5$ empfohlen.

Wenn eine ausreichende Anzahl der Versuchsergebnisse fehlt und eine zufriedenstellende statistische Analyse nicht möglich war, wurde die charakteristische Traglast N_k durch die unterste Grenzlinie der Versuchswerte bestimmt.

Bezüglich der Rißentstehung (Bild 6-106, Punkt 4) im Knoten werden in die Bemessung eingehende Parameterbereiche so abgegrenzt, daß die Rißentstehung kein Bemessungskriterium wird.

Bemessungstraglasten für Hohlprofilknoten in ebenen Fachwerkträgern

Die meisten Versuche sind weltweit zur Untersuchung ebener Fachwerkknoten durchgeführt worden (siehe Literatur, zu Kapitel 6). Ausführliche Auswertungen durch IIW („International Institute of Welding") [49] und CIDECT (Comité International pour le Développement et l'Etude de la Construction Tubulaire) [6, 150, 226] führten zu den neusten Berechnungsregeln sowie Traglastformeln für ebene T-, Y-, X-, K- und N-Knoten, die sich weltweit durchgesetzt haben. Die Formeln wurden in Europa [3], Kanada [8], Japan [24] und teilweise den USA [13] in die Normenwerke aufgenommen.

Die Traglasten bzw. Gestaltfestigkeiten der geschweißten, ebenen Fachwerkknoten aus KHP, QHP und RHP sind mit den Formeln aus den folgenden Tabellen zu berechnen:

- Tabelle 6-9 Traglasten von geschweißten, ebenen Knoten aus kreisförmigen Hohlprofilen.
- Tabelle 6-10 Gültigkeitsgrenzen für geschweißte, ebene Knoten aus kreisförmigen Hohlprofilen (aus Tabelle 6-9).
- Tabelle 6-11 Traglasten von geschweißten, ebenen Knoten aus quadratischen oder kreisförmigen Hohlprofilstreben und quadratischen Hohlprofilgurtstäben.
- Tabelle 6-12 Gültigkeitsgrenzen für geschweißte, ebene Knoten aus quadratischen oder kreisförmigen Hohlprofilstreben und quadratischen Hohlprofilgurtstäben (aus Tabelle 6-11).
- Tabelle 6-13 Traglasten von geschweißten, ebenen Knoten aus quadratischen oder rechteckigen oder kreisförmigen Hohlprofilstreben und rechteckigen Hohlprofilgurtstäben.
- Tabelle 6-14 Gültigkeitsgrenzen für geschweißte, ebene Knoten aus quadratischen, rechteckigen oder kreisförmigen Hohlprofilstreben und rechteckigen Hohlprofilgurtstäben (aus Tabelle 6-13).

Die in den Tabellen 6-10, 6-12 und 6-14 angegebenen Gültigkeitsgrenzen sind so gesetzt, daß eine Verformungsgrenze für die Gebrauchstauglichkeit (serviceability limit) nicht überschritten wird.

T-, Y-, X-, N- und K-Knoten aus KHP für Gurt- und Füllstäbe (Tabelle 6-9)

T-, Y-, und X-Knoten unter Normalkraftbelastung tragen bei Zugbeanspruchung etwa das 1,5fache gegenüber Druck, bei Zug jedoch mit größeren örtlichen Verformungen verbunden. Erhöhte Zugtraglast wird daher nicht berücksichtigt, d.h. Traglast bei Zug und Druck ist in den angegebenen Gleichungen gleich groß. Ein Verformungsnachweis braucht nicht geführt zu werden.

Grundsätzlich werden die Traglasten der Knoten aus kreisförmigen Hohlprofilen von dem Ring-Modell abgeleitet. Es werden auch Modifizierungen durch die Funktion von β und die experimentellen Funktionen durchgeführt, um die Einflüsse von Membranaktionen (γ), Spalt ($g' = g/t_0$) und Last in Gurtstab (n') zu berücksichtigen. Durch eine zusätzliche Längsdruckkraft N_{op} (siehe Bild 6-82) erfolgt eine

Tabelle 6-9 Traglasten geschweißter, ebener Knoten aus kreisförmigen Hohlprofilen

Knotentyp	Bemessungs-Traglast ($i = 1, 2, 3, j$ = überlappter Füllstab)
T- und Y-Knoten	Gurtplastizierung
	$$N_{1,Rd} = \frac{f_{y0} \cdot t_0^2}{\sin \theta_1} \cdot (2{,}8 + 14{,}2\,\beta^2) \cdot \gamma^{0{,}2} \cdot f(n') \left(\frac{1{,}1}{\gamma_{Mj}} \right) \quad (6\text{-}67)$$
X-Knoten	Gurtplastizierung
	$$N_{1,Rd} = \frac{f_{y0} \cdot t_0^2}{\sin \theta_1} \cdot \left[\frac{5{,}2}{1 - 0{,}81\,\beta} \right] \cdot f(n') \cdot \left(\frac{1{,}1}{\gamma_{Mj}} \right) \quad (6\text{-}68)$$
K- und N-Knoten mit Spalt oder Überlappung	Gurtplastizierung
	$$N_{1,Rd} = \frac{f_{y0} \cdot t_0^2}{\sin \theta_1} \cdot \left(1{,}8 + 10{,}2 \frac{d_1}{d_0} \right) \cdot f(\gamma, g') \cdot f(n') \cdot \left(\frac{1{,}1}{\gamma_{Mj}} \right) \quad (6\text{-}69)$$ $$N_{2,Rd} = N_{1,Rd} \frac{\sin \theta_1}{\sin \theta_2} \quad (6\text{-}70)$$
Allgemein	Abscheren („Punching shear")
Prüfe T-, Y- und X-Knoten sowie K-, N- und KT-Knoten mit Spalt zum Abscheren wenn $d_i \le d_0 - 2\,t_0$	$$N_{i,Rd} = \frac{f_{y0}}{\sqrt{3}} \cdot t_0 \, \pi \, d_i \cdot \frac{1 + \sin \theta_i}{2 \sin^2 \theta_i} \cdot \left(\frac{1{,}1}{\gamma_{Mj}} \right) \quad (6\text{-}71)$$
	Funktionen
$f(n') = 1{,}0$ für $n' \le 0$ (Zug) $n' = \dfrac{f_{op}}{f_{y0}}$ $f(n') = 1 - 0{,}3\,n' - 0{,}3\,n'^2$ für $n' > 0$ (Druck) jedoch $\le 1{,}0$	$$f(\gamma, g') = \gamma^{0{,}2} \cdot \left[1 + \frac{0{,}024\,\gamma^{1{,}2}}{\exp(0{,}5\,g' - 1{,}33) + 1} \right] \quad (6\text{-}72)$$ (siehe Bild 6-119)

Verminderung der Knotentraglast (Faktor $f(n')$). Hier braucht nur die Vorspannung des Gurtes beachtet zu werden. Die aus den Füllstäben eingeleiteten horizontalen Kraftkomponenten werden nicht berücksichtigt.

An dieser Stelle werden einige allgemeine Bemerkungen über den Einfluß der Gurtvorspannung auf die Knotentraglast in einem Fachwerkträger gemacht. In einem Fachwerkträger auf zwei Stützen ist die Vorspannung an den Trägerenden nur gering. Die Knoten an diesen Stellen tragen die größten Füllstablasten und müssen daher bei der Bemessung besonders beachtet werden. In der Mitte des Trägers sind nur kleine Füllstablasten und große Gurtvorspannkräfte vorhanden. Oft ist an dieser Stelle kein Knotennachweis erforderlich.

An den inneren Auflagern von durchgehenden Fachwerkträgern treten große Füllstabkräfte und große Gurtvorspannkräfte auf und die Knoten müssen entsprechend stark bemessen werden.

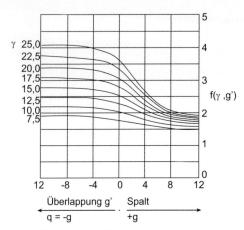

Bild 6-119 $f(\gamma, \, g')$ in Abhängigkeit von γ und $g' = g/t_0$ (siehe Gl. (6-72) und Tabelle 6-9)

Tabelle 6-10 Gültigkeitsgrenzen für geschweißte, ebene Knoten aus kreisförmigen Hohlprofilen ($i = 1, \, 2, \, 3, \, j =$ überlappter Füllstab) (Anwendungsbereich der Tabelle 6-9)

$$0,2 \ \leq \frac{d_i}{d_0} \leq 1,0$$

$$5 \ \ \leq \frac{d_i}{2\,t_i} \leq 25$$

$$5 \ \ \leq \frac{d_0}{2\,t_0} \leq 25$$

$$5 \ \ \leq \frac{d_0}{2\,t_0} \leq 20 \ \text{für X-förmige Knoten}$$

$$-0{,}55 \leq \frac{e}{d_0} \leq 0{,}25$$

$$\frac{t_i}{t_j} \ \ \ \leq 1{,}0$$

$$\lambda_{\ddot{u}} \ \ \ \geq 25\,\%$$

$$g \ \ \ \geq t_1 + t_2$$

$$f_y \ \ \ \leq 355 \ \text{N/mm}^2 \ (\text{S355})$$

Die nachfolgende Tabelle gibt einen weiteren Hinweis, der als Hilfe zur Bemessung von KHP-Knoten dienen kann. Die Tabelle zeigt die oberen Begrenzungen des $\dfrac{N_{1,Rd}}{A_1 \cdot f_{y1}}$ -Verhältnisses für Druckfüllstäbe in Abhängigkeit vom $\dfrac{d_1}{t_1}$-Verhältnis, damit die Druckfüllstäbe nicht vorzeitig örtlich beulen.

Obere Begrenzung des $\dfrac{N_{1,Rd}}{A_1 \cdot f_{y1}}$-Verhältnisses für Druckfüllstäbe					
Für f_{y1} bis	Für $\dfrac{d_1}{t_1}$				
	30	35	40	45	50
235 N/mm^2	1,00	1,00	1,00	0,98	0,93
275 N/mm^2	1,00	1,00	0,96	0,88	0,86
355 N/mm^2	0,98	0,88	0,85	0,78	0,76

Bezüglich des Einflusses von Spalt oder Überlappung in K- und N-Knoten aus KHP zeigt Gl. (6-69), daß eine kontinuierliche Funktion $f(\gamma, g')$ den ganzen Bereich von Spalt und Überlappung abdeckt.

Gl. (6-71) ergibt die Abscherkraft („punching shear", Bild 6-117 b) für T-, Y-, X-, K- und N-Knoten mit Spalt. Bei üblichen Verhältnissen ist für KHP-Gurte die Abscherkraft nicht maßgebend.

T-, Y- und X-Knoten mit Gurt- und Füllstab aus RHP bzw. QHP (Tabellen 6-11 und 6-13)

Das Tragfähigkeitsverhalten wird hinsichtlich der Breitenverhältnisse $\beta = b_i/b_0$ getrennt nach 3 Bereichen untersucht:

– $\beta \leq 0{,}85$
– $0{,}85 < \beta < 1{,}0$
– $\beta = 1{,}0$

Der Unterschied zwischen den Traglastformeln in Tabelle 6-11 (Quadrathohlprofil als Gurtstab) und Tabelle 6-13 (Rechteckhohlprofil als Gurtstab) liegt hauptsächlich darin, daß die Formeln in Tabelle 6-11 vereinfacht sind durch Einschränkung der Gültigkeitsgrenzen (Tabelle 6-12), die aber den praktischen Anwendungsbereich decken. Durch die Vereinfachung $h_i = b_i$ und die Einschränkung $\beta \leq 0{,}85$ wird erreicht, daß die verschiedenen Versagensarten nicht kritisch werden. Die Versagensarten werden auf das Versagen des Gurtflansches für T-, Y- und X-Knoten eingeschränkt. Diese Einschränkung basiert auf dem theoretischen Fließlinien-Modell mit der Verformungsgrenze für die Gebrauchstauglichkeit.

Tabelle 6-11 Traglasten geschweißter, ebener Knoten aus quadratischen oder kreisförmigen Hohlprofilstreben und quadratischen Hohlprofilgurtstäben

Art der Knotenverbindung	Bemessungs-Traglast ($i = 1$ oder 2, j = überlappter Füllstab)	
T-, Y- und X-Knotenverbindung	Plastizieren des Gurtstabes	$\beta \le 0{,}85$
	$N_{1,Rd} = \dfrac{f_{y0}\, t_0^2}{(1 - \beta) \sin\theta_1} \cdot \left[\dfrac{2\beta}{\sin\theta_1} + 4\,(1 - \beta)^{0{,}5} \right] \cdot f(n) \cdot \left(\dfrac{1{,}1}{\gamma_{Mj}} \right)$	(6-73)
K- und N-Knotenverbindung mit Spalt	Plastizieren des Gurtstabes	$\beta \le 1{,}0$
	$N_{i,Rd} = \dfrac{8{,}9\, f_{y0}\, t_0^2}{\sin\theta_i} \cdot \left[\dfrac{b_1 + b_2}{2\, b_0} \right] \left[\dfrac{b_0}{2\, t_0} \right]^{0{,}5} f(n) \cdot \left(\dfrac{1{,}1}{\gamma_{Mj}} \right)$	(6-74)
K- und N-Knotenverbindung mit Überlappung [a]	Wirksame Breite	$25\,\% \le \lambda_{\ddot{u}} < 50\,\%$
	$N_{i,Rd} = f_{yi}\, t_i \left[\dfrac{\lambda_{\ddot{u}}}{50}\,(2\, h_i - 4\, t_i) + b_e + b_{e,\ddot{u}} \right] \cdot \left(\dfrac{1{,}1}{\gamma_{Mj}} \right)$	(6-75)
	Wirksame Breite	$50\,\% \le \lambda_{\ddot{u}} < 80\,\%$
	$N_{i,Rd} = f_{yi}\, t_i \left[2\, h_i - 4\, t_i + b_e + b_{e,\ddot{u}} \right] \cdot \left(\dfrac{1{,}1}{\gamma_{Mj}} \right)$	(6-76)
	Wirksame Breite	$\lambda_{\ddot{u}} \ge 80\,\%$
	$N_{i,Rd} = f_{yi}\, t_i \left[2\, h_i - 4\, t_i + b_i + b_{e,\ddot{u}} \right] \cdot \left(\dfrac{1{,}1}{\gamma_{Mj}} \right)$	(6-77)
Kreishohlprofil-Füllstäbe	Multipliziere die Ausdrücke mit $\pi/4$. Ersetze b_1 und h_1 durch d_1 und b_2 und h_2 durch d_2.	
	Funktionen	

$n = f_0/f_{y0}$

$f(n) = 1{,}0$ für $n \le 0$ (Zug)

$f(n) = 1{,}3 - \dfrac{0{,}4}{\beta} \cdot n$ für $n > 0$ (Druck)

jedoch $f(n) \le 1{,}0$

$b_e = \dfrac{10}{b_0/t_0} \cdot \dfrac{f_{y0} \cdot t_0}{f_{yi} \cdot t_i} \cdot b_i$

jedoch $b_e \le b_i$

$b_{e,\ddot{u}} = \dfrac{10}{b_j/t_j} \cdot \dfrac{f_{yj} \cdot t_j}{f_{yi} \cdot t_i} \cdot b_i$

jedoch $b_{e,\ddot{u}} \le b_i$

[a] Nur der überlappende Füllstab braucht überprüft zu werden. Der Ausnutzungsgrad (d.h. die Gestaltfestigkeit dividiert durch die plastische Beanspruchbarkeit des Füllstabes) des überlappten Füllstabes darf dann nicht größer sein als der Ausnutzungsgrad des überlappenden Füllstabes.

Tabelle 6-12 Gültigkeitsgrenzen für geschweißte, ebene Knoten aus quadratischen oder kreisförmigen Hohlprofilstreben und quadratischen Hohlprofilgurtstäben (Anwendungsbereich der Tabelle 6-11)

Art der Knotenverbindung	b_i/b_0 d_i/b_0	Druck	Zug	b_0/t_0	$(b_1+b_2)/2b_j$ b_i/b_j t_i/t_j	Spalt/Überlappung g/q	Werkstoff-Streckgrenze f_y	Exzentrizität e
T, Y, X	$b_i/b_0 \geq 0,25$ [a] jedoch $\leq 0,85$	$b_i/t_i \leq 1,25\sqrt{\dfrac{E}{f_{yi}}}$	$b_i/t_i \leq 35$	$b_0/t_0 \geq 10$ [a] jedoch ≤ 35				
K-, N-Spalt	$b_i/b_0 \geq 0,35$ und $\geq 0,1 + 0,01\,b_0/t_0$	$b_i/t_i \leq 35$	$b_i/t_i \leq 35$	$b_0/t_0 \geq 15$ [a] jedoch ≤ 35	$(b_1 + b_2)/2\,b_j \geq 0,6$ aber $\leq 1,3$	$g/b_0 \geq 0,5\,(1-\beta)$ [c] jedoch $\leq 1,5\,(1-\beta)$ $g \geq t_1 + t_2$	≤ 355 N/mm² [2b]	$-0,55 \leq \dfrac{e}{h_0} \leq 0,25$
K-, N-Überlappung	$b_i/b_0 \geq 0,25$	$b_i/t_i \leq 1,1\sqrt{\dfrac{E}{f_{yi}}}$		$b_0/t_0 \leq 40$	$t_i/t_j \leq 1,0$ $b_i/b_j \geq 0,75$	$\lambda_{ü} \geq 25\%$ jedoch $\leq 100\%$		
Rundhohlprofil-Füllstäbe	$d_i/b_0 \geq 0,40$ jedoch $\leq 0,8$	$d_i/t_i \leq 1,5\sqrt{\dfrac{E}{f_{yi}}}$	$d_i/t_i \leq 50$		Beschränkungen wie oben für $d_i = b_i$			

a) Außerhalb des Anwendungsbereiches können weitere Versagensmechanismen entstehen, z. B. Durchstanzen (punching shear), Mitwirkende Breite, Gurtstabstegversagen, Abscheren des Gurtstabes oder örtliches Beulen. Wenn diese einzelnen Grenzen des Anwendungsbereiches verletzt werden, sind die Knotenverbindungen derart zu überprüfen, als sei der Gurtstab ein rechteckiges Hohlprofil. Verwende hierfür Tabelle 6-13, sofern der Anwendungsbereich der Tabelle 6-14 eingehalten wird.

b) $f_{yi}, f_{yj} \leq 355$ N/mm², f_{yi} (oder f_{yj})/f_{ui} (oder f_{uj}) $\leq 0,8$.

c) Wenn $g/b_0 > 1,5\,(1 - \beta)$, dann führe den Nachweis wie für T- oder Y-Knotenverbindungen.

Tabelle 6-13 Traglasten geschweißter, ebener Knoten aus quadratischen oder rechteckigen oder kreisförmigen Hohlprofil-streben und rechteckigen Hohlprofilgurtstäben

Knotentyp	Bemessungs-Traglast ($i = 1, 2$)	
T-, Y- und X-Knotenverbindung	Plastizieren des Gurtstabflansches	$\beta \leq 0{,}85$

$$N_{1,Rd} = \frac{f_{y0}\,t_0^2}{(1-\beta)\sin\theta_1}\left[\frac{2\,\eta}{\sin\theta_1} + 4\sqrt{(1-\beta)}\right] \cdot f(n)\left(\frac{1{,}1}{\gamma_{Mj}}\right) \qquad (6\text{-}78)$$

	Schubversagen des Gurtstegs [a] $\beta = 1{,}0$	$0{,}85 \leq \beta \leq 1{,}0$

$$N_{1,Rd} = \frac{f_k\,t_0}{\sin\theta_1}\left[\frac{2\,h_1}{\sin\theta_1} + 10\,t_0\right]\frac{1{,}1}{\gamma_{Mj}} \quad (6\text{-}79)$$

lineare Interpolation zwischen Plastizieren des Gurtstabflansches und des Gurtstabstegversagens

Mitwirkende Breite	$\beta > 0{,}85$

$$N_{1,Rd} = f_{y1}\,t_1\,[2\,h_1 - 4\,t_1 + 2\,b_e]\left(\frac{1{,}1}{\gamma_{Mj}}\right) \qquad (6\text{-}80)$$

Durchstanzen (punching shear)	$0{,}85 \leq \beta \leq 1 - 1/\gamma$

$$N_{1,Rd} = \frac{f_{y0}\,t_0}{\sqrt{3}\sin\theta_1}\left[2\,\frac{h_1}{\sin\theta_1} + 2\,b_{e,p}\right]\cdot\left(\frac{1{,}1}{\gamma_{Mj}}\right) \qquad (6\text{-}81)$$

K- und N-Knotenverbindungen mit Spalt	Plastizieren des Gurtstabflansches

$$N_{i,Rd} = 8{,}9\,\frac{f_{y0}\,t_0^2}{\sin\theta_i}\left[\frac{b_1 + b_2 + h_1 + h_2}{4\,b_0}\right]\left[\frac{b_0}{2\,t_0}\right]^{0{,}5} f(n) \cdot \left(\frac{1{,}1}{\gamma_{Mj}}\right) \qquad (6\text{-}82)$$

Schubversagen des Gurtstabes

$$N_{i,Rd} = \frac{f_{y0}\,A_V}{\sqrt{3}\sin\theta_i}\left(\frac{1{,}1}{\gamma_{Mj}}\right)$$
$$\text{Auch } N_{0,Rd\,(\text{in Spalt})} \leq (A_0 - A_V)\,f_{y0} + A_V \cdot f_{y0}\left[1 - \left(\frac{V}{V_p}\right)^2\right]^{0{,}5} \cdot \left(\frac{1{,}1}{\gamma_{Mj}}\right) \qquad (6\text{-}83)$$

Wirksame Breite

$$N_{i,Rd} = f_{yi}\,t_i\,[2\,h_i - 4\,t_i + b_i + b_e] \cdot \left(\frac{1{,}1}{\gamma_{Mj}}\right) \qquad (6\text{-}84)$$

Durchstanzen (punching shear)	$\beta \leq 1 - 1/\gamma$

$$N_{i,Rd} = \frac{f_{y0}\,t_0}{\sqrt{3}\sin\theta_i}\left[\frac{2\,h_i}{\sin\theta_i} + b_i + b_{e,p}\right]\cdot\left(\frac{1{,}1}{\gamma_{Mj}}\right) \qquad (6\text{-}85)$$

K- und N-Knotenverbindung mit Überlappung	Ähnlich der Knotenverbindung mit quadratischen Hohlprofilen (Tabelle 6-11). Zusätzlicher Nachweis für Schubversagen des Gurtstabes, wenn $h_0/b_0 < 1{,}0$
Kreishohlprofil-Füllstäbe	Multipliziere die obigen Traglasten mit $\pi/4$. Ersetze b_i und h_i durch d_i.

Funktionen	

Zug: $f_k = f_{y0}$
Druck: $f_k = f_K$
　(T- und Y-Knotenverbindungen)
　$f_k = 0{,}8 \cdot f_K \sin\theta_i$
　(X-Knotenverbindungen)
f_K Knickspannung gemäß Stahlbauvorschrift,
Verwendung der Schlankheit:

$$\lambda_K = 3{,}46\left(\frac{h_0}{t_0} - 2\right)\sqrt{\frac{1}{\sin\theta_i}} \quad (6\text{-}86)$$

$f(n) = 1{,}0$ 　　　für $n \leq 0$ (Zug)　　$n = f_0/f_{y0}$

$f(n) = 1{,}3 - \dfrac{0{,}4\,n}{\beta}$ 　für $n > 0$ (Druck)

jedoch $f(n) \leq 1{,}0$

$$V_p = \frac{f_{y0} \cdot A_V}{\sqrt{3}} \qquad \alpha = \sqrt{\left(\frac{1}{1 + \dfrac{4\,g^2}{3\,t_0^2}}\right)}$$

Für quadratische und rechteckige Füllstäbe: $A_V = (2\,h_0 + \alpha\,b_0)\,t_0$
Für Rundhohlprofil-Füllstäbe: $\alpha = 0$

$b_e = \dfrac{10}{b_0/t_0} \cdot \dfrac{f_{y0}\,t_0}{f_{yi}\,t_i} \cdot b_i$

jedoch $b_e \leq b_i$

$b_{e,p} = \dfrac{10}{b_0/t_0}\,b_i$

jedoch $b_{e,p} \leq b_i$

[a] Für X-Knotenverbindungen mit Anschlußwinkel $<90°$ ist der Gurtstabsteg zusätzlich auf Abscheren des Gurtstabes zu überprüfen.

Tabelle 6-13 enthält die Traglasten unter Berücksichtigung der weiteren Versagensarten wie Gurtstegversagen, Abscheren (punching shear) und Versagen unter Einbeziehung der wirksamen Breite des Füllstabes sowie der erweiterten Gültigkeitsgrenzen (Tabelle 6-14).

Im ersten Bereich $\beta \leq 0,85$ versagt der Knoten im allgemeinen durch das Fließen des Gurtflansches. Die Gl. (6-78) ist auf der Grundlage des Materialfließens nach Bild 6-114 aufgebaut worden.

Die nach der Gl. (6-78) berechneten Werte liegen gegenüber den Versuchsergebnissen an der unteren Grenze. Der Sicherheitsabstand wird dabei mit kleinerem $\beta = b_i/b_0$ noch größer. Da jedoch die lokale Verformung des Knotens mit der Verminderung von β steigt, kann diese zusätzliche Sicherheit als erwünscht angesehen werden.

Eine zusätzliche Druckkraft N_{op} im Gurtstab vermindert die Knotentraglast. Dieser Einfluß erhöht sich bei geringer werdendem β. Da die Versuchsergebnisse zur Knotentragfähigkeit bei zusätzlicher Druckkraft N_{op} im Gurtstab höher liegen als die berechneten Werte nach der Gl. (6-78), ist bei der Anwendung dieser Gleichung die Berücksichtigung der zusätzlichen Druckkraft N_{op} nicht notwendig. Es wird nur die Druckkraft im Gurtstab N_0 berücksichtigt.

Grundsätzlich kann durch Einschränkung der Bemessungslast $N_{1,Rd}$ auf die Knotenlast beim Erreichen der Streckgrenze gesichert werden, daß die Verformung beim Gebrauch akzeptabel bleibt.

Im Bereich $\beta = 1,0$ sind die folgenden Versagenskriterien maßgebend:

- Wegen des Fließens der Stege des Gurtstabes unter Zugbelastung wird bei der Traglastbemessung die Werkstoffstreckgrenze des Gurtstabes herangezogen.
- Unter Druckbelastung findet das Beulen der Stege des Gurtstabes statt. Die Knotentraglast wird durch die normierten Knickspannungskurven (Europäische Knickspannungskurven, Bild 5-4) für die Schlankheit λ_K nach Gl. (6-86) bestimmt.

Die Gl. (6-79) ist grundsätzlich für die Traglast unter Zugkraft gültig. Setzt man jedoch die kri-

tische Knickspannung f_K an die Stelle der Streckgrenze des Gurtwerkstoffes, so kann diese Gleichung auch für die Druckkraft im Füllstab angewendet werden. Im druckbeanspruchten X-Knoten mit $\beta = 1,0$ sind die Verformungen der Gurtstege höher als die der T- und Y-Knoten. Der Wert f_k wird für X-Knoten dementsprechend verkleinert:

$$f_k = f_K \cdot 0,8 \cdot \sin\theta_1$$

Ein Vergleich der Versuchsergebnisse mit den berechneten Knotentraglasten nach der Gl. (6-79) hat eine zufriedenstellende Übereinstimmung gezeigt.

Bei $\beta = 1,0$ ist ein Einfluß der zusätzlichen Gurt-Druckkraft kaum vorhanden. Bei zusätzlicher Zugkraft im Gurtstab ist keine Verminderung der Knotentraglast festgestellt worden.

Die Ergebnisse der Knotentraglastversuche zeigen große Streuungen [158]. Die streuungsbedingte Unsicherheit und die Möglichkeit eines abrupten Versagens führen dazu, daß ein Sicherheitsbeiwert $\gamma_{Mj} = 1,25$ für druckbelastete Knoten vorgeschlagen wird [143]. Eurocode 3 [3] schreibt jedoch vereinfachend einen Sicherheitsbeiwert $\gamma_{Mj} = 1,1$ vor.

Für $0,85 < \beta \leq 1,0$ soll ein allmählicher Übergang vom Fließen des Gurtflansches ($\beta = 0,85$) zum Beulen bzw. Fließen des Gurtsteges ($\beta = 1,0$) stattfinden. Es wird vorgeschlagen, in diesem Bereich eine lineare Interpolation der Traglast zwischen $\beta = 0,85$ und $\beta = 1,0$ durchzuführen.

Es sind außerdem noch die Nachweise nach den Gln. (6-80) und (6-81) zu führen.

Gl. (6-80) gilt für $\beta > 0,85$ für den Nachweis der Füllstabwanddicke und berücksichtigt die wirksame Anschlußlänge des Füllstabes am Gurtflansch. Diese Anschlußlänge setzt sich aus den beiden Seitenlängen $2\,(h_i - 2\,t_i)$ sowie den mittragenden Breiten $2\,b_e$ zusammen.

Gl. (6-81) berücksichtigt für $0,85 \leq \beta \leq \dfrac{b_0 - 2\,t_0}{b_0}\left(= 1 - \dfrac{1}{\gamma}\right)$ die mögliche Abscherkraft des Gurtflansches (siehe Bild 6-117b), wobei $\beta = \left(1 - \dfrac{1}{\gamma}\right)$ die obere Grenze der Scherkraftangriffsfläche repräsentiert.

Tabelle 6-14 Gültigkeitsgrenzen für geschweißte, ebene Knoten aus quadratischen, rechteckigen oder kreisförmigen Hohlprofilstreben und rechteckigen Hohlprofilgurtstäben (Anwendungsbereich der Tabelle 6-13)

Art der Knotenverbindung	b_i/b_0, h_i/b_0, d_i/b_0	b_i/t_i, h_i/t_i, d_i/t_i		h_0/b_0, h_i/b_i	b_0/t_0, h_0/t_0	Spalt/Überlappung b_i/b_j, t_i/t_j	Exzentrizität	Werkstoff-Streckgrenze f_y
		Druck	Zug					
T, Y, X	$\ge 0,25$	$\le 1,25 \sqrt{\dfrac{E}{f_{yi}}}$; ≤ 35	≤ 35	$h_i/b_i \ge 0,5$ jedoch $\le 2,0$	≤ 35		$-0,55 \le \dfrac{e}{h_0} \le 0,25$	$\le 355\ \text{N/mm}^2$ [a]
K-, N-Spalt	$\beta \ge 0,35$ und $\ge 0,1 + 0,01\, b_0/t_0$				≤ 35	$g/b_0 \ge 0,5\,(1-\beta)$ jedoch $\le 1,5\,(1-\beta)$ [b] $g \ge t_1 + t_2$		
K-, N-Überlappung	$b_i/b_0 \ge 0,25$	$\le 1,1 \sqrt{\dfrac{E}{f_{yi}}}$			≤ 40	$\lambda_{\ddot{u}} \ge 25\%$ jedoch $\le 100\%$ $t_i/t_j \le 1,0$ $b_i/b_j \ge 0,75$		
Rundhohlprofil-Füllstäbe	$d_i/b_0 \ge 0,40$ jedoch $\le 0,8$	$\le 1,5 \sqrt{\dfrac{E}{f_{yi}}}$	≤ 50			Beschränkung wie oben für $d_i = b_i$		

[a] f_{yi}, $f_{yj} \le 355\ \text{N/mm}^2$, f_{yi} (oder f_{yj})$/f_{ui}$ (oder f_{uj}) $\le 0,8$.
[b] Wenn $g/b_0 > 1,5\,(1-\beta)$, Nachweis als T- oder Y-Knotenverbindungen.

T-, Y- und X-Knoten mit Füllstab aus KHP und Gurtstab aus RHP bzw. QHP
(Tabellen 6-11 und 6-13)

Die lokale Spannungskonzentration ist bei dieser Profilkombination und $\beta = 1,0$ wegen der nur geringen Länge des KHP-Umfanges auf dem Gurtsteg (siehe Bild 6-120) sehr groß. Eine solche Ausführung sollte daher möglichst vermieden werden. Es wird empfohlen, bei der Gestaltung des Knotens $\beta = d_i / b_0 \le 0,8$ zu wählen (siehe Tabellen 6-12 und 6-14).

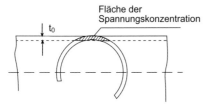

Bild 6-120 Spannungskonzentration auf Gurtseitenwand mit KHP-Füllstab bei $\beta = d_i / b_0 = 1,0$

Unterhalb dieser Grenze ist eine Modifikation der Gl. (6-73) bzw. Gl. (6-78) durchzuführen (Multiplikation mit $\pi/4$ = Umfang KHP/Umfang QHP bzw. RHP, und Ersetzen b_i und h_i durch d_i).

Wegen der Einschränkung $\beta \le 0,8$ können die Abscherkraft („punching shear") und der wirksame Füllstabumfang nicht kritisch sein.

K- und N-förmige Knoten mit Spalt zwischen den Füllstäben aus KHP oder QHP oder RHP und Gurtstab aus RHP bzw. QHP
(Tabellen 6-11 und 6-13)

Im allgemeinen ist in K- und N-förmigen Knoten die Füllstabbreite kleiner als die Breite des Gurtstabes ($\beta < 1,0$). Daher findet ein Versagen normalerweise durch große Verformung und Fließen des oberen Gurtflansches gemäß Gl. (6-74) bzw. Gl. (6-82) statt (siehe Bild 6-117, Versagensart a). Nach der Verformung tritt meistens ein Riß auf der Anschlußseite des Gurtes am Fuß des Zugfüllstabes ein. Die Qualität der Schweißnaht, die den Zugfüllstab mit dem Gurtstab verbindet, ist von wesentlicher Bedeutung, da eine falsche Ausführung der Nähte vorzeitige Risse in der Schweißnaht verursachen kann, bevor ein Abbau örtlicher Spannungsspitzen durch plastische Neuverteilung der Spannungen stattfindet. Bezüglich der

Schweißnahtausführung von Fachwerkknoten wird auf Abschnitt 6.6.3 verwiesen.

Die angegebenen Grenzen für die Spaltweite in den Tabellen 6-12 und 6-14 gewährleisten eine etwa gleichmäßige Spannungsverteilung. Es werden hierbei auch annehmbare Toleranzen für die Herstellung berücksichtigt.

Bild 6-121 zeigt die qualitative Verteilung der Kräfte am Übergang vom Füllstab zum Gurtflansch in Abhängigkeit von der Spaltweite. Man erkennt, daß in Bild 6-121 eine Spaltweite existiert, die eine gleichmäßige Spannungsverteilung nach allen Seiten erzielt. Diese Spaltweite entspricht etwa $g = b_0 - b_i$.

Für $\beta = 1,0$ ist eine gleichmäßige Spannungsverteilung im Knoten bei einer Spaltgröße $g = 0$ zu erreichen. Es ist eine Mindest-Spaltgröße erforderlich, um ein korrektes Schweißen der Anschlußnähte von Zug- und Druckfüllstab zum Gurtflansch durchführen zu können. Der Einfluß möglicher Kerben in eng beieinander liegenden Anschlußnähten zwischen Zug- und Druckfüllstab kann verringert werden, indem die Füße der gegenüberliegenden Anschlußschweißnähte durch eine weitere Schweißnaht überbrückt werden.

Den Gln. (6-74) und (6-82) bis (6-85) ist zu entnehmen, daß die Traglasten von K- oder N-Knoten aus QHP und RHP von der Spaltgröße g praktisch unabhängig sind.

Wie für T-, Y- und X-Knoten zeigen die Versuchsergebnisse, daß auch für K- und N-Knoten eine Berücksichtigung der zusätzlichen Druckkraft N_{op} im Gurtstab nicht notwendig ist. Es wird nur N_0 berücksichtigt ($f(n)$), die sich aus den Füllstab-Kraftkomponenten $\sum N_{i,Rd} \cdot \cos \theta_i$ ergibt (siehe auch Abschnitt 6.6.4.1).

Gl. (6-74) gilt nur für K- und N-Knoten mit Spalt aus Quadrat-Gurtprofilen, wobei die Funktionen für β und γ experimentell ermittelt wurden. Wie bereits erwähnt, basiert Gl. (6-74) hauptsächlich auf der Versagensart „Plastizieren des Gurtflansches", die z.B. durch das plastische Moment des Gurtflansches pro Längeneinheit ($f_{y0} \cdot t_0^2 / 4$) berücksichtigt wird. In diesem Fall ist es nicht erforderlich, weitere Versagensarten zu überprüfen.

Bei den K- und N-Knoten mit Spalt und mit Gurtstäben aus rechteckigen Hohlprofilen müssen zusätzlich die Versagensarten b, c, e und f_2

a)

Spaltweite groß, alle Kräfte auf den Gurtstabseitenwänden

b)

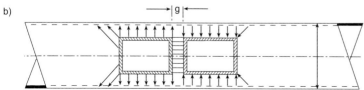

Spaltweite klein, der größte Teil der Kräfte wird im Bereich zwischen den Diagonalen übertragen

c)

Spaltweite richtig, ausgeglichener Kräfteübertrag von den Diagonalen auf den Gurt

Bild 6-121 Wirkung der Spaltweite auf die Verteilung der Kräfte am Übergang Füllstab-Gurtstab

(siehe Bild 6-117) untersucht werden. Gl. (6-84) wird in Abhängigkeit von der wirksamen Breite des Füllstabanschlusses am Gurtstab abgeleitet, während die Gl. (6-85) das Durchstanzen („punching shear") berücksichtigt.

Bei der Versagensart e „Schub im Gurtstabquerschnitt im Bereich des Spaltes" (Gl. 6-83) wird der Gurtstabquerschnitt in den Teil A_V

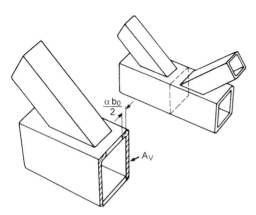

Bild 6-122 Scherfläche (Gurtsteg) A_V im Bereich des Spaltes eines RHP-K-Knotens

(Scherfläche bestehend aus der Fläche der Gurtstabstege und eines Teils der Fläche des oberen Gurtstabflansches, siehe Bild 6-122) und den verbleibenden Teil $A_0 - A_V$ unterteilt. Der erste Teil trägt die Scher- und Längsbeanspruchungen, während der zweite Teil nur die Längsbeanspruchungen aufnimmt.

Für Füllstäbe aus kreisförmigen Hohlprofilen werden ähnlich wie für die T-, Y- und X-Knoten die Gl. (6-74) der Tabelle 6-11 und die Gln. (6-82) bis (6-85) der Tabelle 6-13 mit $\pi/4$ multipliziert sowie $b_{1,2}$ und $h_{1,2}$ durch $d_{1,2}$ ersetzt. Ihre Anwendung ist begrenzt auf $\beta \leq 0,8$.

K- und N-förmige Knoten mit Überlappung von Füllstäben aus KHP oder QHP oder RHP und mit Gurtstab aus RHP bzw. QHP
(Tabellen 6-11 und 6-13)

Bild 6-82b gibt die Definition der Überlappung $\lambda_{ii}\%$ in K- bzw. N-Knoten an.

Häufig ist die Traglast der in der Praxis verwendeten Knoten mit Überlappung so hoch wie die der Füllstäbe selbst. Der benötigte Nachweis für diese Knotenart bezieht sich auf

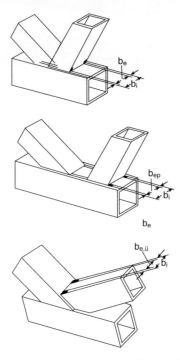

Bild 6-123 Darstellung der wirksamen Breiten b_e, b_{ep} und $b_{e,ü}$ in den Tabellen 6-11 und 6-13

die wirksame Breite des untergesetzten Füllstabes. Eine Mindest-Überlappung von 25% ist notwendig, wobei die relative Breite der Füllstäbe b_2/b_1 mindestens gleich 0,75 sein soll. Bild 6-123 zeigt die Definition von der wirksamen Breite b_e, b_{ep} und $b_{e,ü}$ der Tabellen 6-11 und 6-13.

Die Traglast vergrößert sich linear mit der Überlappung $\lambda_ü$ von 25% bis 50% (Gl. 6-75), ist dann konstant von 50% bis <80% (Gl. 6-76). Ab 80% ist sie (Gl. 6-77) auf einem höheren Niveau konstant.

Beim Einsatz von Kreishohlprofilen als Füllstäbe wird das bereits beschriebene Verfahren angewendet. (Tabellen 6-11 und 6-13, K- und N-förmige Knoten mit Spalt zwischen den Füllstäben oder mit Überlappung).

Traglasten KT-förmiger Knoten aus Hohlprofilen

Verschiedene Ausführungen von KT-Knoten aus kreisförmigen bzw. rechteckigen Hohlprofilen mit Spalt bzw. Überlappung werden in Bild 6-87 dargestellt.

Die Berechnung der Traglasten von KT-Knoten mit Spalt erfolgt auf der Grundlage der entsprechenden Berechnungen für K- und N-Knoten gemäß Tabellen 6-9, 6-11 oder 6-13, wobei die Spaltweite zwischen zwei Füllstäben (Druck- und Zugfüllstab) mit den größten Beanspruchungen als Basis der Berechnung anzunehmen ist. Die senkrechten Beanspruchungskomponenten $N_{i,Sd} \cdot \sin\theta_i$ der zwei Füllstäbe, die gleichen Richtungssinn aufweisen, werden addiert. Die senkrechte Komponente der Beanspruchbarkeit $N_{i,Rd} \cdot \sin\theta_i$ des verbleibenden Füllstabes muß größer sein als die addierte Beanspruchung der anderen zwei Füllstäbe.

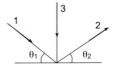

$$N_{1,Sd}\sin\theta_1 + N_{3,Sd} \cdot \sin\theta_3 \le N_{2,Rd} \cdot \sin\theta_2$$

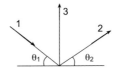

$$N_{2,Sd}\sin\theta_2 + N_{3,Sd} \cdot \sin\theta_3 \le N_{1,Rd} \cdot \sin\theta_1$$

$N_{i,Rd}$-Werte sind mit den Traglastformeln aus den Tabellen 6-9, 6-11 oder 6-13 zu ermitteln. Die β-Werte sind wie folgt:

– für Tabelle 6-9: $\dfrac{d_1 + d_2 + d_3}{3\,d_0}$

– für Tabelle 6-11: $\dfrac{b_1 + b_2 + b_3}{3\,b_0}$ oder

$\dfrac{d_1 + d_2 + d_3}{3\,b_0}$

– für Tabelle 6-13: $\dfrac{b_1 + b_2 + b_3 + h_1 + h_2 + h_3}{6\,b_0}$

oder $\dfrac{b_1 + b_2 + b_3}{3\,b_0}$ oder $\dfrac{d_1 + d_2 + d_3}{3\,b_0}$

Für KT-Knoten mit Überlappung muß die Beanspruchbarkeit $N_{i,Rd}$ jedes überlappenden Füllstabes größer als oder gleich der Beanspruchung $N_{i,Sd}$ sein (siehe auch Fußnote der Tabelle 6-11). Es sei angemerkt, daß beim Nachweis der wirksamen Breite die Bauteilüberlappung in der richtigen Reihenfolge erfolgen muß.

Beispiel: KT-Knoten mit Spalt im Druckgurt
Werkstoff: S355 (f_y=355 N/mm^2)

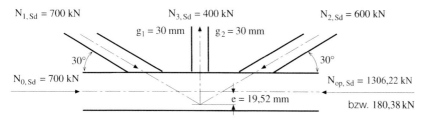

N$_{1,Sd}$ = 700 kN   N$_{3,Sd}$ = 400 kN   N$_{2,Sd}$ = 600 kN

g_1 = 30 mm g_2 = 30 mm

30°   30°

N$_{0,Sd}$ = 700 kN   N$_{op,Sd}$ = 1306,22 kN

e = 19,52 mm   bzw. 180,38 kN

Druckgurtstab:
Profil gewählt: 219,1 $\emptyset \times$ 10 mm
Querschnittsfläche A_0=65,7 cm^2

Druckfüllstab 1:
Profil gewählt: 139,7 $\emptyset \times$ 7,1 mm
Axialkraft im Druckfüllstab (γ_F-fache Last):
$N_{1,Sd}$=700 kN
Anschlußwinkel zum Gurtstab: θ_1=30°

Druckfüllstab 2:
Profil gewählt: 139,7 $\emptyset \times$ 6,3 mm
Axialkraft im Druckfüllstab (γ_F-fache Last):
$N_{2,Sd}$=600 kN
Anschlußwinkel zum Gurtstab: θ_2=30°

Zugfüllstab 3:
Profil gewählt: 108 $\emptyset \times$ 6,3 mm
Axialkraft im Zugfüllstab (γ_F-fache Last):
$N_{3,Sd}$=400 kN
Anschlußwinkel zum Gurtstab: θ_3=90°

Knotentragfähigkeit von N-förmigen Knoten bestehend aus dem Gurtstab und den Füllstäben 1 und 3:

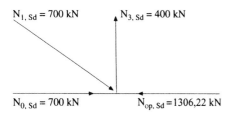

N$_{1,Sd}$ = 700 kN   N$_{3,Sd}$ = 400 kN

N$_{0,Sd}$ = 700 kN   N$_{op,Sd}$ =1306,22 kN

Überprüfung der Anwendungsgrenzen (siehe Tabelle 6-10)

Durchmesserverhältnis β (KT-Knoten)

$$= \frac{d_1 + d_2 + d_3}{3\,d_0} = \frac{139,7 + 139,7 + 108,0}{3 \cdot 219,1}$$

$$= 0,59 > 0,2$$

$$\frac{d_1}{2\,t_1} = \frac{139,7}{2 \cdot 7,1} = 9,84 \rightarrow 5 < 9,84 < 25$$

$$\frac{d_3}{2\,t_3} = \frac{108}{2 \cdot 6,3} = 8,57 \rightarrow 5 < 8,57 < 25$$

$$\frac{d_0}{2\,t_0} = \frac{219,1}{2 \cdot 10} = 11 \rightarrow 5 < 11 < 25$$

$$g \geq t_1 + t_3 \rightarrow 30 > (7,1 + 6,3) = 13,4 \text{ mm}$$

$$\frac{g}{t_0} = \frac{30}{10} = 3$$

$$e = 19,52 \text{ mm} \rightarrow \frac{e}{d_0} = \frac{19,52}{219,1}$$

$$= 0,089 < 0,25$$

Exzentrizität braucht nicht berücksichtigt zu werden.

$$N_{op,Sd} = N_{0,Sd} + N_{1,Sd} \cdot \cos\theta_1$$

$$= 700 + 700 \cdot \cos 30° = 1306,22 \text{ kN}$$

$$f_{op} = \frac{N_{op,Sd}}{A_0} = \frac{1306220}{6570} = 198,81 \text{ N/mm}^2$$

$$n' = \frac{f_{op}}{f_{y0}} = \frac{198,81}{355} = 0,56$$

$$f(n') = 1 - 0,3\,n'\,(1 + n') = 0,738$$

$$f(\gamma,g') = \gamma^{0,2} \cdot \left(1 + \frac{0,024 \cdot \gamma^{1,2}}{1 + e^{(0,5g/t_0 - 1,33)}}\right)$$

$$= 11^{0,2} \cdot \left(1 + \frac{0,024 \cdot 11^{1,2}}{1 + e^{(0,5 \cdot 30/10 - 1,33)}}\right) = 1,93$$

Knotentragfähigkeit $N_{1,Rd}$ (siehe Tabelle 6-9)

Versagenskriterium:

Plastizierung des Gurtflansches

$$N_{1,Rd} = \frac{f_{y0} \cdot t_0^2}{\sin\theta_1} \cdot \left(1,8 + 10,2\,\frac{d_1}{d_0}\right)$$

$$f(\gamma,g') \cdot f(n') \cdot \frac{1,1}{\gamma_{Mj}}$$

$$N_{1,Rd} = \frac{355 \cdot 10^2}{\sin 30°}$$

$$\cdot \left(1,8 + 10,2 \cdot \frac{139,7}{219,1}\right) \cdot 0,738 \cdot 1,93$$

$$\triangleq 839,72 \text{ kN} > 700 \text{ kN}$$

$$N_{3,Rd} = N_{1,Rd} \frac{\sin \theta_1}{\sin \theta_3} = 839,72 \cdot \frac{\sin 30°}{\sin 90°}$$

$$= 419,86 \text{ kN} > 400 \text{ kN}$$

Versagenskriterium:

Durchstanzen des Gurtstabes

$$N_{1,Rd} = \frac{f_{y0}}{\sqrt{3}} \cdot t_0 \cdot \pi \cdot d_1 \cdot \frac{1 + \sin \theta_1}{2\sin^2 \theta_1} \cdot \frac{1,1}{\gamma_{Mj}}$$

$$= \frac{355}{\sqrt{3}} \cdot 10\,\pi \cdot 139,7 \cdot \frac{1 + \sin 30°}{2 \sin^2 30°} \cdot \frac{1,1}{1,1}$$

$$= 2698,57 \text{ kN} > 700 \text{ kN}$$

$$N_{3,Rd} = \frac{355}{\sqrt{3}} \cdot 10\,\pi \cdot 108 \cdot \frac{1 + \sin 90°}{2 \sin^2 90°} \cdot \frac{1,1}{1,1}$$

$$\triangleq 695,41 \text{ kN} > 400 \text{ kN}$$

Knotennachweis (Füllstäbe 1 und 3) ist erfüllt.

Knotentragfähigkeit von N-förmigen Knoten bestehend aus dem Gurtstab und den Füllstäben 2 und 3:

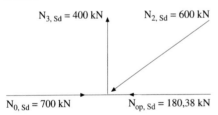

Überprüfung der Anwendungsgrenzen (siehe Tabelle 6-10)

Durchmesserverhältnis β (KT-Knoten)
= 0,52 > 0,2

$$\frac{d_2}{2\,t_2} = \frac{139,7}{2 \cdot 6,3} = 11,1 \rightarrow 5 < 11,1 < 25$$

$$\frac{d_3}{2\,t_3} = \frac{108}{2 \cdot 6,3} = \rightarrow 5 < 8,57 < 25$$

$$\frac{d_0}{2\,t_0} = \frac{219,1}{2 \cdot 10} = 11 \rightarrow 5 < 11 < 25$$

$$g \geq t_2 + t_3 \rightarrow 30 > (6,3 + 6,3) = 12,6 \text{ mm}$$

$$\frac{g}{t_0} = \frac{30}{10} = 3$$

$$e = 19,52 \text{ mm} \rightarrow \frac{e}{d_0} = \frac{19,52}{219,1}$$

$$= 0,089 < 0,25$$

Exzentrizität braucht nicht berücksichtigt zu werden.

$$N_{op,Sd} = N_{0,Sd} - N_{2,Sd} \cdot \cos 30°$$

$$= 700 - 600 \cdot \cos 30° = 180,38 \text{ kN}$$

$$f_{op} = \frac{N_{op,Sd}}{A_0} = \frac{180380}{6570} = 27,46 \text{ N/mm}^2$$

$$n' = \frac{27,46}{355} = 0,08$$

$$f(n') = 1 - 0,3\,n'\,(1 + n') = 0,97$$

$$f(\gamma,g) = \gamma^{0,2} \cdot \left(1 + \frac{0,024 \cdot \gamma^{1,2}}{1 + e^{(0,5g/t_0 - 1,33)}}\right)$$

$$= 11^{0,2} \cdot \left(1 + \frac{0,024 \cdot 11^{1,2}}{1 + 1,185}\right) = 1,93$$

Knotentragfähigkeit $N_{2,Rd}$ (siehe Tabelle 6-9)

Versagenskriterium:

Plastizierung des Gurtflansches

$$N_{2,Rd} = \frac{f_{y0} \cdot t_0^2}{\sin \theta_2} \cdot \left(1,8 + 10,2 \frac{d_2}{d_0}\right)$$

$$f(n') \cdot f(\gamma,g') \cdot \frac{1,1}{\gamma_{Mj}}$$

$$N_{2,Rd} = \frac{355 \cdot 10^2}{\sin 30°}$$

$$\cdot \left(1,8 + 10,2 \cdot \frac{139,7}{219,1}\right) \cdot 0,97 \cdot 1,93 \cdot \frac{1,1}{1,1}$$

$$\triangleq 1103,70 \text{ kN} > 600 \text{ kN}$$

$$N_{3,Rd} = N_{2,Rd} \frac{\sin 30°}{\sin 90°} = 1103,70 \cdot 0,5$$

$$= 551,85 > 400 \text{ kN}$$

Versagenskriterium:

Durchstanzen des Gurtstabes

$$N_{2,Rd} = \frac{f_{y0}}{\sqrt{3}} \cdot t_0 \cdot \pi \cdot d_2 \cdot \frac{1 + \sin \theta_2}{2 \sin^2 \theta_2} \cdot \frac{1,1}{\gamma_{Mj}}$$

$$= \frac{355}{\sqrt{3}} \cdot 10\,\pi \cdot 139,7 \cdot \frac{1 + \sin 30°}{2 \sin^2 30°} \cdot \frac{1,1}{1,1}$$

$$\triangleq 2698,57 \text{ kN} > 600 \text{ kN}$$

$$N_{3,Rd} = 695,41 \text{ kN} > 400 \text{ kN}$$

Knotennachweis (Füllstäbe 2 und 3) ist erfüllt.

Ferner ist die weitere Bedingung für KT-Knoten

$N_{3,Rd} \sin 90°$
$\geq N_{1,Sd} \cdot \sin 30° + N_{2,Sd} \cdot \sin 30°$
$695{,}41 > (700 \cdot 0{,}5 + 600 \cdot 0{,}5) = (350 + 300) =$
650 kN

auch erfüllt.

Traglasten von Fachwerkknoten aus Hohlprofilen in Verbindung mit Pfetten

Die Bilder 6-124 a und b zeigen zwei grundsätzlich unterschiedliche Pfetten für Fachwerkträger aus Hohlprofilen (a) Einzelprofile b) Fachwerke).

Einzelprofile sind leichtere Ausführungen, während Fachwerke dann verwendet werden, wenn die Spannweite (Binderabstand) groß ist.

Einige Beispiele der Befestigungen von Pfetten aus Einzelprofilen z. B. I-Profil, Rechteckhohlprofil, abgekantetes Profil werden in Bild 6-125 dargestellt. Bild 6-125 a zeigt ein häufig verwendetes System, bei dem eine I-Profil-Pfette mit einem abgekanteten Flachstahl an dem Obergurt eines Hohlprofilfachwerkträgers befestigt wird.

Die Verwendung von Rechteck- (Bild 6-125 b) oder Quadrathohlprofilen aus Pfetten ist vorteilhaft, da diese sich gegenüber Verdrehen oder

a)

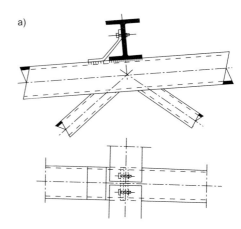

b)

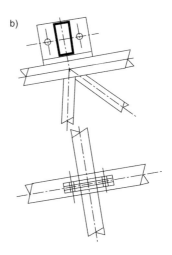

c)

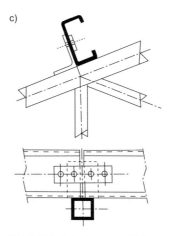

a)

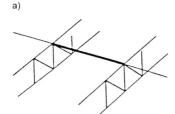

b)

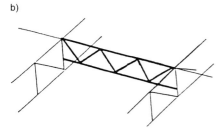

Bild 6-124 Pfettenarten für Fachwerkträger. a) Einzelprofil, b) Fachwerk

Bild 6-125 Befestigung von Pfetten aus Einzelprofilen an Fachwerkträgern aus Hohlprofilen. a) I-Profil, b) RHP, c) Profil aus abgekantetem Blech

Kippen günstig verhalten. Die Pfetten aus abgekantetem, kaltgeformtem Blech werden mit einer Steglasche befestigt (Bild 6-125 c), die allerdings nicht immer erforderlich ist. Sie erleichtert aber das Verschrauben der Pfetten während der Montage. Diese Steglaschen können beachtliche Abmessungen haben und als Stoßlasche die Durchlaufwirkung der Pfetten herstellen. Diesbezügliche Vorschläge favorisieren meist Fachwerkträger mit Gurten aus Rechteck- oder Quadrathohlprofilen. Einige Varianten z. B. die Ausführung in Bild 6-125 b, sind auch für Gurte aus kreisförmigen Hohlprofilen anwendbar.

Bild 6-126 zeigt Beispiele von Fachwerkträgern als Pfetten, wobei die Untergurte der Fachwerkpfetten an die Fachwerkbinder angeschlossen werden. Auf diese Weise können durchlaufende Pfetten zur Längsaussteifung des Binders ausgebildet werden.

Bild 6-127 beschreibt zwei Alternativen der Befestigung an der Stelle 1, wobei die Lösung a einen Längenausgleich durch Einlegen von Futterblechen ermöglicht, während die Lösung b einen Toleranzausgleich in der Größe des Lochspieles der Schraubenlöcher erreicht.

An der Stelle 2 des Bildes 6-126 a kann in Abhängigkeit vom Neigungswinkel eine der beiden Alternativen aus Bild 6-128 gewählt werden. Beim Anschluß der Aussteifungsstäbe ist die

a)

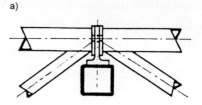

b)

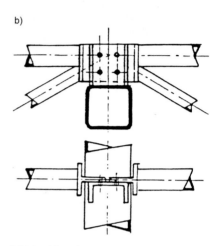

Bild 6-127 Befestigungsalternativen, Detail 1 zu Bild 6-126

a)

b)

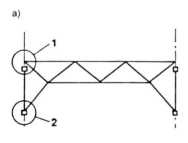

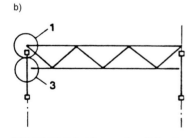

Bild 6-126 Beispiele von Anschlußsystemen der Fachwerkpfetten mit Fachwerkbindern

a)

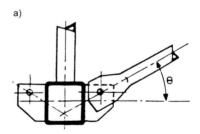

b)

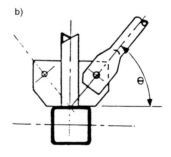

Bild 6-128 Befestigungsalternativen, Detail 2 zu Bild 6-126 a

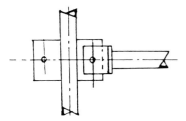

Bild 6-129 Befestigung, Detail 3 zu Bild 6-126 b

gezeigte Verschiebung des Stabachsen-Schnitt-punktes allgemein zulässig. Die Verschiebung kann durch einen entsprechenden Entwurf des Anschlusses der Haupttragglieder (beispiels-weise Durchlaufpfetten) vermieden werden.

Ferner zeigt Bild 6-129 (das Detail 3 des Bil-des 6-126 b) die Befestigung des Untergurtes der Fachwerkpfette an den Pfosten des Fach-werkbinders.

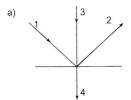

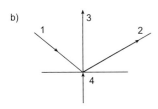

Wenn die Pfettenbelastung bzw. Belastung durch Aufhängung den gleichen Richtungssinn hat wie die zusammengesetzten Beanspru-chungskomponenten, z.B.

a) $N_{1,Sd} \cdot \sin\theta_1 + N_{3,Sd} \cdot \sin\theta_3 + N_{4,Sd}$
b) $N_{2,Sd} \cdot \sin\theta_2 + N_{3,Sd} \cdot \sin\theta_3 + N_{4,Sd}$

wird die Traglast des verbleibenden Füllstabes direkt ermittelt:

a) $N_{2,Rd} \cdot \sin\theta_2 \geq N_{2,Sd} \cdot \sin\theta_2$
b) $N_{1,Rd} \cdot \sin\theta_1 \geq N_{1,Sd} \cdot \sin\theta_1$

$N_{1,Rd}$ und $N_{2,Rd}$ werden aus Tabelle 6-9 oder 6-11 oder 6-13 berechnet.

Außerdem ist für die Beanspruchung $N_{4,Sd}$ einer Pfette oder einer Aufhängung an den Gurtstab eine zusätzliche Überprüfung erfor-derlich. Es muß ein zusätzlicher Nachweis wie für X-Knoten geführt werden.

Aus Versuchen sind folgende Schlüsse gezogen worden:

- Die Traglast von K- und N-Knoten unter zu-sätzlicher Querbelastung (d.h. bei X-Kno-ten) ist identisch mit der Traglast von K- und N-Knoten ohne Querbelastung als Zu-satzlast (Pfettenlast). Das gleiche gilt für KT-Knoten.
- Wenn alle Füllstabbeanspruchungen nur einen Richtungssinn haben oder nur ein Füllstab belastet ist, ist der Knoten als eine X-Knotenverbindung unter Verwendung einer äquivalenten Füllstabmessung zu über-prüfen.

Bemessung K- und N-förmiger Knoten aus KHP, RHP und QHP unter vorwiegend ruhender Belastung nach DIN 18808 [5]

Bis die europäische Vornorm [3] „DIN V ENV 1993, 1-1: Eurocode 3" in die volle europäische Norm EN umgewandelt wird, gel-ten in Deutschland auch die nationalen Nor-men DIN 18808 [5] sowie die neue DIN 18800, Teile 1-4 [10] für die Bemessung von Hohlprofilknoten. Zuletzt wurde DIN 18808 durch die entsprechende Anpassungsrichtlinie [229] an das Traglastkonzept der DIN 18800 angepaßt.

Es sei hier angemerkt, daß die beiden Normen [3] und [5] gesondert angewendet werden müs-sen. Eine Vermischung beider Normen ist nicht zulässig.

Das Verfahren nach DIN 18808 berücksichtigt sowohl die Tragfähigkeit der Schweißnähte als auch die Gestaltfestigkeit des gesamten Knotens, die durch die geometrischen Parameter z.B.

$\frac{t_0}{t_i}\left(=\frac{1}{\tau}\right)$, $\frac{d_0}{t_0}$ oder $\frac{b_0}{t_0}$ $(=2\gamma)$, $\frac{d_1 + d_2}{2 d_0}$ oder $\frac{b_1 + b_2}{2 b_0}$ oder $\frac{d_1 + d_2}{2 b_0}$ $(=\beta)$, Spalt g, Überlap-pung $\lambda_{\ddot{u}}\%$, Anlaufwinkel θ und Knotentyp (K- oder N) gegeben ist. Außerdem werden noch die beiden Gurtvorspannkräfte N_{op} (Druck oder Zug) unterschieden. Folgende Nachweise sind durchzuführen:

- allgemeiner Spannungs- bzw. Stabilitäts-nachweis (DIN 18800 [10])
- Nachweis der Knotentraglasten (DIN 18808 [5])

Die für die Füllstäbe angegebenen Grenz-schweißnahtspannungen (siehe Tabelle 6-15) entsprechen denen für Kehlnähte der DIN 18800, Teil 1 [10], da gleichzeitig die Spannungen in den Anschlußnähten (Nahtdicke a = Wanddicke des anzuschließenden Füllsta-bes) mitberücksichtigt werden.

Tabelle 6-15 Grenzschweißnahtspannung $f_{W,Rd}$[a] der Fachwerkstäbe nach DIN 18808 [5, 229] Teilsicherheits-faktor $\gamma_M = 1{,}1$

Stahlsorte	S235	S355
Alle Füllstäbe	207 N/mm^2	261 N/mm^2
Alle Gurtstäbe	218 N/mm^2	327 N/mm^2

[a] $f_{W,Rd} = \alpha_W \cdot \dfrac{f_{y,k}}{\gamma_M}$ mit α_W aus Tabelle 6-17

Tabelle 6-16 enthält die Grenzen für die An-wendung der nachstehenden Formeln. Die Be-reiche außerhalb der angegebenen Grenzen sind versuchstechnisch nicht abgesichert.

Tabelle 6-16 Gültigkeitsgrenzen für Stababmessungen in Fachwerken nach DIN 18808 [5, 229]

Zeile		Gültigkeitsbereich
1		$d \leq 500$ mm $b \leq 400$ mm $h \leq 400$ mm
2		$0{,}5 \leq \dfrac{h}{b} \leq 2{,}0$
3		$t \geq 1{,}5$ mm S235: $t \leq 30$ mm S355: $t \leq 25$ mm
4	bei Druckstäben	S235: $\dfrac{d_i}{t_i} \leq 100$ S355: $\dfrac{d_i}{t_i} \leq 67$ S235: $\dfrac{b_i}{t_i} \leq 43$ S355: $\dfrac{b_i}{t_i} \leq 36$
5	für Gurtstäbe bei Knotennachweisen	$\dfrac{d_0}{t_0} \leq 35$ $\dfrac{b_0}{t_0} \leq 354$

Tabelle 6-17 α_W-Werte für die Grenzschweißnahtspan-nungen gemäß DIN 18800, Teil 1 [10]

Stabart	Nahtgüte	Beanspruchungs-art	Stahlsorte	
			S235	S355
Gurtstab	alle nachge-wiesen	Druck Zug	1,0 1,0	1,0 1,0
	nicht nach-gewiesen	Zug	0,95	0,80
Füllstab	alle alle	Druck, Zug Schub	0,95 0,95	0,80 0,80

Weiterhin müssen die folgenden Grenzen be-achtet werden:

- Anlaufwinkel $\theta \geq 30°$

- $\dfrac{d_1 + d_2}{2\,d_0}$ bzw. $\dfrac{b_1 + b_2}{2\,b_0}$ bzw. $\dfrac{d_1 + d_2}{2\,b_0} \geq 0{,}35$

Der Knotentraglastnachweis baut im wesent-lichen auf der Einhaltung des Wanddickenver-hältnisses t_0/t_i auf. Bei Knoten mit Überlap-pung der Füllstäbe muß der Nachweis des erfor-derlichen t_0/t_i-Verhältnisses (bzw. erf. t_u/t_a, t_u = Wanddicke des untergesetzten Füllstabes, t_a = Wanddicke des aufgesetzten Füllstabes) auch für die angeschlossenen Stabbereiche der Füllstäbe geführt werden. Für den Knotentrag-lastnachweis des überlappenden Füllstabes wird der durchlaufende Stab wie ein Gurtstab aufge-faßt.

a) Knoten mit Überlappung, Gurt mit Zug- bzw. Druckkraft

Für den Fall eines überlappenden Knotens (K- oder N-förmig) mit $g = 0$, sind für erf. (t_0/t_i) die Werte nach Tabelle 6-18 einzuhalten, wenn die Grenzschweißnahtspannungen in den Füllstä-ben gemäß Tabelle 6-15 ausgenutzt sind. Dies gilt entsprechend für die Füllstäbe

$$\text{vorh.} \left(\frac{t_0}{t_i}\right) \geq \text{erf.} \left(\frac{t_0}{t_i}\right) \qquad (6\text{-}87)$$

$$\text{vorh.} \left(\frac{t_u}{t_a}\right) \geq \text{erf.} \left(\frac{t_u}{t_a}\right) \qquad (6\text{-}88)$$

Sind die vorhandenen Spannungen in den Füll-stäben kleiner als die Grenzschweißnahtspan-

Tabelle 6-18 Erforderliche Wanddickenverhältnisse t_0/t_i bzw. t_u/t_a für Knoten mit Überlappung, Gurt mit Zug- bzw. Druckkraft

	S235	S355
erf. $\left(\dfrac{t_0}{t_i}\right)$ bzw. erf. $\left(\dfrac{t_u}{t_a}\right)$	1,60	1,33

nungen nach Tabelle 6-15, so darf das erforderliche Wanddickenverhältnis erf. (t_0/t_i) bzw. erf. (t_u/t_a) abgemindert werden:

$$\left(\text{erf.}\ \frac{t_0}{t_i}\right)_{\text{red.}} < \text{vorh.}\ \left(\frac{t_0}{t_i}\right) \tag{6-89}$$

bzw.

$$\left(\text{erf.}\ \frac{t_u}{t_a}\right)_{\text{red.}} < \text{vorh.}\ \left(\frac{t_u}{t_a}\right) \tag{6-90}$$

Hierbei errechnet sich das „reduzierende" Wanddickenverhältnis $(t_0/t_i)_{\text{red.}}$ bzw. $(t_u/t_a)_{\text{red.}}$ durch Umrechnung mit dem Verhältnis vorh. $f/f_{W,Rd}$:

$$\left(\text{erf.}\ \frac{t_0}{t_i}\right)_{\text{red.}} \text{bzw.}\ \left(\text{erf.}\ \frac{t_u}{t_a}\right)_{\text{red.}} =$$

$$\left(\text{erf.}\ \frac{t_0}{t_i}\right) \text{bzw.}\ \left(\text{erf.}\ \frac{t_u}{t_a}\right) \cdot \frac{\text{vorh.}\ f}{f_{W,Rd}} \tag{6-91}$$

b) Knoten mit Spalt, Gurt mit Zugkraft

Für den Fall eines zugbeanspruchten Gurtstabes in einem Knoten mit Spalt sind die erforderlichen (t_0/t_i)-Werte nach Tabelle 6-19, die vom b_0/t_0- bzw. d_0/t_0-Verhältnis abhängig sind, anzuwenden. Zwischenwerte können linear interpoliert werden. Dies gilt für die volle Ausnutzung der Grenzschweißnahtspannungen $f_{W,Rd}$ in den Füllstäben nach Tabelle 6-15. Ist in den Füllstäben vorh.$f < f_{W,Rd}$, so darf das nach Tabelle 6-19 ermittelte erf(t_0/t_i)-Verhältnis in gleicher Weise, wie im vorigen Abschnitt a) gezeigt, reduziert werden.

Da sich die Abminderung auf die Spannungsrelation vorh.$f/f_{W,Rd}$ der Füllstäbe stützt, ist bei Unterschreitung des erf.(t_0/t_i)- bzw. (erf.$t_0/t_i)_{\text{red}}$-Verhältnisses entweder ein neues Gurtprofil mit größerer Wanddicke oder ein anderer Füllstabquerschnitt mit kleinerer Wanddicke zu wählen. Es wird empfohlen, möglichst – ohne Änderung des Gurtprofils – nur mit der Wahl einer kleinen Wanddicke des Füllstabes auszukommen.

Diese Verfahrensweise gilt unabhängig von der Spaltweite g bzw. der auf die Breite des Gurtstabes bezogenen Spaltweite g/b_0 bzw. g/d_0.

Im Bereich kleinerer Spaltweitenverhältnisse

$$0 < \frac{g}{b_0} \text{ bzw. } \frac{g}{d_0} < 0,2$$

ist eine lineare Interpolation zwischen den Werten der Tabellen 6-18 und 6-19 erlaubt.

Formelmäßig bedeutet dies:

für S235:

$$\text{erf.}\left(\frac{t_0}{t_i}\right) = 1,6 + \left[5 \cdot \text{erf.}\left(\frac{t_0}{t_i}\right)_{\text{Tab.6-19}} - 8\right]$$
$$\cdot \left(\frac{g}{b_0} \text{ bzw. } \frac{g}{d_0}\right) \tag{6-92}$$

für S355:

$$\text{erf.}\left(\frac{t_0}{t_i}\right) = 1,33 + \left[5 \cdot \text{erf.}\left(\frac{t_0}{t_i}\right)_{\text{Tab.6-19}} - 6,65\right]$$
$$\cdot \left(\frac{g}{b_0} \text{ bzw. } \frac{g}{d_0}\right) \tag{6-93}$$

b1) Einfluß des Systemwinkels θ für K- und N-Knoten mit Spalt, Gurt mit Zugkraft

Bei Systemwinkeln θ zwischen 30° und 60° ist der Einfluß von θ bei beiden Knotenformen vernachlässigbar.

Für $\theta < 30°$ lassen sich theoretisch und versuchstechnisch Traglasterhöhungen nachweisen, jedoch bestehen schweißtechnische Schwierigkeiten.

Tabelle 6-19 Erforderliches Wanddickenverhältnis (t_0/t_i) für Knoten mit Spalt und Zuggurt

	$\dfrac{b_0}{t_0}$ bzw. $\dfrac{d_0}{t_0}$	≤ 20	22,5	25	27,5	30	35
S235	erf. $\left(\dfrac{t_0}{t_i}\right)$	1,60	1,7	1,8	1,9	2,0	2,2
S355		1,33	1,42	1,5	1,59	1,67	1,83

Im Bereich $\theta > 60°$ ist eine Vergrößerung des erforderlichen Wanddickenverhältnisses erf. (t_0/t_i) nach Tabelle 6-19 notwendig:

$$\text{erf.}\left(\frac{t_0}{t_i}\right) = f(\theta) \cdot \text{erf.}\left(\frac{t_0}{t_i}\right)_{\text{Tab.6-19}} \qquad (6\text{-}94)$$

wobei

$$f(\theta) = 0,6 + \frac{\theta}{150} \qquad (6\text{-}95)$$

(für $60° < \theta \le 90°$, θ in Gradmaß)

Damit wird z.B. für den Vertikalstab eines N-Knotens mit Spalt, der unter 90° an das Gurtprofil angeschlossen wird, das erf. (t_0/t_i)-Verhältnis um das 1,2 fache größer.

In der Praxis tritt bei N-Knoten im allgemeinen eine Überlappung der Füllstäbe auf, während bei K-Knoten der Winkel θ i. allg. zwischen 30° und 60° liegt. Der Einfluß von θ wird deshalb nur in seltenen Fällen zu berücksichtigen sein.

b2) Einfluß eines großen Breiten- bzw. Durchmesserverhältnisses b_i/b_0 bzw. d_i/d_0 bzw. d_i/b_0 $(=\beta) > 0,7$ bei gleichzeitig größeren Spaltweiten $g > 2c$ (c = Flankenabstand)

Aufgrund der durchgeführten Versuche hat sich gezeigt, daß die Grenzschweißnahtspannung $f_{W,Rd}$ im Füllstab bei $\beta > 0,7$ und gleichzeitig größeren Spaltweiten g als dem 2 fachen Flankenabstand c ($g > 2c$) mit einem Faktor K abzumindern ist (siehe Bild 6-130).

K wird nicht kleiner als 0,7 eingesetzt, d.h. $0,7 \le K \le 1,0$.

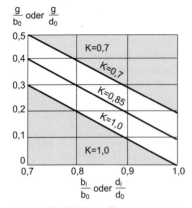

Bild 6-130 Einfluß des Flankenabstands c

Bei RHP-Füllstäben und -Gurtstäben gilt:

$$K = 1 - 3 \cdot \frac{g - 2c}{b_0} \cdot \frac{b_i}{b_i + h_i} \qquad (6\text{-}96)$$

Für den Sonderfall mit QHP- bzw. KHP-Füllstäben und RHP-Gurtstäben wird Gl. (6-96) vereinfacht:

$$K = 1 - 1,5 \cdot \frac{g - 2c}{b_0} \qquad (6\text{-}97)$$

Ferner gilt für den Fall mit KHP-Füllstäben und -Gurtstäben:

$$K = 1 - 1,5 \cdot \frac{g - 2c}{d_0} \qquad (6\text{-}98)$$

Die Grenzschweißnahtspannung der Füllstäbe ist dann wie folgt zu bestimmen:

Grenzschweißnahtspannung $= K \cdot f_{W,Rd}$
($f_{W,Rd}$ aus Tabelle 6-15)

c) Knoten mit Spalt, Gurt mit Druckkraft

Für K- und N-Knoten mit Spalt wird in den Diagrammen der Bilder 6-131 a–f die Abhängigkeit der Druckspannung im Gurtstab $f_{N,D,G}$ von den geometrischen Parametern $\dfrac{t_0}{t_i}\left(=\dfrac{1}{\tau}\right)$, $\dfrac{b_0}{t_0}$ bzw. $\dfrac{d_0}{t_0}$ $(= 2\gamma)$ und $\dfrac{b_1 + b_2}{2b_0}$ bzw. $\dfrac{d_1 + d_2}{2d_0}$ bzw. $\dfrac{d_1 + d_2}{2b_0}$ $(= \beta)$ sowie den Stahlsorten S235 und S355 dargestellt [229]. Die Druckspannung $f_{N,D,G}$ ist dabei ohne Reduktionsfaktor χ (siehe Bild 5-4) einzusetzen.

Mit den aus dem Spannungs- bzw. Stabilitätsnachweis gewonnenen geometrischen Abmessungen der Fachwerkstäbe und den damit ermittelten Parameterwerten τ, γ und β kann das t_0/t_i-Verhältnis kontrolliert werden.

Auch hier darf von dem im Abschnitt b) erwähnten Verfahren zur Reduzierung des erf. (t_0/t_i)-Verhältnisses im Fall nicht ausgenutzter Grenzschweißnahtspannungen $f_{W,Rd}$ der Füllstäbe nach Tabelle 6-15 Gebrauch gemacht werden.

Werden die jeweiligen Grenzen eingehalten, so ist die Knotentraglast mit ausreichender Sicherheit gewährleistet. Sollte der entsprechende

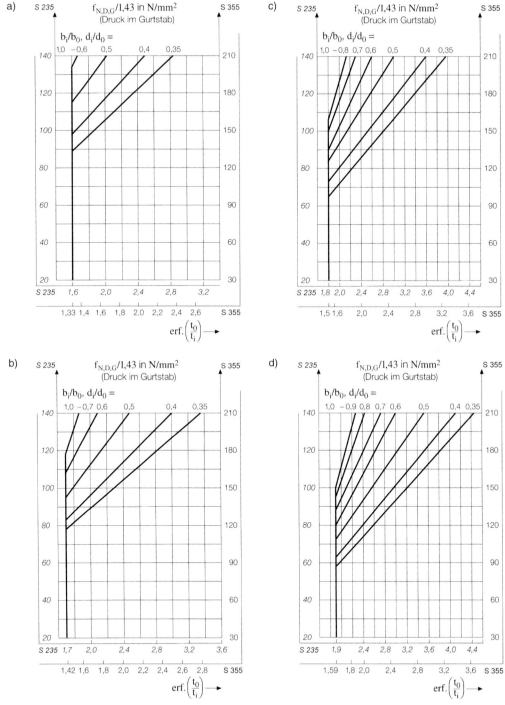

Bild 6-131 a) Erforderliches Wanddickenverhältnis in Abhängigkeit vom Verhältnis $b_0/t_0 = 20$ oder $d_0/t_0 = 20$. b) Erforderliches Wanddickenverhältnis in Abhängigkeit vom Verhältnis $b_0/t_0 = 22,5$ oder $d_0/t_0 = 22,5$. c) Erforderliches Wanddickenverhältnis in Abhängigkeit vom Verhältnis $b_0/t_0 = 25$ oder $d_0/t_0 = 25$. d) Erforderliches Wanddickenverhältnis in Abhängigkeit vom Verhältnis $b_0/t_0 = 27,5$ oder $d_0/t_0 = 27,5$.

e)

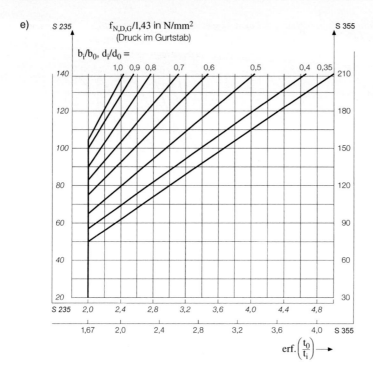

f)

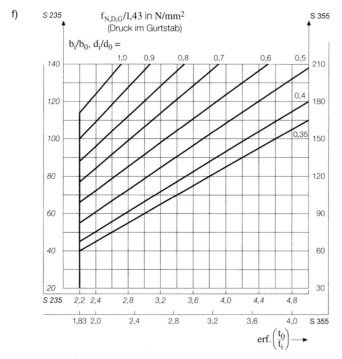

Bild 6-131 (Fortsetzung) e) Erforderliches Wanddickenverhältnis in Abhängigkeit vom Verhältnis $b_0/t_0 = 30$ oder $d_0/t_0 = 30$. f) Erforderliches Wanddickenverhältnis in Abhängigkeit vom Verhältnis $b_0/t_0 = 35$ oder $d_0/t_0 = 35$

Wert des erf. (t_0/t_i)-Verhältnisses nicht eingehalten werden, dann kann ein neues Gurtprofil mit größerer Wanddicke gewählt werden. Dadurch erhält man sowohl ein größeres t_0/t_i- als auch ein kleineres b_0/t_0- bzw. d_0/t_0-Verhältnis. Beides führt' zur Knotentraglaststeigerung.

Anstatt eines Gurtprofils kann auch ein neues Füllstabprofil gewählt werden, dessen Wahl durch drei Parameter einzeln oder kombiniert die Knotentraglast erhöhen kann:

- Durch Verringerung der Wanddicke t_i wird vorh. (t_0/t_i) erhöht.
- Durch geeignete Querschnittsabmessung (evtl. Rechteckform querliegend) erfolgt eine Erhöhung des Breitenverhältnisses β (Bild 6-132). Es ist zu beachten, daß bei $\beta > 0{,}7$ die Füllstabtraglast vermindert werden kann (siehe b2).
- Durch einen größeren Füllstabquerschnitt ergibt sich eine Verringerung von vorh. f und damit eine Reduzierung von erf. (t_0/t_i) gemäß a).

Draufsicht

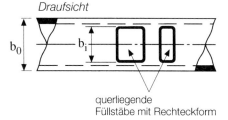

querliegende
Füllstäbe mit Rechteckform

Bild 6-132 Erhöhung des Verhältnisses $\left(\dfrac{b_i}{b_0}\right)$ durch querliegenden Rechteckfüllstab

Auch hier gilt die unter b) beschriebene Verfahrensweise, unabhängig von der Spaltweite g bzw. der bezogenen Spaltweite g/d_0 bzw. g/b_0.

Im Bereich $0 < g/d_0$ bzw. $g/b_0 < 0{,}2$ darf für die Ermittlung eines kleineren erforderlichen Wanddickenverhältnisses erf. (t_0/t_i) zwischen

den Werten nach Bild 6-131a–f und denen nach Tabelle 6-19 linear interpoliert werden. Dafür gelten folgende Beziehungen:

für S235:

$$\text{erf.}\left(\frac{t_0}{t_i}\right) = 1{,}6 + \left[5 \cdot \text{erf.}\left(\frac{t_0}{t_i}\right)_{\text{Bild 6-131}} - 8\right]$$
$$\cdot \left(\frac{g}{b_0} \text{ bzw. } \frac{g}{d_0}\right) \tag{6-99}$$

für S355:

$$\text{erf.}\left(\frac{t_0}{t_i}\right) = 1{,}33 + \left[5 \cdot \text{erf.}\left(\frac{t_0}{t_i}\right)_{\text{Bild 6-131}} - 6{,}65\right]$$
$$\cdot \left(\frac{g}{b_0} \text{ bzw. } \frac{g}{d_0}\right) \tag{6-100}$$

c1) Einfluß des Systemwinkels θ auf K- und N-Knoten mit Spalt, Gurt mit Druckkraft

Verfahrensweise analog b1)

c2) Einfluß eines großen Breiten- bzw. Durchmesser-Verhältnisses b_i/b_0 bzw. d_i/d_0 bzw. d_i/b_0 ($=\beta$) > 0,7 bei gleichzeitig größerer Spaltweite $g > 2\,c$ (c = Flankenabstand)

Verfahrensweise analog b2)

d) Knoten mit Stäben aus unterschiedlichen Stahlgüten bei K- und N-Knoten mit Überlappung

Werden für aufgesetzte und untergesetzte Hohlprofile Stähle mit unterschiedlichen $f_{y,k}$ verwendet, ist das geometrisch vorhandene Wanddickenverhältnis $\left(\dfrac{t_u}{t_a}\right)$ durch das $\dfrac{t_u}{t_a} \cdot \dfrac{f_{y,k,u}}{f_{y,k,a}}$ zu ersetzen.

Beispiel: Berechnung nach DIN 18808 [5]

Gegeben: K-Knoten mit Spalt im Zuggurt
Werkstoff S355 ($f_y = 355$ N/mm^2)
Es sei $g = 30$ mm und damit
$e = -25$ mm

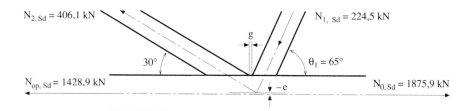

1. Spannungs- und Stabilitätsnachweise

Druckfüllstab:

$N_{1,Sd} = 224,5$ kN (Druck); $l_K = 250$ cm
Profil gewählt: $80 \times 80 \times 4,5$
$A_1 = 13,4$ cm^2; $i = 3,08$ cm

$$\frac{b_1}{t_1} = \frac{80}{4,5} = 17,8 < 35$$

$$\lambda_{K,1} = \frac{250}{3,08} = 81,2$$

$$\bar{\lambda}_{K,1} = \frac{\lambda_{K,1}}{\lambda_E} = \frac{81,2}{76,4} = 1,06$$

$$\to \chi_{K,1} = 0,6236$$

Stabilitätsnachweis:

$$224,5 \text{ kN} < \frac{0,6236 \cdot 13,40 \cdot 35,5}{1,1} = 269,7 \text{ kN}$$

Spannungsnachweis:

$$\frac{N_{0,Sd}}{A_1} = \frac{224,5 \cdot 10^3}{1340} = 167,5 \text{ N/mm}^2$$

< 261 N/mm^2 (aus Tabelle 6-15)

Zugfüllstab:

$N_{2,Sd} = 406,1$ kN (Zug)
Profil gewählt: $90 \times 90 \times 5,6$
$A_2 = 18,6$ cm^2

Spannungsnachweis:

$$\frac{N_{2,Sd}}{A_2} = \frac{406,1 \cdot 10^3}{1860} = 218,3 \text{ N/mm}^2$$

< 261 N/mm^2 (aus Tabelle 6-15)

Zuggurtstab:

$N_{0,Sd} = 1875,9$ kN (Zug)
RHP-Profil gewählt: $200 \times 120 \times 10$
(hochkant)
$A_0 = 57,4$ cm^2

Da $|e| = 25$ mm < 50 mm $(=0,25\,h_0)$, findet keine Berücksichtigung der Exzentrizität statt.

$$\frac{N_{0,Sd}}{A_0} = \frac{1875,9 \cdot 10^3}{5740} = 326,8 \text{ N/mm}^2$$

< 327 N/mm^2 (aus Tabelle 6-15)

2. Knotentraglastnachweis

$$\frac{g}{b_0} = \frac{30}{120} = 0,25$$

Gurtstab/Zugfüllstab:

$$\frac{b_0}{t_0} = \frac{120}{10} = 12$$

$\to$ nach Tabelle 6-19 erf. $\left(\dfrac{t_0}{t_2}\right) = 1,33$

vorh. $\left(\dfrac{t_0}{t_2}\right) = \dfrac{10}{5,6} = 1,79 > 1,33 =$ erf. $\left(\dfrac{t_0}{t_2}\right)$

Kontrolle der Abminderung von $f_{W,Rd}$ nach Gl. (6-96):

$$K = 1 - 3 \cdot \frac{g - 2c}{b_0} \cdot \frac{b_2}{b_2 + h_2}$$

$$= 1 - 3 \cdot \frac{30 - (120 - 90)}{120} \cdot \frac{90}{90 + 90} = 1,0$$

$\to$ keine Abminderung von $f_{W,Rd}$

Gurtstab/Druckfüllstab:

$$\left(\frac{b_0}{t_0}\right) = 12$$

Nach Tabelle 6-18 und Abschnitt b1 folgt:

erf. $\left(\dfrac{t_0}{t_1}\right) = 1,33 \cdot f(\theta)$

$$= 1,33 \left(0,6 + \frac{65}{150}\right) = 1,37$$

(siehe Gln. 6-94 und 6-95)

vorh. $\left(\dfrac{t_0}{t_1}\right) = \dfrac{10}{4,5} = 2,22 > 1,37 =$ erf. $\left(\dfrac{t_0}{t_1}\right)$

6.6.4.2 Tragfähigkeit ausgesteifter Hohlprofil-knoten unter vorwiegend ruhender Beanspruchung

Grundsätzlich ist es empfehlenswert, Hohlpro-filknoten ohne Verstärkung vorzusehen, da die Herstellungskosten durch die Verstärkungsmaß-nahmen wesentlich größer werden. Es ist je-doch teilweise schwierig, auf den Einsatz von Verstärkungskonstruktionen zu verzichten, z. B. im Falle einer Reparatur oder einer nachträgli-chen Anbringung von Verstärkung, wenn bei der Dimensionierung versehentlich die Knoten unterdimensioniert worden sind.

Abhängig von den maßgebenden Versagensar-ten, z. B. „Plastizieren des Gurtstabflansches" und „Abscheren des Gurtstabquerschnitts" für K- und N-Knoten sowie „Plastizieren des Gurt-flansches" und „Gurtstegversagen" für T-, Y-

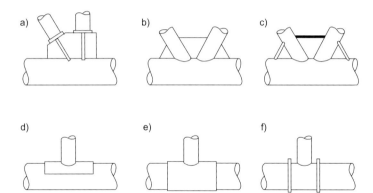

Bild 6-133 Verstärkungsarten für KHP-Knoten

und X-Knoten, werden die Hohlprofilknoten mit einem Unterlegblech, querstehendem Zwischenblech oder Gurtstegverstärkungsblech ausgesteift. Es liegen hierzu Berechnungs- und Bemessungsverfahren vor, die sowohl in ENV 1993-1-1, A1 [230] als auch in DIN 18808 [5, 229] empfohlen werden. Sie gelten für ausgesteifte RHP-Knoten. Es wird vorgeschlagen, auch für den KHP-Knoten (Bild 6-133) diese Regeln einzusetzen [8].

Traglastformeln für ausgesteifte RHP-Knoten nach ENV 1993-1-1, A1 [230]

Die Traglastformeln nach [230] sind im wesentlichen auf der Grundlage der Bemessung unausgesteifter RHP-Knoten nach den Tabellen 6-11 und 6-13 entwickelt worden, da die Versagenskriterien für RHP-Knoten mit und ohne Versteifungen prinzipiell gleich sind.

Die Knotennachweise sind entsprechend den Beanspruchbarkeiten $N_{i,Rd}$ der Tabellen 6-20 (T-, Y- und X-Knoten) und 6-21 (K- und N-Knoten) durchzuführen.

Wenn das Plastizieren des Füllstabflansches die Traglast der T-, Y- und X-Knoten mit zug- oder druckbeanspruchten Füllstäben bestimmt, kann die Traglast durch Auflage eines Unterlegbleches auf den Gurtflansch vergrößert werden (Gl. 6-103). Dies gilt normalerweise für $\beta_P \leq 0,85$. Wenn das Gurtstegversagen die Traglast der Knoten bestimmt, kann diese durch Verstärken der Stege der Gurtstäbe mit einem Lamellenblech vergrößert werden (Gl. 6-104). Dies gilt normalerweise für $\beta_P = 1,0$.

Bei T-, Y- und X-Knoten mit Unterlegblech ist ein Unterschied im Knotenverhalten abhängig vom Richtungssinn der Beanspruchung in den Füllstäben zu erkennen. Bei Zugbeanspruchung im Füllstab hebt sich das Unterlegblech vom Gurtstab ab und verhält sich wie eine Platte, die entlang ihrer vier Ränder angeschweißt ist. Die Traglast hängt nur von der Plattengeometrie und den Platteneigenschaften ab. Gemäß der Fließlinientheorie [7], (siehe auch Abschnitt 6.6.4.1 Fließlinienmodell) ergibt sich Gl. (6-102) als eine Abschätzung für die Traglast zugbeanspruchter Füllstäbe der T-, Y- und X-Knoten.

Für K- und N-Knoten mit Spalt wird normalerweise bei $\beta_P \leq 1,0$ und QHP als Bauteil die Gurtflanschverstärkung gegen Plastizieren des Gurtflansches (Gl. 6-105) angewendet. Gegen Schubversagen des Gurtstabquerschnittes, wobei zumeist die Bedingungen $\beta = 1,0$ und $h_0 < b_0$ gelten, werden die Traglasten durch Anbringung von Blechlamellen an die Gurtstege vergrößert (Gl. 6-106).

Bemessungsempfehlungen für mit Unterlegblechen ausgesteifte K-Knoten enthält Lit. [231]. Dort werden elastische Verformungsanforderungen für die Aussteifungsbleche unter Gebrauchslasten formuliert.

Lit. [7] empfiehlt eine Näherung zur Berechnung der erforderlichen Aussteifungsblechdicken für K-Knoten mit Spalt. Hierbei ist in den Traglastgleichungen der Tabellen 6-11 und 6-13 die Gurtstabwanddicke t_0 durch Unterlegblechdicke t_P zu ersetzen. Außerdem ist die Streckgrenze des Gurtstabes f_{y0} durch die des Unterlegbleches $f_{y,P}$ zu ersetzen.

Die Dimensionierung der Austeifungsbleche ist auf die Querschnittsbeanspruchbarkeit der Füllstäbe ($A_i \cdot f_{yi}$) zu beziehen. Dies wird erreicht, wenn $t_P \geq 2\, t_1$ und $2\, t_2$ ist.

Tabelle 6-20 Traglasten ausgesteifter T-, Y- und X-Knoten aus rechteckigen oder kreisförmigen Hohlprofilstreben und rechteckigen Gurtstäben

Knotentyp	Bemessungs-Knotentraglast ($i = 1, 2$)
T-, Y- und X-Knoten mit Unterlegblech	Plastizieren des Gurtflansches, $\beta_p \leq 0{,}85$ Mitwirkende Breite oder Durchstanzen

$\beta_p = b_i/b_p$
$\eta = h_i/b_p$

$$l_P \geq \frac{h_i}{\sin\theta_i} + \sqrt{b_P(b_P - b_i)} \qquad (6\text{-}101)$$

und $\geq 1{,}5\,h_i/\sin\theta_i$

$$b_P \geq b_0 - 2\,t_0$$

$$N_{i,Rd} = \frac{f_{y,P} \cdot t_P^2}{\left(1 - \dfrac{b_i}{b_P}\right)\sin\theta_i} \cdot$$

$$\cdot \left(\frac{2\,h_i/b_P}{\sin\theta_i} + 4\sqrt{1 - b_i/b_P}\right)\left(\frac{1{,}1}{\gamma_{Mj}}\right)$$

Zugbeanspruchung   (6-102)

$$\beta_p \leq 0{,}85$$

$$l_P \geq \frac{h_i}{\sin\theta_i} + \sqrt{b_P(b_P - h_i)} \qquad (6\text{-}103)$$

und $\geq 1{,}5\,h_i/\sin\theta_i$

$$b_p \geq b_0 - 2\,t_0$$

$N_{i,Rd}$-Gleichung für T-, Y- und X-Knoten aus Tabelle 6-13 entnehmen, $f(n) = 1{,}0$ setzen und für Plastizieren des Gurtflansches bzw. Füllstabversagen bzw. Durchstanzen t_0 durch t_P ersetzen

Druckbeanspruchung

T-, Y- und X-Knoten mit Gurtstegverstärkungsblech	Gurtstegversagen oder Schubversagen des Gurtstegs

$$l_P \geq 1{,}5\,h_i/\sin\theta_i \qquad (6\text{-}104)$$

$N_{i,Rd}$-Gleichung für T-, Y- und X-Knoten aus Tabelle 6-13 entnehmen, und t_0 durch $(t_0 + t_P)$ ersetzen

Zug- bzw. Druckbeanspruchung

Bemerkung: Bei kreisförmigen Hohlprofilstreben b_i und h_i durch d_i ersetzen.
Gültigkeitsbereich: $f_y \leq 355\ \text{N/mm}^2$.

Tabelle 6-21 Traglasten ausgesteifter K- und N-Knoten aus rechteckigen oder kreisförmigen Hohlprofilstreben und rechteckigen Gurtstäben

Knotentyp	Bemessungs-Knotentraglast ($i = 1, 2$)
K- und N-Knoten mit Unterlegblech	Plastizieren des Gurtflansches, Mitwirkende Breite oder Durchstanzen

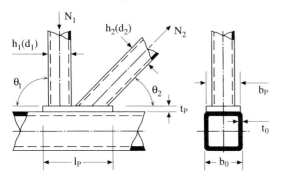

$$l_P \geq 1,5 \left(\frac{h_1}{\sin\theta_1} + g + \frac{h_2}{\sin\theta_2} \right) \qquad (6\text{-}105)$$

$b_P \geq b_0 - 2\, t_0$

$t_P \geq 2\, t_1$ und $2\, t_2$

$N_{i,Rd}$-Gleichung für K- und N-Knoten aus Tabelle 6-13 entnehmen, und t_0 durch t_P, b_0 durch b_P sowie f_{y0} durch $f_{y,P}$ ersetzen

---

K- und N-Knoten mit Gurtstegverstärkungsblech

Schubversagen des Gurtstabes

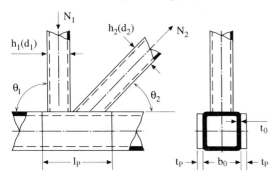

$$l_P \geq 1,5 \left(\frac{h_1}{\sin\theta_1} + g + \frac{h_2}{\sin\theta_2} \right) \qquad (6\text{-}106)$$

$N_{i,Rd}$-Gleichung für K- und N-Knoten aus Tabelle 6-13 entnehmen, und t_0 durch $(t_0 + t_P)$ ersetzen

---

K- und N-Knoten mit Zwischenblech

Wegen der unzureichenden Überlappung der Füllstäbe

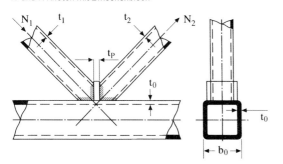

$t_P \geq 2\, t_1$ und $2\, t_2$ $\qquad (6\text{-}107)$

$N_{i,Rd}$-Gleichung für K- und N-Knoten mit $\lambda_{\ddot{u}} < 80\,\%$-Überlappung aus Tabelle 6-13 und $b_{e,\ddot{u}}$-Gleichung aus Tabelle 6-11 entnehmen sowie b_j, t_j und f_{yj} durch b_P, t_P und $f_{y,P}$ ersetzen

---

Bemerkung: Bei kreisförmigen Hohlprofilstreben b_i und h_i durch d_i ersetzen.
Gültigkeitsbereich: $f_y \leq 355\ \text{N/mm}^2$.

Die Schweißnähte zur Verbindung der Aussteifungsbleche mit dem Gurtflansch sollten mindestens eine Dicke gleich der Wanddicke des anliegenden Füllstabes haben.

Es wird eine minimale Spaltweite g zwischen den Füllstäben erforderlich sein, die zum Anbringen der Schweißnähte an die Füllstäbe ausreichend ist: $g \geq t_1 + t_2$.

Im allgemeinen ist ein allseitiges Schweißen um das Aussteifungsblech zur Verbindung mit dem Gurtflansch erforderlich, um Luft- und Wassereintritt an die inneren Oberflächen und die daraus resultierende Korrosion zu verhindern.

Zur Vermeidung teilweiser Überlappung bei K-Knoten können die Füllstäbe an ein querlaufendes Zwischenblech angeschweißt werden. Es wird empfohlen:

$$t_P \geq 2\, t_1 \text{ und } 2\, t_2$$

Nachweis ausgesteifter K-Knoten aus RHP nach DIN 18808 [5, 229]

In der Literatur [5, 229] werden die Bemessung von K-förmigen RHP-Knoten mit (1) Unterlegblech oder (2) querliegendem Zwischenblech oder (3) einer Kombination aus beiden (siehe Bild 6-134) empfohlen.

Diese Verstärkungen führen zu einer erheblichen Traglaststeigerung der Knoten. Der rechnerische Knotennachweis kann in den Bereichen, in denen die Füllstäbe mit den Aussteifungsblechen verschweißt sind, unter folgenden Bedingungen entfallen:

● Dicke t_P des Unterleg- bzw. Zwischenbleches ist größer als oder gleich der 2 fachen Füllstabwanddicke

$$t_P \geq 2\, t_1 \text{ und } 2\, t_2 \tag{6-108}$$

● Im Falle nicht ausgenutzter Grenzschweißnahtspannung $\sigma_{W,Rd}$ nach Tabelle 6-15 für die Füllstäbe darf in Gl. (6-108) eingesetzt werden:

$$\text{red.}\, t_{i(1,2)} = t_{i(1,2)} \cdot \frac{\text{vorh.}\, f}{f_{W,Rd}} \tag{6-109}$$

Die Schweißnahtdicke a_P zwischen Gurtflansch und Blech muß sein:

$$a_P \geq t_{i(1,2)} \tag{6-110}$$

Auch hier kann gegebenenfalls von der Reduzierung nach Gl. (6-109) Gebrauch gemacht werden:

● Wanddickenverhältnis bei den Verstärkungsarten nach Bild 6-134a und c:

$$\text{erf.}\left(\frac{t_0}{t_i}\right) \geq 1$$

Für die nicht verstärkten Anschlußbereiche w (in Bild 6-134a), u und v (in Bild 6-134b)

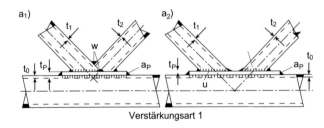

Verstärkungsart 1

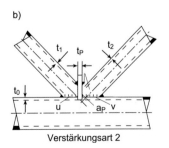

Verstärkungsart 2

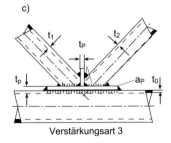

Verstärkungsart 3

Bild 6-134 Vorgeschlagene Aussteifungsarten für K-förmige RHP-Knoten nach DIN 18808 [5, 229]

sind die Knotennachweise wie für unausge-steifte Knoten nach Abschnitt 6.6.4.1 Be-messung K- und N-förmiger Knoten aus KHP, RHP, QHP (Fall a) durchzuführen. Für die Schweißnahtdicke a zwischen Füll-stäben und Aussteifungsblechen gilt die For-derung $a = t_i$ bei voll ausgeschöpfter $f_{W,Rd}$ nach Tabelle 6-15. Ist vorh.$f < f_{W,Rd}$, so könnte a im Verhältnis $\dfrac{\text{vorh.}f}{f_{W,Rd}}$ reduziert werden.

6.6.4.3 Bemessung von Fachwerkknoten mit abgeknicktem Gurtstab

Bild 6-135 zeigt eine abgeknickte Gurtstabver-bindung in einem Ständerfachwerk, die durch einen Knick des Gurtstabes am Anschlußpunkt entsteht. Es werden zwei Querschnitte unter einem entsprechenden Winkel mit einer Stumpfnaht oder Hohlkehlnaht zusammenge-schweißt. Am Knotenpunkt schneiden sich die Achsen der drei Bauteile in einem Punkt, d. h. es existiert keine Exzentrizität. Der abge-knickte Gurtstabteil übernimmt die Funktion eines Füllstabes.

Obwohl diese Verbindung ähnlich wie bei T- oder Y-Knoten aussieht, ist ihr Tragverhalten ganz unterschiedlich. In einem experimentellen Versuchsprogramm mit quadratischen und

rechteckigen Bauteilen [232] wurde gezeigt, daß sich abgeknickte Gurtstabverbindungen wie überlappte K- bzw. N-Knoten verhalten und die Traglasten dementsprechend gemäß Ta-belle 6-13 ermittelt werden können.

Wie Bild 6-135 b darstellt, ist ein Teil (mb) des Gurtstabes als imaginäre Fortsetzung und der abgeknickte Gurtstab (ma) als überlappter Füll-stab zu behandeln (Gln. 6-75 bis 6-77).

Für abgeknickte KHP-Knoten können Gln. (6-69) und (6-70) aus Tabelle 6-9 angewendet werden.

6.6.4.4 Traglasten geschweißter, ebener Knoten aus Hohlprofilstreben und I-Profilen als Gurtstäbe

Knotenpunkte dieser Art werden oft mit Ver-steifungsrippen zwischen den Flanschen des Gurtes ausgeführt (Bild 6-136).

Diese Ausführungsformen mit Versteifungsrip-pen sind mit den Nachweismitteln des konven-tionellen Stahlbaus zu behandeln, d. h. im all-gemeinen genügt der Nachweis der Schweiß-nahtspannungen.

Die hier behandelten Traglastformeln in Ta-belle 6-22 [230] beziehen sich auf geschweißte Knotenpunkte, wobei die Gurte aus I-Quer-schnitten nicht mit Verstärkungsrippen verse-hen sind. Tabelle 6-23 [230] enthält die Be-grenzungen für die Anwendungsparameter.

Den gesamten Formeln liegen die Ergebnisse und Auswertungen einer Reihe von Versuchen zugrunde, die in Lit. [150, 155] beschrieben sind.

a)

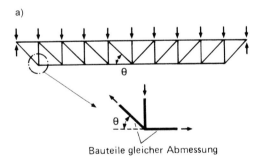

Bauteile gleicher Abmessung

b)

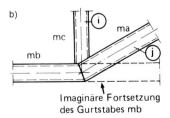

Imaginäre Fortsetzung des Gurtstabes mb

Bild 6-135 Abgeknickte Gurtstabverbindung: a) als über-lappter K-Knoten bzw. b) als N-Knoten dargestellt

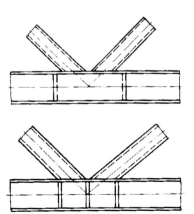

Bild 6-136 Knoten mit I-Profil als Gurtstab mit Verstär-kungsrippen

Tabelle 6-22 Traglasten geschweißter, ebener Knoten aus quadratischen, rechteckigen oder kreisförmigen Hohlprofilstreben und I-Profilen als Gurtstab [230]

Knotentyp	Bemessungs-Traglast ($i = 1, 2, j =$ überlappter Füllstab)	
T-, Y-, X-Knoten	Fließen des Gurtsteges	
	$N_{1,Rd} = \dfrac{f_{y0}\, t_w\, b_w}{\sin\theta_1}\,[1{,}1/\gamma_{Mj}]$ (6-111)	
	Wirksame Breite (Füllstabversagen)	
	$N_{1,Rd} = 2\,f_{y1}\,t_1\,b_e\,[1{,}1/\gamma_{Mj}]$ (6-112)	
K- und N-Knoten mit Spalt [$i = 1$ oder 2]	Gurtsteg-Stabilität	Füllstabversagen muß nicht geprüft werden, wenn:
	$N_{i,Rd} = \dfrac{f_{y0}\, t_w\, b_w}{\sin\theta_i}\,[1{,}1/\gamma_{Mj}]$ (6-113)	$g/t_f \le 20 - 28\,\beta$ $\beta \le 1{,}0 - 0{,}03\,\gamma$
	Wirksame Breite [b]	und für KHP:
	$N_{i,Rd} = 2\,f_{yi}\,t_i\,b_e\,[1{,}1/\gamma_{Mj}]$ (6-114)	$0{,}75 \le d_1/d_2 \le 1{,}33$
	Abscheren des Gurtes	oder für RHP:
	$N_{i,Rd} = \dfrac{f_{y0}\, A_V}{\sqrt{3}\,\sin\theta_1}\,[1{,}1/\gamma_{Mj}]$ (6-115)	$0{,}75 \le b_1/b_2 \le 1{,}33$
K- und N-Knoten mit Überlappung [a]	Wirksame Breite [b]	$25\,\% \le \lambda_{\ddot u} < 50\,\%$
	$N_{i,Rd} = f_{yi}\,t_i\left(b_e + b_{e,\ddot u} + \dfrac{\lambda_{\ddot u}}{50}\,(2\,h_i - 4\,t_i)\right)[1{,}1/\gamma_{Mj}]$ (6-116)	
	Wirksame Breite [b]	$50\,\% \le \lambda_{\ddot u} < 80\,\%$
	$N_{i,Rd} = f_{yi}\,t_i\,(b_e + b_{e,\ddot u} + 2\,h_i - 4\,t_i)[1{,}1/\gamma_{Mj}]$ (6-117)	
	Wirksame Breite [b]	$\lambda_{\ddot u} \ge 80\,\%$
	$N_{i,Rd} = f_{yi}\,t_i\,(b_i + b_{e,\ddot u} + 2\,h_i - 4\,t_i)[1{,}1/\gamma_{Mj}]$ (6-118)	

| $A_V = A_0 - (2-\alpha)\,b_0\,t_f + (t_w + 2\,r_0)\,t_f$

 Für RHP-Füllstab: $\alpha = \left[\dfrac{1}{1 + \dfrac{4\,g^2}{3\,t_f^2}}\right]^{0{,}5}$

 Für KHP-Füllstab: $\alpha = 0$ | $b_e = t_w + 2\,r_0 + 7\left(\dfrac{f_{y0}}{f_{yi}}\right)\cdot t_f$
 aber $b_e \le b_i$

 $b_{e,\ddot u} = \dfrac{10}{b_j/t_j}\,\dfrac{f_{yj}\,t_j}{f_{yi}\,t_i}\,b_i$
 aber $b_{e,\ddot u} \le b_i$ | $b_w = \dfrac{h_i}{\sin\theta_i} + 5\,(t_f + r_0)$

 aber

 $b_w \le 2\,t_i + 10\,(t_f + r_0)$ |
| Kreishohlprofil-Füllstäbe | Multipliziere die Ausdrücke mit $\pi/4$.
 Ersetze b_1 und h_1 durch d_1 und b_2 und h_2 und d_2. | |

[a] Nur der überlappende Füllstab muß überprüft werden. Der Ausnutzungsgrad (d. h. die Traglast dividiert durch die plastische Beanspruchbarkeit des Füllstabes) des überlappten Füllstabes darf dann nicht größer sein als der Ausnutzungsgrad des überlappenden Füllstabes.

[b] Füllstabversagen $\beta = \dfrac{b_i}{b_0}$; $\gamma = \dfrac{b_0}{2\,t_f}$

Tabelle 6-23 Gültigkeitsbereich für geschweißte, ebene Knoten aus quadratischen, rechteckigen oder kreisförmigen Hohlprofilstreben und I-Profilen als Gurtstab

Knotentyp	h_0/t_w	b_i/t_i und h_i/t_i oder d_i/t_i		h_i/b_i	b_0/t_f	b_i/b_j	b_i/b_0	Exzentrizität	Werkstoff-Streckgrenze f_y
		Druck	Zug						
X-Knoten	$\dfrac{h_0}{t_w} \le 1,2\sqrt{\dfrac{E}{f_{y0}}}$ und $h_0 \le 400$ mm	$\dfrac{h_i}{t_i} \le 1,1\sqrt{\dfrac{E}{f_{yi}}}$ $\dfrac{b_i}{t_i} \le 1,1\sqrt{\dfrac{E}{f_{yi}}}$ $\dfrac{d_i}{t_i} \le 1,5\sqrt{\dfrac{E}{f_{yi}}}$	$\dfrac{h_i}{t_i} \le 35$ $\dfrac{b_i}{t_i} \le 35$ $\dfrac{d_i}{t_i} \le 50$	$\ge 0,5$ aber $\le 2,0$	$\dfrac{b_0}{t_f} \le 0,75\sqrt{\dfrac{E}{f_{y0}}}$	–	$\le 1,0$	$-0,55 \le \dfrac{e}{h_0} \le 0,25$	≤ 355 N/mm²
T- oder Y-Knoten				1,0					
K-Spalt N-Spalt	$\dfrac{h_0}{t_w} \le 1,5\sqrt{\dfrac{E}{f_{y0}}}$ und $h_0 \le 400$ mm					–			
K-Überlappung N-Überlappung	$h_0 \le 400$ mm			$\ge 0,5$ aber $\le 2,0$		$\ge 0,75$			

Die Versagensarten dieser Verbindungstypen sind:

– Versagen des Gurtsteges durch Beulen (bei Druckbeanspruchung, Bild 6-137a) oder Fließen des Werkstoffes (Bild 6-137b)
– Plastizieren des Gurtes durch Scher- und Normalkräfte (Bild 6-138)
– Beulen oder Riß im Füllstab (Bild 6-139)

Für das Versagen des Gurtsteges durch Fließen gilt Gl. (6-111) der Tabelle 6-22. Die wirksame Fläche des Steges wird mit einer mittragenden Länge b_w berechnet (Bild 6-140), die Formel für b_w nach Tabelle 6-22.

Für den Fall des Versagens durch Riß der Füllstäbe bei Zug, das in der Nähe der Anschluß-

nähte auftreten kann, ist aufgrund der „Weichheit" des Gurtflansches, mit einer Konzentration der Kraftverteilung zum Steg hin zu rechnen (Bild 6-141).

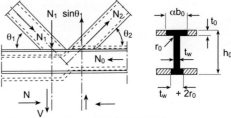

☒ Verminderter Querschnitt für Axialkraft
■ Querschnitt Av für Scherkraft

Bild 6-138 Plastizieren des Gurtes durch Scher- und Normalkräfte

a)

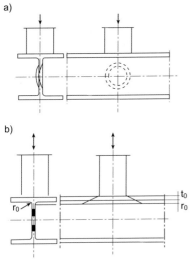

b)

Bild 6-137 Versagen des Gurtsteges. a) Beulen, b) Fließen

a)

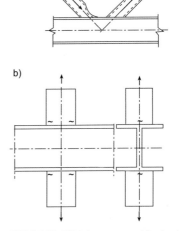

b)

Bild 6-139 Füllstabversagen. a) Beulen, b) Riß

t_u (min)

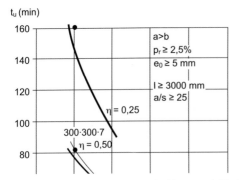

Bild 6-140 Mittragende Länge b_w des Knotens mit I-Profil als Gurtstab

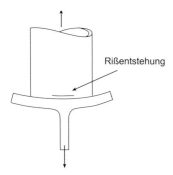

Bild 6-141 Riß im Füllstab des Knotens mit I-Profil als Gurtstab bei Zug im Hohlprofil-Füllstab

Man berücksichtigt diese Konzentration durch Annahme eines wirksamen Umfanges b_e (Bild 6-142) des angeschlossenen Füllstabes, der experimentell bestimmt wurde [150].

$$b_e = t_W + 2\,r_o + 7\,(f_{y0}/f_{yi})\,t_f \qquad (6\text{-}119)$$

Ferner ist auch eine Überprüfung der Interaktion der Biegemomente und Normalkraft erforderlich: $\dfrac{N_{i,Sd}}{N_{i,Rd}} + \dfrac{M_{ip,i,Sd}}{M_{ip,i,Rd}} \le 1,0$ ($N_{i,Rd}$- und $M_{ip,i,Rd}$-Werte können aus den Tabellen 6-22 und 6-38 entnommen werden).

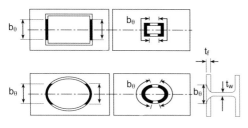

Bild 6-142 Definition des wirksamen Umfanges b_e

Im Spaltknoten muß die Normalkraftlast im Spaltbereich des Gurtes $N_{op(\text{in Spalt}),Rd}$ bzw. $N_{0(\text{in Spalt}),Rd}$ unter Berücksichtigung der durch die Füllstäbe übertragenen Querkräfte $V_{i,Sd} = N_{i,Sd}\sin\theta_i$ überprüft werden:

falls $\dfrac{V_{i,Sd}}{V_{pl,i,Rd}} \le 0,5$,

$$N_{op(\text{in Spalt}),Rd} \text{ bzw. } N_{0(\text{in Spalt}),Rd} \le \frac{A_0 \cdot f_{y0}}{\gamma_{Mo}}$$

falls $\dfrac{V_{i,Sd}}{V_{pl,i,Rd}} > 0,5$,

$$N_{op(\text{in Spalt}),Rd} \text{ bzw. } N_{0(\text{in Spalt}),Rd} \le$$

$$\left[A_0 - A_V \left(\frac{2\,V_{i,Sd}}{V_{pl,i,Rd}} - 1 \right)^2 \right] \frac{f_{y0}}{\gamma_{Mo}}$$

6.6.4.5 Traglasten geschweißter, ebener Knoten aus Hohlprofilstreben und U-Profilen als Gurtstäbe

Die einzige Forschungsarbeit über diese Knoten wurde in den Versuchszentren der Universität Delft und des Instituts TNO durchgeführt [155, 164, 233] und aufgrund der theoretischen Analysen und Versuchsergebnisse wurden die Bemessungsformeln für K- und N-förmige Knoten (Bild 6-143) vorgeschlagen [7, 150].

In Abhängigkeit von den Knotenparametern

$$\beta = \frac{b_1 + b_2}{2\,b_0}$$

$$\beta^* = \frac{b_1 + b_2}{2\,b_0^*} \quad \text{wobei } b_0^* = b_0 - 2\,(t_W + r_o)$$

$$\frac{b_i}{t_i},\ \frac{h_i}{t_i},\ \frac{d_i}{t_i},\ \frac{h_i}{b_i},\ g\,(\text{Spalt}),\ \lambda_{\ddot{u}}\,(\text{Überlappung}),\ \theta_i$$

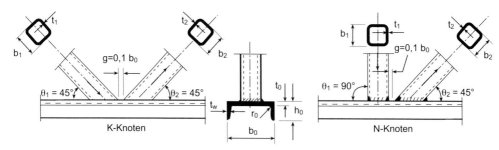

Bild 6-143 K- und N-förmige Knoten mit U-Profil als Gurtstab

sind die folgenden Versagensarten möglich (siehe Bild 6-144):

a) Plastizieren des Gurtstabquerschnittes durch Schub, Normalkraft und Biegemoment
b) Plastizieren des Gurtflansches
c) Versagen durch Riß im Füllstab oder in der Schweißnaht
d) Abscheren des Gurtflansches

Eine weitere Art des Versagens kann durch örtliches Beulen des sehr dünnwandigen Füllstabes bzw. Druckgurtflansches auftreten.

Tabelle 6-24 gibt die Traglastformeln und ihre Gültigkeitsbereiche für K- und N-förmige Knoten mit Spalt an. Tabelle 6-25 enthält diese für K- und N-förmige Knoten mit Überlappung.

Der Vergleich zwischen den analytischen Modellen und den Versuchsergebnissen ergab folgende Schlußfolgerungen:

● In Knoten mit Spalt ist die Knotenexzentrizität normalerweise hoch; daraus entstehen große Biegemomente in den Knotenkomponenten.
Bei plastischer Berechnung wird das Exzentrizitätsmoment nur von den Füllstäben übernommen, falls sie ausreichend tragfähig sind und der Gurtstab von den Schub- und Normalkräften oder allein von der Schubkraft bis zur Streckgrenze belastet wird (Bild 6-145). Andernfalls muß das Exzentrizitätsmoment unter allen Bauteilen so günstig wie möglich aufgeteilt werden (Bild 6-146).

a)

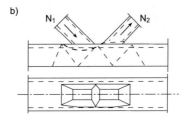

b)

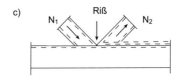

c)

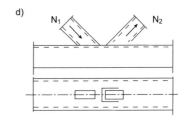

d)

Bild 6-144 Versagensarten des Knotens mit U-Profil als Gurtstab und Hohlprofile als Füllstäbe. a) Versagen durch Schub und Normalkraft im Gurtstab, b) Plastizieren des Gurtflansches, c) Riß im Füllstab bzw. in der Schweißnaht, d) Abscheren des Gurtflansches

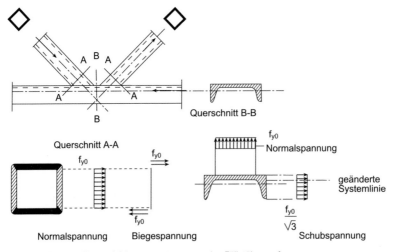

Bild 6-145 Volles Exzentrizitätsmoment, nur von den Füllstäben aufgenommen

Tabelle 6-24 Traglastformeln geschweißter, ebener K- bzw. N-Knoten mit Spalt aus rechteckigen, quadratischen oder kreisförmigen Hohlprofilstreben und U-Profilen als Gurtstäbe [150]

	Gültigkeitsbereiche	
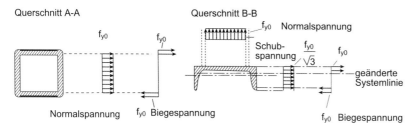	Max. Gurtabmessung U-Profil 140; $f_y \leq 355 \ \text{N/mm}^2$; $f_y/f_u \geq 0,8$	
	$0,4 \leq \beta \leq 1,0$ $\quad 0,5(1-\beta^\star) < g/b_0 < 1,5(1-\beta^\star)$ $\quad 30^\circ < \theta < 90^\circ$	
	$0,5 \leq \dfrac{h_i}{b_i} \leq 2,0$ $\quad \dfrac{b_1}{t_1}, \dfrac{h_1}{t_1} \leq 1,1\sqrt{\dfrac{E}{f_{y1}}}$ $\quad \dfrac{b_2}{t_2}, \dfrac{h_2}{t_2} \leq 35$	
	$\dfrac{d_1}{t_1} \leq 1,5\sqrt{\dfrac{E}{f_{y1}}}$ $\qquad \dfrac{d_2}{t_2} \leq 50$	

Knotentyp	Bemessungs-Traglastformeln ($i = 1$ oder 2)	
RHP-Füllstäbe	Wirksame Breite des Füllstabes $$N_{i,Rd} = f_{yi} \cdot t_i \ [2\,h_i - 4\,t_i + b_i + b_e]\,\frac{1,1}{\gamma_{Mj}}$$ (6-120)	$b_e = 12,5\left(\dfrac{t_0}{b_0^\star}\right)\dfrac{f_{y0}\,t_0}{f_{yi}\,t_i}\,b_i$ (6-123) $\quad b_0^\star = b_0 - 2\,(t_w + r_0)$ (6-124)
KHP-Füllstäbe	Multipliziere Gl. 6-120 mit π und ersetze b_i und h_i durch d_i	
RHP- und KHP-Füllstäbe	Schub des Gurtes $$N_{i,Rd} = \frac{f_{y0}\,A_V}{\sqrt{3}\,\sin\theta_i} \cdot \frac{1,1}{\gamma_{Mj}}$$ (6-121)	$A_V = A_0 - (1-\alpha)\,b_0^\star t_0$ (6-125) $\alpha = \sqrt{\dfrac{1}{1 + \dfrac{4\,g^2}{3\,t_0^2}}}$ für RHP-Füllstab $\alpha = 0$ für KHP-Füllstab
	Schub- und Normalkraft im Gurt $$N_{0\,(\text{Spalt}),Rd} = \left(A_0 - \frac{V\sqrt{3}}{f_{y0}}\right)f_{y0} \cdot \frac{1,1}{\gamma_{Mj}}$$ (6-122)	$V = (N_i \sin\theta_i)_{max}$ angewendet

Querschnitt A-A

Querschnitt B-B

Normalspannung

f_{y0} Normalspannung

Schub-spannung

$\dfrac{f_{y0}}{\sqrt{3}}$

geänderte Systemlinie

Normalspannung $\quad f_{y0}$ Biegespannung

f_{y0} Biegespannung

Bild 6-146 Exzentrizitätsmoment unter allen Knotenkomponenten verteilt (siehe auch Bild 6-145)

Tabelle 6-25 Traglastformeln geschweißter, ebener K- bzw. N-Knoten mit überlappten Füllstäben aus rechteckigen, quadratischen oder kreisförmigen Hohlprofilen und U-Profilen als Gurtstäbe [7]

Knotentyp	Bemessungs-Traglast ($i = 1, 2, j =$ überlappter Füllstab)
K- und N-Knoten mit Überlappung (Füllstäbe aus RHP)	$\lambda_{\ddot{u}} = 100\,\%$
	$N_{i,Rd} = f_{yi} \cdot t_i\,[2\,h_i - 4\,t_i + b_i + b_{e,\ddot{u}}] \cdot \dfrac{1,1}{\gamma_{Mj}}$ (6-126)
	$30\,\% \le \lambda_{\ddot{u}} < 100\,\%$
	$N_{i,Rd} = f_{yi} \cdot t_i\,[2\,h_i - 4\,t_i + b_e + b_{e,\ddot{u}}] \cdot \dfrac{1,1}{\gamma_{Mj}}$ (6-127)
Füllstäbe aus KHP	Multipliziere Gln. 6-126 bzw. 6-127 mit π und ersetze b_i und h_i durch d_i
Definitionen	Gültigkeitsbereiche
$b_e = 12,5 \left(\dfrac{t_0}{b_0^{*}}\right) \cdot \dfrac{f_{y0} \cdot t_0}{f_{yi} \cdot t_i} \cdot b_i$ mit $1 \le \dfrac{f_{y0} \cdot t_0}{f_{yi} \cdot t_i} \le 2$ $b_0^{*} = b_0 - 2(t_w + \gamma_o)$ $b_{e,\ddot{u}} = \dfrac{12,5}{(b_j/t_j)} \cdot \dfrac{f_{yj} \cdot t_j}{f_{yi} \cdot t_i} \cdot b_i$ mit $1 \le \dfrac{f_{yj} \cdot t_j}{f_{yi} \cdot t_i} \le 2$	Max. Gurtabmessung U 400; $f_y \le 355\ \text{N/mm}^2$; $\dfrac{f_y}{f_u} \le 0,8$ $\beta \ge 0,25$ $\dfrac{b_i}{b_j} \ge 0,75$ $30\,\% \le \lambda_{\ddot{u}} \le 100\,\%$ $0,5 \le \dfrac{h_i}{b_i} \le 2$ $\dfrac{b_1}{t_1}, \dfrac{h_1}{t_1} \le 1,1\sqrt{\dfrac{E}{f_{y1}}}$ $\dfrac{b_2}{t_2}, \dfrac{h_2}{t_2} \le 35$ $\dfrac{d_1}{t_1} \le 1,5\sqrt{\dfrac{E}{f_{y1}}}$ $\dfrac{d_2}{t_2} \le 50$

Die Bauteile sind nach der folgenden Interaktionsformel für Normalkraft und Biegemoment zu überprüfen [234]:

$$\left(\frac{N_i}{N_{pl,i}}\right)^{\chi} + \left(\frac{M_i}{M_{pl,i}}\right) \le 1,0 \qquad (6\text{-}128)$$

Hierbei sind:

$i = 1, 2$

$\chi = 1,5$ für $0,5 \le \dfrac{h_i}{b_i} \le 2$

$\chi = 1,2$ für $\dfrac{h_i}{b_i} \le 0,5$

$\chi = 1,0$ für U-Profile (angenommen, da keine Interaktionsformel für U-Profile vorhanden)

Der Einfluß der Schubspannung aus dem Exzentrizitätsmoment ist gering und kann vernachlässigt werden.

● Die Schubtragfähigkeit des Gurtquerschnittes im Spalt kann nach Gl. (6-121) der Tabelle 6-24 ermittelt werden. Gl. (6-122) gibt

die Normalkraft im Gurtquerschnitt im Spalt an (Bild 6-147).

● Die Versagensarten 1) Plastizieren des Gurtflansches und 2) Abscheren des Gurtflansches sind für $\beta = \dfrac{b_1 + b_2}{2\,b_0} < 0,4$ kritisch. In diesem Bereich wurde keine Überprüfung durch Versuche vorgenommen.

● Für größere Gurtabmessungen wird der Umfang für die wirksame Breite und für Abscheren nicht voll effektiv sein. Zusätzlich wird das Exzentrizitätsmoment größer. Hierdurch wird die Normalkraftbeanspruchbarkeit des Knotens wesentlich reduziert. Es wird daher empfohlen, in diesem Fall anstatt des Knotens mit Spalt einen Knoten mit Überlappung zu nehmen.

● Obwohl keine Versuche an Knoten mit Überlappung durchgeführt wurden, wird vorgeschlagen, diese Knoten – ähnlich den Knoten mit rechteckigen bzw. quadratischen Hohlprofilen – als Gurtstäbe zu bemessen (siehe Tabelle 6-25 [7]). In diesem Fall kann das Exzentrizitätsmoment bei der Knotenbemessung vernachläs-

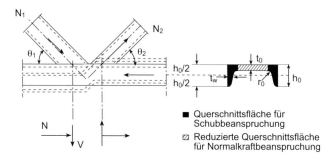

- ■ Querschnittsfläche für Schubbeanspruchung
- ▨ Reduzierte Querschnittsfläche für Normalkraftbeanspruchung

Bild 6-147 Schub- und Normalkraftbeanspruchung im Gurtquerschnitt im Spalt.

sigt werden. Allerdings muß es bei der Bauteilbemessung berücksichtigt werden.

6.6.5 Bemessung ebener Fachwerkträger mit unmittelbar verschweißten Hohlprofilen

Der grundsätzliche Unterschied zwischen den Bemessungsverfahren für Fachwerkträger aus geschweißten oder geschraubten offenen Profilen sowie aus Hohlprofilen und offenen Profilen, die über eine Anschlußplatte geschweißt oder verschraubt sind (siehe Bild 6-72 c und d), und Fachwerkträgern aus unmittelbar geschweißten Hohlprofilen (siehe Bild 6-82) liegt darin, daß im ersten Fall der Planer die Füll- und Gurtstababmessungen festlegen kann, ohne sich um die Knotendetails zu kümmern, was im allgemeinen zu den Aufgaben des Statikers gehört. Im zweiten Fall sind der Bauteilnachweis und der Knotennachweis (siehe Abschnitt 6.6.4.1) eng miteinander verbunden, da die Knotentraglasten von den geometrischen Parametern und der Tragfähigkeit der Fachwerkstäbe abhängig sind (siehe Tabellen 6-9, 6-11 und 6-13). Es ist daher notwendig, während der Bemessung der Fachwerkstäbe auch die Knotentraglasten heranzuziehen. Falls dies am Anfang der Bemessung eines Hohlprofil-Fachwerkträgers nicht geschieht, kann später eine Beeinträchtigung der Verformbarkeit und Rotationsfähigkeit durch Versteifungen der Knoten festgestellt werden, die unbedingt beseitigt werden muß.

Allerdings bedeutet es nicht, daß bereits in der Konzeptphase die Knoten mit allen Details konstruiert werden müssen. Es ist erforderlich, die Abmessungen der Gurt- und Füllstäbe so zu wählen, daß die maßgebenden Knotenparameter, z. B. γ, τ, β, g, $\lambda_{\ddot{u}}$, θ, ausreichende Knotentraglasten, gleichzeitig eine wirtschaftliche Herstellung des Fachwerkträgers sowie eine

spätere kostensparende Unterhaltung (Korrosionsschutz) gewährleisten.

Weiterhin ist folgende Überlegung grundsätzlicher Art anzustellen:

Es entstehen „sekundäre Biegemomente", auch wenn ein Fachwerkträger unter der Annahme von gelenkig angeschlossenen Stäben in den Knotenpunkten bemessen wird. Diese können in der statischen Berechnung dann vernachlässigt werden, wenn die Knoten ausreichende Rotationskapazität (siehe Bild 6-104) besitzen. Dies kann durch Begrenzung der Schlankheit $\left(\text{abhängig von } \dfrac{b \text{ bzw. } d}{t}\right)$ bestimmter Stäbe, insbesondere des Druckfüllstabes erreicht werden.

Bei Einhaltung der Gültigkeitsgrenzen der Tabellen 6-10, 6-12 und 6-14 für den Einsatz der Traglastformeln in den Tabellen 6-9, 6-11 und 6-13 muß das sekundäre Biegemoment nicht berücksichtigt werden.

Zum Erlangen einer wirtschaftlichen und technisch sinnvollen Fachwerkkonstruktion aus Hohlprofilen sind folgende Schritte zu unternehmen:

1. Festlegung der Trägergeometrie (siehe Bild 6-73), z. B. Spannweite L, Trägerhöhe H, Knotenabstand l_0 (hängt von Fachwerkformen ab, siehe auch Abschnitt 6.6.1.1), Pfettenabstand (meistens gleich dem Knotenabstand, es muß hierbei auch die Konstruktion des Gesamtbaus z. B. Binderabstände und Querabstützung des Trägers berücksichtigt werden). Es soll möglichst eine Minimierung der Knotenanzahl angestrebt werden, die häufig zu einem Strebenfachwerk führt. Eine geringe Anzahl von Knoten ergibt Kostenersparnisse bei der Herstellung.

2. Bestimmung der Lasten (Beanspruchungen) in den Knotenpunkten und den Fachwerkstäben; hierbei sollen die Lasten in Knotenlasten zusammengefaßt werden.

3. Bestimmung der Stabkräfte unter der Annahme von Gelenkknoten und sich in einem Punkt schneidender Mittelachsen der Stäbe (Exzentrizität $e = 0$).

4. Erstes Festlegen der Gurtstababmessungen unter Berücksichtigung von Normalkraft und Stabschlankheit (für KHP, $d_0/t_0 = 20$ bis 30 üblich; für RHP, $b_0/t_0 = 15$ bis 25 üblich).
Da der größte Teil des Materialgewichtes eines Fachwerkträgers durch den Druckgurtstab verursacht wird (ca. 50%), ist es möglich, durch die Wahl von dünnwandigen Druckgurtstäben (große d_0/t_0- bzw. b_0/t_0-Verhältnisse), Gesamtgewichtersparnisse zu erzielen. Beim Materialgewicht des Zuggurtstabes (Anteil ca. 30%) sowie der Zugfüllstäbe ist keine Einsparung möglich. Die Ersparnis beim Druckfüllstab ist gering.
Gleichzeitig muß darauf geachtet werden, daß die äußere Oberfläche der Profile gering ist, damit die Kosten für die Anbringung des Korrosionsschutzmittels minimiert werden.

Die Traglast eines Fachwerkknotens erhöht sich mit niedriger werdendem d_0/t_0- bzw. b_0/t_0- sowie größer werdendem t_0/t_i-Verhältnis. Daraus ergibt sich, daß bei der Druckgurtbemessung ein Kompromiß zwischen ausreichender Knotentraglast und Stabstabilität gefunden werden muß. Meistens wird ein relativ kompaktes Profil verwendet.

Für Zuggurtstäbe soll das d_0/t_0- bzw. b_0/t_0-Verhältnis möglichst klein sein.

Außerdem ist es angebracht, aus Herstellungsgründen, aber auch vom ästhetischen Standpunkt her, einen einzigen Außendurchmesser bzw. eine einzige Breite des Gurtstabes zu wählen.

Die Anzahl der Längsstoßverbindungen hängt von der vom Profilhersteller zur Verfügung gestellten Einzelprofillänge ab. Für größere Bauprojekte können evtl. besondere Längen bestellt und geliefert werden.

Wirksame Knicklängen der Druckgurtstäbe sind wie folgt zu bestimmen:

Nach DIN 18808 [5, 229]:

$l_K = l_0$ (= Systemlänge zwischen zwei Knoten, siehe Bild 6-73)

Nach CIDECT-Empfehlungen [6, 226] sowie Eurocode 3 [230]:

$l_K = 0{,}9\ l_0$ (siehe auch Tabelle 5-27 und Bild 6-73)

Aus folgenden Gründen wird der Einsatz der Stahlgüte S355 statt S235 empfohlen:

- Die Streckgrenze von S355 ist 50% höher als die von S235. Diese höhere Streckgrenze kann von Zugstäben voll ausgenutzt werden.
- Auch bei Druckstäben kann S355 zu einem niedrigen Schlankheitsgrad führen, der in einem Fachwerk vorteilhafte Auswirkungen hat.
- Höhere Stahlkennwerte von S355 im Gurtstab (nicht in den Füllstäben) erhöhen die Knotentragfähigkeit eines Fachwerkes. Jedoch bringt auch der Einsatz von S235 nur bei den Füllstäben wirtschaftliche Vorteile (z. B. S235 für Füllstäbe, S355 für Gurte).

5. Erstes Festlegen der Profilabmessungen der Füllstäbe gemäß der Normalkraftbeanspruchung, unter Berücksichtigung folgender Punkte:

- Die Wanddicken der Füllstäbe sollen geringer sein als die des Gurtstabes, da das größer werdende t_0/t_i-Verhältnis zu hoher Knotentraglast führt.
- Bei sich evtl. überlappenden Füllstäben (siehe Bild 6-83) soll die Breite bzw. der Außendurchmesser des untergesetzten Füllstabes größer sein als bei aufgesetzten Füllstäben. Dies führt zu Schweißerleichterungen.
- Die Wanddicke des untergesetzten Füllstabes soll größer als die des aufgesetzten Füllstabes sein.
- Wirksame Knicklängen der Druckfüllstäbe sind wie folgt zu bestimmen:

Nach DIN 18808 [5, 229]:

$l_K = l_1$ (siehe Bild 6-73)

Nach CIDECT-Empfehlungen [6, 226] sowie Eurocode 3 [230]:

$l_K = 0{,}75\ l_1$ (siehe Tabelle 5-27)

Für Füllstäbe überlappter Knoten [6, 226]:

$l_K = l_1$

6. Reduzierung der Anzahl der Füllstababmessungen und -stahlgüten auf wenige Abmessun-

gen (am besten auf nur zwei); es ist wichtig, daß die Verfügbarkeit der gewählten Profilquerschnitte auf dem Markt berücksichtigt wird. Aus ästhetischen Gründen ist es angebracht, Füllstäbe einer einzigen Breite zu wählen (falls nötig, mit unterschiedlichen Wanddicken). In diesem Fall sind besondere Qualitätskontrollen erforderlich, um Verwechslungen zu vermeiden.

7. Festlegung von Knotengeometrie und -konfiguration unter Berücksichtigung folgender Punkte:

• Spalt g (Bild 6-82), Teil- bzw. Vollüberlappung (Bild 6-83). Die Herstellung der Knoten mit Spalt ist am wirtschaftlichsten.

Eine volle Überlappung (mit Exzentrizität $e = 0,55\ d_0$ bzw. b_0 bzw. h_0) gewährleistet eine einfachere Fertigung und ergibt eine höhere Knotentraglast als bei Knoten mit Spalt sowie Teilüberlappung.

a) Überprüfung von Knotengeometrie und -parametern (Stababmessungen und Verhältnisse $\gamma, \tau, \beta, g, \lambda_{\ddot{u}}, \theta, f(n)$ bzw. $f(n')$ zur Bestimmung der Knotentraglasten gemäß Eurocode 3 [3] (siehe Tabellen 6-9, 6-11 und 6-13) Die Gültigkeitsgrenzen (siehe Tabellen 6-10, 6-12 und 6-14) müssen innerhalb der Werte der Tabellen sein, damit die sekundären Biegemomente unberücksichtigt bleiben können.

b) Knotentragfähigkeitsnachweis nach DIN 18808 [5, 229] (siehe Abschnitt 6.6.4.1 Bemessung K- und N-förmiger Knoten aus KHP, RHP und QHP).

• Falls die Knotentraglasten nicht ausreichend sind, werden Knotenkonfiguration (z. B. Überlappung statt Spalt) und/oder Füll- und/oder Gurtstababmessungen geändert. Normaler-

weise brauchen nur einige Knoten überprüft zu werden (meist an Unterstützungen).

• Überprüfung der Knotengeometrie bezüglich der Knotenexzentrizitäten (siehe Bild 6-101)

Das primäre Biegemoment kann durch Knotenexzentrizität vernachlässigt werden, falls folgende Bedingung erfüllt wird:

a) $-0,25 \le e/h_0$ bzw. e/b_0 bzw. $e/d_0 \le 0,25$ (nach [5, 229])

b) $-0,55 \le e/h_0$ bzw. e/b_0 bzw. $e/d_0 \le 0,25$ (nach [3, 230])

Auch außerhalb dieser Grenzen bleibt dieses Moment für Zuggurtstäbe unberücksichtigt.

Bei Druckgurtstäben sind die Exzentrizitätsmomente außerhalb der obengenannten Grenzen zu berücksichtigen. Gemäß Bild 6-102, Abschnitt 6.6.4, ist das Exzentrizitätsmoment auf den Gurtstab zu verteilen. Es ist dann der Druckgurtstabnachweis mit der Interaktion „Längsdruckkraft – Exzentrizitätsmoment" zu führen (siehe Bild 6-148).

Der Druckgurtstabnachweis unter Berücksichtigung des Exzentrizitätsmomentes nach Eurocode 3 [3] lautet:

$$\frac{N_0 \text{ od. } N_{op} \cdot \gamma_M}{\chi \cdot A_0 \cdot f_{y0}} + \frac{M_0 \cdot \gamma_M \cdot \kappa}{W_{pl,0} \cdot f_{y0}} \quad \text{(vgl. Gl. 5-86)}$$

κ = Faktor, abhängig von Schlankheit, Querschnittsklasse und Momentenverteilung nach Theorie II. Ordnung (siehe Abschnitt 5.3.3.3) Nachweis nach DIN V ENV 1993, Teil 1-1, Eurocode 3 [2]. Nach DIN 18808 [5, 10, 229] lautet der oben aufgeführte Nachweis wie folgt:

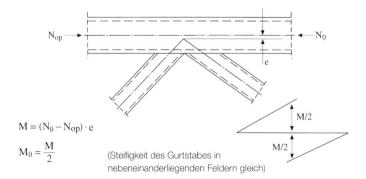

$M = (N_0 - N_{op}) \cdot e$

$M_0 = \dfrac{M}{2}$

(Steifigkeit des Gurtstabes in nebeneinanderliegenden Feldern gleich)

Bild 6-148 Interaktion „Längsdruck-Exzentrizitätsmoment" im Gurtstab eines Hohlprofilknotens

$$\frac{N_0 \text{ od. } N_{op} \cdot \gamma_M}{\chi \cdot A_0 \cdot f_{y0}} + \frac{M_0 \cdot \beta_m \cdot \gamma_M}{W_{el,0} \cdot f_{y0}} + \Delta n \leq 1$$

(vgl. Gl. 5-82)

(Hohlprofilquerschnittsklasse 3, s. Abschnitt 5.3.3.3).

Ferner muß auch die Interaktionsbedingung für kombinierte Biegung und Normalkraft erfüllt werden:

$$\frac{N_{i,Sd}}{N_{i,Rd}} + \left[\frac{M_{ip,i,Sd}}{M_{ip,i,Rd}}\right]^2 + \left[\frac{M_{op,i,Sd}}{M_{op,i,Rd}}\right] \leq 1,0$$

(für Knoten mit KHP-Gurt)

Diese Interaktionsbedingung für Knoten mit RHP-Gurt lautet:

$$\frac{N_{i,Sd}}{N_{i,Rd}} + \frac{M_{ip,i,Sd}}{M_{ip,i,Rd}} + \frac{M_{op,i,Sd}}{M_{op,i,Rd}} \leq 1,0$$

$M_{ip,i,Rd}$- und $M_{op,i,Rd}$-Werte können nach den Formeln der Tabellen 6-30 bzw. 6-34 berechnet werden.

Für Spaltknoten mit RHP-Gurt muß die Normalkrafttraglast im Spaltbereich des Gurtes unter Berücksichtigung der durch Füllstäbe übertragenen Abscherkraft überprüft werden:

falls $\dfrac{V_{i,Sd}}{V_{pl,i,Rd}} \leq 0,5$,

$$N_{0,\text{(in Spalt)},Rd} \leq \frac{A_0 \cdot f_{y0}}{\gamma_{Mo}}$$

falls $\dfrac{V_{i,Sd}}{V_{pl,i,Rd}} > 0,5$,

$$N_{0,\text{(in Spalt)},Rd} \leq \left[A_0 - A_V \left(2\frac{V_{i,Sd}}{V_{pl,i,Rd}} - 1\right)^2\right]\frac{f_{y0}}{\gamma_{Mo}}$$

(vgl. Gl. 6-83)

8. Falls erforderlich, ist die Tragwerksdurchbiegung unter Gebrauchslasten (ohne γ_F-Faktor) und unter Verwendung korrekter Lastpositionen zu überprüfen. Fachwerkträger mit Spaltknoten werden unter der Annahme gelenkiger Knoten berechnet. Bei durchgehend überlappten Knoten wird die Berechnung unter der Annahme durchlaufender Gurte, Füllstäbe mit gelenkigen Enden und unter Berücksichtigung von Exzentrizitätsmomenten durchgeführt.

Im ersten Fall (Spaltknoten) wird die Trägerdurchbiegung wegen der Nachgiebigkeit der

Knoten 12 bis 15% unterschätzt [6, 235–238]. Wenn die maximale Durchbiegung mit gelenkigen Knotenpunkten berechnet wird, ist sie mit dem Faktor 1,15 zu multiplizieren [6].

9. Überprüfung der Schweißnähte:

Die Bilder 6-94 bis 6-97 geben die Empfehlungen zur Schweißnahtausführung von Fachwerkknoten aus Hohlprofilen an (siehe hierzu Abschnitt 6.6.3). Es liegen die Schweißnahtbemessungsregeln für die Länder der Europäischen Union vor [38], deren Einhaltung zu einer Vorqualifizierung der Schweißnähte führt.

Die Schweißnähte werden entsprechend der Streckgrenze des anzuschließenden Hohlprofils bemessen. Sie werden daher automatisch als vorqualifiziert für jede Bauteilbeanspruchung angenommen.

Folgende Punkte sind besonders zu beachten:

• In Spaltknoten soll $g \geq t_1 + t_2$ sein, damit die Schweißnähte sich nicht überlappen.
• Bei überlappten Knoten soll der Überlappungsgrad $\lambda_{\ddot{u}}$ nicht kleiner als 25% sein.
• Die Schweißung der Fußspitze eines Füllstabes, insbesondere eines überlappten Füllstabes bei $\lambda_{\ddot{u}} = 100\%$, soll mit besonderer Sorgfalt durchgeführt werden. Falls $\theta < 60°$, müssen besondere Vorbereitungen für die Schweißnaht vorgenommen werden. Eine HV-Naht wird dort angewendet.
• Es soll $\theta > 30°$ sein, damit die hintere Anschlußseite (Ferse) des Hohlprofils ausreichend gut geschweißt werden kann.
• Da das Volumen der Schweißnaht von $(t_{1,2}^2)$ abhängig ist, ist die Schweißung eines dünnwandigen Füllstabes wirtschaftlicher als die eines dickwandigen Füllstabes.

6.6.6 Traglasten besonderer ebener KHP-Knoten

Es gibt weitere Knotenkonfigurationen mit besonderen Belastungskonstellationen, die teilweise in Stahlbaukonstruktionen angewendet werden. Die Traglastformeln einiger dieser Knoten aus kreisförmigen bzw. rechteckigen Hohlprofilen sind in Tabelle 6-26 bzw. 6-27 aufgelistet [7, 226, 230]. Die Bemessungsregeln sind auf die der Basisknotentypen der Tabellen 6-9, 6-11 und 6-13 zurückzuführen.

Tabelle 6-26 Traglasten für besondere geschweißte, ebene Knoten aus kreisförmigen Hohlprofilen

YY-Knoten 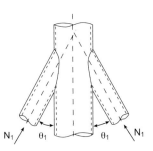	$N_{1,Sd} \leq N_{1,Rd}$ $N_{1,Rd}$ ist der Wert von $N_{1,Rd}$ der X-Knoten aus Tabelle 6-9
KT-Knoten 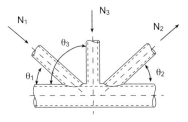	$N_{1,Sd}\sin\theta_1 + N_{3,Sd}\sin\theta_3 \leq N_{1,Rd}\sin\theta_1$ $N_{2,Sd}\sin\theta_2 \leq N_{1,Rd}\sin\theta_1$ $N_{1,Rd}$ ist der Wert von $N_{1,Rd}$ der K-Knoten aus Tabelle 6-9 mit d_1/d_0 ersetzt durch: $$\frac{d_1 + d_2 + d_3}{3\,d_0}$$
XX-Knoten 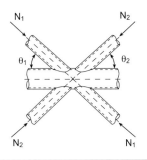	$N_{1,Sd}\sin\theta_1 + N_{2,Sd}\sin\theta_2 \leq N_{x,Rd}\sin\theta_x$ $N_{x,Rd}$ ist der Wert von $N_{x,Rd}$ der X-Knoten aus Tabelle 6-9, wobei $N_{x,Rd}\cdot\sin\theta_x$ der größere Wert von $|N_{1,Rd}\sin\theta_1|$ und $|N_{2,Rd}\sin\theta_2|$ ist
KK-Knoten 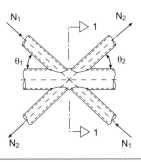	$N_{i,Sd} \leq N_{i,Rd}$ $N_{i,Rd}$ ist der Wert von $N_{i,Rd}$ der K-Knoten aus Tabelle 6-9, vorausgesetzt, daß in einem Spaltknoten im Querschnitt 1-1 die folgende Bedingung erfüllt wird: $$\left[\frac{N_{0,Sd}}{N_{0,pl,Rd}}\right]^2 + \left[\frac{V_{0,Sd}}{V_{0,pl,Rd}}\right]^2 \leq 1{,}0$$

Tabelle 6-27 Traglasten für besondere geschweißte, ebene Knoten aus rechteckigen Hohlprofilen

Knotentyp	Bemessungskriterium
YY-Knoten	$N_{1,Sd} \leq N_{1,Rd}$ $N_{1,Rd}$ ist der Wert von $N_{1,Rd}$ der X-Knoten aus Tabelle 6-13
KT-Knoten	$N_{1,Sd} \sin\theta_1 + N_{3,Sd} \sin\theta_3 \leq N_{1,Rd} \sin\theta_1$ $N_{2,Sd} \sin\theta_2 \leq N_{1,Rd} \sin\theta_1$ $N_{1,Rd}$ ist der Wert von $N_{1,Rd}$ der K-Knoten aus Tabelle 6-13 mit $\dfrac{b_1 + b_2 + h_1 + h_2}{b_0}$ ersetzt durch: $\dfrac{b_1 + b_2 + b_3 + h_1 + h_2 + h_3}{6\,b_0}$
XX-Knoten	$N_{1,Sd} \sin\theta_1 + N_{2,Sd} \sin\theta_2 \leq N_{x,Rd} \sin\theta_x$ $N_{x,Rd}$ ist der Wert von $N_{x,Rd}$ der X-Knoten aus Tabelle 6-13, wobei $N_{x,Rd}$ der größere Wert von $\lvert N_{1,Rd} \sin\theta_1 \rvert$ und $\lvert N_{2,Rd} \sin\theta_2 \rvert$ ist
KK-Knoten	$N_{i,Sd} \leq N_{i,Rd}$ $N_{i,Rd}$ ist der Wert von $N_{i,Rd}$ der K-Knoten aus Tabelle 6-13, vorausgesetzt, daß in einem Spaltknoten im Querschnitt 1-1 die folgende Bedingung erfüllt wird: $\left[\dfrac{N_{0,Sd}}{N_{0,pl,Rd}}\right]^2 + \left[\dfrac{V_{0,Sd}}{V_{0,pl,Rd}}\right]^2 \leq 1{,}0$

6.6.7 Traglasten geschweißter, räumlicher Knoten

Die Bilder 6-149a und b zeigen zwei mit KHP und RHP leicht ausführbare Dreigurtträger, die den besonderen Vorteil hoher horizontaler Belastbarkeit und großer Torsionssteifigkeit und Kippstabilität aufweisen. Durch die allseits symmetrische Form der KHP-Gurte ist der Anschluß der Füllstäbe in jeder Ebene möglich. Der gleiche Vorteil gilt auch für Viergurtträger (Bild 6-149c und d), bei denen ebenfalls Füllstäbe in zwei Ebenen an den Gurt angeschweißt

Bild 6-150 Endstück eines geschwungenen Dreigurtbinders im Flughafen Hamburg

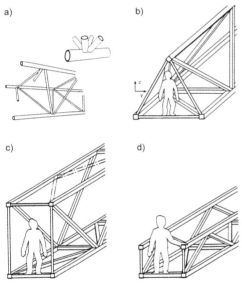

Bild 6-149 Dreigurtträger aus a) Kreishohlprofilen, b) Rechteckhohlprofilen. Viergurtträger aus Rechteckhohlprofilen in c) geschlossener Form, d) Form als offenes „U".

werden. Aus ästhetischen Gründen wird der Dreigurtträger aus Hohlprofilen in den modernen repräsentativen Hallenbauten (siehe Bilder 6-150 und 6-151) bevorzugt angewendet. Häufig wird er in weitgespannten Tragwerken anstatt kostenaufwendiger Raumfachwerke (siehe Abschnitt 9) eingesetzt.

Bis vor etwa zehn Jahren fehlten Ergebnisse praktischer Versuche an räumlichen Knoten aus Hohlprofilen. Obwohl in den letzten Jahren zahlreiche Versuchsserien an TT- [98, 134, 135, 241, 243], XX- [116] und KK-Knoten [90, 93, 94, 99, 127, 191] sowie numerische Analysen von TT- [116, 243], TX- [116, 240], XX- [109, 116] und KK-Knoten [124, 219, 239] durchge-

Bild 6-151 Sieben Hauptbinder mit Dreieckquerschnitt überspannen eine Hallenfläche von 75×101 m im Flughafen Hamburg

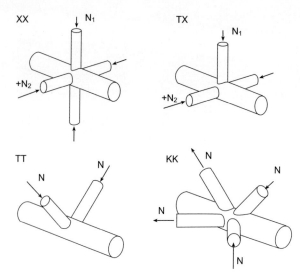

Bild 6-152 Knotentypen räumlicher Knoten

führt wurden (siehe Bild 6-152), liegen derzeit nur zwei Normungswerke, die Bemessungsregeln für räumliche Knoten aus Hohlprofilen empfehlen, vor:

– AWS 1992, D 1.1–92 [13]
– Eurocode 3 [230]

AWS-Regeln basieren nur auf der elastischen Analyse ohne Berücksichtigung der Versuchsergebnisse.

Eurocode 3 [230] geben die Tabellen 6-28 (KHP-Knoten) und 6-29 (RHP-Knoten) mit Reduktionsfaktoren an, mit denen die Traglasten der entsprechenden ebenen Knoten (Tabelle 6-9 bzw. 6-13) multipliziert werden, um die Traglasten räumlicher Knoten zu bestimmen. Diese Faktoren sind aufgrund der Erkenntnisse aus den Versuchen für den praktischen Gebrauch auf der sicheren Seite vorgeschlagen worden.

Die bisher durchgeführten Versuche und die „Finite-Elemente"-Berechnungen führen zu den folgenden Schlüssen:

● Im Vergleich mit ebenen X-Knoten haben die räumlichen Belastungen wesentliche Einflüsse auf die Tragfähigkeit und Steifigkeit der XX-Knoten.

Die Finite-Elemente-Berechnungen [109] mit XX-Knoten aus KHP haben gezeigt, daß, falls die Lasten in beiden Ebenen die gleiche Größe haben, aber im umgekehrten Sinne wirken

(z.B. Zug gegen Druck), die Tragfähigkeit des XX-Knotens sich im Vergleich zu dem ebenen X-Knoten um ein Drittel verringern kann. Bei gleichgerichteten Lasten (z.B. Zug oder Druck in beiden Ebenen) vergrößert sich die Knotentraglast erheblich bei gleichzeitig geringerer Verformung (Bild 6-153).

Die Traglast von RHP-XX-Knoten [222] wird geringfügig von der des KHP-XX-Knotens unterschieden und Gl. (6-130) wird mit dem Reduktionsfaktor 0,9 multipliziert (Gl. 6-133).

● Experimentelle Untersuchungen mit KHP-TT-Knoten ($\phi = 90°$) unter Druckbeanspruchung in beiden Füllstäben [241] haben gezeigt, daß kein wesentlicher Unterschied zwischen den Traglasten räumlicher und ebener Knoten besteht (Gl. 6-129). Demgegenüber wurde bei RHP-TT-Knoten ($\phi = 90°$) ein geringer Unterschied festgestellt für $60° \leq \phi \leq 90°$ und eine 10% Reduktion empfohlen (Gl. 6-132).

● Für KHP- und RHP-KK-Knoten wird zur Vereinfachung der Bemessung ein Reduktionsfaktor von 0,9 empfohlen [242], um die Beanspruchungen aus der Ebene M_{op} zu berücksichtigen. Allerdings schlägt Lit. [230] vor, für jede relevante Ebene die Interaktion von Normalkraft und Momenten zu berücksichtigen:

$$\frac{N_{i,Sd}}{N_{i,Rd}} + \frac{M_{ip,i,Sd}}{M_{ip,i,Rd}} + \frac{M_{op,i,Sd}}{M_{op,i,Rd}} \leq 1,0 \qquad (6\text{-}136)$$

Tabelle 6-28 Reduktionsfaktoren für räumliche Knoten aus KHP

Knotentyp	Reduktionsfaktor μ bezogen auf ebene Knoten (siehe Tabelle 6-9)
TT-Knoten	$60° \le \phi \le 90°$ $$\mu = 1,0 \qquad (6\text{-}129)$$
XX-Knoten	$$\mu = 1 + 0,33\, N_{2,Sd}/N_{1,Sd} \qquad (6\text{-}130)$$ unter Berücksichtigung der Vorzeichen von $N_{1,Sd}$ und $N_{2,Sd}$, wobei $$|N_{2,Sd}| \le |N_{1,Sd}|$$
KK-Knoten	$60° \le \phi \le 90°$ $$\mu = 0,9 \qquad (6\text{-}131)$$ vorausgesetzt, daß in einem Spaltknoten im Querschnitt 1-1 der Gurtstab die folgende Bedingung erfüllt: $$\left[\frac{N_{0,Sd}}{N_{pl,0,Rd}}\right]^2 + \left[\frac{V_{0,Sd}}{V_{pl,0,Rd}}\right]^2 \le 1,0$$ $V_{0,Sd}$ ist die Gesamtschubkraft beider Ebenen

Für Spaltknoten ist ein Nachweis gegen Gurtstababscheren zu führen (Gl. 6-135).

• Lit. [243] enthält einen Vergleich der Traglasten aus Versuchsergebnissen zu TT-Knoten [135, 243] und KK-Knoten [90, 243] aus KHP mit denen in Eurocode 3 [230], siehe Tabelle 6-28:

– Für TT-Knoten sind die Traglasten aus den Versuchen 1,13 bis 2,04 fach höher als die nach Eurocode 3 berechneten.

– Für KK-Knoten sind die Traglasten aus den Versuchsergebnissen 1,40 bis 2,14 höher als die Traglasten nach Eurocode 3.

Dies zeigt, daß die Traglastformeln nach Eurocode 3 relativ vorsichtig aufgestellt worden sind.

Bezüglich der Herstellungsgeometrie des Knotens eines Dreigurtträgers wird folgendes angemerkt:

• Überlappung sich schneidender Füllstäbe aus beiden Ebenen in einem KHP-Knoten soll mög-

Tabelle 6-29 Reduktionsfaktoren für räumliche Knoten aus RHP

Knotentyp	Reduktionsfaktor μ bezogen auf ebene Knoten (siehe Tabelle 6-13)
TT-Knoten	$60° \leq \phi \leq 90°$
	$\mu = 0,9$ (6-132)
XX-Knoten	$\mu = 0,9\,(1 + 0,33\,N_{2,Sd}/N_{1,Sd})$ (6-133)
	unter Berücksichtigung der Vorzeichen $N_{1,Sd}$ und $N_{2,Sd}$, wobei
	$\lvert N_{2,Sd}\rvert \leq \lvert N_{1,Sd}\rvert$
KK-Knoten	$60° \leq \phi \leq 90°$
	$\mu = 0,9$ (6-134)
	vorausgesetzt, daß in einem Spaltknoten im Querschnitt 1-1 der Gurtstab folgende Bedingung erfüllt:
	$\left[\dfrac{N_{0,Sd}}{N_{pl,0,Rd}}\right]^2 + \left[\dfrac{V_{0,Sd}}{V_{pl,0,Rd}}\right]^2 \leq 1,0$ (6-135)
	$V_{0,Sd}$ ist die Gesamtschubkraft beider Ebenen

lichst vermieden werden, da hierdurch Knotenexzentrizitäten entstehen können (Bild 6-154).

Die Exzentrizität kann bei $e \leq 0,25\ d_0$ vernachlässigt werden. Außerhalb dieser Grenze ist das Exzentrizitätsmoment ähnlich wie im ebenen Knoten auf dem Gurtstab entsprechend seiner Steifigkeit zu verteilen.

● Ferner soll der Spalt g zwischen den nebeneinander liegenden Füllstabfußspitzen größer als oder gleich der Summe der Wanddicken der Füllstäbe $2\,t_1$ sein, damit die Schweißnähte sich nicht überlappen.

● Bei RHP-KK-Knoten wird das wirksame Breitenverhältnis β größer, falls der Winkel $\phi < 90°$ ist (siehe Bild 6-155). Entsteht in diesem Fall eine Exzentrizität, ist die Tragfähigkeit des Zuggurtflansches eines räumlichen Knotens größer als die des Gurtflansches eines ebenen Knotens mit den gleichen Bauteilabmessungen.

1. Ebene X-Knoten

2. XX-Knoten mit
gleichgerichteten Lasten
in beiden Ebenen

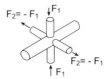
3. XX-Knoten mit
entgegengerichteten Lasten
in beiden Ebenen

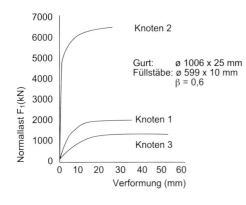

Bild 6-153 Einfluß von Belastungskonstellationen auf Traglasten von KHP-XX-Knoten [109]

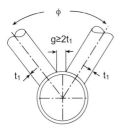

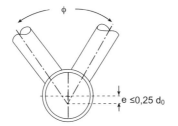

Bild 6-154 Spalt und Exzentrizität eines räumlichen Knotens zwischen beiden Ebenen

Aufgrund der weiteren Versuche und Parameterstudien der letzten Zeit sind etwas genauere Traglastformeln für räumliche Knoten aus kreisförmigen Hohlprofilen erstellt worden [116]. Einige dieser Formeln sind in Anlage IV angegeben.

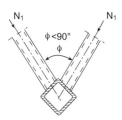

Bild 6-155 Senkrechter Schnitt durch einen RHP-KK-Knoten mit zugbeanspruchtem Gurtstab

6.6.8 Hohlprofilknoten aus KHP-Füllstäben mit abgeflachten Enden

Die Verwendung der Knoten dieser Art findet i. allg. in kleinen und temporären Konstruktionen statt.

Wie Bild 6-156a darstellt, wird bei rechteckigen Hohlprofilgurten der ebene Säge-Schnitt angewendet. Füllstäbe aus KHP müssen i. allg. mit räumlichen „Verschneidungskurven" an die KHP-Gurte angepaßt werden (Bild 6-156b). In besonderen Fällen, wenn die $\beta = d_i/d_0$-Werte nicht groß sind und der Schweißspalt klein wird, kann der Füllstab auch eben abgeschnitten werden (Bild 6-156c). Um den Profilierungsschnitt von KHP-Streben zu umgehen, werden die Enden teilweise oder ganz flach gedrückt, wodurch die Herstellung eines Fachwerks ver-

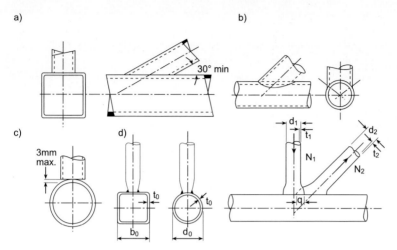

Bild 6-156 Füllstabendenvorbereitung in Hohlprofil-Fachwerkkonstruktionen

einfacht und damit die Herstellungskosten reduziert werden (Bild 6-156 d).

Entsprechend der vorhandenen Anlagen in einer Werkstatt werden verschiedene Arten der Endenabflachung von KHP verwendet (Bild 6-157).

Die Anwendung abgeflachter RHP-Stabenden ist herstellungsgemäß schwierig und daher nicht üblich.

Werden die Gurtstäbe (KHP und RHP) mit den endenabgeflachten Füllstäben (KHP) unmittelbar miteinander verbunden, so sind nur ebene Sägeschnitte und der Einsatz einfacher Kehlnähte erforderlich (Bild 6-158).

Allerdings sind auch lösbare Schraubenverbindungen durch Bleche möglich. Bild 6-159 zeigt eine solche Konstruktion, wobei die voll abgeflachten Enden mit den angeschweißten Platten verstärkt sind, um die Querschnittsschwächung durch die Bohrlöcher zu kompensieren.

Im allgemeinen werden die verschraubten Anschlüsse dieser Art nur bei Bauteilen verwendet, die auf Dauer im Innern von Gebäuden, in zeitlich begrenzten Bauten auch im Freien sind.

Gegenwärtig gibt es keine Vorschrift, die über die Kalt- bzw. Warmumformung eines Hohlprofils Empfehlungen angibt. Kaltumformung wird wegen ihrer Einfachheit, Schnelligkeit und Wirtschaftlichkeit häufiger als Warmumformung angewendet.

Nachfolgend wird das Verfahren der Warmumformung von Hohlprofilstäben beschrieben, woraus die Gründe der Kostensteigerung ersichtlich werden:

Die Endfläche des Hohlprofils, die abgeflacht werden soll, ist bis auf den Temperaturbereich $750–900°C$ zu erwärmen. Wärmequellen können Elektrizität, Acetylen-Sauerstoffflasche oder Propangasbrenner sein.

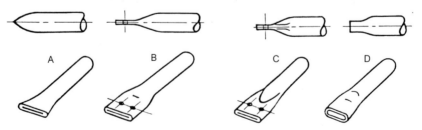

Bild 6-157 Verschiedene Formen flachgedrückter KHP-Stabenden. A) Abgescherte, abgeflachte Enden („cropped end"); B) vollständig flachgedrückte Enden; C) vollständiges Abflachen in einer Presse mit hohlen Matrizen; D) Flachdrücken mit eingelegtem Flacheisen; flach-oval gedrückte Enden (teilweises Flachdrücken)

Bild 6-158 Geschweißte Knoten aus KHP-Gurtstab und KHP-Füllstäben mit abgeflachten Enden

Bild 6-159 Mittelbare Schraubenverbindungen von Gurtstab und Füllstäben mit vollabgeflachten Enden

Bild 6-160 zeigt eine Anlage mit einer Reihe von Brennern, deren Einsatz für eine Produktion größerer Menge lohnenswert sein kann. Die Gefahr der Rißbildung ist bei der Warmumformung gering.

Während des Kaltumformungsprozesses wird das Material plastisch, und Verformungen finden in beiden Längs- und Querrichtungen statt. Risse können in den abgeflachten Enden bzw. in der Verjüngung von Profil zur Flachstelle auftreten. Die örtliche Spitzendehnung kann

mehr als 200 % erreichen. Falls der Riß in der Herstellungsnaht des KHP liegt, muß die Naht weg von der Linie der höchsten Verformung verschoben werden.

Ferner ist eine richtige Wahl des d/t-Verhältnisses erforderlich, da im allgemeinen mit dem größer werdenden d/t-Verhältnis der Abflachungsvorgang leichter wird. Es muß darauf geachtet werden, daß bei $d/t > 25$, die Abflachung die Druckbelastbarkeit des Stabes vermindert.

Unterschiedliche Abflachungsgeräte werden für die Herstellung der in Bild 6-157 gezeigten Abflachungsformen angewendet. Die Formen der Matrizen bestimmen die Neigung und Länge des Überganges von Profil zur Flachstelle bei voller bzw. teilweiser Abflachung, deren Anpassung für die Verhinderung der Risse wichtig ist.

1. Abgescherte und abgeflachte Enden

Diese Formen sind wirtschaftliche Flachdrückungen, die mit einer Schneidemaschine oder Guillotin-Schere oder Blechschere je nach Größe des KHP hergestellt werden. Bei Anwendung dieses Verfahrens findet die Flachdrückung am Ende des Profils statt.

Bei ① in Bild 6-161 wird der Stab horizontal angelegt. Die untere Schneidbacke muß etwa auf den halben Profildurchmesser eingestellt werden, um ein unsymmetrisches Flachdrücken zu vermeiden.

Bei ② in Bild 6-161 handelt es sich um eine traditionelle Blechschere, bei der der Stab auf der unteren Schneidbacke der Maschine aufliegt. Zur Vermeidung eines unsymmetrischen Flachdrückens muß der Stab leicht geneigt werden.

Die Kreishohlprofile werden in einem Arbeitsgang gequetscht und auf Länge geschnitten.

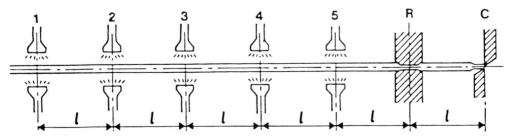

Bild 6-160 Anlage für Warmumformung von Hohlprofilenden

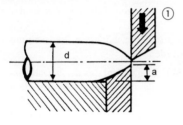

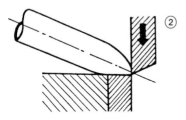

Bild 6-161 Arbeitsprinzipien der Scheren für die Herstellung von Stäben mit abgescherten und abgeflachten Enden

Mit dem Schnitt wird gleichzeitig die Fase für die Schweißnaht erzeugt (Bild 6-162).

Dieses Verfahren ist sowohl a) kalt als auch b) warm anwendbar (Bild 6-163).

Bei Warmabflachung mit Abscheren wird die Anwärmelänge in Abhängigkeit vom KHP-Durchmesser wie folgt festgelegt (Bild 6-164):

Anwärmelänge $l_w \approx 1{,}7 \cdot d$

2. Vollständig flachgedrückte Enden

Bild 6-165 zeigt eine Prinzipskizze dieses Verfahrens, aus der ersichtlich ist, daß vollständiges Flachdrücken über eine relativ große Länge erfolgt. Bei einer einfachen Matrize wird die Übergangslänge l zwischen 1,2 d und 1,5 d angenommen. Während des Abflachungsvorganges findet die symmetrische Verformung allmählich statt, wenn die Ecken des Gesenks abgerundet sind. Es werden hierbei auch Querrisse vermieden.

Bei diesem Prozeß ergibt sich ein größeres Risiko für Risse und damit die Notwendigkeit, insbesondere bei Kaltumformung, die Stahlgüte und den Verformungsgrad genauer zu überwachen. Es sei daran erinnert, daß die meisten Stähle für Konstruktionshohlprofile Mindest-Bruchdehnungen zwischen 22−26% haben (siehe Tabellen 3-3, 3-9 und 3-10).

Bei der Gesenkform des Bildes 6-165 ist keine Beeinflussung der Übergangslänge l möglich. Bei der Gesenkform des Bildes 6-166 bestimmen die beiden Matrizen die Form des zusammengedrückten Stabendes, insbesondere die Länge l, oft in dem Längenbereich 1,7 d−2,2 d für den keilförmigen Teil. Die Verjüngung von KHP zur Flachstelle soll nicht größer als 25% (1 : 4) sein.

Um das Risiko des Rißentstehens generell zu verkleinern, kann man in das Stabende (die Ab-

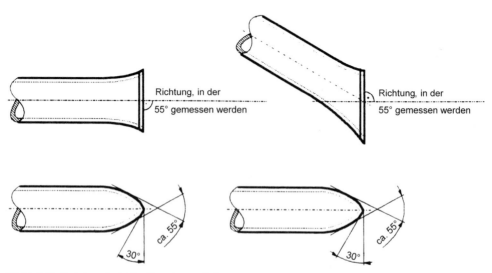

Bild 6-162 Abplatten mit gleichzeitigem Trennschnitt

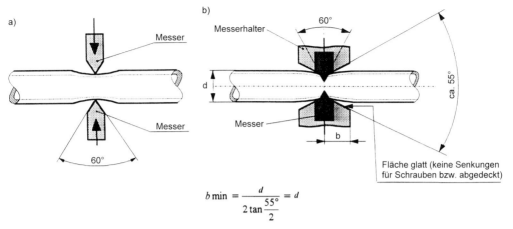

$$b \min = \frac{d}{2 \tan \frac{55°}{2}} = d$$

Bild 6-163 Kaltes und warmes Abplatten und Abscheren.
a) Kalt (Raumtemperatur ca. 20°C) KHP-Wanddicke ≤ ca. 5,0 mm.
b) Warm (bei einer Schneidetemperatur von 800−1200°C KHP-Wanddicke > ca. 5,0 mm.
   Entstandene Riefen > 0,5 mm Tiefe sind auszuschleifen bzw. Messerhalter so auszubilden, daß keine Riefen entstehen

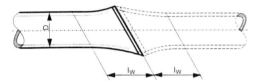

Bild 6-164 Anwärmelänge bei warmem Abplatten und Abscheren

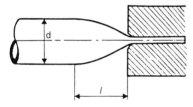

Bild 6-165 Einfaches Verfahren für vollständiges Abflachen von KHP-Enden

flachungszone) ein KHP-Teilstück einführen und dann den Abflachungsvorgang vornehmen. Die Verstärkung des Stabendes ist für Schraubenanschlüsse besonders günstig.

3. Vollständiges Abflachen in einer Presse mit hohlen Matrizen

In diesem Fall erfolgt die Formgebung des Stabendes durch zwei Matrizen mit Aussparungen (Bild 6-167), die einen Hohlraum mit stetigem Querschnittswechsel umschließen. Die Länge des Querschnittsüberganges ist ca. 2 d.

Diese Form ist günstig für Schraubenverbindungen und unter Zug und Druck noch tragfähiger als die Form, die nach dem einfachen Verfahren 2 (Bild 6-165) hergestellt wird.

Die Investitionskosten für die hohlen Matrizen sind wesentlich höher als die für ebene Matrizen. Trotzdem kann ihr Einsatz bei großen Se-

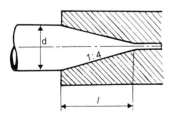

Bild 6-166 Vollständiges Abflachen des KHP-Endes mit einer vorausbestimmten Übergangslänge *l*

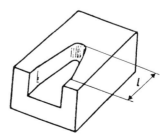

Bild 6-167 Matrize mit Aussparung

rien aufgrund der Vereinfachung beim Flachdrücken und wegen ihres geringen Verschleißes
wirtschaftlich sein.

4. Flachdrücken mit eingelegtem Flacheisen (vorbestimmte Teilabflachung)

Diese Methode ist ähnlich der Methode für das
Flachdrücken nach Bild 6-165, aber mit einem
begrenzten Pressenhub. Um parallele Oberflächen (Bild 6-168) zu erhalten, wird beim
Flachdrücken ein Futterstück in die Abfla-
chungszone eingeführt (Bild 6-169). Es wird
hiermit ein vorbestimmtes, teilweises Abflachen erreicht, das häufig für die Herstellung
der Knoten nach Bild 6-168 notwendig ist.

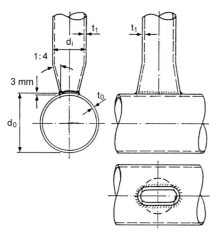

Bild 6-168 Knoten mit vorbestimmten, teilweise abgeflachten KHP-Füllstabenden

Abschließend sei über die Herstellungsverfahren von abgeflachten KHP-Stabenden folgendes angemerkt:

Da keine klar definierte Vorschrift für diesen
Vorgang vorhanden ist, wird empfohlen, bei der
Durchführung größerer Projekte einige Vorversuche zur Wahl des geeigneten Verfahrens vor-
zunehmen. Werden dickwandige KHP oder
KHP mit großem Außendurchmesser erforderlich, müssen gegebenenfalls Versuche durchgeführt werden.

In Kanada wurde die Tragfähigkeit (vorwiegend ruhende Beanspruchung) N-förmiger
Fachwerkknoten mit abgescherten, flachgedrückten KHP-Füllstabenden untersucht [203,
205–208]. Gurtstäbe bestanden sowohl aus
KHP als auch aus QHP (siehe Bild 6-156d).
Die Umformung der KHP-Füllstabenden wurde
kalt vorgenommen.

Die ersten Grundsatzversuche an den in Bild
6-170 gezeigten Knoten führten zu den folgenden Schlußfolgerungen:

1. Die Spaltknoten und die Knoten mit Überlappung nehmen Traglasten etwa gleicher
   Größe auf.
2. Die Knoten mit Überlappung besitzen mindestens die zweifache Steifigkeit der Spaltknoten.
3. Die Traglasten der Überlappungsknoten mit
   abgescherten, flachgedrückten Füllstabenden (Bild 6-156d) sind denen der Knoten
   aus Füllstäben mit Profilierungsschnitt

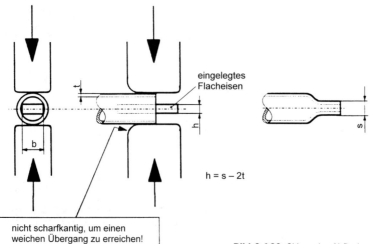

eingelegtes
Flacheisen

$h = s - 2t$

nicht scharfkantig, um einen
weichen Übergang zu erreichen!

Bild 6-169 Skizze des Abflachens mit eingelegtem Flacheisen

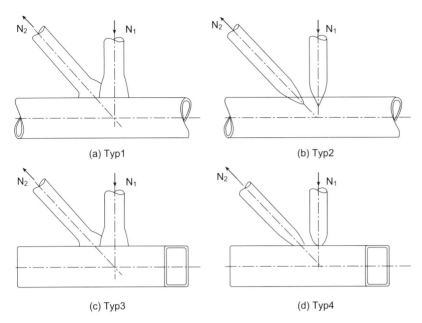

(a) Typ1   (b) Typ2

(c) Typ3   (d) Typ4

Bild 6-170 Einzelknoten-Prüfkörper für grundsätzliche Vergleichsversuche: Gurtstab $101{,}6 \times 101{,}6 \times 4{,}78$ mm oder $\varnothing$ $114{,}3 \times 4{,}78$ bzw. $6{,}53$ mm, Füllstäbe (Zug) $\varnothing$ $48{,}3 \times 2{,}79$ bzw. $3{,}81$ mm; Füllstäbe (Druck) $\varnothing$ $48{,}3 \times 2{,}79$ bzw. $3{,}81$ mm

(Bild 6-156 b) bzw. ebenem Sägeschnitt (Bild 6-156 c) etwa gleich.

4. Die Richtung des Abflachens (Bild 6-171)
   a) parallel zur Gurtachse (in der Ebene des Fachwerks)
   b) senkrecht zur Gurtachse

   hat keinen Einfluß auf die Knotentraglasten. Die Herstellung der Knoten in Bild 6-170a bzw. c ist einfacher als die der Knoten in Bild 6-170b bzw. d. Die Knotenkonfigurationen a bzw. c werden daher empfohlen. Beim Knoten in Bild 6-171 b verhindern die abgeflachten Füllstabenden die Verformung des Gurtflansches, falls die Breite der Füllstabenden etwa gleich der Breite des Gurtes ist.

5. Die Traglasten der Knoten mit QHP-Gurten sind etwa 10 % niedriger als die der identischen Knoten mit KHP-Gurten.

6. Die Steifigkeit der Knoten mit QHP-Gurten ist etwa gleich einem Drittel der Steifigkeit der identischen Knoten mit KHP-Gurten.

Aufgrund der Ergebnisse weiterer Versuche am Knotentyp 3 des Bildes 6-170 und anschließender linearer Regression-Analyse wird die fol-

a)

b)

Bild 6-171 Richtungen des Abflachens zur Gurtachse

gende Traglastformel für die *N-Knoten* mit QHP-Gurtstab vorgeschlagen [203, 207]:

$$\frac{N_{1,Rd}}{t_0 \cdot b_0 \cdot f_{y0}} = 0{,}504 + 6{,}10 \left(\frac{d_1}{b_0}\right)^3 -$$

$$- 43{,}3 \left(\frac{d_1}{b_0}\right)^2 \cdot \left(\frac{t_0}{b_0}\right) \qquad (6\text{-}137)$$

Dabei sind:

$N_{1,Rd}$ = Versagenslast des Knotens (am Druckfüllstab gemessen)

f_{y0} = Streckgrenze des QHP-Gurtstabmate-
rials

b_0 = Breite des QHP-Gurtstabes

t_0 = Wanddicke des QHP-Gurtstabes

d_1 = Außendurchmesser des KHP-Füllstabes
(Druckstab)

Der Gültigkeitsbereich dieser Formel ist wie folgt:

– Breite × Höhe des Gurtstabes: $102 \times 102 - 152 \times 152$ mm
– Wanddicke des Gurtstabes: $4{,}78 - 7{,}95$ mm
– Außendurchmesser des Füllstabes: $42{,}4 - 73\emptyset$
– Wanddicke des Füllstabes: $3{,}18 - 6{,}35$ mm
– Überlappung: $\lambda_{\ddot{u}} \leq 75\%$
– Streckgrenze des Gurtstabmaterials:
  ≤ 400 N/mm^2
– $\theta_1 = 90°$, $\theta_2 = 45°$

t_0/b_0: $0{,}031 - 0{,}078$
d_1/b_0: $0{,}279 - 0{,}716$

Die Traglasten können ohne Berücksichtigung der Vorspannkraft N_{op} im Gurtstab aus den Kurven des Bildes 6-172 abgelesen werden. Der Einfluß des Überlappungsgrades $\lambda_{\ddot{u}}\%$ auf die Traglast ist nicht bedeutend.

In ähnlicher Weise haben die Versuche am Knotentyp 1 des Bildes 6-170 zu der Traglastformel für die *N-Knoten* mit KHP-Gurtstab geführt [203, 208]:

$$\frac{N_{1,Rd} \cdot d_1}{t_1 \cdot t_0 \cdot d_0 \cdot f_{y0}} = 10{,}50 + 40{,}6 \left(\frac{d_1}{d_0}\right)^2 -$$

$$- 172{,}0 \left(\frac{t_0}{d_0}\right) \qquad (6\text{-}138)$$

Dabei sind:

$N_{1,Rd}$ = Versagenslast des Knotens (gemessen
am Druckfüllstab)

f_{y0} = Streckgrenze des KHP-Gurtstabmaterials

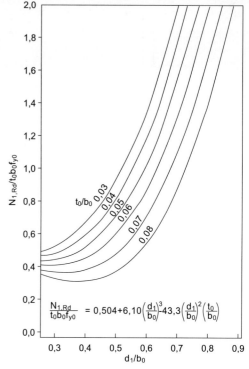

Bild 6-172 Traglastdiagramme für N-Knoten aus QHP-Gurtstab und KHP-Füllstäben mit abgescherten und abgeflachten Enden [203]

d_0 = Außendurchmesser des KHP-Gurtstabes

t_0 = Wanddicke des KHP-Gurtstabes

$d_{1od.2}$ = Außendurchmesser des KHP-Füllstabes

$t_{1od.2}$ = Wanddicke des KHP-Füllstabes

In dem folgenden Parameterbereich kann diese Formel angewendet werden:

– Außendurchmesser des KHP-Gurtstabes d_0:
  $114{,}3 - 168{,}3$ mm
– Wanddicke des KHP-Gurtstabes
  t_0: $4{,}78 - 7{,}95$ mm
– Außendurchmesser des KHP-Füllstabes
  $d_{1od.2}$: $42{,}2 - 88{,}9$ mm
– Wanddicke des KHP-Füllstabes
  $t_{1od.2}$: $3{,}18 - 4{,}78$ mm
– $\theta_1 = 90°$ und $\theta_2 = 45°$
– Streckgrenze des KHP-Gurtstabmaterials:
  ≤ 400 N/mm^2
– Überlappung $\lambda_{\ddot{u}}$: $\leq 75\%$

d_0/t_0: $15 - 36$
d_1/d_0: $0{,}251 - 0{,}778$

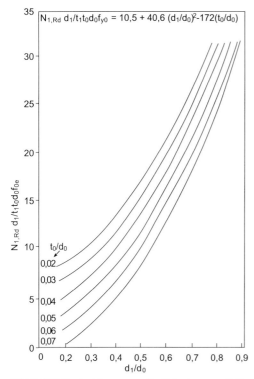

Bild 6-173 Traglastdiagramme für N-Knoten aus KHP-Gurtstab und KHP-Füllstäben mit abgescherten und abgeflachten Enden [203]

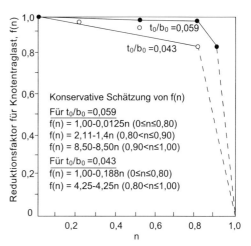

Bild 6-174 Traglastreduktionsfaktor $f(n)$ für N-Knoten mit QHP-Gurtstab unter Berücksichtigung der Vorspannkraft im Druckgurt $\left(n = \dfrac{N_{0p}}{A_0 \cdot f_{y0}} + \dfrac{M_0}{W_0 \cdot f_{y0}} \right)$

Bild 6-173 zeigt die Traglastkurven, aufgestellt nach Gl. (6-138), zusammen mit den Versuchsergebnissen. Hierbei ist die Vorspannkraft N_{op} des Gurtstabes nicht berücksichtigt.

Wie für Knoten mit RHP-Gurt ist auch in diesem Fall der Einfluß der Überlappung unbedeutend.

Aus Sicherheitsgründen schlägt [226] den Faktor 1,25 bei Anwendung der beiden Gln. (6-137) und (6-138) vor.

Wie bereits erwähnt, ist die Traglastformel Gl. (6-137) aus den Versuchen entstanden, die ohne Vorspannkraft N_{op} im Gurtstab durchgeführt wurden. Weitere Versuche [244] zur Ermittlung des Einflusses der Druckvorspannkraft (bekanntlich kann dieser Einfluß der Zugvorspannkraft vernachlässigt werden) ergaben Reduktionsfaktoren $f(n)$ in Abhängigkeit von n $\left(= \dfrac{N_{op}}{A_0 \cdot f_{y0}} + \dfrac{M_0}{W_0 \cdot f_{y0}} \right)$ für N-Knoten mit QHP-Gurtstab (Bild 6-174).

Für Knoten mit KHP-Gurtstab wird der Einfluß der Vorspannkraft im Gurt N_{op} auf die Knotentraglast nach [226] wie folgt berücksichtigt:

Für Zugvorspannkraft im Gurtstab

$$f(n') = 1,0 \quad \text{für } n' \geq 0$$

Für Gurtstäbe, die bis zu 80 % ihrer Streckgrenze unter Druck vorgespannt sind, sollte die Knotentraglast mit $f(n') = 1 + 0,2\,n'$ $(0 > n' \geq -0,8)$ multipliziert werden. Größere Gurtstabvorspannungen sollten nicht vorhanden sein, da keine ausreichenden Versuchsergebnisse vorliegen.

Die Gln. 6-137 und 6-138 werden wie folgt modifiziert:

N-Knoten mit RHP-Gurtstab und KHP-Füllstäben mit abgescherten und abgeflachten Enden:

$$N_{1,Rd} = \frac{t_0\, b_0 \cdot f_{y0}}{1,25}$$

$$\left[0,504 + 6,10 \left(\frac{d_1}{b_0} \right)^3 - 43,3 \left(\frac{d_1}{b_0} \right)^2 \cdot \frac{t_0}{b_0} \right]$$

$$f(n) \hspace{4cm} (6\text{-}139)$$

N-Knoten mit KHP-Gurtstab und KHP-Füllstäben mit abgescherten und abgeflachten Enden:

$$N_{1,Rd} = \frac{t_1 \cdot t_0 \cdot d_0 \cdot f_{y0}}{1,25\, d_1}$$

$$\left[10,50 + 40,6 \left(\frac{d_1}{d_0}\right)^2 - 172,0 \left(\frac{t_0}{d_0}\right)\right] f(n')$$

$$(6\text{-}140)$$

Hierbei ist:

$f(n') = 1,0$ für $n' \geq 0$

$f(n') = 1 + 0,2\, n'$ für $0 \geq n' \geq -0,8$

$$n' = \frac{N_{op}}{A_0 \cdot f_{y0}} + \frac{M_0}{W_0 \cdot f_{y0}}$$

Außer den N-förmigen Knoten wurden in der Mitte der achtziger Jahre auch *K-Knoten* mit Null-Spalt aus RHP-Gurtstab und KHP-Füllstäben mit abgescherten und abgeflachten Enden (Bild 6-175) experimentell untersucht [223].

Nachfolgend werden die untersuchten Abmessungsbereiche und die geometrischen Parameter angegeben:

b_0 $= 102 \times 102 - 152 \times 152$ mm

t_0 $= 4 - 13$ mm

d_1 $= 42 - 102$ mm $\varnothing$

t_1 $= 3 - 6$ mm

$f_{y0}, f_{y1,2} \leq 400$ N/mm^2

b_0/t_0 $= 12 - 26$

d_1/b_0 $= 0,41 - 0,67$

d_1/d_2 $= 1,0;\ t_1/t_2 = 1,0$

$\theta_1 = \theta_2$ $= 60°$

Spalt $g = 0$; Überlappung $\lambda_{\ddot{u}} = 0$

Aufgrund der theoretischen Analyse nach dem Fließlinienmodell schlug Lit. [224] folgende Traglastformel für K-Knoten dieser Art vor:

$$N_{2,Rd} = 0,4\, N_{y1}$$

$$\left[1 + 0,021\, \frac{b_0}{t_0}\right]\left[1 + 1,71\, \frac{d_1}{b_0}\right] \quad (6\text{-}141)$$

Dabei sind:

$$N_{y1} = \frac{t_0^2 \cdot f_{y0}}{\sin \theta_1}$$

$$\left[\frac{\pi}{2} + \frac{b_1' + 2h_1'}{b_0' - b_1'} + \frac{1,32}{t_0}\sqrt{\frac{f_{y1}}{f_{y0}}} \cdot tg\theta' \cdot b_0' \cdot t_1\right] \cdot f(n)$$

$$(6\text{-}142)$$

$b_0' \quad = b_0 - t_0$

$b_1' \quad = 2\, t_1$ (Breite des abgeflachten Füllstabquerschnitts) bzw. $2\, t_1 + 2a$ ($a =$ Kehlnahtdicke)

$h_1' \quad = \dfrac{\pi(d_1 - t_1) + t_1}{2 \sin \theta_1}$

$\theta_1' \quad =$ Neigung des Füllstabendes (Bild 6-175) in bezug auf Gurtstab (auf der sicheren Seite kann man $\theta_1' = \theta_1$ einsetzen)

$f(n) =$ wie in Tabelle 6-11

Die Bemessung von T-, X- und K-Knoten mit Spalt aus KHP-Gurt und KHP-Füllstäben mit teilweise abgeflachten Enden nach Bild 6-157 d kann nach dem folgenden Verfahren [245] durchgeführt werden (siehe Bilder 6-168 und 6-176):

Die Ermittlung der Traglasten $N_{1,Rd}$ dieser Knoten kann gemäß der Formeln in Tabelle 6-9 erfolgen, wobei sie wie folgt modifiziert werden müssen:

– T- und X-Knoten (siehe Gln. 6-67 und 6-68):
 d_1 muß durch $d_{1,min}$ ersetzt werden

– K-Knoten mit Spalt (siehe Gln. 6-69–6-71):

d_i muß durch $\dfrac{d_i + d_{i,min}}{2}$ ersetzt werden.

Untersuchungen über die wirksamen Knicklängen von KHP-Druckfüllstäben mit abgescherten und abgeflachten Enden (siehe Bild 6-157 A) [203, 246] haben ergeben, daß in einem Fachwerk mit (angenommenen) gelenkigen Knoten $l_K = l_0$ ist (Bild 6-177).

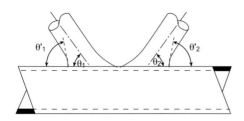

Bild 6-175 Untersuchte K-Knoten aus QHP-Gurtstab und KHP-Füllstäben mit abgescherten und abgeflachten Enden mit Null-Spalt [223]

a)

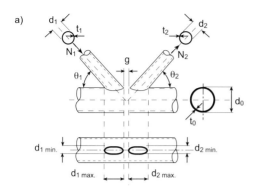

b)

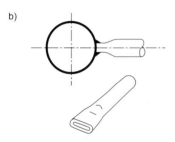

Bild 6-176 K-Knoten aus KHP-Gurtstab und KHP-Füllstäben mit teilweise abgeflachten Enden (b)

a)

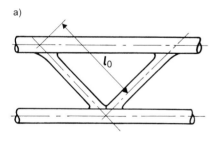

b)

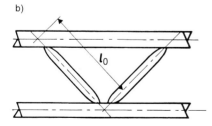

Bild 6-177 Fachwerkknoten aus Füllstäben mit abgescherten und abgeflachten Enden. Richtung der Abflachung a) parallel zur Gurtlängsachse, b) senkrecht zur Gurtlängsachse

Für die Prüfkörper mit ebenen, an die KHP-Stäbe mit abgescherten abgeflachten Enden angeschweißten Platten (hoher Einspannungsgrad) wurde $l_K = 0{,}62\, l_0$ festgelegt.

In Ermangelung ausreichender Versuchsergebnisse wurde jedoch vorgeschlagen, für diese Knoten $l_K = l_0$ anzusetzen.

Für Fachwerk-Füllstäbe mit teilweise abgeflachten Enden, angeschweißt an den KHP-Gurtstab (Bild 6-178), schlägt Lit. [247] vor, die wirksame Knicklänge genau wie für Füllstäbe mit Profilierungsschnitten an Enden zu berechnen (siehe Tabelle 5-27), falls das Maß a des Bildes 6-178 folgende Bedingungen erfüllt:

$$a \geq \frac{2}{3}\, d_{i(1,2)}$$

$$a \geq \frac{1}{3}\, d_0$$

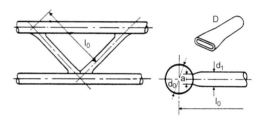

Bild 6-178 Fachwerkknoten aus KHP-Füllstäben mit teilweise abgeflachten Enden und KHP-Gurtstab

Die Schweißart von Fachwerkknoten mit KHP-Füllstäben, direkt angeschweißt an den KHP- oder RHP-Gurtstab, hängt von dem Anlaufwinkel θ und den Abflachungsformen (siehe Bild 6-157) ab. Das Schweißen kann ein- oder beidseitig durchgeführt werden. Bild 6-179 zeigt die Schweißarten a) bis d), die empfohlen werden:

a) $\theta \geq 40°$
   A-Abscheren und Abflachen
   Entweder HV-Naht nur von der vorderen Seite oder Kehlnaht auf beiden Seiten

b) $40° > \theta \geq 30°$
   A-Abscheren und Abflachen
   HV-Naht von der vorderen Seite

c) $\theta \geq 40°$
   B- und C-vollständiges Abflachen
   HV-Naht nur von der vorderen Seite oder Kehlnaht auf beiden Seiten

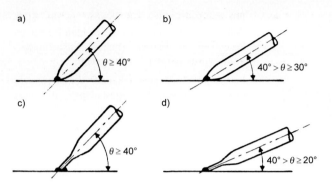

a) $\theta \geq 40°$

b) $40° > \theta \geq 30°$

c) $\theta \geq 40°$

d) $40° > \theta \geq 20°$

Bild 6-179 Schweißarten für Hohlprofilknoten aus KHP- oder RHP-Gurtstab
und KHP-Füllstäben mit abgeflachten
Enden

d) $40° > \theta \geq 20°$
    B- und C-vollständiges Abflachen
    HV-Naht von der vorderen Seite

Bei Teilabflachung (Bild 6-157 D) hängt der
Einsatz von Kehlnaht oder HV-Naht um den
Umfang des abgeflachten Endes von der Wand-
dicke des KHP-Füllstabes ab (in Anlehnung an
Bild 6-95 bzw. 6-97).

Bilder 6-180 bzw. 6-181 zeigen die Anwendung von KHP-Füllstäben mit abgeflachten Enden bei Dreigurt- bzw. Viergurtbindern.

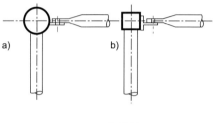

a)   b)

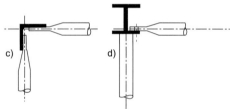

c)   d)

Bild 6-182 Lösbare Schraubenverbindungen

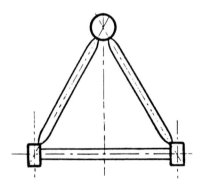

Bild 6-180 Dreigurtbinder mit an den Enden abgeflachten Füllstäben

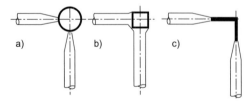

a)   b)   c)

Bild 6-181 Geschweißte Verbindungen bei Viergurtträgern

Man kann einen Dreigurtbinder sowohl aus
3 KHP als auch aus 3 RHP herstellen. Eine besondere Konfiguration ist gegeben, wenn die
RHP-Gurte horizontal angeordnet sind und die
abgeflachten Füllstabenden auf die Ecken der
RHP aufgeschweißt werden. Diese Konstruktion wird manchmal verwendet.

Bei Viergurtträgern können die Gurte außer aus
KHP und RHP (od. QHP) auch aus Winkelprofilen bestehen.

Bild 6-182 stellt lösbare Schraubenverbindungen
dar, die häufig in Wind- und Aussteifungsverbän-
den eingesetzt werden. Die Bemessung dieser
Schraubenverbindungen wird nach den üblichen
allgemeinen Stahlbauregeln durchgeführt.

Interessant ist das vereinfachte Anschlußende
am Knotenpunkt eines Dreigurtbinders vor
(Bild 6-183) und nach der Verschraubung
(Bild 6-184).

Bild 6-183 Anschlußende am Knotenpunkt eines Dreigurtbinders

Bild 6-184 Schraubenstoß der Anschlußenden eines Dreigurtbinders (siehe auch Bild 6-182)

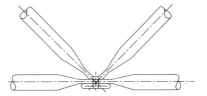

Bild 6-185 Knoten eines räumlichen Fachwerkknotens

Bild 6-185 zeigt ein Beispiel eines räumlichen
Fachwerkes, das aus an den Enden flachgedrückten Stäben besteht. Durch Vermeidung
von Schweißung wird hierbei ein wirtschaftlicher Transport der lösbaren Bauteile und eine
leichte Montage auf der Baustelle möglich.

6.6.9 RHP-Knoten eines Doppelgurt-Fachwerkträgers

Bild 6-186 stellt drei K-förmige Fachwerkknoten aus RHP (bzw. QHP) mit Doppelgurt dar,
die in Kanada theoretisch und experimentell
untersucht wurden [192, 214, 248]. Versuche
wurden nicht nur an Einzelknoten, sondern
auch an Gesamtträgern durchgeführt. Auch das
Beispiel einer praktischen Anwendung kommt
aus Kanada (Bild 6-187).

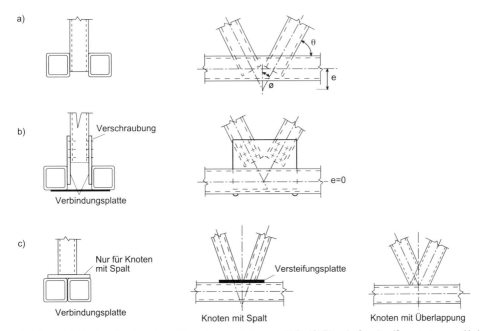

Bild 6-186 K-förmige Knoten eines Doppelgurtträgers aus RHP (QHP). a) Geschweißte, getrennte Verbindung,
b) geschraubte, getrennte Verbindung, c) „Rücken-an-Rücken RR" geschweißte Verbindung

Bild 6-187 Doppelgurtträger mit geschweißten, getrennten Verbindungen (Hamilton Convention Centre, Canada)

Mit aus zwei RHP gebildeten Gurten können größere Spannweiten erzielt werden, zumal die auf dem Markt verfügbaren RHP- und QHP-Abmessungen die erreichbare Spannweite eines Hohlprofilfachwerkes einschränken. Bei der Anwendung der größten verfügbaren QHP-Abmessung in Deutschland $260 \times 260 \times 17{,}5$ mm als Gurtstab eines üblichen eingurtigen Fachwerkträgers kann eine Spannweite von ca. 50 m erreicht werden. Für Spannweiten darüber hinaus, die für Hallenkonstruktionen repräsentativer Bauten, z. B. Freizeitzentren, Messehallen usw., durchaus in Frage kommen können, sind Doppelgurtträger einsetzbar.

Im allgemeinen ergeben sich bei Doppelgurtträgern steifere Knoten als bei Eingurtträgern. Im Doppelgurtsystem mit Spaltknoten findet der Kraftfluß von einem Füllstab zum anderen über die steifen inneren Stege der Gurte statt. Im Gegensatz dazu fließt in Spaltknoten eines Eingurtträgers die Kraft von einem Füllstab zum anderen über die relativ schwache Flanschplatte des Gurtstabes. Wegen des hohen Einspanngrades der Füllstäbe am Knoten eines Doppelgurtträgers ist die wirksame Knicklänge l_K der Stäbe noch günstiger (kleiner) als die der Stäbe eines Eingurtträgers.

Da keine ausreichende Anzahl von Versuchsergebnissen vorliegt, wird vorgeschlagen, für die Ermittlung der Knicklängen der Stäbe eines Doppelgurtträgers genau so wie für die Eingurtträger vorzugehen (siehe Tabelle 5-27).

Außerdem führt die hohe seitliche Steifigkeit eines Doppelgurtträgers zu einer geringeren Anzahl sowie zu niedrigeren Anforderungen seitlicher Aussteifungen.

Die Auswertungen der Versuchsergebnisse aller drei Knotenarten ergaben folgendes:

- Die geschweißten und getrennten Knoten a) versagten durch Abscheren des inneren Gurtsteges oder durch Gurtabscheren am Spalt. Das kann dazu führen, daß die Wirksamkeit der Übertragung der vertikalen Abscherkraft am Knoten auf das Abschervermögen der inneren Gurtstege eingeschränkt ist.
- Die geschraubten und getrennten Knoten b) sowie die „Rücken-an-Rücken"-Knoten c) versagten durch plastisches, örtliches Beulen des Gurtstabes, wodurch bewiesen wurde, daß die Knoten höhere Traglasten hatten als die Bauteile. Bei Knotenart c) mit Spalt ist der Einsatz einer Versteifungsplatte auf den Gurtflansch notwendig. Die Plattendicke soll die 3fache Gurtwanddicke betragen. Diese Knotenart mit 100% Überlappung wird empfohlen, weil sie die Komplexität der Ermittlung der wirksamen Breite bei Teilüberlappung vermeidet und ausreichende Steifigkeit besitzt.
- Obwohl die Knotenarten b) und c) bezüglich der statischen Tragfähigkeit in keiner Weise schlechter sind als die Knotenart a), ist deren Fertigung wesentlich teurer als die der Knotenart a).

Die Knotenart a) ist besonders wirtschaftlich herstellbar, weil die Füllstäbe zwischen zwei Gurtstäben liegen. Die Längen der Füllstäbe und die Winkel ihrer Endschnitte sind für die Anpassung und Schweißung bei der Herstellung des Trägers einfach zu überwachen. Sie brauchen nicht zu genau gefertigt zu werden. Bei der Herstellung ist die höhere Wirtschaftlichkeit in der folgenden Reihenfolge gegeben:

1. Geschweißte und getrennte Knoten
2. „Rücken-an-Rücken RR"-Knoten mit Vollüberlappung
3. „Rücken-an-Rücken RR"-Knoten mit Spalt
4. Geschraubte und getrennte Knoten.

Es wird daher empfohlen, die Knotenart a) bevorzugt zu benutzen. Die Schnittgrößen eines Dopelgurtträgers sind mit der Annahme gelenkiger Knoten zu berechnen.

- Die Bemessung der Knotenart a) ist wie folgt durchzuführen:

Versagensart: Abscheren des Gurtsteges

$$N_{i,Rd} = \left\{ \frac{f_{y0} \cdot A_V}{\sqrt{3} \cdot \sin\theta_i} \right\} \frac{1}{\gamma_{Mj}} \qquad (6\text{-}143)$$

$$A_V = 2,6\,h_0 \cdot t_0 \quad \text{für} \quad \frac{h_0}{b_0} \geq 1 \qquad (6\text{-}144)$$

$$A_V = 2,0\,h_0 \cdot t_0 \quad \text{für} \quad \frac{h_0}{b_0} < 1 \qquad (6\text{-}145)$$

Die Gln. (6-144) und (6-145) geben die wirksamen Querschnitte unter Berücksichtigung der reduzierten Wirkung der Gurtstabaußenstege gegen Querkraft in Abhängigkeit von h_0/b_0 an.

Versagensart: Normalkraft-Querkraft-Interaktion im Gurtstab im Spaltbereich

$$N_{0(\text{in Spalt}),Rd} \leq \left\{ (2A_0 - A_V)f_{y0} + \right.$$

$$\left. + A_V \cdot f_{y0} \left[1 - \left(\frac{V_{Sd}}{V_{pl,Rd}} \right)^2 \right]^{0,5} \right\} \frac{1}{\gamma_{Mj}}$$
$$(6\text{-}146)$$

Hierbei sind:

A_0 = Querschnittsfläche eines Gurtstabes
A_V = Wirksame Abscherquerschnitte (siehe Gl. 6-144 oder 6-145)
V_{Sd} = Querkraft $N_{i,Sd} \cdot \sin\theta_i$ (keine Pfettenlast)
$V_{pl,Rd} = \dfrac{f_{y0} \cdot A_V}{\sqrt{3}}$

Folgende Punkte sind zu beachten:

– Knotenexzentrizität hat einen unbedeutenden Einfluß auf die Knotentraglast.
– Sekundäre Biegemomente im Knoten sind zu vernachlässigen (da Annahme von gelenkigen Knoten).
– Interaktion von Längskräften und Querkräften im Spaltbereich des Knotens muß überprüft werden:

$$\left(\frac{N_{Sd}}{N_{pl,Rd}} \right)^2 + \left(\frac{V_{Sd}}{V_{pl,Rd}} \right)^2 \leq 1,0$$

6.7 Hohlprofilknoten unter Momentenbeanspruchung bei Vierendeelträgern

Geschweißte T-Knoten treten vor allem in Rahmenkonstruktionen bzw. Rahmenträgern auf. Vierendeelträger als Rahmenträger wurden erst

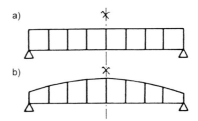

Bild 6-188 Vierendeelträger mit a) parallelen, b) nicht parallelen Gurtstäben

1896 von Arthur Vierendeel aus Belgien vorgeschlagen. Dieser Träger besteht aus parallelen oder nicht parallelen Gurtstäben, die durch vertikale (annäherungsweise 90° Winkel) Füllstäbe miteinander verbunden sind (Bild 6-188).

Im Gegensatz zu den Fachwerken mit Diagonalstäben und Pfosten, die unter der Annahme von Gelenkknoten bemessen werden und Normalkräfte als maßgebende Schnittgrößen haben, werden die Gurt- und Vertikalstäbe in einem Vierendeelträger für Biegemoment in der Ebene M_{ip} (vorwiegend), Normalkraft N und Querkraft Q bemessen (Bild 6-189). Es sei besonders erwähnt, daß das Moment aus der Ebene M_{op} bei Vierendeelträgern nicht auftritt. Im Gegensatz dazu können räumliche Konstruktionen sowohl durch ebene Momente M_{ip} als auch durch Momente aus der Ebene M_{op} belastet werden.

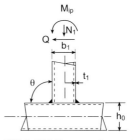

Bild 6-189 Beanspruchungsarten in einem Vierendeelträgerknoten

Bild 6-190 beschreibt das nicht-lineare Moment M-Rotation φ-Verhalten eines Knotens unter Momentenbeanspruchung, das die drei wichtigen Eigenschaften der Knoten-Momententraglast $M_{i,Rd}$, Rotationssteifigkeit $C_{i,\varphi}$ und Rotationsvermögen φ_i berücksichtigt. Diese Kurven können z.B. durch Versuche ermittelt werden. Das Beispiel einer Versuchseinrichtung mit Meßgeräten wird in Bild 6-191 gezeigt [183].

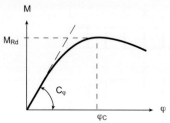

Bild 6-190 M-φ Kurve

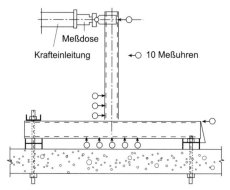

Bild 6-191 Versuchseinrichtung für momentenbeanspruchte T-Knoten

6.7.1 T-Knoten aus RHP unter M_{ip}

Zahlreiche Untersuchungen [7, 83, 86, 87, 89, 119, 121, 171, 174, 183, 190, 193, 194, 198, 202, 209–213, 249–254] wurden in den letzten zwanzig Jahren zu diesem Thema in verschiedenen Instituten der Welt durchgeführt. Das wichtigste Ziel ist die experimentelle und analytische Ermittlung der Momententragfähigkeit und Steifigkeit von T-Knoten, die sowohl ohne als auch mit Verstärkung ausgeführt sein können (Bild 6-192).

Da bei Versuchen festgestellt wurde, daß die maximale Momentenbeanspruchung mit übergroßer Verformung des Knotens verbunden ist, wird für die praktische Anwendung angenommen, daß das mögliche Versagenskriterium beim Erreichen der Momentenbeanspruchbarkeit durch die in Bild 6-193 gezeigten Versagensarten gegeben ist. Die Versagensarten c), d) und f) werden aus folgenden Gründen für die analytische Traglastformulierung nicht weiter verfolgt:

c) Abscheren des Gurtquerschnittes ist streng genommen ein Bauteilversagen.

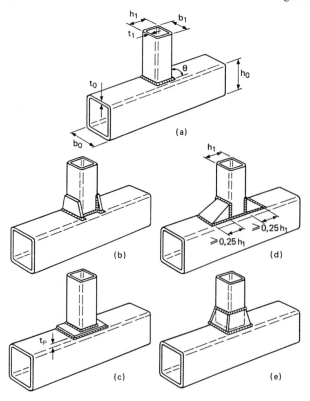

Bild 6-192 Untersuchte T-Knoten unter Momentenbeanspruchung

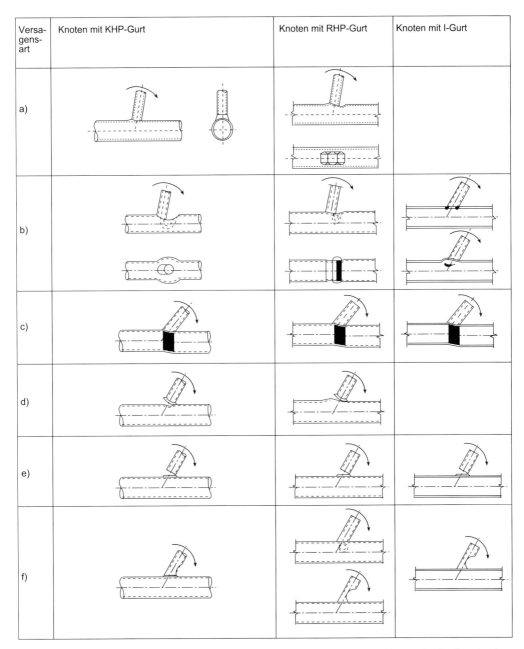

Versa-gens-art	Knoten mit KHP-Gurt	Knoten mit RHP-Gurt	Knoten mit I-Gurt
a)			
b)			
c)			
d)			
e)			
f)			

Bild 6-193 Versagensarten von Hohlprofilknoten unter Momentenbeanspruchung. a) Plastizierung des Gurtflansches bzw. Querschnitts, b) Gurtseiten- bzw. Steg-Versagen durch Fließen des Werkstoffes bzw. Instabilität (Beulen oder Kräusel der Gurtseiten), c) Gurtabscheren im Querschnitt, d) Abscheren der Gurtwand („Punching shear"), Abriß des Füllstabes vom Gurtstab, e) Füllstabversagen mit reduzierter, wirksamer Breite (Riß in Schweißnaht bzw. Füllstab), f) örtliches Beulen im Füllstab

d) Abscheren der Gurtwand wurde in Versuchen nicht beobachtet, da dieses nur in der Abscherfläche zwischen Füllstabseitenschweißnaht und Gurtwand stattfindet.

f) Lokales Beulen im Füllstab kann durch Begrenzung des d_1/t_1-Verhältnisses vermieden werden.

Über die Abhängigkeit des Steifigkeitsgrades eines geschweißten T-Knotens (Bild 6-194) von den geometrischen Parametern zeigen die Versuchsergebnisse von RHP-Knoten im allgemeinen, daß sich die Momentenbeanspruchbarkeit und Rotationssteifigkeit mit der Vergrößerung des b_0/t_0- und der Verringerung des b_1/b_0-Verhältnisses verkleinern.

Lit. [210] gab den Hinweis, daß die volle Steifigkeit („rigid") des T-Knotens bei $\beta = 1,0$ (Bild 6-194b) zusammen mit einem kleinen b_0/t_0-Verhältnis erreichbar ist und daß das volle Moment des Füllstabes auf den Gurtstab übertragen werden kann. Bei $\beta < 1$ findet eine wesentliche Reduzierung der Steifigkeit des Knotens statt, d. h. diese Knoten sind nur teilweise steif („semi-

rigid"). Allerdings kann durch Verringerung des b_0/t_0-Verhältnisses der Steifigkeitsgrad der teilweise steifen Knoten erhöht werden.

Mit Bezug auf die gegebenen Versagensarten a), b) und e) des Bildes 6-193 wurden in [7] analytische Modelle entwickelt und daraus Bemessungs-Traglastformeln für $M_{ip,i,Rd}$ und $M_{op,i,Rd}$ abgeleitet (siehe Tabelle 6-30). Diese sind gegenwärtig in Eurocode 3 [230] und in einige andere Bemessungsempfehlungen [6, 8] eingegangen.

Versagensart a): Gurtflanschplastizieren

Bild 6-195 zeigt das einfache Fließlinienmodell für RHP-T-Knoten, unter der Beanspruchung des ebenen Momentes M_{ip} (siehe auch Abschnitt 6.6.4.1 *Fließlinienmodell*).

Vernachlässigt man Membraneinflüsse und Wiederverfestigungen, so ergibt sich:

$$M_{ip,i,Rd} = 0,5 \cdot f_{y0} \cdot t_0^2 \cdot b_0$$

$$\left\{ 1 + \frac{4\,h_1/b_0}{\sin\theta_1\sqrt{1-\beta}} + \frac{2\,(h_0/b_0)^2}{\sin^2\theta_1\,(1-\beta)} \right\} f(n)$$

$$(6\text{-}153)$$

Für T- und X-Knoten wird $\theta_1 = 90°$ eingesetzt; dies führt zu Gl. (6-147) der Tabelle 6-30.

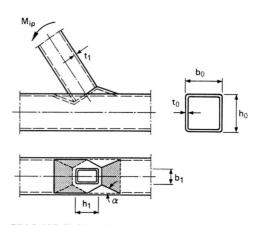

Bild 6-195 Fließlinien-Modell für Versagensart. a) Gurtflanschplastizieren [7]

Versagensart b): Gurtstegversagen

Bild 6-196 zeigt das Modell des Trag- bzw. Stabilitätsverhaltens des Gurtsteges (vgl. Abschnitt 6.6.4.1 *Modell bei tragenden Gurtstegen eines RHP-Knotens*), wobei eine plastische Spannungsverteilung angenommen wird. Ähn-

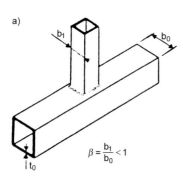

a)

$\beta = \dfrac{b_1}{b_0} < 1$

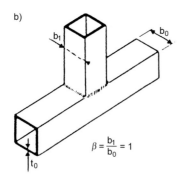

b)

$\beta = \dfrac{b_1}{b_0} = 1$

Bild 6-194 Unausgesteifte RHP-T-Knoten: a) $\beta < 1,0$, b) $\beta = 1,0$

Tabelle 6-30 Traglasten für Momente in der Ebene $M_{ip,i,Rd}$ und aus der Ebene $M_{op,i,Rd}$ in T- und X-Knoten aus RHP

T- und X-Knoten	Bemessungstraglasten (i = 1 oder 2)	
Moment in der Ebene ($\theta \approx 90°$)	Gurtflanschplastizierung	$\beta \leq 0,85$
	$M_{ip,i,Rd} = f(n)\, f_{y0}\, t_0^2\, h_i \left[\dfrac{1}{2\, h_i/b_0} + \dfrac{2}{\sqrt{1-\beta}} + \dfrac{h_i/b_0}{1-\beta} \right] \left[\dfrac{1,1}{\gamma_{Mj}} \right]$	(6-147)
	Gurtstegversagen (Stegkrüppeln)	$0,85 < \beta \leq 1,0$
	$M_{ip,i,Rd} = 0,5\, f_k\, t_0\, (h_i + 5\, t_0)^2\, [1,1/\gamma_{Mj}]$ $f_k = f_{y0}$ für T-Knoten $f_k = 0,8\, f_{y0}$ für X-Knoten	(6-148)
	Füllstabversagen (wirksame Breite)	$0,85 < \beta \leq 1,0$
	$M_{ip,i,Rd} = f_{yi}\, [W_{pl,i} - (1 - b_e/b_i)\, b_i\, h_i\, t_i]\, [1,1/\gamma_{Mj}]$	(6-149)
Moment aus der Ebene ($\theta \approx 90°$)	Gurtstegversagen	$0,85 < \beta \leq 1,0$
	$M_{op,i,Rd} = f_k\, t_0\, (b_0 - t_0)\, (h_i + 5\, t_0)\, [1,1/\gamma_{Mj}]$ $f_k = f_{y0}$ für T-Knoten $f_k = 0,8\, f_{y0}$ für X-Knoten	(6-150)
	Gurtflanschplastizierung (nur T-Knoten)[a]	$\beta \leq 0,85$
	$M_{op,i,Rd} = 2\, f_{y0}\, t_0\, [h_i\, t_0 + (b_0\, h_0\, t_0\, (b_0 + h_0))^{0,5}]\, [1,1/\gamma_{Mj}]$	(6-151)
	Füllstabversagen (wirksame Breite)	$0,85 < \beta \leq 1,0$
	$M_{op,i,Rd} = f_{yi}\, [W_{pl,i} - 0,5\, (1 - b_e/b_i)^2\, b_i^2\, t_i]\, [1,1/\gamma_{Mj}]$	(6-152)

Parameter b_{eff} und $f(n)$		Gültigkeitsbereich
$b_e = \dfrac{10}{b_0/t_0} \cdot \dfrac{f_{y0}\, t_0}{f_{yi}\, t_i}\, b_i$ wobei $b_e \leq b_i$	Für $n > 0$ (Druck): $f(n) = 1,3 - \dfrac{0,4\, n}{\beta}$ aber $f(n) \leq 1,0$ Für $n \leq 0$ (Zug): $f(n) = 1,0$	$\dfrac{b_0}{t_0}$ und $\dfrac{h_0}{t_0} \leq 35$ $\theta = 90$ $\dfrac{b_i}{t_i} \leq 1,1 \sqrt{\dfrac{E}{f_{yi}}}$

[a] Diese Versagensart gilt nicht, wenn die Gurtverformung durch andere Mittel verhindert wird.

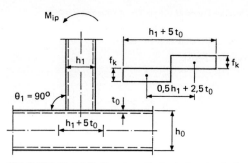

Bild 6-196 Modell für Trag- bzw. Beulverhalten des Gurtsteges eines RHP-Knotens [7]

lich den Fachwerken mit kraftbelasteten Knoten, wird die gleiche kritische Spannung f_k als Grundlage genommen (vgl. Tabelle 6-13). Das führt zu der Gl. 6-148 der Tabelle 6-30.

Versagensart e): Füllstabversagen mit reduzierter wirksamer Breite

Die wirksame Breite b_e ist in diesem Fall genau wie für Fachwerkknoten unter Längskräfte zu ermitteln (siehe Tabelle 6-13 und Abschnitt 6.6.4.1 *Modell der „wirksamen Breite" der Füllstäbe eines RHP-Knotens*). Die Momentenbeanspruchbarkeit kann durch Gl. (6-149) bestimmt werden.

Für kompakte Füllstäbe ist das plastische Widerstandsmoment W_{pl} zu benutzen. Andernfalls wird das elastische Widerstandsmoment W_{el} verwendet.

Zum Schluß sei hier vermerkt, daß man für T-Knoten zur Momentenübertragung keine KHP-Füllstäbe verwenden soll, da hierdurch eine niedrigere Knotensteifigkeit entsteht und die Lastübertragung schlechter ist.

6.7.2   X-Knoten aus RHP unter M_{ip}

Wie die Tabelle 6-30 zeigt, wird das Tragmoment $M_{ip,i,Rd}$ für X-Knoten genau so berechnet wie für T-Knoten. Der einzige Unterschied liegt im Gurtstegversagen (Gl. 6-148), wo $f_k = f_{y0}$ auf $f_k = 0{,}8\,f_{y0}$ reduziert wird.

6.7.3   Interaktion von Normalkraft N_i und ebenem Biegemoment M_{ip} in T- und X-Knoten aus RHP

Der Einfluß der Normalkraft auf das ebene Biegemoment hängt von der kritischen Versagensart ab. Aus diesem Grund sind verschiedene In-

teraktiksformeln möglich, die teilweise sehr komplex sein können. Zur Vereinfachung wird die Interaktionsformel empfohlen, die auf der sicheren Seite liegt:

$$\frac{N_{i,Sd}}{N_{i,Rd}} + \frac{M_{ip,i,Sd}}{M_{ip,i,Rd}} \leq 1 \qquad (6\text{-}154)$$

6.7.4   Bemessung T-förmiger geschweißter RHP-Knoten unter Normalkraft N_i und Biegemoment M_{ip} mit Hilfe von Bemessungsdiagrammen

Dieses Bemessungsverfahren wurde in Anlehnung an DIN 18808 [5] (siehe auch Abschnitt 6.6.4.1 *Bemessung K- und N-förmiger Knoten aus KHP, RHP und QHP*) im Rahmen eines Forschungsprogrammes in der Versuchsanstalt für Stahl, Holz und Steine, Universität Karlsruhe entwickelt [174, 255]. Es basiert auf der Bedingung, daß ausreichende Knotentraglast erreicht wird, wenn $\text{vorh}\left(\dfrac{t_u}{t_a}\right) \geq \text{erf}\left(\dfrac{t_u}{t_a}\right)$ ist.

Hierbei sind:

t_u = Wanddicke des untergesetzten Stabes (für T-Knoten, $t_u = t_0$)

t_a = Wanddicke des aufgesetzten Stabes (für T-Knoten, $t_a = t_i$)

Die Bemessungsdiagramme (Bilder 6-197 und 6-198) berücksichtigen den Auslastungsgrad μ_M (Biegemoment) und μ_N (Normalkraft) des Füllstabes in Abhängigkeit von $\kappa = \dfrac{b_0 \cdot t_i}{t_0^2} \cdot \dfrac{f_{yi}}{f_{y0}}$ zur Bestimmung der Traglasten $M_{ip,i,Rd}$ und $N_{i,Rd}$. Die Grenzen für die Anwendung dieser Diagramme sind in Tabelle 6-31 gezeigt.

Die Auslastungsgrade μ_M und μ_N werden wie folgt ermittelt:

$$\mu_M = \frac{M_{ip,a,Rd}}{M_{pl,a}} \qquad (6\text{-}155)$$

$$\mu_N = \frac{N_{a,Rd}}{N_{pl,a}} \qquad (6\text{-}156)$$

Hierbei bedeuten:

$M_{ip,a,Rd}$ = Ebene   Momentenbeanspruchbarkeit (Fließlasten) als Schnittgröße im Anschlußbereich des aufgesetzten Stabes (aus Versuchen ermittelt)

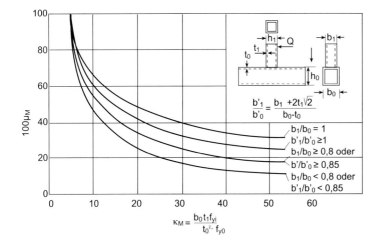

Bild 6-197 Auslastungsgrade bei T-Knoten unter Momentenbelastung [174]

$$\kappa_M = \frac{b_0 t_1 f_{yi}}{t_0^2 \cdot f_{y0}}$$

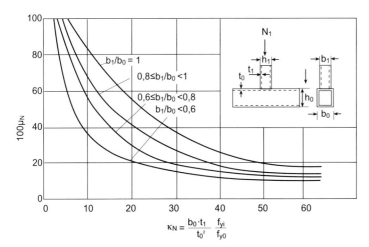

Bild 6-198 Auslastungsgrade bei T-Knoten unter Normalkraft

$$\kappa_N = \frac{b_0 \cdot t_1}{t_0^2} \frac{f_{yi}}{f_{y0}}$$

$N_{a,Rd}$ = Normalkraftbeanspruchbarkeit (Fließlast) als Schnittgröße im Anschlußbereich des aufgesetzten Stabes (aus Versuchen ermittelt)

$M_{pl,a}$ = $f_{ya} \cdot W_{pl,a}$

$N_{pl,a}$ = $f_{ya} \cdot A_a$

$W_{pl,a}$ = Plast. Widerstandsmoment des aufgesetzten Stabes

A_a = Querschnittsfläche des aufgesetzten Stabes

Für die vorhandene ebene Momentenbeanspruchung vorh. M_{ip} bzw. vorhandene Normalkraft vorh. N_i kann man wie folgt die entsprechenden μ_M und μ_N bestimmen:

$$\text{vorh.}\,\mu_M = \frac{\gamma_F \cdot \text{vorh.}\,M_{ip}}{M_{pl,i}} \qquad (6\text{-}157)$$

$$\text{vorh.}\,\mu_N = \frac{\gamma_F \cdot \text{vorh.}\,N_i}{N_{pl,i}} \qquad (6\text{-}158)$$

Aus den Diagrammen der Bilder 6-197 und 6-198 kann man die Werte κ_M und κ_N ablesen.

Damit ergeben sich die erforderlichen Wanddickenverhältnisse zu

$$\text{erf.}\left(\frac{t_0}{t_i}\right) = \frac{1}{\kappa_M} \cdot \frac{b_0}{t_0} \cdot \frac{f_{yi}}{f_{y0}} \qquad (6\text{-}159)$$

und

$$\text{erf.}\left(\frac{t_0}{t_i}\right) = \frac{1}{\kappa_N} \cdot \frac{b_0}{t_0} \cdot \frac{f_{yi}}{f_{y0}} \qquad (6\text{-}160)$$

Bei gleichzeitiger Wirkung von Biegemomenten und Normalkräften sind außerdem die Inter-

Tabelle 6-31 Grenzen für Stababmessungen von RHP-T-Knoten für die Anwendung der Diagramme (Bilder 6-197 und 6-198)

Parameter	Gültigkeitsbereich
b h	≤ 300 mm ≤ 300 mm
b/h	$0,4 \leq b/h \leq 2,0$
t	$t \geq 3,0$ mm S235: $t \leq 30$ mm S355: $t \leq 25$ mm
b_i/t_i bei Druckstäben	S235: $b_i/t_i \leq 43$ S355: $b_i/t_i \leq 36$
b_0/t_0	S235: $b_0/t_0 \leq 35$ S355: $b_0/t_0 \leq 35$
b_i/b_0	S235: $b_i/b_0 \geq 0,35$ S355: $b_i/b_0 \geq 0,35$

aktionsbedingungen nach Tabelle 6-32 einzuhalten.

Zum Einfluß zusätzlicher Gurtlängskräfte wurde bei Versuchen festgestellt, daß die Traglasteinbußen gegenüber den T-Knoten ohne zusätzliche Gurtlängskraft durch Multiplikation mit dem Abminderungsfaktor

$$\mu_0 = 1,2 - \frac{0,5}{b_i/b_0}\left(f_0/f_{y0}\right); \ \mu_0 \leq 1,0 \qquad (6\text{-}161)$$

in guter Näherung beschrieben werden können. f_0 ist die größte vorhandene Druckspannung im Anschlußbereich des Gurtstabes.

Tabelle 6-33 enthält die Bemessungsformeln für T-Knoten aus RHP für Momenten- bzw. Längskraftbelastung allein (mit und ohne Zusatzlängsdruckkräfte in Gurtstab) sowie nach den vereinfachten linearisierten Interaktionsbedingungen für kombinierte Momenten- und Normalkraftbelastung in Tabelle 6-32.

Tabelle 6-32 Interaktionsbedingungen für kombinierte Belastung (Normalkraft und Biegemoment)

	$\dfrac{\gamma_F \cdot V_{Sd}}{V_{pl}} \leq \dfrac{1}{3}$	
$\dfrac{\gamma_F \cdot N_{Sd}}{N_{Rd}} \leq \dfrac{1}{11}$	$\dfrac{\gamma_F \cdot M_{Sd}}{M_{Rd}} \leq 1$	
$\dfrac{1}{11} < \dfrac{\gamma_F \cdot N_{Sd}}{N_{Rd}} \leq 1$	$\dfrac{\gamma_F \cdot M_{Sd}}{1,1\,M_{Rd}} + \dfrac{\gamma_F \cdot N_{Sd}}{N_{Rd}} \leq 1$	

Tabelle 6-33 Momenten- und Normalkraftbeanspruchbarkeit von RHP-T-Knoten

Knotenform und Belastungsart	Knotenbemessungslasten $N_{i,Rd}$, $M_{ip,i,Rd}$
Zug	$N_{i,Rd} = \mu_N \cdot N_{pl,i} \cdot 1/\sin\varphi$ (6-162)
Druck	$N_{i,Rd} = \mu_N \cdot \mu_0 \cdot N_{pl,i} \cdot 1/\sin\varphi$ (6-163)
Zug	$M_{ip,Rd} = \mu_M \cdot M_{pl,i}$ (6-164)
Druck	$b_1/b_0 = 1$: $M_{ip,i,Rd} = \mu_M \cdot M_{pl,i}$ $b_1/b_0 < 1$: $M_{ip,i,Rd} = \mu_M \cdot \mu_0 \cdot M_{pl,i}$ (6-165)

6.7.5   T-, Y- und X-Knoten aus KHP unter M_{ip}

Obwohl nicht so umfangreich wie für längskraftbelastete Fachwerkknoten aus KHP, wurde im Rahmen einiger Forschungsarbeiten [131, 132, 145, 146, 256] eine Anzahl von Versuchen an KHP-Knoten unter Biegung in der Ebene M_{ip} durchgeführt. Von den in Bild 6-193 dargestellten Versagensarten wurden unter der Annahme, daß Bauteile nicht kritisch und die Schweißnähte ausreichend stark sind, nur die Versagensarten a) Plastizieren des Gurtquerschnittes und e) Abriß des Füllstabes vom Gurtstab („Punching shear") analytisch untersucht, um die Traglastformeln zu entwickeln (siehe Tabelle 6-34).

Zur Vereinfachung der Bemessung zeigt Bild 6-199 graphisch den Ausnutzungsgrad C_{ip} in Abhängigkeit von d_0/t_0:

$$C_{ip} = \frac{M_{ip,i,Rd}}{M_{pl,i}}$$

Die obere Grenze des Ausnutzungsgrades, basierend auf dem Abscheren („Punching shear"),

Tabelle 6-34 Traglasten für Momente in der Ebene $M_{ip,i,Rd}$ und aus der Ebene $M_{op,i,Rd}$ in KHP-Knoten

T-, X- und Y-Knoten	Bemessungstraglasten (i = 1 oder 2)
	Gurtplastizierung
	$M_{ip,i,Rd} = 4{,}85 \dfrac{f_{y0}\, t_0^2\, d_i}{\sin\theta_i}\, \sqrt{\gamma}\, \beta\, f(n') \left[\dfrac{1{,}1}{\gamma_{Mj}}\right]$ (6-166)
K-, N-, T-, X- und Y-Knoten	Gurtplastizierung
	$M_{op,i,Rd} = \dfrac{f_{y0}\, t_0^2\, d_i}{\sin\theta_i}\, \dfrac{2{,}7}{1-0{,}81\,\beta}\, f(n') \left[\dfrac{1{,}1}{\gamma_{Mj}}\right]$ (6-167)

K- und N-Spaltknoten und T-, X- und Y-Knoten   Abscheren des Gurtes („punching shear")

$$\text{Bei } d_i \le d_0 - 2\,t_0 : \quad M_{ip,i,Rd} = \frac{f_{y0}\, t_0\, d_i^2}{\sqrt{3}}\, \frac{1+3\sin\theta_i}{4\sin^2\theta_i}\left[\frac{1{,}1}{\gamma_{Mj}}\right] \qquad (6\text{-}168)$$

$$M_{op,i,Rd} = \frac{f_{y0}\, t_0\, d_i^2}{\sqrt{3}}\, \frac{3+\sin\theta_i}{4\sin^2\theta_i}\left[\frac{1{,}1}{\gamma_{Mj}}\right] \qquad (6\text{-}169)$$

Faktor $f(n')$	Gültigkeitsbereich
Für $n' > 0$ (Druck): $f(n') = 1 - 0{,}3\, n'(1+n')$, aber $f(n') \le 1{,}0$ Für $n' \le 0$ (Zug): $f(n') = 1{,}0$	siehe Tabelle 6-10

ist durch die horizontale Linie gegeben. Es soll die Bedingung: $d_1 \le d_0 - 2\,t_0$ vorliegen.

Wie bei RHP-Knoten beeinflußt die Rotationsteifigkeit $C_{i,\varphi}$ in einem statisch unbestimmten System (z.B. Rahmen oder Vierendeelträger) erheblich die Momentenverteilung. Die Knotensteifigkeit unter Biegebeanspruchung kann mit Hilfe eines elastischen „Finite-Elemente"-Computer-Programmes berechnet werden. DNV [256] schlägt die folgende Formel zur Berechnung der Knotenrotationsteifigkeit $C_{i,\varphi}$ für die Biegung in der Ebene vor:

$$\frac{C_{i,\varphi}}{E \cdot d_0^3} = 0{,}054 \left(\frac{1}{\gamma} - 0{,}01\right)^{2{,}35 - 1{,}5\beta}$$

In Lit. [257] ist die KHP-T-Knotensteifigkeit für Biegemomente in der Ebene graphisch dar-

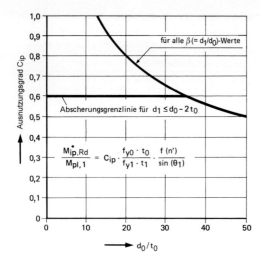

Bild 6-199 Berechnungsdiagramm für KHP-Knoten (T, Y, X), belastet durch Biegemomente in der Ebene [226]

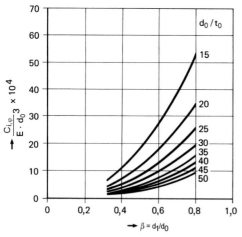

Bild 6-200 Rotationssteifigkeit von T-Knoten aus KHP für Biegemomente in der Ebene [226, 257]

gestellt worden (Bild 6-200). Es sei hier bemerkt, daß Normalkräfte die Steifigkeit des Knotens erheblich beeinflussen können [112].

Für die Interaktion von Normalkraft und Moment in der Ebene gilt für KHP-Knoten auch Gl. (6-154) mit der folgenden Modifizierung:

$$\frac{N_{i,Sd}}{N_{i,Rd}} + \left(\frac{M_{ip,i,Sd}}{M_{ip,i,Rd}}\right)^2 \leq 1$$

6.7.6 T-Knoten in dem Vierendeelträgern aus RHP

Bereits in den Abschnitten 6.7 und 6.7.1 wurde Grundsätzliches über die Eigenschaften der dem Vierendeelträger und ihrer Knoten erläutert (siehe hierzu die Bilder 6-188 bis 6-190). Die Knotentraglasten können nach Gln. (6-147) bis (6-149) der Tabelle 6-30 berechnet werden.

Die T-Knoten in diesem Träger müssen auch ohne zusätzliche Versteifung hochsteif sein. Versuche haben gezeigt, daß die Knoten $\beta = b_1/b_0 = 1,0$ zusammen mit einem ausreichend niedrigen b_0/t_0-Verhältnis, die Entwicklung der vollen Momentenbeanspruchbarkeit des Füllstabes zulassen.

Lit. [7] ermittelt rechnerisch die Werte der maßgebenden geometrischen Verhältnisse b_0/t_0 und t_0/t_1 (bei $\beta = 1,0$ und Anwendung gleicher Stahlgüte für Gurt- und Füllstäbe), wodurch die Momentenbeanspruchbarkeit des Knotens etwa gleich der plastischen Momentenbeanspruchbarkeit des Füllstabes wird.

1. Momententraglast des T-Knotens entsprechend der Versagensart „Gurtstegversagen" mit $h_0 = b_0 = h_1 = b_1$ (gleiche quadratische Abmessungen der Gurt- und Füllstäbe) und $h_0/t_0 \leq 16 : M_{ip,1,Rd} = 12\, f_{y0} \cdot t_0^2 \cdot h_1$

2. Plastische Momententraglast für den quadratischen RHP-Füllstab ist gegeben durch (vgl. Tabelle 5-1):

$$M_{pl,1} = 1,5\, b_1^2 \cdot t_1 \cdot f_{y1}$$

3. Daraus ergibt sich

$$\frac{M_{ip,1,Rd}}{M_{pl,1}} = \frac{8}{b_0/t_0} \cdot \frac{f_{y0}}{f_{y1}} \cdot \frac{t_0}{t_1} \qquad (6\text{-}170)$$

4. Nimmt man an: $b_0/t_0 = 16$ und $t_0/t_1 = 2$, so wird $M_{ip,1,Rd} = M_{pl,1}$

Bekanntlich existieren Normalkräfte in Füllstäben eines Vierendeelträgers, die nicht unbedeutend sind.

Berücksichtigt man die Interaktionsbedingung Gl. (6-154), so ist festzustellen, daß die Bemessungsbeanspruchbarkeit $M_{ip,i,Rd}$ durch den Einfluß der Normalkraft in den Füllstäben reduziert werden muß. In diesem Fall kann die Momentenbeanspruchbarkeit des Knotens $M_{ip,i,Rd}$ die plastische Momentenbeanspruchbarkeit der

Füllstäbe $M_{pl,i}$ übersteigen. Diese Knoten, wenn sie bei Vierendeelträgern angewendet werden, können als vollsteif bzw. unverformbar („rigid") angenommen werden. Andernfalls sind die Knoten als teilweise steif bzw. verformbar („semi-rigid") zu betrachten.

Zur Ermittlung der Schnittgrößen einer Konstruktion mit teilweisen steifen Knoten wird durch Versuche das Last-Verformungsverhalten untersucht (siehe Bild 6-190 bzw. 6-191). Theoretisch kann man auch diese Berechnung mit Hilfe der „Finite-Elemente"-Methode durchführen.

Vierendeelträger aus Hohlprofilen (vorwiegend RHP) werden oft aus architektonischen Gründen verwendet, insbesondere wenn Diagonalen unerwünscht sind. Wegen des vorwiegend auftretenden Biegemomentes sind die Rahmenträger schwerer als die entsprechenden Fachwerkträger. Naturgemäß sind Vierendeelträger statisch unbestimmt aufgebaut, so daß die Berechnung von Hand nicht einfach ist. Sie wird meist mit Hilfe von Computerprogrammen durchgeführt.

Übliche Näherungsverfahren zur Berechnung von Vierendeelträgern gehen von der Voraussetzung aus, daß die Knoten hohe Steifigkeit besitzen. Bei Hohlprofilknoten ist dies in der Regel nicht der Fall. Die Abweichung der berechneten Werte von den tatsächlichen Werten ist daher sehr groß. In letzter Zeit wurden Handrechnungsverfahren für die Bemessung eines

Vierendeelträgers entwickelt, die relativ zuverlässige Werte liefern [6, 174, 226].

Bei vollsteifen Knoten ist der Verlauf der Momentenverteilung über den Träger relativ gleichförmig (Bild 6-201 a). Die Momente in Pfosten und die Normalkräfte in Gurtmitte sind am größten, während die Durchbiegung des Trägers gering ist.

Bei teilweise steifen Knoten bekommt das Biegemoment in der Feldmitte den maximalen Wert, wobei hier die Normalkräfte kleiner werden (Bild 6-201 b).

Mit größer werdender Verformbarkeit der Knoten wird die Gesamtdurchbiegung des Vierendeelträgers maßgebend für die Berechnung. Allerdings ist das Verfahren für die Berechnung nach der zulässigen Durchbiegung eines Trägers komplizierter [174].

Zur Verringerung der Durchbiegung des Vierendeelträgers werden die Knoten mit verschiedenen Arten von Versteifungen versehen, die in Bild 6-192 dargestellt sind. Einige Untersuchungen über diese verstärkten Rahmenknoten werden in [183] beschrieben.

Mit Verstärkungen ergab sich gegenüber der unverstärkten Ausführung (Bild 6-192 a) eine erhöhte Tragfähigkeit sowie eine höhere Steifigkeit.

Lit. [183] beurteilt die Trag- und Steifigkeitseigenschaften der oben erwähnten verstärkten Rahmenknoten wie folgt:

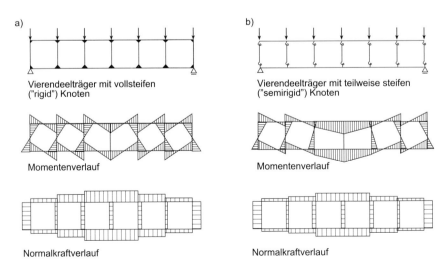

Bild 6-201 Schnittgrößenverlauf im Vierendeelträger

1. Bild 6-192 b – mit Füllstab-Aussteifungsblechen:

Für $b_1/b_0 \geq 0{,}75$ ist die Tragfähigkeit enttäuschend; für $b_1/b_0 < 0{,}75$ ist die Tragfähigkeit besser als die der anderen Knotenarten bei einem niedrigen Spannungsniveau.

Die Steifigkeit dieser Knotenart ist niedriger als die der anderen Knotenarten.

Grundsätzlich wird diese Knotenart für die Anwendung in Vierendeelträgern nicht empfohlen.

2. Bild 6-192 c – mit Gurtstabflansch-Aussteifungsblechen:

Bei $t_P = 2\,t_0$ wurde kein Beulen des Gurtflansches beobachtet. Eine Übertragung des vollen plastischen Füllstabmomentes zum Gurtstab war ohne eine bedeutende Verringerung der Knotensteifigkeit möglich.

Bei $b_1/b_0 \geq 0{,}75$ ist die Tragfähigkeit ausreichend groß, jedoch ist die Steifigkeit des Knotens nicht so hoch wie die der Knoten d) und e).

Bei $b_1/b_0 < 0{,}75$ ist die Steifigkeit etwa so hoch wie bei Knoten d), obwohl der Knoten als teilweise steif einzustufen ist.

Bezüglich der Tragfähigkeit und Steifigkeit kann diese Knotenart für die Anwendung empfohlen werden.

Bild 6-202 gibt für die Knotenart c) aus Versuchen abgeleitete Versagensmomente wieder.

Hierbei sind:

$m_u = $

$\dfrac{M_u \text{ Moment beim Versagen des Knotens}}{M_{pl,1,Rd} \text{ Momentenbeanspruchbarkeit des Füllstabes}}$

$M_{pl,1,Rd} = f_{y,1} \cdot W_{pl,1} =$ Streckgrenze × plastisches Widerstandsmoment des Füllstabes

$$\rho = \left(\frac{b_0}{b_1}\right)^l \cdot \left(\frac{b_1}{t_0}\right)^m$$

$t_0 \quad\;$ = Wanddicke des Gurtstabes
l und m = Exponenten entsprechend der Knotenart

Zur Berechnung der Momentenbeanspruchbarkeit $M_{ip,1,Rd}$ der RHP-Vierendeelträgerknoten kann in Anlehnung an Gl. (6-148) auch die folgende Gleichung für Gurtstegversagen benutzt werden:

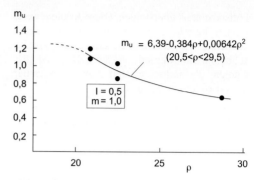

Bild 6-202 m_u-ρ-Diagramm für Vierendeelträgerknoten (Bild 6-192 c) mit Gurtflansch-Aussteifungsblech

$$M_{ip,i,Rd} = 0{,}5 f_k \cdot t_0 \left[h_i + 5\,(t_0 + t_P)\right]^2 \cdot \frac{1{,}1}{\gamma_{Mj}} \quad (6\text{-}171)$$

Für die Übertragung von vollem plastischem Moment des Füllstabes zu Gurtstab schlagen [8, 183] folgende Bedingungen vor:

Breite des Gurtflansch-Aussteifungsbleches

$b_P \geq (b_0 - 4\,t_0)$

Länge des Gurtflansch-Aussteifungsbleches

$l_P = 2\,b_0$

Dicke des Gurtflansch-Aussteifungsbleches

$$t_P \geq 0{,}63\,(b_1 \cdot t_1)^{0,5} - t_0 \qquad\qquad (6\text{-}172)$$

3. Bild 6-192 d – mit angevouteten Aussteifungen

Diese Knotenart besitzt ausreichende Tragfähigkeit und Steifigkeit, die mit akzeptablen Kosten hergestellt werden können. Die Voutenabmessungen bestimmen die Knotentragfähigkeit und -Steifigkeit. Allerdings werden die Vouten nur als teilweise steif eingestuft.

Falls die Voutenabmessungen gleich den Füllstababmessungen sind, zeigen sie ausreichend gute Eigenschaften und können günstig aus Füllstababschnitten hergestellt werden.

Bild 6-203 zeigt das m_u-ρ-Diagramm für die Knotenart d).

Sie werden für die Anwendung in architektonisch nicht anspruchsvollen Konstruktionen empfohlen.

In Anlehnung an Gl. (6-147) (Gurtflanschplastizierung) und Gl. (6-148) (Gurtstegversagen) können für die Berechnung der Momentenbe-

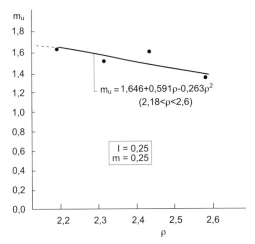

Bild 6-203 m_u-ρ-Diagramm für Vierendeelträgerknoten (Bild 6-192 d) mit angevouteter Aussteifung

anspruchbarkeit $M_{ip,i,Rd}$ auch die folgenden Formeln angewendet werden [8, 183]:

- Modifizierte Gl. (6-147) ($\beta \leq 0{,}85$)

$$M_{ip,i,Rd} = 3 f_{y0} \cdot t_0^2 \cdot h_i$$

$$\left[\frac{1}{6\, h_i/b_0} + \frac{2}{\sqrt{1-\beta}} + \frac{3\, h_1/b_0}{1-\beta} \right] f(n) \cdot \frac{1{,}1}{\gamma_{Mj}}$$

$$(6\text{-}173)$$

wobei $f(n) = 1{,}2 - \left(\dfrac{0{,}5}{\beta} \right) \cdot n$ ist $(n > 0,\ f(n) > 1{,}0)$.

Hierbei werden 45°-Vouten verwendet, wodurch sich eine Gesamtkontaktlänge von $3\, h_i$ ergibt.

Modifizierte Gl. (6-148) ($0{,}85 < \beta \leq 1{,}0$)

$$M_{ip,i,Rd} = 0{,}5 f_k \cdot t_0 (3\, h_i + 5\, t_0)^2 \cdot \frac{1{,}1}{\gamma_{Mj}}$$

$$(6\text{-}174)$$

$f_k = f_{y0}$ (T-Knoten) und $f_k = 0{,}8 f_{y0}$ (X-Knoten) können nur angenommen werden, wenn $h_0/t_0 \leq 23$ ist [258].

Für $h_0/t_0 > 23$ ist $f_k = f_K$ gemäß Tabelle 6-13.

4. Bild 6-193 e – mit Pyramidenstumpf-Aussteifungen

Diese Knotenart kann das volle plastische Moment des Füllstabes zum Gurtstab übertragen und als vollsteif („rigid") eingestuft werden.

Leider sind die Herstellungskosten sehr hoch und auch das architektonische Ausehen nicht

ansprechend. Daher werden diese Knoten in den meisten Fällen nicht verwendet.

6.7.7 Traglasten für Momente aus der Ebene $M_{op,i,Rd}$ in KHP- und RHP-Knoten

Biegemomente aus der Ebene findet man häufig in räumlichen Konstruktionen.

6.7.7.1 Momentenbeanspruchbarkeit aus der Ebene $M_{op,i,Rd}$ für RHP-Knoten

Die Bemessung von RHP-T- und X-Knoten unter Biegung aus der Ebene kann nach den Gln. (6-150) bis (6-152) (siehe Tabelle 6-30) mit den entsprechenden β-Werten und den analogen Versagensarten, wie für Biegung in der Ebene, durchgeführt werden.

Hierbei ist auch die Interaktionsbedingung zwischen Normalkraft, Biegemoment in und aus der Ebene einzuhalten, wie sie auf der sicheren Seite linear vorgeschlagen wird:

$$\frac{N_{i,Sd}}{N_{i,Rd}} + \frac{M_{ip,i,Sd}}{M_{ip,i,Rd}} + \frac{M_{op,i,Sd}}{M_{op,i,Rd}} \leq 1 \qquad (6\text{-}175)$$

Folgende Punkte sind zu beachten:

1. Bei der Anwendung der Gl. (6-152) ist das plastische Widerstandsmoment des Füllstabes $W_{pl,i}$ um die entsprechende Biegeachse zu verwenden. Die Füllstäbe müssen sich mindestens der Querschnittsklasse 2 zuordnen lassen.

2. $M_{op,i,Rd}$ für X-Knoten sind analog den T-Knoten zu bestimmen, mit der Ausnahme, daß die Momentenbeanspruchbarkeit für Gurtstege mit $f_k = 0{,}8 f_{y0}$ ermittelt wird.

6.7.7.2 Momentenbeanspruchbarkeit aus der Ebene $M_{op,i,Rd}$ für KHP-Knoten

Die Gln. (6-167) und (6-169) der Tabelle 6-34 sind die Bemessungsformeln für KHP-Knoten (K- und N-Knoten mit Spalt sowie T-, X- und Y-förmig) unter Biegung aus der Ebene, die gemäß der Versagensart a) Gurtplastizierung bzw. b) Abscheren des Gurtes („Punching shear") abgeleitet wurden.

Für das Abscheren wird die plastische Schubbeanspruchung durch das Moment angegeben, während die Winkelfunktion θ auf elastischer Grundlage beruht.

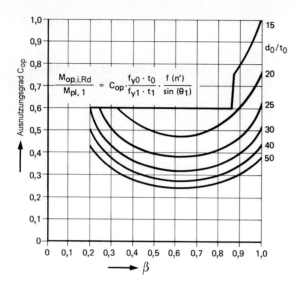

Bild 6-204 Berechnungsdiagramm für KHP-Knoten (K- und N-Knoten mit Spalt sowie T-, Y- und X-Knoten) belastet durch Biegemomente aus der Ebene [226]

Bild 6-204 zeigt graphisch den Ausnutzungsgrad C_{op} in Abhängigkeit von $\beta = d_1/d_0$. Beim Vorliegen der Bedingung $d_1 \leq d_0 - 2t_0$ wird die obere Grenze des Ausnutzungsgrades durch die horizontale Linie in Bild 6-204 (Abscheren) angegeben.

Ferner gilt die folgende Interaktionsbedingung für Normalkraft, Biegung in und aus der Ebene:

$$\frac{N_{i,Sd}}{N_{i,Rd}} + \left(\frac{M_{ip,i,Sd}}{M_{ip,i,Rd}}\right)^2 + \frac{M_{op,i,Sd}}{M_{op,i,Rd}} \leq 1 \qquad (6\text{-}176)$$

Hierbei wurde berücksichtigt, daß eine Biegung in der Ebene weniger Einfluß als eine Biegung aus der Ebene hat.

6.8 T- und X-Verbindungen von Blechen, I-Profilen oder RHP-Querschnitten mit KHP bzw. RHP

Verbindungen dieser Art werden häufig für die Feldmontage von Stahlbaukonstruktionen durch Verschraubung (mittelbare Verbindung) angewendet, da Feldschweißen auf der Baustelle wesentlich kostenaufwendiger als Feldverschraubung ist. Insbesondere findet man diese Verbindungen bei geschraubten Knoten in Fachwerken, Pfettenanschlüssen und Aufhängungskonstruktionen.

Anschlußbleche an Hohlprofilen können in zwei Arten angeordnet werden:

– Quer- bzw. Rippenbleche senkrecht zur Hohlprofilachse
– Längs- bzw. Anschlußbleche parallel zur Hohlprofilachse

Es wird hauptsächlich zwischen T- und X-Verbindung mit Hohlprofilgurt und Blech unterschieden.

6.8.1 T- und X-Verbindungen aus KHP-Gurtstäben

Die Tabellen 6-35 und 6-36 enthalten die Normalkrafttraglasten $N_{i,Rd}$ und die Beanspruchbarkeiten der Momente in der Ebene $M_{ip,i,Rd}$ und aus der Ebene $M_{op,i,Rd}$ [8, 226, 230], die hauptsächlich aufgrund von Versuchen und theoretischen Modelluntersuchungen in Japan entwickelt wurden [24, 31, 61, 259]. In Anlehnung an das geschlossene Ring-Modell für T- und X-Knoten aus KHP-Gurt und -Füllstab wurden Formeln entwickelt, die für Längsdruckbeanspruchung mit den praktischen Versuchsergebnissen relativ gut übereinstimmen. Für Längsbeanspruchungen und Beanspruchungen durch Momente in der Ebene können die Bemessungsformeln [8, 24, 226, 230] durch weitere Versuche modifiziert werden.

Nachfolgend wird als Beispiel (Bild 6-205) das Bemessungsverfahren eines KHP-Knotens gezeigt, der mittels Verschraubung der Füllstäbe mit abgeplätteten Enden an das Anschlußblech

Tabelle 6-35 Traglasten geschweißter Verbindungen zwischen Anschlußblechen und kreisförmigen Hohlprofilen

Gurtplastizierung	Bemessungstraglasten
	$N_{i,Rd} = f(n')\, f_{y0}\, t_0^2\, (4 + 20\,\beta^2)\ [1,1/\gamma_{Mj}]$ (6-177) $M_{ip,i,Rd} = 0$ (6-178) $M_{op,i,Rd} = 0,5\, b_i\, N_{i,Rd}$ (6-179)
	$N_{i,Rd} = \dfrac{5\, f(n')\, f_{y0}\, t_0^2}{1 - 0,81\,\beta}\ [1,1/\gamma_{Mj}]$ (6-180) $M_{ip,i,Rd} = 0$ (6-181) $M_{op,i,Rd} = 0,5\, b_i\, N_{i,Rd}$ (6-182)
$t_i/d_0 \le 0,2$ 	$N_{i,Rd} = 5\, f(n')\, f_{y0}\, t_0^2\, (1 + 0,25\,\eta)\ [1,1/\gamma_{Mj}]$ (6-183) $M_{ip,i,Rd} = h_i\, N_{i,Rd}$ (6-184) $M_{op,i,Rd} = 0$ (6-185)
$t_i/d_0 \le 0,2$ 	$N_{i,Rd} = 5\, f(n')\, f_{y0}\, t_0^2\, (1 + 0,25\,\eta)\ [1,1/\gamma_{Mj}]$ (6-186) $M_{ip,i,Rd} = h_i\, N_{i,Rd}$ (6-187) $M_{op,i,Rd} = 0$ (6-188)

Abscheren („punching shear")

$$f_{max}\, t_i = (N_{i,Sd}/A_i + M_{i,Rd}/W_{i,el})\, t_i \le 2\, t_0 \left(f_{y0}/\sqrt{3} \right)\ [1,1/\gamma_{Mj}] \qquad (6\text{-}189)$$

Gültigkeitsgrenzen	Faktor $f(n')$
Zusätzlich zu den Grenzen, die in Tabelle 6-9 angegeben sind: $\beta \ge 0,4$ und $\eta \le 4$ wobei $\beta = b_i/d_0$ und $\eta = h_i/d_0$	Für $n' > 0$ (Druck): $f(n') = 1 - 0,3\, n'\, (1 + n')$ aber $f(n') \le 1,0$ Für $n' \le 0$ (Zug): $f(n') = 1,0$

Tabelle 6-36 Traglasten geschweißter Verbindungen zwischen Anschlußquerschnitten von I-, rechteckigen und kreisförmigen Hohlprofilen

Gurtplastizierung	Bemessungstraglasten

$$N_{i,Rd} = f(n')\, f_{y0}\, t_0^2\, (4 + 20\,\beta^2)(1 + 0,25\,\eta)\,[1,1/\gamma_{Mj}]$$
(6-190)

$$M_{ip,i,Rd} = h_i N_{i,Rd}/(1 + 0,25\,\eta)$$ (6-191)

$$M_{op,i,Rd} = 0,5\, b_i\, N_{i,Rd}$$ (6-192)

$$N_{i,Rd} = \frac{5\, f(n')\, f_{y0}\, t_0^2}{1 - 0,81\,\beta}\,(1 + 0,25\,\eta)\,[1,1/\gamma_{Mj}]$$ (6-193)

$$M_{ip,i,Rd} = h_i N_{i,Rd}/(1 + 0,25\,\eta)$$ (6-194)

$$M_{op,i,Rd} = 0,5\, b_i\, N_{i,Rd}$$ (6-195)

$$N_{i,Rd} = f(n')\, f_{y0}\, t_0^2\, (4 + 20\,\beta^2)(1 + 0,25\,\eta)\,[1,1/\gamma_{Mj}]$$
(6-196)

$$M_{ip,i,Rd} = h_i\, N_{i,Rd}$$ (6-197)

$$M_{op,i,Rd} = 0,5\, b_i\, N_{i,Rd}$$ (6-198)

$$N_{i,Rd} = \frac{5\, f(n')\, f_{y0}\, t_0^2}{1 - 0,81\,\beta}\,(1 + 0,25\,\eta)\,[1,1/\gamma_{Mj}]$$ (6-199)

$$M_{ip,i,Rd} = h_i\, N_{i,Rd}$$ (6-200)

$$M_{op,i,Rd} = 0,5\, b_i\, N_{i,Rd}$$ (6-201)

Abscheren („punching shear")	

Für I-Querschnitte: $f_{max}\, t_i = \left(N_{i,Sd}/A_i + M_{i,Rd}/W_{i,el}\right)\, t_i \le 2\, t_0 \left(f_{y0}/\sqrt{3}\right)\,[1,1/\gamma_{Mj}]$ (6-202)

Für RHP-Querschnitte: $f_{max}\, t_i = \left(N_{Sd}/A + M_{Rd}/W_{el}\right)\, t_i \le t_0 \left(f_{y0}/\sqrt{3}\right)\,[1,1/\gamma_{Mj}]$ (6-203)

Gültigkeitsgrenzen	Faktor $f(n')$
Zusätzlich zu den Grenzen, die in Tabelle 6-9 angegeben sind: $\beta \ge 0,4$ und $\eta \le 4$ wobei $\beta = b_i/d_0$ und $\eta = h_i/d_0$	Für $n' > 0$ (Druck): $f(n') = 1 - 0,3\,n'(1 + n')$ aber $f(n') \le 1,0$ Für $n' \le 0$ (Zug): $f(n') = 1,0$

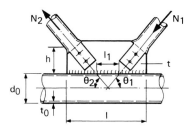

Bild 6-205 K-förmige verschraubte KHP-Knoten mit Anschlußblech

hergestellt ist [226]. Folgende Bedingungen müssen erfüllt werden:

$$2\,l \cdot a \cdot f_{y,\text{Schw}} \geq N_1 \cdot \cos\theta_1 + N_2 \cdot \cos\theta_2 \qquad (6\text{-}204)$$

wobei

a = Schweißnahtdicke
$f_{y,\text{Schw}}$ = Streckgrenze der Schweißnaht sind.

$$l \cdot t \cdot \frac{f_{y,P}}{\sqrt{3}} \geq N_1 \cdot \cos\theta_1 + N_2 \cdot \cos\theta_2 \qquad (6\text{-}205)$$

$$2\,l \cdot t_0 \frac{f_{y0}}{\sqrt{3}} \geq N_1 \cdot \cos\theta_1 + N_2 \cdot \cos\theta_2 \qquad (6\text{-}206)$$

$$\frac{t \cdot h^2}{6} \cdot f_{y,P} \geq N_1 \cdot \sin\theta_1 \cdot l_1 \qquad (6\text{-}207)$$

Nachweis der Tragfähigkeit der Rohrwand gemäß Gl. (6-183) der Tabelle 6-35:

$$5{,}0 \left(1 + 0{,}25\,\frac{l}{d_0}\right) \cdot f_{y0} \cdot t_0^2 \cdot f(n') \cdot l \geq N_1 \sin\theta_1 \cdot l_1$$
$$(6\text{-}208)$$

Wenn die Schweißnaht eine geringere Streckgrenze aufweist als das Anschlußblech, ist die Schweißnaht auch auf eine Kombination von Abscheren und Moment zu untersuchen.

6.8.2 T-Verbindungen aus RHP-Gurtstäben

Aufgrund der Versuche und analytischen Untersuchungen vergangener Jahre [7, 159, 193, 201, 260] – ähnlich denen für T-Knoten aus RHP-Gurt und RHP- bzw. KHP-Füllstäben (siehe Tabelle 6-13) – wurden die Normalkraftlasten $N_{i,Rd}$ und Momentenbeanspruchbarkeiten in der Ebene $M_{ip,i,Rd}$ für die geschweißten Anschlüsse von Querblech, Längsblech und I-Querschnitt an RHP-Gurt erstellt (siehe Ta-

belle 6-37). Es sei angemerkt, daß die Verbindung mit Längsblech eine sehr nachgiebige Verbindung ist und daher nicht empfohlen wird. Allerdings berücksichtigt die Gl. (6-212) der Tabelle 6-37 die Verformungskontrolle dieser Verbindung.

6.9 Hinweise zur Bemessung von Balken-Stützen-Verbindungen

6.9.1 RHP-Stütze mit I-Balken

Im Anschnitt 6.2.2 wurden verschiedene Verbindungen zwischen RHP-Stützen und I-Balken beschrieben (siehe Bilder 6-14 und 6-15 a–e). Obwohl umfangreiche Forschungsergebnisse über das Tragverhalten von unmittelbar geschweißten Verbindungen RHP-Balken mit RHP-Stützen vorliegen (siehe Abschnitt 6.7) und entsprechende Bemessungsformeln vorhanden sind, sind die Verbindungen „RHP-Stützen – I-Balken" nur wenig untersucht worden. Für diese Verbindungen liefert Gl. (6-214) der Tabelle 6-37 sichere Werte für die Bemessungstraglasten. Weitere Forschungen sind auf diesem Gebiet noch erforderlich.

Die relative Steifigkeit des Flansches eines I-Balkens im Vergleich zum Anschlußflansch einer RHP-Stütze führt in Abhängigkeit von der Verbindungskonfiguration zu unterschiedlichen Versagensarten. Um das Kollabieren des Stützenflansches bzw. das Versagen des Stützensteges zu vermeiden (Bild 6-16), wird eine Aussteifungsplatte am Anschlußflansch der RHP-Stütze angeschweißt.

Zwei Verbindungen dieser Art (Bild 6-206) wurden in Kanada untersucht und Bemessungsrichtlinien erstellt [261, 262].

In diesen Verbindungen wird das Moment von I-Balken über die Momentenübertragungsplatten (Zug bzw. Druck) in die RHP-Stütze übertragen. Die Momentenplatten sind an den Balkenflanschen und an den RHP-Flanschen mit Aussteifungsplatte angeschweißt. Folgende Bemessungsrichtlinien sind für diese Verbindungen angegeben [262]:

1. Zugkraftübertragung

• Zur Ermittlung der Abscherkrafttragfähigkeit Q_u der Aussteifungsplatte wurde aus den Versuchsergebnissen folgende Gleichung abgeleitet:

Tabelle 6-37 Traglasten geschweißter Verbindungen zwischen Rippen- oder Anschlußblechen oder I-Querschnitten und rechteckigen Hohlprofilen

	Bemessungstraglasten
Querblech (Rippenblech)	Füllstabversagen für alle β
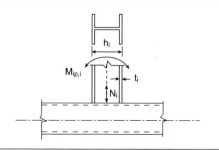 $\beta = \dfrac{b_1}{b_0}$	$N_{i,Rd} = f_{yi} \cdot t \cdot b_e\,[1,1/\gamma_{Mj}]$ (6-209)
	Gurtstegversagen bei $b_i \geq b_0 - 2\,t_0$
	$N_{i,Rd} = f_{y0}\,t_0\,(2\,t_i + 10\,t_0)\,[1,1/\gamma_{Mj}]$ (6-210)
	Abscheren bei $b_i \leq b_0 - 2\,t_0$
	$N_{i,Rd} = \dfrac{f_{y0}\,t_0}{\sqrt{3}}\,(2\,t_i + 2\,b_{e,p})\,[1,1/\gamma_{Mj}]$ (6-211)
Längsblech (Anschlußblech)	Gurtflansch plastizieren bei $t_i/b_0 \leq 0,2$
$t_i/b_0 \leq 0,2$	$N_{i,Rd} = \dfrac{f(n)\,f_{y0}\,t_0^2}{1 - t_i/b_0}\,(2\,h_i/b_0 + 4\sqrt{1 - t_i/b_0})\left[\dfrac{1,1}{\gamma_{Mj}}\right]$ (6-212) $M_{ip,i,Rd} = 0,5\,N_{i,Rd} \cdot (h_i - t_i)$ (6-213)
I-Querschnitt	$N_{i,Rd}$ kann auf der sicheren Seite so bemessen werden, als ob zwei Querbleche mit der Dicke des I-Flansches an RHP angeschlossen sind. $M_{ip,i,Rd} = N_{i,Rd} \cdot (b_i - t_i)$ (6-214)

Gültigkeitsgrenzen

Zusätzlich zu den Grenzen, die in Tabelle 6-14:

    $0,5 \leq \beta \leq 1,0$

    $\dfrac{b_0}{t_0} \leq 30$

Parameter b_e, $b_{e,p}$ und $f(n)$

$b_e = \dfrac{10}{b_0/t_0}\,\dfrac{f_{y0} \cdot t_0}{f_{yi} \cdot t_i} \cdot b_i$ aber $b_e \leq b_i$	Für $n > 0$ (Druck): $f(n) = 1,3\,(1 - n)$ aber $f(n) \leq 1,0$
$b_{e,p} = \dfrac{10}{b_0/t_0} \cdot b_i$ aber $b_{e,p} \leq b_i$	Für $n \leq 0$ (Zug): $f(n) = 1,0$

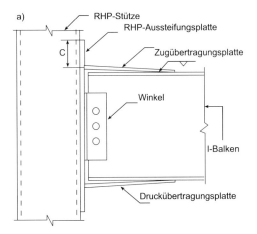

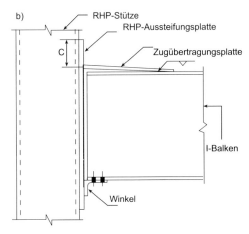

Bild 6-206 Verstärkter I-Balken mit RHP-Stütze [261]

$$Q_u = \frac{2}{3} f_{yP} \cdot t_P (b_1 + t_1) \qquad (6\text{-}215)$$

Dabei sind:

f_{yP} = Streckgrenze der Aussteifungsplatte
t_P = Wanddicke der Aussteifungsplatte
b_1 = Breite der Momentenplatte
t_1 = Wanddicke der Momentenplatte

Gl. (6-215) gilt für

$\dfrac{\text{Breite der Momentenplatte (Zug) } b_1}{\text{Breite der Aussteifungsplatte } b_P}$ zwischen

0,4 und 0,8.

● Es wird empfohlen, die Aussteifungsplatte um die gesamte Peripherie mit einer Kehlnaht zu verschweißen.

● Die Dicke der Momentenplatte (Zug) innerhalb eines realistischen Bereichs hat keinen

Einfluß auf die Abscherbeanspruchbarkeit der Verbindung, falls die Dicke der Aussteifungsplatte konstant bleibt.

Folgende Gleichung ergibt die Tragfähigkeit N_1 der Momentenplatte (Zug), die durch Modifizierung der Bemessungsformeln von [7] erstellt wird:

$$N_1 = b_e \cdot t_1 \cdot f_{y1} \qquad (6\text{-}216)$$

Hierbei sind:

b_e $= \dfrac{10}{b_P/t_P} \cdot \dfrac{f_{yP} \cdot t_P}{f_{y1} \cdot t_1} \cdot b_1 =$ wirksame Breite

b_P = Breite der Aussteifungsplatte
t_P = Dicke der Aussteifungsplatte
b_1, t_1 = siehe Gl. (6-215)
f_{yP} = Streckgrenze der Aussteifungsplatte
f_{y1} = Streckgrenze der Momentenplatte (Zug)

● Der Mindestabstand c (siehe Bild 6-206) wird mit der Vergrößerung der Dicke der Aussteifungsplatte größer. Versuche haben gezeigt, daß der Mindestabstand $c = 80$ mm sein soll, wenn die Aussteifungsplattendicke 12 mm ist.

● Eine volle HV-Naht an der Momentenplatte (Zug) ist ausreichend, um die Gefahr des Schweißnahtversagens zu vermeiden.

2. Druckkraftübertragung

● Die Tragfähigkeit des RHP-Steges N_{Steg} kann mit Hilfe der folgenden Gleichung bestimmt werden:

$$N_{\text{Steg}} = 2 f_{y0} \cdot t_0 \left[W_s + 4{,}4 \, (t_0 + t_P) \right] \qquad (6\text{-}217)$$

Dabei sind:

f_{y0} = Streckgrenze des RHP
t_0 = Wanddicke des RHP
t_P = Wanddicke der Aussteifungsplatte
W_s = Dicke der Momentenplatte (Druck) einschließlich der Schweißnaht

● In Verbindung mit Winkelsitz ist die Lastübertragung auf die Stütze wirksamer, als wenn der Druckflansch des I-Balkens direkt an die Stütze angeschweißt ist.

● Der Mindestabstand c im Druckbereich soll 100 mm betragen, wenn die Aussteifungsplatte zwischen 8 und 12 mm liegt.

6.9.2 I-Stütze mit RHP-Balken

Lit. [230] enthält die Bemessungstraglasten $M_{ip,i,Rd}$ (siehe Tabelle 6-38), die unter der An-

Tabelle 6-38 Momentenbeanspruchbarkeiten in der Ebene $M_{ip,i,Rd}$ geschweißter Verbindungen aus I-Stützen und RHP-Balken

T- und Y-Knoten	Bemessungs-Traglast ($i = 1$ oder 2)
	Gurtstegfließen
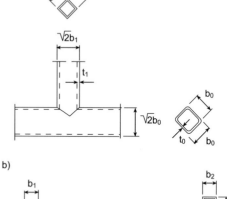	$M_{ip,i,Rd} = 0,5\,f_{y0}\,t_w\,b_w\,h_i\,[1,1/\gamma_{Mj}]$ $\qquad$ (6-218)
	Füllstabversagen (wirksame Breite)
	$M_{ip,i,Rd} = f_{yi}\,t_i\,b_e\,(h_i - t_i)\,[1,1/\gamma_{Mj}]$ $\qquad$ (6-219)

Parameter b_e und b_w		Gültigkeitsbereich
$b_e = t_w + 2\,r + 7\,(f_{y0}/f_{yi})\,t_f$ aber $b_e \leq b_i$	$b_w = \dfrac{h_i}{\sin\theta_i} + 5\,(t_f + r)$ aber $b_w \leq 2\,t_i + 10\,(t_f + r)$	siehe Tabelle 6-23

nahme der Versagensmöglichkeiten a) I-Gurt-stegfließen (siehe Bild 6-137 und 6-140) und b) RHP-Füllstabversagen (wirksame Breite) (siehe Bilder 6-139 und 6-142) in [7] abgeleitet und später modifiziert wurden.

6.10 Sonderverbindung aus RHP mit „schnabelförmigen" RHP-Füllstabenden

Bild 6-207 zeigt eine besondere Bauteilanordnung eines RHP-Fachwerks, wobei die RHP-Füllstäbe mit „schnabelförmig" profilierten Enden auf die Ecken der RHP-Gurtstäbe angeschweißt werden. Es wird hierdurch eine hohe Beanspruchbarkeit und Steifigkeit der Knoten erreicht.

Aufgrund der Versuchsergebnisse und analytischen Auswertungen [263] werden folgende Traglastformeln vorgeschlagen:

Für T-Knoten:

$$N_{1,Rd} = t_0^2 \cdot f_{y0} \left(\frac{1}{0,211 - 0,147(b_1/b_0)} + \right.$$
$$\left. + \frac{b_0/t_0}{1,794 - 0,942(b_1/b_0)} \right) \cdot f(n') \frac{1}{\gamma_{Mj}}$$
$$(6-220)$$

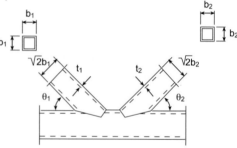

Bild 6-207 T- und K-förmige Knoten mit „schnabelförmigen" RHP-Stabenden

Für K-Knoten:

$$N_{i,Rd} = \frac{t_0^2 \cdot f_{y0}}{\sqrt{1 + 2\sin^2\theta_i}} (4\alpha)(b_0/t_0) \cdot f(n') \cdot \frac{1}{\gamma_{Mj}}$$

$$(6\text{-}221)$$

Dabei sind:

α = abzulesen aus Bild 6-208
      für 45°-K-Knoten

$f(n')$ = nach der Tabelle 6-9 zu bestimmen

Die Anwendungsbereiche für die Gln. (6-220) und (6-221) sind wie folgt:

Für T-Knoten:

$$16 \leq \frac{b_0}{t_0} \leq 42$$

$$0,3 \leq \frac{b_1}{b_0} \leq 1,0$$

Für K-Knoten:

$$16 \leq \frac{b_0}{t_0} \leq 42$$

$$0,2 \leq \frac{b_i}{b_0} \leq 0,7$$

$$\theta_i = 45°$$

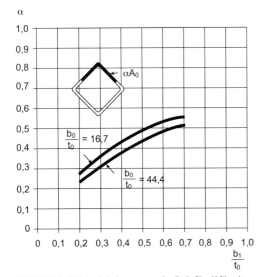

Bild 6-208 Abhängigkeit „α von b_1/b_0" für K-förmige RHP-Knoten mit „schnabelförmigen" Füllstabenden

6.11 Symbolerklärungen

KHP   kreisförmiges Hohlprofil
QHP   quadratisches Hohlprofil
RHP   rechteckiges Hohlprofil

a Kehlnahtdicke
A_i Querschnittsfläche des Bauteils i ($i=0$, 1, 2, 3)
A_V Querschnittsfläche des Gurtstabes, die der Querkraft widersteht
b_i äußere Breite des QHP oder RHP-Bauteils i ($i=0$, 1, 2, 3)
b_e wirksame Breite des Füllstabes in Verbindung mit einem Gurtstab
$b_{e,ü}$ wirksame Breite des überlappenden Füllstabes, angeschlossen an den überlappten Füllstab
$b_{e,p}$ wirksame Breite bei Schub bzw. Durchstanzen („punching shear")
b_P Breite des Bleches
b_w wirksame Breite des Gurtsteges
$C_{i,\varphi}$ Rotationssteifigkeit des Knotens (Moment je Grad im Bogenmaß)
C_{ip} Knotenausnutzungsgrad für Moment in der Ebene
C_{op} Knotenausnutzungsgrad für Moment aus der Ebene
d_i äußerer Durchmesser des KHP-Bauteils i ($i=0$, 1, 2, 3)
e Knotenexzentrizität
E Elastizitätsmodul
F_i Axialkraft ($i=0$, 1, 2, 3)
f Spannung
$f_{W,Rd}$ Grenzschweißnahtspannung
$f_{N,D,G}$ Druckspannung im Gurtstab
f_{yi} Bemessungsstreckgrfenze des Werkstoffs des Bauteils ($i=0$, 1, 2, 3)
f_{yP} Bemessungsstreckgrenze des Blechwerkstoffes
f_k charakteristische Spannung
f_K kritische Knickspannung gemäß Stahlbauvorschrift
f_i Normalspannung in einem Bauteil i ($i=0$, 1, 2, 3)
f_0 vorhandene Normalspannung im Gurt, ggf. auch aus dem Biegemoment
$f_{a,schw.}$ Tragspannung der Schweißnaht senkrecht zur Schweißnaht
$f_{s,schw.}$ Tragspannung der Schweißnaht in Schweißnahtrichtung
f_{yP} spezifizierte Streckgrenze eines Bleches
f_u Zugfestigkeit
f_{op} Vorspannung im Gurtstab

$f(n)$ Funktion in der Formel der Knotenverbindung, die den Einfluß der Druckspannungen im Gurtstab berücksichtigt (siehe Tabelle 6-11 und 6-13)

$f(n')$ Funktion in der Formel der Knotenverbindung, die den Einfluß der Gurt-Vorspannung berücksichtigt (siehe Tabelle 6-9)

g Spaltweite zwischen den Fußspitzen der Füllstäbe (ohne Schweißnähte) von K-, N- oder KT-Knoten (negativer Wert von g stellt Überlappung dar)

g' Spaltweite dividiert durch Gurtstabwanddicke g/t_0

h_i äußere Höhe des RHP- bzw. QHP-Bauteils i ($i=0, 1, 2, 3$)

H Trägerhöhe

I Trägheitsmoment

l_1 Systemlänge (Füllstab)

l_K wirksame Knicklänge

l_0 Abstand zwischen zwei Knoten im Gurt, Gurtlänge

l_P Länge des Bleches

L Spannweite

M Moment

M_i Biegemoment in einem Bauteil i ($i=0, 1, 2, 3$)

M_{ip} Biegemoment in der Ebene

M_{op} Biegemoment aus der Ebene

M_{pl} Plastisches Tragmoment

N_i Normalkraft in einem Bauteil i ($i=0, 1, 2, 3$)

N_{pl} Plastische Traglast

N_{op} Gurtvorspannkraft (Auf den Gurtstab an der Knotenverbindung aufgebrachte Normalkraft, die nicht im Gleichgewicht mit den horizontalen Kraftkomponenten der Füllstäbe steht.)

$N_{0(\text{in Spalt}),Rd}$ Reduzierte Normalkraftbeanspruchbarkeit infolge Querkraft in dem Gurtquerschnitt im Spaltbereich

n $\dfrac{N_0}{A_0 \cdot f_{y0}} + \dfrac{M_0}{W_0 \cdot f_{y0}}$; Anzahl der Schrauben

n' $\dfrac{N_{0p}}{A_0 \cdot f_{y0}} + \dfrac{M_0}{W_0 \cdot f_{y0}}$

p Projektionslänge zwischen dem überlappenden Füllstab und dem Gurtstab ohne Vorhandensein des überlappten Füllstabes (siehe Bild 6-82 b)

p' Schraubenabstand (siehe Bild 6-50)

P_f Normalkraft pro Schraube

P_y Fließlast der Kopfplattenverbindung

Q Querkraft

q Projektionslänge der Überlappung zwischen Füllstäben einer K- oder N-Verbindung an den Gurtstab

r Eckradius zwischen Flansch und Steg eines I-Querschnittes bzw. eines QHP- oder RHP-Querschnittes

t_i Wanddicke des Bauteils i ($i=0, 1, 2, 3$)

t_f Flanschdicke

t_P Blechdicke

t_w Stegdicke eines I-Querschnitts

T_i Zugkraft, aufgebracht auf ein Bauteil i ($i=0, 1, 2, 3$)

T_u Zugbeanspruchbarkeit einer Schraube

V_i Querkraft aufgebracht auf das Bauteil i ($i=0, 1, 2, 3$)

V_p Querkraftbeanspruchbarkeit $\dfrac{f_{y0} \cdot A_V}{\sqrt{3}}$ (siehe Tabelle 6-13)

$V_{pl,i}$ $\dfrac{A_i \cdot f_{yi}}{\sqrt{3}}$

W_i elastisches Widerstandsmoment des Bauteils i ($i=0, 1, 2, 3$)

W_{el} elastisches Widerstandsmoment

W_{pl} plastisches Widerstandsmoment

W_s Dicke der Momentenplatte (Druck)

α dimensionsloser Beiwert bzw. $\dfrac{2\,l_0}{d_0}$

β Breiten- oder Durchmesser-Verhältnis zwischen Füllstäben und Gurtstab

$$\beta = \frac{d_1}{d_0}, \frac{d_1}{b_0}, \frac{b_1}{b_0} \qquad \text{(T-, Y-, X-Knoten)}$$

$$\beta = \frac{d_1 + d_2}{2d_0}, \frac{d_1 + d_2}{2b_0}, \frac{b_1 + b_2 + h_1 + h_2}{4b_0}$$
$$\text{(K-, N-Knoten)}$$

$$\beta = \frac{d_1 + d_2 + d_3}{2d_0}, \frac{d_1 + d_2 + d_3}{3b_0},$$

$$\frac{b_1 + b_2 + b_3 + h_1 + h_2 + h_3}{6b_0}$$
$$\text{(KT-Knoten)}$$

oder Verhältnis der Blechbreite zum Durchmesser bzw. zur Breite des Gurtstabes

β_P b_i/b_P

γ Verhältnis von halber Breite bzw. halbem Durchmesser zur Wanddicke des Gurtstabes $\dfrac{b_0 \text{ bzw. } d_0}{2t_0}$

γ_{Mj}	Teilsicherheitsbeiwert des Knotens
γ_M	Teilsicherheitsbeiwert
τ	Füllstabdicke – Gurtdicke-Verhältnis t_i/t_0
η	Füllstabhöhe- Gurtbreite-Verhältnis h_i/b_0
η_P	Füllstabhöhe- Blechbreite-Verhältnis h_i/b_p
θ_i	Anschlußwinkel zwischen Füllstab i $(i = 1, 2, 3)$ und Gurtstab
$\lambda_{\ddot{u}}$	Überlappungsgrad $\dfrac{q}{p} \times 100\%$
ϕ	Winkel aus der Ebene zwischen den Ebenen der Füllstäbe

Indizes:

0:	Gurtstab
1:	Füllstab bei T-, Y- und X-Knoten oder Druckfüllstab bei K-, N- und KT-Knoten
2:	Zugfüllstab bei K-, N- und KT-Knoten
3:	Vertikalstab bei KT-Knoten
a:	aufgesetzter Füllstab
k:	charakteristisch
P:	Platte
u:	untergesetzter Füllstab oder Traglast
Rd:	Beanspruchbarkeit (Widerstand)
Sd:	Beanspruchung (Einwirkung)

7 Zeit- und Dauerfestigkeit geschweißter Hohlprofilverbindungen

7.1 Allgemeines zur Schwingfestigkeit

Entsprechend der Beanspruchungsart werden Bauwerke graduell in zwei Hauptgruppen gegliedert:

– Bauwerke unter vorwiegend ruhender Beanspruchung, die auf der Basis der statischen Festigkeitskennwerte (Streckgrenze, Bruchfestigkeit) bemessen werden
– Bauwerke unter zeitlich veränderlicher Beanspruchung, die auf der Basis der Zeit- und Dauerfestigkeitskenndaten bemessen werden

Zeitlich veränderliche Beanspruchung, allgemein als Ermüdungsbeanspruchung definiert, umfaßt alle regellosen und regelmäßigen Beanspruchungen, die in Bild 7-1 und 7-2 dargestellt sind.

Bei regellosen Beanspruchungen handelt es sich um nach Zeit und Größe beliebig veränderliche Beanspruchungen, die i. a. durch vorwiegend zufallsbedingte Kräfte und Momente verursacht werden (Bild 7-1).

Regelmäßige Beanspruchungen sind periodisch sich wiederholende Beanspruchungen um einen Mittelwert, der zeitliche Abläufe u. a. sinusförmig, trapezförmig oder stoßartig sein können (Bild 7-2).

Obwohl bei praktischen Einsätzen (Bilder 7-3 bis 7-5) regelmäßige Beanspruchungen nur selten zu finden sind, wird sowohl für die Durchführung von Versuchen als auch als Grundlage für die Bemessung praktischer Bauwerke im allgemeinen die Beanspruchungsart a) gemäß Bild 7-2 mit sinusförmigen Abläufen verwendet. Die ermittelte Festigkeit bei Beanspruchung dieser Art wird als Schwingfestigkeit bezeichnet.

Die Schwingfestigkeitsbeanspruchung wird durch die folgenden Größen beschrieben (vgl. Bild 7-6):

f_{max}: obere Spannung
f_{min}: untere Spannung
f_m: mittlere Spannung

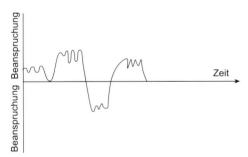

Bild 7-1 Regellose „Beanspruchung-Zeit"-Funktion

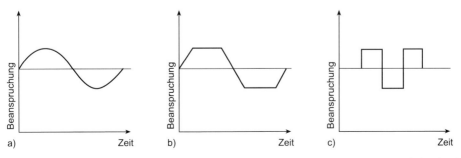

Bild 7-2 Periodisch sich wiederholende „Beanspruchung-Zeit"-Funktion um eine mittlere Spannung: a) sinusförmig, b) trapezförmig, c) stoßartig

Bild 7-3 Turmdrehkran

Bild 7-4 Ausleger eines Mobilkranes

f_a: Spannungsausschlag bzw. Spannungs-
        amplitude

R: Grenzspannungsverhältnis $= \dfrac{f_{min}}{f_{max}}$

S_R: Spannungsschwingbreite : $f_{max} - f_{min} = 2\,f_a$

Zur Beschreibung der periodisch veränderlichen, sinusförmigen Beanspruchungen gelten
folgende Definitionen:

Bild 7-5 Ausschnitt eines Riesenrades

Wechselbeanspruchung (Bild 7-6 a)
$R \quad = -1$
$f_{min} = -f_{max}$
$f_m \quad = 0$
$f_a \quad = -f_{max}$
$S_r \quad = 2\,f_{max}$

Reine Schwellbeanspruchung (Bild 7-6 b)
$R \quad = 0$
$f_{min} = 0$ und $f_{max} \neq 0$
$f_m \quad = \dfrac{f_{max}}{2}$
$f_a \quad = \dfrac{f_{max}}{2}$
$S_r \quad = f_{max}$

Schwellbeanspruchung (Bild 7-6 c)

$R > 0$

Statische Beanspruchung (Bild 7-6 d)

$R = +1$

Für die Praxis seien zwei grundlegende Begriffe zur Kennzeichnung des Schwingfestigkeitsverhaltens genannt:

– Zeit- und Dauerfestigkeit bei einstufig (konstanter Spannungsausschlag) periodisch verändernden, sinusförmigen Beanspruchungen
  (Bild 7-7 a).
  Die Dauerfestigkeit ist die größte Oberspannung f_{max}, die ein Werkstoff oder eine Konstruktion bei unendlich vielen Lastwechseln

Beanspruchung

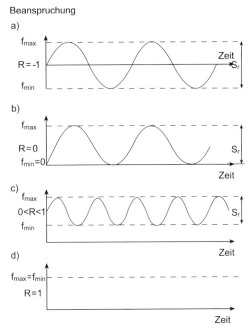

Bild 7-6 Arten der Schwingfestigkeitsbeanspruchung: a) Wechselfestigkeit, b) Ursprungsfestigkeit oder reine Schwellfestigkeit, c) Schwellfestigkeit, d) statische Festigkeit

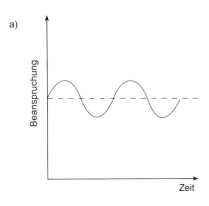

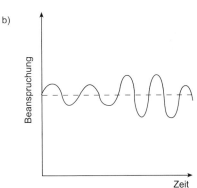

Bild 7-7 a) Einstufig periodische Beanspruchung, b) mehrstufig periodische Beanspruchung (Lastkollektiv)

ohne Bruch ertragen kann. Manchmal wird als Dauerfestigkeit auch die entsprechende Spannungsschwingbreite S_r für ein bestimmtes Grenzspannungsverhältnis R bezeichnet. Die Zeitfestigkeit ist die größte Oberspannung f_{max} bzw. auch die entsprechende Spannungsschwingbreite S_r, die vom Bauteil oder von der Konstruktion über eine bestimmte Lastwechselzahl (d. h. nicht unendlich) noch ertragen wird.

– Betriebsfestigkeit bei mehrstufig (veränderlicher Spannungsausschlag) periodisch verändernden, sinusförmigen Beanspruchungen durch ein Lastkollektiv (Bild 7-7 b).

Zur Bestimmung der Schwingfestigkeit nach der von Wöhler (1860) eingeführten Methode wird die Abhängigkeit der Lebensdauer der Probestücke von der Größe der aufgebrachten, einstufig konstanten periodisch verändernden Beanspruchung (Spannung bzw. Dehnung) bestimmt. Bild 7-8 zeigt im Prinzip dargestellte Wöhler-Kurven, die die aus den Versuchen gewonnenen Lastwechselzahlen beim Bruch bei vorgegebener Beanspruchung (Oberspannung

f_{max} bzw. Spannungsschwingbreite S_r) darstellen. Die horizontale Asymptote der Wöhler-Kurve, in Bild 7-8 als f_B bezeichnet, stellt die Dauerfestigkeit dar. Der nichtasymptotische Teil, der im linearen Maßstab (Bild 7-8 a) bogenförmig und im logarithmischen Maßstab eine gerade Linie (Bild 7-8 b) ist, ergibt die Zeitfestigkeit. Die Wöhler-Kurve wird normalerweise in einem logarithmischen Maßstab aufgetragen. In Bild 7-8 b sind Wöhler-Linien prinzipiell für verschiedene Grenzspannungsverhältnisse R gezeichnet.

Wenn die Wöhler-Kurve eine ausgeprägte horizontale Asymptote zeigt – dies ist bei Stahlflachproben der Fall – dann kann die Dauerfestigkeit mit guter Genauigkeit ermittelt werden. Bei geschweißten Konstruktionen, z. B. Knoten aus Hohlprofilen, ist jedoch in der Regel keine horizontale Asymptote als Dauerfestigkeitslinie f_B vorhanden.

Daher legt man in der Praxis meist eine bestimmte endliche Anzahl von Lastspielen fest.

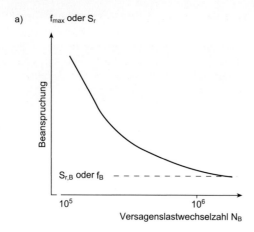

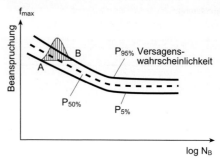

Bild 7-9 Streuung der Versuchsergebnisse

sich noch so viel Mühe bei der Herstellung der Prüfkörper gibt. Bild 7-9 zeigt im Prinzip den Streubereich von Versuchsergebnissen. Erst kürzlich durchgeführte Untersuchungen haben gezeigt, daß der überwiegende Grund für die Streuung im Versuchskörper (Material- und/oder Herstellungsimponderabilien) und nicht in der Versuchsdurchführung zu suchen ist.

Die Dauerfestigkeit kann also nicht als bestimmter, genau ermittelter Wert betrachtet werden. Die Wöhler-Kurve muß als Kurvenschar aufgefaßt werden. Jede einzelne Kurve weist eine bestimmte Versagenswahrscheinlichkeit P auf (Bild 7-10). Daraus folgt, daß zur Festlegung einer Wöhlerlinie mehrere Prüfkörper auf demselben Spannungsniveau untersucht werden müssen.

Um dann die Anzahl der Versuche in Grenzen zu halten, beschränkt man die zu untersuchenden Spannungsniveaus auf eine vertretbare Zahl.

Die Erfahrung zeigt, daß die Werte von $\log_{10}N_B$ dem Gauss-Laplaceschen Verteilungsgesetz gehorchen (Bild 7-10).

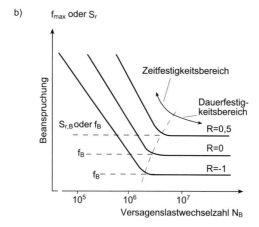

Bild 7-8 Wöhler-Kurven a) in linearem Maßstab und b) in logarithmischem Maßstab

Wenn diese mit einer bestimmten Oberspannung gerade noch ohne Bruch erreicht wird, betrachtet man diese Spannung als Dauerfestigkeit. Bei Stahlkonstruktionen wird im allgemeinen das Erreichen des Dauerfestigkeitsbereiches nach 2×10^6 Lastspielen angenommen. Für die Bemessung auf Dauerfestigkeit gemäß Eurocode 3 [42] ist eine Lastwechselzahl von 5×10^6 maßgebend.

Nach neueren Versuchen und Erfahrungen im Offshore-Bereich geht man in Kenntnis der Tatsache, daß ein „horizontaler" Dauerfestigkeitsbereich bei vielen geschweißten Konstruktionsteilen nicht ausgeprägt ist, bis zur Lastspielzahl 10^7, teilweise auch 10^8.

Die Ergebnisse von Zeit- und Dauerfestigkeitsversuchen streuen erheblich, auch wenn man

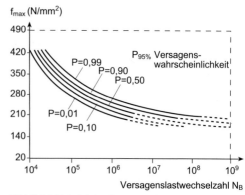

Bild 7-10 Beispiel des Diagrammes (f_{max}–N_B) mit Versagenswahrscheinlichkeit P

7.2 Betriebsfestigkeit unter einem Beanspruchungskollektiv

Die Wöhler-Kurve liefert die Lebensdauer eines Werkstückes bei sich einstufig sinusförmig veränderter Schwingbeanspruchung. Die Beanspruchung wird durch die beiden Werte f_{max} (oder S_r) und R festgelegt. Sie hat keine Aussagekraft, wenn die Amplitude der Beanspruchung variabel ist. Das einfachste Vorgehen zur Erfassung dieses Problems sieht folgendermaßen aus: Bei einer Beanspruchung $S_{r,i}$ (Bild 7-11) hat ein Element eine Lebensdauer N_i. Die Schädigung D_i bei einer Anzahl n_i von Lastwechseln beträgt:

$$D_i = \frac{n_i}{N_i}$$

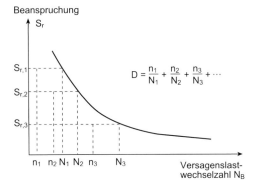

Bild 7-11 Palmgren-Miner-Regel für das Versagen bei dynamischer Beanspruchung auf verschiedenen Laststufen

Diese Hypothese ist in den beiden Grenzfällen richtig: Für $n_i = 0$ ist die Schädigung D_i gleich 0 und für $n_i = N_i$ die Schädigung gleich 1, was dem Versagen des Werkstückes entspricht. Wenn das Element dem Beanspruchungskollektiv, d.h. verschiedenen Beanspruchungen $S_{r,i}$ jeweils während n_i Lastwechseln unterworfen ist, dann kann man annehmen, daß der Bruch bei Erfüllung der nachfolgenden Gleichung stattfindet:

$$D = \sum \frac{n_i}{N_i} = 1$$

N_i ist dabei die der jeweiligen Laststufe entsprechende Lebensdauer und D ist die Gesamtschädigung. Dieses Bruchkriterium stammt von Palmgren (1924) und Miner (1945).

Wie gut die nach der Palmgren-Miner-Regel geforderte Gesamtschädigung $D = 1,0$ der Wirklichkeit entspricht, wurde von vielen Forschern in den letzten Jahren anhand der Ergebnisse aus Betriebsfestigkeitsversuchen untersucht [43, 44]. Bei unterschiedlichen Voraussetzungen z.B. Lastwechselzahlen, Belastungsart, Materialeigenschaft, Umgebung usw. ergeben sich unterschiedliche Werte für die Schädigung D. Daher sollte man erwähnen, daß für Einzelfälle auch ein Beanspruchungskollektiv zur Bestimmung des Ermüdungsverhaltens gefahren werden kann. Dies ist allerdings aufwendig. Wegen der leichten Handhabung wird die Palmgren-Miner-Regel auch in den neuen Regelwerken, wie Eurocode 3 [42], als Nachweisverfahren aufgenommen.

Der Wert der durch die Spannungsschwingbreite S_r angegebenen Beanspruchung ist mit einem Sicherheitsfaktor γ_F zu multiplizieren, mit dem die Unsicherheit

– der Lastbeschreibung
– des Berechnungsverfahrens
– der Palmgren-Miner-Regel

erfaßt wird. Dadurch soll die erforderliche Zuverlässigkeit erreicht werden.

Die Größe des Teilsicherheitsbeiwertes ist aus der Fachliteratur zu entnehmen. Z.B. kann bei Offshore-Konstruktionen laut Germanischer Lloyd akkumulierte Schädigung $D = \sum \frac{n_i}{N_i}$ statt mit 1 mit 0,5 angesetzt werden (d.h. Teilsicherheitsbeiwert $\gamma_F = 2,0$).

Falls die Fachnormen keine Angaben zu den maßgebenden Beanspruchungs-(Spannungs-)spektren liefern, kann die Schädigung D über den Spannung-Zeit-Verlauf mittels Zählung der Spannungswechsel N_i und Spannungsschwingbreite $S_{r,i}$ ermittelt werden. So ist auch die Erstellung eines Beanspruchungsspektrums möglich.

Im allgemeinen wird bei der Erstellung des Beanspruchungsspektrums (siehe Bild 7-12) folgendes unberücksichtigt bleiben:

– die Spannungsschwingbreite $S_{r,i} < 0,55 \cdot S_{r,B}$ ($N_B = 10^8$)
– die Spannungswechselzahlen $N_B < 10^2$ ($S_{r,max}$)

Der Wert $0,55\, S_{r,B}$ entstand aus Versuchsauswertungen. Er entspricht einer zugeordneten Spannungs- (bzw. Last-)wechselzahl von 10^8, wenn die wirklichkeitsgegebenen Neigungen der

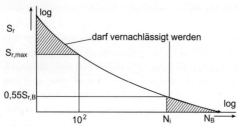

Bild 7-12 Schematisierung eines Spannungsspektrums mit zu vernachlässigenden Bereichen

Wöhlerkurve über 5×10^6 LW (Lastwechsel) berücksichtigt werden.

Die Grenze mit 10^2 LW erscheint bei größerem Kollektivumfang sinnvoll. Sie werden durch den statischen Nachweis abgedeckt.

7.3 Einfluß der Eigenspannungen auf die Schwingfestigkeit von Hohlprofilknoten

Eine Eigenspannung entsteht bei der Herstellung eines Bauelements bzw. bei der Fertigung einer Verbindung z.B. durch Schweißeigen-

spannung. Die Bilder 7-13 bzw. 7-14 zeigen die Eigenspannungszustände von kalt- bzw. warmgefertigten Quadrathohlprofilen nach der Herstellung. Diese Spannungen überlagern sich mit äußeren Lasten und können dann zu einer Verminderung der Lebensdauer führen. Die inneren Spannungen können durch Spannungsarmglühen abgebaut werden. Dies geschieht je nach Stahlgüte bei Temperaturen zwischen 530–580 °C. Das Abkühlen erfolgt langsam.

Allerdings haben die Versuche an geschweißten Hohlprofilknoten mit im Stahlbau üblichen relativ dünnwandigen Hohlprofilen unterschiedlicher Herstellung (KHP-Durchmesser bzw. RHP-Seitenlänge ≤ 400 mm), „kalt" und „warm", „geglüht" und „ungeglüht", gezeigt, daß die Einflüsse der Eigenspannungen auf das Ermüdungsverhalten dieser Knoten gering sind [45]. Der Haupteinfluß auf das Schwingfestigkeitsverhalten von Hohlprofilverbindungen ist die Schärfe der Schweißkerben bzw. die Spannungskonzentration aus der geometrischen Form.

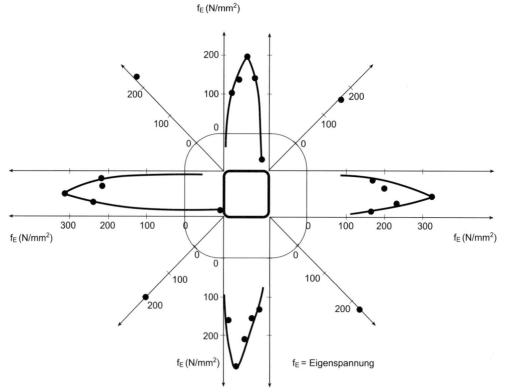

Bild 7-13 Eigenspannungszustand eines kaltgefertigten Quadrathohlprofils

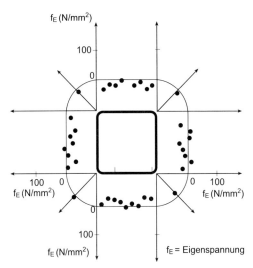

f_E (N/mm²)

100

0

100   0
f_E (N/mm²)

0   100
f_E (N/mm²)

0

100

f_E (N/mm²)

f_E = Eigenspannung

Bild 7-14 Eigenspannungszustand eines warmgefertigten Quadrathohlprofils

Grundsätzlich wird das Grenzspannungsverhältnis $R = f_{min}/f_{max}$ aufgrund des Auftretens
von Eigenspannungen in der heutigen Ermü-
dungsbemessung nicht berücksichtigt.

7.4 Einfluß der korrosiven Umgebung auf die Schwingfestigkeit von Hohlprofilknoten

Ein weiterer wichtiger Einfluß auf das
Schwingfestigkeitsverhalten wird von der Korrosion ausgeübt, die bei Konstruktionen unter
schwingenden Lasten eine weitaus kritischere
Rolle spielt als unter statischer Last. Im statischen Fall wirkt sich das Rosten des Stahles
langjährig nur in Form einer Verminderung des
Bauteilquerschnitts aus. Bei schwingenden Lasten besteht neben der Kerbwirkung an den
Korrosionsangriffsstellen eine Interaktion zwischen Ermüdungsbeanspruchung und einem
anwesenden korrosiven Medium (z. B. bei Off-
shore-Bauwerken).

Die Lebensdauer eines geschweißten KHP-
Knotens unter Schwingfestigkeitsbeanspruchung in der Seewasser-Umgebung entspricht
etwa 40 % der Lebensdauer des identischen
Knotens in der Luft [46]. Auf dieses Thema
wird in diesem Buch nicht näher eingegangen,
da im Stahlbau im allgemeinen Konstruktionen
unter Schwingfestigkeitsbeanspruchung in einer
korrosiven Umgebung (Seewasser) kaum vorkommen.

7.5 Spannungs- bzw. Dehnungsverteilung in Hohlprofilverbindungen

Der Einfluß der Kerben ist am empfindlichsten
in sowohl geschraubten als auch geschweißten
Verbindungen zu merken. An den Kerbstellen
treten Spannungsspitzen durch lokale Spannungskonzentrationen auf. Unter schwingender
Beanspruchung sind diese Stellen am höchsten
gefährdet, da im Gegensatz zu statischer Beanspruchung die Spannungsspitzen wegen schneller Lastwechsel durch plastische Verformung
nicht abgebaut werden. Bei Schraubenverbindung schwächen die Schraubenlöcher die Bauteile. Zusätzlich wirken sich die Spannungsspitzen am Lochrand ungünstig auf das
Schwingfestigkeitsverhalten aus. Die Gewinde
der Schrauben wirken als Kerben und sind bei
Zug außerdem hoch beansprucht. Aus diesen
Gründen ist eine solche Konstruktion weniger
geeignet, schwingende Beanspruchungen auf-
zunehmen.

Lokale, erhöhte Spannungen treten in geschweißten Verbindungen durch Spannungskonzentrationen in Schweißkerben, z. B. Einbrandkerbe, auf. Eine zusätzliche Spannungser-
höhung findet häufig an der Verbindungsstelle
von Bauteilen unterschiedlicher Steifigkeit
(Steifigkeitssprung) bzw. an der Schweißnaht
selbst (wegen der Steifigkeitsänderung durch
Schweißgutanhäufung) statt. Da in geschweißten Hohlprofilknoten das Verhalten der
Schwingbeanspruchung dieser Art besonders
zu beachten ist, wurden in den letzten zwei
Jahrzehnten die Untersuchungen der Zeit- und
Dauerfestigkeit von diesen Knoten vorrangig
durchgeführt [5, 9, 10, 31, 32, 33, 35, 36,
46, 47].

Bild 7-15 zeigt zwei Beispiele der ungleichför-
migen Spannungsverteilung in geschweißten
KHP- bzw. RHP-Knoten, wobei Gurt- und Füllstab unmittelbar verschweißt werden. Es entsteht eine örtliche Spannungs- bzw. Dehnungs-
konzentration, die vorwiegend Einfluß auf das
dynamische Tragverhalten geschweißter Fach-
werk-Hohlprofilknoten ausübt (Bilder 7-16
und 7-17). Diese verursachen eine vielfache Erhöhung der Nennspannung bzw. -dehnung.

Die örtliche Spannungsspitze in einer Konstruktion kann durch plastische Verformung
und Spannungsumlagerung abgebaut werden.
Der Einfluß dieses Vorganges ist bei statischer

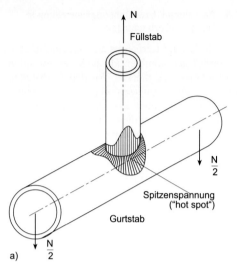

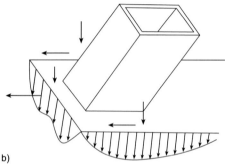

Bild 7-15 Spannungsverteilung in a) KHP-Knoten und b) RHP-Knoten

zu der Schlußfolgerung, daß die Spitzenspannung oder -dehnung in einem Hohlprofilknoten, die definitionsgemäß die maximale, örtliche Spannung („hot spot"-Spannung) oder die maximale, örtliche Dehnung („hot spot"-Dehnung) am Schweißnahtfußpunkt (Krone) im Gurt- oder Füllstab darstellt, von den folgenden Faktoren beeinflußt wird:

– globale Geometrie abhängig von den geometrischen Verhältnissen $2\,l_0/d_0$ bzw. b_0, d_i/d_0 oder b_i/b_0, $d_0/2\,t_0$ oder $b_0/2\,t_0$, t_i/t_0, g/d_0 oder g/b_0, θ und Knotenkonfiguration (siehe Bilder 7-16 bis 7-18, $i = 1,2$)
– globale Geometrie der Schweißnaht (Nahtdicke a, Nahtlänge l_W)
– Zustand des Schweißnahtfußes (z.B. Winkel zwischen Schweißnaht und Grundwerkstoff (Bild 7-19), Einbrandkerben (Bild 8-34, kann durch Schleifen verbessert werden, Bild 7-20)
– Belastungsart (Zug, Druck, Biegung in und aus der Ebene, siehe Bild 7-21)

Wie bereits erwähnt, wird für die Bemessung von Hohlprofilknoten unter schwingender Beanspruchung u.a. die Spitzenspannung bzw. Spitzendehnung als Nachweisgrundlage verwendet. In allen neueren Vorschriften und der Literatur werden hierfür die „Spitzenspannungsschwingbreite $S_{r,hs}$ gegen Lastwechselzahl bis zum Versagen N_B"-Linien eingesetzt. Die vorhandenen Eigenspannungen und Spannungsspitzen führen lokal zu Fließerscheinungen, so daß die Spannungen unter wechselnder Belastung zwischen der Streckgrenze f_y und einer niedrigeren Spannung f variieren (f_y-f). Deshalb ist die Spannungsschwingbreite S_r der maßgebende Parameter.

Bei der Erstellung der „Spannungsschwingbreite S_r gegen Versagenslastwechselzahl N_B"-Linien durch Schwingfestigkeitsversuche werden die Nennwerte benutzt, die die Einflüsse der Schweißnahtform oder eventuelle Unregelmäßigkeiten enthalten. In diesen Fällen ist es sehr aufwendig bzw. kaum möglich, gesondert die Einflüsse des Schweißnahtverhaltens (Kerbe am Schweißnahtfuß) auf die Schwingfestigkeit meßtechnisch oder rechnerisch zu ermitteln. Die Ermittlung der Spitzenspannungsschwingbreite $S_{r,hs}$ bzw. Spitzendehnungsschwingbreite $\varepsilon_{r,hs}$ am Schweißnahtfuß bezieht sich nur auf die Bestimmung der Einflüsse der globalen Geometrie des Knotens sowie der Belastungsart, ohne

Beanspruchung wesentlich größer als bei schwingender Belastung. Eine Konstruktion unter schwingender Beanspruchung ist durch eine örtliche Spannungskonzentration mehr betroffen. Eine hohe Spannungsspitze führt zu einem schneller auftretenden Riß, der die Ursache eines schlechten Schwingfestigkeitsverhaltens ist. Zur Beurteilung des Schwingfestigkeitsverhaltens ist daher die Kenntnis der Spannungsspitze notwendig.

Bekanntlich tritt die lokale Spitzenspannung an Stellen der Diskontinuität in Form und Querschnitt der zu verbindenden Bauteile, vorwiegend am Schweißnahtfuß (Krone), auf. Ferner kann in geschweißten Knoten auch ein anderer Anteil der Spitzenspannung durch mögliche Überhäufung von Schweißgut sowie Einbrandkerben entstehen. Diese Überlegungen führen

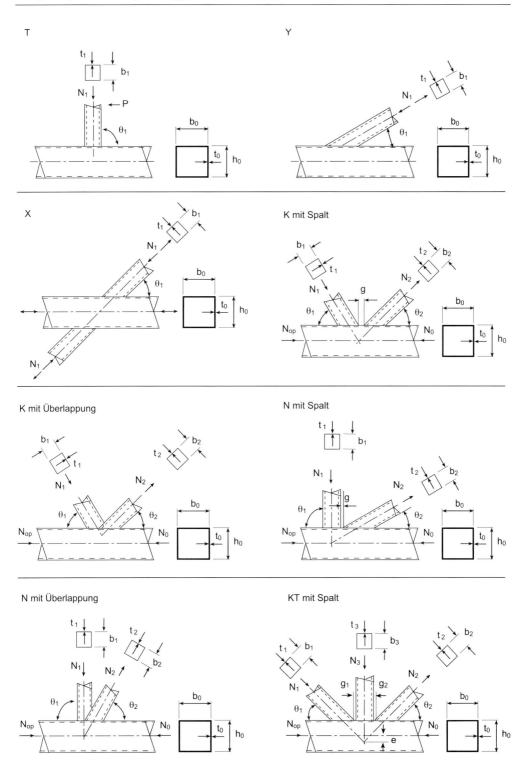

Bild 7-16 Ebene Fachwerkknoten aus QHP

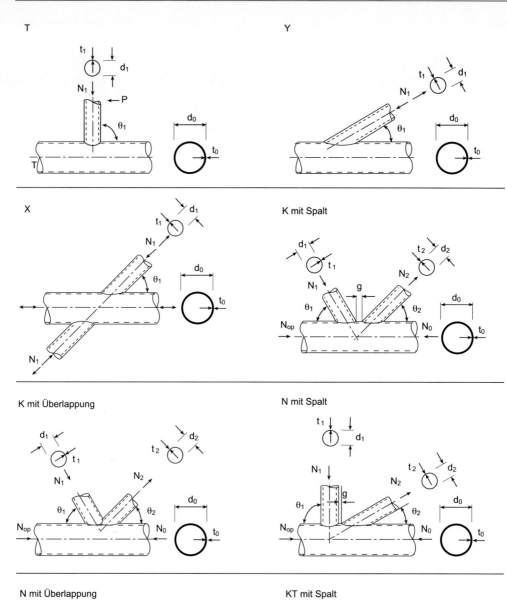

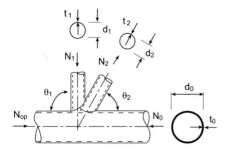

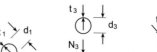

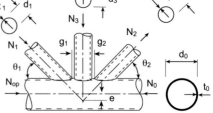

Bild 7-17 Ebene Fachwerkknoten aus KHP

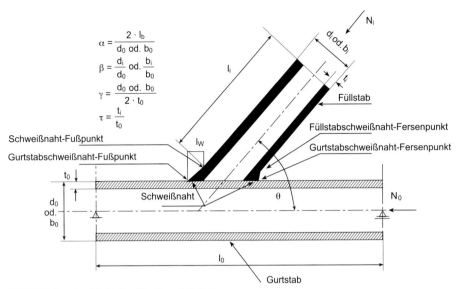

$$\alpha = \frac{2 \cdot l_b}{d_0 \text{ od. } b_0}$$

$$\beta = \frac{d_i}{d_0} \text{ od. } \frac{b_i}{b_0}$$

$$\gamma = \frac{d_0 \text{ od. } b_0}{2 \cdot t_0}$$

$$\tau = \frac{t_i}{t_0}$$

Bild 7-18 Geschweißte Hohlprofilknoten mit Definitionen

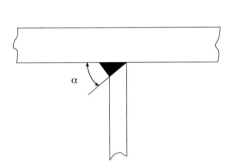

Bild 7-19 Winkel zwischen Hohlprofil und Schweißnaht

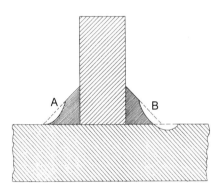

Bild 7-20 Schleifen des Schweißnahtfußes – Schleift man den Schweißnahtfuß tangential zu der Oberfläche des Hohlprofils (A), so wird nur eine geringe Verbesserung der Schwingfestigkeit erzielt. Das Schleifen muß bis unter die Hohlprofiloberfläche ausgedehnt werden, um den Einfluß der Einbrandkerbe zu beseitigen (B)

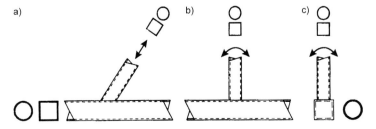

Bild 7-21 Belastungsarten: a) Normalkräfte, b) Moment in der Ebene (M_{ip}), c) Moment aus der Ebene (M_{op})

Schweißnahteinflüsse (globale Geometrie z. B. Flachheit, Konkavität, Konvexität, Fußradius und Kerbe) zu berücksichtigen. Diese Ermittlungsart ist damit begründet, daß die Schweißnahteinflüsse von Fertigungsbedingungen wesentlich abhängig sind und von Fall zu Fall unterschiedlich sein können.

Im Rahmen eines Europäischen Offshore-Forschungsprogramms wurde in den späten siebziger Jahren für diesen Zweck ein Versuchsverfahren entwickelt [47], das zur Bestimmung der Spitzenspannung bzw. -dehnung in Hohlprofilknoten von den meisten Forschern angewendet wurde. Im Abschnitt 7.5.1 wird dieses Verfahren, das dem derzeitigen Stand der Technik entspricht, weiter erläutert.

7.5.1 Spannungskonzentrationsfaktor SCF (Stress Concentration Factor) und Dehnungskonzentrationsfaktor SNCF (Strain Concentration Factor)

Für Hohlprofilverbindungen und -knoten ist die maßgebende Größe zur Gestaltung, Anordnung und Bemessung der Bauteile unter Schwingfestigkeitsbeanspruchung, die Spitzenspannungsschwingbreite $S_{r,hs}$ direkt neben dem Fußpunkt der Schweißnaht zwischen Gurt- und Füllstab.

Die Spitzenspannungen in Hohlprofilknoten werden nach den folgenden Verfahren ermittelt:

- Dehnungsmessungen an den Oberflächen der Bauteile mit Dehnungsmeßstreifen (DMS) am Probekörper im Maßstab 1 : 1
- Berechnung der Spannung oder Dehnung mit Hilfe der „Finite-Elemente"-Analyse
- fotoelastisches Verfahren mit Acryl-Modellen
- bruchmechanische Methode

Die ersten beiden Verfahren sind am besten für die praktische Anwendung geeignet und werden daher am meisten von den Forschern angewendet.

7.5.1.1 Experimentelle Messung der Dehnungen mit Dehnungsmeßstreifen (DMS)

Das Ziel dieses Verfahrens ist die Messung der Spitzendehnung an der Oberfläche eines Hohlprofilknotens unter Berücksichtigung der Einflüsse der geometrischen Parameter. Der Einfluß der Schweißnahtkerbe am Fußpunkt bleibt unberücksichtigt.

Die Standardmethode, die von ECSC WG III [47] empfohlen wurde, sieht die Extrapolation der Dehnungswerte vor, die in definierten Abständen vom Schweißnahtfuß mit Dehnungsstreifen gemessen werden (Bilder 7-22 und 7-23).

Der erste Punkt für die Extrapolation liegt außerhalb des Einflußbereichs der Schweißnaht. Die Dehnungsmeßstreifen werden senk-

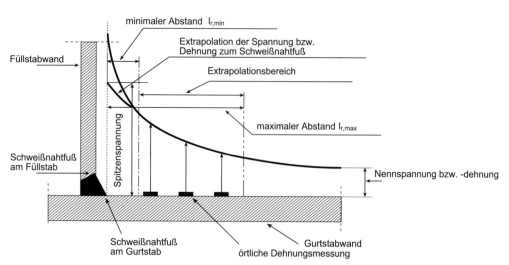

Bild 7-22 Bestimmung der Spitzendehnung(spannung) durch Extrapolation von Meßergebnissen mit Dehnungsmeßstreifen

Spannungsverteilung im Füllstab

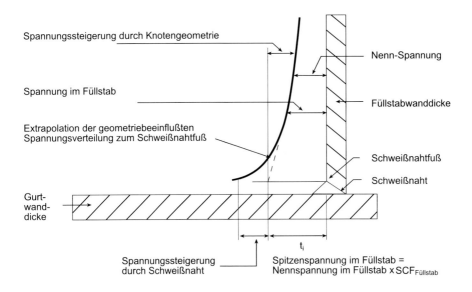

Spannungsverteilung im Gurtstab

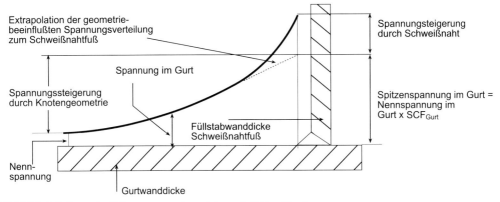

Bild 7-23 Definitionen der Spitzenspannung bzw. -dehnung in Hohlprofilknoten

recht zum Schweißnahtfuß angeordnet, damit man nur die primären Dehnungen in dieser Richtung erhält.

Im Fall kreisförmiger Hohlprofilknoten kann eine lineare Extrapolation durchgeführt werden, da in diesen Knoten die Spannungsgradienten (Dehnungsgradienten) linear sind (Bild 7-24 a). Dies gilt nicht für K-förmige Knoten mit Überlappung. In Knoten aus rechteckigen (quadratischen) Hohlprofilen sind die geometrischen Dehnungs(Spannungs)gradienten stark nicht-linear. Daher ergeben sich in diesem Fall realistischere Spitzendehnungswerte durch quadratische Extrapolation (Bild 7-24 b).

Um lineare Extrapolation (Bild 7-24 a) durchzuführen, werden zwei Punkte A und B aus allen gemessenen Punkten nach den folgenden Kriterien ausgewählt:

– Der erste Punkt B ist 0,4 t_i bzw. mindestens 4 mm entfernt von dem Schweißnahtfuß.
– Der zweite Punkt A hat einen Abstand von 0,6 t_i von Punkt B.

Die gemessenen Dehnungs-(Spannungs)werte A und B werden durch eine gerade Linie verbunden und weiter bis zum Schweißnahtfuß C erstreckt, um die geometrische Spitzendehnung bzw. Spitzenspannung zu erhalten.

Bei der quadratischen Extrapolation wird wie folgt vorgegangen (Bild 7-24 b): Alle Datenpunkte zwischen den beiden Grenzwerten E ($FE = 0,4$ t_i, min 4 mm), und D ($ED = 1,0$ t_i) werden mit Hilfe einer parabolischen, quadratischen Kurve (Methode der kleinsten Quadrate) verbunden. Eine Erweiterung dieser Kurve bis zum Schweißnahtfuß F ergibt die Spitzendehnung bzw. Spitzenspannung.

Ferner ist es wichtig, entsprechend den Knotentypen und Belastungsarten eine geeignete Anordnung der Dehnungsmeßstreifen festzulegen. Bild 7-25 a, b zeigt eine Reihe von Anordnungen, die im Rahmen verschiedener Forschungsprogramme festgestellt wurden [9, 31, 33–36, 47–49]. Die Versagensorte, die während der Versuche beobachtet wurden, bestätigen diese Festlegungen; die Bilder 7-26 a–e zeigen einige Beispiele.

7.5.1.2 Theoretische Bestimmung der Spannungen bzw. Dehnungen mit Hilfe der „Finite-Elemente"-Methode

Die Modellierung eines Knotens nach dem „Finite-Elemente"-Verfahren besteht in der Übersetzung des Knotens und der angewendeten Lasten in ein mathematisches Modell, dessen numerische Lösung durch die Verwendung von finiten Elementen (Schalen, massive Elemente, Balken) erhalten wird. Die Geometrie und Materialeigenschaften sowie die Belastungen und Randbedingungen, die für das Modell verwendet werden, müssen so exakt wie möglich den wirklichen Knoten entsprechen. Die Kompatibilität zu dem wirklichen Knotenverhalten und die Genauigkeit der numerischen Berechnung hängen im wesentlichen von den Elementetypen, der Netzfeinheit, dem Integrationsschema und der Form der Schweißnaht ab.

Der Vergleich der Ergebnisse der im Abschnitt 7.5.1.1 beschriebenen Versuche mit den Ergebnissen der „Finite-Elemente"-Berechnung ist die Grundlage, um das bestmögliche „Finite-Elemente"-Modell zu ermitteln. Auf der Basis dieses Modells ist es möglich, numerische Arbeiten mit umfangreichen Parameter-Variationen durchzuführen. Dies ermöglicht es, eine größere Anzahl von Parameter-Studien auf theoretischem Wege durchzuführen, die gegenüber den praktischen Versuchen wesentlich kostengünstiger sind.

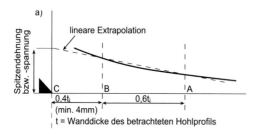

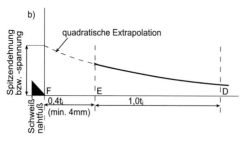

Bild 7-24 Extrapolationsmethode: a) lineare Extrapolation, b) quadratische Extrapolation

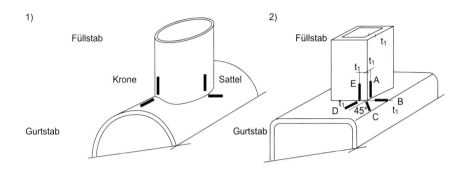

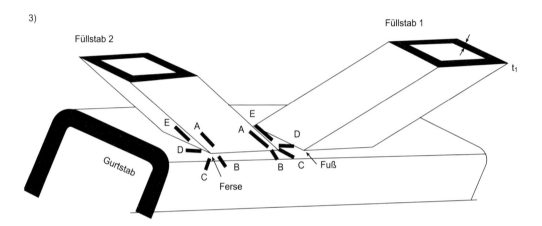

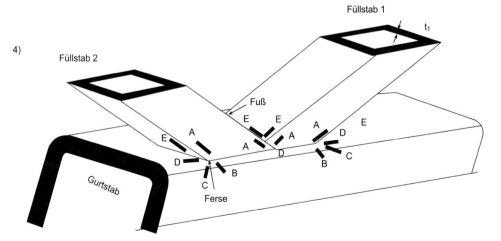

Bild 7-25 a) Anordnung der Dehnungsmeßstreifen in ebenen Hohlprofilknoten

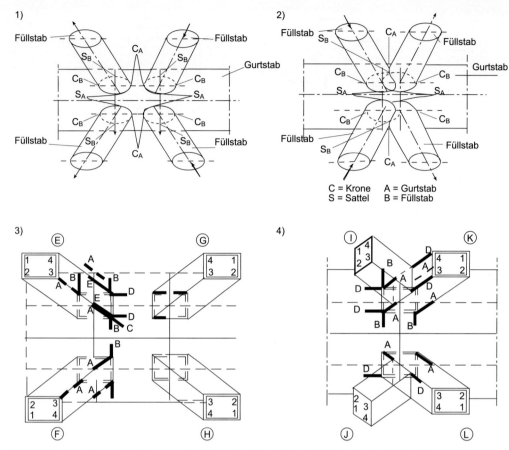

Bild 7-25 b) Anordnung der Dehnungsmeßstreifen in räumlichen (Dreigurt) Hohlprofilknoten (KK-förmig)

7.5.1.3 Bestimmung des Spannungs- bzw. Dehnungskonzentrationsfaktors (SCF bzw. SNCF)

Zur Erleichterung der Berechnung der Spitzenspannungsschwingbreite $S_{r,hs}$ in einem Hohlprofilknoten ist es zweckmäßig, die Nennspannungsschwingbreite $S_{r,\text{nenn}}$ in dem angeschlossenen Füllstab, die sich nach elementarer Berechnungsart ergeben würde, zu der jeweils auftretenden Spitzenspannungsschwingbreite in Beziehung zu setzen. Diese Beziehung ist durch das Verhältnis der Spitzenspannungs- zur Nennspannungsschwingbreite gegeben und wird Spannungskonzentrationsfaktor SCF genannt. Für räumliche Knoten müssen alle Füllstäbe einzeln berücksichtigt werden.

$$\text{SCF} = \frac{S_{r,hs,i,j,k} \text{ (im Knoten)}}{S_{r,\text{nenn}} \text{ (im Füllstab)}}$$

mit:

i = Gurt- oder Füllstab

j = Ort (z. B. Krone, Sattel, etc.)

k = Belastungsart (ax = Axialkraft (Normalkraft), ip = Biegung in der Ebene, op = Biegung aus der Ebene)

Die Definition des Dehnungskonzentrationsfaktors SNCF ist ähnlich.

$$\text{SNCF} = \frac{\varepsilon_{r,hs,i,j,k} \text{ (im Knoten)}}{\varepsilon_{r,\text{nenn}} \text{ (im Füllstab)}}$$

Obwohl in den meisten Bemessungsvorschriften, die Spitzenspannungsschwingbreite $S_{r,hs}$ und der Spannungskonzentrationsfaktor SCF als Grundlage der Berechnung empfohlen werden, wird die Bemessung in Wirklichkeit mit der Spitzendehnung $\varepsilon_{r,hs}$ bzw. dem Dehnungskonzentrationsfaktor SNCF durchgeführt. Für prak-

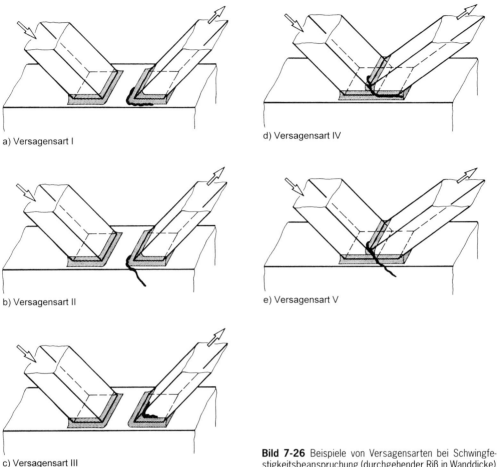

a) Versagensart I

b) Versagensart II

c) Versagensart III

d) Versagensart IV

e) Versagensart V

Bild 7-26 Beispiele von Versagensarten bei Schwingfestigkeitsbeanspruchung (durchgehender Riß in Wanddicke)

tische Versuche ist dies damit zu erklären, daß Dehnungsmeßstreifen für die Messung angewendet werden.

Die Dehnung hat als Grundlage für die Messung und Berechnung den wichtigen Vorteil, daß die Dehnung auch bei Überschreitung der Fließgrenze während des Schwingfestigkeitsversuchs, wie es bei Versuchen mit niedrigen Lastwechselzahlen der Fall sein kann, keinen Verhaltensunterschied zeigt. Ein Problem bei der Ermittlung des SCF von Hohlprofilknoten kann dadurch entstehen, daß eine örtliche Überschreitung der Streckgrenze des Knotenwerkstoffes schon beim Wirken kleiner Lasten stattfinden kann. Es ist daher praktikabel, SNCF anstatt SCF als Bemessungsgrundlage zu nehmen, da Dehnung selbst den Einfluß der örtlichen Plastizität enthält.

Ein zweiter Vorteil der Anwendung von SNCF ist die Möglichkeit einer einfachen Messung mit Dehnungsmeßstreifen (wenn Hauptdehnungen nicht bestimmt werden sollen). Dagegen müssen Meßstreifen-Rosetten zur Messung verschiedener Dehnungskomponenten eingesetzt werden, um Spannungen zu ermitteln.

Da die Anwendung des SCF in Forschungen und Vorschriften noch üblich ist, sind notwendigerweise die Dehnungen in Spannungen umzurechnen.

Die Nennspannungs- und Nenndehnungsschwingbreiten sind leicht konvertierbar:

$$S_{r,\text{nenn}} = E \cdot \varepsilon_{r,\text{nenn}}$$

E = Elastizitätsmodul

Die Nennspannungsschwingbreite im Zugstab eines KHP-Knotens wird wie folgt definiert:

$$\varepsilon_{r,\text{nenn}} = \varepsilon_{r,\text{ax,nenn}} + \varepsilon_{r,\text{res,nenn}}$$

$$\varepsilon_{r,\text{res,nenn}} = \sqrt{\varepsilon_{r,ip,\text{nenn}}^2 + \varepsilon_{r,op,\text{nenn}}^2}$$

Für RHP-Knoten lautet sie:

$$\varepsilon_{r,\text{nenn}} = \varepsilon_{r,\text{ax,nenn}} + \varepsilon_{r,ip,\text{nenn}} + \varepsilon_{r,op,\text{nenn}}$$

Für jede willkürliche Kombination der Belastungen wird die Nennspannungsschwingbreite durch Multiplikation der Nenndehnungsschwingbreite mit dem Elastizitätsmodul E erhalten.

Unter Verwendung des Dehnungskonzentrationsfaktors SNCF und der oben beschriebenen Nenndehnungsschwingbreiten $\varepsilon_{r,\text{nenn}}$ kann man die Spitzendehnungsschwingbreite $\varepsilon_{r,hs}$ in einem Hohlprofil-Knoten bei Berücksichtigung aller Lasten (Normalkräfte, Biegemoment in und aus der Ebene) bestimmen.

$$\varepsilon_{r,hs} = \text{SNCF}_{\text{ax}} \cdot \varepsilon_{r,\text{nenn,ax}} + \text{SNCF}_{ip} \cdot \varepsilon_{r,\text{nenn},ip}$$
$$+ \text{SNCF}_{op} \cdot \varepsilon_{r,\text{nenn},op}$$

Das Verhältnis des Spannungskonzentrationsfaktors SCF zum Dehnungskonzentrationsfaktor SNCF, auch Konversionsfaktor Snf = SCF/SNCF genannt, kann zwischen 0,6 und 1,4 beträchtlich variieren. Im Rahmen eines Europäischen Offshore Programmes ermittelten van Delft et al. [50] einen Durchschnittswert von 1,15 von Snf für KHP-Knoten. Romeijn [51] schlug die folgende Formel für Snf der KHP-Knoten unter der Annahme eines ebenen Spannungszustandes und eines vollkommenen isotropischen Verhaltens des Stahles mit $E = 2,068 \cdot 10^5$ N/mm^2 und $\upsilon = 0,3$ (υ = Poisson'sche Zahl) vor:

$$\text{Snf} = \frac{\text{SCF}}{\text{SNCF}} = 1,10 + 0,33 \, \frac{\varepsilon_y}{\varepsilon_{x,hs}}$$

mit:

ε_y = Dehnung, gemessen in paralleler Richtung zum Schweißnahtfuß (Außenwandoberfläche des Gurtes) oder dem Füllstab entlang senkrecht zur Füllstabachse (Außenwandoberfläche des Füllstabes)

Fräter [52] ermittelte Snf-Werte für K-förmige RHP-Knoten zwischen 1,091 und 1,146. Wing-

erde [53] schlug 1,1 für den Snf-Durchschnittswert von T- und X-förmigen QHP-Knoten vor. Panjeshahi [54] stellte fest, daß der Snf-Durchschnittswert für räumliche XX-förmige QHP-Knoten 1,12 beträgt.

Aufgrund der obengenannten neueren Forschungsarbeiten sind die folgenden Konversionsfaktoren Snf für die allgemeine Anwendung vorgeschlagen worden [48, 49, 51, 53, 54]:

SCF = 1,2 · SNCF für KHP-Knoten
SCF = 1,1 · SNCF für RHP-Knoten

7.5.1.4 Bestimmung der Gesamtspitzenspannungsschwingbreite $S_{r,hs,\text{ges}}$ mit Hilfe der Spannungskonzentrationsfaktoren

Die Gesamtspitzenschwingbreite an einem bestimmten Ort der KHP-Verbindung zwischen Gurt- und Füllstab (Krone sowie Sattel und dazwischen) kann durch Überlagerung der Spitzenspannungsschwingbreiten $S_{r,hs}$ in einzelnen Bauteilen für eine Kombination unterschiedlicher Belastungsarten (Normalkräfte, Biegung in und aus der Ebene) festgestellt werden.

$$S_{r,hs,\text{ges}} =$$
$$S_{r,\text{ax,Füllst.,nenn}} \cdot \text{SCF}_{\text{ax,Füllst.}} + S_{r,ip,\text{Füllst.,nenn}} \cdot$$
$$\text{SCF}_{ip,\text{Füllst.}} + S_{r,op,\text{Füllst.,nenn}} \cdot \text{SCF}_{op,\text{Füllst.}} +$$
$$S_{r,\text{ax,Gurt,nenn}} \cdot \text{SCF}_{\text{ax,Gurt}} + S_{r,ip,\text{Gurt,nenn}} \cdot$$
$$\text{SCF}_{ip,\text{Gurt}} + S_{r,op,\text{Gurt,nenn}} \cdot \text{SCF}_{op,\text{Gurt}}$$

Allerdings ist $S_{r,hs,\text{ges}}$ in Gurt- und Füllstab-Anteile zu unterteilen.

Das Berechnungsverfahren ist für RHP-Knoten ähnlich.

$S_{r,hs,\text{ges}}$, wie oben angegeben, wird nur dann genommen, wenn die Spitzenspannungsorte entsprechend den Belastungsarten nicht bekannt sind. Aus Sicherheitsgründen addiert man alle Spitzenspannungen aus Normalkraft und Biegung in und aus der Ebene zusammen.

7.5.1.5 Parametrische Formeln zur Bestimmung der Spannungskonzentrationsfaktoren SCF in Hohlprofilknoten

Um die Berechnung der auftretenden geometrischen Spannungskonzentrationsfaktoren möglichst einfach zu gestalten, sind nach dem folgenden Verfahren parametrische Formeln erstellt worden:

- Bestimmung des SNCF bzw. SCF durch experimentelle Messung mit Dehnungsmeßstreifen.

- Numerische Ermittlung der Spitzenspannung sowie des Spannungskonzentrationsfaktors durch „Finite-Elemente"-Analyse. Es wird dabei ein kalibriertes FE-Modell entwickelt, das die bestmögliche Übereinstimmung mit den experimentellen Messungen ergibt. Die bestmöglichen FE-Modelle für unterschiedliche Knotentypen (T-, X-, K-, KT-, TT-, XX- und KK-Knoten) und Belastungsarten sind durch den Vergleich der Ergebnisse der FE-Analyse mit den Ergebnissen der Versuche zu erhalten. Um einen direkten Vergleich zu ermöglichen, wird die FE-Analyse aufgrund der Dehnung durchgeführt.
Die Schweißnaht wird nach den gemessenen Dimensionen modelliert.

- Untersuchung der Einflüsse der Knotenparameter α, β, γ, τ, g und θ (siehe Bild 7-18) und Belastungsarten auf den SCF bzw. SNCF durch Variieren der Parameter und numerische Ermittlung des SCF und SNCF mit den bestmöglichen FE-Modellen.

- Aufgrund der umfangreichen Ergebnisse aus den Parameterstudien werden mit Hilfe der Regressionsanalyse SNCF-Formeln erstellt, die innerhalb der untersuchten Parameterbereiche Gültigkeit besitzen. Zur Erleichterung der Anwendung in der Praxis wird der SNCF in den SCF umgerechnet.
Es ist erforderlich, daß die SCF's aus der FE-Analyse unabhängig von den Randbedingungen sind. Daher müssen die ausgleichenden Biegemomente an den Gurtstabenden im Fall der Füllstablasten berücksichtigt werden.

Parametergleichungen nachfolgender Art werden im allgemeinen verwendet:

$$SCF = K \cdot \alpha^{n1} \cdot \beta^{n2} \cdot \gamma^{n3} \cdot \tau^{n4} \cdot (\sin\theta)^{n5}$$

K ist eine Konstante, ni sind Exponenten und α, β, γ, τ die geometrischen Verhältnisse der Knoten.

Parametrische Formeln zur Bestimmung der SCF in KHP-Knoten

Seit den späten sechziger Jahren sind umfangreiche Forschungsarbeiten an KHP-Knoten in verschiedenen Industrieländern der Welt durch-

geführt worden. Dadurch haben sich zahlreiche parametrische Formeln bzw. Diagramme für den SCF ergeben. Diese Arbeiten waren auf die Untersuchung einfacher T-/Y-, X-, K-, N- und KT-Knoten unter verschiedenen Belastungskombinationen [1, 2, 5, 6, 14–16, 18, 21–23, 55, 56] eingeschränkt. Die Arbeiten zeigten jedoch große Ergebnisunterschiede. Die Gültigkeit dieser Formeln für eine allgemeine Anwendung wurde daher in Frage gestellt.

Verläßlichere Forschungsergebnisse sind erst in den letzten fünfzehn Jahren publiziert worden [4, 51, 57-60]. Lit. [51, 59] behandelt auch räumliche Knoten wie TT, XX und KK (Bild 7-27).

Die SCF-Formeln für T-, Y-, X-, K- und KT-Knoten aus KHP unter Normalkräften, Biegung in und aus der Ebene wurden Anfang der achtziger Jahre im Rahmen eines Europäischen Offshore-Programmes in Großbritannien entwickelt und für die Anwendung empfohlen [57]. Diese Formeln zeigten beste Übereinstimmung mit den praktischen Versuchsergebnissen [61]. Die Tabellen 7-1a und b enthalten die SCF-Formeln, die besonders im Offshore-Bereich häufig angewendet werden.

Die vorgenannten Forschungsarbeiten geben folgende Aufschlüsse über die Beeinflussung der einzelnen geometrischen Parameter auf den SCF des KHP-Knotens:

- Einfluß von $\alpha = \dfrac{2l}{d_0}$

Der Einfluß von α ist sehr schwach und wird daher in den meisten Fällen vernachlässigt.

- Einfluß von $\beta = \dfrac{d_i}{d_0}$

Bei Füllstäben unter Normalkraft entsteht für β bis zu 0,8 die Spannungsspitze an dem untersten Punkt (Sattel) der verbindenden Schweißnaht. Für größere β-Werte findet eine relativ gleichmäßige Spannungsverteilung über den Schweißnahtumfang statt (Bild 7-28).

Bewegt sich β auf 1,0 zu, so ändert sich die Spannungsverteilung, wobei sich die Spannungsspitze mit kleiner werdendem SCF vom Sattelpunkt entfernt.

In T-/Y-Knoten mit großem $\gamma = d_0/2\,t_0$ ist dieses Umstellen weniger ausgeprägt als in einem Knoten mit steiferem Gurtstab. Für einen kriti-

Tabelle 7-1 a Parametrische Formeln für den Spannungskonzentrationsfaktor SCF in geschweißten, unversteiften KHP-Knoten unter Normalkraft im Füllstab [4, 57]

Lasteinleitung	SCF-Formeln	Gültigkeitsbereich
T-, Y-Knoten 	Gurt: (zwei Kontrollen: Sattel (Index s) und Krone (Index c) $SCF_s = \gamma \cdot \tau \cdot \beta \cdot (6,78 - 6,42\,\beta^{0,5}) \cdot \sin^{(1,7+0,7\,\beta^3)}\theta$ oder $SCF_c = K_c' + K_o \cdot K_c''$ $\quad K_c' = [0,7 + 1,37 \cdot \gamma^{0,5} \cdot \tau \cdot (1-\beta)] \cdot (2\sin^{0,5}\theta - \sin^3\theta)$ $\quad K_o = \dfrac{\tau\left(\beta - \dfrac{\tau}{2\gamma}\right)\cdot\left(\dfrac{\alpha}{2} - \dfrac{\beta}{\sin\theta}\right)\cdot\sin\theta}{\left(1 - \dfrac{3}{2\gamma}\right)}$ $\quad K_c'' = 1,05 + \left[\dfrac{30\cdot\tau^{1,5}}{\gamma}\cdot(1,2-\beta)\cdot(\cos^4\theta + 0,15)\right]$	
	Füllstab: $SCF = 1 + 0,63\,SCF_s$ oder $SCF = 1 + 0,63\,SCF_c$	$0,13\ \le \beta \le 1,0$ $12\quad \le \gamma \le 32$ $0,25\ \le \tau \le 1,0$ $30°\quad \le \theta \le 90°$ $8\quad \le \alpha \le 40$
X-Knoten 	Gurt: $SCF_s = 1,7\,\gamma\cdot\tau\cdot\beta\,(2,42 - 2,28\,\beta^{2,2})\sin^{\beta^2\cdot(15-14,4\,\beta)}\theta$	
	Füllstab: $SCF = 1 + 0,63\cdot SCF_s$	
K-, KT-Knoten 	Gurt: $SCF_s = \left[\gamma\tau\beta(6,78 - 6,42\,\beta^{0,5})\right]\cdot\left[(\sin^{(1,7+0,7\,\beta^3)}\theta_1)\right.$ $\quad -((0,012\,\gamma)^{(2\zeta/3+0,4)})\left(\dfrac{\sin\theta_1}{\sin\theta_2}\right)^{1,8}\left.\sin^{(1,7+0,7\beta^3)}\theta_2\right]$ $SCF_c = 1,1\,\gamma^{0,65}\,\tau\left(\dfrac{\sin\theta_1}{\sin^{0,5}\theta_2}\right)(2\,\zeta)^{0,05/\beta}\cdot(1,5\,\beta^{0,25} - \beta^2)$	$0,13\ \le \beta \le 1,0$ $12\quad \le \gamma \le 32$ $0,25\ \le \tau \le 1,0$ $30°\quad \le \theta \le 90°$ $\theta_1\quad \ge \theta_2$ $\theta\quad \le 90°$ $0,01\ \le \zeta \le 1,0$ $8\quad \le \alpha \le 40$
	Füllstab: $SCF = 1 + 0,63\,SCF_s$ oder $SCF = 1 + 0,63\,SCF_c$	

Tabelle 7-1b Parametrische Formeln für den Spannungskonzentrationsfaktor SCF in geschweißten, unversteiften KHP-Knoten unter Biegemoment in und aus der Ebene im Füllstab [4, 57]

Knotentyp und Belastungsart	Gurtstab, Sattel SCF_s	Gurtstab, Krone SCF_c
Biegung in der Ebene T- und Y-Knoten X-Knoten K-, KT-Knoten	$SCF = 0$	$0{,}75\,\gamma^{0,6}\tau^{0,8}(1{,}6\,\beta^{0,25}-0{,}7\,\beta^2)\cdot$ $\cdot\sin^{(1,5-1,6\beta)}\theta$
Biegung aus der Ebene T- und Y-Knoten	$\gamma\tau\beta(1{,}6-1{,}15\,\beta^5)\cdot\sin^{(1,35+\beta^2)}\theta$	$SCF = 0$
X-Knoten	$\gamma\tau\beta(1{,}56-1{,}46\,\beta^5)\cdot\sin^{(\beta^2(15-14,4\,\beta))}\theta$	$SCF = 0$
K-Knoten	$\left[\gamma\tau\beta(1{,}6-1{,}15\,\beta^5)\right]\left[(\sin^{(1,35+\beta^2)}\theta_1)+\right.$ $\left.(\sin^{(1,35+\beta^2)}\theta_2)\cdot((0{,}016\,\beta\gamma)^{(\zeta+0,45)})(\theta_1/\theta_2)^{0,3}\right]$ $\left[1-0{,}1^{(1+4\zeta)}\right]$	$SCF = 0$
KT-Knoten	$\left[\gamma\tau\beta(1{,}6-1{,}15\,\beta^5)\right]\left[(\sin^{(1,35+\beta^2)}\theta_1)+\right.$ $\left.(\sin^{(1,35+\beta^2)}\theta_2)\cdot((0{,}016\,\beta\gamma)^{(\zeta+0,45)})2\,(\theta_1/\theta_2)^{0,3}\right]$ $\left[1-0{,}1^{(1+4\zeta)}\right]^2$	$SCF = 0$

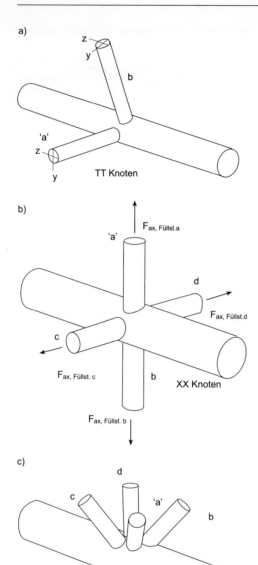

Bild 7-27 Räumliche Knoten: a) TT, b) XX, c) KK

schen Wert γ bleibt durch die reduzierte Gurtsteifigkeit die Spannungsspitze im nahen Bereich des Sattelpunktes (gilt auch für $\beta \rightarrow 1{,}0$).

• Einfluß von $\gamma = \dfrac{d_0}{2\,t_0}$

Die Verformung unter Last sowie die ungleichmäßige Spannungsverteilung im Verbindungs-

bereich vergrößern sich mit größer werdendem γ-Verhältnis. Bild 7-29 stellt die Größe und Verteilung von SCF unter Normalkraft und Biegemoment in und aus der Ebene bei $\gamma = 10/20/30$ dar.

Unter Biegung in der Ebene findet mit größer werdendem γ eine größere seitliche Verschiebung der Spannungsspitze vom Mittelbereich des Knotens zur Krone statt. Der Unterschied zwischen den SCFs in der Krone und in der seitlich verschobenen Stelle ist so klein, daß diese Verschiebung der Spannungsspitze vernachlässigt werden kann. Im allgemeinen ist die Abhängigkeit des SCF von γ beinahe linear (siehe Tabelle 7-2).

• Einfluß von $\tau = \dfrac{t_i}{t_0}$

Theoretisch ist für niedrige τ-Verhältnisse der Füllstab das kritische Bauteil, da in diesem Fall die Spitzenspannung im Füllstab höher als die im Gurtstab ist. Risse in Gurt- oder Füllstab entstehen bei Überschreitung einer kritischen Grenze des τ-Verhältnisses und wegen des Schweißnahtüberganges zum Grundwerkstoff. Der SCF vergrößert sich mit größer werdendem τ, wobei die Beziehung zwischen den beiden wie bei γ quasilinear ist.

• Einfluß des Anlaufwinkels θ des Füllstabes auf den Gurtstab

Der Ort der Spannungsspitze sowie der SCF-Wert eines KHP-Knotens mit geneigtem Füllstab sind sehr anfällig gegenüber Belastungsarten und geometrischen Parameterbereichen. Um eine schwierige Schweißnahtausführung zu vermeiden, soll der Anlaufwinkel θ nicht kleiner als $30°$ sein. Diese Anforderung entspricht der niedrigsten Gültigkeitsgrenze der SCF-Formeln. Der Einfluß von θ auf den SCF wird mit einer Sinus-Funktion dargestellt, wobei sich für $\theta = 90°$ der maximale SCF ergibt.

• Einfluß von $\zeta = \dfrac{g}{d_0}$

Vergrößert sich ζ, findet eine unwesentliche Abminderung der Steifigkeit des K-/N- bzw. KT-Knotens statt, wobei aber die SCF-Werte höher werden. Allerdings ist dieser Einfluß so unbedeutend, daß er für K-/N-Knoten unter

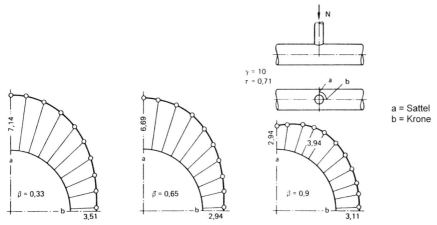

Bild 7-28 Einfluß von $\beta = d_i/d_0$ auf die SCF-Verteilung im Gurtstab (Verbindungsschweißnaht zwischen Gurt- und Füllstab) in T-Knoten aus KHP

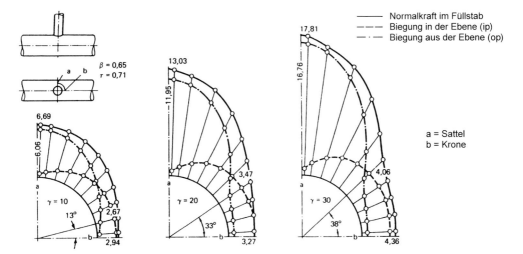

Bild 7-29 Einfluß von $\gamma = d_0/2\,t_0$ auf die SCF-Verteilung im Gurtstab (Verbindungsschweißnaht zwischen Gurt- und Füllstab) in T-Knoten aus KHP

Biegemoment in der Ebene und bei der Ermittlung des SCF_{Gurt} im KT-Knoten unter Normalkräften vernachlässigt werden kann.

Ein minimaler Wert des SCF in K-/N- und KT-Knoten kann unter folgenden Voraussetzungen erzielt werden:

$\beta = \dfrac{d_i}{d_0}$ möglichst groß

$\gamma = \dfrac{d_0}{2\,t_0}$ möglichst klein

$\tau = \dfrac{t_i}{t_0}$ möglichst klein

$\zeta = \dfrac{g}{d_0}$ möglichst klein

$30° < \theta < 45°$

Diese Bedingungen sind auch für T-/Y- und X-Knoten gültig, solange der ungünstige Bereich mit kleineren β-Werten unberücksichtigt bleibt.

Tabelle 7-2 Einfluß von $\gamma = d_0/2\,t_0$ und $\tau = t_i/t_0$ auf den SCF_{Gurt}

Belastungsart	τ	SCF		$\dfrac{SCF\,(\gamma = 20)}{SCF\,(\gamma = 10)}$
		$\gamma = 10$	$\gamma = 20$	
Normalkräfte	0,47	3,75	8,0	2,13
	0,71	6,69	13,03	1,96
	1,0	10,72	21,1	1,96
Biegung in der Ebene (IPB)	0,47	1,77	2,37	1,34
	0,71	2,67	3,47	1,3
	1,0	3,79	5,08	1,34
Biegung aus der Ebene (OPB)	0,47	3,77	7,92	2,1
	0,71	6,06	11,94	1,97
	1,0	9,01	18,04	2,0

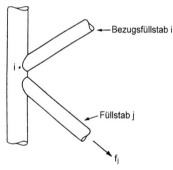

a) Ebener Knoten (einachsig)

IF_{ij} = Einfluß-Funktion am Gurt-Sattelpunkt an der Verbindung mit dem Füllstab i durch die Normalkraft im Füllstab j.
$f_{i,hs}$ = Spitzenspannung am Gurt-Sattelpunkt an der Verbindung mit dem Füllstab i durch die Normalkraft im Füllstab j.
$f_{i,hs} = f_j \cdot IF_{ij}$ (Geometrie). f_j=Nennspannung im Füllstab j

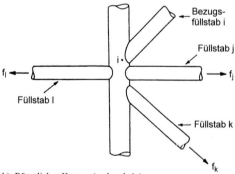

b) Räumlicher Knoten (mehrachsig)

$f_{i,hs}$ = Spitzenspannung am Gurtsattelpunkt an der Verbindung mit dem Füllstab i durch die Normalkräfte in den Füllstäben $j, k, l = f_j \cdot IF_{ij} + f_k \cdot IF_{ik} + f_l \cdot IF_{il}$.
f_j, f_k, f_l = Nennspannung in den jeweiligen Füllstäben j, k, l

Bild 7-30 Definition der Einfluß-Funktion

Die von Efthymiou [59] durchgeführte numerische Untersuchung der SCF-Formeln für KHP-Knoten führte zu einer Weiterentwicklung (siehe Tabelle 7-3 a–d). Allgemeine Ausdrücke und die „sogenannten" Einfluß-Funktionen wurden von Efthymiou zur Berechnung der Spitzenspannungen in sowohl einfachen als auch komplexen Knoten unter unterschiedlichen Beanspruchungen in Füllstäben entwickelt. Das Prinzip zur Ableitung der Einfluß-Funktionen besteht aus der Überlagerung der linear-elastischen Felder.

Bild 7-30 vermittelt eine Vorstellung von der Einfluß-Funktion. Unter Benutzung des Überlagerungsprinzips wird die Einfluß-Funktion für einen bestimmten Ort des KHP-Knotens (z. B. Sattelpunkt am Gurtstab) abgeleitet, die sich an der Verbindung mit einem spezifischen Füllstab (i) durch die Normalkraft in dem anderen Füllstab (j) ergibt (Bild 7-30a).

Bild 7-30 b beschreibt die Ermittlung der Spitzenspannung an einer bestimmten Stelle am Gurtstab der Verbindung mit dem Füllstab i, die man durch die Überlagerung der Beiträge von allen anderen Stäben j, k und l erhält. Falls der Füllstab i auch belastet ist, muß die Spitzenspannung durch diese Last zu den überlagerten Spitzenspannungen addiert werden.

Die Tabellen 7-3 a–d zeigen die Formeln für Spannungskonzentrationsfaktoren SCF von T-/Y-, X-, K- und KT-Knoten aus KHP, die von Efthymiou [59] empfohlen worden sind. Bild 7-31 enthält die Definitionen der geometrischen Parameter mit Angaben über die Gültig-

Tabelle 7-3a SCF-Formeln für T-/Y-förmige KHP-Knoten [59]

Belastungsarten und Einspannungsbedingungen	SCF-Formeln	Gleichungs-nummer	Korrektur-faktor für kurzen Gurtstab*
Normalkraft Eingespannte Gurtenden 	Gurt-Sattelpunkt: $\gamma \tau^{1,1}[1,11-3(\beta-0,52)^2]\sin^{1,6}\theta$	T1	F1
	Gurt-Krone: $\gamma^{0,2}\tau[2,65+5(\beta-0,65)^2]+\tau\beta(0,25\,\alpha-3)\sin\theta$	T2	keine
	Füllstab-Sattelpunkt: $1,3+\gamma\tau^{0,52}\alpha^{0,1}[0,187-1,25\beta^{1,1}(\beta-0,96)]\cdot\sin^{(2,7-0,01\alpha)}\theta$	T3	F1
	Füllstab-Krone: $3+\gamma^{1,2}[0,12\exp(-4\beta)+0,011\beta^2-0,045]+\beta\tau(0,1\,\alpha-1,2)$	T4	keine
Normalkraft Allgemeine Lagerungs-bedingungen 	Gurt-Sattelpunkt: $[T1]+C_1(0,8\,\alpha-6)\tau\beta^2(1-\beta^2)^{0,5}\sin^2 2\theta$	T5	F2
	Gurt-Krone: $\gamma^{0,2}\tau[2,65+5(\beta-0,65)^2]+\tau\beta(C_2\cdot\alpha-3)\sin\theta$	T6	keine
	Füllstab-Sattelpunkt: Gl. (T3)		F2
	Füllstab-Krone: $3+\gamma^{1,2}[0,12\exp(-4\beta)+0,011\beta^2-0,045]+\beta\tau(C_3\cdot\alpha-1,2)$	T7	keine
Biegung in der Ebene 	Gurt-Krone: $1,45\,\beta\tau^{0,85}\gamma^{(1-0,68\beta)}\sin^{0,7}\theta$	T8	keine
	Füllstab-Krone: $1+0,65\,\beta\tau^{0,4}\gamma^{(1,09-0,77\beta)}\sin^{(0,06\gamma-1,16)}\theta$	T9	keine
Biegung aus der Ebene 	Gurt-Sattelpunkt: $\gamma\tau\beta(1,7-1,05\,\beta^3)\sin^{1,6}\theta$	T10	F3
	Füllstab-Sattelpunkt: $\tau^{-0,54}\gamma^{-0,05}(0,99-0,47\beta+0,08\,\beta^4)\cdot[T10]$	T11	F3

* Korrekturfaktor für $\alpha<12$:

$F1=1-(0,83\,\beta-0,56\,\beta^2-0,02)\gamma^{0,23}\exp[-0,21\,\gamma^{-1,16}\alpha^{2,5}]$

$F2=1-(1,43\,\beta-0,97\,\beta^2-0,03)\gamma^{0,04}\exp[-0,71\,\gamma^{-1,38}\alpha^{2,5}]$

$F3=1-0,55\,\beta^{1,8}\gamma^{0,16}\exp[-0,49\,\gamma^{-0,89}\alpha^{1,8}]$

wobei $\exp[x]=e^x$

Einspannungsparameter für Gurtenden:

$C_1=2(C-0,5)$

$C_2=C/2$

$C_3=C/5$

C = Einspannungsparameter für Gurtenden

$0,5\leq C\leq 1,0$, typisch $C=0,7$

Tabelle 7-3 b SCF-Formeln für X-förmige KHP-Knoten [59]

Belastungsarten	SCF-Formeln	Gleichungs-nummer
Normalkraft (im Gleichgewicht)	Gurt-Sattelpunkt: $$3,87\,\gamma\tau\beta(1,10-\beta^{1,8})(\sin\theta)^{1,7}$$	X1
	Gurt-Krone: $$\gamma^{0,2}\,\tau\,[2,65+5\,(\beta-0,65)^2]-3\,\tau\beta\,\sin\theta$$	X2
	Füllstab-Sattelpunkt: $$1+1,9\,\gamma\tau^{0,5}\,\beta^{0,9}(1,09-\beta^{1,7})\,\sin^{2,5}\theta$$	X3
	Füllstab-Krone: $$3+\gamma^{1,2}\,[0,12\,\exp(-4\,\beta)+0,011\,\beta^2-0,045]$$	X4
	In Knoten mit $\alpha<12$ kann der SCF am Sattelpunkt mit einem Faktor F1 (eingespannte Gurtenden) oder F2 (gelenkige Gurtenden) reduziert werden. $$F1=1-(0,83\,\beta-0,56\,\beta^2-0,02)\gamma^{0,23}\,\exp[-0,21\,\gamma^{-1,16}\,\alpha^{2,5}]$$ $$F2=1-(1,43\,\beta-0,97\,\beta^2-0,03)\gamma^{0,04}\,\exp[-0,71\,\gamma^{-1,38}\,\alpha^{2,5}]$$	
Biegung in der Ebene	Gurt-Krone: Gl. (T8) Füllstab-Krone: Gl. (T9)	
Biegung aus der Ebene (im Gleichgewicht)	Gurt-Sattelpunkt: $$\gamma\tau\beta(1,56-1,34\,\beta^4)(\sin\theta)^{1,6}$$	X5
	Füllstab-Sattelpunkt: $$\tau^{-0,54}\gamma^{-0,05}(0,99-0,47\beta+0,08\,\beta^4)\cdot[X5]$$	X6
	In Knoten mit $\alpha<12$ können die Gln. X5 und X6 mit einem Faktor F3 reduziert werden, wobei $$F3=1-0,55\,\beta^{1,8}\gamma^{0,16}\,\exp[-0,49\,\gamma^{-0,89}\,\alpha^{1,8}]$$	

Tabelle 7-3b (Fortsetzung)

Belastungsarten	SCF-Formeln	Gleichungs-nummer
Normalkraft nur in einem Füllstab	Gurt-Sattelpunkt: $[T5] \cdot [1 - 0,26\,\beta^3]$ Gurt-Krone: Gl. (T6) Füllstab-Sattelpunkt: $[T3] \cdot [1 - 0,26\,\beta^3]$ Füllstab-Krone: Gl. (T7) In Knoten mit $\alpha < 12$ kann der SCF am Sattelpunkt mit einem Faktor F1 (eingespannte Gurtenden) oder F2 (gelenkige Gurtenden) reduziert werden. $F1 = 1 - (0,83\,\beta - 0,56\,\beta^2 - 0,02)\,\gamma^{0,23}\,\exp[-0,21\,\gamma^{-1,16}\,\alpha^{2,5}]$ $F2 = 1 - (1,43\,\beta - 0,97\,\beta^2 - 0,03)\,\gamma^{0,04}\,\exp[-0,71\,\gamma^{-1,38}\,\alpha^{2,5}]$	X7 X8
Biegung aus der Ebene nur in einem Füllstab	Gurt-Sattelpunkt: Gl. (T10) Füllstab-Sattelpunkt: Gl. (T11) In Knoten mit $\alpha < 12$ können Gln. (T10) und (T11) mit einem Faktor F3 reduziert werden, wobei $F3 = 1 - 0,55\,\beta^{1,8}\,\gamma^{0,16}\,\exp[-0,49\,\gamma^{-0,89}\,\alpha^{1,8}]$	

Tabelle 7-3c SCF-Formeln für K-förmige KHP-Knoten mit Spalt oder Überlappung [59]

Belastungsarten	SCF-Formeln	Gleichungs-nummer	Korrektur-faktor für kurzen Gurtstab*
Ausgeglichene Normalkräfte 	Gurt: $\tau^{0,9}\gamma^{0,5}(0,67-\beta^2+1,16\beta)\sin\theta\left[\dfrac{\sin\theta_{max}}{\sin\theta_{min}}\right]^{0,30}\left[\dfrac{\beta_{max}}{\beta_{min}}\right]^{0,30}\cdot$ $[1,64+0,29\beta^{-0,38}\,\mathrm{ATAN}(8\zeta)]$	K1	keine
	Füllstab: $1+[K1](1,97-1,57\beta^{0,25})\,\tau^{-0,14}\sin^{0,7}\theta+C\cdot\beta^{1,5}\gamma^{0,5}\tau^{-1,22}$ $\sin^{1,8}(\theta_{max}+\theta_{min})\cdot[0,131-0,084\,\mathrm{ATAN}(14\zeta+4,2\beta)]$	K2	keine

	wobei C = 0 für Knoten mit Spalt
	      C = 1 für durchgehenden Füllstab
	      C = 0,5 für Knoten mit Überlappung
	
	Bemerkung: τ, β, θ und Nennspannungen beziehen sich
	      auf den betrachteten Füllstab
	
	ATAN ist der Tangentenbogen in Radian.		

Nicht-ausgeglichenes IPB 	Gurt-Krone: Gl. (T8) (verwende 1,2 · (T8) für Überlappung $\lambda_{\ddot{u}}>30\%$) Spalt-Knoten, Füllstab-Krone: Gl. (T9) Knoten mit Überlappung, Füllstab-Krone: (T9)·$(0,9+0,4\beta)$	K3	
Nicht-ausgeglichenes OPB 	Gurt-Sattelpunkt neben dem Füllstab A: $[T10]_A\,[1-0,08(\beta_B\gamma)^{0,5}\exp(-0,8x)]+$ $[T10]_B\,[1-0,08(\beta_A\gamma)^{0,5}\exp(-0,8x)][2,05\,\beta_{max}^{0,5}\exp(-1,3x)]$ wobei $x=1+\dfrac{\zeta\sin\theta_A}{\beta_A}$	K4	F4
	Füllstab A-Sattelpunkt: $\tau^{-0,54}\gamma^{-0,05}(0,99-0,47\beta+0,08\beta^4)\cdot[K4]$	K5	F4

$F4=1-1,07\,\beta^{1,88}\exp[-0,16\gamma^{-1,06}\alpha^{2,4}]$

$[T10]_A$ ist SCF im Gurtstab neben dem Füllstab A, berechnet nach Gl. (T10)

Bemerkung: Die Bezeichnungen A und B der Füllstäbe sind nicht von der Geometrie abhängig; sie sind von dem Benutzer
      genannt.

Tabelle 7-3c (Fortsetzung)

Belastungsarten	SCF-Formeln	Gleichungs-nummer	Korrektur-faktor für kurzen Gurtstab
Normalkraft nur in einem Füllstab	Gurt-Sattelpunkt: Gl. (T5)		F1
	Gurt-Krone: Gl. (T6)		–
	Füllstab-Sattelpunkt: Gl. (T3)		F1
	Füllstab-Krone: Gl. (T7)		–
	Bemerkung: Alle geometrischen Parameter und die resultierenden SCF's beziehen sich auf den belasteten Füllstab.		
IPB nur in einem Füllstab	Gurt-Krone: Gl. (T8)		–
	Füllstab-Krone: Gl. (T9)		–
	Bemerkung: Alle geometrischen Parameter und die resultierenden SCF's beziehen sich auf den belasteten Füllstab.		
OPB nur in einem Füllstab	Gurt-Sattelpunkt: $[\text{T10}]_A \, [1-0,08\,(\beta_B\,\gamma)^{0,5}\exp(-0,8\,x)]$	K6	F3
	wobei $x = 1 + \dfrac{\zeta\,\sin\theta_A}{\beta_A}$		
	Füllstab-Sattelpunkt: $\tau^{-0,54}\,\gamma^{-0,05}(0,99-0,47\,\beta+0,08\,\beta^4)\cdot[\text{K6}]$	K7	F3

Korrekturfaktor für kurzen Gurtstab:

$F1 = 1-(0,83\,\beta-0,56\,\beta^2-0,02)\,\gamma^{0,23}\exp[-0,21\,\gamma^{-1,16}\,\alpha^{2,5}]$

$F2 = 1-(1,43\,\beta-0,97\,\beta^2-0,03)\,\gamma^{0,04}\exp[-0,71\,\gamma^{-1,38}\,\alpha^{2,5}]$

$F3 = 1-0,55\,\beta^{1,8}\,\gamma^{0,16}\exp[-0,49\,\gamma^{-0,89}\,\alpha^{1,8}]$

Tabelle 7-3d SCF-Formeln für KT-förmige KHP-Knoten [59]

Belastungsart	SCF-Formeln	Gleichungs-nummer
Ausgeglichene Normalkräfte	Gurt: Gl. (K1) Füllstab: Gl. (K2) Für die Diagonalen A und C benutze $\zeta = \zeta_{AB} + \zeta_{BC} + \beta_B$ Für den Vertikalen B benutze $\zeta = $ Maximum von ζ_{AB} und ζ_{BC}	
Biegung in der Ebene	Gurt-Krone: Gl. (T8) Füllstab-Krone: Gl. (T9)	
Unausgeglichene Biegung aus der Ebene	Gurt-Sattelpunkt neben der Diagonalen A: $[T10]_A \, [1-0{,}08(\beta_B\gamma)^{0,5} \exp(-0{,}8\,x_{AB})] \cdot [1-0{,}08(\beta_C\gamma)^{0,5} \exp(-0{,}8\,x_{AC})]$ $+ [T10]_B \, [1-0{,}08(\beta_A\gamma)^{0,5} \exp(-0{,}8\,x_{AB})] \cdot [2{,}05\,\beta_{max}^{0,5} \exp(-1{,}3\,x_{AB})]$ $+ [T10]_C \, [1-0{,}08(\beta_A\gamma)^{0,5} \exp(-0{,}8\,x_{AC})] \cdot [2{,}05\,\beta_{max}^{0,5} \exp(-1{,}3\,x_{AC})]$ wobei $x_{AB} = 1 + \dfrac{\zeta_{AB}\sin\theta_A}{\beta_A}$ $x_{AC} = 1 + \dfrac{(\zeta_{AB} + \zeta_{BC} + \beta_B)\sin\theta_A}{\beta_A}$	KT1
	Gurt-Sattelpunkt neben der Vertikalen B: $[T10]_B \, [1-0{,}08(\beta_A\gamma)^{0,5} \exp(-0{,}8\,x_{AB})]^{(\beta_A/\beta_B)^2} \cdot$ $\quad [1-0{,}08(\beta_C\gamma)^{0,5} \exp(-0{,}8\,x_{BC})]^{(\beta_C/\beta_B)^2}$ $+ \quad [T10]_A \, [1-0{,}08(\beta_B\gamma)^{0,5} \exp(-0{,}8\,x_{AB})] \cdot [2{,}05\,\beta_{max}^{0,5} \exp(-1{,}3\,x_{AB})]$ $+ \quad [T10]_C \, [1-0{,}08(\beta_B\gamma)^{0,5} \exp(-0{,}8\,x_{BC})] \cdot [2{,}05\,\beta_{max}^{0,5} \exp(-1{,}3\,x_{BC})]$ wobei $x_{AB} = 1 + \dfrac{\zeta_{AB}\sin\theta_B}{\beta_B}$ $x_{BC} = 1 + \dfrac{\zeta_{BC}\sin\theta_B}{\beta_B}$	KT2
OPB Füllstab SCF Biegung aus der Ebene	Den SCF im Füllstab kann man direkt aus dem SCF des nebenliegenden Gurtstabs erhalten: $\tau^{-0,54}\,\gamma^{-0,05}\,(0{,}99 - 0{,}47\,\beta + 0{,}08\,\beta^4) \cdot SCF_{Gurt}$ wobei $SCF_{Gurt} = $ KT1 oder KT2	

Tabelle 7-3d (Fortsetzung)

Belastungsart	SCF-Formeln	Gleichungs-nummer
Normalkraft nur in einem Füllstab (Abbildung)	Gurt-Sattelpunkt: Gl. (T5) Gurt-Krone: Gl. (T6) Füllstab-Sattelpunkt: Gl. (T3) Füllstab-Krone: Gl. (T7)	
Biegung aus der Ebene nur in einem Füllstab (Abbildungen)	Gurt neben der Diagonalen A: $[T10]_A\,[1-0,08\,(\beta_B\,\gamma)^{0,5}\exp(-0,8\,x_{AB})]\cdot[1-0,08\,(\beta_C\,\gamma)^{0,5}\exp(-0,8\,x_{AC})]$ wobei $x_{AB}=1+\dfrac{\zeta_{AB}\sin\theta_A}{\beta_A}$ $x_{AC}=1+\dfrac{(\zeta_{AB}+\zeta_{BC}+\beta_B)\sin\theta_A}{\beta_A}$ Gurt neben der Vertikalen B: $[T10]_B\,[1-0,08\,(\beta_A\,\gamma)^{0,5}\exp(-0,8\,x_{AB})]^{(\beta_A/\beta_B)^2}\cdot$ $[1-0,08\,(\beta_C\,\gamma)^{0,5}\exp(-0,8\,x_{BC})]^{(\beta_C/\beta_B)^2}$ wobei $x_{AB}=1+\dfrac{\zeta_{AB}\sin\theta_B}{\beta_B}$ $x_{BC}=1+\dfrac{\zeta_{BC}\sin\theta_B}{\beta_B}$	KT3 KT4
Füllstab unter Biegung aus der Ebene	$SCF_{opb,Füllstab}$ wird direkt aus dem SCF des nebenstehenden Gurtes erhalten. $\tau^{-0,54}\,\gamma^{-0,05}\,(0,99-0,47\,\beta+0,08\,\beta^4)\cdot SCF_{Gurt}$	

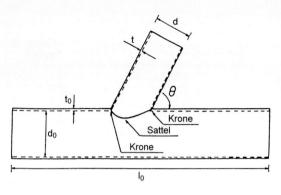

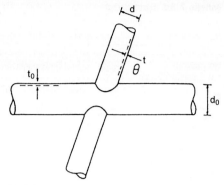

a) T-/Y-Knoten

b) X-Knoten
$\beta = d/d_0$
$\gamma = d_0/2\,t_0$
$\tau = t/t_0$
$\alpha = 2\,l_0/d_0$

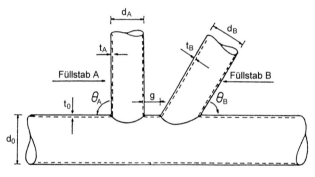

c) K-Knoten
$\beta_A = d_A/d_0; \quad \beta_B = d_B/d_0$
$\tau_A = t_A/t_0; \quad \tau_B = t_B/t_0$
$\gamma = d_0/2\,t_0; \quad \zeta = g/d_0$

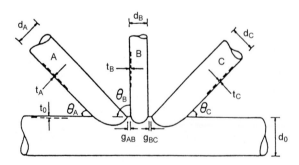

Gültigkeitsbereiche
$0{,}2 \geq \beta \geq 1{,}0$
$0{,}2 \geq \tau \geq 1{,}0$
$8 \geq \gamma \geq 32$
$4 \geq \alpha \geq 40$
$20° \geq \theta \geq 90°$
$$\frac{-0{,}6\,\beta}{\sin\theta} \geq \zeta \geq 1{,}0$$

d) KT-Knoten
$\beta_A = d_A/d_0; \quad \beta_B = d_B/d_0; \quad \beta_C = d_C/d_0$
$\tau_A = t_A/t_0; \quad \tau_B = t_B/t_0; \quad \tau_C = t_C/t_0$
$\zeta_{AB} = g_{AB}/d_0; \quad \zeta_{BC} = g_{BC}/d_0; \quad \gamma = d_0/2\,t_0$

Bild 7-31 Definitionen der geometrischen Parameter und die Gültigkeitsbereiche für die Tabellen 7-3 a–d, 7-4 a–c, 7-5 und 7-6

keitsgrenzen dieser Parameter für die Anwendung der von Efthymiou empfohlenen SCF-Formeln.

Ferner enthalten die Tabellen 7-4a–c die Einfluß-Funktionen (X-, K- und KT-Knoten) zur Überlagerung der Auswirkungen, die von allen Stabbeanspruchungen an einem bestimmten Ort ausgeübt werden. Tabelle 7-5 stellt auch die Einfluß-Funktionen für Füllstäbe in räumlichen Knoten dar. Zusätzlich zeigt Tabelle 7-6 die Spitzenspannungen in KT-Knoten unter Biegung aus der Ebene (OPB).

Zuletzt hat Romeijn [51] in seiner Dissertation durch Experimente und FE-Analysen die Spannungskonzentrationsfaktoren SCF für einfache T-, Y-, X- und K-Knoten sowie räumliche TT-,

XX- und KK-Knoten (Bild 7-27) aus KHP ermittelt. Die Grundlagen dieser Untersuchung waren die experimentellen Ergebnisse aus [49, 57, 64–67] und die eingeschränkten (nur für Normalkraft) numerischen Studien über räumliche KHP-Knoten [59]. Die Bilder 7-32 bis 7-34 zeigen einige Beispiele der Versuche an Knoten in Dreigurtträgern [49]. Es wurden jedoch keine parametrischen SCF-Formeln entwickelt, da diese wegen der großen Anzahl der Belastungs- und geometrischen Parameter zu zahlreich und unübersichtlich wären. Statt dessen sind die erheblichen Datenmengen in Daten-Ablagen gesammelt worden, aus denen unter Verwendung der Eingabe-Datei und Programm-Datei die Spitzenspannung und der SCF bzw. SNCF leicht ermittelt werden können.

Bild 7-32 Versuche an KHP-Knoten in Dreigurtträgern [49]

Bild 7-33 Versagen eines KHP-Dreigurtknotens mit Spalt [49]

Bild 7-34 Versagen eines KHP-Dreigurtknotens mit Überlappung [49]

Tabelle 7-4 a Einfluß-Funktionen für X-Knoten aus KHP unter Normalkraft und Biegung aus der Ebene OPB [59]

Belastungsart	Einfluß-Funktion für den Füllstab A	Gleichungs-nummer
Normalkraft 	Gurt-Sattelpunkt: $$f_B \, \frac{A_B \, \sin\theta_B}{A_A \, \sin\theta_A} \left[[X1]_A - [X7]_A \right]$$	IX 1
	Gurt-Krone: $$f_B \, \frac{A_B \, \sin\theta_B}{A_A \, \sin\theta_A} \left[[X2]_A - [T6]_A \right]$$	IX 2
	Füllstab-Sattelpunkt: $$f_B \, \frac{A_B \, \sin\theta_B}{A_A \, \sin\theta_A} \left[[X3]_A - [X8]_A \right]$$	IX 3
	Füllstab-Krone: $$f_B \, \frac{A_B \, \sin\theta_B}{A_A \, \sin\theta_A} \left[[X4]_A - [T7]_A \right]$$	IX 4
	wobei A_A = Querschnittsfläche des Füllstabes A $\quad\quad\;\;A_B$ = Querschnittsfläche des Füllstabes B	
OPB 	Gurt-Sattelpunkt: $$f_B \, \frac{W_B \, \sin\theta_B}{W_A \, \sin\theta_A} \left[[X5]_A - [T10]_A \right]$$	IX 5
	Füllstab-Sattelpunkt: $$f_B \, \frac{W_B \, \sin\theta_B}{W_A \, \sin\theta_A} \left[[X6]_A - [T11]_A \right]$$	IX 6
	wobei W_A = Widerstandsmoment des Füllstabes A $\quad\quad\;\;W_B$ = Widerstandsmoment des Füllstabes B	

Bemerkung: In den obengenannten Ausdrücken ist die Einfluß-Funktion nur der geometrische Teil, d. h. ohne die Nennspannung f_B. Der gesamte Ausdruck ergibt den Spitzenspannungsbeitrag.

Tabelle 7-4b Einfluß-Funktionen für K-Knoten aus KHP unter Normalkraft und Biegung aus der Ebene OPB [59]

Belastungsart	Einfluß-Funktionen für den Füllstab A	Gleichungs-nummer
Normalkraft	Gurt-Sattelpunkt: $f_B \dfrac{A_B \sin\theta_B}{A_A \sin\theta_A} \left[[T5]_A - [K1]_A \right]$	IK 1
	Gurt-Krone: $f_B \dfrac{A_B \sin\theta_B}{A_A \sin\theta_A} \left[[T6]_A - [K1]_A \right]$	IK 2
	Füllstab-Sattelpunkt: $f_B \dfrac{A_B \sin\theta_B}{A_A \sin\theta_A} \left[[T3]_A - [K2]_A \right]$	IK 3
	Füllstab-Krone: $f_B \dfrac{A_B \sin\theta_B}{A_A \sin\theta_A} \left[[T7]_A - [K2]_A \right]$	IK 4
	wobei A_A bzw. A_B = Querschnittsfläche des Füllstabes A bzw. B	
OPB	Gurt-Sattelpunkt: $f_B \left[[K4]_A - [K6]_A \right]$	IK 5
	Füllstab-Sattelpunkt: $f_B \left[[K5]_A - [K7]_A \right]$	IK 6

Bemerkung: In den obengenannten Ausdrücken ist die Einfluß-Funktion nur der geometrische Teil, d. h. ohne die Nennspannung f_B. Der gesamte Ausdruck ergibt den Spitzenspannungsbeitrag.

Tabelle 7-4 c Einfluß-Funktionen für KT-Knoten aus KHP unter Normalkraft [59]

Belastungsart	Einfluß-Funktionen für den Füllstab A	Gleichungs-nummer
f_B f_C (A B C)	Gurt-Sattelpunkt: $$f_B \frac{A_B \sin\theta_B}{A_A \sin\theta_A}\left[[T5]_A - [K1]_{AB}\right] + f_C \frac{A_C \sin\theta_C}{A_A \sin\theta_A}\left[[T5]_A - [K1]_{AC}\right]$$	IKT 1
	Gurt-Krone: $$f_B \frac{A_B \sin\theta_B}{A_A \sin\theta_A}\left[[T6]_A - [K1]_{AB}\right] + f_C \frac{A_C \sin\theta_C}{A_A \sin\theta_A}\left[[T6]_A - [K1]_{AC}\right]$$	IKT 2
	Füllstab-Sattelpunkt: $$f_B \frac{A_B \sin\theta_B}{A_A \sin\theta_A}\left[[T3]_A - [K2]_{AB}\right] + f_C \frac{A_C \sin\theta_C}{A_A \sin\theta_A}\left[[T3]_A - [K2]_{AC}\right]$$	IKT 3
	Füllstab-Krone: $$f_B \frac{A_B \sin\theta_B}{A_A \sin\theta_A}\left[[T7]_A - [K2]_{AB}\right] + f_C \frac{A_C \sin\theta_C}{A_A \sin\theta_A}\left[[T7]_A - [K2]_{AC}\right]$$	IKT 4

wobei

A_A = Querschnittsfläche des Füllstabes A

$[T5]_A$ = SCF-Gleichung (T5), berechnet unter Verwendung der geometrischen Parameter des Füllstabes A

$[K1]_{AB}$ = SCF-Gleichung (K1), berechnet nach den Füllstäben A und B mit A als Bezugsfüllstab, d. h. τ, β und θ beziehen sich auf den Füllstab A.

Tabelle 7-5 Einfluß-Funktionen für nicht-ebene Füllstäbe in KHP-Knoten

Belastungsart	Einfluß-Funktionen	Gleichungs-nummer
Normalkraft	Gurt-Sattelpunkt:	
	$$\dfrac{P_2}{A_i \sin\theta_i}\left[[X1]_i - [K1]_i\right]$$	IM 1
	Gurt-Krone:	
	$$\dfrac{P_1}{A_i}\left[\dfrac{C}{2}\,\alpha\,\beta_i\,\tau_i\right]$$	IM 2
	Füllstab-Sattelpunkt:	
	$$\dfrac{P_2}{A_i \sin\theta_i}\left[[X3]_i - [T3]_i\right]$$	IM 3
	Füllstab-Krone:	
	$$\dfrac{P_1}{A_i}\left[\dfrac{C}{5}\,\alpha\,\beta_i\,\tau_i\right]$$	IM 4

wobei

$$P_1 = \sum_{j=1}^{n} f_j\, A_j \cos\phi_j \cdot \sin\theta_j$$

$$P_2 = \sum_{j=1}^{n} f_j\, A_j \cos 2\,\phi_j \cdot \sin\theta_j$$

i = Index für den betrachteten Füllstab
j = Index für den nicht-ebenen Füllstab
n = Anzahl dere nicht-ebenen Füllstäbe
f_j = Nenn-Normalspannung im Füllstab j
A_j = Querschnittsfläche des Füllstabes j
C = Einspannungsparameter der Gurtenden $(0{,}55 \leq C \leq 1{,}0)$

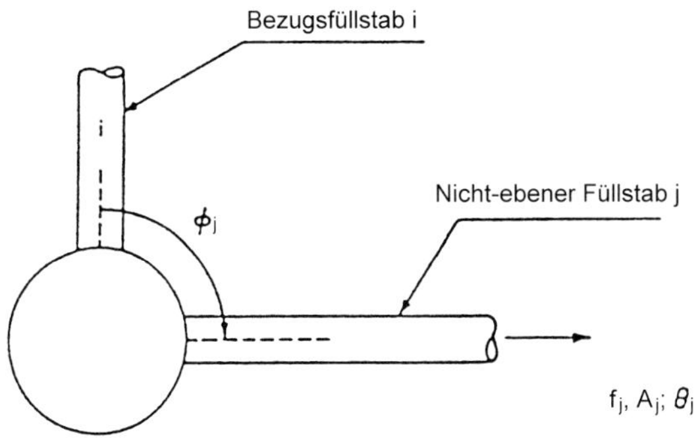

Bezugsfüllstab i

Nicht-ebener Füllstab j

ϕ_j

f_j, A_j; θ_j

Tabelle 7-6 Spitzenspannungen in KT-Knoten aus KHP unter Biegung aus der Ebene OPB [59]

Spitzenspannung f_{hs}	Gleichungs-nummer
Spitzenspannung am Gurtsattelpunkt neben dem Diagonal-Füllstab A:	
f_A [T10]$_A$ $[1 - 0,08(\beta_B\gamma)^{0,5} \exp(-0,8\,x_{AB})]\cdot[1 - 0,08(\beta_C\gamma)^{0,5}\exp(-0,8\,x_{AC})]$	
$+ f_B\cdot$ [T10]$_B$ $[1 - 0,08(\beta_A\gamma)^{0,5}\exp(-0,8\,x_{AB})]\cdot[2,05\,\beta_{max}^{0,5}\exp(-1,3\,x_{AB})]$	
$+ f_C\cdot$ [T10]$_C$ $[1 - 0,08(\beta_A\gamma)^{0,5}\exp(-0,8\,x_{AC})]\cdot[2,05\,\beta_{max}^{0,5}\exp(-1,3\,x_{AC})]$	HSS1
wobei	
$x_{AB} = 1 + \dfrac{\zeta_{AB}\sin\theta_A}{\beta_A}$	
$x_{AC} = 1 + \dfrac{(\zeta_{AB} + \zeta_{BC} + \beta_B)\sin\theta_A}{\beta_A}$	
Spitzenspannung am Füllstab-Sattelpunkt im Diagonal-Füllstab A:	
$\tau^{-0,54}\gamma^{-0,05}(0,99 - 0,47\beta + 0,08\beta^4)\cdot$ HSS1	HSS2
Spitzenspannung am Gurtsattelpunkt neben dem Vertikal-Füllstab B:	
f_B [T10]$_B$ $[1 - 0,08(\beta_A\gamma)^{0,5}\exp(-0,8\,x_{AB})]^{(\beta_A/\beta_B)^2}\cdot$	
$\qquad\qquad [1 - 0,08(\beta_C\gamma)^{0,5}\exp(-0,8\,x_{BC})]^{(\beta_C/\beta_B)^2}$	
$+ f_A\cdot$ [T10]$_A$ $[1 - 0,08(\beta_B\gamma)^{0,5}\exp(-0,8\,x_{AB})]\cdot[2,05\,\beta_{max}^{0,5}\exp(-1,3\,x_{AB})]$	
$+ f_C\cdot$ [T10]$_C$ $[1 - 0,08(\beta_B\gamma)^{0,5}\exp(-0,8\,x_{BC})]\cdot[2,05\,\beta_{max}^{0,5}\exp(-1,3\,x_{BC})]$	HSS3
wobei	
$x_{AB} = 1 + \dfrac{\zeta_{AB}\sin\theta_B}{\beta_B}$	
$x_{BC} = 1 + \dfrac{\zeta_{BC}\sin\theta_B}{\beta_B}$	
Spitzenspannung am Füllstab-Sattelpunkt im Vertikal-Füllstab B:	
$\tau^{-0,54}\gamma^{-0,05}(0,99 - 0,47\beta + 0,08\beta^4)\cdot$ HSS3	HSS4

Parametrische Formeln zur Bestimmung der SCF in QHP-Knoten

In den späten achtziger sowie Anfang der neunziger Jahre wurden umfangreiche experimentelle und numerische Untersuchungen zur Bestimmung der Spannungskonzentrationsfaktoren SCF für geschweißte, unversteifte T-, X- und K-förmige Knoten aus QHP durchgeführt [53, 68, 69], die später auch auf räumliche Knoten wie TT, XX und KK [54, 70] erweitert wurden. Das Verfahren zur Bestimmung des SCF in QHP-Knoten ist ähnlich dem Verfahren zur Bestimmung in KHP-Knoten, obwohl die spezifischen, profilformabhängigen Unterschiede zu berücksichtigen sind. Hauptsächlich geht es um die Entstehungsorte der Spitzenspannungen, wo die Dehnungsmeßstreifen unbedingt anzuordnen sind (Bild 7-25 a und b).

Aufgrund der experimentellen Ergebnisse und parametrischen Studien nach FE-Analyse erstellte Wingerde [53] die SCF-Formeln für T- und X-Knoten aus QHP (siehe Tabelle 7-7) unter Normalkraft bzw. Biegung in der Ebene (IPB) im Füllstab. Die Anwendung dieser Formeln führt zur Bestimmung der SCF-Werte in den Orten A bis E (Bild 7-25 a). Sie sind jedoch gültig für HV-Nähte mit spezifischen Dimensionen ($W_1 = t_i \cdot \sqrt{2}$, $W_0 = t_i \cdot \sqrt{2}$, Bild 7-35 c) und die Eckradien (r_i/t_i, r_o/t_i, Bild 7-36).

Die Untersuchung über den Einfluß der Schweißnahtart auf den SCF führte zu folgendem Korrekturfaktor für SCF der Tabelle 7-7, wenn Kehlnähte (Bild 7-35 a) bzw. Kehlnähte mit voller Eindringung (Bild 7-35 b) anstatt HV-Nähte angewendet werden:

$SCF_{Kehlnaht} = 1{,}4\ SCF_{Tabelle\ 7\text{-}7}$ für den Füllstab

$SCF_{Kehlnaht} = 1{,}0\ SCF_{Tabelle\ 7\text{-}7}$ für den Gurtstab

Für die Berücksichtigung des Einflusses der Eckradien auf den SCF wurde keine Korrekturmaßnahme vorgeschlagen, da dieser innerhalb des Streubandes der parametrischen Formeln lag und daher vernachlässigt werden konnte.

Im Rahmen weiterer Forschungsprojekte wurden SCF-Formeln für K-förmige QHP-Knoten entwickelt [68, 69]. In dieser Analyse wurden nur symmetrische K-Knoten mit identischen Füllstäben und gleichen Anlaufwinkeln für beide Füllstäbe berücksichtigt. Hierdurch wurde sichergestellt, daß die β- und τ-Werte für beide Füllstäbe gelten. Eine Vereinfachung der Formeln in [69] enthält Tabelle 7-8 [82], die auf die zahlreichen SCF-Formeln entsprechend den Messungslinien A bis E verzichtet und nur die maximalen SCF-Werte in Gurt- und Füllstäben des K-förmigen QHP-Knotens mit Spalt

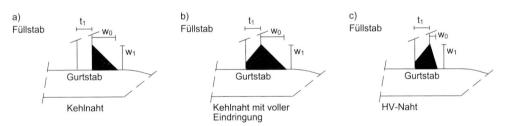

Bild 7-35 Schweißnahtformen: a) Kehlnaht, b) Kehlnaht mit voller Eindringung, c) HV-Naht

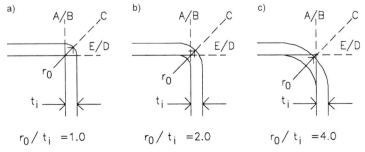

Bild 7-36 Eckenradienverhältnisse sowie DMS-Anordnungen

Tabelle 7-7 SCF-Formeln für T- und X-Knoten aus QHP [53] (HV-Naht) (siehe Bild 7-25 a)

SCF unter IPB im Füllstab	
Linie	
B	$SCF = (-0,011 + 0,085 \cdot \beta - 0,073 \cdot \beta^2) \cdot 2\gamma^{(1,722+1,151 \cdot \beta - 0,697 \cdot \beta^2)} \cdot \tau^{0,75}$
C	$SCF = (0,952 - 3,062 \cdot \beta + 2,382 \cdot \beta^2 + 0,0228 \cdot 2\gamma) \cdot 2\gamma^{(-0,690+5,817 \cdot \beta - 4,685 \cdot \beta^2)} \cdot \tau^{0,75}$
D	$SCF = (-0,054 + 0,332 \cdot \beta - 0,258 \cdot \beta^2) \cdot 2\gamma^{(2,084-1,062 \cdot \beta + 0,527 \cdot \beta^2)} \cdot \tau^{0,75}$
A, E	$SCF = (0,390 - 1,054 \cdot \beta + 1,115 \cdot \beta^2) \cdot 2\gamma^{(-0,154+4,555 \cdot \beta - 3,809 \cdot \beta^2)}$

SCF unter Normalkraft im Füllstab	
Linie	
B	$SCF = (0.143 - 0,204 \cdot \beta + 0,064 \cdot \beta^2) \cdot 2\gamma^{(1,377+1,715 \cdot \beta - 1,103 \cdot \beta^2)} \cdot \tau^{0,75}$
C	$SCF = (0,077 - 0,129 \cdot \beta + 0,061 \cdot \beta^2 - 0,0003 \cdot 2\gamma) \cdot 2\gamma^{(1,565+1,874 \cdot \beta - 1,028 \cdot \beta^2)} \cdot \tau^{0,75}$
D	$SCF = (0,208 - 0,387 \cdot \beta + 0,209 \cdot \beta^2) \cdot 2\gamma^{(0,925+2,398 \cdot \beta - 1,881 \cdot \beta^2)} \cdot \tau^{0,75}$
A, E	$SCF = (0,013 + 0,693 \cdot \beta - 0,278 \cdot \beta^2) \cdot 2\gamma^{(0,790+1,898 \cdot \beta - 2,109 \cdot \beta^2)}$

SCF unter Biegung in der Ebene im Gurtstab ($SCF_{ip,Gurt}$) und Normalkraft im Gurtstab ($SCF_{ax,Gurt}$)	
Linie	
C	$SCF = 0,725 \cdot 2\gamma^{0,248 \cdot \beta} \cdot \tau^{0,19}$
D	$SCF = 1,373 \cdot 2\gamma^{0,205 \cdot \beta} \cdot \tau^{0,24}$
B, A, E	vernachlässigbar: $SCF = 0$

Gültigkeitsgrenze:	$0,35 \le \beta \le 1,0$
	$12,5 \le 2\gamma \le 25,0$
	$0,25 \le \tau \le 1,0$
	$1,0 \le r/t \le 4,0$
Min. SCF für den Füllstab:	$SCF_{ax}, SCF_{ipb} \ge 2,0$
X-Knoten, $\beta = 1,0$	Linie C $\quad SCF_{ax} = 0,65 \cdot SCF_{Formel}$
	Linie D $\quad SCF_{ax} = 0,50 \cdot SCF_{Formel}$
	Linien A, E $\quad SCF_{ax,ipb} = 1,40 \cdot SCF_{Formel}$

Kehlnähte: (Wenn $\beta \approx 1,0$ ist, kann die Linie A keine Kehlnaht haben.)

oder Überlappung unter Normalkraft und Biegung in der Ebene angibt.

Lit. [82] enthält einen Vergleich der von einigen anderen Forschern vorgeschlagenen Parametergleichungen [70, 76, 83]. Daraus kann entnommen werden, daß die in [82] empfohlenen SCF-Formeln am besten anwendbar sind.

Für räumliche QHP-Knoten (KK, XX, KY und YY, siehe Bild 7-37) unter Normalkraft, Biegung in der Ebene IPB und aus der Ebene OPB wurden Anfang der neunziger Jahre von Panjeshahi [54] umfangreiche FE-Analysen und Parameter-Studien zur Bestimmung der SCF-Faktoren vorgenommen. Die Linien A bis E der Bilder 7-25 b (c) zeigen die DMS-Anordnungen, an denen die SCF-Werte ermittelt wurden.

Die Grundlage dieser theoretischen Arbeit sind die Ergebnisse der praktischen Versuche an Dreigurtträgern [49] (Bild 7-38).

Aus dieser Untersuchung sind die folgenden Schlüsse für das SCF-Verhalten räumlicher QHP-Knoten zu ziehen:

- Die Abhängigkeit der Orte der Spitzenspannungserscheinung von Knotenparameter und -typ sowie den Belastungskombinationen (Bild 7-39) ist bedeutsam. Wegen der Variationen der Belastungen kann sich der SCF von einer Linie zur anderen verschieben.

- Höchste SCF-Werte entstehen durch Normalkräfte in den Füllstäben. Auch sind die SCF-Werte durch Biegung in der Ebene

Tabelle 7-8 Vereinfachte SCF-Formeln für symmetrische K-Knoten mit Spalt oder Überlappung aus QHP (siehe Bild 7-25 a, ③ und ④)

K-Knoten mit Spalt

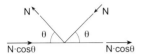

Ausgeglichene Normalkräfte

Füllstab $SCF = [-0,008 + 0,45\,\beta - 0,34\,\beta^2] \cdot 2\,\gamma^{+1,36} \cdot \tau^{-0,66} \cdot \sin^{1,29}\theta$

Gurt $SCF = \left[+0,48\,\beta - 0,5\,\beta^2 - \dfrac{0,012}{\beta} + \dfrac{0,012}{g'} \right] \cdot 2\,\gamma^{+1,72} \cdot \tau^{+0,78} \cdot g'^{+0,2} \cdot \sin^{2,09}\theta$

verwende $SCF \geq 2,0$

Normalkraft im Gurtstab

Gurt $SCF = [2,45 + 1,23 \cdot \beta] \cdot g'^{-0,27}$ Füllstab $SCF = 0$ (vernachlässigbar)

K-Knoten mit Überlappung

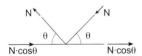

Ausgeglichene Normalkräfte

Füllstab $SCF = \left[0,15 + 1,1\,\beta - 0,48\,\beta^2 - \dfrac{0,14}{\lambda_{\ddot{u}}} \right] \cdot 2\,\gamma^{+0,55} \cdot \tau^{-0,3} \cdot \lambda_{\ddot{u}}^{-0,271 + 1,62\,\beta^2} \cdot \sin^{0,31}\theta$

Gurt $SCF = [0,5 + 2,38\,\beta - 2,87 \cdot \beta^2 + 2,18\,\beta \cdot \lambda_{\ddot{u}} + 0,39 \cdot \lambda_{\ddot{u}} - 1,43 \cdot \sin\theta]$

$\cdot 2\,\gamma^{+0,29} \cdot \tau^{+0,7} \cdot \lambda_{\ddot{u}}^{+0,73 - 5,53 \cdot \sin^2\theta} \cdot \sin^{-0,4 - 0,08\,\lambda_{\ddot{u}}}\theta$

verwende $SCF \geq 2,0$

Normalkraft im Gurtstab

Gurt $SCF = [1,2 + 1,46\,\beta - 0,028\,\beta^2]$ Füllstab $SCF = 0$ (vernachlässigbar)

(IPB) in den Füllstäben sehr hoch. Biegung aus der Ebene (OPB) in Füllstäben verursacht kleine SCFs.

• Die Richtung der Biegemomente spielt eine wichtige Rolle für den Entstehungsort der maximalen SCF-Werte.

• SCF-Werte für KK-Knoten sind kleiner als die für Y-Knoten. Dies beweist, daß der SCF wegen der Lasten in einem Bezugsfüllstab im KK-Knoten von den anderen Füllstäben beeinflußt wird, auch wenn die anderen Füllstäbe unbelastet sind (Bild 7-40).

Ähnlich wie Romeijn [51] für räumliche KHP-Knoten hat auch Panjeshahi [49] darauf verzichtet, parametrische SCF-Formeln für räumliche QHP-Knoten anzugeben. In diesem Fall ist

Tabelle 7-8 (Fortsetzung)

K-Knoten mit Spalt oder Überlappung

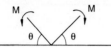

Biegung in der Ebene
Identische SCF-Formeln wie für ausgeglichene Normalkräfte werden angewendet

Gültigkeitsgrenze

$0{,}35 \leq \beta \leq 1{,}00$

$10 \quad \leq 2\gamma \leq 35$ (für kleinere 2γ, verwende $2\gamma = 10$)

$0{,}25 \leq \tau \leq 1{,}00$

$30° \leq \theta \leq 60°$

$2 \cdot \tau \leq g'$ ($g \geq 2t_i$)

$0{,}50 \leq \lambda_{\ddot{u}} \leq 1{,}00$ (= 50 % bis 100 % Überlappung)

$-0{,}55 \leq \dfrac{e}{b_0} \leq 0{,}25$

Anmerkungen

1. Die Formeln ergeben die maximalen SCFs für beide Füllstäbe und den Gurt.

2. Sie sind gültig nur für QHP-Füllstäbe gleicher Abmessungen.

3. Die Spitzenspannungsschwingbreiten $S_{r,hs,\text{Gurt oder Füllstab}}$ im Gurt und den Füllstäben für den ausgeglichenen Belastungsfall wird durch Multiplikation von SCF$_{\text{Formel}}$ (für Gurt oder Füllstäbe) mit der Nennspannungsschwingbreite im Füllstab
   $S_{r,\text{nenn,Füllstab}}$ für sowohl Gurt als auch Füllstäbe ermittelt. $S_{r,\text{nenn,Füllstab}}$ wird wie folgt ermittelt:

   $S_{r,\text{nenn,Füllstab}}$ = Maximale Summe der axialen (Normalspannung) Nennspannungsschwingbreite $S_{r,\text{nenn,ax,Füllstab}}$ und der
   Nennspannungsschwingbreite durch Biegung in der Ebene $S_{r,\text{nenn,ipb,Füllstab}}$

4. Die zusätzliche Spitzenspannungsschwingbreite im Gurt $S_{r,hs,\text{Gurt,Zusatz}}$ wird durch Multiplikation von SCF$_{\text{Formel}}$ (Gurt-Nor-
   malkraft) mit der Nennspannungsschwingbreite im Gurt $S_{r,\text{nenn,Gurt,Zusatz}}$ ermittelt. $S_{r,\text{nenn,Gurt}}$ wird wie folgt ermittelt:

   $S_{r,\text{nenn,Gurt}}$ = Maximale Summe der axialen (Normalspannung) Nennspannungsschwingbreite $S_{r,\text{nenn,ax,Gurt}}$ und der Nennspannungsschwingbreite durch Biegung in der Ebene $S_{r,\text{nenn,ipb,Gurt}}$

   Da ein Teil der Gurtbelastung bereits im ausgeglichenen Belastungsfall enthalten ist, wird die zusätzliche Nennspannungsschwingbreite im Gurt $S_{r,\text{nenn,Gurt,Zusatz}}$ aus der folgenden Spannungsformel bestimmt:

   $$f_{0,\text{nenn,Zusatz}} = f_{0,\text{nenn}} - f_{1,\text{nenn}} \cdot \cos\theta \cdot \dfrac{A_1}{A_0}$$

   $f_{1,\text{nenn}}$ ist der Wert, der in $S_{r,\text{nenn,Füllstab}}$ (siehe Pos. 3) verwendet wird.

5. Zur Ermittlung der Spitzenspannungsschwingbreite im Gurt unter Einbeziehung der zusätzlichen Spitzenspannungsschwingbreite in Gurt wird wie folgt verfahren:

   $S_{r,hs,\text{Gurt}}$ (aus Pos. 3) + $S_{r,hs,\text{Gurt,Zusatz}}$ (Pos. 4)

der Verzicht damit begründet, daß die Anzahl der SCF-Formeln zu groß ist und unübersicht-lich für die Anwender (Statiker, Konstrukteure) sein würde. Statt dessen sind die vollständigen Daten dieser Parameter-Studie in einer Daten-Bank der Technischen Universität Delft gespeichert. Ein FORTRAN-Programm „HOTSHS" wurde zur Berechnung der SCF-Werte an 20 Stellen um die Füllstäbe bei gegebener Knotengeometrie und Belastungskombination ent-

wickelt. Die Möglichkeiten der Anwendung dieses Programmes sind wie folgt:

Knotentyp: KK, XX, KY, YY, Y, X, K

Gültigkeitsgrenzen: $0{,}25 \leq \beta \leq 0{,}6$
$\qquad\qquad\qquad 12{,}5 \leq 2\gamma \leq 25$
$\qquad\qquad\qquad 0{,}5 \leq \tau \leq 1{,}0$
$\qquad\qquad\qquad 30° \leq \theta \leq 60°$

Schweißnaht: siehe Bild 7-35

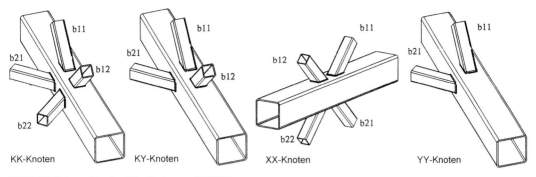

Bild 7-37 Untersuchte räumliche Knoten aus QHP [49]

Bild 7-38 Versuche an QHP-Knoten in Dreigurtträgern [49]

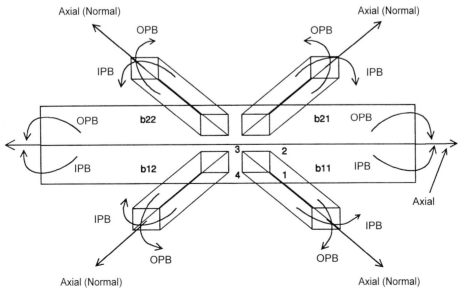

Bild 7-39 Belastungsarten von QHP-KK-Knoten

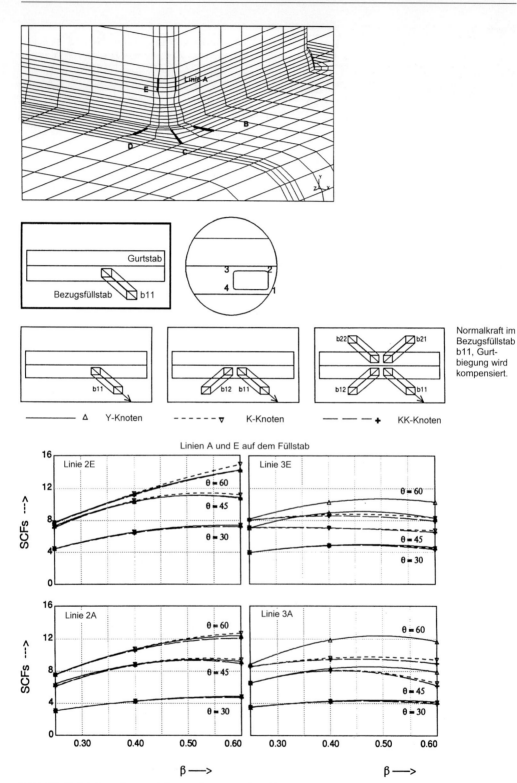

Bild 7-40 Einfluß der anderen, unbelasteten Füllstäbe auf die SCFs im Bezugsfüllstab der Y-, K- und KK-Knoten; Variation: β und θ; feste Parameter: $2\gamma = 25$, $\tau = 0{,}5$ [49]

Tabelle 7-9 SNCF-Formeln für QHP-KK-Knoten [70, 72]

	Normalkraft	Gültigkeitsbereich:
Gurt	$SNCF = -0,4961 + 38,368 \cdot \xi \cdot \tau^2 + 33,743 \cdot \xi \cdot \beta^3 - 31,436 \cdot \xi \cdot \tau^3 + 0,0543 \cdot \beta \cdot \gamma^2$ $+ 0,020768 \cdot \gamma^2 \cdot \tau^3 + 0,002728 \cdot \xi^2 \cdot g'^3 - 4.1366\,\beta^3 \cdot g' - 0,004644\,\xi^3 g'^3$	$0,25 \le \tau = \dfrac{t_1}{t_0} \le 1,14$
Füllstab	$SNCF = 1,329 - 4,31 \cdot \tau^2 + 4,274 \cdot \beta \cdot \tau^2 - 1,31732 \cdot \gamma \cdot \beta^3 + 3,472 \cdot 10^{-4} \cdot \tau \cdot \gamma^3$ $+ 0,1651 \cdot \tau \cdot g' + 1,1478 \cdot \beta \cdot \gamma - 7 \cdot 10^{-4}\,\tau \cdot g'^3$	$0,40 \le \beta = \dfrac{b_1}{b_0} \le 0,80$
	IPB (Biegung in der Ebene)	$12,5 \le \gamma = \dfrac{b_0}{2\,t_0} \le 25$
Gurt	$SNCF = -0,396 + 81,5278 \cdot \beta \cdot \xi^2 + 0,032952 \cdot \beta \cdot \gamma^3 - 7,5135 \cdot \dfrac{\xi^3}{\tau} - 1,496 \cdot 10^{-3}\,\dfrac{\gamma^3}{\tau}$ $- 69,206 \cdot \beta^2 \cdot \xi^3 - 0,030184 \cdot \beta^2 \cdot \gamma^3 - 1,7706 \cdot g' \cdot \gamma + 2,508 \cdot 10^{-3} \cdot \dfrac{g'^3}{\tau^2}$	$2,03 \le g' = \dfrac{g}{t_0} \le 10,88$ $0,32 \le \xi = \dfrac{g}{b_1} \le 1,09$
Füllstab	$SNCF = 1,4338 + \tau(-4,8522 \cdot 10^{-4} \cdot \gamma^3 - 2,733 + 3,297 \cdot \beta)$ $+ g'^2(0,01362 - 1,289 \cdot 10^{-3} g') + \beta \cdot \gamma^2 (0,074184 - 0,10126 \cdot \beta^2)$	$\theta_l = \theta_q = 90°$ Konst. θ_l = Winkel zwischen Diagonalen in der Ebene parallel zur Gurtlängsachse
	OPB (Biegung aus der Ebene)	
Gurt	$SNCF = -0,3893 + \beta^3 [\xi(46,02 - 15,252 \cdot \xi) + 1,677\,\tau - g'(3,5973 - 0,0873 \cdot g')]$ $+ 8\gamma^3 [1,18 \cdot 10^{-4} \cdot \beta + \tau(4,32 \cdot 10^{-4} - 2,09 \cdot 10^{-4}\,\tau)]$	θ_q = Winkel zwischen Diagonalen in der Ebene quer zur Gurtlängsachse
Füllstab	$SNCF = 2,012 + \tau^3(5,7727 + 1,475\,\beta - 1,66162 \cdot \gamma)$ $- \gamma^2(8,64 \cdot 10^{-4} \cdot \gamma - 0,069264 \cdot \beta + 0,074696 \cdot \beta^3 - 0,086876 \cdot \tau^3) + 0,222 \cdot \zeta \cdot \beta$	

Unter den folgenden Voraussetzungen gab Herion [70, 72] die parametrischen SNCF-Formeln für räumliche QHP-KK-Knoten an (siehe Tabelle 7-9), die in Bild 7-41 dargestellt sind:

– Maximale SNCFs entstehen in Abhängigkeit von Belastungsfällen (Normalkraft, IPB und OPB) hauptsächlich in einer Ecke im Füllstab oder Gurtstab.

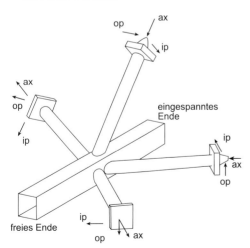

Bild 7-41 Angreifende Lasten und Randbedingungen [70, 72]

– Der SNCF im Füllstab ist immer niedriger als 5,0.
– Der SNCF im Gurtstab kann unter Normalkraft und IPB 11,0 erreichen, bei OPB bleibt er unterhalb 5,0.

Der Vorteil der Anwendung der Tabelle 7-9 liegt darin, daß für jeden Lastfall nur eine SNCF-Formel für den Gurt- und Füllstab angegeben ist. Die Ergebnisse liegen auf der sicheren Seite, da bei allen Lastkombinationen nur die maximalen SNCF-Werte genommen werden.

Um die SNCF-Werte in SCF umzurechnen, wird SNCF mit 1,1 multipliziert.

7.6 Einflüsse sekundärer Biegemomente in geschweißten K- und N-förmigen Fachwerkknoten aus QHP und KHP

Möchte man aufwendige Spannungsanalysen und Knotenmodellierungen vermeiden, so wird die Normalkraftverteilung in einem Fachwerk unter der Annahme ermittelt, daß die Bauteile mit gelenkigen (momentenfrei) Verbindungen angeschlossen sind (Bild 6-73). Wegen der wirklich vorhandenen Steifigkeit in dem Umfang der Verbindung zwischen Gurt- und Füllstab entstehen sekundäre Biegemomente (sowie evtl. Exzentrizitätsmomente wegen der Knotenkonfiguration), die für die Bemessung des K-Knotens für Schwingfestigkeit berücksichtigt werden müssen. Um komplizierte numerische Idealisierungen zu vermeiden, wird hier empfohlen, die vorhandenen Spitzenspannungsschwingbreiten wegen der Normalkraft mit den in Tabelle 7-10 angegebenen Faktoren zu multiplizieren [68].

Es wird ein Minimum-Wert

$$S_{r,hs,\text{gesamt}} = M \cdot \sum_{i=1}^{n} \text{SCF}_{i,\text{ax}} \cdot S_{r,\text{nenn,ax}}$$

Tabelle 7-10 Multipliationsfaktoren M zur Berücksichtigung der sekundären Biegemomente (sowie evtl. Exzentrizitätsmomente) in K-förmigen QHP-Knoten unter Schwingfestigkeitsbeanspruchung

K-Knotentyp	Multipikationsfaktor M	
	Gurtstab	Füllstab
mit Spalt	1,5	1,5
mit Überlappung	1,5	1,3

benutzt; unabhängig von dem Verfahren der numerischen Idealisierung sowie dem Ort der Spitzenspannungserscheinung.

EC 3 [42] empfiehlt die Multiplikationsfaktoren für K- bzw. N-förmige KHP- bzw. RHP-Knoten entsprechend den Tabellen 7-11 bzw. 7-12.

7.7 Basis „$S_{r,hs}$-N_B"-Linien für ebene KHP- und QHP-Knoten (T, X, K, N und KT)

Im Rahmen der bereits genannten experimentellen Untersuchungen für QHP-Knoten [49, 68] sowie der DEn- [38, 39, 73, 74] und AWS- [13] Forschungsarbeiten über KHP-Knoten sind zusätzlich zu der Ermittlung des SCF auch „Spitzenspannungsschwingbreite $S_{r,hs}$ gegen Versagenslastwechselzahl N_B"-Linien erstellt worden, die als Grundlage für das Nachweisverfahren von Hohlprofilknoten unter Schwingfestigkeitsbeanspruchung dienen.

Bei diesen Versuchen wurden an Prüfkörpern (T-, X-, K-Knoten) die Spitzenspannungsschwingbreiten $S_{r,hs}$ mit Dehnungsmeßstreifen gemessen und in einem Diagramm gegen Versagenslastwechselzahlen N_B aufgetragen.

Tabelle 7-11 Multiplikationsfaktoren M zur Berücksichtigung der sekundären Biegemomente (sowie evtl. Exzentrizitätsmomente) in K- und N-förmigen KHP-Knoten unter Schwingfestigkeitsbeanspruchung [42]

Knotentyp		Multiplikationsfaktor M		
		Gurtstab	Vertikalstab	Diagonalstab
mit Spalt	K	1,5	–	1,3
	N	1,5	1,8	1,4
mit Überlappung	K	1,5	–	1,2
	N	1,5	1,65	1,25

Tabelle 7-12 Multiplikationsfaktoren M zur Berücksichtigung der sekundären Biegemomente sowie evtl. Exzentrizitätsmomente in K- und N-förmigen RHP-Knoten (im Bereich $0,5 \leq h_0/b_0 \leq 2$) sowie QHP-Knoten unter Schwingfestigkeitsbeanspruchung [42]

Knotentyp		Multiplikationsfaktor M		
		Gurtstab	Vertikalstab	Diagonalstab
mit Spalt	K	1,5	–	1,5
	N	1,5	2,2	1,5
mit Überlappung	K	1,5	–	1,3
	N	1,5	2,0	1,4

Die Lebensdauer eines Hohlprofilknotens in bezug auf Schwingfestigkeit kann beim Versuch im allgemeinen durch die Versagenslastwechselzahlen N_B dargestellt werden (Bilder 7-42 bis 7-47), die folgenden Versagensarten entsprechen:

– erster sichtbarer Riß
– Erreichen großer Rißlänge
– durchgehender Riß in Profilwand
– Totalverlust der Knotentragfähigkeit (Versuchsende)

Die Versagensart 3 wird zur Zeit als Bemessungskriterium für die Hohlprofilknoten unter schwingender Beanspruchung angenommen.

Dies entspricht etwa 80% der Gesamtlebensdauer (Versagensart 4) des Knotens.

Eine andere Möglichkeit besteht in der Ermittlung der Spitzenspannungsschwingbreite $S_{r,hs}$ durch Multiplikation der Nennspannungsschwingbreiten $S_{r,nenn}$ mit den SCF-Faktoren, die in den Tabellen 7-1 bis 7-8 angegeben sind. Die $S_{r,hs}$-Werte werden gegen die entsprechenden Versagenslastspielzahlen N_B aufgetragen.

Da diese Versuche mit den Stahlgüten S235 und S355 durchgeführt wurden, sind die „$S_{r,hs}$-N_B"- bzw. „$S_{r,nenn}$-N_B"-Linien auf die Anwendung der Stahlgüte bis S355 beschränkt.

Bild 7-42 zeigt einen Vergleich der gegenwärtig in verschiedenen Bemessungsempfehlungen

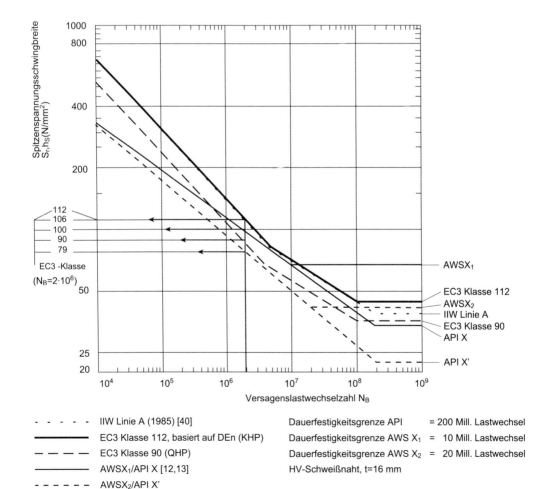

Bild 7-42 Verschiedene „$S_{r,hs}$-N_B"-Linien für geschweißte, ebene Hohlprofilknoten

Knoten	$S^*_{R,hs}$ [Mpa]
QHP	90 (EC3–90)
KHP	112 (EC3–112)

* t = 16 mm

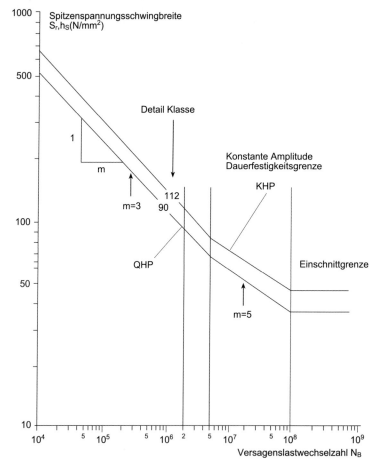

Bild 7-43 „EC 3-90"- und „EC 3-112"-Linien für QHP- und KHP-Knoten (T-, X-, K-, N-Formen) für die Bemessung der Schwingfestigkeit [75]

angegebenen „$S_{r,hs}$ gegen N_B"-Linien [75] zusammen mit den klassifizierten „EC 3-90" und EC 3-112"-Linien, die zuletzt als Bemessungsgrundlage vorgeschlagen wurden (Bild 7-43). Die „EC 3-90"-Linie gilt für QHP-Knoten. KHP-Knoten sind nach „EC 3-112"-Linie zu bemessen. Diese Linien ermöglichen die Berücksichtigung der Spitzenspannung in Hohlprofilknoten im Rahmen der Bemessungsempfehlungen nach EC 3 [42].

7.7.1 Korrekturfaktoren für Wanddicken des Gurt- und Füllstabes und Bemessungslinie „$S_{r,hs}$-N_B"

Die Untersuchungen haben gezeigt, daß die Wanddicken der Bauteile einen wesentlichen Einfluß auf die Schwingfestigkeit ausüben, der unabhängig von den anderen Einflüssen berücksichtigt werden muß. Dieses Phänomen beruht auf folgenden Begründungen:

Tabelle 7-13 Gleichungen für „$S_{r,hs}$-N_B"-Linien zur Berücksichtigung der Gurt- und Füllstäbe [75]

t	N_B	$S_{r,hs}$
$t < 16$ mm KHP	$10^3 < N_B < 5 \cdot 10^6$	$\log(S_{r,hs}) = \dfrac{1}{3} \cdot (12{,}476 - \log(N_B)) + 0{,}11 \cdot \log(N_B) \cdot \log\left(\dfrac{16}{t}\right)$
	$5 \cdot 10^6 < N_B < 10^8$ (nur für variable Amplitude)	$\log(S_{r,hs}) = \dfrac{1}{5} \cdot (16{,}327 - \log(N_B)) + 0{,}737 \cdot \log\left(\dfrac{16}{t}\right)$
$t \geq 16$ mm KHP	$10^3 < N_B < 5 \cdot 10^6$	$\log(S_{r,hs}) = \dfrac{1}{3} \cdot (12{,}476 - \log(N_B)) + 0{,}30 \cdot \log\left(\dfrac{16}{t}\right)$
	$5 \cdot 10^6 < N_B < 10^8$ (nur für variable Amplitude)	$\log(S_{r,hs}) = \dfrac{1}{5} \cdot (16{,}327 - \log(N_B)) + 0{,}30 \cdot \log\left(\dfrac{16}{t}\right)$
$t < 16$ mm QHP	$10^3 < N_B < 5 \cdot 10^6$	$\log(S_{r,hs}) = \dfrac{1}{3} \cdot (12{,}151 - \log(N_B)) + 0{,}11 \cdot \log(N_B) \cdot \log\left(\dfrac{16}{t}\right)$
	$5 \cdot 10^6 < N_B < 10^8$ (nur für variable Amplitude)	$\log(S_{r,hs}) = \dfrac{1}{5} \cdot (15{,}786 - \log(N_B)) + 0{,}737 \cdot \log\left(\dfrac{16}{t}\right)$
$t \geq 16$ mm QHP	$10^3 < N_B < 5 \cdot 10^6$	$\log(S_{r,hs}) = \dfrac{1}{3} \cdot (12{,}151 - \log(N_B)) + 0{,}30 \cdot \log\left(\dfrac{16}{t}\right)$
	$5 \cdot 10^6 < N_B < 10^8$ (nur für variable Amplitude)	$\log(S_{r,hs}) = \dfrac{1}{5} \cdot (15{,}786 - \log(N_B)) + 0{,}30 \cdot \log\left(\dfrac{16}{t}\right)$

- Der Spannungsgradient in der Schweißkerbe ist weniger steil für größere Wanddicken. Darausfolgend sind die Spannungen in der Rißspitze größer und führen zu einer Vergrößerung der Rißgröße.

- Die Wahrscheinlichkeit einer größeren Kerbe nimmt mit einer größeren Wanddicke (größere Volumen) zu; die Schwingfestigkeit vermindert sich, je größer ein Fehler im Knoten ist.

- Die folgenden Erscheinungen sind mit einer größeren Wanddicke wahrscheinlicher: höhere Grobkörnigkeit, niedrigere Streckgrenze, höhere Eigenspannung, niedrigere Duktilität und größere Wahrscheinlichkeit einer Wasserstoffversprödung.

Die vorgeschlagenen Bemessungslinien „$S_{r,hs}$-N_B" des Bildes 7-43 sind für eine Wanddicke $t = 16$ mm der Gurt- und Füllstäbe ebener Hohlprofilknoten gültig. Um auch Wanddicken kleiner oder größer als 16 mm zu berücksichtigen, werden Korrekturfaktoren vorgeschlagen, die zu den Linien-Gleichungen für verschiedene Versagenslastwechselzahlenbereiche führen

(siehe Tabelle 7-13 [75]). Zur Erleichterung der Bemessungsarbeiten der Statiker und Konstrukteure werden in den Bildern 7-44 und 7-45 „$S_{r,hs}$-N_B"-Linien für verschiedene Wanddicken zwischen 4 und 25 mm dargestellt.

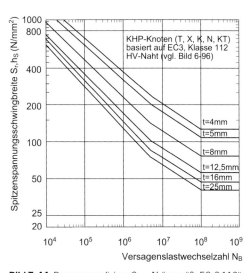

Bild 7-44 Bemessungslinien „$S_{r,hs}$-N_B" gemäß „EC 3-112"

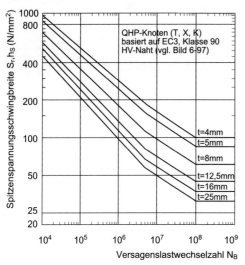

Bild 7-45 Bemessungslinien „$S_{r,hs}$-N_B" gemäß „EC 3-90"

7.7.2 Einsatz hochfester Stahlsorten

Die bisher angegebenen Bemessungsmethoden für Hohlprofilverbindungen und -knoten, sowohl statische [42, 78] als auch dynamische [42], sind nur für die Baustähle S235, S275 und S355 zu verwenden. In den letzten Jahren geht die Tendenz immer stärker zu Produkten höherer Festigkeit. Mit der Herausgabe der DASt-Ri 011 [79] „Anwendung hochfester schweißgeneigter Feinkornbaustähle StE 460 und StE 690 für Stahlbauten" wurde der steigenden Verwendung hochfester, schweißgeeigneter Stähle Rechnung getragen. Auch Eurocode 3 [42], Anhang D, sieht die Verwendung der Stähle S420 und S460 vor.

Wie im Kapitel 3 bereits erläutert, erhält der hochfeste feinkörnige Stahl S460 die höhere Festigkeit in der Regel durch Legierungselemente wie z. B. Nb, V, Ti, Cr, Ni, Mo und Cu. Der Stahl StE 690 wird vorwiegend wasservergütet. Eine andere Möglichkeit eine höhere Streckgrenze zu erreichen, ist das thermo-mechanische Walzen (TM-Stähle), bei dem die endgültige Verformung des Produktes in einem bestimmten Temperaturbereich durchgeführt wird. Allerdings kann sich diese hohe Festigkeit durch Nacherwärmung über 580 °C verringern.

Die Vorteile von Hohlprofilen aus hochfesten Stählen sind die geringe, erforderliche Querschnittsfläche bei Beanspruchung und die daraus resultierende Materialeinsparung. Solange

das Bauteil nicht geschweißt ist bzw. die Schweißverbindung unter statischer Beanspruchung volle Plastizität bei Ausnutzung der hohen Streckgrenze erreichen kann, kann dieser Vorteil bedeutsam werden. Leider sind die geschweißten Hohlprofilverbindungen und Knoten unter statischer Last bis heute nicht ausreichend untersucht worden. Daher sind die vorhandenen Traglastformeln und Bemessungsregeln (siehe Abschnitte 6.6.4.1 bis 6.6.4.5) noch nicht für hochfeste Stähle anwendbar. Zu diesem Thema sind weitere Forschungsarbeiten erforderlich.

Eine Anzahl von Versuchen an geschweißten Hohlprofilverbindungen – und Knoten aus S460 unter Schwingfestigkeitsbeanspruchung, die Hinweise zu deren dynamischen Tragverhalten geben [80, 81], ist in den letzten Jahren durchgeführt worden.

Die Bilder 7-46 und 7-47 zeigen Vergleiche von „$S_{r,nenn}$-N_B"-Linien für X-Knoten aus S235 und S460, aus denen man entnehmen kann, daß die Knoten aus hochfesten Stählen höhere Schwingfestigkeitswerte für den Fall höherer bzw. mittlerer Spannungskonzentration im Anschlußbereich liefern.

Weitere Untersuchungen an K-förmigen Knoten führten zu der Schlußfolgerung, daß eine höhere Empfindlichkeit gegenüber Schweißkerben von Hohlprofilknoten aus S460 einen entscheidenden Einfluß auf das Schwingfestigkeitsverhalten ausübt. Beim Vorhandensein scharfer Kerben sind die Schwingfestigkeiten von K-Knoten aus S235 und S460 etwa gleich. Wenn die Schweißkerben nicht sehr scharf sind, kann die höhere Streckgrenze des hochfesten Stahles ausgenutzt werden. Der Knoten aus S460 mit einem glatten Übergang von der Schweißnaht zum Grundwerkstoff zeigt ein günstigeres Schwingfestigkeitsverhalten als der Knoten aus S235. Die Reduzierung der Schweißkerben durch Schleifen bzw. WIG- oder Plasmabehandlung vergrößert die Schwingfestigkeit von Knoten aus hochfesten Stählen deutlich. Obwohl diese Reduktion auch bei Knoten aus Baustählen mit niedriger Streckgrenze gegeben ist, führt in diesem Fall die Vergrößerung der Spannungsamplitude schnell zur Plastizität und weiter zum Riß. Da aber bei hochfesten Stählen die Streckgrenze höher liegt, bleibt die Spitzenspannung immer noch unterhalb der Elastizitätsgrenze.

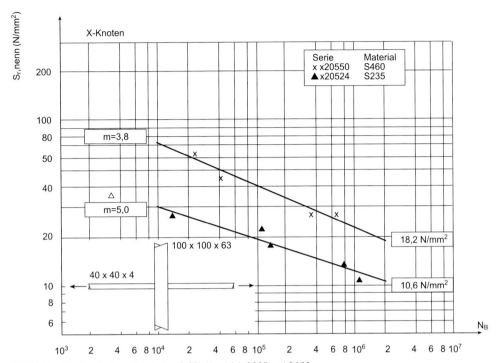

Bild 7-46 X-Knoten ($b_1/b_0 = 0,4$; $t_1/t_0 = 0,63$); Vergleich S235 und S460

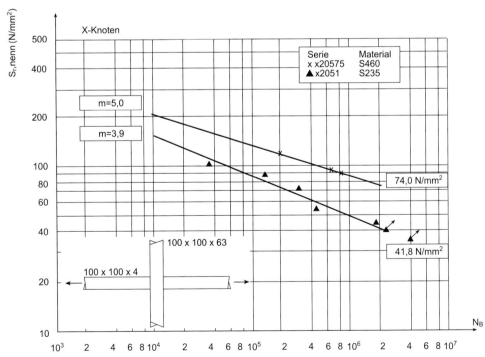

Bild 7-47 X-Knoten $b_1/b_0 = 1,0$; $t_1/t_0 = 0,63$); Vergleich S235 und S460

Die Wanddickeneinflüsse auf die Schwingfestigkeit von T-, X-, N-, K- und KT-Knoten aus allgemeinen Baustählen S235 und S355 sind bekannt (siehe Abschnitt 7.7.1). Diese können für Knoten aus hochfesten Stählen noch bedeutsamer sein. Bei dickwandigen Hohlprofilen findet ein dreiachsiger Spannungszustand statt, der zum Sprödbruch führen kann. Da hochfeste Stähle auch mit einer höheren mittleren Spannung f_m belastet werden, hat der Sprödbruch einen größeren Einfluß.

Abschließend ist zu erwähnen, daß die Anwendung von Hohlprofilverbindungen und -knoten aus hochfesten Stählen sowohl im statischen als auch im dynamischen Bereich weitere Untersuchungen erfordert.

7.8 Basis „$S_{r,hs}$-N_B"-Linien für räumliche KHP- und QHP-Knoten (TT, XX und KK)

Aufgrund umfangreicher Versuche und numerischer Arbeiten sind im Rahmen eines Europäischen Forschungsprogramms [49] die Basisbemessungslinien „$S_{r,hs}$-N_B" für KK-förmige KHP- und QHP-Knoten erstellt worden (Bilder 7-48 und 7-49). Diese sind auch für TT- und XX-förmige Knoten anwendbar (Bild 7-27).

Die Bilder 7-50 und 7-51 stellen die Empfehlungen für die Schweißnahtausführungen der Knoten dar.

Die Bemessungslinie der räumlichen Knoten aus KHP ist mit der für einachsige Knoten aus der DEn-Empfehlung [73] verglichen worden,

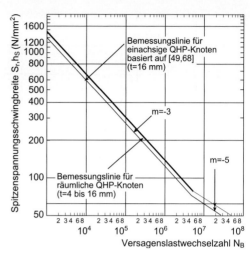

Bild 7-49 Bemessungslinie „$S_{r,hs}$-N_B" für räumliche QHP-Knoten

die für eine Wanddicke $t = 16$ mm gilt (Bild 7-48). Die beiden Linien sind praktisch identisch. Der Unterschied liegt darin, daß für einachsige Knoten die Wanddickenkorrekturen für Wanddicken größer und kleiner als 16 mm durchgeführt werden müssen. Im Gegensatz dazu ist für räumliche Knoten keine Wanddickenkorrektur für Wanddicken zwischen 4 und 16 mm erforderlich. Grundsätzlich gilt dies auch für QHP-Knoten.

Wenn keine detaillierte Analyse zur Ermittlung der sekundären Biegemomente in Bauteilen der räumlichen Knoten durchgeführt wird, ist ähnlich zur Maßnahme für einachsige Knoten (siehe Tabellen 7-11 und 7-12) die axiale Spitzenspannungsschwingbreite $S_{r,hs,ax}$ zur Berücksichtigung der sekundären Biegemomente mit einem Multiplikationsfaktor M zu erhöhen.

$$S_{r,hs} = M \cdot S_{r,hs,ax}$$

Diese Faktoren für KK-förmige, räumliche Knoten mit sowohl Spalt als auch Überlappung aus KHP und QHP sind in Tabelle 7-14 aufgelistet.

Tabelle 7-14 Multiplikationsfaktor M zur Berücksichtigung der sekundären Biegemomente in KK-förmigen KHP- bzw. QHP-Knoten [49]

KK-Knotentyp	Multiplikationsfaktor M zur axialen Spannungsschwingbreite	
	Gurtstab	Füllstäbe
mit Spalt	1,5	1,5
mit Überlappung	1,5	1,5

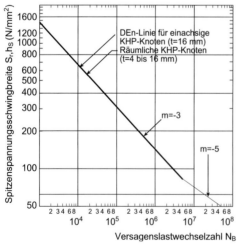

Bild 7-48 Bemessungslinie „$S_{r,hs}$-N_B" für räumliche KHP-Knoten (auch DEn-Linie für einachsige KHP-Knoten)

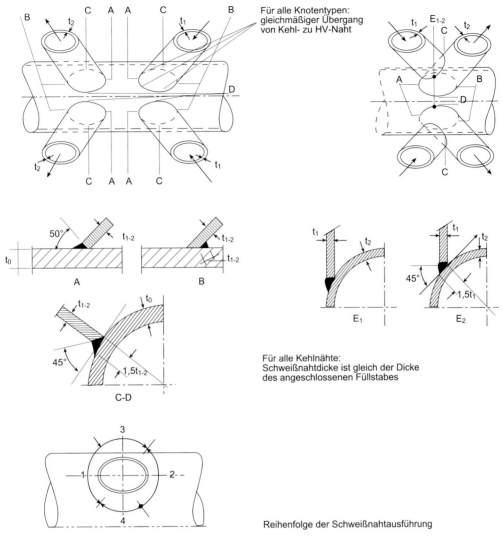

Für alle Knotentypen:
gleichmäßiger Übergang
von Kehl- zu HV-Naht

Für alle Kehlnähte:
Schweißnahtdicke ist gleich der Dicke
des angeschlossenen Füllstabes

Reihenfolge der Schweißnahtausführung

Bild 7-50 Empfohlene Schweißnahtausführung und -reihenfolge in räumlichen KHP-Knoten (vgl. Bild 7-48)

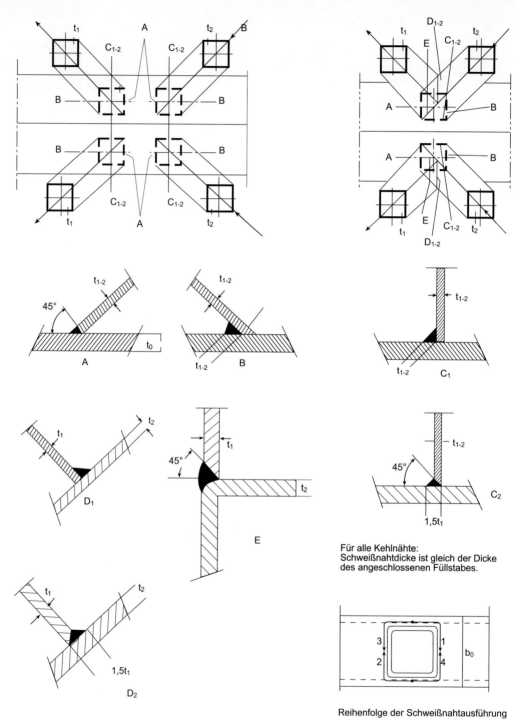

Für alle Kehlnähte:
Schweißnahtdicke ist gleich der Dicke des angeschlossenen Füllstabes.

Reihenfolge der Schweißnahtausführung

Bild 7-51 Empfohlene Schweißnahtausführung und -reihenfolge in räumlichen QHP-Knoten (vgl. Bild 7-49)

7.9 Bemessungsverfahren für Ermüdungsfestigkeit ebener bzw. räumlicher Fachwerkknoten aus KHP oder QHP

Diese Methode für die Bemessung von Knoten aus KHP und QHP nimmt direkt auf den Spannungskonzentrationsfaktor SCF Bezug.

Bild 7-52 zeigt ein kurzes Flußdiagramm des Bemessungsverfahrens, dessen grafische Darstellung in Bild 7-53 enthalten ist.

Die Lebensdauer des einzelnen Knotens muß mindestens gleich der vorgesehenen Betriebsdauer der Gesamtkonstruktion sein. Im Falle eines kritischen Knotens, dessen alleiniges Versagen zum katastrophalen Bruch der Gesamtkonstruktion führen kann, hat EC 3 [42] einen zusätzlichen Teilsicherheitsbeiwert γ_F für die Nennspannungsschwingbreite $S_{r,\text{nenn}}$ vorgesehen. Diese sind in Tabelle 7-15 aufgelistet.

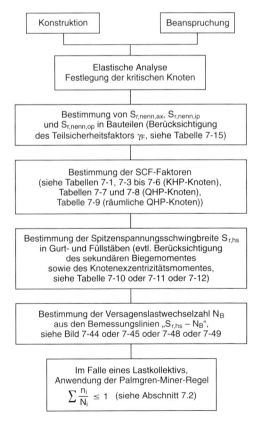

Bild 7-52 Flußdiagramm für Hohlprofilknoten-Bemessungsvorgänge mit SCF

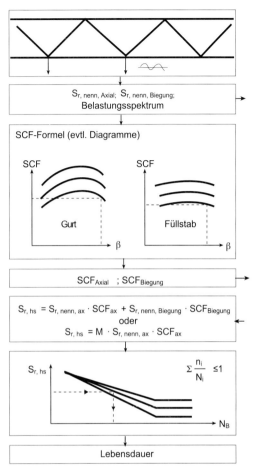

Bild 7-53 Grafische Darstellung des Hohlprofilknoten-Bemessungsvorganges mit SCF

Tabelle 7-15 Teilsicherheitsbeiwert γ_F für die Ermüdungsfestigkeit [42]

Überprüfung und Zugänglichkeit	Schadentolerante Bauteile	Nicht-schadentolerante Bauteile
Regelmäßige Überprüfung und Unterhaltung zugängliche Kerbstelle	1,00	1,25
Regelmäßige Überprüfung und Unterhaltung schlechte Zugänglichkeit	1,15	1,35

Beim Schwingfestigkeitsnachweis eines Fachwerkes ist es nicht erforderlich, alle Knoten zu überprüfen. Es ist ausreichend, wenn ein oder zwei Knoten gemäß Bauteilabmessung und -geometrie sowie Beanspruchung als kritisch festgelegt und für Schwingfestigkeit nachgewiesen werden.

7.10 Bemessungsverfahren für Ermüdungsfestigkeit bei Hohlprofilverbindungen und -fachwerkknoten nach der „Klassifikations"-Methode

Zur Vereinheitlichung der Regeln der technischen Durchführung und Bemessung von Stahlbauten unter schwingender Beanspruchung wurden vom Ausschuß TC 6 „Dauerfestigkeit" der Europäischen Konvention Stahlbau (EKS) 1985 die Berechnungsempfehlungen für den Nachweis der Betriebsfestigkeit veröffentlicht [41]. Diese wurden später vom IIW modifiziert [40]. Die modifizierte Form wurde in den Eurocode 3 aufgenommen [42]. Neben konventionellen Walzstahlverbindungen werden hier auch solche aus KHP und RHP (bzw. QHP) behandelt. Angestrebt wurde eine harmonisierte Form der Darstellung der Walzstahl- und Hohlprofilverbindungen, wodurch von Fall zu Fall sehr vorsichtige Ergebnisse für Hohlprofilverbindungen herauskommen können. Das Klassifikationsverfahren, das nachfolgend beschrieben wird, ist einfach anzuwenden.

Das Bemessungskonzept nach dem Klassifikationsverfahren basiert auf der Nennspannungsschwingbreite. Dementsprechend werden die Bemessungslinien „$S_{r,\text{nenn}}$-N_B" einheitlich mit einer Neigung $m=3$ und bis zu einer Versagenslastwechselzahl $N_B = 5 \cdot 10^6$ und dann bis $N_B = 10^8$ mit $m=5$ verwendet (Bild 7-54).

Bei der Anwendung der Nennspannungsschwingbreite $S_{r,\text{nenn}}$ als Bemessungsgrundlage wird angenommen, daß $S_{r,\text{nenn}}$-Werte, die während der Versuche zur Erstellung der „$S_{r,\text{nenn}}$-N_B"-Linien (Wöhlerlinien) ermittelt wurden, bereits die Einflüsse der Schweißnaht, Eigenspannung, Knotenexzentrizität und sekundären Biegemomente wegen der Steifigkeitsvariationen enthalten.

Dem Bild 7-54 angepaßt werden die Verbindungen nach ihrer Tragfähigkeit in „Kerbgruppen" eingestuft (siehe Tabelle 7-16). Eine höhere „Kerbgruppenziffer" bezeichnet die größere Betriebsfestigkeit einer Verbindung gegenüber einer anderen mit niedriger „Kerbgruppenziffer".

Kerbgruppenziffer =
Nennspannungsschwingbreite $S_{r,\text{nenn}}$
in N/mm^2 bei $2 \cdot 10^6$ Lastwechselzahlen

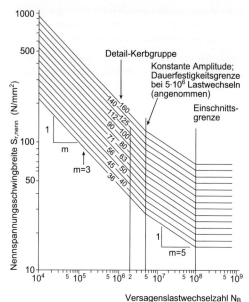

Bild 7-54 $S_{r,\text{nenn}}$-N_B-Linien für die Bemessung nach Ermüdungsfestigkeit (vgl. Tabelle 7-16) [42]

Tabelle 7-17 enthält die numerischen $S_{r,\text{nenn}}$-Werte für 10^5-, $2 \cdot 10^6$-, $5 \cdot 10^6$- und 10^8-Lastwechsel nach Bild 7-54. Für Hohlprofilknoten haben die Bemessungslinien „$S_{r,\text{nenn}}$-N_B" eine Neigung $m=5$ über den gesamten Bereich bis $N_B = 10^8$ (Bild 7-55 und Tabelle 7-18). Tabelle 7-19 zeigt die numerischen $S_{r,\text{nenn}}$-Werte für 10^5-, $5 \cdot 10^6$- und 10^8-Lastwechsel nach Bild 7-55.

Tabelle 7-17 Numerische Nennschwingfestigkeitswerte $S_{r,\text{nenn}}$ (N/mm^2) für Hohlprofile und Hohlprofilverbindungen nach Bild 7-54 [42]

	Kerbgruppe	Dauerfestigkeitsgrenze	Einschnittsgrenze
10^5 LW	$2 \cdot 10^6$ LW	$5 \cdot 10^6$ LW	10^8 LW
434	160	118	65
380	140	103	57
339	125	92	51
304	112	83	45
271	100	74	40
244	90	66	36
217	80	59	32
193	71	52	29
171	63	46	25
152	56	41	23
136	50	37	20
122	45	33	18
109	40	29	16
98	36	26	15

Tabelle 7-16 Hohlprofile und Hohlprofilverbindungen mit Kerbgruppenziffern [42]

Kerb-gruppe	Konstruktionsdetail		Beschreibung	Anforderung
160	1		Gewalzte und gepreßte Erzeugnisse ① nichtgeschweißte Elemente	① Scharfe Kanten und Fehler in der Oberfläche sollten durch Schleifen entfernt werden
140	2		Durchgehende Längsnähte ② automatisch ge-schweißte Längsnähte	② Keine Ansatzstellen, und nachweisbar frei von er-kennbaren Fehlern
71	3		Quernähte ③ Mit durchgeschweißten Nähten geschweißte Stöße von Rundhohl-profilen	③ und ④ – Die Nahtüberhöhung darf nicht größer als 10 % der Schweißnahtdicke sein und muß verlaufend in die Blechoberfläche übergehen – In Wannenlage geschweißte Nähte und nachweisbar frei von erkennbaren Fehlern – Konstruktionsdetails mit Wanddicken größer als 8 mm können zwei Kerb-gruppen höher eingestuft werden
56	4		④ Mit durchgeschweißten Nähten geschweißte Stöße von Rechteck-hohlprofilen	
71	5	≤ 100 mm	Nichttragende Schweißnähte ⑤ Runde oder rechteckige Hohlprofilquerschnitte, mit Kehlnaht an einen anderen Querschnitt angeschweißt	⑤ – Nichttragende Schweiß-nähte – Querschnittsbreite parallel zur Spannungsrichtung ≤ 100 mm
50	6		Tragende Schweißnähte ⑥ Mit einer Kopfplatte gestoßene, mit durch-geschweißter Naht an-geschweißte Kreishohl-profile	⑥ und ⑦ – Tragende Schweißnähte – Nähte, nachweisbar frei von erkennbaren Fehlern – Konstruktionsdetails mit Wanddicken größer als 8 mm können eine Kerb-gruppe höher eingestuft werden
45	7		⑦ Mit einer Kopfplatte gestoßene, mit durch-geschweißter Naht an-geschweißte Rechteck-hohlprofile	
40	8		⑧ Mit einer Kopfplatte gestoßene, mit Kehlnaht angeschweißte Kreis-hohlprofile ⑨ Mit einer Kopfplatte gestoßene, mit Kehlnaht angeschweißte Rechteck-hohlprofile	⑧ und ⑨ – Tragende Schweißnähte – Wanddicken kleiner als 8 mm
36	9			

$t \leq 12{,}5$ mm

Tabelle 7-18 Hohlprofilknoten mit Kerbgruppenziffern [42]

Kerb-gruppe	Konstruktionsdetail	Beschreibung	Anforderung
90	$t_0/t_i \geq 2{,}0$	Knoten mit Spalt (*) ① Kreishohlprofile, K- und N-Knoten	
45	$t_0/t_i = 1{,}0$		
71	$t_0/t_i \geq 2{,}0$	② Rechteckhohlprofile, K- und N-Knoten	② $0{,}5(b_0-b_i) \leq g \leq 1{,}1(b_0-b_i)$, $g \geq 2t_0$ g: Spalt e: positive Exzentrizität
36	$t_0/t_i = 1{,}0$		
71	$t_0/t_i \geq 1{,}4$	Knoten mit Überlappung ③ K-Knoten	③ und ④ Überlappung zwischen 30 % und 100 %
56	$t_0/t_i = 1{,}0$		$(q/p) \cdot 100$: Überlappungsgrad e: negative Exzentrizität

Bei Zwischenwerten von t_0/t_i ist eine lineare Interpolation zwischen den beiden nächsten Kerbgruppen möglich. Füllstäbe und Gurtstäbe erfordern getrennte Ermüdungsnachweise.

Tabelle 7-18 (Fortsetzung)

Kerb-gruppe	Konstruktionsdetail	Beschreibung	Anforderung
71	$t_0/t_i \geq 1,4$	Knoten mit Überlappung (*) ④ N-Knoten	① bis ④ – $t_0, t_i \leq 12,5$ mm – $35° \leq \theta \leq 50°$ – $b_0/t_0 \leq 25$ – $d_0/t_0 \leq 25$ – $0,4 \leq b_i/b_0 \leq 1,0$ – $0,4 \leq d_i/d_0 \leq 1,0$ – $b_0 \leq 200$ mm – $d_0 \leq 300$ mm – $-0,5 h_0 \leq e \leq 0,25 h_0$ – $-0,5 d_0 \leq e \leq 0,25 d_0$ – Exzentrizität rechtwinklig zur Verbandsebene $\leq 0,02 b_0$ oder $\leq 0,02 d_0$ – Kehlnähte sind zulässig in Verbandsstäben mit Wanddicken ≤ 8 mm. – Für Wanddicken größer als 12,5 mm siehe Abschnitt 9.6.3 der EC3 [42]
50	$t_0/t_i = 1,0$		

Bei Zwischenwerten von t_0/t_i ist eine lineare Interpolation zwischen den beiden nächsten Kerbgruppen möglich. Füllstäbe und Gurtstäbe erfordern getrennte Ermüdungsnachweise.

Tabelle 7-19 Numerische Nennschwingfestigkeitswerte $S_{r,\text{nenn}}$ (N/mm²) für Hohlprofilknoten nach Bild 7-55 [42]

10^5 LW	Kerbgruppe $2 \cdot 10^6$ LW	Einschnittsgrenze 10^8 LW
164	90	41
126	71	32
102	56	26
91	50	23
82	45	21
66	36	16

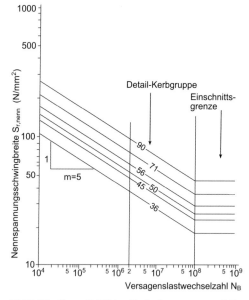

Bild 7-55 „$S_{r,\text{nenn}}$-N_B"-Linien für die Bemessung nach Ermüdungsfestigkeit von Hohlprofilknoten (vgl. Tabelle 7-18) [42]

Üblicherweise wird die Berechnung der Beanspruchungen in den Stäben eines Fachwerkes unter der Annahme gelenkiger Knoten (momentenfrei) durchgeführt, um aufwendige Spannungsanalysen zu vermeiden. Dadurch ergeben sich nur Normalkräfte in den Stäben. Die sekundären Biegemomente aufgrund der Steifigkeiten in den Knoten sowie die Momente aus der Knotenexzentrizität, die für die Bemessung nach der Schwingfestigkeit berücksichtigt werden müssen, werden vereinfacht dadurch angerechnet, daß die Normalkräfte mit einem Faktor M gemäß den Tabellen 7-11 bzw. 7-12 nach Eurocode 3 [42] multipliziert werden. Hinzu kommt der Teilsicherheitsbeiwert γ_F, der nach Tabelle 7-15 [42] bestimmt wird.

Die Lebensdauer eines Hohlprofilknotens in einem Fachwerk kann nach dem Klassifikationsverfahren gemäß EC 3 [42] wie folgt berechnet werden:

- Berechnung der Nennspannungsschwingbreite $S_{r,\text{nenn}}$ in den kritischen Knotenstäben unter der Annahme gelenkiger Knoten.

- Berücksichtigung des sekundären Biegemomentes und des Knotenexzentrizitätsmomentes durch die folgende Gleichung:

$$\text{vorhandene } S_{r,\text{nenn,vorh.}} =$$
$$S_{r,\text{nenn,berechnet}} \cdot M \cdot \gamma_F$$

- Bestimmung der Lebensdauer des Knotens unter Verwendung von $S_{r,\text{nenn,vorh}}$ und den Bemessungslinien „$S_{r,\text{nenn}}$-N_B" des Bildes 7-55.

- Im Falle eines Lastkollektivs, Anwendung der Palmgren-Miner-Regel:

$$\sum_{n}^{i=1} \frac{n_i}{N_i} \leq 1{,}0$$

7.10.1 Laschen-Verbindungen mit KHP

Bild 7-56 zeigt untersuchte Laschenverbindungen mit KHP, dabei werden auch die Schweißdetails dargestellt. Die verwendeten Stahlgüten in den Versuchen [5] sind wie folgt:

(S235, S355, St E 690)

Aufgrund dieser Schwingfestigkeitsversuche wurden entsprechende „$S_{r,\text{nenn}}$-N_B"-Linien entwickelt, die die Grundlage zu einer Erweiterung der Bemessungsempfehlung nach dem Klassifikationsverfahren [77] bilden (siehe Tabelle 7-20). Zur Bemessung wird Bild 7-56 verwendet.

7.10.2 Modifizierungsempfehlung der Kerbgruppenziffern von Hohlprofilknoten nach EC 3 [42]

Wegen der angestrebten Harmonisierung der Bemessung von Walzstahl- und Hohlprofilverbindungen zur Schwingfestigkeit wurden gemäß des Klassifikationsverfahrens in EC 3 [42] die Kerbgruppenziffern von Hohlprofilknoten auf der sicheren Seite empfohlen (siehe Bild 7-55 und Tabelle 7-18). Diese gestraffte Version der Kerbgruppen-Einteilung liefert häufig zu sichere und auch unwirtschaftliche

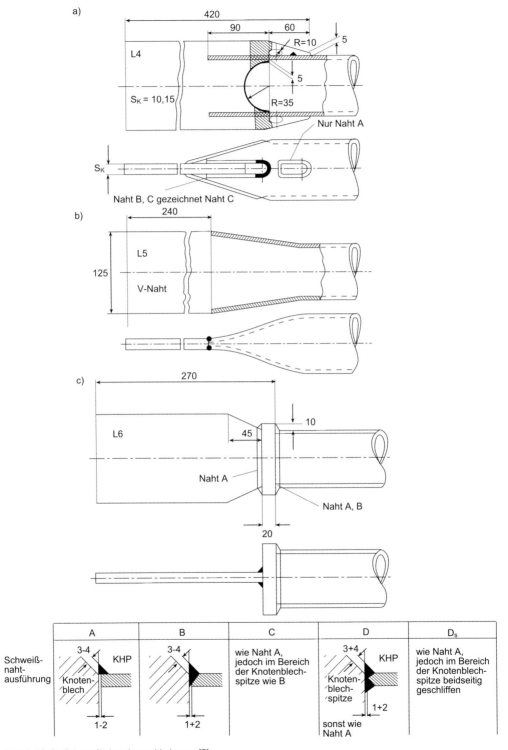

Bild 7-56 Prüfkörper für Laschenverbindungen [5]

Tabelle 7-20 KHP-Laschenverbindungen mit Kerbgruppenziffern

Kerbgruppe	Konstruktionsdetail	Beschreibung und Anforderung
72		KHP-Blech-Verbindung mit abgeflachten KHP-Enden und Stumpfnaht (X-Naht) Grenzen: Blechdicke ≤ 20 mm KHP-Durchmesser ≤ 200 mm
64	HV-Naht / Kehlnaht / HV-Naht	KHP-Blech-Verbindung. Geschlitztes KHP verschweißt mit dem Blech Grenzen: KHP-Durchmesser ≤ 200 mm Blechdicke ≤ 20 mm runden
45	HV-Naht ●	Stoß eines KHP mit Zwischenblech, geschweißt mit HV-Naht. Grenzen: Durchmesser ≤ 200 mm Blechdicke ≥ 20 mm
45	HV-Naht / Kehlnaht	KHP-Blech-Verbindung. Geschlitztes KHP-Ende verschweißt mit dem Blech

Kerbgruppenziffern, die von Fall zu Fall die Konkurrenzfähigkeit bei der Anwendung geschweißter K- und N-förmiger Hohlprofilknoten beeinträchtigt.

Es liegen Vorschläge zur Modifizierung der Kerbgruppenziffern [77] von K- und N-förmigen Hohlprofilknoten nach EC 3 [42] vor, die die Konstruktionsdetails genauer spezifizieren (z. B. nicht nur t_0/t_i, sondern auch d_i/d_0-Bereiche angeben). Diese führen in manchen Bereichen zu wesentlich höheren Kerbgruppenziffern. Die durchgeführten Auswertungen zeigten eine sehr gute Übereinstimmung mit den Versuchswerten.

Die Vorschläge mit genau ausgewerteten Kerbgruppenziffern für geschweißte K- und N-förmige Hohlprofilknoten sind in den Tabellen 7-21 und 7-22 dargestellt [77] und können zusammen mit Bild 7-55 ($m=5$) angewendet werden. Tabelle 7-22 zeigt die Umrechnungsfaktoren, mit denen die Kerbgruppenziffern anderer Knoten aus den Kerbziffern von K-förmigen KHP-Knoten in Tabelle 7-21 umgerechnet werden können.

Ferner gibt Lit. [77] auch die Kerbgruppenziffern für X-förmige RHP-Knoten mit Öffnungswinkel $\theta=90°$ (Kreuzknoten) an, die eine Erweiterung der EC 3-Empfehlungen darstellen (siehe Tabelle 7-23).

7.11 Einfluß örtlicher Verstärkungen durch Bleche auf die Schwingfestigkeit in RHP-Knoten

Eine Verstärkung des Rechteck-Hohlprofilknotens durch Anbringung eines Verstärkungsbleches an der Anschlußseite des Gurtstabes (Bild 7-57, Form 1) oder durch Anordnung eines Querbleches (Bild 7-57, Form 2) bewirkt im allgemeinen eine Verbesserung der Zeit- und Dauerfestigkeit. Eine Kombination der Formen 1 und 2 ist möglich (Bild 7-57, Form 3).

Bei einer Verstärkung nach Form 1 kann für kleine b_i/b_0 Verhältnisse mit steigender Dicke der Verstärkungsbleche eine deutliche Steigerung von f_{max} ($N_B=2\cdot10^6$) erreicht werden (Bild 7-58). Entsprechendes gilt auch für den Zeitfestigkeitsbereich.

Tabelle 7-21 Modifizierte Kerbgruppenziffern für geschweißte K-förmige KHP-Knoten* nach Klassifikationsverfahren [77] (verwende Bild 7-55)

Kerbgruppen-ziffer	Konstruktionsdetails		Beschreibung und Anforderung
	Die Diagonalstäbe sind zu bemessen		Fachwerkträger-Knoten aus KHP- und RHP
36	$1,0 \le t_0/t_i < 1,5$	$0,28 \le d_i/d_0 < 0,75$	1. Knoten mit einem Spalt $g = 25,4$ mm zwischen den Schnittlinien der Diagonalen mit dem Gurtprofil oder zwischen den Schnittlinien der Diagonale und des Vertikalstabes mit dem Gurtprofil (N-Knoten).
64	$1,0 \le t_0/t_i < 1,5$	$0,75 \le d_i/d_0 \le 1,00$	2. Knoten mit 0 Spalt (wegen der einfachen Interpolationsmöglichkeit wurde dieser Fall aufgenommen).
	$1,5 \le t_0/t_i < 2,0$	$0,28 \le d_i/d_0 < 0,75$	3. Knoten mit 50% überlappten Füllstäben.
80	$1,5 \le t_0/t_i < 2,0$	$0,75 \le d_i/d_0 \le 1,00$	4. Knoten mit 100% überlappten Füllstäben.
	$t_0/t_i > 2,0$	$0,28 \le d_i/d_0 < 0,75$	Für Zwischenwerte von t_0/t_i ist lineare Interpolation möglich.
101	$t_0/t_i \ge 2,0$	$0,75 \le d_i/d_0 \le 1,00$	Begrenzung:
	1. Knoten mit 25,4 mm Spalt		$b_0 \le 200$ mm $d_0 \le 300$ mm
45	$1,0 \le t_0/t_i < 1,5$	$0,28 \le d_i/d_0 < 0,75$	$0,4 \le \dfrac{b_i}{b_0} \le 1,0$ $0,25 \le \dfrac{d_i}{d_0} \le 1,0$
72	$1,0 \le t_0/t_i < 1,5$	$0,75 \le d_i/d_0 \le 1,00$	$\dfrac{b_0}{t_0}$ bzw. $\dfrac{d_0}{t_0} \le 25,0$
	$1,5 \le t_0/t_i < 2,0$	$0,28 \le d_i/d_0 < 0,75$	$35° \le \theta \le 55°$ (für die Knotenform 1 und 2)
90	$1,5 \le t_0/t_i < 2,0$	$0,75 \le d_i/d_0 \le 1,00$	$45° \le \theta \le 55°$ (für die Knotenform 3 und 4)
	$t_0/t_i \ge 2,0$	$0,28 \le d_i/d_0 < 0,75$	Die Werte der nebenstehenden Tabelle gelten für Knotenpunkte der K-Form.
114	$t_0/t_i \ge 2,0$	$0,75 \le d_i/d_0 \le 1,00$	Für N-Knoten aus Kreishohlprofilen und für K- und N-Knoten aus Rechteckhohlprofilen müssen die Tabellenwerte mit den Abminderungsfaktoren gemäß Tabelle 7.22 multipliziert werden.
	2. Knoten ohne Spalt		Für die Bemessung der Gurte ist bei $2 \cdot 10^6$ Lastwechseln die Kerbgruppenziffer 127 maßgebend.
80	$1,0 \le t_0/t_i < 1,5$	$0,28 \le d_i/d_0 \le 0,50$	
72	$1,0 \le t_0/t_i < 1,5$	$0,50 < d_i/d_0 \le 1,00$	
101	$1,5 \le t_0/t_i < 2,0$	$0,28 \le d_i/d_0 \le 1,00$	
114	$t_0/t_i \ge 2,0$	$0,28 \le d_i/d_0 \le 1,00$	
	3. Knoten 50% überlappt		
64	$1,0 \le t_0/t_i < 1,5$	$0,28 \le d_i/d_0 \le 0,50$	
51	$1,0 \le t_0/t_i < 1,5$	$0,50 \le d_i/d_0 \le 0,75$	
36	$1,0 \le t_0/t_i < 1,5$	$0,28 \le d_i/d_0 \le 1,00$	
80	$1,5 \le t_0/t_i < 2,0$	$0,28 \le d_i/d_0 \le 0,75$	
64	$1,5 \le t_0/t_i < 2,0$	$0,75 < d_i/d_0 \le 1,00$	
80	$t_0/t_i \ge 2,0$	$0,28 \le d_i/d_0 \le 1,00$	
	4. Knoten 100% überlappt		

* Für RHP-Knoten ist d_i bzw. d_0 durch b_i bzw. b_0 zu ersetzen.

Tabelle 7-22 Umrechnungsfaktoren der Kerbgruppenziffern für andere Knotenformen (N-Knoten) und für RHP-Knoten (vgl. Tabelle 7-21)

N-Knoten aus KHP		K-Knoten aus RHP	N-Knoten aus KHP	N-Knoten aus RHP
	Spalt 25,4 mm	0,8	0,9	0,4
	Spalt 0,0 mm	0,8	0,9	0,4
	überlappt 50 %	0,8	1,0	0,7
	überlappt 100 %	0,8	1,0	0,7

Tabelle 7-23 Kerbgruppenziffer für Kreuzknoten aus RHP

Kerbgruppen-ziffer	Konstruktionsdetail [a]			
	k	b/b_0	t_0/t	
	0,15	$0,4 \leq b/b_0 < 0,6$	$t_0/t \geq 1,0$	
	0,15	$0,6 \leq b/b_0 < 0,7$	$1,0 \leq t_0/t \leq 1,5$	
	0,20	$0,7 \leq b/b_0 \leq 0,8$		
$k.51$	0,40	$0,8 < b/b_0 < 1,0$		
	0,40	$0,6 \leq b/b_0 < 0,8$	$t_0/t > 1,5$	
	0,50	$0,8 \leq b/b_0 < 1,0$		
	0,70	$b/b_0 = 1,0$	$t_0/t \leq 1,5$	
	1,10		$t_0/t > 1,5$	

[a] Gilt für einen Neigungswinkel von 90° und für Axialbeanspruchung

Der Einfluß der Breite des Verstärkungsbleches auf die ertragbare Zug-Oberspannung f_{max} ist in Bild 7-59 dargestellt.

Gemäß Bild 7-60 ist zu beobachten, daß eine kurze Versteifungsblechlänge im Falle des Knotens mit Spalt vorteilhaft ist. Ab einem bestimmten Längenmaß für das Versteifungsblech ist kein Einfluß mehr feststellbar.

Bei überlappten Knotenpunkten, die in unversteifter Ausführung durch Gurtbrüche quer zur Gurtlängsachse versagen, wird sich durch diese Versteifungsart und größere Blechlängen eine Zeit- und Dauerfestigkeitssteigerung erreichen lassen. Dabei wird nämlich im kritischen Bereich anstelle einer Quernaht eine durchlaufende Längsnaht vorliegen und die im Knotenbereich

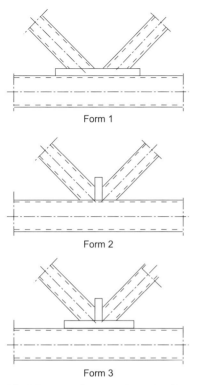

Bild 7-57 Versteifungsarten für Rechteckhohlprofil-knoten

maßgebenden Beanspruchungen durch die zusätzlichen Versteifungsbleche abgemindert werden.

Eine zusätzliche Erhöhung der Zeit- und Dauerfestigkeit durch die Versteifungsform 3 ist im Vergleich mit den Daten zur Versteifungsform 1 in Bild 7-61 erkennbar.

Daß die gleichen Tendenzen bei den verstärkten Knotenpunkten wie bei den unverstärkten Knoten bezüglich der Auswirkung von Überlappungen gelten (g/b_i-Verhältnis), ist aus Bild 7-62 zu entnehmen. Eine 70%ige Überlappung ist im wesentlichen nicht günstiger als jene mit 37% Überlappung.

7.12 Reparatur und Sanierung von Hohlprofil-knoten im rißbruchkritischen Bereich

In der Regel werden Stahlkonstruktionen für eine Lebensdauer zwischen 30 und 70 Jahren ausgelegt. Schäden an einzelnen Bauteilen und Verbindungen können jedoch vor Ablauf der ausgelegten Zeit auftreten und müssen unbedingt behoben werden. Aus Versagensformen und Rißbildern (siehe Beispiele in den Bildern 7-26, 7-33, 7-34) sind praxisgerechte Verstärkungs- und Reparaturmaßnahmen festzulegen. Es wurden im Rahmen einer europäischen Forschungs-

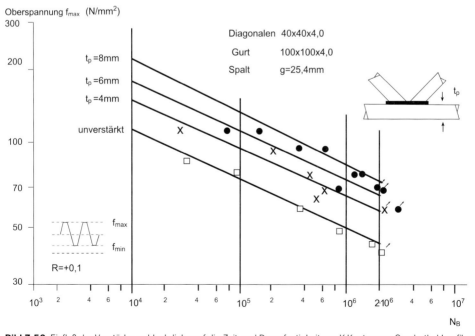

Bild 7-58 Einfluß der Verstärkungsblechdicke auf die Zeit- und Dauerfestigkeit von K-Knoten aus Quadrathohlprofilen

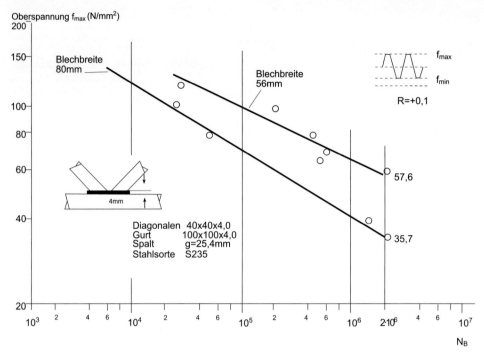

Bild 7-59 Einfluß der Breite des Verstärkungsbleches auf die Zeit- und Dauerfestigkeit von K-Knoten aus Quadrathohlprofilen

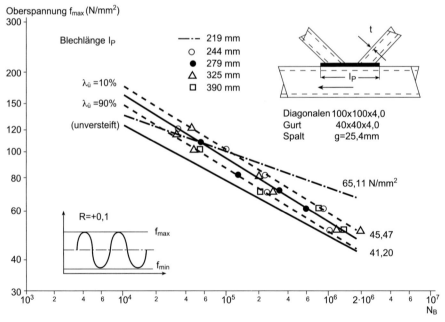

Bild 7-60 Einfluß der Verstärkungsblechlänge auf die Zeit- und Dauerfestigkeit von K-Knoten aus Quadrathohlprofilen

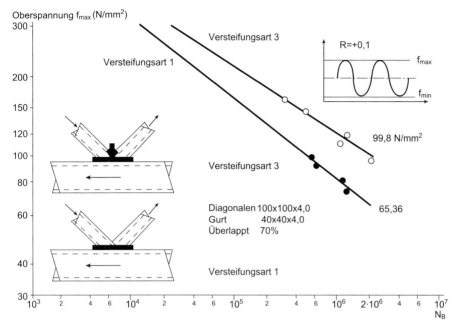

Bild 7-61 Vergleich verschiedener Versteifungsarten 1 und 3

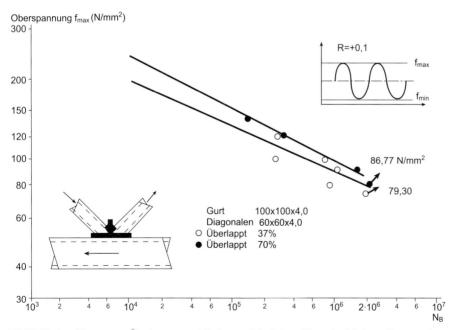

Bild 7-62 Auswirkungen von Überlappungsverhältnissen auf die Zeit- und Dauerfestigkeit von Knotenpunkten, Verstärkungsform 3

arbeit Untersuchungen über die Reparaturmaßnahmen von Hohlprofilknoten unter Schwingfestigkeitsbeanspruchung durchgeführt [49].

Nachfolgend werden die für Hohlprofile und
Hohlprofilknoten in Frage kommenden Reparaturmaßnahmen beschrieben.

7.12.1 Anbringen eines Rißstoppers in Form einer Bohrung

Bei diesem Verfahren werden die aufgetretenen
Risse nicht repariert, sondern an den Rißenden
wird eine Bohrung als Rißstopper angebracht.
Die Bohrung wird dann mittels einer hochfesten vorgespannten Schraube so belastet, daß
keine weiteren Risse mehr auftreten. Diese
Maßnahme ist nur bei Konstruktionen mit großen Hohlprofilabmessungen möglich.

7.12.2 Abschleifen bzw. Ausfugen des Risses und Nachschweißen

Durch einfaches Zuschweißen des Risses kann
etwa das 0,25–0,50fache der ursprünglichen
Lebensdauer erreicht werden. Das bedeutet,
daß diese einfache Reparatur nur zu einer kurz-
fristigen Überbrückung der Stillstandzeiten
herangezogen werden kann.

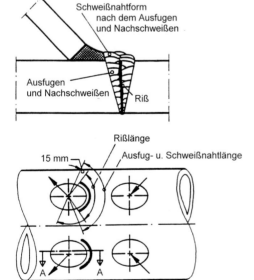

Bild 7-63 Ausfugen und Nachschweißen der Rißstelle eines KHP-Knotens

Bild 7-64 Ausfugen und Nachschweißen der Rißstelle eines QHP-Knotens mit Überlappung [49]

Die Bilder 7-63 und 7-64 zeigen eine geeignete
Reparaturmöglichkeit zum Erreichen einer
langfristigen Lebensdauer (insbesondere für
Hohlprofilknoten), die aus dem Ausfugen der
Rißstelle und dem Nachschweißen besteht.

Die vorgenannte Untersuchung [49] an Dreigurtträgern aus Hohlprofilen hat gezeigt, daß
nach dieser Reparaturmaßnahme eine weitere
Restlebensdauer von 40% der Bemessungs-
lebensdauer erreicht werden kann.

Das Schweißen nach dem Ausfugen soll mit basisch umhüllten Elektroden und die letzte Lage
mit Rutil-umhüllten Elektroden ausgeführt
werden. Da Risse in Hohlprofilknoten am
Schweißnahtfuß entstehen und die Reparatur
neben der Schweißnaht durchgeführt wird, muß
ein glatter Übergang von der alten zur neuen
Schweißnaht hergestellt werden.

7.12.3 Anbringen einer Platte oder Schale auf den Gurtflansch (Riß am Gurtoberflansch)

Nach diesem Verfahren wird an der Rißstelle
die Schweißnaht ausgefugt, neu geschweißt
und eine zusätzliche Platte oder Schale als Verstärkung angebracht (Bilder 7-65 und 7-66).

Falls ein Riß im Füllstab auftritt, muß ein Teil
des Füllstabes abgeschnitten und mit einem
neuen Teil ersetzt werden (Bild 7-67).

7.12.4 Anbringen von Eckstücken aus Rechteckhohlprofilen

Obwohl kostenaufwendiger als andere Reparaturmaßnahmen, zeigt diese Reparaturart, bestehend aus dem Anbringen von RHP-Eckstük-

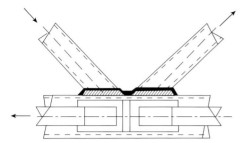

Bild 7-65 Reparatur eines RHP-Knotens durch Anbringen von Platten auf den Gurtoberflansch

Bild 7-66 Erhöhung des tragenden Querschnittes im Stumpfnahtbereich (Bindefehler in Nähten) durch Anschweißen von Halbschalen (vorwiegend ruhende Konstruktion)

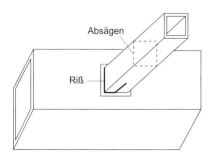

Bild 7-67 Reparatur durch Ersetzen eines Füllstabteils (Riß im Füllstab)

ken an der Rißstelle, die besten Ergebnisse (Bild 7-68).

Mit dieser Maßnahme wird neben der Überbrückung der Risse auch eine Verstärkung und Versteifung im Anschlußbereich erreicht. Nach den versuchstechnischen Untersuchungen [49] wurde in diesem Fall nach erfolgter Reparatur eine Lebensdauer in Höhe der 2fachen ursprünglichen Lebensdauer erwartet.

7.13 Verbesserung der Ermüdungsfestigkeit durch mechanische und thermische Verfahren

Zur Erhöhung der Schwingfestigkeit geschweißter Verbindungen aus Stahl mit Schwingbrüchen im Übergangsbereich zwischen Grundwerkstoff und Schweißgut sind die folgenden zwei Punkte zu berücksichtigen:

– Ausbildung günstiger Eigenspannungszustände im Schweißnahtübergangsbereich
– möglichst kerbfreie Ausführungen der Schweißnahtübergänge mit flachem Auslauf zum Grundwerkstoff

Die folgenden Verfahren gewährleisten günstige Eigenspannungszustände, wodurch das Grenzspannungsverhältnis $R = f_{min}/f_{max}$ verringert wird (Dieses kontrolliert das Wachstum der Schwingbeanspruchungsrisse.):

– Wärmebehandlung, z. B. Spannungsarmglühen
– Kugelstrahlen bzw. Hämmern
– einmalige Zugbelastung des Bauteils
– Vibrationsentspannung

Zum Erreichen kerbfreier Ausführungen der Nahtübergänge werden folgende Verfahren angewendet:

– Schleifen der Nahtübergänge
– WIG- oder Plasma-Nachbehandlung

7.13.1 Wärmebehandlung

Durch Spannungsarmglühen oder durch örtliches Entspannen kann man den Abbau ungünstiger Eigenspannungszustände, wie zu hohe Zugeigenspannungen, erreichen. Dies kann eine Steigerung der Ermüdungsfestigkeit bewirken. Allerdings ist eine vorsichtige Überprüfung der Zustände geboten, da es Fälle ge-

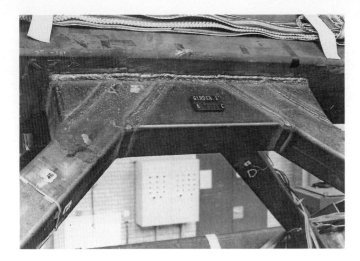

Bild 7-68 Reparatur von RHP-Knoten
mit Spalt mittels RHP-Eckstücken
nach dem Schweißen

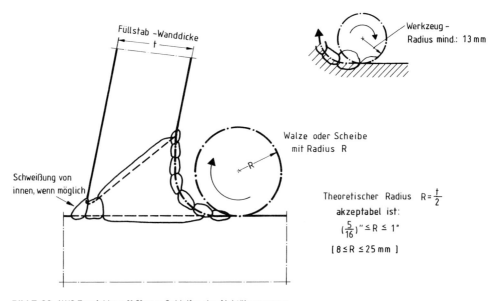

Füllstab -Wanddicke
t

Werkzeug –
Radius mind.: 13 mm

Walze oder Scheibe
mit Radius R

Schweißung von
innen, wenn möglich

Theoretischer Radius $R = \frac{t}{2}$

akzeptabel ist:

$(\frac{5}{16})'' \leq R \leq 1''$

$[8 \leq R \leq 25\ mm]$

Bild 7-69 AWS-Empfehlung [13] zum Schleifen des Nahtüberganges

ben kann, bei denen ein Spannungsarmglühen keine Änderung des Ermüdungsverhaltens bzw. eine Abminderung der Schwingfestigkeit mit sich bringt. Diese Tatsache ist darauf zurückzuführen, daß das Schweißen an schwingbruchbestimmenden Stellen (Schweißnahtübergänge oder Schweißnahtwurzeln) zu günstigeren Druck-Eigenspannungen, die durch die Wärmebehandlung abgebaut werden, führen kann.

Das Verfahren besteht aus dem Erwärmen der Verbindungsbereiche mit speziellen Wärmeein-

richtungen (Gasbrennern oder Induktionsschleifen) auf ca. 500 °C. Ziel ist es, die Eigenspannungen durch lokale Plastizierung abzubauen.

Das Verfahren bietet spezielle Vorteile für Stähle mit hoher Streckgrenze, da besonders in diesem Fall die Schwingfestigkeit erhöht werden kann.

Ein anderes Wärmebehandlungsverfahren ist das Anbringen von Wärmepunkten oder Wärmekeilen je nach Form und Art des Bauteils. Dadurch werden Druck-Eigenspannungen in die schwingbruchkritischen Stellen eingebracht, um die vorhandenen Zugspannungen abzubauen.

Es ist besonders zu erwähnen, daß das Spannungsarmglühen weniger kostenaufwenig als das Schleifen von Schweißnähten ist.

7.13.2 Kugelstrahlen und Hämmern

Mechanische Nachbehandlungsverfahren, wie Kugelstrahlen und Hämmern der schwingbruchgefährdeten Schweißnahtübergänge, haben zwei Auswirkungen:

– Einbringen von Druck-Eigenspannungen im oberflächennahen Bereich der Konstruktion; lokale Spitzenspannungen werden durch Überlagerung mit Druckspannungen abgebaut
– Verbesserung des Schweißnahtprofiles durch Kaltverformung und Glättung der Einbrandkerben

Beim Kugelstrahlen werden die Oberflächen durch geeichte Gußeisenkugeln geringen Durchmessers oder kleine Stücke hochfester Stahldrähte in einem Hochgeschwindigkeits-Luftstrom bearbeitet. Zwei Parameter bestimmen die Güte des Kugelstrahlens:

– Grad der Oberflächenverformung
– Fläche, über die sich die durch das Kugelstrahlen erzeugten Vertiefungen erstrecken. Diese wird durch die Deckung der Vertiefungen dargestellt. Vollständige oder 100%-Deckung ist erreicht, wenn man bei visueller Überprüfung mit 10 facher Vergrößerung feststellt, daß sich die Vertiefungen gerade überlappen

Die Wirksamkeit des Kugelstrahlens hängt u. a. von der Festigkeit des Grundwerkstoffes ab. Sie wirkt sich insbesondere im Bereich Lastwechselzahl $N > 10^6$ festigkeitssteigernd aus.

Die Behandlungsmethode „Hämmern" wird mit einem pneumatischen Hammer, der eine etwa 12 mm starke Spitze besitzt, durchgeführt. Der dazu benötigte Luftdruck beträgt 5 bis 6 bar. Es wird empfohlen, die Fläche 4 mal mit dem Hammer zu bearbeiten.

7.13.3 Einmalige Zugbelastung des Bauteils

Diese Methode besteht aus mechanischem Überlasten des Bauteils mit einer gezielten Plastizierung schwingbruchgefährdeter Bereiche,

die nach der Entlastung dann zumindest oberflächennah unter Druck-Eigenspannungen stehen.

7.13.4 Vibrationsentspannung

Es ist möglich, durch Vibrationen Eigenspannungen in einer Schweißverbindung abzubauen. Forschungsprogramme auf diesem Gebiet zeigen jedoch eine große Streuung der Daten, d. h. es kann heute nicht mit ausreichender Sicherheit gesagt werden, ob eine Behandlung mit dieser Methode die ungünstigen Eigenspannungen beseitigt bzw. abmindert. Aus diesem Grunde kann die Anwendung dieses Verfahrens nur empfohlen werden, wenn durch Versuche eine ausreichende Größe für den Abbau der Eigenspannungen nachgewiesen wird.

7.13.5 Schleifen der Nahtübergänge

Das Schleifen der Schweißnähte beseitigt Einbrandkerben und verbessert somit das Nahtprofil. Es ist hierbei zu beachten, daß das Ausschleifen einzelner tiefer Kerben gegebenenfalls einen Unterschnitt nach sich zieht, der sich aufgrund der damit verbundenen Querschnittsabminderung als nachteilig erweisen kann. Bei schlechter Ausführungsqualität kann das Schleifen sogar die Ermüdungsfestigkeit verschlechtern.

Das Schleifen wird ausgeführt, um die Anfangsschäden am Schweißnahtfuß zu vermeiden. Es muß mit einem größeren Radius und tief genug (0,5 – 1 mm) durchgeführt werden, um Rißausgangsstellen zu beseitigen. Bild 7-69 stellt die AWS-Empfehlung [13] für das Schleifen dar. Die Methode ist relativ einfach durchführbar und preiswert. Für die Bearbeitung großer Flächen bietet sich diese geradezu an. Empfohlen wird das System in Verbindung mit anderen Methoden, z. B. Schleifen des Schweißnahtfußes und anschließendem Kugelstrahlen bzw. Hämmern. Hiermit kann die Schwingfestigkeit einer geschweißten Hohlprofilverbindung um einen Faktor von ca. 2,5 erhöht werden.

7.13.6 WIG- oder Plasma-Nachbehandlung

Bei dieser Maßnahme werden die Übergangsstellen von der Schweißnaht zum Grundwerkstoff (Schweißnahtfuß) umgeschmolzen, damit die folgenden Ziele erreicht werden:

- Schweißnahtübergang wird kontinuierlicher, wodurch Schweißnahtanstiegswinkel geringer wird.
- Härtespitzen werden abgebaut.
- Kerben werden entschärft und Makrorisse werden aufgeschmolzen.
- nichtmetallische Verunreinigungen wie z. B. Schlackeneinschlüsse werden aufgeschmolzen und dann entfernt.

Naht und Grundwerkstoff werden vorzugsweise durch Sandstrahlen oder leichtes Abschleifen gesäubert.

Ein besonderes Problem bei dem WIG- und Plasma-Umschmelzverfahren sind die Stop-Start-Stellen, die zu sehr unregelmäßigen Schweißraupenkonturen führen können. Es bietet sich daher an, den Bogen auf der Nahtoberfläche zu starten und zu stoppen.

7.14 Symbolerklärungen

A	Querschnittsfläche
A_i	Querschnittsfläche des Bauteils i ($i=0, 1, 2$)
D	Schädigung
E	Elastizitätsmodul
M	Moment oder Multiplikationsfaktor zur Berücksichtigung sekundärer Biegemomente (evtl. auch von Exzentrizitätsmomenten)
n, N	Anzahl der Lastwechsel
N_B	Versagenslastwechselzahl
N, N_i	vorhandene Normalkraft im Bauteil i ($i=1, 2$)
N_0	Bemessungswert der Normalkraft im Gurt
N_{op}	Gurtvorspannkraft (Zusätzliche Normalkraft im Gurt eines Knotens, die nicht notwendig ist, um der horizontalen Komponente der Füllstabkräfte zu widerstehen.)
P	Versagenswahrscheinlichkeit
R	Grenzspannungsverhältnis f_{min}/f_{max}
S_r	Spannungsschwingbreite ($f_{max}-f_{min}$)
$S_{r,B}$	Spannungsschwingbreite als Dauerfestigkeit
$S_{r,nenn}$	Nennspannungsschwingbreite
$S_{r,hs}$	Spitzenspannungsschwingbreite („hot spot")
W	Widerstandsmoment
a	Nahtdicke einer Schweißnaht
b	Breite

b_i	Außenabmessung (Breite) eines quadratischen oder rechteckigen Hohlprofils i ($i=0, 1, 2, 3, j$)
d	Außendurchmesser
e	Knotenexzentrizität für einen Hohlprofilknoten (siehe Bild 6-101)
f	Spannung
f_a	Spannungsamplitude $\frac{f_{max} - f_{min}}{2}$
f_B	Dauerfestigkeit
f_E	Eigenspannung
f_{hs}	Spitzenspannung
f_i	Spannung im Bauteil i ($i=0, 1, 2$)
f_m	mittlere Spannung $\frac{f_{max} + f_{min}}{2}$
f_{max}	Oberspannung
f_{min}	untere Spannung
f_y	Streckgrenze
g	Spaltweite zwischen Füllstäben (unter Nichtbeachtung der Schweißnähte) eines K-, N- oder KT-Knotens am Gurtflansch
g'	Spaltweite dividiert durch die Wanddicke des Gurtes g/t_0
h_i	Außenabmessung (Höhe) eines quadratischen oder rechteckigen Hohlprofils i ($i=0, 1, 2, 3, j$)
i	Indizes zur Beschreibung der Bauteile eines Knotens; $i=0$ steht für Gurt; $i=1$ steht im allgemeinen für den Füllstab eines T-, Y- oder X-Knotens oder weist auf den druckbeanspruchten Füllstab eines K-, N- oder KT-Knotens hin; $i=2$ steht für den zugbeanspruchten Füllstab eines K-, N- oder KT-Knotens; $i=3$ bezeichnet den vertikalen Pfosten eines KT-Knotens; $i=j$ bezeichnet den überlappenden Füllstab für K- oder N-Knoten mit Überlappung
l, l_0	Länge
l_P	Blechlänge
l_W	Schweißnahtlänge
m	Neigung
r_o	äußerer Eckenradius des RHP
r_i	innerer Eckenradius des RHP
t	Wanddicke
t_i	Wanddicke eines Hohlprofils i ($i=0, 1, 2, 3$)
t_P	Verstärkungsblechdicke
ε	Dehnung
ε_r	Dehnungsschwingbreite ($\varepsilon_{max}-\varepsilon_{min}$)

$\varepsilon_{r,\text{nenn}}$ Nenndehnungsschwingbreite

$\varepsilon_{r,hs}$ Spitzendehnungsschwingbreite („hot spot")

α $2\,l_0/d_0$ bzw. $2\,l_0/b_0$

β Verhältnis der Außendurchmesser oder der äußeren Breiten von Füllstab und Gurt

$$\beta = \frac{d_1}{d_0}\,;\;\frac{d_1}{b_0}\,;\;\frac{b_1}{b_0}\;(T, Y, X)$$

$$\beta = \frac{d_1 + d_2}{2\,d_0}\,;\;\frac{d_1 + d_2}{2\,b_0}\,;$$

$$\frac{b_1 + b_2 + h_1 + h_2}{4\,b_0}\;(K, N)$$

$$\beta = \frac{d_1 + d_2 + d_3}{3\,d_0}\,;\;\frac{d_1 + d_2 + d_3}{3\,b_0}\,;$$

$$\frac{b_1 + b_2 + b_3 + h_1 + h_2 + h_3}{6\,b_0}\;(KT)$$

γ Verhältnis des halben Durchmessers bzw. der halben Breite zur Wanddicke des Gurtes, $d_0/2\,t_0$ bzw. $b_0/2\,t_0$

τ Schubspannung oder das Verhältnis $t_{1,2}/t_0$

γ_F Teilsicherheitsbeiwert für Beanspruchung

θ_i Neigungswinkel zwischen den Füllstäben i $(i = 1, 2)$ zum Gurt

ζ g/d_0 bzw. g/b_0

ξ g/b_i

$\lambda_{\text{-ü}}$ Überlappungsgrad (siehe Bild 6–82)

KHP   Kreisförmiges Hohlprofil

QHP   Quadratisches Hohlprofil

RHP   Rechteckiges Hohlprofil

API   American Petroleum Institute

AWS   American Welding Society

DEn   Department of Energy (Großbritannien)

CIDECT   Comité International pour le Developpement et l'Etude de la Construction Tubulaire

EC   Eurocode

ECSC   European Community for Steel and Coal

(EGKS)   (Europäische Gemeinschaft für Kohle u. Stahl)

EKS   Europäische Konvention für Stahlbau

FE   Finite Elemente

IIW   International Institute of Welding

IPB   Biegemoment in der Ebene (In-plane bending moment)

OPB   Biegemoment aus der Ebene (Out-of-plane bending moment)

SNCF   Dehnungskonzentrationsfaktor (Strain Concentration Factor)

Snf   Konversionsfaktor SCF/SNCF

SCF   Spannungskonzentrationsfaktor (Stress Concentration Factor)

TC   Technical Committee

Indizes:

ax Axialkraft (Normalkraft)

hs hot spot (Spitze)

ip Biegemoment in der Ebene

op Biegemoment aus der Ebene

s Sattel

c Krone

W Schweißnaht

8 Herstellung, Zusammenbau und Transport von Hohlprofilkonstruktionen

8.1 Allgemeines

Grundsätzlich unterscheiden sich die Herstellung und der Zusammenbau von Hohlprofilkonstruktionen in Werkstätten und auf Baustellen nicht von denen allgemeiner Stahlbauten. Jedoch sind hierbei folgende hohlprofilspezifische Besonderheiten zu beachten:

- Als geschlossene Profile sind Hohlprofile nur von außen zugänglich, von innen jedoch nur beschränkt, z. B. durch Handlöcher bzw. in der Nähe der offenen Seite. Wegen dieser Eigenschaft einseitiger Zugänglichkeit sind unmittelbar verschweißte Verbindungen von Hohlprofilen leicht ausführbar, aber eine unmittelbare Verschraubung dieser Bauteile stellt ein Problem dar, da Schrauben wegen der Unzugänglichkeit der Innenseite von Hohlprofilen nicht gesichert werden können. Es werden daher bei der Anwendung von Verschraubung vorwiegend kostenaufwendigere mittelbare Verbindungen mit Kopfplatten oder Anschlußblechen verwendet. Als Fügetechnik hat das Schweißen in Hohlprofilkonstruktionen eine Vorrangstellung. In der neueren Zeit sind einige Blindschraubenarten erhältlich, z. B. Flowdrill [1, 2] und Lindapter [3, 4], womit eine unmittelbare Verschraubung von Hohlprofilen möglich ist.

- Löcher in Hohlprofilen können durchgebohrt werden. Durchstanzen ist nur mit Hilfe einer Stützplatte möglich.

- Obwohl mittelbare Schraubenverbindungen arbeits- und kostenaufwendiger als Schweißverbindungen sind, werden sie als Montageverbindungen auf der Baustelle eingesetzt. Schweißarbeiten auf der Baustelle sind teurer und die Fehleranfälligkeit ist größer.
Es werden daher im allgemeinen die in der Werkstatt vorgefertigten, geschweißten Hohlprofilkonstruktionsteile auf der Baustelle montiert.

Eine sorgfältige Planung und Ausführung gehören zur Fertigung von Hohlprofilkonstruktionen, die aus folgenden Arbeiten in der Werkstatt bestehen:

- Schneiden (Sägen und Brennschneiden, auch Laser- und Plasmaschneiden)
- Schlitzen
- Flach- bzw. Andrücken von Stabenden
- Biegen
- Verschrauben
- Schweißen
- Nageln

Vor der Herstellung steht die Vorbereitung der Herstellungszeichnungen, die nach den Planungszeichnungen von Entwurfsingenieuren und -konstrukteuren angefertigt werden. Entsprechend dem vorhandenen technologischen Können sowie den verfügbaren Geräten und Maschinen in der Werkstatt wird jedes Bauelement und Verbindungsdetail modifiziert und gezeichnet. Häufig ist es empfehlenswert, komplizierte Teile in vollem Maßstab zu zeichnen, um genaue Details der Konstruktionsgestaltung und Anpassung der Bauelemente zueinander erkennbar zu machen.

Bauteilabmessungen, verwendete Stahlgüten und Fertigungsverfahren sollen sorgfältig aufgelistet werden, um eventl. Unstimmigkeiten zwischen Zeichnung und Fertigungsarbeit zu vermeiden. Hohlprofilabmessungen sollen außen beschriftet werden, da es schwierig ist, in der Herstellungsphase die Wanddicken zu überprüfen. Es ist erforderlich, einen Inspektor im Betrieb zu haben, der die oben genannten Arbeiten verantwortlich beaufsichtigt und koordiniert.

Wie für alle Stahlbaukonstruktionen soll die Fertigung von Hohlprofilbauten in der Werkstatt so organisiert werden, daß das Material vom Eingang bis zur endgültigen Auslieferung

ein Einwegsystem durchläuft. Bevor die
eigentliche Herstellung anfängt, sind die Hohlprofile kurzzeitig in einem Lager aufzubewah-
ren, in dem sie leicht erkannt und bewegt werden können. In einem modernen Betrieb sind
die Abmessungen, Längen und Stahlgüten der
Hohlprofile für ein bestimmtes Projekt maschinell aufgelistet. Die Hohlprofile werden
dann mit einem Erkennungsmerkmal gekennzeichnet.

Nachdem die Bauteile vom kurzzeitigen Lagern in die Werkstatt mit einem Förderband
bzw. Hebegerät transportiert worden sind, werden im allgemeinen folgende Schritte ausgeführt:

a) Markieren der Bauteile.

b) Schneiden der Bauteile entsprechend den
   benötigten Längen durch Sägen oder Brennschneiden.
   Falls Brennschneiden angewendet wird, können a) und b) kombiniert werden. Ausschnitte bzw. Aussparungen können auch
   zusammen mit dem Längenschneiden ausgeführt werden.

c) Flach- bzw. Andrücken der Bauteilenden
   (falls vorgesehen).
   Für leichte Konstruktionen werden häufig
   das Schneiden und das Abflachen in einem
   Arbeitsgang durch eine Stanzvorrichtung
   durchgeführt.

d) Biegen (falls vorgesehen).

e) Schweißkantenvorbereiten für geschweißte
   Konstruktionen.
   Dies kann zusammen mit b) durchgeführt
   werden. Die Messung der wirklichen Abmessungen (Toleranzen) ist zwingend, um
   erforderliche Aussparungen oder Schweiß-
   kantenbearbeitungen präziser zu erhalten.

f) Bohren von Löchern für geschraubte Konstruktionen.

g) Zusammenbau der Bauteile oder Teilkon-
   struktionen.
   Durch Verschweißen oder Verschrauben
   oder einer Kombination aus beiden. Häufig
   wird dieser Vorgang in zwei Schritten ausgeführt:
   – provisorischer Zuammenbau, z.B. durch
     Heftschweißen
   – endgültiger Zusammenbau

h) Strahlen (Entrosten und Entzundern).
   Dies kann von Fall zu Fall auch vor g) durchgeführt werden, da das Strahlen von zusam-
   mengebauten Konstruktionen schwierig sein
   kann, insbesondere bei größeren Konstruktionen.

i) Anbringen der Grundbeschichtungen aus
   Korrosionsschutzmitteln (zwei oder drei
   Schichten wie erforderlich).

j) Anbringen von Deckbeschichtungen (meistens zwei Schichten) gegen Außenkorrosion oder schaumbildender Anstriche für
   Feuerschutz.

Falls Kopfplatten oder Rippen- bzw. Anschlußbleche an Balken oder Stützen angeschweißt
werden sollen, kann ein zweiter Weg (z. B. Förderband) parallel zu dem ersten für den Her-
stellungsfluß installiert werden. Es kann ähnlich verfahren werden, wenn die Hohlprofile
gebogen oder gerade gerichtet werden sollen.

8.2 Schneiden

Die Vorbereitung zum Zusammenbau durch
Verschweißen und Verschrauben beginnt mit
dem Brennschneiden oder Sägen. Es können
folgende Schnittarten zur Ausführung kommen: ebene, gerade Schnitte, Winkelschnitte,
Gehrungsschnitte und angepaßte Profilierungsschnitte (z. B. räumliche Kurven).

8.2.1 Brennschneiden

Das Brennschneiden ist eine Art thermischer
Trennung von Werkstücken, wobei als Wärmequelle eine Brenngas-Sauerstoff-Flamme verwendet wird. Das Brennschneiden ist für unlegierte und niedriglegierte Stähle anzuwenden.
Für hochlegierte Stähle und Gußeisen muß die
Trennfuge mit einer stärkeren Wärmequelle,
z. B. Elektrolichtbogen aufgeschmolzen werden.

In häufig benutzten unmittelbaren Verbindungen zwischen kreisförmigen Hohlprofilen werden die Enden der Profile mit räumlichen
Schnitten hergestellt, um eine paßgerechte
Durchdringung zu erzielen (siehe Bild 8-1). Im
allgemeinen wird diese Arbeit durch Brennschneiden mit Brennerdüse durchgeführt. Das
Brennschneiden ist sowohl manuell als auch mit
automatischen, koordinatengesteuerten Maschinen durchführbar. Die Brennschneidevorgänge
sind schematisch in Bild 8-2 dargestellt.

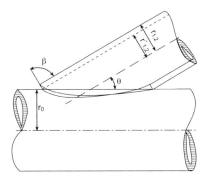

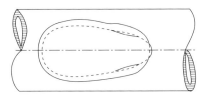

Bild 8-1 Durchdringung eines KHP-Füllstabes im KHP-Gurt.
r_0 = Außenradius des Gurtstabes
$r_{1,2}$ = Außenradius des Füllstabes
$r'_{1,2}$ = Innenradius des Füllstabes
θ = Anschlußwinkel zwischen Gurt- und Füllstabachsen
β = Anfaswinkel

8.2.1.1 Manuelles Brennschneiden

Dieses Verfahren wird hauptsächlich zum Schneiden auf der Baustelle und auch zum Schneiden von Profilen mit größeren Abmessungen verwendet (Bild 8-3).

Beim Brennschneiden mit Hand sind folgende Arbeitsgänge erforderlich:

- Bestimmung einer Verschneidungskurve ⎫ siehe Bild 8-5
- Herstellung einer Schablone ⎭ (Seite 311)

- Anreißen des Kreishohlprofils

- Brennschneiden von Hand. Der Brenner wird von Hand gehalten und über die vorgezeichnete Schnittlinie auf dem Hohlprofil geführt (mit oder ohne Führungseinrichtung). Der Schnittweg kann direkt auf dem KHP angerissen oder auf einer Schablone aus einem dünnen Metallblech aufgezeichnet werden.

- Korrektur der Schweißfase. Es ist nicht erforderlich, eine Schweißfase durchzuführen, wenn die Füllstabdicke $t_{1,2} \leq 5$ mm ist. Die dicken Füllstabenden müssen für das Schweißen angefast werden (Bild 8-4).

- Korrektur der Umschlagzone (Kontaktlinie vom Innen- zum Außendurchmesser). Die Schweißnahtvorbereitungsdetails an der Durchdringung vom KHP-Füllstab zum KHP-Gurtstab werden in den Bildern 6-94 und 6-96 gezeigt.

- Letzte Korrekturen mittels Schleifmaschine. Dies ist notwendig, da manuelles Brennschneiden nicht zu präzisen Ausführungen führt.

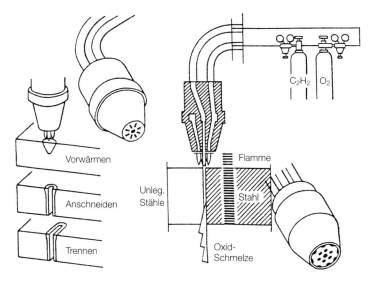

Bild 8-2 Brennschneidvorgänge

Bild 8-3 Offshore-Bauteile aus KHP großer Abmessungen

8.2.1.2 Automatisches, maschinelles Brennschneiden

Räumliche Verschneidungskurven von KHP-Knoten werden heute meist mit automatischen Brennschneidemaschinen hergestellt, die ursprünglich in den 50er Jahren von der Firma Müller, Opladen, Deutschland, entwickelt und inzwischen von Fa. AGT, Geesthacht, zur leistungsfähigen computergesteuerten Maschine verbessert wurden (Bild 8-6). Die Maschinen führen gleichzeitig mit dem räumlichen Kurvenschneiden die Schweißnahtvorbreitung aus. Die Schnittgenauigkeit und auch die Wiederholgenauigkeit sind gegenüber dem Brennschneiden von Hand sehr gut und bringt beim Schweißen Vorteile. Die Bedienung der Maschine ist einfach und kann durch geschultes Personal erfolgen. Gegenüber manuellem Schneiden sind Brennschneidmaschinen wirtschaftlicher. Die Vorgehensweise bei der Arbeit mit dieser Maschine ist im allgemeinen wie folgt:

● Angaben zu dem KHP werden eingelesen:
 – Außendurchmesser des Gurtstabes
 – Außendurchmesser des Füllstabes
 – Innendurchmesser des Füllstabes
 – Schweißfasenöffnungswinkel
 – Winkel zwischen den Gurt- und Füllstabachsen

● Nach dem Zünden des Brenners erfolgt zuerst das Vorwärmen zum Einstechen ins Material, wobei der Brenner automatisch einige cm außerhalb der Schnittlinie in den Schrotteil fährt.

● Nach dem Einstechen schaltet sich automatisch die zuvor gewählte Schneidrichtung ein. Der Brenner fährt automatisch aus dem Restteil (Schrotteil) in die eigentliche Schnittlinie und setzt den Schnittvorgang fort.
 Falls das Einstechen nicht außerhalb der tatsächlichen Schneidlinie erfolgt, treten Fehlstellen auf, welche beim Schweißen Probleme bereiten können.

● Nach etwas mehr als 360° ist der Schnitt beendet. Die Schneidgase werden abgeführt.

Heute sind auf dem Weltmarkt verschiedene computergesteuerte Brennschneidmaschinen im Einsatz. Die modernen Maschinen bieten folgende Möglichkeiten:

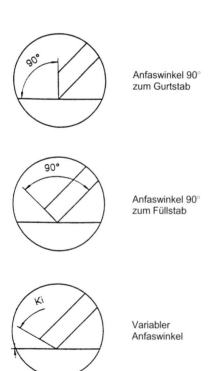

Anfaswinkel 90° zum Gurtstab

Anfaswinkel 90° zum Füllstab

Variabler Anfaswinkel

Bild 8-4 Anfaswinkel zur Innenseite des Füllstabes

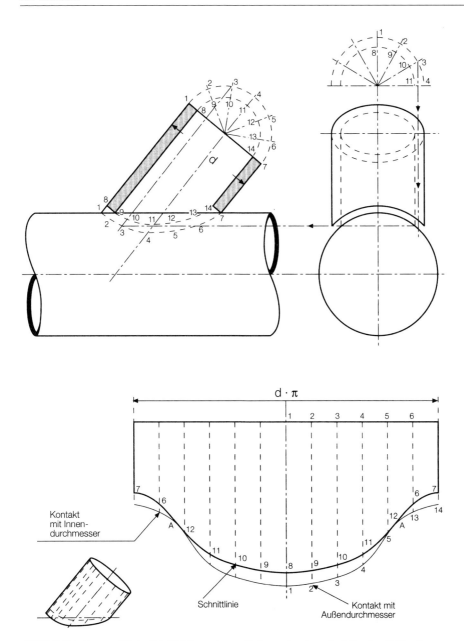

Bild 8-5 Schablonenaufriß der Schnittstelle zweier unmittelbar verbundener, kreisförmiger Hohlprofile

Bild 8-6 Automatische KHP-Brenn-
schneidmaschine

– Gehrung bzw. Doppelgehrung
– Anpassung zentrisch
– Anpassung exzentrisch
– Durchdringung zentrisch
– Durchdringung exzentrisch
– Schnitte nach verschiedenen Varianten
– Sonderanpassungen

8.2.2 Sägen

Das Sägen wird hauptsächlich für die Endbear-
beitung von Stäben mit ebenen Schnitten angewendet, insbesondere für gerade oder Winkelschnitte an der Durchdringungsstelle von RHP-
Gurt- und Füllstäben (Bild 8-7). Es werden normalerweise starke leistungsfähige Rundsägen
mit hydraulischer Zufuhr oder Bandsägen verwendet. Je nach erforderlicher Genauigkeit und
Güte werden weitere Einrichtungen eingesetzt:

– Fräsmaschine – relativ geringe Geschwin-
digkeit mit sehr hoher Präzision und keinen
Graten, zufriedenstellende Arbeitsgeschwin-
digkeit
– Schleifrad – schneller Prozeß, mangelnde
Präzision und scharfkantige Graten
– Zahnscheibe – schneller Prozeß aber unge-
nau, Graten mit gefranstem Werkstoff
Mit einer Drehschneidvorrichtung können
gleichzeitig zwei Schnitte durchgeführt werden
(Bild 8-8).

Die Schneidanlagen haben mit der Zeit eine beträchtliche Entwicklung in der Schnittqualität
und Optimierung des Durchflusses erfahren:

– Schneidmaschine mit manueller Zufuhr
– teilmechanische Schneidmaschine
– automatische Schneidmaschine
– Schneidmaschine mit Zufuhr von Arbeitsteilen

Es werden auch Schneidanlagen verwendet, mit
denen gleichzeitig beide Enden der Stäbe geschnitten werden können.

Die Investitionskosten für die automatischen
Brennschneidmaschinen zum Anpassen der
KHP-Verbindungsteile mit räumlichen Schnittkurven sind hoch. Deshalb können viele kleine
und mittelständische Betriebe KHP-Konstruk-
tionen nicht wirtschaftlich herstellen, obwohl
diese im Vergleich zu Konstruktionen aus offenen Profilen architektonische und statische Vorteile bieten. Daher stellt sich die Frage, ob die
beim Verbinden der KHP entstehende räumliche Schnittkurve durch eine von den Knotenab-

Bild 8-7 RHP-Knoten mit ebenen Schnitten an den Füll-
stabenden

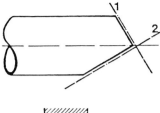

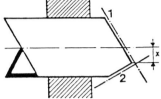

Bild 8-8 Doppelter Schnitt eines Hohlprofils

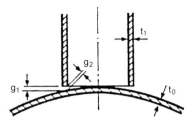

Bild 8-10 KHP-Verbindung, am Füllstabende mit einem Sägeschnitt

messungen der Verbindung abhängige Zahl gerader Sägeschnitte angenähert werden kann, ohne die Traglast unzulässig herabzusetzen. Dabei ist es wichtig, welcher Schweißspalt zwischen dem Füllstab und dem Gurtstab zu überbrücken ist.

Diesbezügliche Versuche und numerische Untersuchungen [5] führten zu den folgenden Parametern, die die Größe des Schweißspaltes bestimmen:

– Anzahl der ebenen Schnitte (ein, zwei oder drei) (Bild 8-9)
– Durchmesserverhältnis
$$\left(\frac{\text{Füllstabdurchmesser } d_{1,2}}{\text{Gurtdurchmesser } d_0} \right)$$
– Wanddicke des Füllstabes $t_{1,2}$
– Anschlußwinkel θ zwischen Füllstab- und Gurtachsen

Das einfachste Verfahren mit nur einem Sägeschnitt ist bei Anschlüssen mit sehr kleinen $d_{1,2}/d_0$-Verhältnissen anwendbar (siehe Bild 8-10). Hierfür lautet die Voraussetzung:

$g_1 \leq t_r$

t_r ist der kleinere der Werte t_0 und $t_{1,2}$

Eine weitere Voraussetzung ist:

$g_2 \leq 3$ mm

Tabelle 8-1 enthält die Kombinationen von Füllstab- und Gurtdurchmesser, um die Bedingung $g \leq 3$ mm einzuhalten.

Tabelle 8-1 Kombinationen von Füllstab(d_1)- und Gurt(d_0)-Durchmesser

d_0 mm	d_1 mm	d_0 mm	d_1 mm
33,7	26,9	88,9	33,7
42,4	26,9	101,6	42,4
48,3	26,9	114,3	42,4
60,3	33,7	139,7	48,3
76,1	33,7	168,3	48,3

Große $d_{1,2}/d_0$-Verhältnisse führen zu großen Spalten, die mehr Schweißgut und Arbeitsaufwand benötigen. In diesen Fällen kann der Schweißspalt nach den folgenden zwei Methoden verkleinert werden; je mehr ebene Schnitte man vornimmt, desto genauer ist die Anpassung:

• Zwei ebene Schnitte, nach denen die in Bild 8-11 gekennzeichnete Fläche geschliffen oder abgeschert wird.

• Zwei oder drei ebene Schnitte mit den Schnittwinkeln β_g und β_d, die nach den Gleichungen in Bild 8-12 ermittelt werden können.

Bild 8-9 KHP-Enden mit Ein-, Zwei- und Dreischnitten

Bild 8-11 Planieren von Schnittflächen: A) Abschleifen des Winkels zwischen zwei ebenen Flächen, B) Profilierungsschleifen, C) Abscheren

Methode A) wird in Bild 8-13 dargestellt.

„a" in Bild 8-13 wird nach der folgenden Gleichung bestimmt:

$$a = \frac{r_1^2}{2\,r_0} - r_1 \tag{8-1}$$

Dabei sind:

$$r_1 = \frac{d_1 - 2\,t_1}{2}$$

$$r_0 = \frac{d_0}{2}$$

Der Wert „a" ist konstant für alle Werte des Anschlußwinkels θ.

„a" bestimmt den Punkt „n", der den Anfangspunkt der Linien „n-m" und „n-u" darstellt. Diese Linien beschreiben die Schnittebenen, deren Neigungen gemessen werden sollen. Nachdem beide Schnitte durchgeführt worden sind, werden innere Winkel nach Bild 8-11 abgeglättet, damit das Füllstabende dem Gurtmantel ausreichend genau angepaßt ist.

Methode B), dargestellt in Bild 8-12, wird für zwei oder drei Schnitte angewendet.

„h" in Bild 8-12 ist konstant für alle Anschlußwinkel θ und kann nach den Gln. 8-2 bzw. 8-6 berechnet werden. Nach der Berechnung der Zwischenwerte α_g (Gln. 8-3 bzw. 8-7) und α_d (Gln. 8-4 bzw. 8-8) können die erforderlichen Schnittwinkel β_g (Gl. 8-9) und β_d (Gl. 8-10) ermittelt werden.

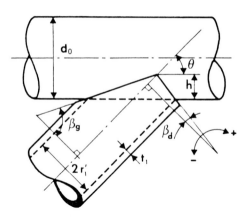

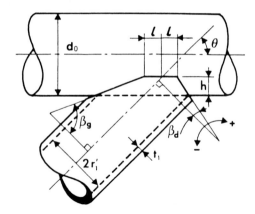

2 Schnitte

$$h = \frac{d_0}{2} - \sqrt{\frac{d_0^2}{4} - r_1'^2} \tag{8-2}$$

$$\alpha_g = \text{arctg}\left(\frac{h\sin\theta}{r_1' + h\cos\theta}\right) \tag{8-3}$$

$$\alpha_d = \text{arctg}\left(\frac{h\sin\theta}{r_1' - h\cos\theta}\right) \tag{8-4}$$

3 Schnitte

$$l = \sqrt{r_1'^2 - (r_1' - t_1)^2} \tag{8-5}$$

$$h = \frac{d_0}{2} - \sqrt{\frac{d_0^2}{4} - (r_1' - t_1)^2} \tag{8-6}$$

$$\alpha_g = \text{arctg}\left(\frac{h\sin\theta}{r_1' + h\cos\theta - l\sin\theta}\right) \tag{8-7}$$

$$\alpha_d = \text{arctg}\left(\frac{h\sin\theta}{r_1' - h\cos\theta - l\sin\theta}\right) \tag{8-8}$$

$$\beta_g = 90° - \theta + \alpha_g \tag{8-9}$$

$$\beta_d = -90° + \theta + \alpha_d \tag{8-10}$$

Bild 8-12 Zwei bzw. drei ebene Schnitte an Füllstabenden von KHP-Knoten (Methode B)

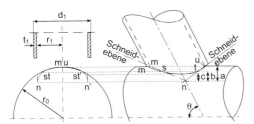

Bild 8-13 Ebene Schnitte an Füllstabenden von KHP-Knoten (Methode A)

Der maximale Schweißspalt J_m für zwei bzw. drei Schnitte errechnet sich wie folgt [6]:

Zwei Schnitte:

$$J_m = \sqrt{\frac{1}{2}\left(\frac{d_0^2}{4} + r_1'^2 + \frac{d_0}{2} \cdot \sqrt{\frac{d_0^2}{4} - r_1'^2}\right) - \frac{d_0}{2}}$$

$$(8\text{-}11)$$

Drei Schnitte:

$$J_m = \sqrt{\frac{d_0^2}{4} + r_1'^2 \cos^2 \phi} - \frac{d_0}{2} \qquad (8\text{-}12)$$

wobei:

$$\phi = \arccos$$

$$\left[\frac{1}{2}\sqrt[3]{\frac{d_0^2}{4\,r_1'^2}} - 1 \left(\sqrt[3]{\frac{d_0}{2\,r_1'}} + 1 - \sqrt[3]{\frac{d_0}{2\,r_1'}} - 1\right)\right]$$

$$(8\text{-}13)$$

8.2.3 Plasma-Schmelzschneiden

Beim Plasma-Schmelzschneiden wird das Material von einem dünnen Gasstrom (Ar, N_2 oder Ar + N_2 oder N_2 + H_2), der von einem konzentrierten elektrischen Lichtbogen erhitzt wird, mit Hochgeschwindigkeit aufgeschmolzen. Durch die hohe Energiedichte erfolgt der Schnitt schneller als bei den anderen Trennverfahren und ist daher meist verzugsfrei. Die wichtigste Voraussetzung für einwandfreie Schnitte ist ein stabiler, konzentrierter Lichtbogen sowie die Leistungsanpassung an die Schneidaufgaben. Hohe Konzentration wird in der Regel durch das doppelt stabilisierte Plasmagasdrucksystem erreicht.

Die Schneidleistung beträgt 4–35 mm für Qualitätsschnitte und 6–45 mm für einfache Trennschnitte.

Von verschiedenen Anbietern sind kleine trag-/fahrbare Kompaktgeräte bis zu Hochleistungsanlagen erhältlich. Der Schneidstrom der Anlagen beträgt von 40 bis 120 Ampere bei 80 bis 125 Volt Arbeitsspannung.

8.2.4 Laserschneiden

Wegen der Vorteile des Laserschneidens (höhere Qualität, exaktere Produkte, geringere Kosten, größere Flexibilität, Ersetzen von teurer Handarbeit und eventuell erforderlicher Nacharbeit) finden laserbearbeitete Bauteile mehr und mehr in die Praxis Eingang. Eine zunehmende Anzahl kleiner und mittelständischer Zulieferfirmen führen diese Bearbeitungsschnitte im Lohnauftrag durch.

Heute können mit normalen, preisgünstigen Laser-Systemen bei ebener Geometrie folgende Dicken ohne weiteres geschnitten werden:

unlegierte Stähle   bis ca. 16 mm
Edelstähle   bis zu 10 mm
Aluminium   bis zu 6 mm

Die Schnittgeschwindigkeit beträgt dabei bis zu 10 m/min und erreicht sehr geringe Maßtoleranzen ($\pm$ 0,1 mm), die für die weitere Bearbeitung der Teile z. B. mittels Roboterschweißen von großer Bedeutung sind.

Die wärmebeeinflußten Bereiche an den Schnitträndern sind sehr schmal. Da die Schnittqualität sehr gut ist, werden die Kosten des Ausbesserns stark reduziert. Die Nachbearbeitung fällt weg, weil der Verzug sehr gering ist. Durch die vorhandene CNC-Steuerung ist eine hohe Wiederholgenauigkeit gegeben.

Laserschneiden gewinnt mit der Entwicklung neuer leistungsfähiger Lasergeräte auch beim Bearbeiten dickwandiger Rohre immer mehr an Bedeutung. Die Steuerung ist fast identisch mit der der computergesteuerten Brennschneidmaschinen; allerdings wird als Trennmedium Laserstrahlen anstatt Gas benutzt.

Die hohen Investitionskosten stellen ein großes Hemmnis gegen weite Verbreitung dieses Verfahrens dar.

8.3 Schlitzen

Bild 6-37 c sowie Tabelle 6-3 zeigen eine Reihe von Längsanschlüssen, bei denen das

a)

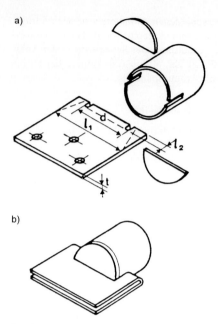

b)

Bild 8-14 Aufgeschlitzte Hohlprofile a) mit Flachblech, b) mit Gabelstück

Hohlprofilende aufgeschlitzt und ein Flachblech bzw. ein Gabelstück in den Schlitz einge-
schoben und verschweißt wird (Bild 8-14).

Bild 8-15 zeigt eine andere Variante, bei der
das Flachblech durch den Schlitz in den Hohlkörper voll durchgesteckt wird.

Die Schlitze werden in der Regel mit der
Schweißnaht verschlossen, damit Korrosion im
Innern des Hohlprofils verhindert wird. Zur zusätzlichen Sicherheit werden in einigen Fällen
die Profilenden durch halbmondförmige einge-
schweißte Platten geschlossen. Jedoch ist die-

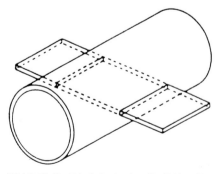

Bild 8-15 Flachblech durchgehend im Hohlprofilkörper

ses Verschließen beim Feuerverzinken wegen
der Explosionsgefahr im 450 °C heißen Zinkbad verboten.

Schlitze in Hohlprofilen können wie folgt hergestellt werden:

– Ausräumen mit Spezialklingen
– Brennschneiden mit semi-automatischer Vorrichtung oder von Hand
– mit Fräsmaschine (Frässäge)
– mit Trennscheibe

Bild 8-16 zeigt schematisch die Schlitzherstellung mit manuellem Brennschneiden. Zuerst
wird ein Loch in die Wand des Hohlprofils am
Ende des vorgesehenen Schlitzes gebohrt. Der
Lochdurchmesser soll etwas größer als die
Schlitzbreite sein. Danach wird das Profil mit
dem Schneidbrenner vom Profilende zum Loch
hin eingeschnitten.

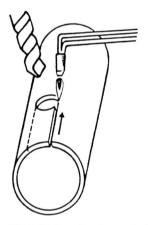

Bild 8-16 Manuelles Brennschneiden für Schlitzherstellung

Wenn eine automatische oder halbautomatische
Brennschneideinrichtung vorhanden ist, können durch Synchronisierung der Bewegungen
der beiden Brenner zwei parallele Schnitte ausgeführt werden (Bild 8-17).

Man kann Schlitze auch mit Hilfe einer Frässäge (Frässägeblätter), deren Kopf um 90° gedreht werden kann, herstellen (Bild 8-18). Oft
ist dies das wirtschaftlichste Verfahren.

Folgende Punkte müssen besonders beachtet
werden, wenn das Schlitzen mit dem Schneidbrenner durchgeführt wird:

- Manuelles Brennschneiden muß mit besonderer Sorgfalt durchgeführt werden, da in
Ermangelung einer präzisen Ausführung
später Schweißprobleme entstehen können.
Die Schlitzlänge ist ein Ort der Spannungskonzentration. Um einen genauen Schlitz zu
erhalten, muß der Schneidbrenner geführt
werden.

- Durch die Wärmeübertragung der Schneidbrenner werden Spannungen im Hohlprofilkörper frei. Dies kann zu einer Verformung
des Hohlprofils führen. Um dies zu vermeiden, soll das Kopfende des Schlitzes unge-
schnitten bleiben, bis es sich abkühlt.

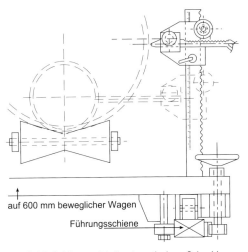

auf 600 mm beweglicher Wagen

Führungsschiene

Bild 8-17 Schlitzen mit halbautomatischem Schneidbrenner

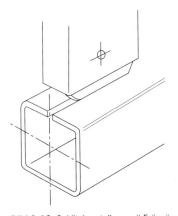

Bild 8-18 Schlitzherstellung mit Frässäge

8.4 Flach- und Andrücken von Hohlprofilenden

Dieses Thema wurde eingehend in Abschnitt
6.6.8 behandelt und sei hier als Bearbeitungs-
form nochmals erwähnt.

8.5 Biegen von Hohlprofilen

Sowohl kreisförmige als auch rechteckige Hohlprofile in gebogener Form werden in vielfälti-
gen Bereichen wie bei architektonisch anspre-
chenden Stahlbauten mit Gewölben und Kup-
peln (siehe Abschnitt 6.3) und auch im Maschi-
nen-, Kessel- und Pipelinebau eingesetzt.

Das Biegeverfahren besteht aus einer Umformung im plastischen Bereich, die zu einer steti-
gen Krümmung der Hohlprofilachse führt. Die
Verformung entsteht durch Strecken der Au-
ßenfasern und durch Stauchen der Fasern an
der Innenseite des Bogens. Bei diesem Vorgang
kann eine zur Rißbildung beitragende Schwä-
chung der Wanddicke an der Außenseite und
eine Faltenbildung mit Wanddickenvergröße-
rung an der Innenseite eintreten. Diese sowie
die mögliche Ovalität des Kreishohlprofils sind
klein zu halten.

Maßgebend für das Verhalten von Hohlprofilen
beim Biegen sind die folgenden Parameter:

- $\dfrac{\text{Durchmesser des KHP bzw. Höhe des RHP}}{\text{Wanddicke des Hohlprofils}}$
  –Verhältnis

- $\dfrac{\text{Krümmungsradius (Bild 8-19)}}{\text{Durchmesser des KHP bzw. Höhe des RHP}}$
  –Verhältnis

- Streckgrenze f_y des Hohlprofilstahles
  Das Biegen wird leichter mit niedriger
  Streckgrenze

- Zugfestigkeit f_u des Hohlprofilstahles
  Frühe Rißbildung wird verhindert durch
  hohe Zugfestigkeit

- Dehnfähigkeit des Hohlprofilstahles
  Ausreichende Bruchdehnungswerte (mind.
  20 %) haben einen wesentlichen Einfluß auf
  das Biegeverhalten von Hohlprofilen

- Gefügezustand des Hohlprofilstahles
  Feines Mikrogefüge ist günstig für das
  Biegen

Hohlprofile können sowohl in kaltem als auch
warmem Zustand gebogen werden. Da Kaltbie-

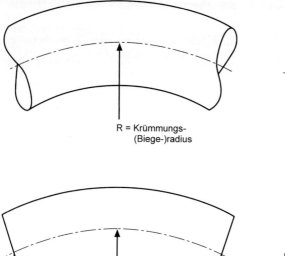

R = Krümmungs-
(Biege-)radius

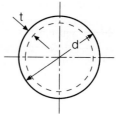

d = Außendurchmesser
t = Wanddicke

R = Krümmungs-
(Biege-)radius

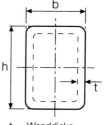

t = Wanddicke
h = Höhe
b = Breite

Bild 8-19 Krümmungsradius bei Biegung der Hohlprofile

gung weniger kostenaufwendig ist als Warmbiegung, wird Kaltbiegung häufiger angewendet. Warmbiegung kommt in besonderen Fällen zur Anwendung. Allerdings kann bei Kaltbiegung je nach Werkstoff eine anschließende Wärmenachbehandlung notwendig sein, um den ursprünglichen Gefügezustand wiederherzustellen [7]; dies wiederum steigert die Herstellungskosten. Es gibt einen großen Überlappungsbereich, in dem sowohl kalt als auch warm gebogen wird.

Im allgemeinen werden Hohlprofile in der Werkstatt gebogen. Jedoch wird teilweise, insbesondere für kleine Abmessungen, eine Biegung auf der Baustelle vorgenommen.

Im folgenden werden einige Biegeverfahren beschrieben.

8.5.1   Kaltbiegen von KHP

8.5.1.1   Kaltes Biegepressen

Der Biegestempel drückt das KHP über zwei drehbare Rollen und verbiegt es (Bild 8-20). Der Stempel umfaßt dabei das KHP bis zu einem gewissen Grad auch seitlich und vermindert dadurch die entstehende Ovalität. Das Ver-

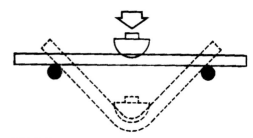

Bild 8-20 Kaltes Biegepressen. Weiß: bewegliche Teile, schwarz: feste Teile

fahren kann auch umgekehrt mit feststehendem Stempel und Pressen der dann beweglichen Rollen durchgeführt werden.

Das Verfahren wird üblicherweise für die Biegung von 180°-Winkeln umfangreicher Abmessungen angewendet. Jedoch führt die örtliche Pressung zu mehr Ungenauigkeit und schlechterem Aussehen als bei anderen Verfahren (siehe Abschnitte 8.5.1.2–8.5.1.4).

8.5.1.2   Kaltbiegen mit Biegekasten

Prinzipiell wird bei dieser Methode das Hohlprofil in einen zuvor hergestellten Bogen hin-

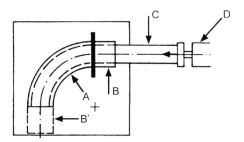

Bild 8-21 Biegekasten

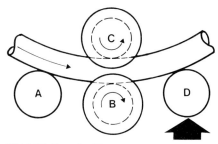

Bild 8-23 Vierwalzenbiegen

eingezogen (Bild 8-21). Der Biegekasten wird auf einem horizontalen Sockel befestigt und ein Führungskasten wird oberhalb des Biegekastens angeordnet. Das Hohlprofil wird mit Hilfe eines Stößels erst durch den Führungskasten und dann durch den Biegekasten durchgepreßt. Um eine Beschädigung des Biegekastens zu vermeiden, muß das Hohlprofil ein Führungsstück haben. Die Anwendung von Gleitmitteln ist unbedingt notwendig. Dieses Verfahren ist nur dann wirtschaftlich, wenn mehrere Bögen von der gleichen Abmessung hergestellt werden sollen.

8.5.1.3 Biegen mit Dreiwalzenbiegemaschine

Die Biegung des Hohlprofils nach diesem Verfahren erfolgt durch die Bewegung dreier Walzen (Bild 8-22). Alle drei Walzen können angetrieben werden. Die mittlere Walze steuert den Deformationsgrad und den Biegeradius und kann auch ohne Antrieb laufen.

Die Walzen müssen an die zu biegenden Hohlprofile angepaßt werden. Die Walzenabmessungen sind den Profilgruppen entsprechend unterschiedlich. Für Kaltbiegung mit drei Walzen wird üblicherweise ein Krümmungsradius von ca. der 5fachen Größe des Außendurchmessers des KHP angewendet.

Es gibt auch Biegemaschinen mit vier Walzen (Bild 8-23).

Diese Verformungsmethode wird häufig in Stahlbaubetrieben verwendet. Kleine Maschinen sind meist vertikal angeordnet, während größere Maschinen horizontale Biegeebenen haben. Verschiedene Verbesserungen können zu einer besseren Handhabung führen:

- Motor mit magnetischer Umkehrbremse, um das Profil in mehreren Arbeitsgängen zu biegen oder als Ellipse oder in andere Kurven zu formen.
- Unabhängige hydraulisch anstellbare Walzen, mit denen auch die Länge des geraden Reststückes vermindert werden kann (Abfall!).
- Bewegliches Bedienpult, um die günstigste Position zur Überwachung der Arbeiten einzunehmen.

8.5.1.4 Bogen, erzeugt durch Gehrungsschnitte oder „V"-förmige Ausschnitte

Bei dieser Herstellungsform wird auf den eigentlichen Biegevorgang verzichtet (Bild 8-24).

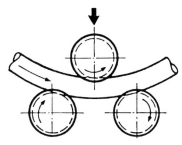

Bild 8-22 Dreiwalzenbiegen

a)

b)

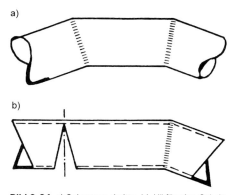

Bild 8-24 a) Gehrungsschnitte, b) „V"-förmige Schnitte

Profilenden werden mit einem geeigneten Winkel eben geschnitten und miteinander stumpfgeschweißt.

Es entsteht dadurch eine Krümmlinienführung, die für die Herstellung großer Biegeradien günstig ist.

8.5.2 Kaltbiegen von RHP

8.5.2.1 Kaltes Biegepressen

Dieses Verfahren ist ähnlich dem für KHP, das in Abschnitt 8.5.1.1 behandelt wurde.

8.5.2.2 Bogen, erzeugt durch Gehrungsschnitte oder „V"-förmige Ausschnitte

Dieses Verfahren ist ähnlich dem Verfahren für KHP, siehe Abschnitt 8.5.1.4. Die gekrümmte Form für kleinere RHP-Abmessungen wird häufig mit Hilfe der „V"-Ausschnitte hergestellt. Die ebenen Schnitte werden an drei Seiten des RHP durchgeführt und die übrige Seite wird gefalzt. Die Kanten werden dann zusammengeschweißt.

8.5.2.3 Biegen mit Dreiwalzenbiegemaschine

Die Maschine ist ähnlich der für KHP (siehe Bild 8-22). Die Arbeitsergebnisse jedoch unterscheiden sich, wegen der anderen Form und ebenen Seite der RHP von den KHP. Die Innenseite der RHP wird gestaucht und die Außenseite wird gezogen. Die Seitenwände sind beidem ausgesetzt. Eine starke Krümmung der RHP mit einem hohen Breite/Höhe-zu-Wanddickenverhältnis führt zu Konvexität der Seitenflächen und Konkavität der Innenflächen. Es entsteht eine Reduzierung der Höhe im Bereich der Krümmung und eine Vergrößerung der Breite infolge der Konvexität (Bild 8-25). Es kann eine Verringerung der Wanddicke bzw. des RHP-Querschnitts auftreten.

Da zur Zeit keine ausreichenden Kenntnisse über das Verhalten von RHP unter Biegebeanspruchung in der Dreiwalzenbiegemaschine vorliegen, wird empfohlen, vor Beginn eines Biegeprojektes einige Vorversuche durchzuführen, um die Walzendurchmesser, den Abstand der vertikalen Achsen der Walzen und den Krümmungsradius entsprechend den Hohlprofilabmessungen und Stahlgüten festzulegen. Hierbei sind auch die zulässigen Verformungen P_e und P_b (siehe Bild 8-25) zu berücksichtigen.

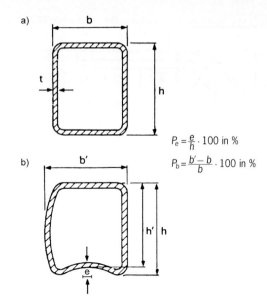

$$P_e = \frac{e}{h} \cdot 100 \text{ in } \%$$

$$P_b = \frac{b' - b}{b} \cdot 100 \text{ in } \%$$

Bild 8-25 RHP vor und nach Dreiwalzenbiegung, a) vor dem Biegen, b) nach dem Biegen

Im Rahmen einer Forschungsarbeit [8, 9] ist eine Reihe von Versuchsergebnissen entstanden, die Mindest-Biegeradien für QHP und RHP beim Kaltbiegen mit Dreiwalzenbiegen sowie die entsprechenden Verformungen P_e und P_b darstellen. Da diese Werte von den spezifischen Details der in den Versuchen verwendeten Dreiwalzenbiegemaschine (z. B. Durchmesser der festen und beweglichen Walzen, Abstand zwischen den Walzen) abhängig sind, wird eine allgemeine Anwendbarkeit dieser Versuchsergebnisse in Frage gestellt. Allerdings vermitteln sie einen Eindruck für eine Vorausschätzung.

8.5.3 Warmbiegen von Hohlprofilen

Beim Warmbiegen von Hohlprofilen muß darauf geachtet werden, daß sich die mechanischen Eigenschaften von kaltgeformten Hohlprofilen durch Wärmezufuhr verschlechtern können.

8.5.3.1 Warmbiegen von Hohlprofilen mit Sandfüllung

Obwohl dieses Verfahren sowohl für KHP als auch für RHP anwendbar ist, werden im allgemeinen dickwandige KHP mit großem Durchmesser nach diesem Verfahren gebogen.

Das Hohlprofil wird vor dem Erwärmen mit dem trockenen Sand gefüllt. Der Sand wird zuerst verdichtet zur Vermeidung von Faltenbildung auf der Innenseite und Kleinhaltung der Ovalität. Die Biegezone des Hohlprofils wird auf 850–1100 °C erwärmt und nach Einspannung an einem Ende und durch Ziehen am anderen Ende um eine Biegeplatte „herumgebogen". Dieser Vorgang erfolgt schrittweise von der Einspannstelle. Nach der Abkühlung der ersten Biegezone wird die Umformung der benachbarten Zone durchgeführt. Schritt für Schritt wird in dieser Weise der gesamte Biegevorgang durchgeführt.

8.5.3.2 „Hamburger Rohrbogen" (nur für KHP)

Das „Hamburger Rohrbogenwerk" war Erfinder und Patenthalter für dieses klassische Warmbiegeverfahren zur Herstellung faltenfreier Biegungen geschweißter und nahtloser KHP. Das KHP wird auf ca. 850–1100 °C erwärmt und dann über einen konischen Innendorn geschoben, der bei gleichzeitiger Durchmesservergrößerung die Krümmung herstellt.

Selbst bei sehr kleinen Biegeradien wird die Wanddicke auf der Außenseite durch diesen Prozeß nicht verringert.

Herstellbar sind

nach DIN 2605: bis 914,4 mm ä⌀
                    (Biegeradius $R = 1{,}5 \times$ ä⌀)
nach DIN 2606: bis 609,9 mm ä⌀
                    (Biegeradius $R = 2{,}5 \times$ ä⌀)

8.5.3.3 Biegen durch induktive Erwärmung

In der Biegeanlage können sowohl KHP als auch RHP warm gebogen werden.

Die Hohlprofile werden in einer – in Längsrichtung schmalen – Zone durch einen ringförmigen Induktor erwärmt. Die Biegung findet in der schmalen erwärmten Zone statt. Nach dem darauffolgenden Vorschub des Hohlprofils durch den Induktor und der Erwärmung folgt der Biegevorgang der nächsten Zone usw., so daß die gesamte Bogenlänge mit dem gewünschten Biegeradius hergestellt wird (Bild 8-26).

Da die Anlage mit zwei Biegearmen ausgestattet ist, erlaubt sie eine größere Flexibilität hinsichtlich Durchmesser und Wanddicke, Krümmung und Begleitwinkel. Es können sehr kleine Krümmungen erzeugt werden, auch wenn die KHP-Durchmesser und -Wanddicke ziemlich groß sind (Bild 8-27).

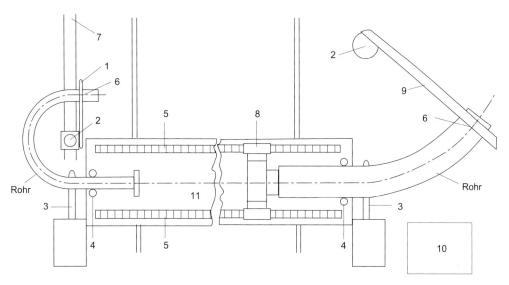

Bild 8-26 Prinzipskizze einer Biegeanlage mit induktiver Erwärmung. 1 Biegearm (leicht), 2 Drehpunkt, 3 Induktor, 4 Führungsrolle, 5 Antriebsketten, 6 Spannvorrichtung, 7 Schienen, 8 Vorschubeinrichtung, 9 Biegearm (schwer), 10 Stromquelle, 11 Maschinenbett

Bild 8-27 Biegeanlage mit induktiver Erwärmung

Mehrfachbiegungen, Rohrbögen usw. mit langen Schenkeln können auch hergestellt werden. Dadurch werden Rundschweißnähte eingespart.

Für RHP wird ein Mindestbiegeradius $R = 10 \times$ Höhe des RHP empfohlen.

8.5.3.4 Warmbiegen mit Dreiwalzen-biegemaschine

Dieses Verfahren kann sowohl für KHP als auch für RHP angewendet werden.

Beim Warmbiegen ist der Biegeradius $R = 3 \times$ ä$\varnothing$ des KHP kleiner als der beim Kaltbiegen (siehe Abschnitt 8.5.1.3).

8.5.3.5 Wölbung

In manchen Stahlbaukonstruktionen werden relativ kleine Krümmungen (großer Biegeradius) verlangt, z.B. Trägerwölbungen, um sicherzustellen, daß sie unter Last nicht absacken. Die Wölbung kann in kaltem Zustand durch Pressen (siehe Abschnitt 8.5.1.1) oder Dreiwalzenbiegung (siehe Abschnitt 8.5.1.3) erzielt werden.

Jedoch kann auch eine andere Methode verwendet werden, bei der nur ein Brenner für die Erwärmung erforderlich ist. Nach Erwärmung und anschließender Abkühlung einer Seite eines Hohlprofils verbiegt es sich während der Abkühlung in Richtung der vorerwärmten Seite. Diese Methode kann mit Erfahrung ziemlich genau durchgeführt werden, wobei berücksichtigt werden muß, daß die Krümmung

von Wärmezufuhr, Profilabmessungen und Herstellungsverfahren der Hohlprofile (Kalt- oder Warmverformung) abhängig ist.

8.6 Verschrauben

Zur Vereinfachung der Montage und aus Transportgründen sind geschraubte Verbindungen unerläßlich. Vorgefertigte, geschweißte Teileinheiten werden auf der Baustelle verschraubt. Im Rahmen der mittelbaren Verbindungen sind bereits im Kapitel 6 einige konstruktive Ausführungen häufig verwendeter Schraubenverbindungen mit Hohlprofilen beschrieben worden, z.B. Binderauflagen auf Stützen (Abschnitt 6.2.1), Verbindungen zwischen Balken und Stützen (Abschnitt 6.2.2), Rahmenecken (Abschnitt 6.4) und Längsstoßverbindungen (Abschnitt 6.5).

Prinzipiell unterscheidet sich das Verschraubungsverfahren von Hohlprofilen nicht von dem im Stahlbau Üblichen. Die Berechnungsmethoden für einfache und hochfeste Schrauben mit und ohne Vorspannung sind in einigen nationalen und internationalen Normungswerken [10–13] empfohlen worden, siehe hierzu Tabelle 6-4. Im allgemeinen werden die Schrauben und Platten nach Abscher-, Lochleibungs- und Zugkraft nachgewiesen.

Einfache Schrauben werden für die Verschraubung mittelbarer Verbindungen aus Hohlprofilen mittels Platten und offenen Profilen verwendet. Die Anwendung vorgespannter, hochfester Schrauben ist unter wiederholter Beanspruchung bzw. Ermüdungsbeanspruchung günstiger.

Einfache geschraubte Verbindungen werden gewöhnlich in mechanischen Verbindungen angewendet, wo kein architektonisches Erscheinungsbild angestrebt wird. Allerdings müssen sie auch erforderliche Festigkeiten und Wirtschaftlichkeit aufweisen.

Bei geschraubten Anschlüssen, bei denen die Hohlprofilwand durchdrungen wird, ist die Frage der Dichtigkeit gegen Wassereintritt und damit der Innenkorrosion zu beachten. Gefährdet sind Konstruktionen, die der Witterung ausgesetzt sind. In diesem Fall kann das Wasser gefrieren und das Hohlprofil zum Platzen bringen.

Eine Anhäufung von Anschlüssen aus geschraubten Verbindungselementen sollte möglichst vermieden werden, da sie Wasser- oder Schneeauffänger sind, die äußere Korrosion fördern.

8.6.1 Blindschrauben

Die einseitige Zugänglichkeit von Hohlprofilen ist bereits am Anfang dieses Kapitels als Nachteil für die unmittelbare Verschraubung von Hohlprofilen dargestellt worden. Blindschrauben sind spezielle Schrauben bzw. Schraubensysteme, die dieses Problem aufheben. Sie erlauben die Verschraubung nur von einer Seite auszuführen, ohne daß die Notwendigkeit der Zugänglichkeit zu beiden Seiten besteht.

Gegenwärtig sind einige Blindschraubensysteme für Hohlprofilverbindungen erhältlich. In diesem Abschnitt werden die folgenden Systeme beschrieben:

– Flowdrill
– Lindapter

8.6.1.1 Flowdrill

Das Flowdrill-System ist ein patentiertes Verfahren zur Erzeugung von besonderen Schraubenlöchern. Es ist ein thermomechanischer Fließprozeß zur Herstellung von Löchern in den Wandungen von Hohlprofilen (Bild 8-28). Es wird dabei ein sich drehender Stab aus Wolfram-Karbid auf der Hohlprofilwand angebracht. Durch die Erzeugung einer ausreichenden Reibungswärme fließt der Stahl. Wenn der Stift sich

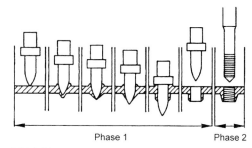

Phase 1   Phase 2

Bild 8-28 Arbeitsprinzip des Flowdrill-Systems

durch die Hohlprofilwand bewegt, wird der Werkstoff verdrängt und bildet im Inneren des Hohlprofils einen Wulst mit einer Höhe der 1- bis 2fachen Wanddicke. Im nächsten Schritt wird ein Gewinde in den Wulst geschnitten.

Die Versuche [1, 2] haben gezeigt, daß mit diesem System die M16-, M20- und M24-Schraubenprofile (ISO) in warm- bzw. kaltgeformten Hohlprofilen mit 5 – 12,5 mm Wanddicke angebracht werden können. Die untersuchten Stahlgüten sind S275 und S355.

8.6.1.2 Lindapter „HolloFast"

Das „HolloFast"-Blindschraubensystem besteht aus einer Standard-Schraube und einem speziellen „HolloFast"-Stahlkörper, der durch eine

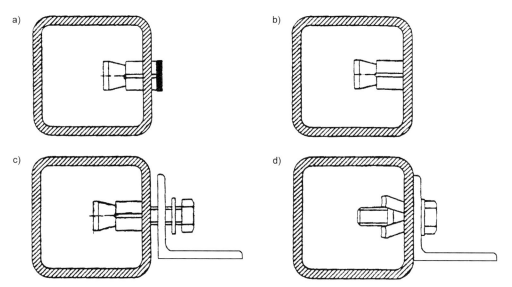

Bild 8-29 Arbeitsprinzip einer „Lindapter-HolloFast"-Schraube. a) Nach der Bohrung des Hohlprofils wird der HolloFast-Körper in das Hohlprofil eingeführt. b) HolloFast-Körper wird in die Bohrung gedrückt, bis er in einer Ebene mit der Hohlprofiloberfläche ist. c) Die Schraube wird in das Loch des Stahlkörpers eingeführt und im Konus verschraubt. d) Mit der Festziehung der Schraube spreizt der Konus und fixiert die Schraube.

Bohrung in der Hohlprofilwandung in das Hohlprofil eingeführt wird. Der Stahlkörper kann die M8-, M10-, M12- und M16-Schrauben aufnehmen. Bild 8-29 zeigt die Einführungsmethode des HolloFast-Körpers in das Hohlprofil und die anschließende Installationsarbeit. [3, 4] enthalten umfangreiche Untersuchungsergebnisse zu dem Lindapter-Blindschraubensystem.

8.7 Schweißen

8.7.1 Hohlprofil-Werkstoffe und deren Schweißeignung

Grundsätzlich wird die Schweißbarkeit der Stähle von deren chemischen Zusammensetzungen bestimmt. Diese sind in den nationalen und internationalen Spezifikationen [14–27] angegeben. Die Stahlherstellung erfolgt heute nach modernen Schmelzverfahren, wonach die Stähle durch niedrige Gehalte der stahlbegleitenden Elemente Phosphor, Schwefel und Stickstoff gekennzeichnet sind. Im allgemeinen werden sie mit Aluminium beruhigt gegossen und weisen einen hohen oxidischen Reinheitsgrad und eine hohe Zähigkeit auf.

Wichtig für die Schweißbarkeit der niedriglegierten Stähle (siehe Tabelle 3-5) sind deren Kohlenstoffanteile (C $\leq$ 0,22%) und deren Reinheitsgrade, dargestellt durch niedrige Schwefel (S $\leq$ 0,045%)-Gehalte, Phosphor (P $\leq$ 0,045%)-Gehalte und N_2 ($N_2 \leq$ 0,009%)-Gehalte.

Die Feinkornbaustähle (siehe Tabelle 3-7) erhalten gute Schweißbarkeit und erhöhte Festigkeit durch ihre relativ niedrigen Kohlenstoffgehalte und durch die Legierung mit Mangan, Silizium, Niob, Vanadium, Aluminium, Titan, Chrom, Nickel und Molybdän. Niedrige Kohlenstoffgehalte (C $\leq$ 0,20%) verbessern nicht nur die Schweißbarkeit sondern auch die Feinkörnigkeit des Mikrogefüges, wodurch die Empfindlichkeit gegenüber Sprödbruch verkleinert wird. Hohe Festigkeit wird durch den Zusatz von Mangan zusammen mit dem niedrigen Kohlenstoffgehalt erzielt.

Durch die chemische Zusammensetzung wird die Empfindlichkeit gegen Kaltrissigkeit in der Wärmeeinflußzone beeinflußt. Kaltrisse beim Schweißen können entstehen, wenn eine der folgenden drei Größen einen kritischen Wert annimmt:

– Härte in der Schweißnaht-Wärmeeinflußzone
– Wasserstoffeintrag in die Schweißnaht
– Schweißeigenspannung

Als wirksamste Maßnahme zur Vermeidung von Kaltrissen kommt das Vorwärmen in Betracht. Da bei der Ausführung von Konstruktionen heute bevorzugt die sehr wasserstoffarme Schutzgasschweißtechnologie zur Anwendung kommt, wird Vorwärmen nur bei den höherfesten Güten und hier erst bei relativ dicken Wänden erforderlich. Das Stahl-Eisen-Werkstoffblatt 088 [28] gibt Auskunft zur Vermeidung von Kaltrissen beim Schweißen der Feinkornbaustähle.

Nach [33] ist grundsätzlich an ein Vorwärmen vor dem Schweißen zu denken, wenn in einem Knoten die Bauteilwanddicken sich um 10 mm unterscheiden. Auch für Verbindungen zwischen Hohl- und Vollprofilen kann ein Vorwärmen erforderlich sein.

Das Schweißen bei niedrigen Außentemperaturen, feuchtem Wetter und auch bei dicken Bauteilen kann zu Kaltrissen führen. Ein Vorwärmen zwischen 50–150 °C je nach Werkstoffgüte kann dies wirkungsvoll verhindern.

Für S355:

bis 13 mm Wanddicke
(Kehlnaht)   Vorwärmen
bis 20 mm Wanddicke   nicht notwendig
(Stumpfnaht)

Für Wanddicken darüber hinaus ist ein Vorwärmen erforderlich.

S460:

bis 8 mm Wanddicke
(Kehlnaht)   Vorwärmen
bis 12 mm Wanddicke   nicht notwendig
(Stumpfnaht)

Für Wanddicken darüber hinaus ist ein Vorwärmen auf 100 °C bis 150 °C durchzuführen.

StE460:

Grundsätzlich je nach Wanddicke ist auf ca. 80 °C bis 150 °C vorzuwärmen.

Die Stähle sind mit allen Schmelz- und Preßschweißverfahren gut schweißbar.

In der Praxis ist es üblich, das Kohlenstoffäquivalent CEV als das Schweißbarkeitskriterium zu benutzen. Es ist wie folgt definiert:

$$CEV = C + \frac{Mn}{6} + \frac{Cr + Mo + V}{5} + \frac{Ni + Cu}{15}$$

Je kleiner der CEV-Wert ist, desto besser ist die Schweißbarkeit, insbesondere in Kombination mit dem niedrigsten Kohlenstoffgehalt, der notwendig ist, um die erforderliche Festigkeit zu erreichen.

Für Wanddicken kleiner als 16 mm entstehen im allgemeinen keine Kaltrisse, sofern CEV < 0,40 ist. Wenn 0,40 < CEV < 0,45 ist, dann sind abhängig vom Schweißprozeß entsprechende Vorsichtsmaßnahmen zu treffen. Für CEV > 0,45 ist eine Vorwärmung generell erforderlich.

8.7.2 Schweißverfahren zum Verbindungs-schweißen von Hohlprofilen

Beim Schweißen von Hohlprofilen werden die gleichen Schweißverfahren benutzt wie bei normalen Stahlbauten. Diese sind wie folgt:

- E-Hand-Schweißen (Shielded Metal Arc Welding SMAW)
- Schutzgasschweißen (Gas Metal Arc Welding GMAW-MIG/MAG)
- Schweißen mit Fülldraht-Elektroden (Flux Cored Arc Welding FCAW)
- Unterpulver-Schweißen (Submerged Arc Welding)

Stark verbreitet sind das Lichtbogenschweißen (in der Werkstatt und auf der Baustelle) und das Schutzgasschweißen (in der Regel bei der Werkstattfertigung). Grundsätzlich gehören diese zur Gruppe „Schmelzschweißen" [29], dessen Hauptmerkmal die Entstehung der Verbindung im Schmelzfluß ist. Hierbei schmilzt der Grundwerkstoff durch die Schweißwärme, und die Zusatzwerkstoffe wie Schweißstab, Schweißdraht und Schweißelektroden werden fast immer eingeschmolzen.

Grundsätzlich sind beim Einsatz von Schweißgeräten und -maschinen drei Gruppen zu unterscheiden: Handschweißen, teilmechanisches und vollautomatisches Schweißen. Die ersten zwei Verfahren werden in Hohlprofilkonstruktionen normalerweise angewendet. Vollautomatisches Schweißen ist nicht üblich, allerdings wenn nötig anwendbar.

Außer dem Schmelzschweißen kommt auch das zur Gruppe „Preßschweißen" gehörende Reib-schweißen zum Einsatz, falls die Stückzahl groß ist, z.B. für Stirnplattenverbindungen aus KHP. Reibschweißen wird hauptsächlich beim Fügen von Maschinenbauteilen wie z.B. Achskörpern für LKWs eingesetzt. Dabei werden Achsstümpfe durch Reibschweißen an KHP angebracht. Beide Teile werden aneinander gerieben. Die entstehende Wärme wird dann zum Schweißen benutzt. Nach Erreichen der erforderlichen Fügetemperatur werden die beiden Teile aneinander gedrückt.

8.7.2.1 Elektro-Lichtbogenhandschweißen mit umhüllten Elektroden [30, 31]

Dieses Schweißverfahren bewirkt das „Schmelzen" durch die Energie des elektrischen Lichtbogens. Es wird insbesondere bei schlechter Zugänglichkeit der Schweißstelle sowie ungünstiger Schweißlage eingesetzt (Bild 8-30).

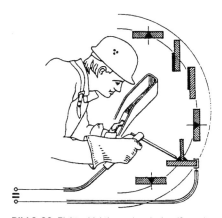

Bild 8-30 Elektro-Lichtbogenhandschweißen mit verschiedenen Schweißlagen

Zwischen einer abschmelzenden Elektrode und dem Werkstück brennt ein Lichtbogen. Lichtbogen und Schmelzbad werden dabei durch Schlacke und Gas der Elektrodenhülle gegen die Atmosphäre und damit gegen unerwünschte Oxidation abgeschirmt.

Stabelektroden mit Umhüllung

Zur Elektrodenwahl sind die Entscheidungskriterien wie folgt:

- Stahlgüte
- Umgebungstemperatur
- Feuchtigkeit

– Anschlußform
– geometrische Detailgestaltung
– Schweißposition

Sollen zwei verschiedene Stahlgüten verschweißt werden, sollten der Schweißprozeß und die Elektrode immer den Anforderungen an die höhere Stahlgüte angepaßt werden.

Zur Lichtbogenschweißung werden Elektroden mit titansaurer (Ti) oder kalkbasischer (Kb) Umhüllung eingesetzt. Bei unlegierten und niedriglegierten Stählen haben sich für die Wurzelschweißung und Füllagenschweißung Elektroden des titansauren Typs infolge ihrer leichteren Handhabung und ihrer guten Spaltüberbrückbarkeit bei guter Wurzelausbildung bewährt. Hervorzuheben ist auch die bessere Schlackenentfernbarkeit besonders in engen Nahtfugen gegenüber Elektroden des Kb-Typs.

Bei höheren Zähigkeitsanforderungen an das Schweißgut, bei dynamischer Beanspruchung und beim Verschweißen höherfester Feinkornbaustähle benutzt man wasserstoffkontrollierte Elektroden mit basischer Umhüllung. Sie müssen während der Lagerung vor Feuchtigkeitsaufnahme geschützt und zur Vermeidung von Wasserstoffversprödung vor dem Schweißen nach den Angaben der Zusatzwerkstoffhersteller (in der Regel mehrere Stunden bei ca. 250–300°C) getrocknet werden.

In [32] sind Elektroden für Stähle empfohlen worden:

Für S235 und S275:

– Für Wanddicke ≤ 16 mm (Stumpfnaht) ⎫
– Für Wanddicke ≤ 30 mm (Kehlnaht) ⎬ Rutil (Ti) umhüllte oder basisch umhüllte wasserstoffkontrollierte Elektrode ⎭
– Für Wanddicke > 16 mm (Stumpfnaht): Basisch umhüllte, wasserstoffkontrollierte Elektrode

Für S355, S460 und wetterfeste Baustelle:

– Für alle Wanddicken: basisch umhüllte, wasserstoffkontrollierte Elektrode

In einer Werkstatt, in der unterschiedliche Stahlgüten verwendet werden, empfiehlt es sich, nur wasserstoffkontrollierte Elektroden zu benutzen.

Die Wurzelschweißung mit basisch umhüllten Elektroden ist schwieriger als mit titansäure-

umhüllten Typen auszuführen, insbesondere dann, wenn bei kleineren Elektrodendurchmessern in der Wurzel oder in einer Zwangslage mit niedrigem Strom geschweißt werden muß. Eine Einübung und ein Vertrautwerden des Schweißers mit diesem Elektrodentyp sind erforderlich.

8.7.2.2 Schutzgasschweißen

Das teilautomatische Schutzgasschweißen ist eine Variante des Lichtbogenschweißens, bei der der flüssige und glühende Stahl vor den schädlichen Einwirkungen der Luft durch einen Gasmantel um den Lichtbogen geschützt wird. Das Verfahren besteht aus der Führung des Elektrodendrahtes und des Schutzgases durch die Düse und der Auftragung des Schweißgutes auf die Nahtstelle (Bild 8-31).

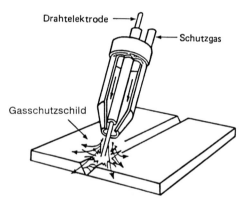

Bild 8-31 Teilautomatisches Schutzgasverfahren. MIG = Metall-Inert-Gas (Argon oder Helium), MAG = Metall-Aktiv-Gas (CO_2 oder Mischgas 80 % Ar + 15 % CO_2 + 5 % O_2)

Beim Schutzgasschweißen gibt es zwei verschiedene Arbeitsweisen:

1. Das Schweißen (MIG- bzw. MAG-Verfahren) erfolgt mit einer abschmelzenden Drahtelektrode (Drahtdurchmesser umfaßt einen Bereich von 0,45–3,2 mm; übliche Größen sind 1,0–1,2 mm $\varnothing$).
Der Unterschied zwischen MIG (Metall-Inert-Gas)- und MAG (Metall-Aktiv-Gas)-Verfahren liegt in der Art des Gases, Ar oder He z.T. mit geringen Mengen von O_2 für MIG und CO_2 bzw. Mischgas (80 % Ar + 15 % Co_2 + 5 % O_2) für MAG. Die zweite Art ist weniger kostenaufwendig als die erste. Beide Verfahren benötigen aufwendige Spezialstromquellen, ein Drahtvor-

schubgerät und einen besonderen Schutzgas-
brenner.

Das MIG-Verfahren mit großer Schmelzleistung
wird für Bauteile aus hochlegierten und NE-
Metallen angewendet, während das MAG-Verfahren für das Schweißen von un- und niedriglegierten Stählen eingesetzt wird. Das MAG-Verfahren hat sich besonders für Hohlprofilschwei-
ßung in Zwangslagen und beim Überbrücken
von breiten Schweißspalten als geeignet erwiesen.

2. Ein nicht abschmelzender Wolfram-Stab
wird in diesem Verfahren (WIG = Wolfram-Inert-Gas) angewendet. Es besteht aus der getrennten Zuführung von Wärmequelle (Brenner
für Lichtbogen) und Zusatzwerkstoff (Schweißdraht). Der Brenner enthält den stromführenden
Wolfram-Stab und die Argon-Gasdüse.
Wolfram schmilzt im Lichtbogen nicht, würde
aber ohne Argonschutz verbrennen.
Bevorzugt wird das WIG-Verfahren für das
Schweißen von dünnwandigen Profilen aus le-
gierten Stählen eingesetzt. Es läßt sich mit dem
Verfahren Fügen oder Kehlen bei normalem
Einbrand füllen. Die Schmelzleistung ist jedoch klein.

8.7.2.3 Schweißen mit Fülldrahtelektroden

Dieses Verfahren ist ein teilautomatisches Verfahren, bei dem ein kontinuierlicher Hohldraht
einer Spule auf dem Schweißgerät als Elektrode benutzt wird. Der Draht enthält ein che-
misches Flußmittel, das den Lichtbogen und
das geschmolzene Metall vor schädlichen Einflüssen durch O_2 und N_2 schützt. Zusätzlich
wird dem Schweißbrenner auch Schutzgas zugeführt.

Das System benötigt höhere Investitionen für
die Geräte. Allerdings können diese durch größere Arbeitsleistung (2- bis 3mal schneller als
Elektro-Lichtbogenschweißen) und Zeitersparn-
nis kompensiert werden.

8.7.2.4 Unterpulverschweißen

Unter den verschiedenen Möglichkeiten, einer
Drahtelektrode beim Verschweißen einen
Schlackenschutz zu geben, hat sich vor allem
das vollautomatische Schweißen unter Pulver
bewährt. Der Lichtbogen brennt hier unter
einer Pulververschüttung, die um das Elektro-
denende und auf die Fuge gehäuft wird. Das

UP-Gerät umfaßt Einrichtungen für den Draht-
vorschub, für das Pulververschütten, für den
Nahtvorschub und für das Regeln. Die
Schmelzleistung dieses Verfahrens wird von
keinem anderen Verfahren erreicht. Jedoch ist
die Anwendung dieses Verfahrens begrenzt auf
waagerecht liegende Nähte und auf das Arbeiten in überdachten Räumen. Daher wird es nur
für besondere Fälle, z.B. für Offshore-Konstruktionen, eingesetzt.

8.7.3 Schweißnahtvorbereitung für
Hohlprofilkonstruktionen

Zur Erzielung einer wirtschaftlichen Herstellung von Hohlprofilkonstruktionen ist nicht nur
die richtige Wahl des Schweißverfahrens, sondern auch eine genaue Planung und Durchführung der Arbeiten in der Werkstatt äußerst wichtig. Dazu gehören die geeignete Ausführung der
Endenbearbeitung der Hohlprofilbauteile und
die Schweißnahtdurchführung. Im Kapitel 6
sind im Rahmen der Beschreibung verschiedener Hohlprofilkonstruktionen die Endenbearbeitung und Schweißnahtdurchführung erläutert worden:

– Rahmenecken (siehe Abschnitt 6.4)
– Längsstoßverbindungen (siehe Abschnitt 6.5),
  Schweißverbindungen (siehe Abschnitt 6.5.2)
– Fachwerkträger (siehe Abschnitt 6.6),
  Knotengestaltung (siehe Abschnitt 6.6.2),
  Schweißnähte in Knotenpunkten (siehe
  Abschnitt 6.6.3)

In einigen Fällen werden die Hohlprofilenden
in ihrer Ursprungsform belassen, in anderen
Fällen aber auch voll- oder teilweise flachge-
drückt (siehe Abschnitt 6.6.8), für Schweißnahtausführung siehe Bild 8-32.

Die falsche Schweißnahtvorbereitung ist in vielen Fällen auf das Fehlen erforderlicher Sorgfalt zurückzuführen. Damit wird das Schweißen
erschwert. Vor allem beim Schweißen der Wurzel treten große Schwierigkeiten auf. Bei zu
hohem Steg und bei zu kleinem Abschrägungs-
winkel besteht die Gefahr, daß die Wurzelkan-
ten vom Lichtbogen nicht aufgeschmolzen werden. Dadurch kann eine Schweißnaht mit feh-
lerhafter Wurzel (Bindefehler) entstehen. Probleme beim Durchschweißen der Wurzel treten
oft bei Stumpfstößen an versetzten Blechen
auf.

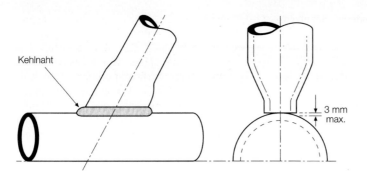

Kehlnaht

3 mm max.

Bild 8-32 Kehlnähte für Fachwerkknoten aus KHP mit flachgedrücktem Füllstabende

8.7.4 Schweißlagen und -reihenfolge

Bild 8-33 zeigt vier Schweißlagen zusammen mit der Reihenfolge der Schweißnahtdurchführung in Hohlprofilkonstruktionen. Naturgemäß sind sie durch die Beweglichkeit der Bauteile steuerbar.

Bei der Festlegung der Reihenfolge der Schweißnahtdurchführung müssen die folgenden Punkte besonders beachtet werden:

– Schweißnähte müssen nicht an den Ecken von RHP beginnen oder enden.
– Die richtige Reihenfolge der Schweißnahtdurchführung ist für eine geschweißte Hohlprofilkonstruktion äußerst wichtig, da sie das Schrumpfen, Schweißeigenspannungen und Verformungen in der Konstruktion wesentlich beeinflußt.

Die Reihenfolge der Schweißnähte in Fachwerkknoten ist bereits im Abschnitt 6.6.3.2 beschrieben worden.

Ferner ist möglichst die Ausführung mehrlagiger Schweißnähte zu vermeiden, insbesondere dann, wenn an einem Knoten eine größere Anzahl von Bauteilen angeschweißt werden soll.

8.7.5 Heftschweißen

Das Heftschweißen besteht aus kurzen Nähten für die Verbindung der Bauteile vor dem endgültigen Schweißen. Die Kehlnahtdicke soll in diesem Fall entsprechend der Wurzellage sein. Heftschweißnähte sollen einen sauberen Anschluß der Wurzellage gewährleisten. Anfang und Ende der Schweißnähte müssen nach Bild 8-33 festgelegt werden.

Da Heftschweißnähte Teile der endgültigen Schweißnaht sind, ist es wichtig, daß diese fehlerfrei durchgeführt werden. Bild 8-34 zeigt die möglichen Schweißfehlerarten einer Stumpf- bzw. Kehlnaht. Daher benötigen die Schweißer einen besonderen Befähigungsnachweis für das Heftschweißen [16].

Beim Heftschweißen einer KHP-Verbindung muß die symmetrische Stelle A des Bildes 8-35 ausgelassen werden, da dort eine lokale Spannungskonzentration stattfinden kann. Im allgemeinen kann die Länge der Heftschweißnaht der Verbindung vom Füllstab zum Gurtstab auf 1/10 des Füllstabdurchmessers reduziert werden.

Bei RHP sollen die geraden Teile mit Heftschweißen verbunden werden.

8.7.6 Wärmbehandlung nach dem Schweißen

Ein Spannungsarmglühen nach dem Schweißen wird nur dann durchgeführt, wenn ein Abbau der Schweißeigenspannungen aufgrund besonderer Überlegungen erforderlich ist. Normalerweise liegt die Temperatur für Spannungsarmglühen zwischen 530 °C und 580 °C. Für hochfeste Stähle (z. B. S460) ist diese um 30–50 °C niedriger als die Anlaßtemperatur.

8.7.7 Schweißeigenspannungen und Verformungen sowie Abbaumaßnahmen

Bei der Abkühlung der Schweißnaht treten Schrumpfungsspannungen im unmittelbaren Nahtbereich auf. Dies geschieht auch durch das Zusammenziehen der gesamten Schweißkonstruktion. Diese Spannung wandelt sich entweder in Verformung oder Verdrehung um oder bleibt im geschweißten Teil als Schweißeigenspannung.

In steifen Konstruktionen ist die Schrumpfungsverformung beim Abkühlen nach dem Schweißen stark gehemmt. Andererseits werden dadurch die Schweißeigenspannungen in

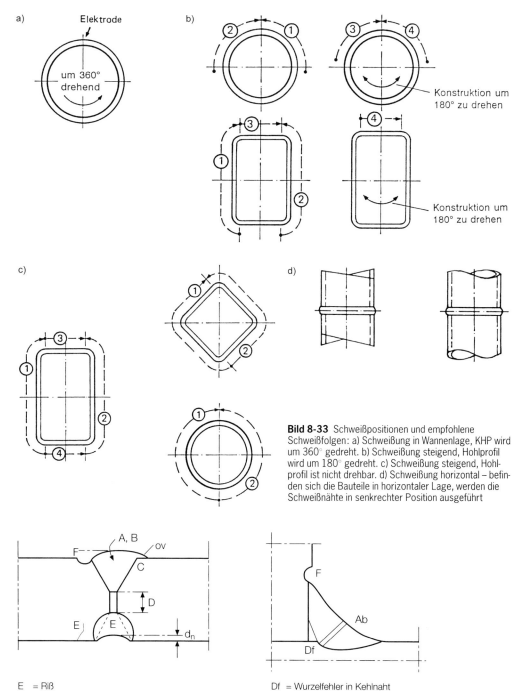

Bild 8-33 Schweißpositionen und empfohlene Schweißfolgen: a) Schweißung in Wannenlage, KHP wird um 360° gedreht. b) Schweißung steigend, Hohlprofil wird um 180° gedreht. c) Schweißung steigend, Hohlprofil ist nicht drehbar. d) Schweißung horizontal – befinden sich die Bauteile in horizontaler Lage, werden die Schweißnähte in senkrechter Position ausgeführt

E = Riß
C = Bindefehler
A = runde Poren
Ab = Schlauchporen
B = Schlackeneinschlüsse

Df = Wurzelfehler in Kehlnaht
D = Flankenbindefehler
d_n = ungenügend ausgefüllt
ov = übermäßiges Schweißgut
F = Einbrandkerbe

Bild 8-34 Fehlerarten einer Schweißnaht

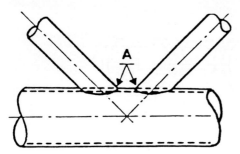

Bild 8-35 Heftschweißen, die Stelle A muß ausgelassen werden

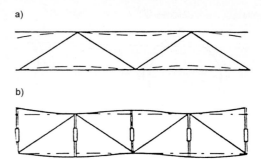

Bild 8-36 Vorverformung eines geschweißten Fachwerkträgers

der Konstruktion wesentlich erhöht. Die Möglichkeit des Konstrukteurs beschränkt sich darauf, die Konstruktion so zu gestalten, daß die Verformungen und Eigenspannungen möglichst gering sind. Da Verformungen und Eigenspannungen gegeneinander gerichtet sind, kann die Entscheidung nur ein Kompromiß zwischen beiden Einflüssen sein.

Folgende Parameter bestimmen die Verformung sowie die Schweißeigenspannung, die dem Konstrukteur Steuerungsmöglichkeiten geben:

– Schweißnahtdicke
– Schweißnahtlagen (Anzahl)
– Abstand der Schweißnaht von der neutralen Achse des Konstruktionselements
– Einspannung der Bauelemente in die Verbindung
– Steifigkeit der Bauelemente in die Schweißkonstruktion
– Schweißverfahren
– Reihenfolge der Schweißnahtdurchführung

Um schwierige und aufwendige Richtarbeiten nach dem Schweißen zu reduzieren, kompensiert man die Schrumpfungseinflüsse manchmal durch Vorverformung. Bild 8-36 zeigt ein Beispiel mit einem Fachwerkträger.

Nachdem man bei einem Fachwerkträger die durch das Schweißen bedingten Verformungen abgeschätzt hat (Bild 8-36a), werden die Gurtstäbe in einer gehefteten Konstruktion mittels Schraubenwinden vorgeformt (Bild 8-36b).

Die Anordnung der Schweißnähte und die Reihenfolge der Schweißnahtdurchführung bestimmen anteilmäßig die Eigenspannung und die Schrumpfung. Heftschweißungen müssen in so großer Zahl und so großer Festigkeit ausgeführt werden, daß sie die während des endgültigen

Fertigschweißens auftretenden Kräfte aufnehmen können.

Es sind Stumpfnähte vor den Kehlnähten sowie Längsnähte vor den Quernähten durchzuführen, um Schweißeigenspannungen zu verringern.

Die im Abschnitt 6.6.3.2 bereits empfohlene Reihenfolge der Schweißnahtdurchführung in einem Fachwerkknoten zeigt, daß immer von innen nach außen geschweißt werden soll. Dadurch können sich die Bauteile infolge des Schrumpfens frei zueinander bewegen, wodurch eine geringe Verformung und Schweißeigenspannung erreicht wird.

Im folgenden sind einige Maßnahmen beschrieben, um Schweißverformungen und -eigenspannungen abzubauen.

● **Punktuelles Erwärmen** (Bild 8-37)
Punktuelles Erwärmen bewirkt das Zusammenziehen des umgebenden Werkstoffes. Es wird vorwiegend zum Beseitigen von Beulen verwendet.

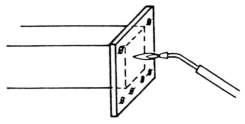

Bild 8-37 Punktuelles Erwärmen

● **Wärmestraßen** (Bild 8-38)
Um die Schrumpfung an langen Schweißnähten zu beseitigen, wendet man Wärmestraßen an. Das Richten wird durch Schrumpfen infolge

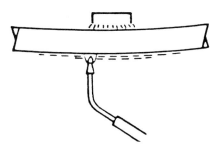

Bild 8-38 Anwendung der Wärmestraße

entgegenwirkender Erwärmung auf der gegenüberliegenden Seite bewirkt.

• **Dreieckförmige Wärmekeile** (Bild 8-39)
Wenn es darum geht, Winkelverformungen, die
durch Kehlnahtschweißungen entstanden sind,
zu beseitigen, dann wendet man auf der der
Schweißnaht gegenüberliegenden Seite dreieckförmige Wärmekeile an. Sie ermöglichen
eine Schrumpfung im entgegengesetzten Sinn
zu den Wärmestraßen. Die Erwärmung soll immer an der Spitze der Wärmekeile beginnen.

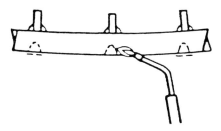

Bild 8-39 Anwendung dreieckförmiger Wärmekeile

Das Ansetzen der Wärmeschrumpfungen muß
vorher mit großer Präzision festgelegt werden,
um nicht durch eine unbedachte Flammenfüh-
rung ein Verdrehen des Bauteiles zu verursachen. Niemals darf man neben dem örtlichen
Ergebnis die Auswirkungen auf das gesamte
Schweißteil außer acht lassen.

8.7.8 Schweißfehler und deren Reparatur

Bild 8-34 zeigt die verschiedenen Fehler bei
Stumpf- und Kehlnähten.

[16] gibt sowohl die unerwünschten als auch
die annehmbaren Schweißnahtprofile für
Stumpf- und Kehlnähte an (Bild 8-40).

Die Schweißnaht soll einen allmählichen Übergang zur Bauteiloberfläche haben und frei von

Diskontinuitäten wie übermäßiger Konvexität,
ungenügender Nahtdicke, übergroßer Einbrandkerbe und übermäßigem Schweißgut sein.
Schweißfehler können durch Abtragen des
Schweißguts oder Teilen des Basismaterials
durch Abschleifen, Abmeiseln oder Ablehren
entfernt werden.

Übermäßige Konkavität, ungenügende Nahtdicke und große Einbrandkerbe sind durch Anbringen des zusätzlichen Schweißgutes zu kompensieren. Bindefehler, Schweißporen und
Schlackeneinschlüsse müssen entfernt und neu
geschweißt werden. Risse in der Schweißnaht
und im Basismaterial sind bis 50 mm über beiden Enden der Risse zu entfernen und neu zu
schweißen.

8.7.9 Schweißnahtprüfungen

Die Kontrolle der Schweißnähte kann wie bei
allen Stahlbauten entweder durch eine zerstörende oder zerstörungsfreie Prüfung erfolgen.
Zu jeder dieser Gruppe sind unterschiedliche
Prüfmethoden mit Vor- und Nachteilen gegeben.

Die zerstörenden Prüfungen (Zugfestigkeit, Zähigkeit, Härte, Falzbarkeit sowie Zeit- und Dauerfestigkeit) werden vor Beginn der Schweißarbeiten eingesetzt bzw. dann, wenn neue Werkstoffe, Konstruktionsarten und Schweißverfahren untersucht werden sollen. Ferner werden sie
auch zur Prüfung der Befähigung der Schweißer in Anspruch genommen. Sie werden meist
im Labor oder in der Werkstatt durchgeführt.
Die zerstörungsfreien Prüfungen werden hauptsächlich in fünf Gruppen zusammengefaßt:

– Sichtkontrolle
– Magnetpulverprüfung
– Farbeindringverfahren
– Ultraschallprüfung
– Durchstrahlungsprüfung (Röntgen- und
  γ-Strahlen)

8.7.9.1 Sichtkontrolle

Es ist sehr wichtig, vor und nach dem Schweißen eine genaue Sichtkontrolle der Schweißnähte und des schweißnahtnahen Bereichs
durchzuführen.

Es wird empfohlen, vor dem Schweißen den
Spalt zwischen den zu verschweißenden Teilen,
Öffnungswinkel, Gleichmäßigkeit der Schweiß-

Kehlnähte:

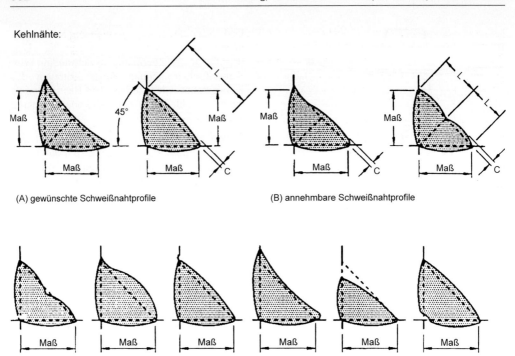

(A) gewünschte Schweißnahtprofile   (B) annehmbare Schweißnahtprofile

| ungenügende Nahtdicke | zu große Konvexität | zu große Einbrandkerbe | übermäßiges Schweißgut | ungenügende Nahtlänge | Wurzelfehler |

(C) unerwünschte Kehlnahtprofile

Stumpfnähte:

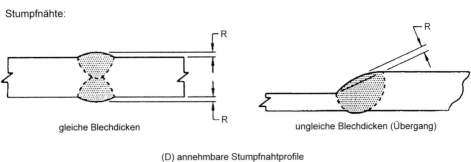

gleiche Blechdicken   ungleiche Blechdicken (Übergang)

(D) annehmbare Stumpfnahtprofile

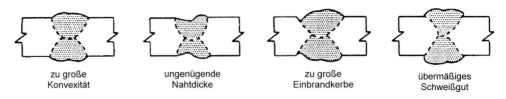

| zu große Konvexität | ungenügende Nahtdicke | zu große Einbrandkerbe | übermäßiges Schweißgut |

(E) unerwünschte Stumpfnahtprofile

Bild 8-40 Gewünschte und unerwünschte Kehl- und Stumpfnahtprofile [16]

kantenvorbereitung sowie die Schweißstellen auf Öl, Fett usw. zu prüfen. Außerdem sollen für die vorgesehene Schweißart nur geprüfte Schweißer eingesetzt werden. Wenn diese Bedingungen erfüllt sind, kann die Schweißnaht in der Regel fehlerfrei ausgeführt werden.

Nach dem Schweißen sollen durch eine Sichtprüfung die Schweißnähte auf Oberflächenfehler (Poren oder Risse) und auf Gleichmäßigkeit geprüft werden. Anschließend sollen die Schweißnahtdicke mittels hierzu entwickelter Lehren (siehe Abschnitt 6.6.3) und der Übergang der Schweißnaht zum Grundwerkstoff (wichtig bei ermüdungsbeanspruchten Konstruktionen) überprüft werden.

8.7.9.2 Magnetpulverprüfung

Die Magnetpulverprüfung ist eine einfache und schnelle Methode, die für das Auge unsichtbare, noch nicht entdeckte Feinrisse aufzeigt. Das Hauptanwendungsgebiet sind die Knotenpunkte, welche mit anderen Methoden wie z. B. Ultraschall- oder Röntgen- bzw. γ-Strahlungsmethode, nicht oder nur sehr schwer prüfbar sind. Feine Eisenteilchen werden auf die Prüfstelle gespritzt, und mittels Spulen- oder Jochmagneten wird ein Magnetfeld erzeugt. Wenn eine Rißstelle dieses Magnetfeld stört oder unterbricht, sammeln sich die zuvor gespritzten Eisenteilchen entlang dieser Fehlstelle und machen somit die feinsten Risse sichtbar. Mit dieser Methode sind feine Risse bis zu 1/10000 mm feststellbar. Die Dokumentation wird auf photografischem Weg durchgeführt.

8.7.9.3 Farbeindringverfahren

Das Farbeindringverfahren (Bild 8-41) ist eine Prüfmethode, die bis auf die Oberfläche hinausragende Fehlstellen anzeigt. Bei dieser Methode wird nach dem Reinigen der Oberfläche eine rote dünnflüssige Masse entweder mit dem Pinsel oder mit Spraydosen auf die zu prüfende Stelle aufgetragen. Man läßt diese Flüssigkeit etwa 5–10 Minuten einwirken. In dieser Zeit dringt die Flüssigkeit in die Rißstellen ein. Aus diesem Grunde muß die rote Flüssigkeit eine geringe Oberflächenspannung und hohe Kapillarität aufweisen. Nach dieser Einwirkzeit wird die Farbe zunächst mit einem Lappen abgewischt und die Prüfstelle entweder mit Wasser oder mit den hierzu speziell angefertigten

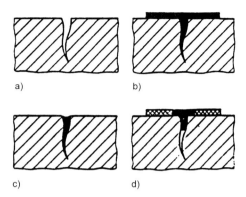

Bild 8-41 Schritte des Farbeindringverfahrens: Riß a) nach dem Reinigen, b) nach Aufbringen des Eindringmittels, c) nach Abwaschen des Reinigungsmittels, d) nach dem Entwickeln

Sprühmitteln geputzt. Nach dem Trocknen der zu prüfenden Stelle wird entweder ein weißes Pulver auf diese Stelle aufgetragen oder ein schnell trocknender Entwickler aus der Spraydose aufgebracht. Falls Risse vorhanden sind, wird an diesen Stellen die eingedrungene rote Flüssigkeit herausgesaugt und wird auf dem weißen Hintergrund sichtbar. Das Aussehen wird in der Praxis auch „Ausbluten" genannt. Die Dokumentation kann auf photografischem Weg erfolgen.

8.7.9.4 Ultraschallprüfung

Die Ultraschallmethode stellt eine sehr schnell arbeitende Methode dar, die eine hohe Qualifikation der Prüfer erfordert. Die Ultraschall-Strahlen werden von einem Sender durch die Schweißstelle durchgeschickt. Wenn diese an eine Fehlstelle treffen, werden sie reflektiert und von einem Empfänger wieder aufgefangen. Durch die Messung der Zeit des vom Schall zurückgelegten Weges wird die genaue Lage der Fehlstelle festgestellt. Es ist sehr schwierig, die Art des Fehlers genau zu bestimmen. Nach dieser Methode können nur Fehler entdeckt werden, die sich senkrecht zur Schallrichtung befinden. Um Bindefehler z. B. an den Stumpfnahtflanken zu ermitteln, werden Winkelprüfköpfe benutzt, die unter einem bestimmten Winkel das Echo senden und empfangen. Hauptanwendungsgebiete des Ultraschallverfahrens sind:

– Wanddickenmessung von einer Seite aus
– Nachweis von Doppelungen in Blechen

– Prüfung von Stangen- und Hohlprofilmaterial auf Herstellungsfehler
– Nachweis von Fehlstellen wie Einschlüssen, Lunkern und Rissen in Schmiedestücken, Gußteilen, Schweißnähten usw.
– Prüfung an heißen Objekten im Betrieb

In den meisten Fällen ist die Ultraschallmethode wirtschaftlicher als Durchstrahlungsverfahren. Sie erfordert jedoch Sachkenntnis und Erfahrung. Die Deutung der Anzeigen, die als Echozacken auf dem Bildschirm erscheinen, ist nicht problemlos.

8.7.9.5 Durchstrahlungsprüfung (Röntgen- und γ-Strahlen)

Die Röntgenprüfung oder γ-Strahlenprüfung mit Kobalt bzw. Iridium ermöglicht eine Prüfung der Schweißnähte. Die Ergebnisse werden direkt auf einem Film abgebildet (Bild 8-42). Somit ist die Prüfung dokumentierbar. Diese Methode ist insbesondere beim Herausfinden der Bindefehler, Poren und Schlackeneinschlüsse von Bedeutung. Fast alle kritischen Stumpfstöße werden durch Röntgenprüfung auf Fehlerfreiheit geprüft.

Wegen der bei langwirkender Bestrahlung gefährlichen Röntgen- oder γ-Strahlen werden die Prüfungen in einem geschlossenen Raum ausgeführt.

Die Anwendung der Röntgenstrahlenprüfung ist bei Stahlbauteilen von 2–50 mm Dicke möglich. Auf der Baustelle und bei größeren Wanddicken wird γ-Durchstrahlung empfohlen.

Zusammenfassend kann folgendes empfohlen werden:

– Röntgenprüfung ist am effektivsten für Stumpfstöße einsetzbar.

– γ-Strahlungsprüfung wird für die Anwendung auf der Baustelle empfohlen.
– Radiographische Prüfungen liefern zuverlässige Werte für die Werkstückdicken von ca. 16–20 mm. Darüber hinaus ist Ultraschallprüfung zuverlässiger und sowohl auf der Baustelle als auch in der Werkstatt einsetzbar.
– Radiographische Prüfungen sind für Kehlnähte nicht anzuwenden, da sie keine zuverlässigen Werte liefern.
– Magnetpulverprüfung und Farbeindringverfahren sind hauptsächlich für die Entdeckung der Oberflächenrisse anzuwenden.
– Am effektivsten, kostengünstigsten und am praktischsten ist die Sichtkontrolle; allerdings sind hierfür ausgebildete Prüfer erforderlich.

8.7.10 Eignungsprüfung der Schweißer und Schweißbetriebe

Damit nichtqualifiziertes Personal für die Schweißung von sicherheitsrelevanten Bauteilen nicht zum Einsatz kommt, ist in verschiedenen Normungswerken [16, 34–37] vorgesehen, daß die Schweißer und Schweißbetriebe im Besitz gültiger Schweißerprüfungszeugnisse sind, die sie befähigen, unterschiedliche Konstruktionen zu bearbeiten. Als Beispiel werden die Regeln nach [37] gezeigt. Nach [37] sind bei Verbindungen von RHP im allgemeinen Schweißerprüfungen der Gruppe B, bei KHP der Gruppe R erforderlich (siehe Tabelle 8-2). Für Anschlüsse nach Tabelle 8-2, Zeile 2 ist zusätzlich der Nachweis am Prüfstück nach Bild 8-43 durchzuführen.

Die Schweißarbeiten im Betrieb bestimmen Art und Umfang der Schweißprüfungen. Literatur [35] enthält 10 verschiedene Kriterien, die dabei beachtet werden müssen:

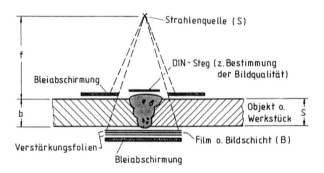

Bild 8-42 Röntgenstrahlenprüfung (schematisch).
f = Abstand Strahlenquelle – Werkstückoberfläche,
b = Abstand Werkstückoberfläche – Bildschicht (Film)

Tabelle 8-2 Zuordnung von Schweißverbindungen aus Hohlprofilen zu erforderlicher Schweißerprüfung [37]

	Art der Verbindung	Erforderliche Schweißerprüfung
1	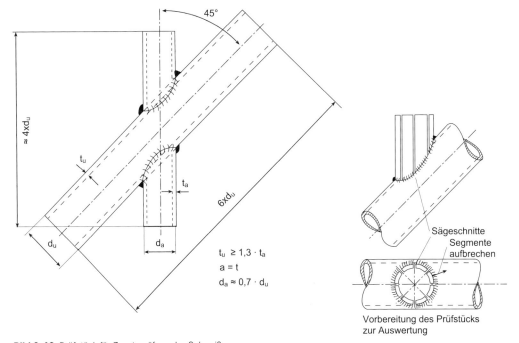	R I, R II[a)]
2		R I und Zusatzprüfung
3		B I, B II[a)]
4		B I
5	$\theta < 90°$	B I und Zusatzprüfung

[a)] Die Beanspruchbarkeit auf Zug hängt von der Güte der Schweißnahtausführung ab

– Schweißprozeß
– Halbzeug, Bauteilform
– Schweißnahtart
– Stahlsorte
– Schweißzusatzwerkstoff
– Prüfstückdicke (Bleche und Hohlprofile)
– Prüfstückdurchmesser (KHP)
– Schweißposition
– Stumpfnahtausführung
– Stumpfnahtausführung im Wurzelbereich

Diese Prüfungen werden von anerkannten Stellen, z. B. schweißtechnischen Lehr- und Versuchsanstalten, technischen Überwachungsvereinen, Materialprüfungsämtern und -anstalten und Prüfern (z. B. anerkannten Schweißfachingenieuren) durchgeführt.

8.7.11 Schweißen kaltgefertigter Hohlprofile

Das Schweißen kaltgefertigter Hohlprofile wurde bereits in Abschnitt 3.1 (vgl. Tabelle 3-15) eingehend behandelt.

$t_u \geq 1{,}3 \cdot t_a$
$a = t$
$d_a \approx 0{,}7 \cdot d_u$

Bild 8-43 Prüfstück für Zusatzprüfung der Schweißer

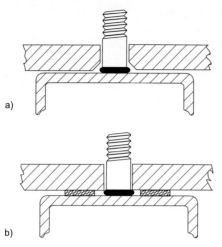

a)

b)

Bild 8-44 Bolzenschweißen an RHP

8.7.12 Bolzenschweißen

Bild 8-44 zeigt zwei Ausführungen von Bolzenschweißungen an der Oberfläche eines Bleches bzw. Hohlprofils. Vor dem Schweißen muß die Oberfläche sorgfältig gesäubert werden.

In manchen Fällen kann ein Kragen (Grat) an der Stelle entstehen, wo der Bolzen die Hohlprofiloberfläche trifft. Wo dies der Fall ist, muß entweder eine Nische in dem verbindenden Flansch ausgespart werden, um für den Kragen aus der Bolzenschweißung Platz zu schaffen (siehe Bild 8-44 a), oder es müssen Unterlegdichtungsscheiben angeordnet werden (siehe Bild 8-44 b).

8.7.13 Laserschweißen

Laserschweißen wird heute, bedingt durch die vorhanden Maximalleistung der Geräte, vorzugsweise im Dünnblechbereich eingesetzt. Die hohe Energiedichte im Fokuspunkt des Laserstrahles ermöglicht hohe Schweißgeschwindigkeiten. Die geringe Wärmeeinbringung minimiert Eigenspannungen und den Verzug der Bauteile. Durch die schmalen Schweißnähte und Wärmeeinflußzonen ist ein Schweißen beschichteter Bauteile oder Werkstücke möglich, bei dem die Schutzschicht in einem kleinen Bereich beeinträchtigt oder zerstört wird.

KHP mit lasergeschweißten Kopfplatten sind ein Beispiel der stahlbaumäßigen Anwendung des Laserschweißens in der industriellen Fertigung. Mit einer lasergerechten Konstruktionstechnik lassen sich die folgenden Vorteile ausnutzen:

– Die konstante Qualität der Nähte ist gewährleistet, da ein automatisiertes Schweißverfahren eingesetzt wird.
– Die geringeren Produktionszeiten lassen das Verfahren trotz hoher Investitionskosten auf Dauer wirtschaftlich werden.
– Durch den Einsatz von Zusatzdraht wird einerseits die Spaltüberbrückbarkeit erhöht, wodurch die Möglichkeit gegeben ist, den Aufwand für die Nahtvorbereitung zu verringern. Andererseits können durch geeignete Zusatzwerkstoffe die mechanisch-technologischen Eigenschaften der Schweißnaht verbessert werden.

8.7.14 Allgemeine Empfehlungen zum Schweißen

● Eine sorgfältige Säuberung der Nahtstellen ist äußerst wichtig, da Verunreinigungen wie Rost, Schlacke, Walzzunder usw. zu Schlakkeneinschlüssen führen.

● Die Zugänglichkeit des Anschlusses ist von großer Bedeutung für die Durchführung des Schweißens. Es muß ausreichender Raum für Schweißbrenner, Schutzgasdüse und Elektrodenhalter vorhanden sein.

● Oft sind die Stahlbauer geneigt, die Schweißnähte dicker durchzuführen, als es technisch notwendig ist (Bild 8-45). Dies ist nicht nur unwirtschaftlich sondern auch schädlich, da die Verformungen und Schrumpfspannungen bei übermäßiger Schweißgutanbringung groß werden. Ferner findet hierbei auch eine Änderung des Gefüges des Grundmaterials in der Wärmeeinflußzone durch zusätzliche Wärmezufuhr statt.
Bei statischer Belastung wird die Tragfähigkeit der Schweißnaht nicht abgemindert. Bei dynamischer Belastung können die dort entstehenden örtlichen Spannungsspitzen nicht abgebaut werden. Somit ist keine volle Aus-

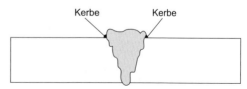

Kerbe   Kerbe

Bild 8-45 Übermäßiges Schweißgut

nutzung des Materials möglich. Es besteht die Möglichkeit zum Ausbessern der Nähte bei dynamisch belasteten Teilen durch Abschleifen des überflüssigen Schweißgutes.

- Beim Schweißen von Steifen soll nicht bis zum Blechrand geschweißt werden, d. h. Steifen müssen abgekantet werden (Bild 8-46).

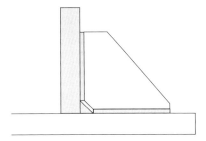

Bild 8-46 Abkanten von Steifen

- Kehlnähte werden gegenüber Stumpfnähten bevorzugt. Sie werden für Schweißnahtdicke a ≤ 16 mm verwendet. Wenn Kehlnähte nicht möglich sind, können teileindringende Stumpfnähte („partial penetration butt weld") angewendet werden, da sie weniger kostenaufwendig sind als volleindringende Stumpfnähte („complete penetration butt weld"). Die letzteren können zusammen mit Unterlegblechen eingesetzt werden.

- Eine örtliche Anhäufung geschweißter Verbindungselemente kann nicht nur die Zugänglichkeit erschweren, sondern auch als Wasser- oder Schneeauffänger die Korrosion fördern (Bild 8-47).

- Die Sichtkontrolle einer Schweißnaht wird am häufigsten angewendet, da sie in Normal-

fällen problemlos und wirtschaftlich anwendbar ist. Es ist aber notwendig, daß die Kontrolleure ausreichende Schweißkenntnisse und -erfahrung besitzen. Andere Prüfmethoden werden nur für die Untersuchung einiger kritischer Knoten eingesetzt, entsprechend der Möglichkeit zuverlässige Ergebnisse zu liefern.

8.8 Nageln

Bei diesem Verfahren wird ein KHP in ein anderes eingeführt, wobei der Außendurchmesser des kleineren KHP gleich dem Innendurchmesser des äußeren KHP ist. Nägel werden symmetrisch um den Rohrumfang durch die beiden Wanddicken eingeschossen (Bild 8-48).

Dieses Verfahren wurde im Bereich der KHP-Abmessungen bis 400 mm und unterschiedlichen Durchmesser/Wanddicke-Verhältnissen untersucht [38]. Da es sich um eine Verbindung handelt, die nur Zugänglichkeit zur Außenseite gewährleistet, ist es nicht möglich, die direkte Bestätigung der ausreichenden Durchdringung der Nägel in beiden Wanddicken zu erhalten. Jedoch kann die Messung des freistehenden Nagelkopfes über der KHP-Oberfläche zeigen, ob ein Nagel ausreichend durchgedrungen ist. Die beobachteten Versagensarten waren Abscheren der Nägel und Lochleibungsversagen der Rohrwandung.

Bild 8-47 Anhäufung zu verbindender KHP an einer Stelle

Bild 8-48 Nagelverfahren

Zur Bestimmung der Tragfähigkeit R_n der Verbindung werden die folgenden Formeln vorgeschlagen:

Versagensart „Abscheren der Nägel"

$$R_n = \text{(Scherfestigkeit eines Nagels)} \cdot n \qquad (8\text{-}14)$$

Versagensart „Lochleibung"

Wenn $L_e \geq 1{,}5\ d_n$ und $s \geq 3\ d_n$,

$$R_n = 2{,}4\ d_n \cdot t \cdot n \cdot f_u \qquad (8\text{-}15)$$

Wenn $L_e < 1{,}5\ d_n$ oder $s < 3\ d_n$,

$$R_n = L_e \cdot t \cdot n \cdot f_u \qquad (8\text{-}16)$$

aber $R_n \leq 2{,}4\ d_n \cdot t \cdot n \cdot f_u$ für die Nagelreihe am freien Ende und

$$R_n = \left(s - \frac{d_n}{2}\right) \cdot t \cdot n \cdot f_u \qquad (8\text{-}17)$$

aber $R_n \leq 2{,}4\ d_n \cdot t \cdot n \cdot f_u$ für die verbleibenden Nagelreihen mit:

n = Anzahl der Nägel
L_e = Randabstand, gemessen entlang der Achse des KHP vom Zentrum des Nagels
d_n = Durchmesser des Nagels
s = Abstand zwischen den Nagelreihen, entlang der Achse des KHP gemessen
t = KHP-Wanddicke
f_u = Zugfestigkeit des KHP-Werkstoffes

Eine andere Anwendung des Nagelverfahrens ist die mechanische Scherverbindung in betongefüllten Hohlprofilen, bei der die Nägel von der Stahloberfläche durch die Stahlwanddicke im Beton eingeschossen sind.

8.9 Anwendung von Gußteilen in Hohlprofilkonstruktionen

Aus konstruktiven Gründen (wenn sich mehrere Stäbe an einem Punkt treffen, siehe Bild 8-49), aus architektonischen Gründen oder aus Gründen einer sinnvollen Lasteinleitung bzw. Lastumlenkung kann es erforderlich sein, Knotenpunkte bzw. Verbindungsteile aus Guß herzustellen und diese dann mit den Hohlprofilen der Konstruktion zu verschweißen oder zu verschrauben (Bild 8-50). Manchmal können es auch geschmiedete Teile sein (Bild 8-51).

Bild 8-49 Gußkugelknoten mit angeschweißten KHP (Okta-Verbindung, Kugeldurchmesser 900 mm)

Bild 8-50 Nodus-Schraubverbindung

Bild 8-51 Geschmiedete Halbschalen für das Zusammenschweißen einer Kugel

Die Entscheidung, Guß- oder Schmiedeteile zu verwenden, hängt von der Komplexität der Verbindung, der Verbindungsabmessung, den mechanischen Eigenschaften sowie der Ermüdungsfestigkeit und Schweißbarkeit ab. Ferner sind Gußknoten nur dann wirtschaftlich, wenn die gleichen Formen und Abmessungen sich wiederholen. Bei den Gußknoten können auch die Tragfähigkeit steigernden Steifen gleich mitgegossen werden, was eine zusätzliche Erleichterung mit sich bringt.

Ein großer Vorteil der Gußverbindungsteile liegt in ihrer Homogenität und den kleinen

Eigenspannungen. Sie sind frei von örtlicher Spannungskonzentration, die üblicherweise immer in geschweißten Verbindungen erscheint. Daher können die gegossenen Teile, insbesondere unter Ermüdungsbeanspruchung, günstiger angewendet werden als die geschweißten Teile.

Gußeisen im Stahlbau besteht im allgemeinen aus Kugelgraphiteisen, das wegen seiner verbesserten Duktilität bevorzugt wird. Es ist jedoch schlecht schweißbar und wird daher für geschraubte Konstruktionen verwendet. In Abhängigkeit von seiner Güte hat dieses Gußeisen eine 0,2 %-Festigkeit zwischen 200 und 700 N/mm^2 unter Zugbeanspruchung.

Gußstähle (Kohlenstoffstähle und Edelstähle) können so hergestellt werden, daß sie beinahe mechanische Eigenschaften wie allgemeine Baustähle besitzen. Sie haben auch die gleichen Schweißeigenschaften mit dem gleichen Kohlenstoffäquivalent CEV. Es werden für Gußstähle Elektro-Lichtbogenhandschweißen sowie MIG- und WIG-Schweißen angewendet.

8.10 Zusammenbau

Die Grundlage einer wirtschaftlichen Fertigung ist ein rationeller Zusammenbau, der im allgemeinen in Vormontage und Endmontage unterteilt ist.

Die entscheidenden Einflüsse auf den Zusammenbau einer Stahlkonstruktion werden von der Ausführung der Anschlüsse (insbesondere geschweißte und geschraubte), den Abmessungen der Vormontagen und den Montageeinheiten ausgeübt. Ferner sind folgende Faktoren hervorzuheben:

– Geschultes Personal
– Werkzeugmaschinen und Hebezeuge in der Werkstatt
– Lichte Weiten in der Werkstatt
– Zahl der herzustellenden Baueinheiten bzw. Teileinheiten
– Transportmittel und Entfernung zwischen Bauteillager und Werkstatt sowie zwischen Werkstatt und Baustelle

Während der Vormontage werden die einzelnen Bauteile nach der vorgegebenen Zeichnung in Bauvorrichtungen angeordnet und durch Heftschweißen zusammengeheftet bzw. zusammengeschraubt.

Die Spann- und Wendevorrichtungen ermöglichen Heft- und Endschweißen in einer günstigen Schweißlage. Es kann das Schweißen in Zwangslagen vermieden werden. Dadurch werden Zeit und Kosten gespart.

Bei der Herstellung von Montageeinheiten (Bausubgruppen) werden abhängig von den verfügbaren Bauvorrichtungen zwei Verfahrensweisen verwendet.

Erstes Verfahren:
- Auf den Bauteilen wird deren Lage zueinander angezeichnet.
- Auf einem ersten Arbeitsplatz werden die angezeichneten Bauteile durch Heftschweißen zusammengeheftet.
- Die zusammengehefteten Baugruppen bzw. Bausubgruppen werden in die Schweißwerkstatt transportiert, wo die Schweißer nach einem vorgegebenen Schweißplan das Endschweißen durchführen, um die Verformungen zu reduzieren.

Zweites Verfahren:
Sowohl Vormontage mit dem Heftschweißen als auch anschließende Endmontage mit dem Abschlußschweißen wird in Bauvorrichtungen in der Werkstatt durchgeführt. Die Schweißer können direkt hintereinander Vor- und Endmontage vornehmen. Die Vorrichtungen sind so hergestellt, daß sie Schrumpfungen und Verformungen möglichst klein halten und Bautoleranzen einhalten können.

Nachfolgend sind verschiedene Vorrichtungen beschrieben:

• Vorrichtung mit Führungsschlitten
Die in Bild 8-52 schematisch angedeutete Vorrichtung besteht aus einem Haupttragwerk in Höhe einer Arbeitsfläche und aus Führungsschlitten (A und B), die beispielsweise das Einlegen der Stäbe eines Fachwerks erlauben. Wenn diese Stäbe bereits ihre Anschlußstücke (Knotenbleche usw.) durch Schweißen während der Vormontage erhalten haben, werden die Führungsschlitten durch Knotenbleche (C) ersetzt, auf die man die Anschlußstücke der Stäbe schraubt.

• Reißboden
Für Montageeinheiten sehr großer Abmessungen oder auch ganze Bauteile verwendet man einen Reißboden, der ganz einfach der Beton-

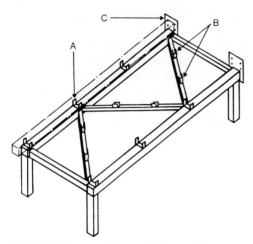

Bild 8-52 Montagevorrichtung mit Führungsschlitten

boden der Werkstatt mit Markierungsmöglichkeit ist.

• **Wendevorrichtung**
Diese Vorrichtung erlaubt eine Einspannung der zu verschweißenden Teile oder bereits gehefteten Bausubgruppen. Sie hat eine Achse, die das Drehen der gesamten Einheit ermöglicht. Diese Besonderheit hat den entscheidenden Vorteil, daß Schweißarbeiten immer in der günstigsten Lage durchgeführt werden können.

Die Montage ebener und räumlicher Fachwerke erfolgt in der Regel in der Werkstatt, wenn die Abmessungen der Montageeinheiten klein sind und eine Transportmöglichkeit vorhanden ist. Andernfalls werden die Fachwerke auf der Baustelle zusammengeschweißt bzw. die Teileinheiten der Fachwerke mit Hilfe von Flanschverbindungen auf der Baustelle zusammengeschraubt (Bilder 8-53 und 8-54).

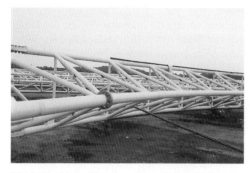

Bild 8-53 Auf dem Boden montierter Dreigurtbinder

Bild 8-54 Baustellenmontage und -aufstellung eines Trägers

Falls das Zusammenschweißen auf der Baustelle erfolgt, hat sich die Montage bis zu einer Höhe von 4–5 m als sinnvoll erwiesen, da man mit kleineren Mobilkrananlagen die einzelnen Stäbe an die endgültige Position bringen kann und diese genügend Lichtraum unter der Konstruktion für das Fahren besitzen. Dabei werden die Untergurtknoten auf Stahlstützen gelagert und justiert. Mittels Stumpfstößen werden diese etappenweise zu einem ebenen Fachwerk zusammengeschweißt. Im Falle eines Raumfachwerkes werden zusätzlich die Diagonalstäbe und Obergurtstäbe eingebaut und zusammengeschweißt.

Es ist häufig der Fall, daß die geschweißten Einheiten von der Werkstatt zur Baustelle transportiert und dort mit einem Mobilkran auf Stützen aufgesetzt und mittels Verschrauben montiert werden (Bild 8-55).

Beim Baustellenschweißen muß besondere Rücksicht auf Wetterverhältnisse, z.B. Wind, Regen, Temperatur und Feuchtigkeit genommen werden. Der Schutz gegen Wind ist für das Schutzgasschweißen besonders wichtig. Gegenwärtig wird mehr und mehr das Selbstschutz-Lichtbogenschweißen mit teilautomati-

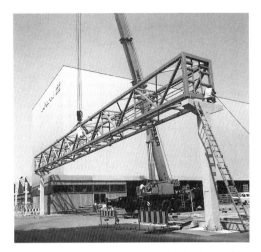

Bild 8-55 Viergurtträger während der Aufstellung auf der Baustelle

schen Geräten oder Robotern benutzt, wodurch dieses Problem vermieden wird.

8.11 Transport von Hohlprofilen und Hohlprofilkonstruktionen

Zur Senkung der Gesamtkosten für ein Bauprojekt ist es wichtig, darauf zu achten, die Montageeinheiten aus der Werkstatt so groß wie möglich zu wählen, ohne die Transportkosten zu hoch anwachsen zu lassen. Die Transportmöglichkeiten (Straße, Schiene, Fluß oder See) haben einen wesentlichen Einfluß auf die Art des zu wählenden Tragwerks, auf die Abmessungen der Bauteileinheiten und auf die Wahl der Lagen der Montagestöße.

Ein besonderer Vorteil der RHP beim Transport ist ihre Fähigkeit zur günstigen Aufstapelung. Auch die günstigen mechanischen Eigenschaften der KHP und RHP, wie hohe Torsions- und Knicksteifigkeit und mehrachsige Biegebeanspruchbarkeit, üben einen günstigen Einfluß auf den Transport von Einzelbauelementen und auch Montageeinheiten aus.

● **Straßentransport** (Bild 8-56)
Diese Transportart ist die bequemste, wenn die Baustelle nahe an der Werkstatt liegt. Die Ladeabmessungen und zulässigen Längen hängen von nationalen Vorschriften ab. Sie können von Fall zu Fall unterschiedlich sein. Es müssen aber auch die örtlichen Gegebenheiten wie Höhenbegrenzung durch Brücken, Zugänglichkeit der Baustelle usw. beachtet werden.
Konfiguration und Konstruktion von bestimmten Teileinheiten wie Dreieckteilen können sich auf das Stauen in Lastwagen sehr positiv auswirken.

● **Schienentransport**
Schienentransport ist zumeist der günstigste (auch häufig der billigste) Transportweg, wenn Baustelle und Werkstatt Gleisanschluß haben. Auch die Eisenbahnverwaltungen haben ihre vorgeschriebenen Lademaße und Gewichte, die von Land zu Land differieren.

● **Transport auf Wasserstraßen**
Dieser Weg ist meist sehr wirtschaftlich und bietet oft die Möglichkeit, Baueinheiten großer Abmessungen zu transportieren. Schiffstransporte sind günstig für Überseetransporte, aber

Bild 8-56 Straßentransport einer Dreieckträger-Montageeinheit

Bild 8-57 Transport mit
Frachtkahn

auch mit Frachtkahn (Bild 8-57), wenn Werkstatt und Baustellen an bedeutenden Wasserstraßen liegen. Die Tragwerke können auch selbst schwimmen, z.B. Offshore-Plattformen. Sie können zum Aufstellungsort geschleppt werden.

Hebegeräte (Krane) als Montage- und Transporthilfe (Bilder 8-58 und 8-59).

Wegen der leichten Gewichte der Montageeinheiten von Hohlprofilkonstruktionen werden häufig zum Anheben und Transportieren Mobilkrane eingesetzt. Allerdings kommen auch feststehende Krane auf der Baustelle zum Einsatz.

Wesentlich vereinfacht ist das Anheben und Handhaben aufgrund der großen Torsionssteifigkeit der Hohlprofile und der dadurch be-

dingten Reserve gegen Verdrehen oder Kippen. Bei Bauteilen aus offenen Profilen muß oft die seitliche Steifigkeit beim Anheben und Transport durch Zusatzkonstruktionen sichergestellt werden (Bild 8-60 a). Diese Vorkehrungen sind bei Hohlprofilkonstruktionen nicht erforderlich (Bild 8-60 b).

Bild 8-58 Mobilkran zur Aufstellung einer Pipeline-Brücke

Bild 8-59 Mobilkran zur Montage eines Mastes

a)   b)

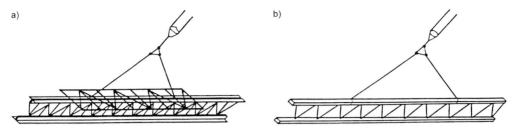

Bild 8-60 Anheben von Fachwerkträgern mit Kranen. a) Träger aus offenen Profilen mit Zusatzkonstruktion zur Versteifung. b) Träger aus Hohlprofilen ohne Zusatzkonstruktion

8.12 Symbolerklärungen

KHP = Kreisförmiges Hohlprofil
QHP = Quadratisches Hohlprofil
RHP = Rechteckiges Hohlprofil

9 Raumfachwerke

9.1 Allgemeines

Stabtragwerke sind allgemein gekennzeichnet durch die Kombination stabförmiger Einzelglieder, die, nur in Knotenpunkten vereinigt, die statische Funktion des Tragens ausüben. Räumliche Stab-Fachwerke, auch Raumfachwerke genannt, bestehen aus Stäben, die in mehreren oder vielen sich schneidenden Ebenen liegen. Jeder Stab gehört zwei oder mehreren Fachwerkebenen an. Die Beanspruchung kann durch äußere Kräfte mit beliebiger Richtung erfolgen.

Die Beanspruchungen des Raumfachwerks ergeben sich auch aus der äußeren Form des Raumfachwerks:

– bei der ebenen Platte entstehen Biegebeanspruchungen (Bild 9-1 a)
– bei der gewölbten Platte können Biegebeanspruchungen entfallen und nur Normal- und Schubbeanspruchung bzw. Membranwirkung auftreten (Bild 9-1 b)

Um Biegemomente aufnehmen zu können, sind zwei- oder mehrlagige Raumfachwerke notwendig (Bild 9-1 c). Bei Membranbeanspruchung ist ein einlagiges Raumstabwerk (Bild 9-1 d) ausreichend.

Die Geometrie der Tragwerksfläche kann eine ebene Platte (Bild 9-1 e) oder eine einfach oder zweifach gekrümmte Schale (Bild 9-1 f) oder ein gefaltetes System aus ebenen Einzelflächen (Bild 9-1 g) sein.

Je nach der Anzahl der Laufrichtungen erfolgt der Aufbau der Stabnetze (Bild 9-1 h–k). Laufen die Stabscharen in zwei Richtungen, hat man ein zweiläufiges Stabwerk. Man kann auch Stabwerke in drei oder mehr Scharen entwerfen. Bei mehrlagigen Systemen können die Stabnetze in verschiedenen Ebenen deckungsgleich oder auch gegeneinander versetzt angeordnet werden.

Bild 9-2 zeigt einige Elementarkörper (Raumbausteine), aus deren Kombinationen Raumfachwerke bestehen. Die Stabilität der labilen Raumbausteine ist, falls nötig, durch aussteifende Diagonalen in den ebenen Rechteckfeldern in den Randbereichen der Struktur oder durch eine Auflagerstabilisierung zu erreichen.

Vorteile, die für den Einsatz von Raumfachwerken sprechen, sind:

- In regelmäßigen Raumfachwerken mittleren und größeren Umfangs kommen die einzelnen Elemente, Stäbe und Knoten mit einheitlichen Abmessungen in so großer Anzahl vor, daß sich eine Standardisierung lohnt. Dies bietet die Möglichkeit einer sehr wirtschaftlichen Fertigung. Industriell vorgefertigte Bauteile, die leicht vor Ort auf- und abzumontieren sind und sich leicht lagern und transportieren lassen, bringen erhebliche Kostenvorteile.

- Raumfachwerke werden oft für Überdachungen von solchen Bauten eingesetzt, bei denen große Spannweiten ohne Zwischenauflager überbrückt werden müssen. Je größer die Spannweite, um so wirtschaftlicher ist der Einsatz eines Raumfachwerks. Dies ist häufig bei Sportstätten, Schwimmhallen, Messehallen, Stadionüberdachungen der Fall. Weiterhin werden Raumfachwerke z. B. auch als Montagegerüste für Brückenbauwerke, als mehrteilige Stützen usw. angewendet. Häufig werden sie auch aus architektonischen Gründen bevorzugt.

- Die Bauhöhe der in mehreren Richtungen tragenden Raumfachwerke ist im Vergleich zu in nur einer Richtung tragenden Traggliedern sehr viel geringer (etwa 1/20 bis 1/25 der Spannweite bei Raumfachwerken gegenüber 1/10 bis 1/15 bei Einzeltraggliedern), da die Steifigkeit eines Raumtragwerkes die Durchbiegung nicht unerheblich herabsetzt.

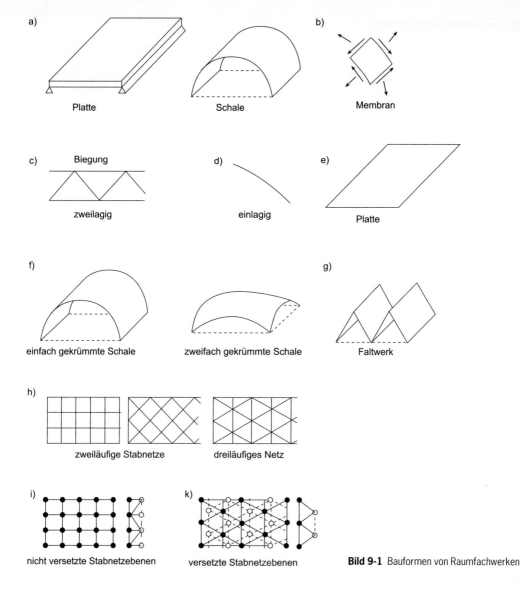

Bild 9-1 Bauformen von Raumfachwerken

Dadurch kann der Leerraum zwischen Dach-
haut und Untergurtebene vermindert werden.

- Als statisch hochgradig unbestimmtes System hat ein Raumfachwerk den Vorteil, daß
die Lastabtragung nicht sprunghaft, sondern
kontinuierlich erfolgen kann. Örtliche Über-
belastungen können infolge des plastischen
Verhaltens des Stahles, das im Traglastver-
halten berücksichtigt wird, auf Nachbar-
tragglieder verteilt werden. Selbst der Ausfall von ein oder mehreren Stäben führt nicht
zum Einsturz der Konstruktion.

- Der Grundriß eines Gebäudes ist ein weiteres
Auswahlkriterium für Raumfachwerke. Eine
kreisrunde Anordnung kann z.B. eine Dach-
ausführung als Kuppel bedingen, sei es kreis-
rund, penta-, hexa- oder oktagonal. Hier ist
der Einsatz eines dreidimensionalen Tragsy-
stems mit Maschen in drei Richtungen in
einer oder meist zwei übereinanderliegenden
Ebenen angezeigt.

Sehr wirtschaftliche Lösungen flachliegen-
der Raumtragwerke ergeben sich auch bei
Vorliegen von nach allen Richtungen annä-

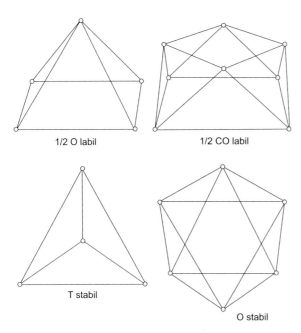

1/2 O labil   1/2 CO labil

T stabil

O stabil

Bild 9-2 Einige Elementarkörper (Raumbausteine)
O = Oktaeder, CO = Cubus und Oktaeder,
T = Tetraeder

hernd gleichen Spannweiten (vier-, fünf-, sechseckig usw.), da hierbei die kräfteabtragende Wirkung besonders gleichmäßig in Anspruch genommen wird.

- Die Bauweise mit räumlichen Tragwerken bietet dem Architekten große Möglichkeiten in der Gestaltung. Dabei spielt der ästheti-

sche Gesichtspunkt in vielen Fällen die ausschlaggebende Rolle. Man kann ohne weiteres die Stahlkonstruktion in die sichtbare Gestaltung des Raumes einbeziehen und auf eine untergehängte Decke verzichten.

- Bild 9-3 zeigt die Montage eines Raumfachwerkes, aus der die Vorteile dieses Tragwerk-

Bild 9-3 Raumfachwerk „Okta-S" wird auf der Baustelle am Boden montiert, dann hochgehoben und auf Auflager gesetzt

Bild 9-4 Hochheben des auf dem Boden montierten Raumfachwerkes mit Mobilkranen

systems ersichtlich werden. Die in der Werkstatt vorgefertigten Stäbe und Knoten werden am Boden montiert, das Fachwerk wird dann hochgehoben und auf seine Auflager mit größter Präzision aufgesetzt (Bild 9-4).

Montagen am Boden bieten mehrfache Vorteile:
– Für die Montage können relativ viele Arbeitskräfte eingesetzt und damit die Montage beschleunigt werden.
– Die Überwachung ist einfacher, es genügt i. a. ein Fachmann (allenfalls bei großen Objekten eine kleine Gruppe von Fachleuten) für die Montageleitung.

Eine andere Montagemethode ist der freie Vorbau in endgültiger Höhe, der keine schweren Hebe- und Stützkonstruktionen verlangt.

Als ein gewisser Nachteil des Raumfachwerkes ist der verhältnismäßig große Aufwand für die Festigkeitsberechnung anzusehen, der selbst bei dem heute üblichen Einsatz von elektronischen Rechnern nicht zu unterschätzen ist.

Bei kleineren Spannweiten kann der Vergleich der Wirtschaftlichkeit zwischen Raumfachwerk und Einzeltragwerk (Binder oder Träger) zu ungunsten der ersteren ausfallen, sofern keine architektonischen Gesichtspunkte im Vordergrund stehen. Genaue Feststellungen lassen sich jedoch nur bei Berücksichtigung aller Umstände (z.B. Grundriß, Rastermaße, Bauhöhe, Stützungsverhältnisse, mögliche Serienferti-

gung, leichte Transportmöglichkeit der vorgefertigten Einzelteile) treffen.

Es ist also der Nachteil des höheren Konstruktionsgewichtes, das durch Überdimensionierung einzelner Stäbe oder Stabgruppen entsteht, gegen den Vorteil abzuwägen, der sich durch den Einkauf von großen Mengen gleichartiger Bauteile und der Serienfertigung ergibt.

9.2 Hinweise zur Berechnung von Raumfachwerken

Betrachtet man Raumfachwerksysteme als Flächentragwerke, so stellen sie den Idealfall für die Methode der finiten Elemente dar, da jeder Stab auch in der Wirklichkeit ein finites Element ist. Der Aufwand für die Festigkeitsberechnung kann groß sein; es stehen jedoch Programme zur Verfügung, um Raumfachwerke elektronisch zu berechnen. In diesen Programmen werden die Stabkräfte aller Stäbe auf der Grundlage linearer Statik und elastischen Werkstoffverhaltens ermittelt. Diese Annahmen sind für Raumfachwerke als vorwiegend normalkraftbeanspruchte Tragsysteme zutreffend.

Methoden für Näherungsberechnungen von räumlichen Stabwerken werden in Analogie zur Plattentheorie unter Berücksichtigung der Anwendung von Stahlhohlprofilen erarbeitet, die in [2] beschrieben sind.

Die Stabquerschnitte werden in der Bemessung den Stabkräften angepaßt. Im Sinne einer wirtschaftlichen Serienfertigung muß überlegt werden, inwieweit die erforderlichen Querschnitte vereinheitlicht werden können, um sich auf wenige Typen zu beschränken.

Für die Vorbemessung von Raumfachwerken ist es nicht notwendig, alle Stabkräfte zu kennen. Es reicht meist die Kenntnis der maximalen Stabkräfte an einigen definierten Stellen aus. Die Lösungen der für das jeweilige Tragsystem geltenden Platten- und Schalentheorie ergeben die Beanspruchungen an definierten Stellen des Tragwerkes.

9.3 Konstruktionsteile von Raumfachwerken

Ein kennzeichnendes Element aller bekannten Raumfachwerksysteme ist der Knoten. Bei den meisten Systemen werden die Stäbe mittels

Verschraubung, seltener mit Klemmverbindung oder Schweißung – miteinander verbunden (Bild 9-5). Die gesamte Verbindung, d.i. der Knoten und die Ausführung der Stabenden, hat natürlich einen erheblichen Einfluß auf die Wirtschaftlichkeit des Raumfachwerksystems.

Die Stäbe werden dann durch Normalkräfte beansprucht. Als Stabquerschnitte von Raumfachwerken werden überwiegend Rohre, in manchen Fällen auch rechteckige Hohlprofile verwendet, die eine große Druck- und Torsionssteifigkeit aufweisen; relativ selten werden offene Profile verwendet. Raumfachwerke haben aus diesem Grunde ein sehr geringes Eigengewicht je m^2.

Die äußeren Kräfte, z.B. Dachlasten, werden i.a. in die Knoten eingeleitet (Bild 9-6).

a)

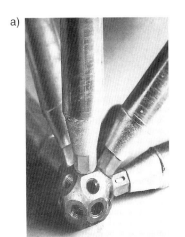

b)

c)

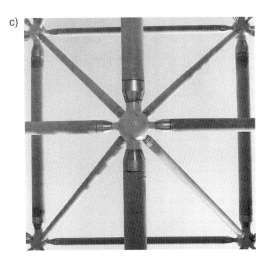

Bild 9-5 Einige Knotenausführungen von Raumtragwerksystemen. a) Mero, b) Nodus, c) Okta-S

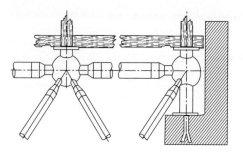
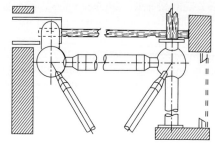

Bild 9-6 Übertrgung der Dachlast in die Knoten eines Raumfachwerkes

9.4 Wirtschaftlich optimierte Raumfachwerke

In Literatur [4] werden Angaben über die wirtschaftliche Optimierung von Raumfachwerken mit der Vorgabe der Grundrißabmessungen, Lagerung und Belastungen gemacht. Freiwerte sind die Trägerstruktur, das Rastermaß und die Bauhöhe. Tabelle 9-1 enthält die Zusammenstellung der untersuchten Parameter. Die hierbei berücksichtigten Raumfachwerkplatten sind in Tabelle 9-2 zusammengefaßt. Bild 9-7 zeigt ein Beispiel aus den Ergebnissen, die in graphischer Form dargestellt wurden. Es werden mit diesen Diagrammen in [4] Entscheidungshilfen zur Verfügung gestellt, um ohne aufwendige Berechnungen zwischen unterschiedlichen Konstruktionen Vergleiche aufstellen zu können. Dies geschieht unter Berücksichtigung des angewandten Bausystems sowie der individuellen Kostenstruktur des Betriebes.

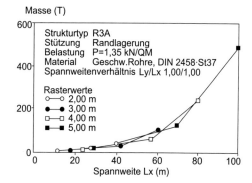
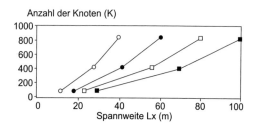
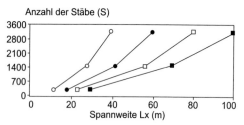

Bild 9-7 Beispiel einer wirtschaftlichen Optimierung eines Raumfachwerkes [4]

Tabelle 9-1 Zusammenstellung der Parameter für die wirtschaftliche Optimierung von Raumfachwerken nach [4]

Parameter-Art	Parameter-Kurzform	Parameter-Wertigkeit	Werte der Parameter		
Grundriß	G	i. a. 3	Werte im Bereich möglicher Spannweiten		
Lagerung	L	2	Rand- und Ecklagerung		
Belastung	Q	i. a. 3	[kN/m²]	1,35	2,50	3,50
Lasteinleitung	E	1	Knotenlasten (keine Stab-Querlasten, da keine Theorie 2. Ordnung im Rahmen der Untersuchung)		
Tragwerkstruktur	S	4 + (1)	R3A, R3B, (R3C), R4B, R75 (s. Tabelle 9-2)		
Rasterweite	R	3–4	2,0 m/3,0 m/4,0 m/5,0 m		
Bauhöhe	H	1	(natürliche Bauhöhe)		
Stabquerschnitte	T	2	Rohre und ⌐⌐-Winkel aus S235		
Anschlußkosten	A	1	Dargestellt im Diagramm modifizierte Gesamtmasse		
Bausystem	B	1	Weitere Variationen durch Bausystemanwender im Kosten-Diagramm einführbar		
Seitenverhältnis	Ly/Lx	i. a. 2	Quadrat 1 : 1 Rechteck 1 : 1,7		

Tabelle 9-2 Zusammenstellung der berücksichtigten Raumfachwerkplatten-Strukturtypen nach Tabelle 9-1 [4]

	Kennziffer	Klassifizierung	Kurzsymbol	Gurtführung
Struktur	R3A	Halb-Oktaeder- und Tetraederpackung	1/2 0 + T	Obergurt und Untergurt randparallel
	R3B			Obergurt und Untergurt nicht randparallel
	R4A	Halb-Oktaeder- und Halb-Cubuspackung	1/2 0 + 1/2 CO	Obergurt randparallel Untergurt nicht randparallel
	R75	Oktaeder- und Tetraeder-Packung	0 + T	Obergurt und Untergurt nicht randparallel

10 Einspannung rechteckiger Hohlprofile in Betonfundamente

Stahlstützen müssen häufig in den Fundamenten biegesteif eingespannt werden. Dies ist insbesondere bei einstöckigen Systemen der Fall, z. B. bei Bahnsteigdächern oder anderen Überdachungen und mastartigen Konstruktionen. Neben der üblichen Ausführung mit Platten, Ankerschrauben und Ankerbarren stellt die direkte Einbetonierung der Stütze in ein Beton-Fundament eine sehr wirtschaftliche Lösung dar. Dies gab Anlaß für ein Forschungsvorhaben zur Klärung der Einspannungsverhältnisse rechteckiger Hohlprofilstützen in Beton, das an der Versuchsanstalt für Stahl, Holz und Steine der Universität Karlsruhe durchgeführt wurde. Darüber wurde in [5] berichtet.

Über die Einspannung von Stäben in Beton und die Berechnungsmethode liegen eine Reihe von Veröffentlichungen vor [1–4].

Die Bilder 10-1 bis 10-3 zeigen Annahmen über die Pressungsverteilung p zwischen Stab und Beton. Während [1, 2] mit linear veränderlicher Pressung gemäß Bild 10-1 arbeiten, zeigt Bild 10-2 eine andere Annahme für die Pressung, wobei die Reaktionskräfte konzentriert angesetzt werden. In [3] wird die Einspanntiefe als Funktion des vom Druck abhängigen „Bettungsmoduls" ermittelt. In [4] wird gezeigt, daß sich die maximalen Randpressungen ab einer gewissen Einspanntiefe nicht mehr verändern.

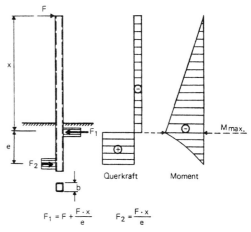

$$F_1 = F + \frac{F \cdot x}{e} \qquad F_2 = \frac{F \cdot x}{e}$$

Bild 10-2 Pressungsverteilung zwischen Stab und Beton. Annahme: Reaktionskräfte konzentriert angesetzt

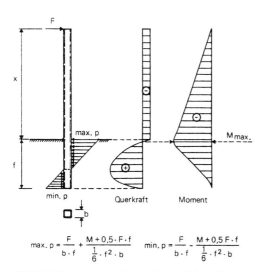

$$\max. p = \frac{F}{b \cdot f} + \frac{M + 0,5 \cdot F \cdot f}{\frac{1}{6} \cdot f^2 \cdot b} \qquad \min. p = \frac{F}{b \cdot f} - \frac{M + 0,5 \, F \cdot f}{\frac{1}{6} \cdot f^2 \cdot b}$$

Bild 10-1 Pressungsverteilung zwischen Stab und Beton. Annahme: linear veränderliche Pressung

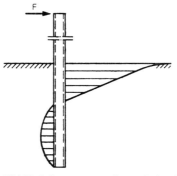

Bild 10-3 Pressungsverteilung zwischen Stab und Beton. Einspanntiefe als Funktion des „Bettungsmoduls"

Die angegebenen Literaturstellen nehmen auf das Verhalten von Hohlprofilen nicht ausdrücklich Bezug. Dies wurde durch die genannten Untersuchungen [5] nachgeholt.

Die Ergebnisse lassen sich zusammenfassen:

1. Der Bezugsquerschnitt für die Einspannung ist der Querschnitt an der Betonoberkante. Alle Schnittkräfte (Biegemoment, Querkraft, Normalkraft) zur Ermittlung der Beanspruchung im Hohlprofil sind auf diesen Querschnitt zu beziehen.

Die Betonumschließung kann als lokale Versteifung des Rechteckhohlprofils aufgefaßt werden. Dieses äußert sich unter anderem in der Verlagerung des Versagensquerschnittes außerhalb der Betonumschließung.

Ausreichende Festigkeit und Steifigkeit des umschließenden Betons und der Stahleinlagen sind notwendig, Berechnungsanleitungen dazu siehe die nachfolgende Ziffer 4.

2. Die bei den statisch bestimmt durchgeführten Versuchen (Kragarm) aufgetretenen Durchbiegungen waren abhängig von den Hohlprofilabmessungen 20–30 % größer als errechnet. Bei „breit" liegenden Profilen, d. h. $b/h > 1$, wurden sogar Abweichungen bis 50 % gemessen. Dies bedeutet, daß bei statisch unbestimmten Systemen die Steifigkeit, bedingt durch die Art der Einspannung, um 20 bis 30 % (im Fall $b/h > 1$ bis 50 %) geringer sein kann als bei voller Einspannung. Bei Kreishohlprofilen und Rechteckhohlprofilen mit großen Kantenradien war der Abfall der Steifigkeit geringer, da die Druckverteilung Beton/Stahl gleichmäßiger ist.

3. Um örtliches Beulen der Hohlprofile zu vermeiden, müssen folgende Bedingungen erfüllt sein:

S235: $b/t \leqslant 43$ bzw. $b_1/t \leqslant 39$
S355: $b/t \leqslant 36$ bzw. $b_1/t \leqslant 32$

$b_1 = b - 2\,r$, wobei r = Eckradius des Rechteck-Hohlprofils

4. Die Einbindetiefe f (Bild 10-4) kann nach [1, 3] unter Ausnutzung der zulässigen Betonpressung ermittelt werden zu

$$f \geqslant \frac{2H}{b \cdot \beta_R} \cdot \left(1 + \sqrt{1 + \frac{3M \cdot b \cdot \beta_R}{2H^2}}\right) \qquad (10\text{-}1)$$

Hierbei sind:

H die resultierende Horizontalkraft
M das resultierende Moment
β_R die Rechenfestigkeit des Betons

Nach [3] muß für gängige Hohlprofile und Betonfestigkeit die Einbindetiefe f folgende Bedingung erfüllen: $1{,}5\,b \leq f \leq 2{,}5\,b$.

Die Dicke k der Köcherwand sollte $> 1/3\ w$, aber mindestens 10 cm sein (w = kleinere Lochbreite), siehe Bild 10-5.

Für die Bemessung des Beton-Fundaments können folgende Kräfte zugrunde gelegt werden:

$$D_o = \frac{3}{2}\,\frac{M}{f} + \frac{5}{4}\,H \qquad (10\text{-}2)$$

$$D_u = \frac{3}{2}\,\frac{M}{f} + \frac{1}{4}\,H \qquad (10\text{-}3)$$

Die maximale Druckspannung im Beton ermittelt sich zu:

$$f_{B,\max} = \frac{4D_o}{bf} \qquad (10\text{-}4)$$

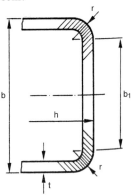

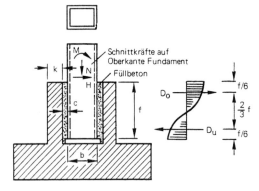

Bild 10-4 Einbindetiefe und auf den Beton wirkende Kräfte

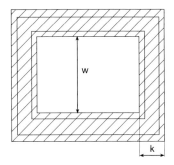

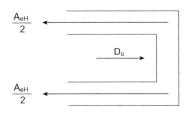

Bild 10-5 Kräfte im Beton mit Bewehrung

Die Fugenbreite c richtet sich nach dem Rüttelgerät. Der Füllbeton muß die gleiche Güte wie der Köcher haben und mit einem Rüttler einwandfrei verdichtet werden.

Die Kraft D_o ist durch eine horizontale Ringbewehrung im oberen Bodenbereich in die

Längswände einzuleiten. Die Bewehrung ist für je $1/2\,D_o$ zu bemessen.

Die Kraft D_u wird ohne zusätzliche Bewehrung an die Fundamentplatte abgegeben.

Die Längswände in Richtung D_o wirken wie im Fundament eingespannte Konsolen, die mit dem Kräftedreieck Zv und D_u die Kraft D_o in die Fundamentplatte übertragen (Bild 10-5).

Die Zugkraft Zv wird durch Standbügel aufgenommen.

Die Fundamentplatte ist auf Biegung für die Momente im Betonfuß-Querschnitt (Bild 10-4) zu bemessen. Bei geringer Dicke der Fundamentplatte wird der Nachweis auf Durchstanzen notwendig, wobei anzunehmen ist, daß die Last nur über die Querschnittsfläche des Stützenfußes eingetragen wird.

Bei $\dfrac{M}{N\cdot b} > 0,15$ ist eine Längs- und Querwänden innen und außen liegende Ringbewehrung anzuordnen.

Für $\dfrac{M}{N\cdot b} \leqslant 0,15$ und kleinere Abmessungen reichen geschlossene Ringe an der Wandaußenseite aus.

Bild 10-6 zeigt die Kräfte in den horizontalen Bewehrungen, deren Anordnung in Bild 10-7 dargestellt ist.

Die Lasten und die Anordnungen der Vertikalbewehrungen sind in den Bildern 10-8 und 10-9 dargestellt.

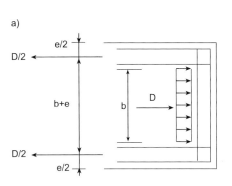

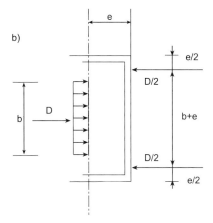

Bild 10-6 Kräfte in der horizontalen Bewehrung. a) Längsbewehrung, b) Querbewehrung

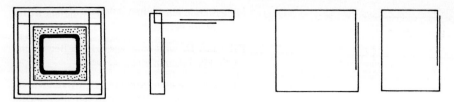

Bild 10-7 Anordnung der Horizontalbewehrungen

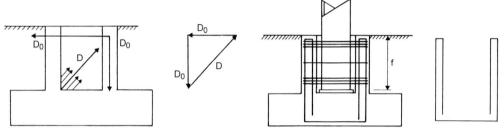

Bild 10-8 Kräfte in der Vertikalbewehrung   **Bild 10-9** Anordnung der Vertikalbewehrungen

11 Hohlprofile im Verbundbau

11.1 Hohlprofil-Verbundstützen

Hohlprofil-Verbundstützen sind ein Bauelement, das erst in jüngerer Zeit zunehmende Verbreitung findet. Jedoch sind schon aus den 50er Jahren eine Reihe von Hochspannungsmasten bekannt, deren Eckstiele mit Beton gefüllt wurden und die dadurch eine erhöhte zulässige Druckbeanspruchung erzielten. Dies führte zu den ersten Untersuchungen über das Tragverhalten von betongefüllten Rohren [1].

Für den Architekten eröffnet sich bei Hohlprofil-Verbundstützen die Möglichkeit, eine Stahlkonstruktion ohne Einschränkungen – also auch bei Brandschutzanforderungen, über die an anderer Stelle berichtet wird – als solche sichtbar zu lassen und entsprechend optisch zu gestalten. Als kennzeichnend seien weiterhin folgende Merkmale genannt:

– Höhere Steifigkeit und Tragfähigkeit durch die Betonfüllung; dadurch schlanke Stützen bei hohen Lasten, kleine Außenabmessungen und Gewinn an Gebäudenutzfläche (Bild 11-1).
– Die Tragstruktur bleibt sichtbar und transparent. Die Oberfläche kann farblich genutzt werden.
– Es kann auf stahlbaugerechte Anschlüsse zurückgegriffen werden.
– Vorfertigung im Werk und schnelle trockene Montage auf der Baustelle sind möglich.
– Das Hohlprofil ist zugleich Schalung einer Stütze.
– Mit entsprechender Zusatzbewehrung lassen sich für betongefüllte Hohlprofile Brandwiderstandsdauern über 90 Min., d. h. Brandschutzklasse F90, erreichen.
– Das Ausbetonieren von Hohlprofilen erfordert keine speziellen Ausrüstungen und kann in andere Betonierarbeiten einbezogen werden.
– Die Aushärtung des Betons behindert nicht den Baufortschritt.

– Die Betonfüllung ist gegen mechanische Beschädigung geschützt.

Bild 11-2 zeigt mögliche Querschnittsausbildungen von Verbundstützen mit Hohlprofilen. KHP und RHP mit und ohne Zusatzbewehrung sind dabei der Regelfall (Bild 11-2a). Einige Sonderausführungen sind in Bild 11-2b dargestellt. Rechteckige Hohlprofile werden auch bei Auftreten von Biegemomenten verwendet, doch ist die Tragfähigkeitssteigerung durch die Betonfüllung bei reiner Biegebeanspruchung relativ gering und lohnt den höheren Herstellungsaufwand kaum. Das Haupteinsatzgebiet liegt daher bei den überwiegend zentrisch oder leicht exzentrisch belasteten Stützen; das sind beispielsweise Pendelstützen (auch durchgehende) im Geschoßbau, hochbelastete Stützen

Bild 11-1 Betongefüllte KHP in einem mehrstöckigen Gebäude

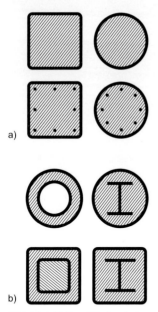

a)

b)

Bild 11-2 Hohlprofil-Verbundstützen.
a) Regelquerschnitte, b) Sonderausführungen

im Verkehrstunnelbau usw. Das Ausbetonieren lohnt sich besonders bei dünnwandigen Hohlprofilen aus S235 mit hochfesten Betonen, z. B. der Festigkeitsklasse B 45.

Traglastuntersuchungen an ausbetonierten Hohlprofilen sind in Belgien, Deutschland, Großbritannien, Japan und den USA durchgeführt worden.

Diese fanden ihren Niederschlag in mehreren nationalen und internationalen Regelwerken [2–5].

In Europa sind drei Berechnungsmethoden für Verbundstützen entwickelt worden, die Grundlage des geplanten Europäischen Regelwerkes Eurocode 4 [5] werden:

– in Belgien (und Frankreich) das Verfahren von Guiaux und Janss [6–10]
– in Großbritannien von Dowling und Virdi [11–16]
– in der BR Deutschland von Roik, Bode und Bergmann [17–22]

11.1.1 Berechnung der Tragfähigkeit von Hohlprofil-Verbundstützen

11.1.1.1 Allgemeines

Eine ausreichende Tragsicherheit ist vorhanden, wenn die unter Bemessungslasten (= γ-fa-

che Gebrauchslasten) auftretenden Schnittgrößen unter Berücksichtigung der Verformungen auf das Gleichgewicht (Theorie 2. Ordnung) an jeder Stelle des Tragwerks kleiner oder höchstens gleich sind wie die Grenztragfähigkeit des Querschnittes. Am Gesamtsystem muß stabiles Gleichgewicht herrschen.

Die exakte Berechnung der Traglast einer Verbundstütze ist sehr aufwendig. Verfügt man über ein genaues elektronisches Rechenprogramm [22], so lassen sich Traglastkurven nach Bild 11-3 berechnen. Solche genauen Traglastverfahren berücksichtigen die geometrischen und werkstofflichen Imperfektionen, das nichtlineare Materialverhalten und den Einfluß der Verformungen auf das Kräftegleichgewicht (Theorie 2. Ordnung).

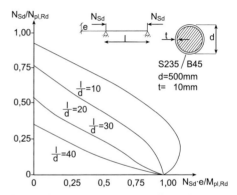

Bild 11-3 Elektronisch berechnete Traglastkurven

Anstelle der genauen Traglastberechnung können aber auch die in den folgenden Abschnitten beschriebenen Näherungsverfahren verwendet werden.

11.1.1.2 Planmäßig mittiger Druck

Für ausbetonierte Hohlprofil-Verbundstützen unter zentrischem Druck wurde von ROIK, BERGMANN und BODE anhand vieler Vergleichsrechnungen, die durch Versuche bestätigt wurden, folgende vereinfachte Bemessung entwickelt [4, 21, 24, 25]. Das Verfahren wurde auch von [5] empfohlen:

$$N_{Sd} \leqslant N_K \qquad (11\text{-}1\,\text{a})$$

mit:

$$N_K = \chi \cdot N_{pl,Rd} \qquad (11\text{-}1\,\text{b})$$

N_{Sd} = Druckkraft unter Bemessungslast ($= \gamma$-fache Gebrauchslast)

N_K = rechnerische Traglast

χ = Abminderungsfaktor in Abhängigkeit der bezogenen Schlankheit $\bar{\lambda}$ und der Knickspannungskurve „a" (vgl. Abschnitt 5.3.3)

$$N_{pl,Rd} = A_a \cdot \frac{f_y}{\gamma_a} + A_b \cdot \frac{f_{bk}}{\gamma_b} + A_s \cdot \frac{f_{sk}}{\gamma_s} \qquad (11\text{-}2)$$

$$= N_{pl,a,Rd} + N_{pl,b,Rd} + N_{pl,s,Rd}$$

mit:

A_{a}, f_y = Querschnittsfläche, Streckgrenze des Stahlprofils

A_{b}, f_{bk} = Querschnittsfläche, Zylinderdruckfestigkeit des Betons (Es gilt: Zylinderdruckfestigkeit = $0,83 \cdot$ Würfeldruckfestigkeit)

A_{s}, f_{sk} = Querschnittsfläche, Streckgrenze des Bewehrungsstahls

γ_a = 1,1 für Profilstahl

γ_b = 1,5 für Beton   Teilsicherheits-

γ_s = 1,15 für Bewehrungsstahl   beiwerte [5]

Der bezogene Schlankheitsgrad $\bar{\lambda}$ wird berechnet nach

$$\bar{\lambda} = \sqrt{\frac{N_{pl,Rd}}{N_{Ki}}} \qquad (11\text{-}3)$$

Hierbei wird die Querschnittstragfähigkeit $N_{pl,Rd}$ mit $\gamma_a = \gamma_{bk} = \gamma_{sk} = 1,0$ ermittelt.

$$N_{Ki} = \frac{\pi^2}{l_K^2} (E_a \cdot I_a + E_{bi} \cdot I_b + \sum E_s \cdot I_s) \qquad (11\text{-}4)$$

mit:

l_K = Knicklänge der Stütze

E_a, I_a = Elastizitätsmodul, Trägheitsmoment des Stahlquerschnittes

E_s, I_s = Elastizitätsmodul, Trägheitsmoment der Bewehrungseisen

I_b = Trägheitsmoment der gesamten Betonfläche

E_{bi} = ideeller Rechenwert für den Elastizitätsmodul des gesamten Betonquerschnittes

$$E_{bi} = 600 \cdot f_{bk} \text{ (s. auch Tabelle 11-1)} \qquad (11\text{-}5)$$

Ohne im Hohlprofil zusätzlich angeordnete Betonstahlbewehrung sind in Gl. (11-2) der Anteil $\sum A_s \cdot f_{sk}$ und in Gl. (11-4) $\sum E_s \cdot I_s$ gleich Null.

Für die Anwendung des vereinfachten Bemessungsverfahrens gelten folgende Grenzen:

− $\bar{\lambda} \leqslant 2{,}0$; der Bereich $\bar{\lambda} > 2{,}0$ ist durch Versuche nicht abgedeckt. Für die Praxis bedeutet das keine Einschränkung, da $\bar{\lambda} > 2{,}0$ nicht oder jedenfalls kaum vorkommen dürfte.

− Die vorhandene Längsbewehrung A_s aus Betonstahl darf bis zu einem Höchstwert

$$\left(\frac{A_s}{A_s + A_b} \right)_{rechn.} = 3\,\%$$

in Rechnung gestellt werden. Für Stöße gilt

$$\left(\frac{A_s}{A_s + A_b} \right)_{rechn.} \leqslant 6\,\%$$

Für den rechnerischen Nachweis der Tragfähigkeit im Brandfall dürfen auch größere Bewehrungsanteile als 3 % bzw. 6 % in Rechnung gestellt werden.

− $0{,}2 \leqslant \dfrac{N_{pl,a,Rd}}{N_{pl,Rd}} \left(= \dfrac{A_a \cdot f_y}{\gamma_a} \right) \leqslant 0{,}9$; der Anteil des Hohlprofils an der Gesamttraglast soll innerhalb der genannten Grenzen liegen. $N_{pl,a,Rd}$ und $N_{pl,Rd}$ nach Gl. (11-2)

− Die Hohlprofile müssen auf ganzer Länge betongefüllt sein.

− Die Grenzverhältnisse d/t bzw. b/t bzw. h/t gegen örtliches Beulen von Hohlprofilen (siehe Tabelle 5-17 und 5-24) sind einzuhalten.

Tabelle 11-1 Zylinderdruckfestigkeit und ideelles Elastizitätsmodul von Beton

Betonklasse	B20	B25	B30	B35	B40	B45	B50	B55	B60
Zylinderdruckfestigkeit f_{bk} (kN/cm^2)	2,0	2,5	3,0	3,5	4,0	4,5	5,0	5,5	6,0
E-Modul (kN/cm^2) $E_{bi} = 600\,f_{bk}$	1200	1500	1800	2100	2400	2700	3000	3300	3600

11.1.1.3 Einfluß des Langzeitverhaltens des Betons auf die Tragfähigkeit schlanker Stützen

Bei schlanken Stützen, die durch ständige Lasten beansprucht werden, ist der Einfluß von Kriechen und Schwinden zu berücksichtigen, und zwar für:

1 a) $\bar{\lambda} > \dfrac{0,8}{1 - \delta}$ für Stützen in unverschieblichen Systemen

1 b) $\bar{\lambda} > \dfrac{0,5}{1 - \delta}$ für Stützen in verschieblichen Systemen

mit:

$$\delta = \frac{N_{pl,a,Rd}}{N_{pl,Rd}} = \frac{A_a \cdot f_y}{N_{pl,Rd} \cdot \gamma_a}$$

2) $\dfrac{M_{Sd}}{N_{Sd}} = e$ dabei ist M_{Sd} = Moment nach Theorie 1. Ordnung, $e < 2\,d$ bzw. $e < 2\,h$

In Hohlprofilen findet eine vollständige Austrocknung des Betons nicht statt. Die dadurch geringen Langzeiteinflüsse werden durch die Zunahme der Festigkeit mit wachsendem Betonalter zum Teil ausgeglichen. Die Erfassung des Langzeiteinflusses erfolgt über eine Abminderung des ideellen E-Moduls des Betons E_{bi}:

$$E_{bi,\infty} = E_{bi} \left(1 - 0,5\,\frac{N_{\text{ständig}}}{N_{Sd}} \right) \qquad (11\text{-}6)$$

mit:
N_{Sd} = Normalkraft unter Bemessungslasten (γ-fach gesteigert)
$N_{\text{ständig}}$ = dauernd wirkender Anteil von N_{Sd}

11.1.1.4 Erhöhte Tragfähigkeit bei gedrungenen betongefüllten KHP

Bei gedrungenen Verbundstützen aus KHP kann eine erhöhte Betonfestigkeit durch die Umschnürungswirkung in Rechnung gestellt werden [4, 16, 24]. In Gl. (11-2) wird ersetzt:

f_y durch $\eta_2 \cdot f_y$ (11-7)

f_{bk} durch $f_{bk} \left(1 + \eta_1\,\dfrac{t}{d} \cdot \dfrac{f_y}{f_{bk}} \right)$ (11-8)

mit:
$d =$ KHP-Durchmesser
$t =$ KHP-Wanddicke

Bedingungen: $e \le 10/d$
               $\bar{\lambda} \le 0,5$

Bei einer Lastexzentrizität $\dfrac{M_{\max,Sd}}{N_{Sd}} = e > d/10$
ist $\eta_1 = 0$ und $\eta_2 = 1$ zu setzen. Zwischen $0 < e < d/10$ kann linear interpoliert werden. Diese erhöhte Tragfähigkeit darf nicht in Rechnung gestellt werden, wenn durch die konstruktive Ausbildung des Krafteinleitungsbereiches nur das Stahlrohr und nicht gleichzeitig der Betonquerschnitt belastet wird.

Die Beiwerte η_1 und η_2 werden wie folgt ermittelt:

$$\eta_1 = \eta_{10}\left(1 - 10\,\frac{e}{d} \right) \ge 0 \qquad (11\text{-}9)$$

$$\eta_2 = \eta_{20} + (1 - \eta_{20}) \cdot 10\,\frac{e}{d} \le 1,0 \qquad (11\text{-}10)$$

mit:

$$\eta_{10} = 4,9 - 18,5\,\bar{\lambda} + 17\,\bar{\lambda}^2 \ge 0 \qquad (11\text{-}11)$$

$$\eta_{20} = 0,25\,(3 + 2\,\bar{\lambda}) \le 1,0 \qquad (11\text{-}12)$$

11.1.1.5 Druck und einachsige Biegung

Die Grenztragfähigkeit einer betongefüllten Hohlprofilstütze unter Druck und einachsiger Biegung wird über das Versagen des Querschnittes unter Berücksichtigung der Schlankheit (Knicken) und der Erhöhung des Biegemomentes (Theorie 2. Ordnung) ermittelt.

Der Nachweis wird mit Hilfe von M-N-Interaktionskurven (Bild 11-4) geführt. Berechnung von $N_{pl,Rd}$ nach Gl. (11-2), zur Ermittlung von $M_{pl,Rd}$ siehe Abschnitt 11.1.1.6.

Interaktionskurven für rechteckige Hohlprofile und für KHP sind in den Bildern 11-5 bis 11-8 dargestellt. Sie wurden elektronisch unter Berücksichtigung vollplastischer Spannungsverteilung im Verbundquerschnitt berechnet [21, 25]. Ein Näherungsverfahren zur Berechnung der Interaktionskurven von Verbundquerschnitten wird in Abschnitt 11.1.1.8 beschrieben.

Zuerst werden die Traglast N_K für zentrischen Druck und die Quetschlast $N_{pl,Rd}$ nach Ab-

a)

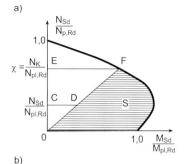

b)

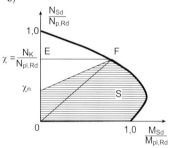

Bild 11-4 a) Nachweisprinzip für die Bemessung von Hohlprofil-Verbundstützen bei Druck und einachsiger Biegung. b) Verbessertes Verfahren gegenüber a)

schnitt 11.1.1.2 berechnet, man erhält die Punkte E und F in Bild 11-4a. Verbindet man den Punkt F mit dem Ursprung O, so kann der Bereich links der Geraden $\overline{OF}$ als das Imperfektionsmoment bei planmäßig zentrischem Druck angesehen werden. Der Bereich rechts von $\overline{OF}$ (Strecke S) bleibt frei für die Aufnahme planmäßiger Biegemomente. Dieser Nachweis geht davon aus, daß das planmäßige Moment (nach Theorie 2. Ordnung) zum Imperfektionsmoment immer hinzuaddiert wird, oder mit anderen Worten, ein Versagen in Stabmitte auftritt. Tritt das maximale Moment aus äußerer Belastung nicht in Stabmitte auf, so kann z. B. bei großen Randmomenten und kleinen Normalkräften der Randquerschnitt der Versagensquerschnitt sein. Mit der Geraden $\overline{OF}$ liegt man dann sehr auf der sicheren Seite. Bergmann [21] schlägt daher vor, den Punkt F mit einem Punkt χ_n auf der Ordinate zu verbinden (Bild 11-4b), der vom Momentenverlauf abhängt (siehe Tabelle 11-2).

Diese Modifikation ist auch in DIN 18 806 [4] aufgenommen worden. Bei anderen Momentenbildern ist $\chi_n = 0$ zu setzen.

Tritt unter γ-facher Last außer einer Normalkraft N_{Sd} ein planmäßiges Biegemoment M_{Sd},

Tabelle 11-2 Faktoren für verschiedene Momentenflächen [21]

Momentfläche	χ_n	χ_n allgemein
	$0{,}50 \cdot \chi$	
	$0{,}25 \cdot \chi$	$\chi_n = \chi \cdot \dfrac{1-\psi}{4}$
	0	

ψ ist das Verhältnis des größeren Endmomentes zum kleineren Endmoment.

berechnet nach der Elastizitätstheorie 2. Ordnung, auf, so muß dieses begrenzt werden:

$$M_{Sd} \leqslant 0{,}9 \cdot S \cdot M_{pl,Rd} \qquad (11\text{-}13)$$

mit:

$M_{pl,Rd}$ = vollplastisches Moment des Verbundquerschnittes

S = dimensionsloser Beiwert nach Bild 11-4, zu entnehmen aus den Interaktionsdiagrammen der Bilder 11-5 bis 11-8

Die Reduktion der Strecke S um 10% deckt gemachte Vereinfachungen für das Spannungs-Dehnungs-Gesetz des Betons sowie die Annahme eines vollständig mitwirkenden Betonquerschnittes (Zustand I) bei den Steifigkeitswerten ($E_b \cdot I_b$) für die Ermittlung der Schnittgrößen nach Theorie 2. Ordnung ab [21].

Das Biegemoment M nach Theorie 2. Ordnung kann vereinfachend aus dem nach Theorie 1. Ordnung berechneten Biegemoment M_o mit Hilfe eines Vergrößerungsfaktors wie folgt ermittelt werden:

$$M = M_o \cdot \frac{1}{1 - \dfrac{N_{Sd}}{N_{Ki}}} = M_o \cdot \frac{1}{1 - \bar{\lambda}^2 \dfrac{N_{Sd}}{N_{pl,Rd}}} \qquad (11\text{-}14)$$

N_{Ki} nach Gl. (11-4)
$\bar{\lambda}$ nach Gl. (11-3)
$N_{pl,Rd}$ nach Gl. (11-2)

11.1.1.6 Grenztragfähigkeit der Querschnitte bei Druck und Biegung

Für die Beanspruchbarkeit des Querschnittes auf reinen Druck gilt die Quetschlast $N_{pl,Rd}$ nach Gl. (11-2).

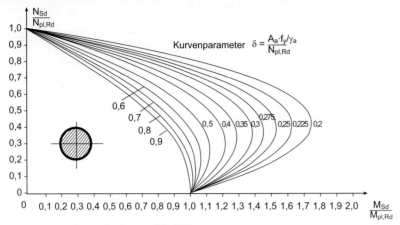

Bild 11-5 M-N-Interaktion, betongefüllte KHP

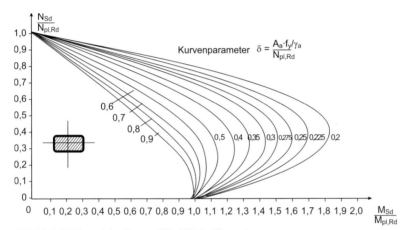

Bild 11-6 M-N-Interaktion, betongefüllte RHP flachliegend

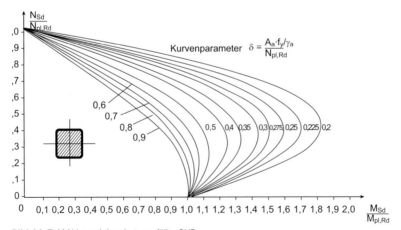

Bild 11-7 M-N-Interaktion, betongefüllte QHP

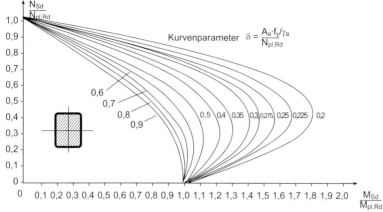

Bild 11-8 M-N-Interaktion, betongefüllte RHP hochstehend

Für gedrungene Rohrstützen gelten Gl. (11-7) und (11-8) soweit auf eine richtige Lasteinteilung (nicht überwiegend allein auf das Stahlhohlprofil) geachtet wird.

Kommen hochfeste Stähle mit Streckgrenzen über der des S355 zur Anwendung, so darf mit Rücksicht auf die Bruchdehnung des Betons von −2‰ bei zentrischem Druck die (rechnerisch eingesetzte Streckgrenze f_y des Hohlprofils (und der Bewehrung) den Wert $21\,000 \cdot 0{,}002 = 420$ N/mm² nicht überschreiten.

Das vollplastische Moment $M_{pl,Rd}$ des Verbundquerschnittes kann mit Hilfe einer Spannungsverteilung nach Bild 11-9 berechnet werden. Da der Beton auf Zug nicht mitwirkt, sind die Formeln zur Berechnung von $M_{pl,Rd}$ relativ kompliziert.

Die Gln. (11-16) bis (11-18) für $M_{pl,Rd}$ in Tabelle 11-3 sind aus [21] entnommen. Die Beiwerte $\bar{m}$ berücksichtigen dabei den mitwirkenden Betonanteil und außerdem die Eckausrundung der Hohlprofile ($r_{außen} = 2\,t$), sie können aus den Tabellen 11-3 a bis d abgelesen werden, desgleichen die Lage der Nullinie. Die Gln. (11-16) bis (11-18) gelten für vollplastische Momente ohne innenliegende zusätzliche Be-

wehrung. Für symmetrisch zur Mittellinie angeordnete Bewehrung kann diese durch das additive Zusatzglied

$$M_{pl,s,Rd} = \sum A_s \cdot \frac{f_{sk}}{\gamma_s} \cdot a_s \qquad (11\text{-}15)$$

berücksichtigt werden, wobei bedeuten:

A_s = Bewehrungsquerschnitt
f_{sk} = Streckgrenze der Bewehrung
a_s = Abstand des Bewehrungsstabes von der Mittellinie

Der Einfluß der Bewehrung auf die Lage der Nullinie ist i. allg. verhältnismäßig gering und kann meist vernachlässigt werden.

Wirken gleichzeitig eine Normalkraft und ein Biegemoment, so kann die Querschnittstragfähigkeit aus den Interaktionskurven der Bilder 11-5 bis 11-8 bestimmt werden. Sie wurden elektronisch aufgrund von vollplastischen Spannungsverteilungen ähnlich Bild 11-9, jedoch mit Berücksichtigung von Normalkräften berechnet. Diese Kurven sind für Querschnitte ohne Zusatzbewehrung erstellt. Liegen hohe Bewehrungsanteile vor, so kann ihre Anwendung zu Fehlern führen. Näherungsweise kann bei Vorhandensein von auf Zug- und Druckseite symmetrischer Bewehrung der Parameter

$$\delta = \frac{A_a \cdot f_y}{\gamma_a \cdot N_{pl,Rd}} \quad \text{ersetzt werden durch}$$

$$\delta^* = \frac{A_a \cdot f_y/\gamma_a + A_s \cdot f_{sk}/\gamma_s}{N_{pl,Rd}} \qquad (11\text{-}19)$$

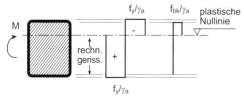

Bild 11-9 Vollplastische Spannungsverteilung im Verbundquerschnitt unter reiner Momentbelastbarkeit $M_{pl,Rd}$

(Bezeichnungen siehe Abschnitt 11.1.1.2, A_s ist der Querschnitt der gesamten Bewehrung)

Tabelle 11-3a Beiwerte $\bar{m}$ für RHP ($h_a/b_a = 0{,}5$) zur Berechnung von $M_{pl,Rd}$ und k_x zur Berechnung der Lage der Nullinie von Hohlprofilverbundstützen [21]

	$f_y = 240$ N/mm² (Fe 240 ≈ S235)							
	B25		B35		B45		B55	
h_a/t	$\bar{m}$	k_x	$\bar{m}$	k_x	$\bar{m}$	k_x	$\bar{m}$	k_x
10	0,9784	0,402	0,9885	0,375	0,9970	0,352	1,0041	0,333
15	1,0190	0,354	1,0322	0,320	1,0425	0,293	1,0509	0,271
20	1,0443	0,316	1,0589	0,279	1,0699	0,251	1,0784	0,229
25	1,0625	0,285	1,0776	0,247	1,0887	0,219	1,0971	0,198
30	1,0765	0,260	1,0917	0,222	1,1025	0,194	1,1106	0,174
40	1,0970	0,221	1,1117	0,184	1,1218	0,159	1,1290	0,140
50	1,1114	0,192	1,1254	0,157	1,1346	0,134	1,1411	0,117
60	1,1223	0,170	1,1353	0,137	1,1438	0,116	1,1497	0,101

	$f_y = 360$ N/mm² (Fe 360 ≈ S355)							
	B25		B35		B45		B55	
h_a/t	$\bar{m}$	k_x	$\bar{m}$	k_x	$\bar{m}$	k_x	$\bar{m}$	k_x
10	0,9683	0,429	0,9765	0,407	0,9837	0,388	0,9900	0,371
15	1,0050	0,390	1,0165	0,361	1,0260	0,336	1,0341	0,315
20	1,0280	0,358	1,0414	0,324	1,0522	0,296	1,0609	0,273
25	1,0448	0,331	1,0594	0,293	1,0707	0,265	1,0797	0,242
30	1,0580	0,307	1,0733	0,268	1,0848	0,239	1,0938	0,216
40	1,0781	0,269	1,0938	0,229	1,1051	0,201	1,1137	0,179
50	1,0929	0,239	1,1084	0,200	1,1192	0,173	1,1272	0,153
60	1,1043	0,215	1,1193	0,177	1,1296	0,152	1,1370	0,133

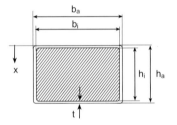

$$M_{pl,Rd} = \bar{m} \cdot \frac{1}{4} (h_a^2 \cdot b_a - h_i^2 \cdot b_i) \cdot f_y/\gamma_a = M_{pl,o,Rd} \qquad (11\text{-}16)$$

Nullinie: $x = k_x \cdot h_a$

$M_{pl,o,Rd}$ = plastische Momentenbeanspruchbarkeit des Verbundquerschnittes ohne Längsbewehrung

Tabelle 11-3b Beiwerte $\bar{m}$ und k_x für RHP ($h_a/b_a = 2{,}0$)

	$f_y = 240$ N/mm^2 (Fe 240 ≈ S235)							
	B25		B35		B45		B55	
h_a/t	$\bar{m}$	k_x	$\bar{m}$	k_x	$\bar{m}$	k_x	$\bar{m}$	k_x
10	0,8592	0,480	0,8666	0,473	0,8738	0,465	0,8807	0,459
15	0,9403	0,461	0,9542	0,447	0,9672	0,435	0,9794	0,423
20	0,9861	0,443	1,0053	0,424	1,0228	0,407	1,0387	0,391
25	1,0186	0,426	1,0422	0,403	1,0631	0,383	1,0817	0,364
30	1,0443	0,411	1,0714	0,384	1,0950	0,361	1,1156	0,340
40	1,0845	0,383	1,1170	0,351	1,1441	0,324	1,1671	0,301
50	1,1161	0,358	1,1521	0,323	1,1812	0,294	1,2053	0,270
60	1,1422	0,337	1,1806	0,299	1,2108	0,269	1,2352	0,244

	$f_y = 360$ N/mm^2 (Fe 360 ≈ S355)							
	B25		B35		B45		B55	
h_a/t	$\bar{m}$	k_x	$\bar{m}$	k_x	$\bar{m}$	k_x	$\bar{m}$	k_x
10	0,8527	0,486	0,8579	0,481	0,8629	0,476	0,8678	0,471
15	0,9279	0,473	0,9379	0,463	0,9474	0,454	0,9565	0,445
20	0,9685	0,460	0,9827	0,446	0,9960	0,433	1,0084	0,421
25	0,9965	0,448	1,0144	0,431	1,0307	0,414	1,0458	0,400
30	1,0182	0,436	1,0393	0,416	1,0583	0,397	1,0756	0,380
40	1,0521	0,415	1,0785	0,389	1,1015	0,366	1,1218	0,346
50	1,0788	0,395	1,1092	0,365	1,1351	0,339	1,1574	0,317
60	1,1013	0,377	1,1348	0,344	1,1626	0,316	1,1861	0,293

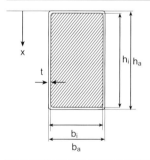

$$M_{pl,Rd} = \bar{m} \cdot \frac{1}{4}\,(h_a^2 \cdot b_a - h_i^2 \cdot b_i) \cdot f_y/\gamma_a = M_{pl,o,Rd}$$

Nullinie: $x = k_x \cdot h_a$

$M_{pl,o,Rd}$ = plastische Momentenbeanspruchbarkeit des Verbundquerschnittes ohne Längsbewehrung

Tabelle 11-3c Beiwerte $\bar{m}$ und k_x für QHP

	$f_y = 240$ N/mm² (Fe 240 $\approx$ S235)							
	B25		B35		B45		B55	
h_a/t	$\bar{m}$	k_x	$\bar{m}$	k_x	$\bar{m}$	k_x	$\bar{m}$	k_x
10	0,9310	0,450	0,9418	0,433	0,9516	0,418	0,9605	0,404
15	0,9905	0,417	1,0068	0,393	1,0210	0,371	1,0334	0,352
20	1,0268	0,389	1,0470	0,359	1,0638	0,333	1,0781	0,312
25	1,0534	0,364	1,0761	0,330	1,0945	0,302	1,1097	0,280
30	1,0745	0,342	1,0990	0,306	1,1182	0,277	1,1337	0,253
40	1,1070	0,306	1,1332	0,266	1,1530	0,237	1,1684	0,213
50	1,1314	0,276	1,1582	0,236	1,1777	0,207	1,1926	0,184
60	1,1507	0,252	1,1774	0,212	1,1963	0,183	1,2105	0,162

	$f_y = 360$ N/mm² (Fe 360 $\approx$ S355)							
	B25		B35		B45		B55	
h_a/t	$\bar{m}$	k_x	$\bar{m}$	k_x	$\bar{m}$	k_x	$\bar{m}$	k_x
10	0,9211	0,465	0,9291	0,453	0,9365	0,441	0,9435	0,430
15	0,9748	0,441	0,9875	0,422	0,9990	0,405	1,0093	0,389
20	1,0068	0,419	1,0231	0,395	1,0374	0,373	1,0500	0,354
25	1,0299	0,400	1,0491	0,371	1,0654	0,346	1,0795	0,325
30	1,0485	0,382	1,0698	0,350	1,0875	0,323	1,1025	0,300
40	1,0775	0,350	1,1017	0,314	1,1211	0,285	1,1369	0,261
50	1,1000	0,323	1,1259	0,284	1,1460	0,254	1,1619	0,230
60	1,1184	0,300	1,1452	0,260	1,1653	0,230	1,1810	0,206

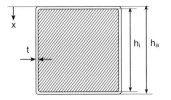

$$M_{pl,Rd} = \bar{m} \cdot \frac{1}{4}(h_a^3 - h_i^3) \cdot f_y/\gamma_a = M_{pl,o,Rd} \qquad (11\text{-}17)$$

Nullinie: $x = k_x \cdot h_a$

$M_{pl,o,Rd}$ = plastische Momentenbeanspruchbarkeit des Verbundquerschnittes ohne Längsbewehrung

Tabelle 11-3d Beiwerte $\bar{m}$ und k_x für KHP

	$f_y = 240$ N/mm² (Fe 240 ≈ S235)							
	B25		B35		B45		B55	
d_a/t	$\bar{m}$	k_x	$\bar{m}$	k_x	$\bar{m}$	k_x	$\bar{m}$	k_x
10	1,0337	0,460	1,0452	0,447	1,0556	0,435	1,0653	0,424
15	1,0560	0,435	1,0733	0,415	1,0886	0,399	1,1022	0,384
20	1,0757	0,413	1,0974	0,389	1,1160	0,369	1,1322	0,352
25	1,0933	0,394	1,1182	0,367	1,1391	0,345	1,1569	0,327
30	1,1091	0,377	1,1365	0,348	1,1590	0,325	1,1779	0,306
40	1,1363	0,348	1,1671	0,316	1,1915	0,292	1,2117	0,273
50	1,1591	0,324	1,1919	0,292	1,2174	0,267	1,2380	0,248
60	1,1785	0,305	1,2126	0,272	1,2385	0,248	1,2593	0,229
80	1,2103	0,274	1,2454	0,241	1,2715	0,218	1,2921	0,200
100	1,2353	0,250	1,2706	0,219	1,2964	0,196	1,3164	0,179

	$f_y = 360$ N/mm² (Fe 360 ≈ S355)							
	B25		B35		B45		B55	
d_a/t	$\bar{m}$	k_x	$\bar{m}$	k_x	$\bar{m}$	k_x	$\bar{m}$	k_x
10	1,0234	0,472	1,0317	0,462	1,0396	0,453	1,0470	0,445
15	1,0396	0,454	1,0528	0,438	1,0649	0,425	1,0760	0,412
20	1,0545	0,437	1,0717	0,417	1,0870	0,400	1,1007	0,386
25	1,0683	0,421	1,0886	0,399	1,1063	0,379	1,1220	0,363
30	1,0809	0,407	1,1039	0,382	1,1235	0,361	1,1405	0,343
40	1,1035	0,383	1,1303	0,354	1,1526	0,331	1,1715	0,312
50	1,1231	0,362	1,1527	0,331	1,1766	0,307	1,1966	0,287
60	1,1403	0,344	1,1718	0,312	1,1968	0,287	1,2173	0,267
80	1,1694	0,314	1,2031	0,281	1,2293	0,256	1,2502	0,237
100	1,1931	0,290	1,2280	0,257	1,2545	0,233	1,2754	0,214

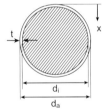

$$M_{pl,Rd} = \bar{m} \cdot \frac{1}{6}\,(d_a^3 - d_i^3) \cdot f_y / \gamma_a = M_{pl,o,Rd} \qquad (11\text{-}18)$$

Nullinie: $x = k_x \cdot d_a$

$M_{pl,o,Rd}$ = plastische Momentenbeanspruchbarkeit des Verbundquerschnittes ohne Längsbewehrung

11.1.1.7 Druck und zweiachsige Biegung

Die Interaktionsbeziehungen für die Grenztragfähigkeit des Querschnittes bei Druck und zweiachsiger Biegung sind in Bild 11-10 dargestellt. Die (räumliche) M_y-M_z-Kurve wird für die Berechnung durch eine Gerade angenähert. In Anlehnung an das (Näherungs-)Verfahren bei einachsiger Biegung und Druck nach Abschnitt 11.1.1.5 kann bei zweiachsiger Biegung das folgende Verfahren angewendet werden:

– Berechnung der plastischen Biegemomente $M_{pl,y,Rd}$ und $M_{pl,z,Rd}$, getrennt für jede Hauptachse, nach Abschnitt 11.1.1.6.
– Ermittlung der einachsigen Momententragfähigkeit = Strecken S_y und S_z nach Bild 11-11 a und b.
– Die Momententragfähigkeiten bilden die Randwerte einer neuen Interaktionskurve, die durch lineare Verbindung der Achsenwerte S_y und S_z entsteht (Bild 11-11 c).

Es ist nachzuweisen, daß

$$\frac{M_{y,Sd}}{S_y \cdot M_{pl,y,Rd}} + \frac{M_{z,Sd}}{S_z \cdot M_{pl,z,Rd}} \leq 1 \qquad (11\text{-}20)$$

ist, wobei die Einzelwerte für sich folgender Bedingung genügen müssen:

$$\frac{M_{y,Sd}}{S_y \cdot M_{pl,y,Rd}} \quad \text{bzw.} \quad \frac{M_{z,Sd}}{S_z \cdot M_{pl,z,Rd}} \leq 0{,}9 \quad (11\text{-}21)$$

M_y, M_z = Momente nach Theorie 2. Ordnung

Für die Ermittlung von S_y und S_z wird das modifizierte Verfahren nach Bild 11-4 b verwendet, siehe auch [4].

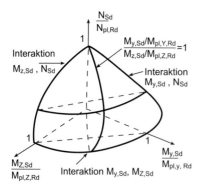

Bild 11-10 M-N-Interaktionsfläche für Druck und zweiachsige Biegung

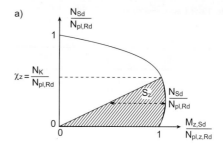

a)

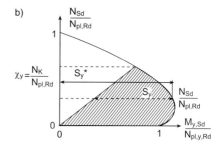

b)

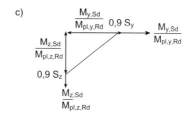

c)

Bild 11-11 Nachweisprinzip für die Bemessung von Hohlprofilstützen bei Druck und zweiachsiger Biegung

Nach DIN 18800, Teil 2 [23] braucht bei Druck und zweiachsiger Biegung nur eine Imperfektion für die maßgebende Achse berücksichtigt zu werden. Diese Regelung wurde in DIN 18806 [4] ebenfalls aufgenommen. Der schraffierte Bereich in Bild 11-11 b erweitert sich dann um den punktierten Bereich, d. h. statt S_y darf in Gl. (11-20) die Strecke S_y^* eingesetzt werden, bzw. (wenn ungünstiger) ist analogerweise S_z durch S_z^* zu ersetzen, dann natürlich mit Beibehaltung von S_y.

11.1.1.8 Näherungsberechnung für M-N-Interaktion bei betongefüllten Hohlprofilen [21]

Die M-N-Interaktionskurven lassen sich bei Kenntnis von vier Punkten der Kurve näherungsweise durch einen Polygonzug darstellen (Bild 11-12) [21].

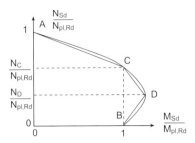

Bild 11-12 Angenäherte M-N-Interaktionskurve (Polygonzug)

Die Punkte A, B, C und D ergeben sich aus folgenden Überlegungen:

- **Punkt A** erhält man aus den plastischen Normalkräften (Bild 11-13 a):

$$N_A = N_{pl,Rd} \text{ nach Gl. (11-2)}$$
$$M_A = 0$$

- **Punkt B** ist durch das plastische Moment gegeben (Bild 11-13 b):

$$N_B = 0$$

$$M_B = M_{pl,Rd} =$$
$$M_{pl,o,Rd} + A_s \cdot c \cdot \left(2 \cdot \frac{f_{sk}}{\gamma_s} - \frac{f_{bk}}{\gamma_b} \right) \qquad (11\text{-}22)$$

$M_{pl,o,Rd}$ ist das plastische Moment des Verbundquerschnittes ohne Bewehrung nach Gln. (11-16) bis (11-18)
A_s = Querschnittsfläche der Gesamtbewehrung symmetrisch zur Mittellinie liegend
f_y = Streckgrenze des Hohlprofils
f_{sk} = Streckgrenze der Bewehrung
f_{bk} = Rechenfestigkeit des Betons

- **Punkt C:** Nullinie des Punktes C ist das Spiegelbild der plastischen Nullinie (Punkt B) um die Mittellinie (Bild 11-13 c). Für diesen Punkt tritt daher wie bei Punkt B das plastische Moment $M_{pl,Rd}$, aber gleichzeitig eine Druck-Normalkraft N_C auf. N_C erhält man durch „mittige Überdrückung" der Spannungsverteilung des Punktes B auf die des Punktes C:

$$N_C = (h_a - 2 \cdot x_B)[4 \cdot t \cdot f_y/\gamma_a + (b - 2\,t)\,f_{bk}/\gamma_b]$$
$$\qquad (11\text{-}23)$$

Einfacher läßt sich N_C ermitteln aus:

$$N_C = 2 \cdot N_D \qquad (11\text{-}24)$$

$$M_C = M_B = M_{pl,Rd} \qquad (11\text{-}25)$$

- **Punkt D:** Dieser Punkt ist durch das maximale Moment gekennzeichnet. Hierfür liegt die Spannungsnullinie in Querschnittsmitte (Bild 11-13 d):

$$N_D = \frac{A_b}{2} \cdot f_{bk}/\gamma_b \qquad (11\text{-}26)$$

$$M_D = M_{pl,a,Rd} + N_D \cdot \frac{h_a/2 - t}{2} +$$
$$A_s \cdot c \cdot \left(2 \cdot \frac{f_{sk}}{\gamma_s} - \frac{f_{bk}}{\gamma_b} \right) \qquad (11\text{-}27)$$

mit:
A_b = Querschnittsfläche des Betons
$M_{pl,a,Rd}$ = plastische Momentenbeanspruchbarkeit des Hohlprofils ($= f_y/\gamma_a \cdot W_{pl}$)
W_{pl} = plastisches Widerstandsmoment des Hohlprofils

11.1.1.9 Nachweis der Schubübertragung [31]

Es kann angenommen werden, daß die Querkräfte von dem Stahlprofil allein getragen werden. Hierbei wird in den querkraftübertragenden Stahlquerschnittsteilen die Streckgrenze f_y reduziert, wenn die Querkraft V_{Sd} den Wert $V_{pl,Rd}/2$ übersteigt [32]:

$$f_{y,red} = f_y \left[1 - \left(\frac{2\,V_{Sd}}{V_{pl,Rd}} - 1 \right)^2 \right] \qquad (11\text{-}28)$$

V_{Sd} = Querkraftbeanspruchung
$V_{pl,Rd}$ = plastische Querkraftbeanspruchbarkeit

Da $V_{Sd} > 0,5\,V_{pl,Rd}$ äußerst selten ist, wird i. allg. keine Reduzierung der Streckgrenze f_y erforderlich.

$$V_{pl,Rd} = A_V \cdot \frac{f_y}{\gamma_a \cdot \sqrt{3}} \qquad (11\text{-}29)$$

mit:
$A_V = 2\,(d_a - t) \cdot t$ für KHP
$A_V = 2\,(h_a - t) \cdot t$ bzw. $2\,(b_a - t) \cdot t$ für RHP

Falls $V_{Sd} > 0,5\,V_{pl,Rd}$ ist, kann man einfach anstelle der reduzierten Streckgrenze $f_{y,red}$ eine reduzierte Wanddicke t_{red} der querkraftübertragenden Stahlteile einführen.

$$t_{red} = t \left[1 - \left(\frac{2\,V_{Sd}}{V_{pl,Rd}} - 1 \right)^2 \right] \qquad (11\text{-}30)$$

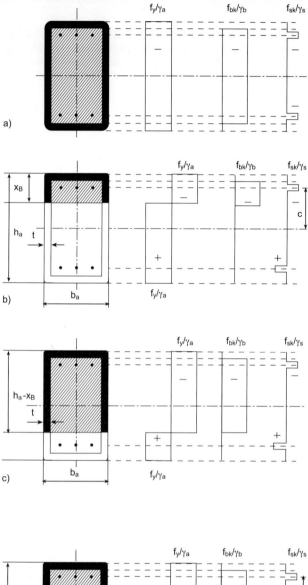

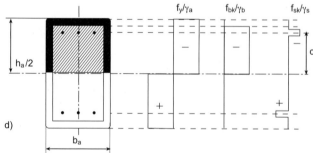

Bild 11-13 Zur Berechnung der Punkte A, B, C, D für die Näherung der M-N-Interaktion nach Bild 11-12

Obgleich die Reduzierung der Dicke für die Hohlprofilstege erforderlich ist, kann zur Vereinfachung der Berechnung die Dicke des gesamten Querschnitts reduziert werden.

11.1.1.10 Lasteinleitung

Der vollständige Verbund zwischen Stahl und Beton in Hohlprofil-Verbundstützen, der bei der Bemessung vorausgesetzt wird, muß durch die Lasteinleitungskonstruktion gewährleistet sein. Es wurde aus Versuchen bestimmt, daß eine maximal aufnehmbare Verbundspannung $\tau_{Rd} = 0,4$ N/mm^2 bei Hohlprofilen (KHP, RHP, QHP) einzuhalten ist. Bei Überschreitung der zulässigen Werte sind mechanische Verbundmittel anzuwenden.

Zur Bestimmung der Verbundspannung können die Kräfte in der Verbundfuge über die Differenz der Schnittgrößen zwischen kritischen Schnitten ermittelt werden [31] (Bild 11-14).

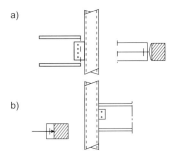

Bild 11-15 Trägeranschlüsse an betongefüllten QHP-Stützen

Es ist sicherzustellen, daß bei der Schubübertragung im Lasteinleitungsbereich der Beton auf kurzem Wege seinen Lastanteil bekommt.

Die Bilder 11-15 und 11-16 zeigen Anschlüsse, bei denen die Zugkräfte aus den Anschlußbiegemomenten in die Stahlseitenwände und die Druckkraft auf die rückwärtige Seite der Stütze eingeleitet werden. Die Druckkraft wird direkt auf den Stahlmantel mit dem dahinterliegenden Beton abgegeben. Die Anschlußquerkraft wird nur in den Stahlmantel eingeleitet. Eine rechne-

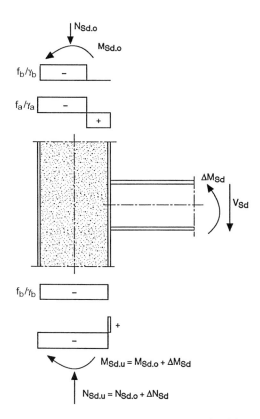

Bild 11-14 Differenzkräfte im Lasteinleitungsbereich – vollplastische Spannungsverteilungen [31]

Bild 11-16 Einfache Stützen-Balkenverbindung mit betongefüllter KHP-Stütze (wirksame Lasteinleitungslänge $l_c \leq 2\,d$)

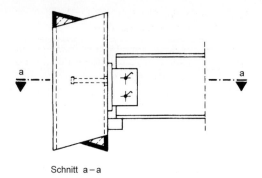

Schnitt a–a

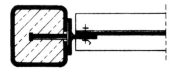

Bild 11-17 Lasteinleitung mit durchgestecktem Dübel

rische Bestimmung der weitergeleiteten Querkraft in den Beton ist kaum möglich.

Bild 11-17 zeigt die Anwendung von Dübeln,
die am Anschlußblech bzw. -profil befestigt
und durch ein Bohrloch in der Profilwandung
ins Profilinnere geführt werden. Anschließend
wird die Stütze mit Beton gefüllt. Diese Verbindung eignet sich zur Übertragung der Zugkom-
ponente vom Anschlußbiegemoment in den
Beton.

Lit. [31] macht einen Bemessungsvorschlag für
Verbindungen mit durchgestecktem Knotenblech (siehe Bild 11-18).

$$f_{u1,Rd} = (f_{bk} + 35,0) \cdot \frac{1}{\gamma_b} \sqrt{\frac{A_b}{A_1}} \qquad (11\text{-}31)$$

mit:

A_b = Querschnittsfläche des gesamten Betonkerns der Stütze

A_1 = Querschnittsfläche unterhalb der Schneide

f_{bk} = charakteristische Betonfestigkeit in N/mm²

γ_b = Teilsicherheitsbeiwert des Betons
(=1,5 nach [5])

$$f_{u1,Rd} \leq \frac{N_{pl,b,Rd}}{A_1}$$

$$\frac{A_b}{A_1} \leq 20$$

Geschoßhohe Stützen mit Kopfplatten brauchen
keine besonderen Lasteinleitungsmittel, da die
Kopfplatten als Dübel und damit als Lastein-
leitungselemente fungieren (Bild 11-19).

a)

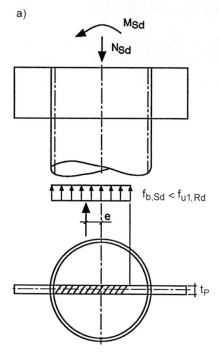

b)

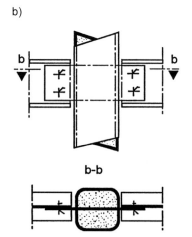

b-b

Bild 11-18 Trägeranschluß mit durchgestecktem Knotenblech

Unter den Kontaktflächen sollen keine Hohlräume vorhanden sein. Dies kann durch eine
überstehende „Betonhaube", die vor dem Ab-
binden des Betons abgearbeitet wird, oder
durch eine Nachfüllung mit Zementmörtel
(Bild 11-20) geschehen. Eine andere Methode
besteht aus dem Bohren eines Loches und dem
Einspritzen von Zement durch das Loch. Danach ist das Loch zu schließen.

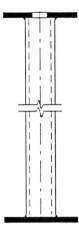

Bild 11-19 Betongefüllte Hohlprofilstütze mit Kopf- und Fußplatte

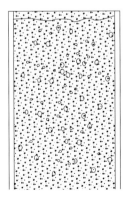

Bild 11-20 Nachverfüllung mit Zementmörtel

Bild 11-21 zeigt Möglichkeiten für den An-schluß von Betondecken an Geschoßstützen aus betongefüllten Hohlprofilen.

11.2 Hohlprofile (RHP bzw. QHP)-Fachwerk-knoten mit betongefülltem Gurtstab

Die Tragfähigkeit von Hohlprofilknoten in einem Fachwerk kann durch Betonfüllung der Gurtstäbe entweder über die gesamte Gurtstab-länge oder nur im kritischen Bereich des Kno-tens gesteigert werden. Über die experimentel-len Untersuchungen von betongefüllten RHP-Bauteilen unter Querkraft wurde in [33] be-richtet.

Die Ergebnisse dieser Forschungsarbeit werden wie folgt zusammengefaßt:

- X-Knoten profitieren am meisten von der Betonfüllung, da die Durchleitung von senk-rechten Druckbeanspruchungen durch die Betonfüllung des Gurtstabes wesentlich er-höht wird.

- Die Tragfähigkeitsformel (Druckbeanspruch-barkeit) von RHP-X-Knoten $N_{1,Rd}$ mit beton-gefülltem Gurtstab lautet:

$$N_{1,Rd} = (f_{bk}/\sin\theta_1) \cdot \sqrt{A_2/A_1}/\gamma_b \qquad (11\text{-}32)$$

mit:

f_{bk} = Zylinderdruckfestigkeit des Betons
A_1 = Übertragungfläche, auf die die seitliche Last aufgebracht wird = $h_1 \cdot b_1$ (siehe Bild 11-22)
A_2 = rechnerische Verteilungsfläche, ermittelt mit einer Neigung von 2:1 in Längsrich-tung des Gurtstabes = $(h_1 + 2\,W_s) \cdot b_1$ (siehe Bild 11-22)
γ_b = Teilsicherheitsbeiwert für Betonfestigkeit ($=1{,}5$ [5])
$\sqrt{A_2/A_1} \le 3{,}3$

Empfohlen wird:

L_b = eingebrachte Länge des Betons im Gurt-stab $\ge (h_1/\sin\theta_1) + 2\,h_0$

$$\frac{h_o}{b_o} \le 1{,}4$$

h_o = Höhe des Gurtstabes
b_o = Breite des Gurtstabes

- Versuche zeigen, daß das Schwinden des Be-tons keinen negativen Einfluß auf die Tragfä-higkeit der betongefüllten Verbindung hat.

Bei der Füllung des Gurtstabes im Fachwerk wird Beton oder Mörtel mit hohem Wasser-

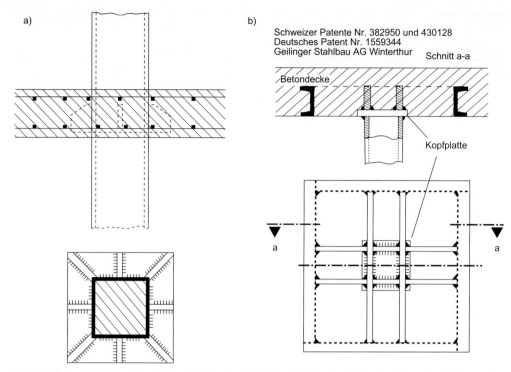

Bild 11-21 Anschluß einer Betondecke. a) Durchgehende Stütze, b) nicht durchgehende Stütze; Anschluß über Stahl-kragen

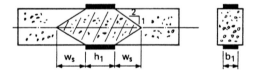

$$A_1 = h_1 \cdot b_1$$
$$A_2 = (h_1 + 2w_s)\, b_1$$

Bild 11-22 Bestimmung der Druckbeanspruchbarkeit senkrecht zur Bauteilachse des betongefüllten RHP-Gurt-stabes

Zement-Verhältnis verwendet. Die Betonfül-lung wird durch Drehen des Fachwerkes durch-geführt.

11.3 Herstellung von betongefüllten Hohlprofilstützen

11.3.1 Bauteilkomponenten

11.3.1.1 Hohlprofile

Stahlhohlprofilstützen mit Betonfüllung müs-sen im Abstand von 10 bis 20 cm von den

durch Stahlplatten geschlossenen Kopf- und Fußenden, wegen der Ausweichung des Wasser-dampfes im Brandfall, mindestens zwei gegen-überliegende Löcher besitzen. Der Lochdurch-messer soll mindestens 20 mm betragen. Falls die Stützenlänge > 5 m ist, sind weitere Löcher anzubringen.

Vor der Betonfüllung muß die Innenoberfläche des Hohlprofils gereinigt werden. Insbesondere muß sie frei von Wasser, Fett, Öl oder Rostbe-fall sein.

11.3.1.2 Beton

Im allgemeinen wird für die Füllung des Hohl-profils Portlandzement verwendet. Die übli-chen Betonsorten sind B35, B45 und B55 (Be-tonfestigkeit f_{bk} nach 28 Tagen z. B. 45 Mpa für B45).

Mit Rücksicht auf die relativ kleinen stahlbau-üblichen Hohlprofilstützen und auf den Einsatz von Stahlbewehrungen (Bild 11-23) wird emp-fohlen, Beton mit einem höheren Sand- und Ze-

Bild 11-23 Einbau von Bewehrungen in Hohlprofile vor der Betonfüllung

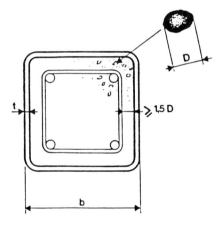

Bild 11-24 Betonüberdeckung der Bewehrung und Größt-korn in betongefüllten Hohlprofilen

mentanteil (der Wasser-Zement-Wert W/Z möglichst gering) und einer kleinen Körnung des Kieses zu verwenden (besonders wenn Beton von unten in das Hohlprofil aufwärts hin-eingepumpt wird). Gegebenenfalls können zur besseren Verarbeitung Zusätze (Verflüssiger) zugefügt werden. Zusatzmittel, die Korrosion verursachen können (z.B. Calciumchlorid), sind unzulässig.

Der größte Korndurchmesser D des Kieses (Bild 11-24) sollte betragen:

• Bis 1/8 der Innenabmessung des Hohlprofils für eine Verbundstütze ohne Bewehrung.

• Die Betonüberdeckung der Bewehrung ist vom größten Korndurchmesser D abhängig und soll 1,5–2,0 D betragen. Die größte Überdeckung sollte zwischen 2 und 5 cm liegen.

• Für bewehrte Querschnitte soll der Größt-korndurchmesser D kleiner als der fiktive Durchgangswert r der dichtesten Bewehrungsanordnung sein. Dieser wird nach der folgenden Formel berechnet (siehe hierzu Bild 11-25):

$$r = \frac{a'b'}{2(a'+b')}$$

Ferner soll $D < \frac{b'}{2}$ und $< 1/3\,(b-2\,t-b')$ sein.

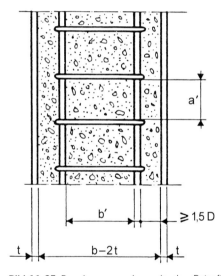

Bild 11-25 Bewehrungsanordnung in der Betonfüllung eines Hohlprofils

11.3.1.3 Bewehrungen

Die Bewehrung darf zur Ermittlung der Tragfähigkeit der betongefüllten Hohlprofilstützen in kaltem Zustand höchstens mit 3% des Betonquerschnitts berücksichtigt werden. Oft wird dieser Prozentsatz jedoch überschritten, wenn ein Nachweis gegenüber der Tragfähigkeit im Brandfall geführt werden muß. Dann darf auch ein größerer vorhandener Bewehrungsanteil als 3% für die Berechnung angesetzt werden. Einige Bewehrungsanordnungssysteme werden in Bild 11-26 gezeigt.

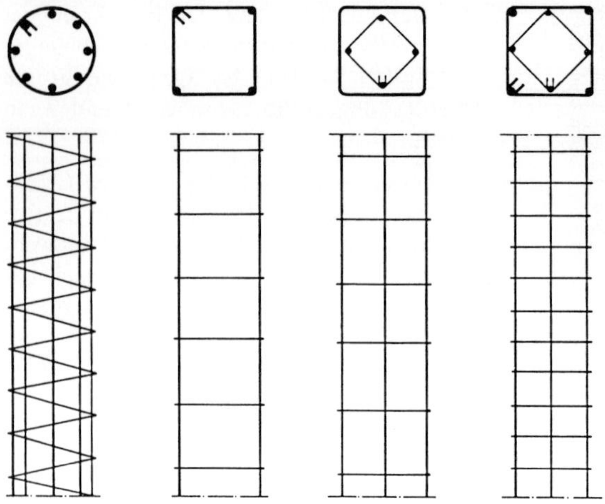

Bild 11-26 Verschiedene Bewehrungs- und Bügelanordnungen

Aus praktischen Gründen wird empfohlen, Bewehrungen für Hohlprofile der Abmessungen (Breite bzw. Durchmesser) kleiner als 200 mm bei Betonfüllung auf der Baustelle und kleiner als 160 mm bei Betonfüllung in der Werkstatt nicht zu verwenden.

11.3.2 Ausführung der Betonfüllung bei Hohlprofilstützen

Vor dem Füllen muß man sich vergewissern, daß das Innere der vertikal stehenden Stütze frei von Wasser und Unrat ist. Danach werden eventuelle Bewehrungen eingebaut und lagegerecht festgehalten. Folgende Betonfüllungsmethoden werden angewendet:

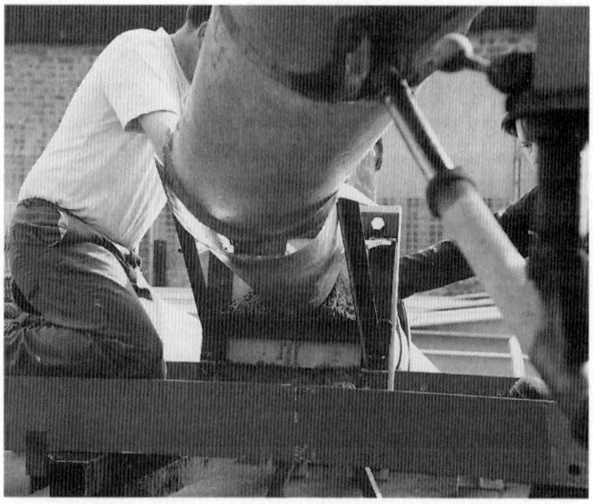

Bild 11-27 Betonfüllung in der Werkstatt

Schüttbeton

Füllung mit Schüttbeton wird sowohl in der Werkstatt (Bild 11-27) als auch auf der Baustelle (Bild 11-28) durchgeführt.

Bei Stützenhöhen bis zu 4 m kann das Füllen mit einem Einlauftrichter vorgenommen werden (Bild 11-29), bei größeren Profilabmessungen (Stützendurchmesser >500 mm) mit einem Betonklappkübel (Bild 11-30).

Nach jeder Füllung bis zu einer Höhe von 30 bis 50 cm muß der Beton sofort gerüttelt werden. Bild 11-31 zeigt diesen Vorgang mit Innenrüttlern.

Es wird empfohlen, zur Vermeidung größerer Fallhöhen und der Entmischung des Betons in sich verschiebbare Fallrohre zu verwenden (Bild 11-32).

Pumpbeton

Bei dieser Methode wird Beton mit einer flexiblen Leitung von oben in die Hohlprofilstütze eingepumpt. Das Leitungsende befindet sich entweder dicht über dem Beton oder unter der Betonoberfläche. Im letzten Fall wird eine besonders gute Durchmischung des Betons erreicht.

In manchen Fällen wird der Beton auch von unten durch eine Öffnung in die Hohlprofile gepumpt.

Das Rütteln zählt zu den wichtigsten Vorgängen bei der Betonfüllung. Es wird das Rütteln mit an der Hohlprofilwand gehaltenen Außenrütt-

Bild 11-28 Betonfüllung auf der Baustelle

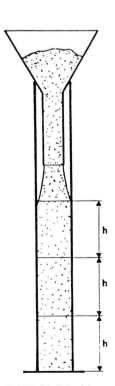

Bild 11-29 Betonfüllung mit Einlauftrichter

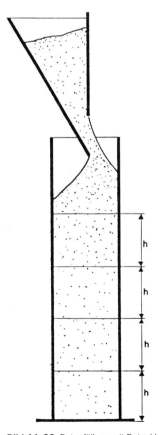

Bild 11-30 Betonfüllung mit Betonklappkübel

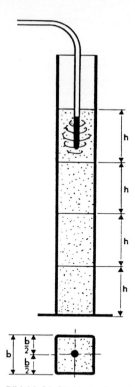

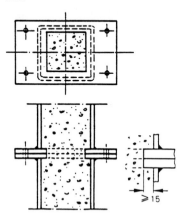

lern oder auch mit Innenrüttlern (Stocher) empfohlen.

Zur Sicherung einer vollständigen Betonfüllung kann die Füllkontrolle durch Klopfen mit einem Hammer durchgeführt werden; am Ton kann man mögliche Füllungsfehler erkennen.

Füllungsfehler können durch Einpressen von Zement in Bohrungen beseitigt werden. Die Bohrungen werden danach wieder verschlossen.

Bild 11-31 Rütteln der Betonfüllung mit Innenrüttlern

Bild 11-33 Anschluß zweier Stützen mit Plattenstoß

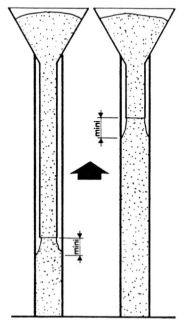

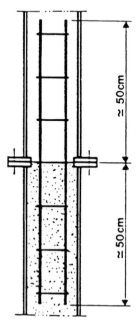

Bild 11-32 Betonfüllung mit in sich verschiebbaren Fallrohren

Bild 11-34 Anschluß zweier Stützen mit Plattenstoß und leichter örtlicher Bewehrung

11.3.2.1 Geschoßweise Verbindung betongefüllter Hohlprofilstützen

Der Anschluß zweier unbewehrter Stützen kann durch einen Plattenstoß erreicht werden (Bild 11-33).

Bei bewehrten durchlaufenden Stützen kann der Anschluß durch eine leichte örtliche Bewehrung (Bild 11-34) oder durchlaufende Bewehrungseisen am Anschluß erreicht werden. Die leichte örtliche Bewehrung kann auch in unbewehrten Stützen eingesetzt werden.

11.4 Symbolerklärungen

KHP	Kreishohlprofil
RHP	Rechteckhohlprofil
QHP	Quadrathohlprofil
A	Querschnittsfläche
A_v	Scherfläche
E	Elastizitätsmodul
I	Trägheitsmoment
M	Moment
N	Normalkraft
V	Schubkraft

W	Widerstandsmoment
b, b_a, h, h_a	äußere Seitenlängen eines Rechteckhohlprofils
d	Außenradius eines Kreishohlprofils
f	Normalspannung
f_y	Streckgrenze (charakteristisch) des Stahlprofils
l	Länge
l_K	Knicklänge
τ	Schubspannung
t	Wanddicke
t_P	Blechdicke

Indizes:

a	Stahlprofil
b	Beton
k	charakteristisch
K	Knicken
o	ohne Bewehrung oder oben
pl	plastisch
Rd	Beanspruchbarkeit
s	Bewehrungsstahl
Sd	Beanspruchung
u	unten

12 Korrosionsverhalten und Korrosionsschutz von Stahlhohlprofilen und -konstruktionen

12.1 Allgemeines

Hohlprofile im Stahlbau müssen als Konstruktionsbauteile den zu erwartenden mechanischen und Korrosionsbelastungen widerstehen.

Bei den im Stahlbau vorkommenden Korrosionserscheinungen handelt es sich um Reaktionen zwischen Stahl und kondensierter Feuchtigkeit aus der Atmosphäre unter Bildung von Rost. Dem als Luftverunreinigung immer vorhandenen Schwefeldioxyd kommt bestimmte Bedeutung zu.

In vergleichbarer Weise wirken Chloride, beispielsweise im Meeres- oder Küstenklima. Die Stahloberfläche fängt bei einer relativen Feuchtigkeit von 60% und einer Temperatur zwischen $-20°C$ und $+60°C$ zu rosten an. Hierbei sind die Feststoff(Staub)ablagerungen besonders korrosionsfördernd, da sie Feuchtigkeit absorbieren. Ähnlich wie bei offenen gewalzten Stahlbauprofilen werden auch bei Konstruktionen aus Kreis- und Rechteckhohlprofilen folgende Anforderungen gestellt:

a) keine Verminderung der Wanddicke durch Abrostung
b) keine Abgabe von rosthaltigen Wässern an die Umgebung
c) keine unerwünschte Veränderung des Aussehens

Zu a) kann durchaus ein genügend geringfügiger Dickenbetrag toleriert werden, wenn die Tragfähigkeit nicht leidet. Die Forderungen nach b) und c) hängen von dem jeweiligen Anwendungsfall und den örtlichen Gegebenheiten ab.

Die Fragen nach möglichen Korrosionsschäden, d.h. nach der Beeinträchtigung der Bauteile in den genannten Punkten a) bis c) und nach den erforderlichen Schutzmaßnahmen, können nicht allgemein, d.h. für jeden Anwendungsfall gleich, beantwortet werden.

Die Anforderungen sind daher schon im Planungsstadium zu definieren.

Stahlbauten müssen so gestaltet werden, daß sie korrosionsaggressiven Medien geringe Angriffsmöglichkeiten bieten. Dieser Forderung tragen Hohlprofile mit ihren steifenlosen, geschweißten Verbindungen in besonderem Maße Rechnung (keine Hohlräume, Wasser- und Schneesäcke, einspringende Ecken und dergleichen). Bild 12-1 läßt dies deutlich erkennen.

Wegen der geschlossenen Form von Hohlprofilen sind die Außen- und Innenoberflächen unterschiedlichen Korrosionsbelastungen unterworfen. Es ist durch Versuche erwiesen, daß im Inneren luftdicht verschweißter Hohlprofile keine Rostbildung auftreten kann und daher keine Schutzmaßnahmen notwendig sind [14]. Für die Außenoberfläche eines Hohlprofils ist dieses naturgemäß nicht möglich. Es ist daher zweckmäßig, Außen- und Innenkorrosion von Hohlprofilen gesondert zu behandeln.

12.2 Innenkorrosion von Hohlprofilen und Hohlprofilbauteilen

Zu diesem Thema liegen die Ergebnisse umfangreicher und praxisnaher Langzeitversuche [16–19] der Deutschen Bundesbahn vor. Literatur [14] enthält eine Zusammenfassung.

Außerdem enthält [20] eine umfassende Zusammenstellung von Untersuchungen an ausgeführten Bauwerken. Dort wird über amerikanische, deutsche, englische, französische, italienische und japanische Untersuchungen berichtet. Bild 12-2a zeigt ein Beispiel eines Fachwerks aus kreisförmigen Hohlprofilen, das 15 Jahre der Korrosionsbeanspruchung der Industrieatmosphäre ausgesetzt war. Da die Profile luftdicht verschweißt waren, ist keine Innenkorrosion festzustellen (Bild 12-2b).

Aufgrund der Ergebnisse von Langzeit-Korrosionsversuchen des Bundesbahn-Zentralamtes

a)

b)

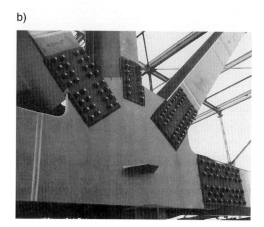

Bild 12-1 a) Korrosionsgerechte und b) nicht-korrosionsgerechte Konstruktion

a)

b)

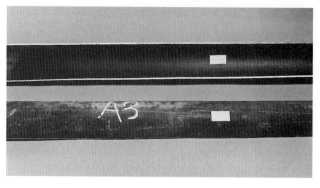

Bild 12-2 a) Demontage eines Fachwerkes aus kreisförmigen Hohlprofilen
nach 15 Jahren in Industrieatmosphäre.
b) Innen- und Außenoberfläche eines
KHP-Stabes des Fachwerkes in (a)

in München mit Stahlhohlprofilen und Rohr-fachwerken, die teils luftdicht, teils mit Öff-nung für den Feuchtigkeitseintritt versehen und teils gar nicht verschlossen waren, wurden in [19] u. a. die folgenden Schlußfolgerungen ge-troffen:

- Im Inneren luftdichter Hohlprofile kommt es zu keinem Kondenswasserniederschlag und damit zu keinerlei Korrosion.
  Luftdicht hergestellte Hohlprofilbauteile be-nötigen daher im Inneren keinerlei Korrosi-onsschutz. Einer luftdichten Ausführung von Hohlprofilbauteilen stehen technisch keinerlei Schwierigkeiten entgegen. Es wird heute bei den meisten Konstruktionen eine luftdichte Verschweißung des Innenraumes vorgenommen, sofern das gewählte Korrosi-onsschutzverfahren keine anderen Forderun-gen stellt.

- Kondenswasser sammelt sich auch in un-dichten Hohlprofilbauteilen nicht an. Durch Undichtigkeiten, an die kein Oberflächen-wasser (Regen, Schmelzwasser, Tau) ge-langt, kann wohl feuchte Luft eindringen; es kommt jedoch zu keinem feststellbaren Nie-derschlag dieser Feuchtigkeit im Inneren.
  Im Gegenteil konnte festgestellt werden, daß mit der Luft durch solche undichten Stellen auch wieder Feuchtigkeit heraustransportiert wird.

- Feuchte Luft kann in unmittelbarer Umge-bung von undichten Stellen eine Rostbildung im Inneren des Hohlprofilbauteils hervorru-fen. Die Anrostung beschränkt sich dabei je-doch auf kleine Stellen und ist geringfügig.

- Durch eindringendes Oberflächenwasser, das an der Innenwand eines Hohlprofilbau-teils herabrinnt, kann eine Rostbildung statt-finden. Diese beschränkt sich im wesentli-chen auf die vom herabfließenden Wasser benetzten Stellen.

- Wasser in einem Hohlprofilbauteil wird in erster Linie bei Frost gefährlich. Es besteht die Gefahr des Aufplatzens unter innerem Eisdruck. Um dies zu vermeiden, kann am unteren Ende des Bauteils eine Gewinde-bohrung angeordnet werden, die mit einer abdichtenden Schraube zu verschließen ist. Eine Entlastungsbohrung ohne Verschluß-schraube ist abzulehnen.

- Wenn ein Hohlprofilbauteil aus konstrukti-ven Gründen nicht luftdicht hergestellt wer-den kann, ist dafür zu sorgen, daß Luft durch-zieht und kein Wasser in dem Bauteil stehen-bleibt. Außerdem ist das Innere so weit als möglich gegen Korrosion zu schützen. An-gaben hierzu enthält DIN 55 928 [1 – 10].

- Geschraubte Stöße mit Stoßlaschen in Hohl-profilbauteilen, die aus Blechen zusammen-geschweißt werden, erfordern besondere Maßnahmen. Die Stoßlaschen decken den an der Stoßstelle vorhandenen Spalt nicht luftdicht ab. Der Stoßbereich ist daher gegen die übrigen Hohlräume abzuschotten. Der verbleibende Raum zwischen den Schotten ist gegen Korrosion zu schützen.
  Die zum Festhalten der Schrauben notwendi-gen Handlöcher sind mit Deckeln und Gum-midichtung zu verschließen [21].

12.3 Außenkorrosion von Hohlprofilen und Hohlprofilbauteilen

Das Korrosionsverhalten der Außenoberfläche von Hohlprofilen und Hohlprofilbauteilen un-terscheidet sich grundsätzlich nicht von dem bei anderen Walzprofilen. Folgende Punkte je-doch sind besonders anzumerken:

- Die Oberfläche von Bauwerken aus Hohl-profilen ist im Regelfall erheblich kleiner als solche aus konventionellen Walzstahlpro-filen. Das kann im Einzelfall bis zu 40 % be-tragen. Einsparungen an Beschichtungsstoff und Arbeitszeit sind die Folgen.

- Die Wiederholungs- oder Ausbesserungsbe-schichtungen bei den glatten, meist kanten- und eckenlosen Hohlprofilkonstruktionen brauchen erst in größeren Zeitabständen als sonst im Stahlbau üblich vorgenommen zu werden (siehe Bild 12-1). Im Prinzip stellt die Verwendung von Hohlprofilen statt offe-ner Walzstahlprofile bereits eine konstruk-tive Korrosionsschutzmaßnahme dar. Die Gründe hierfür sind im wesentlichen die feh-lenden Kanten und geringeren Angriffsflä-chen. Der Aufwand für die Aufbringung einer gleichmäßigen Korrosionsschutzbe-schichtung ist gering. Auch ist das Langzeit-verhalten erheblich besser.
  Bezüglich der Unterhaltung ist eine Hohl-profilkonstruktion sehr viel wirtschaftlicher.

- Die glatte Hohlprofiloberfläche ermöglicht schnelles und gleichmäßiges Verteilen der Beschichtungsstoffe.

12.4 Korrosionsschutzmaßnahmen

Als Oberflächenschutz werden die folgenden Systeme angewendet:

- Korrosionsschutz-Beschichtungen
- Metallspritzüberzüge
- Feuerverzinken
- elektrochemische Polarisation (kathodischer bzw. anodischer Schutz)

Außerdem werden Stahlhohlprofile schon beim Hersteller mit Fertigungsschichten versehen, die einen zeitlich begrenzten Korrosionsschutz gewährleisten können.

Dominierend beim Korrosionsschutz von Hohlprofilen sind die organischen Beschichtungen und metallischen Überzüge. Demgegenüber ist die elektrochemische Schutzmaßnahme nur bei Anwesenheit wäßriger Medien (z.B. bei Offshoreanlagen und im Erdboden) anwendbar.

12.4.1 Korrosionsschutzbeschichtungen

Diese bestehen aus Grund- und Deckbeschichtungen mit meist organischen Bindemitteln und anorganischen Pigmenten (siehe Tabelle 12-1).

Die Grundbeschichtung enthält bevorzugt Korrosionsschutzpigmente, die Korrosionsreaktionen auf die Stahloberfläche inhibieren. Diese haben eine indirekte korrorionsschützende Wirkung durch Erhöhung des Permeationswiderstandes und vor allem die Aufgabe, der Deckbeschichtung eine gute Wetter- und Lichtbeständigkeit zu verleihen. Die Deckbeschichtung enthält ebenfalls Pigmente.

Die Grundbeschichtung ist möglichst bald unmittelbar auf die Oberfläche eines Hohlprofils aufzubringen. Dies ist wichtig, da sie nicht nur die Korrosion verhindert, sondern auch die Haftung für die nachfolgenden Beschichtungen herstellt.

Zur Aufgabe der Zwischenbeschichtungen gehört die Verbesserung der Haftung zwischen Grundbeschichtung und Endbeschichtung. Sie ist chemisch inert, aber für von außen einwirkende Medien.

Tabelle 12-1 Korrosionsschutz-Beschichtungen, Darstellung der Einsatzgebiete der Bindemittel bzw. Pigmente

Beschichtungen für atmosphärische Beanspruchung		Beschichtungen für chemische Beanspruchung		Beschichtungen für thermische Beanspruchung	
Bindemittel	Pigmente	Bindemittel	Pigmente	Bindemittel	Pigmente
Leinöl	Aluminium DB	Chlorkautschuk	Zinkoxid GB DB	Phenolharze	Eisenoxid GB DB
Alkydharz	Bleimennige GB	Cyklokautschuk	Titandioxid GB DB	Silikonharze	Eisenglimmer DB
Bituminöse Stoffe	Bleiweiß DB	Vinylharz	Silikumkarbid GB DB	Cumaronharze	Zinkoxid GB DB
Teer-Bitumen-Asphalt	Calcium-plumbat DB	Polyurethane	Graphit GB DB	Alkalisilikat	Graphit GB DB
	Eisenoxid GB DB	Epoxidharz	Eisenoxid GB DB		Aluminium DB
	Eisenglimmer DB	Polyester (ungesättigt)	Eisenglimmer DB Bleistaub GB	Ethylsilikat	Zinkstaub GB
	Zinkstaub GB	Polychloropren	Edelstahl-pulver DB		
	Zinkoxid GB DB	Chlorsulf. Polyäthylen			
	Zinkchromat GB	Chloriertes Polypropylen			
	Titandioxid GB DB				
	Bleisilicochromat GB DB				
	Zink Phosphat GB DB				

GB: Einsatz in Grundbeschichtungen ⎫ die Bindemittel können meist für Grund- und Deckbeschichtungen verwandt werden
DB: Einsatz in Deckbeschichtungen ⎭

Die Endbeschichtung ist auch undurchlässig und gegen chemische und mechanische Angriffe widerstandsfähig.

Zur Vorbereitung der Stahloberfläche für das Auftragen von Korrorionsschutzbeschichtungen (meist zwei Grund- und zwei Deckbeschichtungen) gehören: Reinigung, Entfettung, Entrostung und Entzunderung.

Reinigung und Entfettung bestehen aus Abwaschen, Abkochen, Abspritzen mit alkalischen Mitteln sowie mit organischen Lösemitteln, die physiologisch unbedenklich sind.

Entrostung und Entzunderung werden nach den folgenden Methoden durchgeführt:

– Mechanische: Hand- oder maschinelles Bürsten, Strahlen
– Thermische: Flammstrahlen
– Chemische: Beizen

Für die Applikation von Korrosionsschutzbeschichtungen sind die Pinsel- und Spritztechnik, insbesondere das Hochdruckspritzen, am zweckmäßigsten.
Die erforderliche Sollschichtdicke ist abhängig von der zu erwartenden korrosiven Beanspruchung. Die dafür benötigte Anzahl der Beschichtungen wird von den Eigenschaften des Beschichtungsstoffes bestimmt.

12.4.1.1 Fertigungsbeschichtungen

In neuerer Zeit wird häufig vorkonservierter Stahl eingesetzt. Die Hohlprofile werden dazu bereits im Walzwerk entrostet, entzundert und anschließend sofort beschichtet (Shop-Primer). Eine solche Fertigungsbeschichtung hat eine Schichtdicke von 15 bis 20 μm; sie muß überschweißbar sein und dient als vorübergehender Korrosionsschutz für die Zeit des Transportes, der Lagerung und der Verarbeitung auf der Baustelle. Sie wirkt ferner als Teil der Grundbeschichtung. Nach der Fertigung des Bauteils müssen Schadstellen, die z.B. bei Transport, Lagerung und Verarbeitung entstehen, umgehend ausgebessert werden. Anschließend erfolgt der Auftrag der ersten Grundbeschichtung. Hierbei ist zu beachten, daß Grundbeschichtungen und Shop-Primer aufeinander abgestimmt und verträglich sein müssen [32, 33].

12.4.2 Metallspritzüberzüge [29–31]

Diese Verfahren gewinnen zunehmend an Bedeutung, nicht zuletzt wegen positiver Erfahrungen mit modernen Auftragseinrichtungen. Als Spritzüberzüge haben nur Zink oder Aluminium oder eine Kombination beider Metalle für den Korrosionsschutz Bedeutung [12].

Als Oberflächenvorbereitung ist Strahlen mit z.B. Korund, scharfkantigem Granulat und Drahtkorn Vorbedingung.

Nur sie führt zu einer erforderlichen Rauhheit (Sollwert ca. 20–30 μm) der Stahloberfläche, die eine Haftung der Spritzschicht sicherstellt. Zwei unterschiedliche thermische Spritzverfahren werden bevorzugt angewendet: Flammspritzen und Lichtbogenspritzen.

Bei beiden Verfahren wird das Spritzmaterial in Drahtform einer Spritzpistole zugeführt. Die Schmelzwärme entsteht für Flammspritzen aus einer Azetylen-Sauerstoff-Flamme, für Lichtbogenspritzen aus einem elektrischen Lichtbogen.

Das abgeschmolzene Metall wird mit Druckluft zerstäubt und vom Luftstrahl auf die Stahloberfläche geschleudert.

12.4.2.1 Feuerverzinken

Die Feuerverzinkung ist ein bewährter und wirtschaftlicher metallischer Korrosionsschutz für Außen- und Innenfläche der Hohlprofile zugleich. Vor der Feuerverzinkung wird die Stahloberfläche entfettet, gebeizt und durch Benetzen mit Flußmitteln aktiviert. Danach werden Stahlkonstruktionen in ein Schmelzbad aus flüssigem Zink bei etwa 470°C getaucht, wobei sich ein porenfreier, metallischer Zinküberzug auf dem Stahl bildet. Die als Zwischenschicht entstehenden Eisen-Zink-Legierungsphasen wirken haftungsvermittelnd zwischen dem Stahl und der Oberflächenschicht aus Reinzink.

Die Geschwindigkeit der Bildung der Eisen-Zink-Legierungsschicht hängt von der chemischen Zusammensetzung des Stahls, im wesentlichen von seinem Siliziumgehalt ab. Es besteht eine nicht-lineare Abhängigkeit zwischen dem Si-Gehalt und der Schichtdicke des Zinküberzuges.

Bei der Feuerverzinkung müssen geschlossene Hohlprofile oder Konstruktionen genügend große Löcher und Durchflußöffnungen haben, um den Luftaustritt aus dem Inneren zu ermöglichen, da sonst Explosionsgefahr besteht. Durch das ins Innere der Hohlprofile eintretende Zink wird ein zusätzlicher Innenschutz erreicht.

Beim Eintauchen in das flüssige Zink wird der Stahl erwärmt und folglich im Bauteil Eigenspannungen abgebaut. Das bewirkt Verformungen. Diese Möglichkeit des Verziehens muß bei Konstruktion und Verzinkung bedacht werden [22, 23]. In Grenzen läßt sich der Verzug durch Richten ausgleichen.

Die Wärmeeinwirkung im Zinkbad beeinflußt die technologischen Eigenschaften der Baustähle nicht. Für die Stahlgüten S235, S355 und St E 690 ist das eingehend untersucht worden [23].

Zur Bestimmung der Wirtschaftlichkeit der Feuerverzinkung sind folgende Einflußgrößen zu beachten:

– Entfernung zur Verzinkerei
– Frachtmöglichkeiten
– Masse
– Oberfläche
– Werkstoff
– Beizbarkeit
– Gestalt und Abmessung

Eine zusätzliche Beschichtung erhöht die Schutzdauer von feuerverzinktem Stahl beträchtlich (ca. 1,2–2,5fach der Schutzdauer der einzelnen Schutzsysteme). Die Kombination aus einem metallischen Überzug (meist Zink) und einer nichtmetallischen Beschichtung ist unter dem Namen Duplex-System bekannt geworden [27]. Die Dicken der Beschichtungen liegen zwischen 70 und 360 μm (bei Mehrschichtsystemen).

Schweißen feuerverzinkter Bauteile

Die Größe der vorhandenen Zink-Tauchbäder hat sich zwar in den vergangenen Jahren ständig vergrößert, läßt aber oft das Verzinken ganzer Konstruktionen nicht zu, so daß häufig verzinkte Bauteile zu verbinden sind. Neben Schraubenverbindungen werden auch geschweißte Verbindungen bei feuerverzinkten Bauteilen angewendet. Hier tritt die Frage der Überschweißbarkeit der Verzinkung auf.

Unter den beim Schweißen notwendigen hohen Temperaturen beginnt das Zink bei 420°C zu schmelzen. Bei weiterer Temperatursteigerung wird von etwa 900°C ab die Rein- und auch die tiefer liegende Hartzinkschicht oxidiert oder sogar verdampft. Die entstehenden grauweißen toxischen Zinkoxiddämpfe erschweren die Schweißarbeit durch Sichtbehinderung, Spritzer und unruhigen Schweißverlauf und verursachen gesundheitliche Gefährdungen. Sie können sogenannte Schlauchporen und Gasbläschen im Schweißgut erzeugen, wodurch die Kontinuität des Gefüges unterbrochen wird.

Zum Schweißen feuerverzinkter Stahlbauteile wurden in den vergangenen Jahren in Holland, Frankreich, Deutschland und England eine Reihe von Versuchen durchgeführt. Danach ist bei den üblichen Zinküberzügen bis ca. 100 μm Dicke die Abhängigkeit der Schweißbarkeit von der Überzugsdicke gering. Dies ist erst bei größeren Überzugsdicken der Fall.

Nachteile für die Qualität der Schweißnähte lassen sich vermeiden durch:

– Verringern der Schweißgeschwindigkeit um etwa 20%
– Vorsehen eines Stirnflächenabstandes je nach Materialdicke von etwa 1 bis 3 mm
– Pendelbewegung der Elektrode
– geringfügige Erhöhung der Stromstärke
– Einsatz geeigneter Elektrodentypen
– „Nachlinksschweißen" beim Gasschweißen
– Absaugen der Zinkoxiddämpfe

Im allgemeinen wird heute jedoch im Schweißnahtbereich (bis ca. 50 mm Abstand von der Schweißnaht) die Zinkschicht durch Abbrennen, Strahlen oder Schleifen entfernt, so daß keinerlei Beeinflussung beim Schweißen stattfindet. Für das Überschweißen von Fertigungsbeschichtungen, das sind i.a. Schichtdicken zwischen 15 und 25 μm, gelten die gütesichernden Maßnahmen der DASt-Richtlinie 006 [34].

12.4.2.2 Elektrolytische Zinküberzüge

Bei diesem Verfahren wird durch Tauchen in ein elektrolytisches Verzinkungsbad und Anlegen einer geeigneten Spannung unter Gleichstrombedingungen ein „galvanischer" Zinküberzug erzeugt. Elektrolytische Zinküberzüge mit Dicken zwischen 5 und 25 μm je nach Einsatzbereich können nur in Galvanikbetrieben

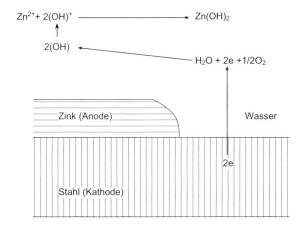

Bild 12-3 Kathodischer Schutz mit Zink als Opferanode

aufgebracht werden. Galvanische Verzinkung wird häufig zur Verbesserung des Korrosionsschutzes verchromt.

12.4.3 Elektrochemische Polarisation

Der elektrochemische Korrosionsschutz stellt eine aktive Schutzmaßnahme dar, bei der zu schützende Oberflächen durch von außen zugeführten Gleichstrom in einen Potentialbereich polarisiert werden. Die Korrosionsgeschwindigkeit besitzt dabei akzeptable Größenordnungen. Wird dabei das zu schützende Objekt zur Kathode gemacht, spricht man von kathodischem Schutz (siehe Bild 12-3). Die kathodische Polarisation kann auch durch Kontakt mit Metallen erreicht werden, die im betrachteten Medium ein negativeres Korrosionspotential

als das zu schützende Objekt haben. Die Anwendung des elektrochemischen Schutzes setzt grundsätzlich die ständige Anwesenheit eines Elektrolyten voraus.

12.4.4 Einsatz von Hohlprofilen aus wetterfesten Stählen

Die wetterfesten Baustähle weisen eine Beständigkeit gegenüber atmosphärischer Korrosion auf, wobei auf der Stahloberfläche unter normalen Witterungsbedingungen festhaftende und dicht oxidische Deckschichten entstehen, die den Widerstand gegen atmosphärische Korrosion erhöhen. Dies wird durch Legierungszusätze u.a. von Chrom, Kupfer und Nickel und teilweise auch einem erhöhten Phosphorgehalt bewirkt.

13 Bauelemente aus Hohlprofilen unter Brandbeanspruchung

13.1 Allgemeines

Die Stahlkonstruktion ist im Hochbau gegenüber der aus Beton benachteiligt, da ihre Wirtschaftlichkeit häufig durch zusätzliche Anforderungen für den Brandschutz beeinträchtigt wird. Diese Zusatzkosten können bis zu 30% der Gesamtherstellungskosten erreichen. Zur Erzielung einer technisch zweckmäßigen und wirtschaftlichen Lösung muß daher bereits beim Beginn der Planung eines Projektes das Brandverhalten einer Stahlkonstruktion im Auge behalten werden.

Hohlprofile bieten hinsichtlich des Brandschutzes gegenüber offenen Profilen, wie z.B. I-, L- und U-Profilen, große wirtschaftliche Vorteile, da sie eine große Bandbreite von Möglichkeiten zur Sicherstellung des Brandschutzes haben. Die Brandschutzmethoden enthalten nicht nur den äußeren Schutz, bei dem außen Materialien mit niedriger Wärmeleitfähigkeit in Form von Isolierplatten, Spritzputzen, schaumbildenden Anstrichen, Hitzeschutzschildern usw. aufgebracht werden, sondern schließen auch andere Methoden ein, die nur bei Hohlprofilen einsetzbar sind. Dazu gehört die Füllung des Hohlraumes mit Beton oder mit stehendem bzw. zirkulierendem Wasser.

Die Platten-Elemente von Hohlprofilen werden im Gegensatz zu offenen Profilen nur einseitig feuerbeansprucht. Außerdem ist die Länge des Umfanges eines Hohlprofils kleiner als die eines offenen Profils mit dem gleichen Verhältnis von Umfanglänge zu Querschnittsfläche. Dies ergibt eine niedrigere Menge von Brandschutzmaterial sowie weniger Arbeitsaufwand für Hohlprofile. Mit anderen Worten haben Hohlprofile für ein gegebenes Stahlvolumen wesentlich niedrigere brandbeanspruchte Oberflächen als offene Profile. Eine verbesserte Wirtschaftlichkeit beim Einsatz von Hohlprofilen ist die Folge.

Die Anforderungen an den Brandschutz hinsichtlich der Bauwerksteile werden durch die Feuerwiderstandsdauer gekennzeichnet, der sie unter Brandbeanspruchung standhalten müssen. Im wesentlichen wird die Feuerwiderstandsdauer eines Bauelements von der Temperaturentwicklung des Feuers bestimmt, die wiederum von der Menge des brennbaren Materials (Im allgemeinen wird die Menge des brennbaren Materials in „kg Holz je m² Grundfläche" ausgedrückt. Bezeichnung: spezifische Brandlast) und von den Belüftungsbedingungen beeinflußt wird. Da sich von Fall zu Fall dabei erhebliche Unterschiede ergeben, wird in der praktischen Brandschutzbemessung vereinbarungsgemäß eine Zeit-Temperatur-Kurve zugrunde gelegt, die als „Einheitstemperaturkurve" bezeichnet wird und in ISO 834 [4] festgelegt ist (Bild 13-1). Es werden zwar auch andere „Einheitstemperaturkurven" z.B. in den USA [20] oder bei Anwendungen im maritimen Bereich [21] benutzt, aber diese weichen von der ISO-Kurve nur wenig ab und sind praktisch ohne Bedeutung.

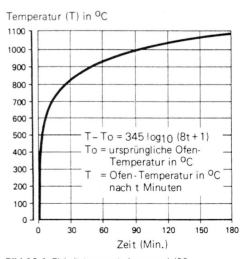

Bild 13-1 Einheitstemperaturkurve nach ISO

Tabelle 13-1 Feuerwiderstandsklassen nach DIN 4102, Teil 2 [3]

Feuerwiderstandsklasse	Feuerwiderstandsdauer in Minuten	Bauaufsichtliche Zulassung (nicht in DIN 4102 enthalten)
F 30	30	feuerhemmend
F 60	60	
F 90	90	feuerbeständig
F 120	120	
F 180	180	hochfeuerbeständig

Tabelle 13-2 Anforderungen nach verschiedenen Feuerwiderstandsklassen [28]

Gebäudeart	Anforderungen	Feuerwiderstandsklasse
1 Stockwerk	keine oder geringe	möglich bis R30 [a)]
2 bis 3 Stockwerke	keine bis mittlere	möglich bis R30 [a)]
Mehr als 3 Stockwerke	mittlere	R60 [a)] bis R120 [a)]
Hochhäuser	hohe	R90 [a)] und höher

[a)] F (nach DIN 4102) [3] ≙ R (nach Eurocode 3 bzw. 4 [22, 23])

Die Zeitdauer, für die ein Bauteil einer Temperaturentwicklung nach der Einheitstemperaturkurve widersteht, wird die „Feuerwiderstandsdauer" genannt. Zur Bestimmung der Feuerwiderstandsdauer gibt es grundsätzlich zwei Möglichkeiten: eine experimentelle Lösung auf der Grundlage der (Standard-)Brandversuche und eine analytische Lösung bzw. brandschutztechnische Bemessung, die durch die Entwicklung der Computertechnologie in neuerer Zeit ermöglicht wurde.

Die Feuerwiderstandsdauer eines Bauteils beim Brandversuch kann durch die Messung der Zeit nach zwei alternativen Bedingungen ermittelt werden:

1. Versagenszeit eines Bauteils im Ofen, unter Gebrauchslast
2. Zeit, nach der in dem kritischen Teil des Bauelements die kritische Temperatur erreicht wird (bei Stahl ca. 550 °C)

Erforderliche Feuerwiderstandsdauern werden in nationalen Regelwerken, z.B. [3, 19], klassifiziert und sind von den folgenden Faktoren abhängig:

– Funktion des Bauteils (z.B. tragend, nichttragend, raumabschließend)
– Art der Nutzung
– Höhe des Gebäudes
– Effektivität des Feuerwehreinsatzes

– Aktivmaßnahmen wie Rauchklappen und Sprinkleranlagen (nicht in allen Ländern)

In den meisten Ländern der Welt ist die erforderliche Feuerwiderstandsdauer nicht höher als etwa 90 bis 120 Minuten. Falls überhaupt Anforderungen gestellt werden, beträgt der Mindestwert im allgemeinen 30 Minuten (In einigen Ländern gibt es jedoch auch Mindestanforderungen von 15 oder 20 Minuten.).
Die folgenden Regeln gelten im allgemeinen:

• Für Gebäude mit beschränkter spezifischer Brandlast (etwa 15 bis 20 kg/m^2) oder bei denen ein Versagen akzeptiert werden kann, existieren keine besonderen Brandschutzanforderungen.
• Um eine sichere Evakuierung der Nutzer und das Eingreifen der Feuerwehr zu ermöglichen, ist eine bestimmte, jedoch beschränkte Feuerwiderstandsdauer erforderlich.
• Die erforderliche Feuerwiderstandsdauer für das Haupttragwerk wird erhöht, um sicherzustellen, daß die Konstruktion den vollständigen Ausfall von brennbaren Werkstoffen oder von speziellen Bauteilen infolge Feuers erträgt.

Die Brandbemessung wird normalerweise unter vergleichbaren statischen Randbedingungen durchgeführt wie die Bemessung unter Normaltemperatur. In einem mehrstöckigen unverschieblichen Tragwerk wird als Knicklänge der Stützen bei Raumtemperatur im allgemeinen die Stockwerkshöhe angesetzt. Normalerweise sind die Stockwerke gegeneinander abgetrennt, so daß die Auswirkungen eines Brandes im allgemeinen auf ein Stockwerk beschränkt sind. Daher werden die brandbeanspruchten Stützen ihre Steifigkeit verlieren, während die angrenzenden Bauteile relativ kalt bleiben. Folglich kann für den Brandfall eine Randeinspannung angesetzt werden, falls die Stütze biegesteif an die angrenzenden Bauteile angeschlossen ist. Untersuchungen haben gezeigt, daß die Knicklänge unverschieblicher Tragwerke in Abhängigkeit von den Randbedingungen im Brandfall auf die 0,5- bis 0,7fache Stützenlänge reduziert wird [28]. Der konservativere Knickbeiwert (0,7) sollte zur Bestimmung der Knicklänge im Brandfall von Stützen im obersten Geschoß und für Randstützen eines Gebäudes, bei denen nur ein Träger angrenzt, angewendet werden. Die größere Reduktion des Knickbeiwertes (0,5) darf für alle anderen Stützen verwendet werden. Das prinzipielle Verhalten von Stützen in unverschieblichen Tragwerken wird in Bild 13-2 dargestellt.

Die Eurocodes für Brandbemessung definieren drei Stufen der Nachweisform:

– Stufe 1: Bemessungstabellen und
            -diagramme
– Stufe 2: Vereinfachte Berechnungen
– Stufe 3: Allgemeine Berechnungsverfahren

„Allgemeine Berechnungsverfahren" stellen die schwierigste Stufe dar. Solche Berech-

nungsverfahren enthalten eine komplette thermische und mechanische Analyse des Bauwerkes und benutzen die Werte der Materialeigenschaften der Eurocodes. Allgemeine Berechnungsverfahren ermöglichen die Erfassung reeller Randbedingungen, und sie berücksichtigen den Einfluß der nichtlinearen Temperaturverteilung über den Querschnitt. Daher führen sie zu realistischeren Versagenstemperaturen und darausfolgend zur wirtschaftlichsten Bemessung. Die Benutzung der erforderlichen Computerprogramme ist jedoch recht zeitaufwendig und erfordert viel Fachkenntnis. Für Ingenieure und Architekten aus der Praxis, die in der Anwendung hochspezialisierter Computerprogramme nicht geübt sind, wurden „Vereinfachte Berechnungsverfahren" entwickelt, die zu einer verständlichen Bemessung führen, in der Anwendungsbreite jedoch eingeschränkt sind. Diese benutzen bekannte Berechnungsverfahren und führen im allgemeinen zu einer ausreichenden Genauigkeit.

„Bemessungstabellen und -diagramme" stellen auf der sicheren Seite liegende Lösungen dar und erlauben für einen beschränkten Anwendungsbereich eine schnelle Bemessung. Sie bilden die niedrigste Stufe der Nachweisform.

In den folgenden Abschnitten liegt das Hauptaugenmerk auf den vereinfachten Berechnungsverfahren.

Die kritische Temperatur eines Stahlbauteils hängt vom Verhältnis der im Brandfall wirkenden Last zur kleinsten Versagenslast unter Raumtemperaturbedingungen ab. Dieses Verhältnis wird Ausnutzungsfaktor (η) genannt.

Für ein Hohlprofil-Bauteil unter zentrischer Druckbelastung (Stütze) ist

$$\eta = \frac{N_{Sd}}{\chi_{\min} \cdot N_{pl,Rd}}$$

mit:

N_{Sd} = zentrische Druckbelastung im Brandfall
$N_{pl,Rd}$ = plastische Traglast bei Raumtemperatur des gesamten Querschnitts für **Druck**
$\chi_{\min}$ = kleinster Reduktionsfaktor der Knickspannungskurve „c" nach Eurocode 3, Teil 1-1 bzw. DIN 18800, Teil 2 (siehe Bild 5-4)

Bei einer exzentrisch druckbelasteten Stütze gilt die Interaktion von Normalkraft und Mo-

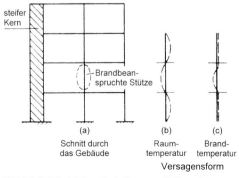

Bild 13-2 Prinzipielles Verhalten von Stützen in unverschieblichen Rahmen

ment. Der Ausnutzungsfaktor η wird wie folgt berechnet:

$$\eta = \frac{N_{Sd}}{\chi_{min} \cdot N_{pl,Rd}} + \frac{\kappa \cdot M_{Sd}}{M_{pl,Rd}} = \frac{N_{\ddot{a}q}}{\chi_{min} \cdot N_{pl,Rd}}$$

Hierbei sind die weiteren Symbole:

κ = Reduktionsfaktor nach z. B. Eurocode 3, Teil 1-1 [22], siehe Abschnitt 5.3.3.3

M_{Sd} = Momentenbelastung im Brandfall

$M_{pl,Rd}$ = plastische Momententragfähigkeit des gesamten Querschnitts

$$N_{\ddot{a}q,Rd} = N_{Sd} + \chi_{min} \cdot \frac{\kappa \cdot M_{Sd}}{M_{pl,Rd}} \cdot N_{pl,Rd}$$

Der Ausnutzungsfaktor η für Hohlprofile unter Zugbeanspruchung wird nach der folgenden Gleichung berechnet:

$$\eta = \frac{N_{Sd,Z}}{N_{pl,Rd,Z}} + \frac{M_{Sd}}{M_{pl,Rd}}$$

mit:

$N_{Sd,Z}$ = Längszug im Brandfall

$N_{pl,Rd,Z}$ = Traglast bei Raumtemperatur des effektiven Querschnitts für Zug

Für biegebeanspruchte Hohlprofile gilt:

a) $\eta = \dfrac{M_{Sd}}{M_{pl,Rd}}$ (mit seitlicher Einspannung)

b) $\eta = \dfrac{M_{Sd}}{M_b}$ (ohne seitliche Einspannung)

mit:

M_b = Momententragfähigkeit bei Biegedrillknicken

13.2 Ungeschützte Hohlprofile unter Brandbeanspruchung

Nach DIN 4102, Teil 1 [3] gehört der Stahl zu den nichtbrennbaren Baustoffen der Klasse A1. Bei Erwärmung auf über etwa 500 °C verlieren jedoch Stahlbauteile, die mit ihrer zulässigen Spannung beansprucht werden, ihre Funktionsfähigkeit.

Die Abnahme der Streckgrenze des Baustahls und der Druckfestigkeit des Betons mit zunehmender Temperatur zeigt keinen großen Unterschied (Bild 13-3).

Wegen der höheren Wärmeleitfähigkeit des Stahles gegenüber Beton breitet sich die Wärme

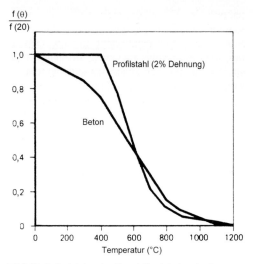

Bild 13-3 Reduktion der Materialfestigkeiten für Baustahl und Beton [22–24]

in einer Stahlkonstruktion 10 bis 12mal schneller als in einer Betonkonstruktion aus.

Für Stahlprofile hängt die Temperaturentwicklung auf der Grundlage der Einheitstemperaturkurve vom Formfaktor A_m/V ab, wobei A_m = freie Oberfläche des Bauteils bezogen auf die Länge und V = Volumen des Bauteils bezogen auf die Länge sind (Bild 13-4). Für die genormten warmgefertigten Hohlprofilabmessungen liegen die Formfaktor-Werte zwischen 45 und 465 m^{-1}.

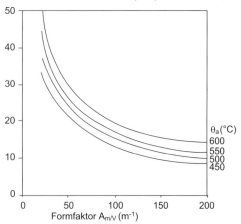

Bild 13-4 Zeit bis zum Erreichen einer vorgegebenen mittleren Temperatur auf der Grundlage der ISO-Einheitstemperaturkurve in einem ungeschützten Stahlquerschnitt in Abhängigkeit vom Formfaktor

Dickwandige Stahlprofile (A_m/V klein) erwärmen sich langsamer und haben daher eine größere Feuerwiderstandsdauer als dünnwandige Profile. Ungeschützte Stahlbauteile haben nur eine beschränkte Feuerwiderstandsdauer. Abhängig vom Lastniveau und vom Formfaktor (Massigkeit) ist im allgemeinen eine Feuerwiderstandsdauer von 15 bis 20 Minuten möglich. Die Bauteile erreichen unter Norm-Brandbeanspruchung in der Regel nur eine Feuerwiderstandsdauer <30 Minuten und können somit in keine Feuerwiderstandsklasse eingestuft werden.

In den vereinfachten Bemessungsmethoden von Hohlprofil-Bauteilen, die auf Standard-Brandversuchen basieren, wird angenommen, daß alle vier Seiten des Profilquerschnittes gleichermaßen dem Feuer ausgesetzt sind. Wird jedoch ein Hohlprofil an einer Betonwand gebaut, so wird angenommen, daß wegen der sehr niedrigen Wärmeleitfähigkeit der Wand die Wärme durch die Wand den Hohlprofilflansch nicht erreichen kann. Das Hohlprofil wird in

diesem Fall nur dreiseitig dem Feuer ausgesetzt. Dementsprechend wird bei der Bemessung ein niedrigerer Formfaktor festgelegt.

Beispiel:

Quadrathohlprofil $200 \times 200 \times 6{,}3$ mm
A_m/V (dreiseitig feuerbeansprucht) = 125 m^{-1}
A_m/V (vierseitig feuerbeansprucht) = 165 m^{-1}

13.3 Brandschutz von Hohlprofilen durch äußere Brandschutzisolierung

13.3.1 Brandschutzummantelungen

Bild 13-5 zeigt die konventionellen Brandschutzmöglichkeiten durch Ummantelung.

Die Bemessung der Brandschutzisolierung hängt von den folgenden Parametern ab:

– Art des Isoliermaterials
– Dicke des Isoliermaterials d_i
– erforderliche Feuerwiderstandsdauer
– Formfaktor des Stahlprofiles A_m/V

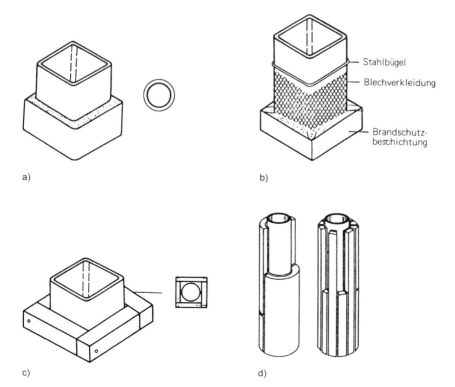

a)

b) — Stahlbügel
— Blechverkleidung
— Brandschutzbeschichtung

c)

d)

Bild 13-5 Brandschutzummantelungen. a) Spritzputzummantelung bei rechteckigen Hohlprofilen und runden Rohren, b) Spritzbeschichtung auf Untergrund aus Metallmatten, c) Feuerschutz mittels genagelter Platten bei rechteckigen und runden Profilen, evtl. außen zusätzlicher Putz oder Brandschutzbeschichtung, d) aufgeklebte Brandschutzplatten

Je nach Dicke der Isolierung ist im allgemeinen jede gewünschte Feuerwiderstandsdauer zu erreichen. Die Hersteller geben über die thermischen Eigenschaften sowie die geeigneten mechanischen Verarbeitungsmöglichkeiten (z. B. Haftfähigkeit, Beschaffenheit der Stahloberfläche, Anschluß-Konstruktion) eines Isoliermaterials Auskunft.

Bild 13-5a zeigt eine Spritzputzummantelung, wobei der Spritzputz, z. B. aus Vermiculit-Zement, Vermiculit-Gips oder Mineralfaser, direkt auf die Hohlprofilaußenwand gespritzt wird.

In Bild 13-5b wird zuerst am Hohlprofil eine Metallmatte befestigt und darauf Spritzputz wie bei Bild 13-5 a aufgebracht.

Die Bilder 13-5c und d zeigen die Isolierung gegen Brandeinwirkung mittels Platten aus Gips-, Vermiculit- oder Mineralfaserstoffen, Bild 13-5c untereinander vernagelt und Bild 13-5d aufgeklebt. Außen kann zusätzlich verputzt oder mit Blechen verkleidet werden.

13.3.2 Brandschutzbeschichtungen

Eine eigene Stellung nehmen die sogenannten dämmschichtbildenden Beschichtungen ein. Sie werden wie Anstriche aufgebracht und bilden ihre brandschützende Schicht durch „Aufschäumung" erst unter Feuereinwirkung. Das Hohlprofil bleibt bei entsprechender Farbgebung als Architekturelement sichtbar.

Eine bauaufsichtliche Zulassung ist notwendig; mehrere Dämmschichtsysteme sind für F 30 zugelassen, über F 30 hinaus ist noch keine Zulassung erfolgt, Hersteller siehe unter Lit. [1].

13.3.3 Bemessung der äußeren Brandschutzisolierung

Die Darstellung der für die Bemessung erforderlichen Daten unterscheiden sich von Land zu Land, wie Bild 13-6 beispielhaft demonstriert. Bei einer Bemessung, bei der zwei der obigen Parameter (z. B. erforderliche Feuerwiderstandsdauer, kritische Stahltemperatur und Formfaktor) bekannt sind, kann der dritte Parameter (z. B. Isolierungsdicke) aus Diagrammen abgelesen werden.

Ferner sind, wie im Abschnitt 13.1 erwähnt, auch moderne Bemessungsmethoden im Einsatz, die sich einer Anzahl von Computerprogrammen [29–32] bedienen, um die Isolie-

a)   Stahltemperatur θ_a (°C)

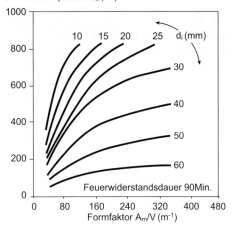

b)   Feuerwiderstandsdauer (Min.)

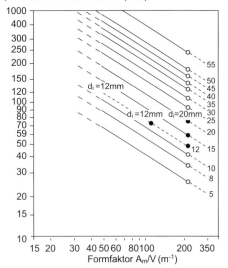

Bild 13-6 Darstellung der thermischen Eigenschaften eines typischen Brandschutzisolierungsmaterials in Frankreich (a) und Deutschland (b)

rungsdicken unter reellen Randbedingungen (z. B. Wärmeleitfähigkeit, spezifische Temperatur, Belastungsbedingungen usw.) zu ermitteln.

13.4 Brandschutz von Stahlhohlprofilen durch Wasserkühlung

13.4.1 Grundsätzliches zu den Wasserkühlungssystemen

Eine Wasserkühlung von Stahlhohlprofilen nach der Methode der ständigen Füllung mit Wasser ist eine wirtschaftliche Alternative zum konventionellen Brandschutz durch Außenummantelung. Im Gegensatz zu der Außenisolierung, bei der durch die Ummantelung verhindert wird, daß Wärme die Stahlwandung erreicht, entfernt das Wasser die Wärme innerhalb des Hohlprofils durch Zirkulation. Dies geschieht am effektivsten durch die Verwendung wassergefüllter Hohlprofile, die durch Rohrleitungen zu einem geschlossenen Umlaufsystem verbunden werden. In einem ordnungsgemäß bemessenen System wird die natürliche Zirkulation aktiviert, wenn das Hohlprofil am Brandherd erhitzt wird. Die Dichte von warmem Wasser ist geringer als die Dichte von kaltem Wasser. Die dadurch entstehenden unterschiedlichen Druckverhältnisse lösen die natürliche Zirkulation aus. Der Effekt wird noch verstärkt, wenn das Wasser örtlich siedet und Dampf entwickelt, da das Gemisch aus Wasser und Dampfblasen eine merklich niedrigere Dichte als heißes Wasser hat. Bei weiterer Brandentwicklung steigt auch die Produktion von Dampfblasen, was wiederum den Kühlungseffekt infolge der ausgelösten natürlichen Zirkulation verstärkt. Dieses Verhalten kann als selbstkontrollierend angesehen werden, da der Kühlungseffekt sich mit steigender Brandlast verstärkt.

Brandschutz durch Wasserkühlung im Hochbau ist sowohl für Deckenbalken als auch für Stützen aus Hohlprofilen möglich; jedoch sind die gewonnenen Vorteile für Hohlprofilbalken nicht so groß. Die Anwendung von Hohlprofilen als wassergekühlte Stützen ist daher häufiger vorzufinden.

Die Bilder 13-7 und 13-8 zeigen die schematische Darstellung des Wasserkühlungsprinzips. Die Stützen sind an ihren unteren und oberen Enden durch Rohrleitungen verbunden und mit Wasser gefüllt. In einem Hochbehälter, der zugleich als Ausdehnungs-, Ausdampf- und Vorratsgefäß dient, wird der Wasserspiegel konstant gehalten. Bei Erhitzung durch einen Brand an einer oder mehreren Stellen setzt sich das Kühlmittel infolge der unterschiedlichen Dichte zwischen erwärmten und noch kalten Bereichen in Umlauf und führt die überschüssige Wärme ab. Die gute Wärmeleitfähigkeit des Stahles sowie der gute Wärmeübergang zwischen Stahl und fließendem Wasser sorgen dafür, daß die mittlere Stahltemperatur auch bei längeren Bränden weit unterhalb der als kri-

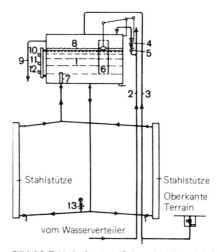

Bild 13-7 Umlaufsystem (Schema) mit Vorratsbehälter.
1 Vorratsbehälter
2 Zulaufleitung vom Wasserverteiler
3 Trockenleitung
4 Schwimmerventil mit wasserloser Prüfeinrichtung
5 Absperrventil mit verplombtem Rad (offen)
6 Beruhigungsröhre
7 Standrohr
8 Ölbeschichtung
9 Überlauf
10 Alarm Überlauf
11 Betrieb normal } Füllstandsüberwachung mit beweglichen Kontakten
12 Alarm Wassermangel
13 Kontaktmanometer

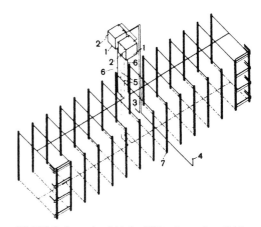

Bild 13-8 Gesamtansicht des Kühlsystems eines Gebäudes. 1 Vorratsbehälter, 2 Überlauf, 3 Zulauf, 4 Trockenleitung, 5 Rohrschleife unten, 6 Rohrschleife oben, 7 Stützen

tisch angesehenen Temperatur von ca. 450 bis 500 °C bleibt.

Bei Versuchen, die anläßlich des Neubaus des Betriebsforschungsinstituts der VDEh (Bild 13-9) in Düsseldorf durchgeführt wurden, pendelte

Bild 13-9 Betriebsforschungs-institut in Düsseldorf

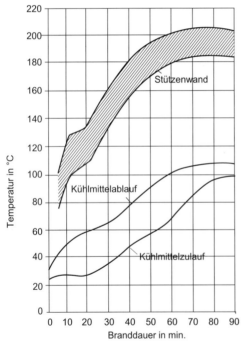

Bild 13-10 Gemessener Temperaturanstieg in der Stützenwand und im Kühlmittel; Brandraumerwärmung nach Einheitstemperaturkurve DIN 4102, Teil 2 (ca. 1000 °C nach 90 Minuten)

sich nach etwa 60 Minuten die Stahltemperatur bei 200 °C ein und stieg bei weiterer Befeuerung nicht mehr an [8] (Bild 13-10).

Grundsätzlich werden die folgenden drei Wasserkühlungsmethoden mit ständiger Wasserfüllung eingesetzt:

- Nicht nachgefüllte Stützen
  Nach diesem Verfahren werden die Stützen einfach mit Wasser gefüllt, ohne daß verdampftes Wasser nachgefüllt wird. Wegen der beschränkten Feuerwiderstandsdauer (nicht größer als etwa 60 min.) kann dieser Stützentyp nur für untergeordnete Brandschutzanforderungen eingesetzt werden.

- Stützen mit Außenrohrleitung
  (siehe Bilder 13-11 a und 13-12 a)
  Dieses System weist eine zwischen Kopf und Fuß der Stütze herabgeführte Rohrleitung auf. Das leichtere aufwärts fließende Wasser-Dampfgemisch muß am Stützenkopf getrennt werden, so daß das Wasser durch die Rohrleitung wieder zum Stützenfuß herunterfließen kann. Auf diese Art wird eine natürliche Zirkulation erzwungen. Zusätzlich kann die Rohrleitung mit einem Wasserbehälter auf dem Gebäude verbunden sein, um den Wasserverlust aus Dampfbildung auszugleichen und als Wasser-Dampf-Trennkammer wirken zu können. Eine Gruppe verschiedener Stützen kann im Fußbereich mit einer getrennten Verbindungsleitung verbunden sein ebenso wie mit einer Verbindungsleitung am Stützenkopf. Für eine solche Gruppe von Stützen ist nur eine herabführende Leitung erforderlich, die Kopf und Fuß der gesamten Gruppe verbindet.

- Stützen mit Innenrohrleitung
  (siehe Bilder 13-11 b und 13-12 b)
  Dieses System sieht eine Rohrleitung in jeder Stütze vor, die abgekühltes Wasser zum

Stützenfuß leitet. Das bewirkt eine innere natürlich aktivierte Zirkulation, hervorgerufen durch das aufwärts fließende Wasser-Dampf-Gemisch und das abwärts fließende Wasser nach der Dampfabtrennung. Die Wasserkühlung in jeder Stütze arbeitet selbständig ohne Verbindung zu den anderen Stützen.

Ein Beispiel für die Ausführung des Brandschutzes mit innenliegendem Fallrohr zeigt Bild 13-13. Bei diesem Bürogebäude in Hannover sind die einzelnen Geschosse über (Rohr-)

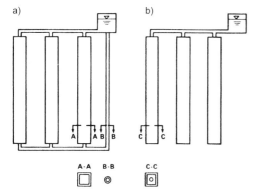

Bild 13-11 Möglichkeiten für Stützen mit a) äußeren und b) inneren Leitungssystemen

Zugstangen an den obenliegenden Stahlrohrbindern aufgehängt. Diese werden wiederum durch 2 Stützen (aus je 4 Rohren) getragen. Hängerohre und Stützen werden im Brandfall wassergekühlt. Über den Bindern sind die Vorratsbehälter zu erkennen.

Das Wasser für das Kühlungssystem muß gegen Korrosion, Frost und biologisches Gewächs wie Algen geschützt sein. Es werden Schutzmittel eingesetzt, deren Anteile im Wasser unterschiedlich sein können. Auf der Basis der Erfahrungen aus den vorhandenen Gebäuden wird die folgende Spezifikation empfohlen:

- Vollentsalztes, dioxydiertes
  Wasser   100 Teile
- Kaliumkarbonat (K_2CO_3)
  als Frostschutzmittel $25 \div 60$ Teile
- Kaliumnitrit (KNO_2)   1 Teil als
  bzw. Natriumnitrit ($NaNO_2$)   Korrosions-
                                                      schutzmittel

Eine dünne Ölschicht soll auf die freie Wasseroberfläche in den Vorratsbehälter gegeben werden, damit Verdampfung und Verunreinigung des Kühlmittels durch Sauerstoff und Algen verhindert werden.

In der Bundesrepublik bedarf dieses Wasserkühlungsverfahrens einer bauaufsichtlichen Zu-

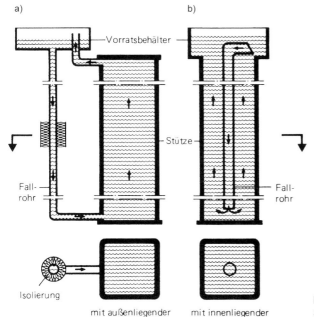

Bild 13-12 Wasserkühlung von Hohlprofilstützen a) mit außenliegender, b) mit innenliegender Wasserzuführung

Bild 13-13 Norcon-Bürohaus in Hannover mit wassergekühlten Stützen und Hängerohren (Architekten: Schuwirth und Erman, Hannover)

lassung im Einzelfall. Als Anwendungsbeispiel kann hier der zehngeschossige Neubau des Institutes der Landesanstalt für Umweltschutz des Landes Baden-Württemberg in Karlsruhe erwähnt werden, wobei die insgesamt 48 Außenstützen in rechteckigen Hohlprofilen 180 × 100 mm aus wetterfestem Baustahl Acor 37-2 (= WT St 37-2) ausgeführt wurden.

Weitere in- und ausländische Anwendungsbeispiele sind aus [5] und [7] zu entnehmen.

Die wesentlichen Vorteile bei der Anwendung von Hohlprofilstützen mit Wasserkühlung sind:

● Schlanke Stützen ohne Außenisolierung führen zu Raumersparnissen im Hochhausbau.
● Die Stützen können in vielen Fällen auch nach dem Feuerausbruch wiederverwendet werden (günstiger Fall für Versicherungsschutz).
● Allerdings führten die vergleichenden Kostenuntersuchungen zur Wirtschaftlichkeit des Wasserkühlungssystems zu dem Schluß, daß die wassergekühlten Hohlprofilaußenstützen bei Gebäuden mit mehr als 6 Vollgeschossen wirtschaftlicher als entsprechend konventionelle Walzprofilstützen mit Feuerschutzummantelung und Stahlblechverkleidung sind. Die steigende Wirtschaftlichkeit bei größeren Geschoßzahlen hat ihren Grund darin, daß die Kosten für das Wasserrohrumlaufsystem und die Vorratsbehälter fast unabhängig von der Gebäudehöhe sind und daher immer weniger ins Gewicht fallen.

13.4.2 Bemessungsmethoden für Wasserkühlungsanlagen

Grundsätzlich müssen bei der Bemessung zwei Hauptforderungen erfüllt sein:

– Aufrechterhaltung natürlicher Zirkulation des Wassers
– Ersatz von Wasserverlust aus Dampfbildung

Die Wärme des Feuers wandert infolge der Strahlung zur Stütze, wobei ein kleiner Teil durch Konvektion der heißen Gase die Stützenoberfläche erreicht. Danach durchquert diese die Stützenwandung in Abhängigkeit von der Wärmeleitfähigkeit des Stahles. Weiter kommt es zum Sieden des Wassers innerhalb der Stütze, wobei die Wärmeübertragung zum Wasser durch Konvektion und Wärmeleitung stattfindet. Die Wärme wird vom Wasser in zwei Phasen absorbiert. In der ersten Phase wird von der Ursprungstemperatur beginnend die Siedetemperatur erreicht (Zur Temperaturerhöhung von $1\,°C$ benötigt 1 kg Wasser 4,187 kJ Wärme.). In der zweiten Phase verdampft das kochende Wasser (Verdampfungswärme 2150 kJ/kg), das anschließend als Dampf das Kühlungssystem verläßt. Die Kalkulation besteht grundsätzlich aus der Lösung der folgenden drei Fragen:

– Wie groß ist das Volumen des erforderlichen Kühlwassers für den brandbeanspruchten Bereich?
– Wie groß ist das erforderliche Volumen des Wasserbehälters?

– Wie groß ist die maximale Wasser/Dampf-Strömungsmenge?

Die Strömungsmengen für verschiedene Rohrleitungslängen innerhalb des Wasser/Dampf-Netzwerkes müssen nun im Zusammenhang mit genormten Wasser- und Dampfreibungskoeffizienten, mit Berechnungsformeln für den Verlust an Wassersäulendruck (oder entsprechenden Tabellen) und der Rohrleitungsgeometrie (d. h. Wasser- und Dampfleitungsdurchmesser, Längen, Anzahl der Rohrbiegungen usw.) betrachtet werden, um die Druckverluste in den getrennten Wasser- und Dampfkreisläufen zu ermitteln. Der Druck, der zur Aufrechterhaltung der Wasser- und Dampfzirkulation erforderlich ist, ergibt sich dann aus:

Gesamtverlust Wasserdruck + Gesamtverlust Dampfdruck.

Dieser Zirkulationsdruck wird im allgemeinen als statischer Druck dadurch erzeugt, daß der Boden des Wasserbehälters oberhalb des größten Teils derjenigen Stütze angeordnet ist, die einer entsprechenden Brandeinwirkung ausgesetzt ist.

Ein komplettes Beispiel für die Brandschutzbemessung von wassergefüllten Hohlprofilstützen ist zu umfangreich. Es wird daher in diesem Buch darauf verzichtet und stattdessen auf die einschlägige Literatur [26, 33] verwiesen.

13.5 Brandschutz von Stahlhohlprofilstützen mit Betonfüllung

13.5.1 Grundsätzliches

Eine Betonfüllung macht das Hohlprofil zum Verbundbauteil. Zunächst steigert die Betonfüllung die Belastbarkeit von Hohlprofilstützen, trägt aber auch zum großen Feuerwiderstand bei. Hohlprofil-Verbundstützen ohne konventionelle Außenisolierungen können bei entsprechend gewählter Querschnittsgestaltung und Lastreduzierung gegenüber der (kalt)zulässigen Gebrauchslast auf jede geforderte Feuerwiderstandsdauer gebracht werden.

Die Tragfähigkeit einer Hohlprofil-Verbundstütze setzt sich aus drei Komponenten, nämlich der

– des umgebenden Stahls (= Hohlprofils)
– des Betons
– der vom Beton umgebenen Bewehrung

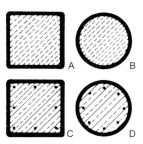

Bild 13-14 Regelquerschnitte von Hohlprofil-Verbundstützen

zusammen. Bild 13-14 zeigt die Regelquerschnitte von Hohlprofil-Verbundstützen.

Aufgrund der unterschiedlichen Anordnungen im Querschnitt zeigt jede der verschiedenen Komponenten einer betongefüllten Stahl- und Hohlprofilstütze eine unterschiedliche, zeitabhängige Abnahme der Festigkeit.

Die ungeschützte Stahlstütze, die direkt dem Feuer ausgesetzt ist, erwärmt sich sehr schnell und zeigt innerhalb kurzer Zeit eine erhebliche Festigkeitsabnahme.

Der Betonkern mit seiner großen Massigkeit und niedrigen Wärmeleitfähigkeit behält für eine gewisse Zeit einen großen Anteil seiner Festigkeit, insbesondere in der Kernfläche, weniger in der Nähe der Oberfläche.

Falls Bewehrung vorhanden ist, liegt diese normalerweise in der Nähe der Oberfläche und ist im allgemeinen mit einer Betondeckung von 25 bis 50 mm geschützt. Daraus ergibt sich eine verzögerte Festigkeitsabnahme.

Bild 13-15 zeigt dieses typische Verhalten und kann als grundsätzliches Diagramm zur Beschreibung des Brandverhaltens von betongefüllten Stahl-Hohlprofilstützen angesehen werden.

Die Kombination von Materialien mit auffallend unterschiedlichen thermischen Leitfähigkeiten führt zu außergewöhnlichen Wärmedurchgängen und hohen Temperaturunterschieden innerhalb des Querschnittes. Dadurch können für die Verbundstützen keine vereinfachten Berechnungsmethoden angewendet werden, die nur vom Formfaktor A_m/V abhängen. In diesem Fall muß die Brandschutzbemessungsmethode das thermische Verhalten der verschiedenen Werkstoffe und den resultierenden Wärmedurchgang berücksichtigen [26].

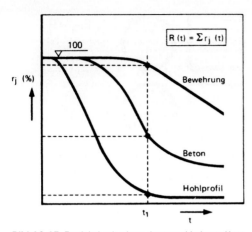

Bild 13-15 Festigkeitsabnahme der verschiedenen Komponenten einer betongefüllten Stahl-Hohlprofilstütze

Die Tragfähigkeit R eines Querschnittes ergibt sich aus der Summe der Tragfähigkeit der Einzelquerschnitte r_j. Im Brandfall werden alle Einzeltragfähigkeiten von der Feuereinwirkzeit beeinflußt:

$$R\,(t) = \sum r_j\,(t)$$

Der maßgebende Teil der Gesamttragfähigkeit wird unter Raumtemperaturbedingungen vom Stahlrohrmantel des Verbundquerschnitts getragen. Dies ist durch die hohe Festigkeit des Stahles und das außen liegende Querschnittsmaterial bedingt. Allerdings kann nach einer bestimmten Brandeinwirkungsdauer nur ein geringer Anteil der ursprünglichen Tragfähigkeit aktiviert werden. Im Brandfall wird der überwiegende Lastanteil des Stahlprofils auf den Betonkern umgelagert, da dieser seine Festigkeit und Steifigkeit sehr viel langsamer als der Stahlquerschnitt verliert. Falls diese umgelagerte Beanspruchung den Betonkern überlastet, führt dies zu einem kurzzeitigen Versagen der Stütze. Hieraus sind hinsichtlich der Brandbeanspruchung von betongefüllten Hohlprofilstützen folgende Bemessungsempfehlungen abgeleitet worden:

− minimale Tragfähigkeit des Stahlmantels, d. h. geringe Wanddicke und niedrige Stahlfestigkeit (Kantenlänge des Hohlprofils a/ Wanddicke des Hohlprofils $s \geqslant 25$ und Stahlgüte S235 empfohlen)

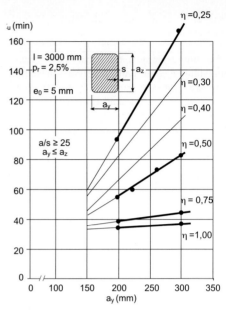

Bild 13-16 Einfluß der Querschnittsabmessungen auf die Versagenszeit bei Variationen des Ausnutzungsfaktors η

− maximale Tragfähigkeit des Betonkerns, d. h. hohe Betonfestigkeit (der Wasser-Zement-Faktor ist möglichst niedrig zu halten, die Verwendung von Betonverflüssigern ist vorteilhaft)
− wesentliche Verbesserung der Feuerwiderstandsdauer durch Bewehrung (Betonstahl mind. S 400)
− im Bereich des Kopf- und Fußpunktes sind Bohrungen 10 bis 15 mm $\varnothing$ in Hohlprofilstützen als Dampfaustrittsöffnungen anzubringen [3, 4]

Die Festigkeitsabnahme der Einzelquerschnitte hängt direkt vom entsprechenden Temperaturverhalten des Querschnitts ab. Dies macht zur Erzielung der geforderten Feuerwiderstandsdauer eine Mindestquerschnittsabmessung erforderlich. Ferner sind die Mindestquerschnittsabmessungen auch für die Aufnahme von Bewehrungen nötig. In Bild 13-16 ist die Feuerwiderstandsdauer über der Kantenlänge a der Hohlprofile (bei Rechteckhohlprofilen die kürzere Seite a_y) für eine häufige Stützenlänge von 3 m aufgetragen. Dabei ergeben sich selbstverständlich mit abnehmendem Lastausnutzungsfaktor η höhere Feuerwiderstandsdauern.

$$\eta = \frac{\text{Traglast im Brandfall}\,(\theta°)}{\text{Bemessungstragfähigkeit bei Raumtemperatur}\,(20°\text{C})} = \frac{N_{Sd}}{\chi_{\min} \cdot N_{pl,Rd}}$$

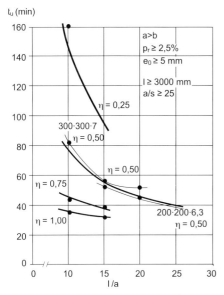

Bild 13-17 Einfluß der Schlankheit l/a auf die Versagenszeit t_u

Bild 13-18 Brandversuch einer betongefüllten Hohlprofilstütze

Bei der praktischen Bemessung muß auch der Einfluß der Stützenschlankheit in Rechnung gestellt werden. Bild 13-17 berücksichtigt die Schlankheit von Stützen und gilt für eine Länge $\geqslant 3{,}0$ m. Die Darstellung ist allgemein und führt für $l = 3{,}0$ m zu den gleichen Ergebnissen wie Bild 13-16.

13.5.2 Brandschutztechnische Bemessung betongefüllter Hohlprofile ohne Außenisolierung

Die Grundlagen für die brandschutztechnische Ausbildung und Bemessung von betongefüllten Hohlprofilstützen wurden in den siebziger und achtziger Jahren mit Hilfe umfangreicher Brandversuche erarbeitet [10, 11, 14]. Bild 13-18 zeigt eine Versuchsanlage für einen Brandversuch.

Die Ergebnisse dieser Versuche gaben wichtige Aufschlüsse zur Klärung des Brandverhaltens für folgende Parameter:

– Ausnutzungsfaktor η
– Mindestquerschnittsabmessung des Hohlprofils (a, b oder d)
– Stahlgüte des Hohlprofils
– Güte des Bewehrungsstahls
– Betongüte
– Anteil der Bewehrung (%) $(p_r = [A_s/(A_b + A_s)] \cdot 100)$

– Mindestachsabstand der Bewehrung (= Betonüberdeckung a_s)
– Knicklänge der Stütze $L_{cr,\theta}$
– Versagenslast unter zentrischer Drucklast $N_{cr,\theta}$

Die Auswertung dieser Arbeiten führte zu den Bemessungsregeln, die in drei Rangstufen Eingang in den Eurocode 3 [22] und 4 [23] gefunden haben:

– Stufe 1: tabellierte Werte
– Stufe 2: vereinfachte Bemessungsdiagramme
– Stufe 3: allgemeingültige Bemessungsmodelle

13.5.2.1 Bemessungsstufe 1: Tabellierte Werte

Die Tabelle 13-3 gilt mit folgenden Einschränkungen:

– Streckgrenze des Hohlprofilstahles $\leqslant 235$ N/mm^2
– $\dfrac{\text{Hauptabmessung d. Hohlprofils } b \text{ oder } d}{\text{Wanddicke des Hohlprofils } s} \geqslant 25$
– Bewehrungsanteil $p_r \leqslant 3\,\%$

Tabelle 13-3 Mindestabmessungen, Mindestbewehrungsgrade und Mindestachsabstände der Bewehrung zur Festlegung der Feuerwiderstandsklasse für verschiedene Lastausnutzungsgrade η

	Stahl-querschnitt $b/s > 25$ oder $d/s > 25$	Feuerwiderstandsklasse				
		R30	R60	R90	R120	R180
Mindestquerschnittsabmessung für $\eta = 0,3$						
Mindestbreite (b) oder -durchmesser (d)		160	200	220	260	400
Mindestbewehrungsanteil (%)		0	1,5	3,0	6,0	6,0
Mindestachsabstand der Bewehrung (a_s)		–	30	40	50	60
Mindestquerschnittsabmessung für $\eta = 0,5$						
Mindestbreite (b) oder -durchmesser (d)		260	260	400	450	500
Mindestbewehrungsanteil (%)		0,0	3,0	6,0	6,0	6,0
Mindestachsabstand der Bewehrung (a_s)		–	30	40	50	60
Mindestquerschnittsabstand für $\eta = 0,7$						
Mindestbreite (b) oder -durchmesser (d)		260	450	500	–	–
Mindestbewehrungsanteil (%)		3,0	6,0	6,0	–	–
Mindestachsabstand der Bewehrung (a_s)		25	30	40	–	–

13.5.2.2 Bemessungsstufe 2: Vereinfachte Bemessungsdiagramme

Auf der Grundlage der im Abschnitt 13.5.2 erwähnten Versuchsergebnisse [14, 35] wurde ein Computerprogramm entwickelt, das die Basis für die Knickspannungskurven für betongefüllte Stahlhohlprofilstützen bei erhöhten Temperaturen darstellt. Nachfolgend wird ein kompletter Satz von Bemessungsdiagrammen (siehe Tabelle 13-4) angegeben [23, 36], in denen für die Feuerwiderstandsdauern von (30), 60, 90 und 120 Minuten die Versagenslasten $N_{cr,\theta}$ in Abhängigkeit von der Knicklänge $L_{cr,\theta}$ bestimmt werden.

Die Bemessungsdiagramme gelten nur für *zentrische Belastung*. Das im Abschnitt 13.1 angegebene Bemessungskonzept zur Berücksichtigung des Einflusses *exzentrischer Belastung* auf die Feuerwiderstandsdauer ist auch für Verbundstützen anwendbar.

Für die Berechnung der Bemessungsdiagramme wird der größere Wert der Betonüberdeckung a_s nach Bild 13-19 zugrunde gelegt:

$$a_s = 30 \, \text{mm}$$

$$a_s = \frac{b \text{ oder } d}{8}$$

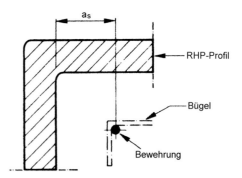

Bild 13-19 Betondeckung a_s

Der Bewehrungskorb ist so zu verbügeln, daß er in seiner Lage im Inneren des Hohlprofils fixiert wird. Die Bügel haben sonst keine statische Funktion.

13.5.2.3 Bemessungsstufe 3: Allgemeine Berechnungsverfahren

Dieses Berechnungsverfahren erfaßt die reellen Brand-, Material- und Baubedingungen sowie die nichtlinearen Temperaturverteilungen über den Verbundstützenquerschnitt. Wegen der komplizierten, zeitaufwendigen Berechnung ist in diesem Fall die Anwendung spezieller Computerprogramme notwendig, die in den letzten Jahren entwickelt wurden [29–32].

Tabelle 13-4 Bemessungsdiagramme für außen ungeschützte betongefüllte Stahlhohlprofilstützen aus S355

Brandschutzklasse	Betonfestigkeitsklasse	Querschnittsabmessung [mm]	Diagramm Nr.
R 60 [a] R 90 R 120	C 20 [b]	$\varnothing$ 219,1 × 4,5	I 1 I 2 I 3
R 60 R 90 R 120		$\varnothing$ 244,5 × 5,0	I 4 I 5 I 6
R 60 R 90 R 120	C 30	$\varnothing$ 273,0 × 5,0	I 7 I 8 I 9
R 60 R 90 R 120		$\varnothing$ 323,9 × 5,6	I 10 I 11 I 12
R 60 R 90 R 120	C 40	$\varnothing$ 355,6 × 5,6	I 13 I 14 I 15
R 60 R 90 R 120		$\varnothing$ 406,4 × 6,3	I 16 I 17 I 18
R 30 R 60 R 90	C 20	□ 180,1 × 6,3	I 19 I 20 I 21
R 30 R 60 R 90		□ 200 × 6,3	I 22 I 23 I 24
R 30 R 60 R 90		□ 220 × 6,3	I 25 I 26 I 27
R 60 R 90 R 120	C 30	□ 250 × 6,3	I 28 I 29 I 30
R 60 R 90 R 120		□ 260 × 6,3	I 31 I 32 I 33
R 60 R 90 R 120	C 40	□ 300 × 7,1	I 34 I 35 I 36
R 60 R 90 R 120		□ 350 × 8,0	I 37 I 38 I 39
R 60 R 90 R 120		□ 400 × 10,0	I 40 I 41 I 42

[a] R nach Eurocode 3 oder 4 [22, 23] ≙ F nach DIN 4102 [3]
[b] C nach Eurocode 2 oder 4 [23, 24] ≙ B nach DIN 1045 [16]

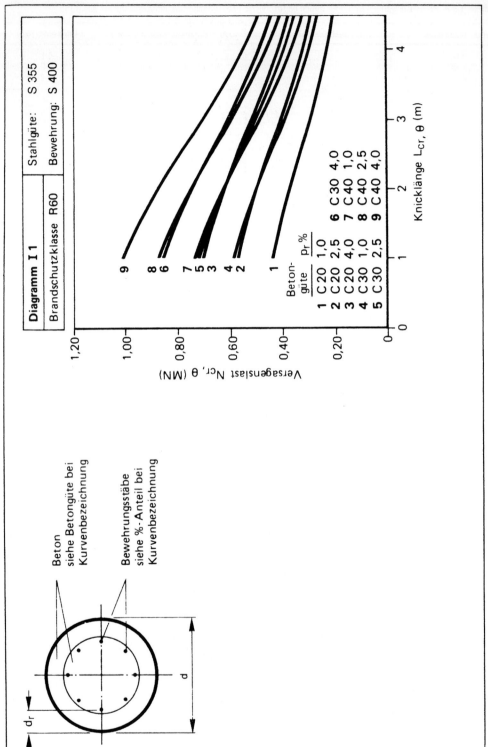

Normalkraft-Diagramm für Stützen aus Rundhohlprofilen   Ø 219,1 × 4,5

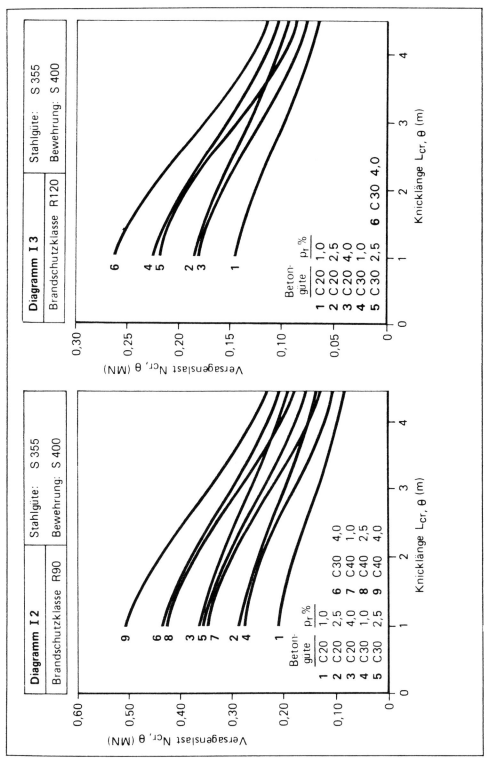

Normalkraft-Diagramm für Stützen aus Rundhohlprofilen   Ø 219,1 × 4,5

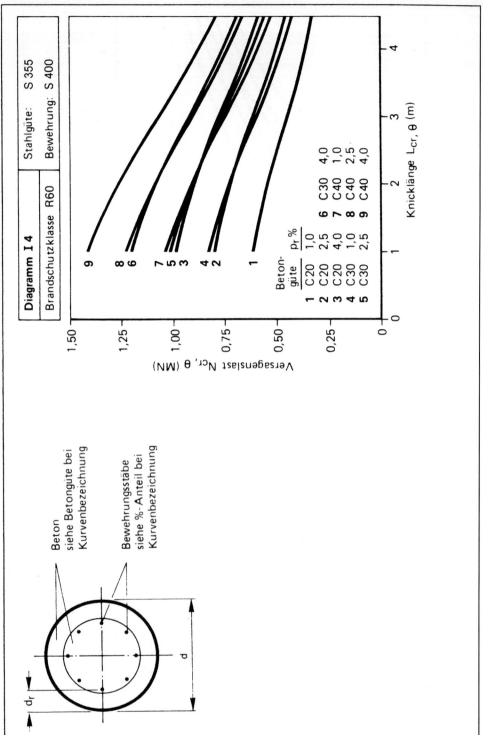

Normalkraft-Diagramm für Stützen aus Rundhohlprofilen   Ø 244,5 × 5,0

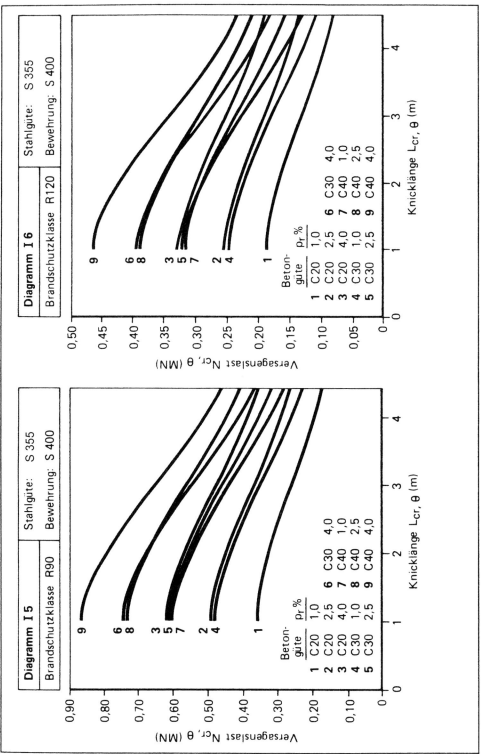

Normalkraft-Diagramm für Stützen aus Rundhohlprofilen Ø 244,5 × 5,0

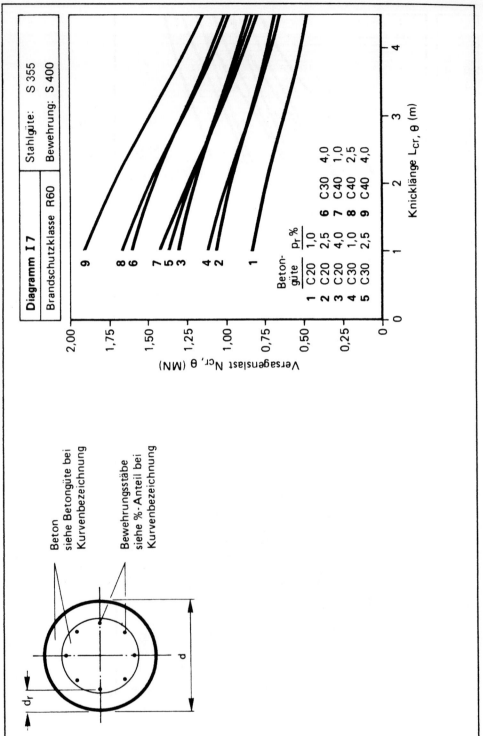

Normalkraft-Diagramm für Stützen aus Rundhohlprofilen   Ø 273,0 × 5,0

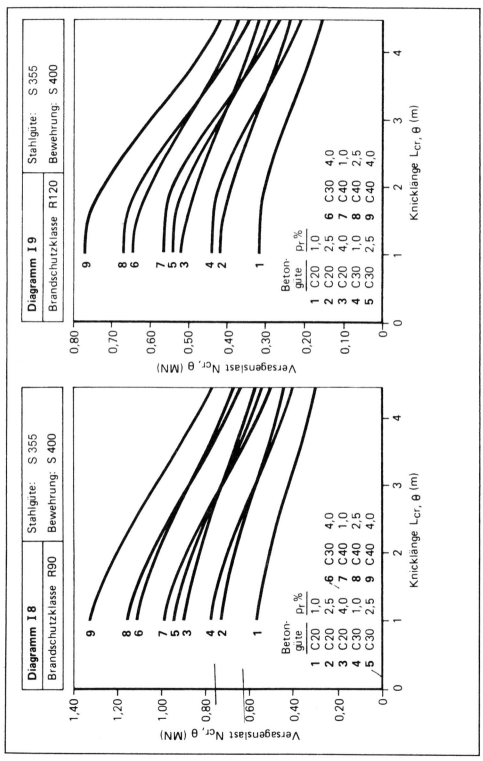

Normalkraft-Diagramm für Stützen aus Rundhohlprofilen   Ø 273,0 × 5,0

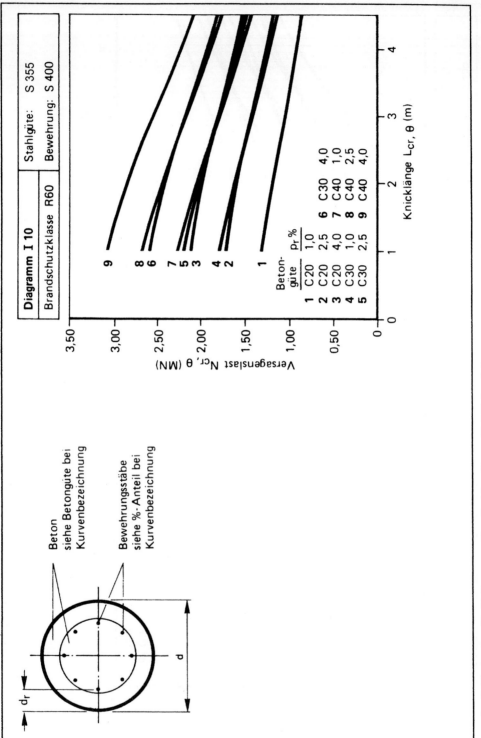

Normalkraft-Diagramm für Stützen aus Rundhohlprofilen   Ø 323,9 × 5,6

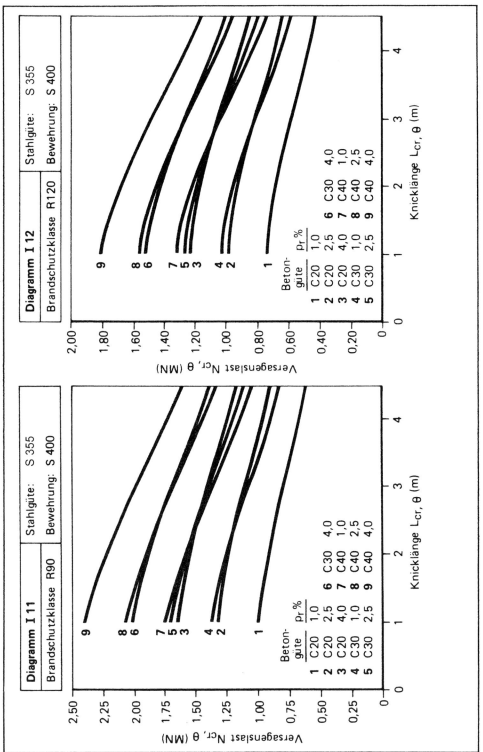

Normalkraft-Diagramm für Stützen aus Rundhohlprofilen   Ø 323,9 × 5,6

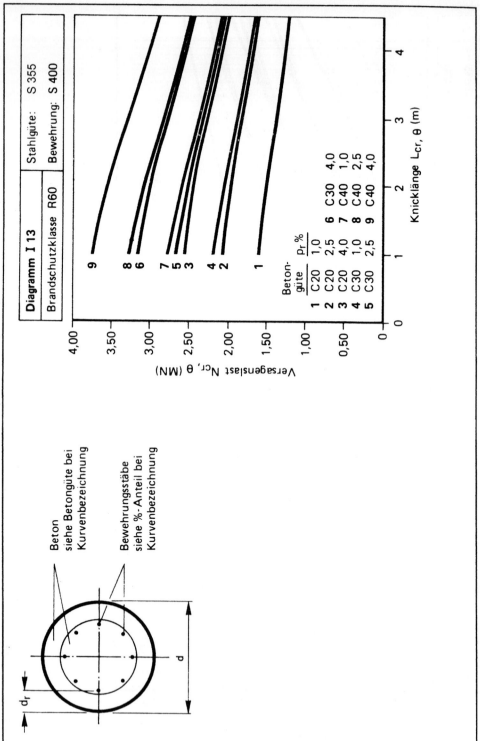

Normalkraft-Diagramm für Stützen aus Rundhohlprofilen   Ø 355,6 × 5,6

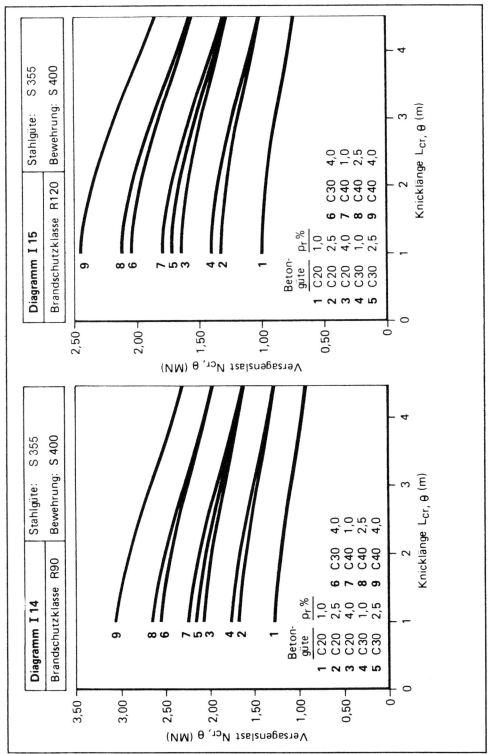

Normalkraft-Diagramm für Stützen aus Rundhohlprofilen   Ø 355,6 × 5,6

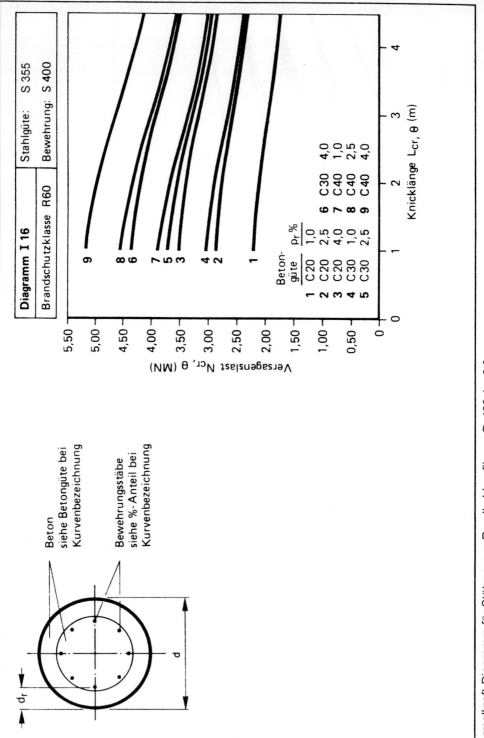

Normalkraft-Diagramm für Stützen aus Rundhohlprofilen   Ø 406,4 × 6,3

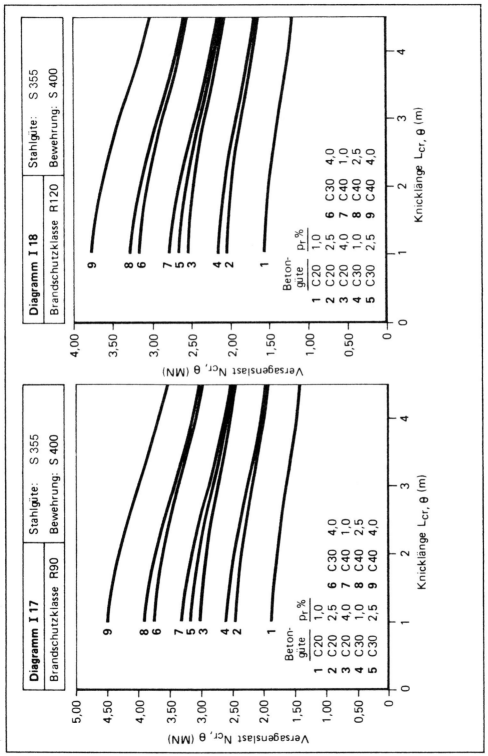

Normalkraft-Diagramm für Stützen aus Rundhohlprofilen   Ø 406,4 × 6,3

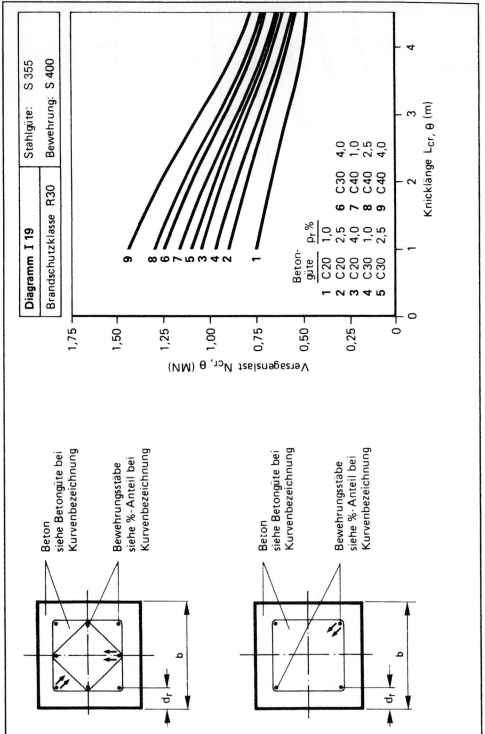

Diagramm I 19

| Brandschutzklasse R30 | Stahlgüte: S 355 |
| | Bewehrung: S 400 |

Versagenslast $N_{cr, \theta}$ (MN)

Knicklänge $L_{cr, \theta}$ (m)

Beton-güte	p_r %			
1 C20	1,0	6 C30	4,0
2 C20	2,5	7 C40	1,0
3 C20	4,0	8 C40	2,5
4 C30	1,0	9 C40	4,0
5 C30	2,5		

Beton
siehe Betongüte bei
Kurvenbezeichnung

Bewehrungsstäbe
siehe %-Anteil bei
Kurvenbezeichnung

Beton
siehe Betongüte bei
Kurvenbezeichnung

Bewehrungsstäbe
siehe %-Anteil bei
Kurvenbezeichnung

Normalkraft-Diagramm für Stützen aus Quadrathohlprofilen   □ 180 × 6,3

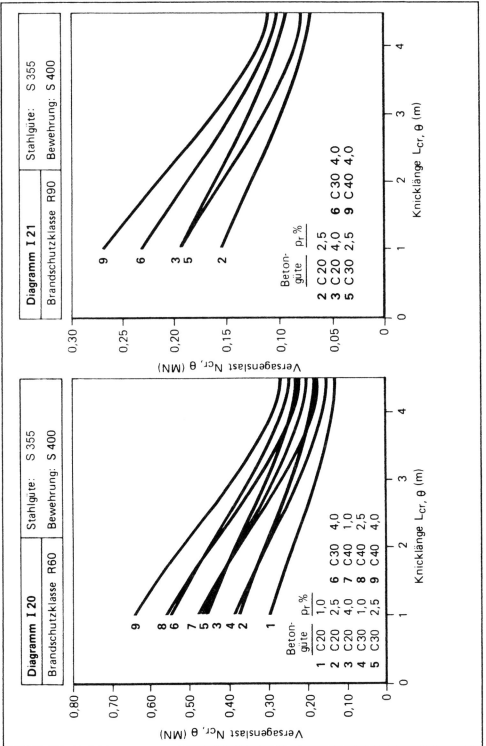

Normalkraft-Diagramm für Stützen aus Quadrathohlprofilen   □ 180 × 6,3

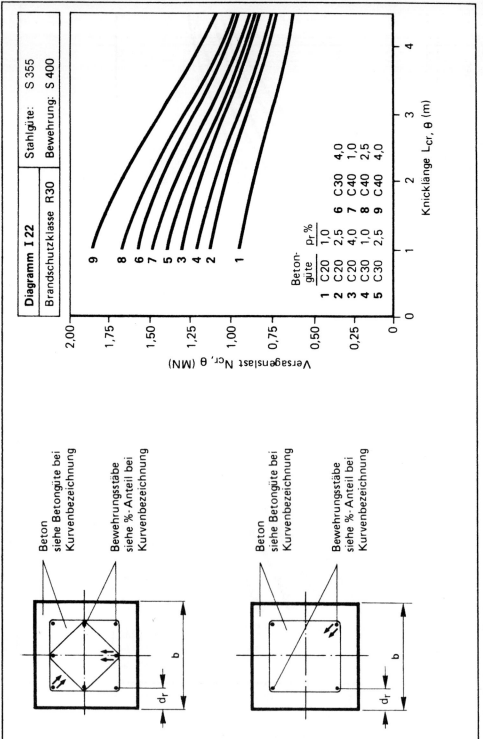

Normalkraft-Diagramm für Stützen aus Quadrathohlprofilen   □ 200 × 6,3

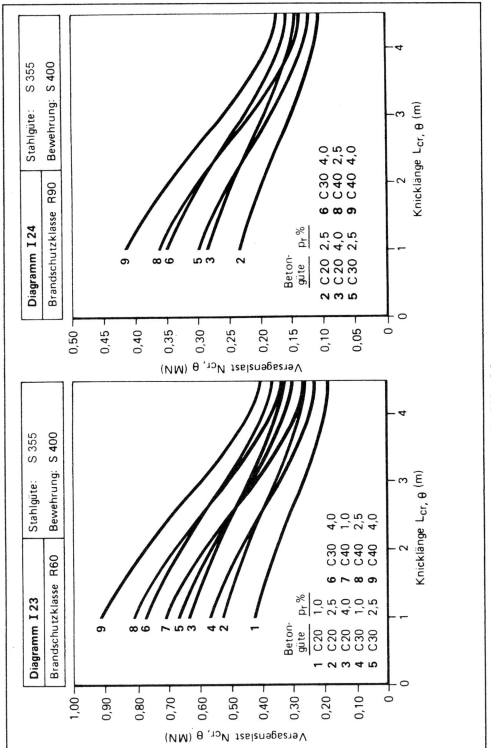

Normalkraft-Diagramm für Stützen aus Quadrathohlprofilen ☐ 200 × 6,3

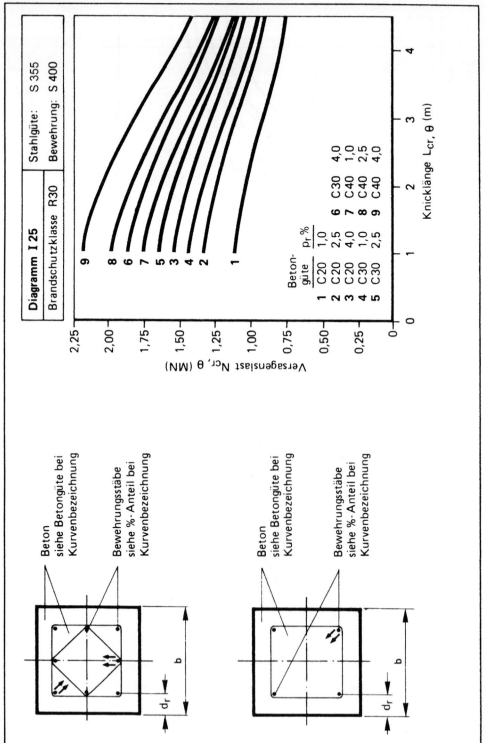

Normalkraft-Diagramm für Stützen aus Quadrathohlprofilen   □ 220 × 6,3

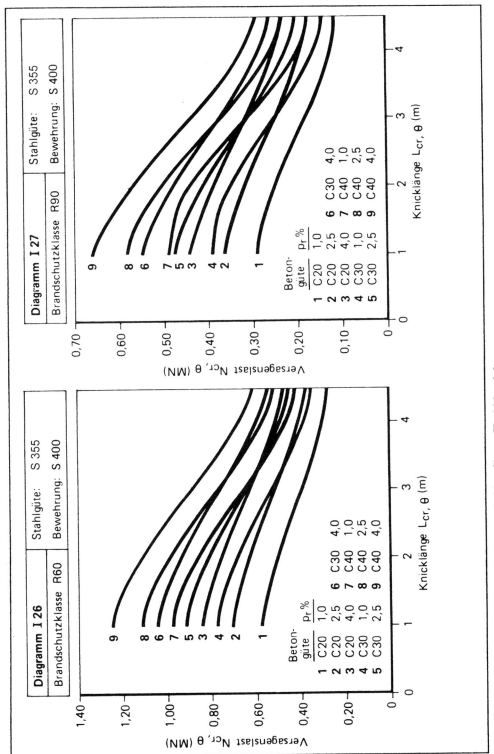

Normalkraft-Diagramm für Stützen aus Quadrathohlprofilen   □ 220 × 6,3

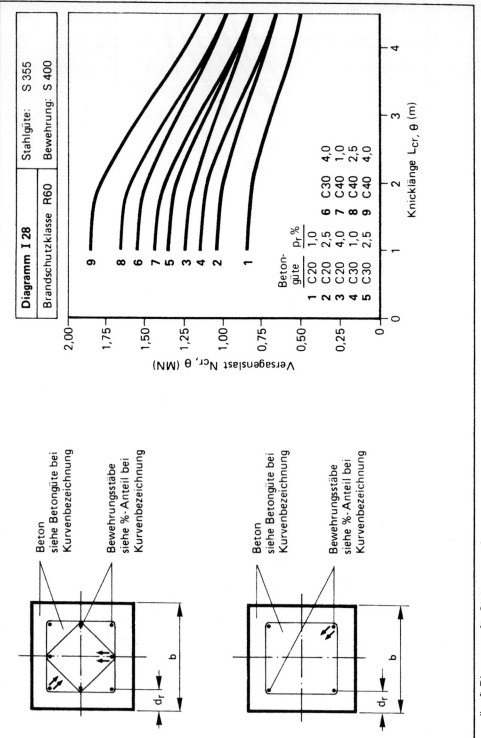

Normalkraft-Diagramm für Stützen aus Quadrathohlprofilen   □ 250 × 6,3

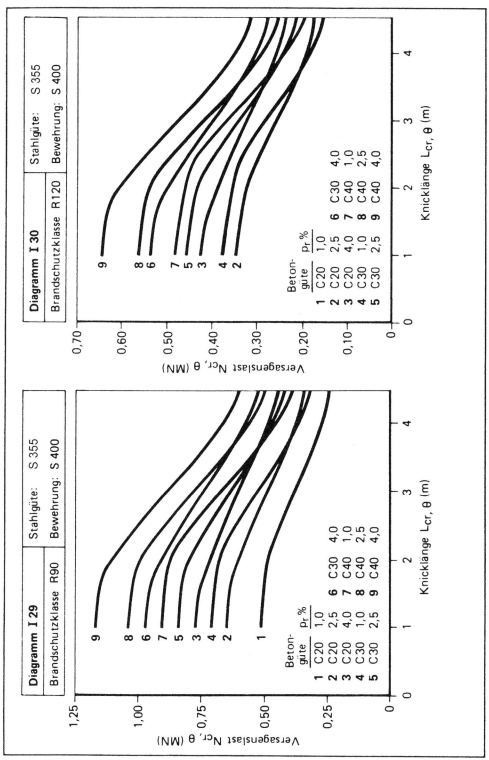

Normalkraft-Diagramm für Stützen aus Quadrathohlprofilen   □ 250 × 6,3

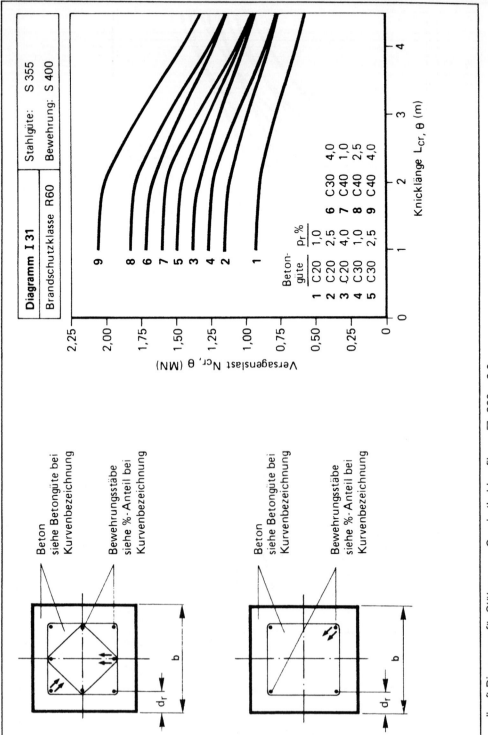

Diagramm I 31

Brandschutzklasse R60

Stahlgüte: S 355
Bewehrung: S 400

Beton-güte		p_r %
1	C20	1,0
2	C20	2,5
3	C20	4,0
4	C30	1,0
5	C30	2,5
6	C30	4,0
7	C40	1,0
8	C40	2,5
9	C40	4,0

Versagenslast $N_{cr, \theta}$ (MN)

Knicklänge $L_{cr, \theta}$ (m)

Beton
siehe Betongüte bei
Kurvenbezeichnung

Bewehrungsstäbe
siehe %-Anteil bei
Kurvenbezeichnung

Beton
siehe Betongüte bei
Kurvenbezeichnung

Bewehrungsstäbe
siehe %-Anteil bei
Kurvenbezeichnung

Normalkraft-Diagramm für Stützen aus Quadrathohlprofilen   □ 260 × 6,3

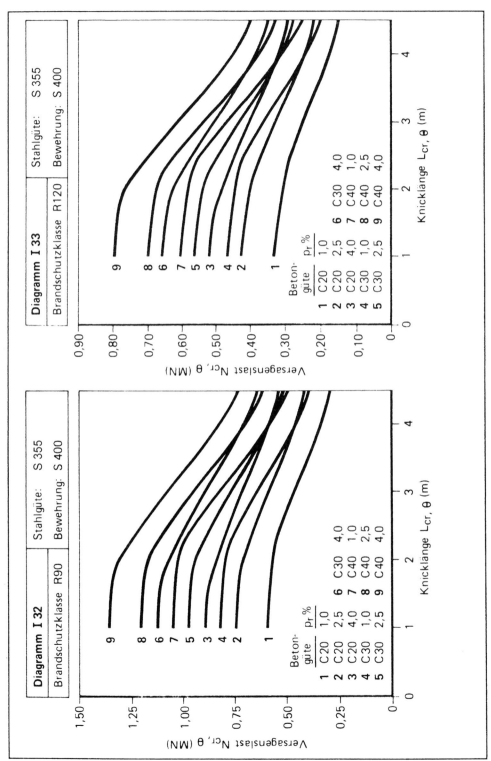

Normalkraft-Diagramm für Stützen aus Quadrathohlprofilen □ 260 × 6,3

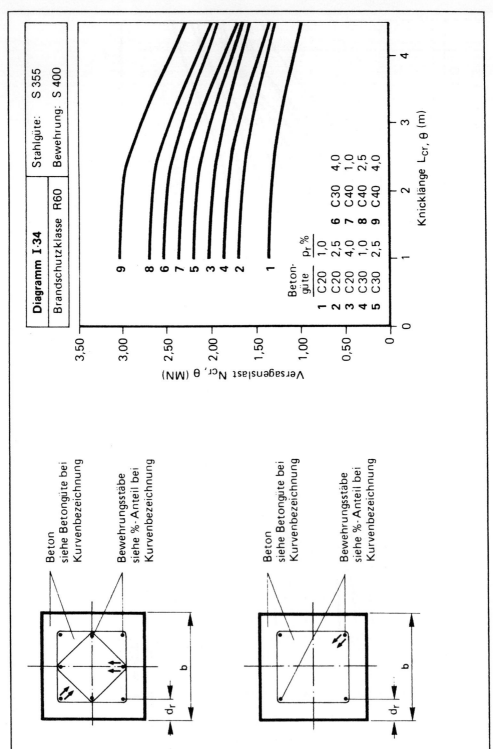

Normalkraft-Diagramm für Stützen aus Quadrathohlprofilen ☐ 300 × 7,1

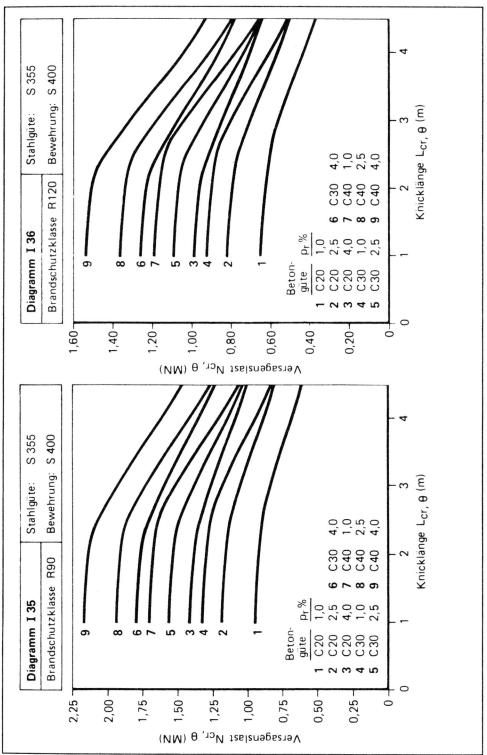

Normalkraft-Diagramm für Stützen aus Quadrathohlprofilen   □ 300 × 7,1

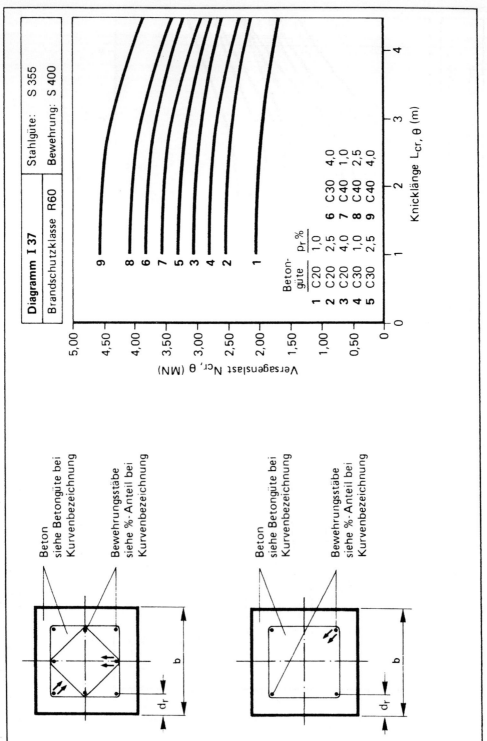

Normalkraft-Diagramm für Stützen aus Quadrathohlprofilen   □ 350 × 8,0

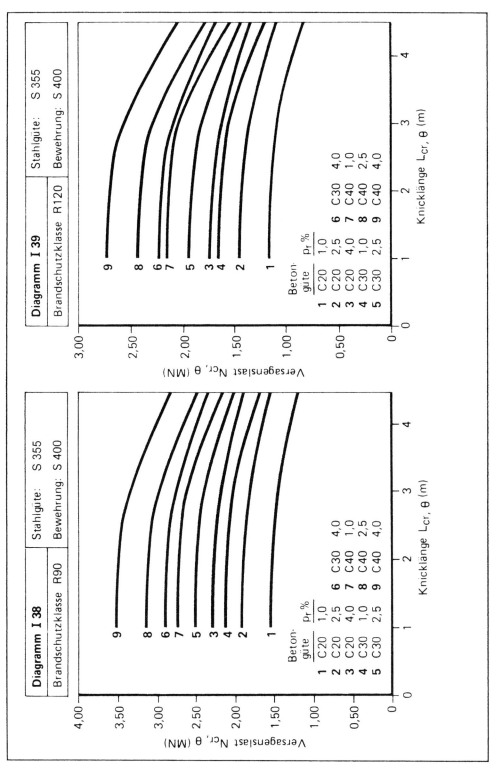

Normalkraft-Diagramm für Stützen aus Quadrathohlprofilen ☐ 350 × 8,0

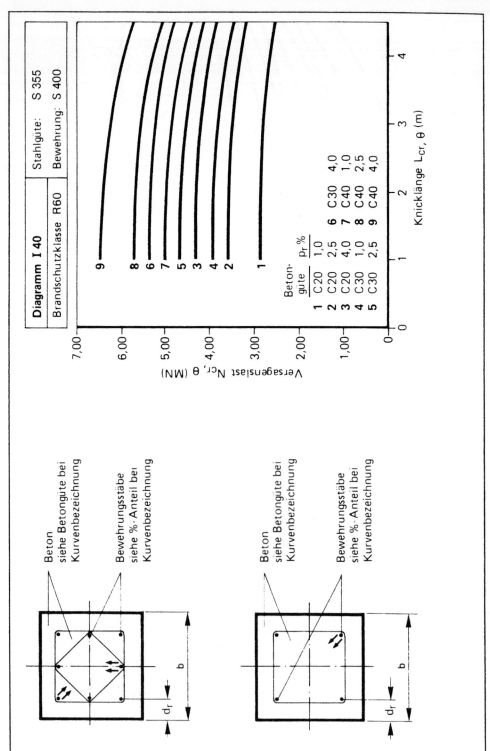

Normalkraft-Diagramm für Stützen aus Quadrathohlprofilen   □ 400 × 10,0

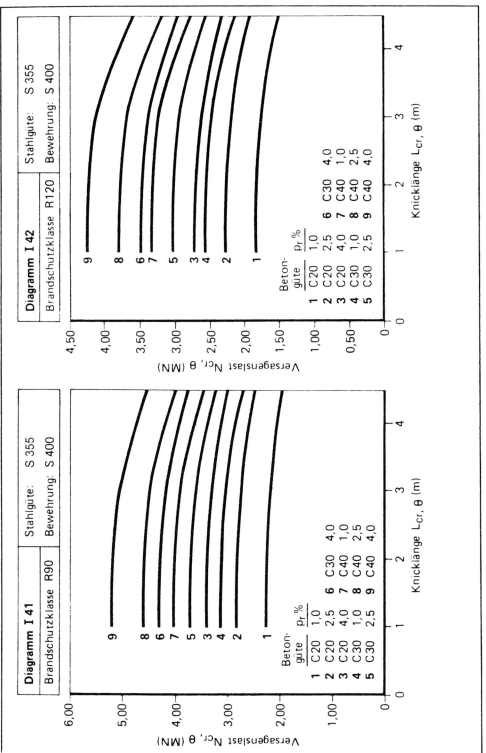

Diagramm I 42

Brandschutzklasse R120

| Stahlgüte: | S 355 |
| Bewehrung: | S 400 |

Beton-güte	p_r %
1 C20	1,0
2 C20	2,5
3 C20	4,0
4 C30	1,0
5 C30	2,5
6 C30	4,0
7 C40	1,0
8 C40	2,5
9 C40	4,0

Versagenslast $N_{cr, \theta}$ (MN)

Knicklänge $L_{cr, \theta}$ (m)

Diagramm I 41

Brandschutzklasse R90

| Stahlgüte: | S 355 |
| Bewehrung: | S 400 |

Beton-güte	p_r %
1 C20	1,0
2 C20	2,5
3 C20	4,0
4 C30	1,0
5 C30	2,5
6 C30	4,0
7 C40	1,0
8 C40	2,5
9 C40	4,0

Versagenslast $N_{cr, \theta}$ (MN)

Knicklänge $L_{cr, \theta}$ (m)

Normalkraft-Diagramm für Stützen aus Quadrathohlprofilen □ 400 × 10,0

Beispiel:

Gegeben:

Kreishohlprofil 273,0 $\varnothing \times 5,0$ mm

Bewehrungs-
prozentsatz (p_r) 3 %

Beton   C30

Baustahl   S355

Betonstahl   S400

Stützenlänge   5,0 m (im obersten Geschoß)

Gefordert:

Brandschutzklasse R90

Normalkraft   600 kN

Die Knicklänge im obersten Geschoß =
$0,7 \times 5,0 = 3,5$ m

Zutreffendes Bemessungsdiagramm: I 8

Die Werte für die Kurven 5 $(p_r=2,5\%)$ und 6 $(p_r=4,0\%)$ werden interpoliert.

2,5 % Bewehrung,
Traglast = 630 kN

4,50 % Bewehrung,
Traglast = 756 kN

3,0 % Bewehrung,

$$\text{Traglast} = 630 + (756 - 630) \cdot \frac{3,0 - 2,5}{4,5 - 2,5}$$

$$= 661,5 \text{ kN} > 600 \text{ kN}$$

13.5.3 Brandschutz von betongefüllten Hohlprofilstützen mit Stahlfaser-Bewehrung [39]

Eine wesentliche Steigerung der Stabilität einer normalbelasteten Hohlprofilstütze unter Brandbeanspruchung gegenüber einfacher Betonfüllung kann durch den Einsatz stahlfaserverstärkten Betons erreicht werden. Es wird angenommen, daß die Stahlfaser die vorzeitige Rißfortpflanzung im Beton verhindert. Zusätzlich verbessert sich das Biegeverhalten des Betonkerns durch die Anwesenheit der Stahlfasern.

Das Brandverhalten von Stützen dieser Art ist bis jetzt nicht ausreichend erforscht worden. Es liegt eine tabellarische Auswertung der wenigen Forschungsergebnisse [37] vor, die die Feuerwiderstandsdauer in Abhängigkeit vom Ausnutzungsfaktor η widergibt (siehe Tabelle 13-5).

Weitere Versuchsergebnisse ergeben die $N_{cr,\theta}$-$L_{cr,\theta}$-Diagramme, die in den Bildern 13-20 bis 13-22 dargestellt sind [39].

Tabelle 13-5 Feuerwiderstandsdauer betongefüllter Hohlprofilstützen in Abhängigkeit vom Ausnutzungsfaktor η

Feuerwiderstands-dauer (Minuten)	Ausnutzungsfaktor η	
	Beton ohne Bewehrung	Beton verstärkt durch 5 % Stahlfaser
30	keine	
60	0,51	0,67
90	0,40	0,53
120	0,36	0,47

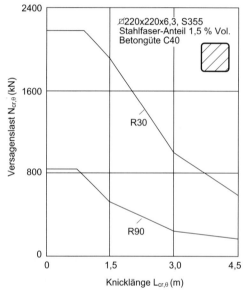

Bild 13-20 Normalkraft-Diagramme für Stützen aus Quadrathohlprofilen mit stahlfaserverstärkter Betonfüllung [39]

13.6 Brandschutz von Hohlprofilstützen/Träger-Verbindungen [26, 38]

13.6.1 Ungefüllte Hohlprofilstützen mit oder ohne Außenisolierung

In der Praxis werden diese Verbindungen auf der Grundlage der Vorschriften für Raumtemperatur bemessen. Bei geschützten Schraubenverbindungen sind die Köpfe und Muttern der Schrauben wie das Knotenblech zu isolieren.

13.6.2 Betongefüllte Hohlprofilstützen

Die Verbindungen sind, wie bei Stahlkonstruktionen üblich, so zu bemessen, daß die Beanspruchungen aus den Trägern in die Stütze ein-

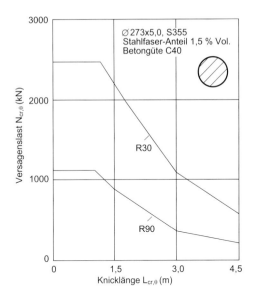

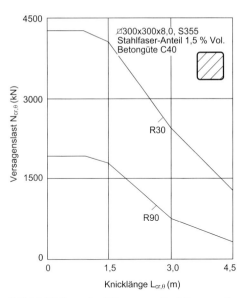

Bild 13-21 Normalkraft-Diagramme für Stützen aus Kreishohlprofilen mit stahlfaserverstärkter Betonfüllung [39]

Bild 13-22 Normalkraft-Diagramme für Stützen aus Quadrathohlprofilen mit stahlfaserverstärkter Betonfüllung [39]

geleitet werden können, wobei die Einzelteile – Hohlprofil, Beton und Bewehrung – an der Tragfähigkeit entsprechend ihrer Festigkeit beteiligt werden. Es sollte ohne jede störende äußere Bekleidung eine angemessene Feuerwiderstandsdauer sichergestellt werden.

Die querkrafttragenden Verbindungen von Trägern und Hohlprofilstützen für ausgesteifte Gebäude (Kernbauweise) sind in Bild 13-23 dargestellt. Bei durchlaufenden Trägern (Bild 13-23 a) können die Verbindungen ohne besondere Maßnahmen in dieselbe Feuerwiderstandsklasse eingeordnet werden wie die Verbundträger und -stützen. Bei durchlaufenden Stützen (Bild 13-23 b) wird der gelenkige Anschluß mit Knotenblechen an der Stütze entweder geschützt, überbemessen oder speziell so bemessen, daß die Kräfte im Brandfall übertragen werden, ohne daß das Material seine Festigkeit verliert.

Obwohl die Knotenbleche ohne besondere Maßnahmen am Hohlprofil angeschweißt werden können, werden zur Verbesserung des Kraftübertragungsmechanismus von Stahl zum Beton die folgenden zwei Verbindungsarten empfohlen:

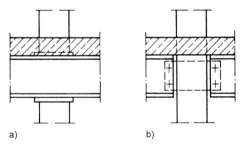

a)   b)

Bild 13-23 Stützen/Träger-Verbindung a) bei durchlaufenden Trägern und b) bei durchlaufenden Stützen; Prinzipzeichnung

– Verbindungen mit durchgestecktem Blech (Bild 13-24)
– Verbindungen mit Auflagerknagge für den Träger (Bild 13-25)

13.6.3 Wassergekühlte Hohlprofilstützen

Es kann angenommen werden, daß für diese Verbindungen die gleichen Brandschutz-Bemessungsempfehlungen gelten wie für die ungefüllten Hohlprofilstützen.

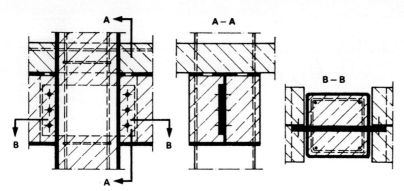

Bild 13-24 Stützen/Träger-Verbindungen mit durchgestecktem Knotenblech

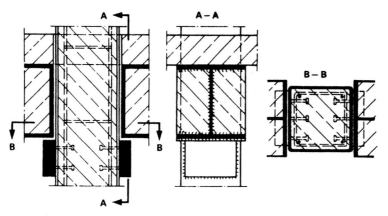

Bild 13-25 Stützen/Träger-Verbindungen mit Auflagerknagge für den Träger

13.7 Symbolerklärungen

CEN	Comité Européen de Normalisation (Europäisches Komitee für Normung)
EC	Eurocode
EN	Euronorm
ENV	Europäische Vornorm
ISO	International Standards Organization
A, A_a	Querschnittsfläche des Stahlhohlprofils
A_b	Querschnittsfläche des Betons
A_m	Oberfläche je Längeneinheit eines Bauteils
A_s	Querschnittsfläche der Bewehrung
B oder C	Betonfestigkeitsklasse
$L_{cr,\theta}$	Knicklänge im Brandfall
l	Länge
$M_{pl,Rd}$	plastische Momentenbeanspruchbarkeit eines Querschnittes bei Raumtemperatur
M_{Sd}	Momentenbeanspruchung im Brandfall
$N_{äq}$	äquivalente Normalkraft
$N_{pl,Rd}$	plastische Normalkraft-Beanspruchbarkeit eines Querschnittes bei Raumtemperatur
N_{Sd}	Normalkraft (Beanspruchung) im Brandfall
$N_{cr,\theta}$	Versagenslast unter Druckbeanspruchung im Brandfall
F oder R	Brandschutzkriterium im Hinblick auf Stabilität bzw. Tragfähigkeit
V	Volumen des Stahlquerschnittes je Längeneinheit
a_s, d_r	Betondeckung der Bewehrung
a, b	Seitenlänge eines rechteckigen Stahlhohlprofil-Querschnittes
d	äußerer Durchmesser kreisförmiger Stahl-Hohlprofilquerschnitte
d_i	Dicke der Isolierung

p_r Bewehrungsgrad (%)

$$\left(= \frac{A_s}{A_b + A_s} \cdot 100 \right)$$

r_j Beanspruchbarkeit eines Einzelbauteils eines betongefüllten Stahlhohlprofil-Querschnittes

s Wanddicke des Hohlprofils

t Zeit

t_u Versagenszeit

θ, T Temperatur

θ_a Temperatur des Stahlhohlprofils

η Ausnutzungsgrad

χ_{min} minimaler Reduktionsfaktor für Stabilität nach Kurve „c" nach EC 3, Teil 1.1 [22] oder entsprechender Reduktionsfaktor einer nationalen Knickspannungskurve

κ Momenten-Reduktionsfaktor nach EC 3, Teil 1.1 [22], siehe Abschnitt 5.3.3.3

14 Windwiderstände kreisförmiger und rechteckiger Hohlprofile und Fachwerke

14.1 Allgemeines

Kreisförmige Hohlprofile sind hinsichtlich der Beanspruchung durch Strömungskräfte den offenen Walzprofilen (U-, L-, T-, I- und Z-Profile) weit überlegen.

Sie werden daher häufig für Konstruktionen im Freien eingesetzt, wo sie von Windkräften (insbesondere bei Türmen, Kränen, Förderbrücken etc.) oder Wasserströmungen (z.B. für Dalben und Offshore-Bauten) beansprucht werden. Sie weisen bedeutend geringere Widerstandsbeiwerte C_W auf.

Zur Bestimmung des Windwiderstandsverhaltens von zylindrischen Stäben sowie Fachwerken aus solchen Stäben wurden in den siebziger und achtziger Jahren zahlreiche Versuche durchgeführt, und zwar auf nationaler und internationaler Ebene, die in den Literaturquellen [1, 2, 4, 6, 9–14] nachgelesen werden können.

Ein größerer Teil dieser Messungen wurde im Windkanal des Institutes für angewandte Meßdynamik der Deutschen Forschungs- und Versuchsanstalt für Luft- und Raumfahrttechnik (DFVLR), Porz-Wahn durchgeführt. Lit. [1, 2, 9–11] enthalten die Analyse von Windkanalmessungen an KHP und KHP-Fachwerken mit Erarbeitung von Rechenverfahren für die resultierenden Windkräfte.

Um auch für quadratische und rechteckige Hohlprofile mit abgerundeten Kanten die Verhältnisse unter Windströmung zu klären, wurden mit diesen Profilformen ebenfalls Windkanalmessungen durchgeführt [4]. Es ergeben sich auch hierbei in Abhängigkeit von den Kantenradien geringere Formbeiwerte C_W als für scharfkantige rechteckige Baukörper und offene Walzprofile. Lit. [4, 5] erläutern die Meßergebnisse der gefundenen C_W-Werte für quadratische Hohlprofile. Die EN-Normen sehen eine Berücksichtigung der Kantenradien von schlanken, rechteckigen Baukörpern vor [15].

14.2 Windwiderstand des einzelnen kreiszylindrischen Stabes [1]

Über den aerodynamischen Widerstand der Querschnittsformen können einige allgemeine Aussagen gemacht werden: Windwiderstände von scharfkantigen oder nahezu scharfkantigen Profilen $R/D < 0,025$), seien sie offen oder geschlossen, sind unabhängig von der Reynolds-Zahl $\mathrm{Re} = \dfrac{V \cdot D}{v}$ (V = Windgeschwindigkeit; D = Seitenlänge des Querschnitts; v = Kinematische Zähigkeit; R = Eckradius). Diese Unabhängigkeit gilt für alle Anblasrichtungen. Der Widerstandsbeiwert C_W bei allen stark abgerundeten Profilen, am stärksten beim Kreiszylinder, ist dagegen stark von Re abhängig.

Unterhalb einer bestimmten Re-Zahl (unterkritischer Bereich) ist der Beiwert C_W konstant und ziemlich hoch. Beim Überschreiten dieser kritischen Re-Zahl fällt C_W plötzlich steil ab. Mit dann weiter steigender Re-Zahl steigt C_W langsam wieder an, erreicht aber nicht seine alte Höhe. Die aerodynamische Überlegenheit kreiszylindrischer Stabprofile gegenüber kantigen Profilen beruht auf diesem Absinken des Widerstandsbeiwertes im überkritischen Reynolds-Bereich.

Wichtig ist neben der Kenntnis der kritischen Re-Zahl vor allem der Grad der C_W-Minderung sowie die Flankensteilheit $\dfrac{dC_W}{d\mathrm{Re}}$, die beide nicht konstant sind, sondern von der Rauhigkeit k der Oberfläche und dem Zylinderdurchmesser D abhängen.

Weiter spielt die Turbulenz des Windes eine Rolle. Bild 14-1 zeigt Meßergebnisse mit Zylindern mit mittlerer Rauhigkeit aus Lit. [1, 9].

Bild 14-2 stellt die kritische Re-Zahl von Kreiszylindern als Funktion des Durchmessers D und der Rauhigkeit k dar. Sie ist bei glatter Oberfläche unabhängig vom Durchmesser. Mit

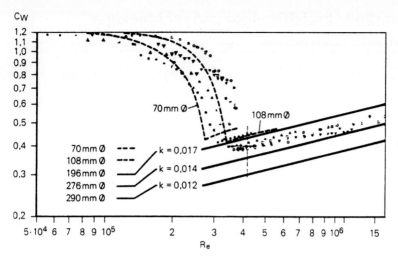

Bild 14-1 Widerstandsbeiwerte C_W von Zylindern mit mittlerer Rauhigkeit [1, 11]

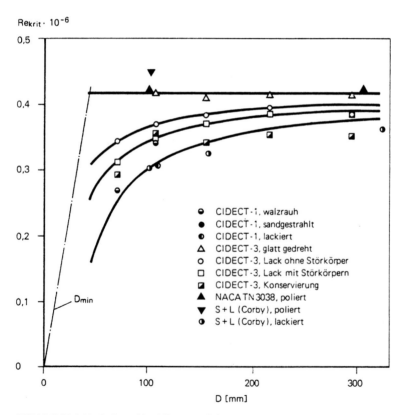

Bild 14-2 Die kritische Reynoldszahl Re_{krit} von Zylindern als Funktion des Durchmessers und der Rauhigkeit aus [1] (nach [9, 11–14])

steigender Rauhigkeit und fallendem Durchmesser sinkt Re_{krit} ab.

Für den überkritischen Bereich (siehe Bild 14-1) wurde für den Anstieg C_W folgende Interpolationsformel vorgeschlagen [1]:

$$C_{W,\text{überkrit.}} = k \cdot Re^{1/4}$$

Im unterkritischen Bereich ist $C_{W,\text{unterkrit.}} = 1{,}20$ (= const.).

14.3 Windwiderstand des einzelnen Quadratprofilstabes mit Eckradien [4, 5]

Die Bilder 14-3 und 14-4 geben die Widerstandsbeiwerte an, die für den Bereich

$$10^3 < \frac{V \cdot D}{v} = Re < 3{,}10^5$$

mit:

V = Windgeschwindigkeit (m/s)
D = Seitenlänge des Querschnitts (m)
v = Kinematische Zähigkeit (m²/s)

gelten.

Sie zeigen die Widerstandsbeiwerte für Reaktionskräfte W entgegen der Windrichtung

(Bild 14-3) und die Beiwerte für die außerdem senkrecht dazu auftretende Reaktionskraft Q (Bild 14-4) in Abhängigkeit vom Anströmwinkel α des Windes.

Der andere Parameter ist das Verhältnis

$$\frac{\text{Eckradius } R}{\text{Seitenlänge } D}$$

$$W = C_W \cdot \frac{\rho}{2} \cdot V^2 \cdot D \cdot L \qquad (14\text{-}1)$$

mit:

W = mittlere Windwiderstandskraft
C_W = Windwiderstandsbeiwert
ρ = Dichte des Fluids
V = mittlere Windgeschwindigkeit
D = Seitenlänge des Quadratprofils
L = Länge des Quadratprofils

$$Q = C_Q \cdot \frac{\rho}{2} \cdot V^2 \cdot D \cdot L \qquad (14\text{-}2)$$

mit:

Q = mittlere Windquerkraft
C_Q = Windquerkraftbeiwert

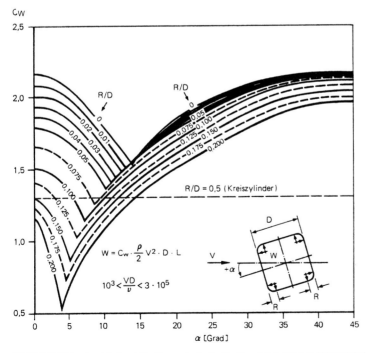

Bild 14-3 Widerstandsbeiwert C_W für quadratische Profile mit Eckradius in Abhängigkeit vom Anströmwinkel (W = mittlere Windwiderstandskraft) [4]

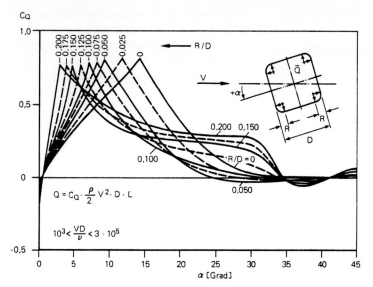

Bild 14-4 Querkraftbeiwert C_Q für quadratische Profile mit Eckradius in Abhängigkeit vom Anströmungswinkel (Q = mittlere Windquerkraft senkrecht zur Strömungsrichtung) [4]

Die Meßergebnisse der DFVLR [4] führten zu der Erkenntnis, daß größere Oberflächenrauhigkeit niedrigere Belastungsbeiwerte verursacht.

Die Diagramme, die für glatte Oberflächen mit $k/D = 6{,}25 \cdot 10^{-4}$ aufgestellt wurden, sind deshalb auch für größere Rauhigkeiten gültig.

14.4 Windwiderstand von Fachwerken

In [2] werden Rechenverfahren zur Bestimmung der Windkräfte von Fachwerken aus kreisförmigen Hohlprofilquerschnitten beschrieben, wobei sich die Windkräfte aus den Kräften an den Einzelstäben und den Interferenzwiderständen zusammensetzen. Maßgebend ist für den Interferenzwiderstand der Anteil von Stab- und Knotenfläche im Verhältnis zur Umrißfläche des Fachwerkes (Völligkeit). Auch der Abstand der einzelnen Fachwerkträger voneinander (z. B. bei Masten) ist bezüglich des Interferenzverhaltens von großer Bedeutung (Abschattung).

Allenfalls werden nur Fachwerke, die in größerer Stückzahl zur Anwendung kommen, im Windkanal untersucht werden können. Demgegenüber basieren die Bemessungswerte für Fachwerke i. a. auf der Summe der belasteten Einzelstäbe und berücksichtigen weiterhin:

– Verdrängungseffekte (die Verformung der Strömung um ein Einzelelement durch ein Nachbarelement verändert dessen Strömungsfeld örtlich nach Größe und Richtung), die die Strömungskraft des Einzelstabes vergrößern oder verkleinern (Interferenzen).
– Windschatteneffekte (ein Einzelelement liegt im Totwasser eines anderen), die die Strömungskraft des Einzelstabes vermindern.
– Nachlaufeffekte, bei denen ein Einzelstab durch fluktuierende Ablösevorgänge des vor ihm angeordneten Stabes beaufschlagt und somit mit größerer Turbulenz angeströmt wird.
Bei gerundeten Profilen können durch die so erhöhte Turbulenz niedrigere Belastungen des Einzelstabes auftreten.

Die durch Windkanalmessung ermittelten Kraftbeiwerte C_W von ebenen sowie drei- und vierstieligen Fachwerken sind in den Bildern 14-5 bis 14-10 in Abhängigkeit von Re-Zahl und Völligkeit φ dargestellt [2]. Diese Diagramme wurden aus zahlreichen im Windkanal durchgeführten Versuchen abgeleitet [1]. Für besondere Fachwerkkonstruktionen ist zu entscheiden, ob mit bekannten Interferenzansätzen [1, 7, 8] die Strömungskräfte der Summe der Einzelstäbe korrigiert werden können oder ein Windkanalversuch mehr Klarheit schaffen muß.

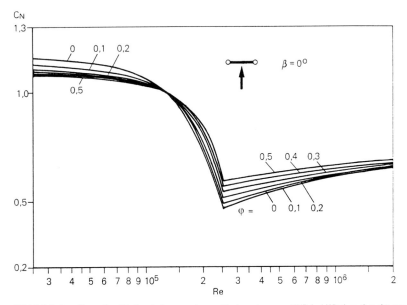

Bild 14-5 Der Normalkraftbeiwert C_N von ebenen Fachwerken aus KHP bei Wind senkrecht zur Ebene ($\beta = 0°$), abhängig von der Reynoldszahl Re und der Völligkeit φ [2]

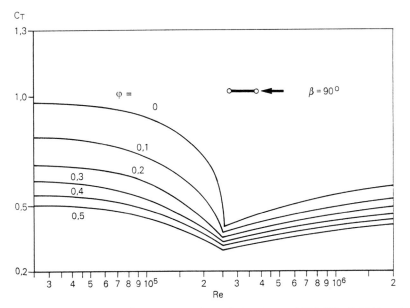

Bild 14-6 Der Tangentialkraftbeiwert C_T von ebenen Fachwerken aus KHP bei Wind in Richtung der Ebene ($\beta = 90°$), abhängig von der Reynoldszahl Re und der Völligkeit φ [2]

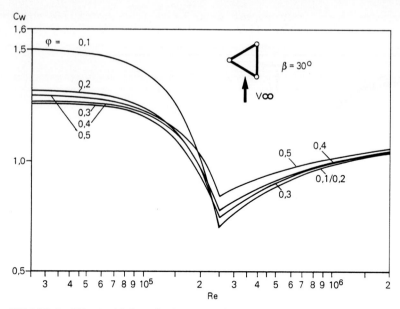

Bild 14-7 Der Widerstandsbeiwert C_W eines dreistieligen Gittermastes aus KHP ($\beta = 30°$), abhängig von der Reynoldszahl Re und der Völligkeit φ [2]

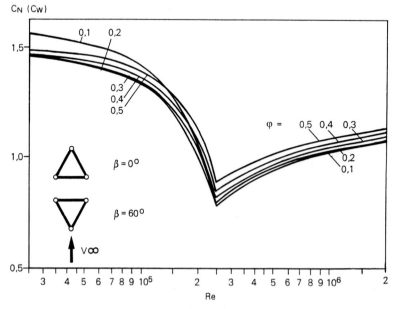

Bild 14-8 Der Widerstandsbeiwert C_W = (Normalkraftbeiwert C_N) eines dreistieligen Gittermastes aus KHP $\beta = 0°$ oder 60°), abhängig von der Reynoldszahl Re und der Völligkeit φ [2]

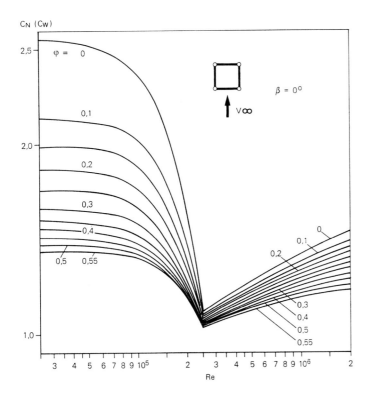

Bild 14-9 Der Widerstandsbeiwert C_W = (Normalkraftbeiwert C_N) eines vierstieligen Gittermastes aus KHP (bei $\beta = 0°$), abhängig von der Reynoldszahl Re und der Völligkeit φ [2]

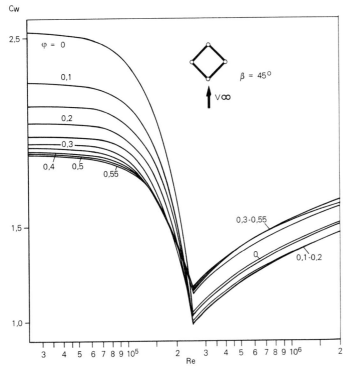

Bild 14-10 Der Widerstandsbeiwert C_W eines vierstieligen Gittermastes aus KHP (bei $\beta = 45°$), abhängig von der Reynoldszahl Re und der Völligkeit φ [2]

14.5 Windwiderstandsbeiwerte kreiszylindrischer Hohlprofile und Fachwerke nach DIN 1055-4, Ausg. 8/86 [3]

Eine überarbeitete Windwiderstandsbeiwertssammlung wurde als DIN 1055 Teil 4 veröffentlicht. Diese Norm enthält auch Beiwerte für kreiszylindrische Stäbe und Fachwerke aus solchen Stäben. Diese Widerstandsbeiwerte be-

gründen sich auf den in [1] mitgeteilten Untersuchungsergebnissen.

Nachfolgend wird nur der Teil der Norm zusammengetragen, der die Kreiszylinderstäbe und die Fachwerke aus solchen Stäben behandelt.

Tabelle 14-1 betrifft Angaben zur Lage des Baukörpers, die Tabellen 14-2 bis 14-4 und die Bilder 14-11 und 14-12 den Baukörper selbst.

Tabelle 14-1 Effektive Streckung λ für unterschiedliche Lagen des kreiszylindrischen Baukörpers [3]

Lage des Baukörpers, Anströmung senkrecht zur Zeichenebene	Effektive Streckung λ
1	2
für $l \geq 4\,d$	$\dfrac{l}{d}$
für $d \leq l$	$1{,}4\,\dfrac{l}{d} \leq 70$ für $l \geq 50$ m $2\ \dfrac{l}{d} \leq 70$ für $l \leq 15$ m Für Kreiszylinder: $0{,}7\,\dfrac{l}{d} \leq 70$ für $l \geq 50$ m $\dfrac{l}{d} \leq 70$ für $l \leq 15$ m
für $d \leq l$	Zwischenwerte linear interpolieren
$d_1 \geq 2{,}5\,d$	$0{,}7\,\dfrac{l}{d} \geq 70$ für $l \geq 50$ m $\dfrac{l}{d} \geq 70$ für $l \leq 15$ m Zwischenwerte linear interpolieren

Tabelle 14-2 Kraftbeiwerte C_f eines kreiszylindrischen Baukörpers, allseitig geschlossen [3]

1 Baukörper	2 Abmessungs-verhältnisse	3 Windanströ-mungswinkel β	4 Bezugsfläche A	5 Kraftbeiwert C_f
Stehende und liegende Zylinder 	$l/d \leq \infty$	rechtwinklig zur Körperachse	$l \cdot d$	$C_f = C_{f,0} \cdot \Psi$ wobei: $C_{f,0}$ = Grundkraftbeiwert gleich 1,2 oder genauer nach Bild 14-11 Ψ = Abminderungs-faktor nach Bild 14-12 für Völligkeit $\varphi = 1$

Tabelle 14-3 Kraftbeiwerte C_f von ebenen und räumlichen Fachwerken aus kreiszylindrischen Stäben [3]

1 Form und Länge des Baukörpers	2 Bezugsfläche A	3 Kraftbeiwert C_f
Aus Kreiszylinderrohren ohne Knotenbleche[a] Querschnitte 	Gesamtfläche der Stäbe der bzw. einer Fachwerkwand (Ansicht normal zur Wandbreite)	$C_{f,0} \cdot \Psi$ wobei: $C_{f,0}$ = Grundkraftbeiwert[c] nach Bild 14-13 a–f in Abhängigkeit von der Reynoldszahl Re und der Völligkeit φ[b] Ψ = Abminderungsfaktor nach Bild 14-12

[a] Bei Fachwerken mit Knotenblechen ist die auf die Knotenbleche wirkende Windlast zusätzlich zu berücksichtigen. Sie darf dabei mit der Gesamtknotenfläche und einem Kraftbeiwert $C_f = 1,6$ ermittelt werden. Der Berechnung des Grundkraftbeiwertes $C_{f,0}$ ist bei Fachwerken mit Knotenblechen die Völligkeit φ aus der Gesamtfläche der KHP und Knotenbleche einer Fachwerkswand zugrunde zu legen.

[b] Völligkeit $\varphi = A/A_u$ mit A nach Spalte 2 und $A_u = d \cdot l$ (Umrißfläche) mit d nach Spalte 1 und l Länge des Fachwerkträgers.

[c] Die angegebenen Grundkraftbeiwerte $C_{f,0}$ berücksichtigen die üblichen Rauhigkeiten (Pinsellackierung, Anrostung). Es wird vorausgesetzt, daß die Umströmung der kreiszylindrischen Querschnitte nicht über eine erhebliche Länge (z.B. durch elektrische Leitungen) gestört wird.

Tabelle 14-4 Rauhigkeitswerte k [3]

Oberfläche	k in m
Mauerwerk	0,005
Beton	0,003
Holz	0,002
Stahl	0,001

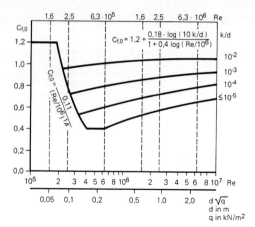

Bild 14-11 Grundkraftbeiwert $C_{f,0}$ in Abhängigkeit von der bezogenen Rauhigkeit k/d (Rechenwerte k nach Tabelle 14-4) und Re $= \dfrac{V \cdot d}{1{,}5 \cdot 10^{-5}}$ mit $V = 40\sqrt{q}$ in m/s, q in kN/m², d in m [3]

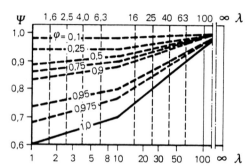

Bild 14-12 Abminderungsfaktor ψ in Abhängigkeit von der effektiven Streckung λ (nach Tabelle 14-2) und der Völligkeit φ [3]

14.6 Windkräfte auf ebene und räumliche Fachwerke aus Quadrathohlprofilen nach [16]

Die gesamte Windbelastung auf ein Fachwerk ist die Summe der Belastungen auf jeden Einzelstab. Es muß hierbei die gegenseitige Beeinflussung der Einzelbauteile aufeinander berücksichtigt werden. Die beeinflussenden Faktoren sind:

– Knoten
– Grad der Blockade
– Anordnung der Stäbe

Windwiderstand W und Windquerkraft Q auf das Fachwerk in Abhängigkeit vom Anström-

winkel α werden wie folgt unter Berücksichtigung der obengenannten Faktoren berechnet:

$$W(\alpha) = \frac{\rho}{2} V^2 \sum C_{W,i} \cdot A_i \qquad (14\text{-}3)$$

$$Q(\alpha) = \frac{\rho}{2} V^2 \sum C_{Q,i} \cdot A_i \qquad (14\text{-}4)$$

Hierbei sind:

ρ, V, C_W, C_Q	= siehe Gln. (14-1) und (14-2)
i	= Index für Einzelstäbe
	$(i = 1, 2, 3 \dots)$
A	= Seitenlänge eines Stabes × Länge des Stabes
α	= Anströmwinkel des Windes

Die Beiwerte für Widerstände C_W und für Querkräfte C_Q sind von α und $\lambda = l/D$ (Verhältnis der Länge l zu der Breite eines Stabes) und von der Geometrie des Fachwerkes abhängig. Nach [17, 19] werden sie wie folgt bestimmt:

$$C_W(\alpha) \approx C_{W_o}(\alpha) - 9 \cdot \frac{D}{l} \qquad (14\text{-}5)$$

$$C_Q(\alpha) \approx C_{Q_o}(\alpha) - 9 \cdot \frac{D}{l} \qquad (14\text{-}6)$$

mit:

$C_{W_o}(\alpha)$ und $C_{Q_o}(\alpha)$ für $\lambda = \dfrac{l}{D} \geq 150$

$C_{W_o}(\alpha)$ und $C_{Q_o}(\alpha)$ sind die Beiwerte für Einzelprofile als Funktion von α und können aus den Bildern 14-3 und 14-4 abgelesen werden.

Ferner sind λ und die Fachwerkform bestimmend für die Völligkeit $\varphi = \dfrac{\sum A_i}{A_u}$, wobei A_u die Umrißfläche des Fachwerkes in der Windrichtung ist (Bild 14-22).

14.6.1 Ebene Fachwerke

Die Windbelastungen sind nach Gln. (14-3) und (14-4) zu ermitteln. Der Einfluß durch die Interferenz der Knoten wird nach [18] wie folgt bestimmt:

$$C_W(\alpha) = K \cdot \frac{\sum C_{W,i}(\alpha) \cdot A_i}{\sum A_i} \qquad (14\text{-}7)$$

$$C_Q(\alpha) = K \cdot \frac{\sum C_{Q,i}(\alpha) \cdot A_i}{\sum A_i} \qquad (14\text{-}8)$$

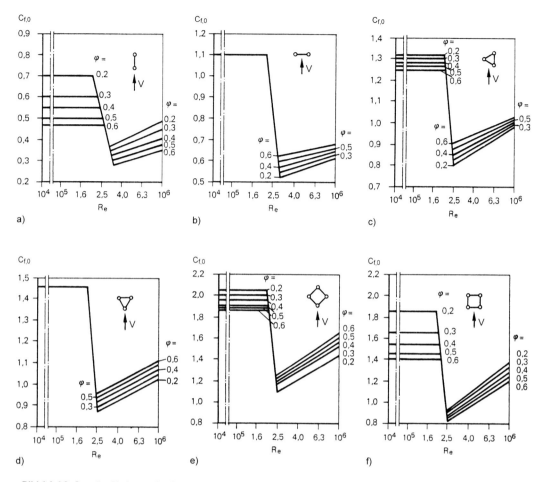

Bild 14-13 Grundkraftbeiwerte $C_{f,0}$ für Fachwerke aus Kreiszylinderstäben in Abhängigkeit von Völligkeit φ und der auf den Durchmesser der Gurte bezogenen Reynoldszahl Re [3]

$Re = \dfrac{V \cdot d_1}{1{,}5 \cdot 10^{-5}}$ mit $V = 40\sqrt{q}$ in m/s, q in kN/m^2 und Gurtdurchmesser d_1 in m

a) und b) Grundkraftbeiwerte $C_{f,0}$ für ebene Fachwerke
c) und d) Grundkraftbeiwerte $C_{f,0}$ für räumliche Fachwerke mit gleichseitigem Dreieck als Fachwerkquerschnitt
e) und f) Grundkraftbeiwerte $C_{f,0}$ für räumliche Fachwerke mit quadratischem Fachwerkquerschnitt

Der Faktor K berücksichtigt den Einfluß der Knoteninterferenz in Abhängigkeit von der Völligkeit $\varphi = \dfrac{\sum A_i}{A_u}$ und kann aus Bild 14-14 abgelesen werden.

14.6.2 Räumliche Fachwerke mit rechteckigem und quadratischem Grundriß

Das räumliche Fachwerk wird wie eine Zusammensetzung einer Anzahl ebener Fachwerke behandelt. Die Hohlprofile an der Seite werden von den Gurtstäben in Abhängigkeit vom Windanströmwinkel α mehr oder weniger abgeschirmt. Die Leeseite ist weniger windbeansprucht, da sie auf der Windschutzseite liegt.

Die Seite, die direkt vom Wind angegriffen wird, kann wie ebene Fachwerke behandelt werden (siehe Abschnitt 14.6.1).

Die Windlast auf der Leeseite wird mit einem Abschirmfaktor η berechnet. Dieser hängt von der Völligkeit φ und vom Grundriß des Fachwerkes ab. Bild 14-15 ist ein Beispiel der Ab-

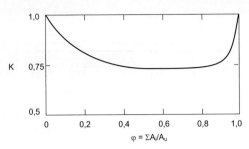

Bild 14-14 Beiwert K der Knoteninterferenz in Abhängigkeit von der Völligkeit φ [16]

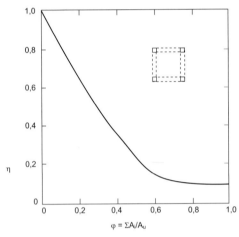

Bild 14-15 Abschirmfaktor η in Abhängigkeit von der Völligkeit φ für den quadratischen Grundriß eines Raumfachwerkes [16]

hängigkeit des η von φ für einen quadratischen Grundriß.

Die Beiwerte $C_W(\alpha)$ für den Gesamtwiderstand und $C_Q(\alpha)$ für die Gesamtquerkraft werden wie folgt ermittelt:

$$C_W(\alpha) = \frac{\sum C_{W,i}(\alpha) \cdot A_i}{\sum A_i} \cdot K(1+\eta) \qquad (14\text{-}9)$$

$$C_Q(\alpha) = \frac{\sum C_{Q,i}(\alpha) \cdot A_i}{\sum A_i} \cdot K(1+\eta) \qquad (14\text{-}10)$$

14.6.3 Berechnungsbeispiel

Bild 14-16 zeigt einen Gittermast mit quadratischem Grundriß, bestehend aus Quadrathohlprofilen mit abgerundeten Ecken.

Vertikalgurte: 100×100 mm
Horizontalgurte: 80×80 mm
Diagonale: 60×60 mm
Völligkeit: $\varphi = \dfrac{\sum A_i}{A_u} = 0{,}32$

Aus den Bildern 14-14 und 14-15 können folgende Werte abgelesen werden:

Faktor für Knoteninterferenz $K = 0{,}76$
 Abschirmfaktor $\eta = 0{,}47$
 $K(1+\eta) = 1{,}117$

Die Gln. (14-9) und (14-10) führen zur Bestimmung von $C_W(\alpha)$ und $C_Q(\alpha)$.

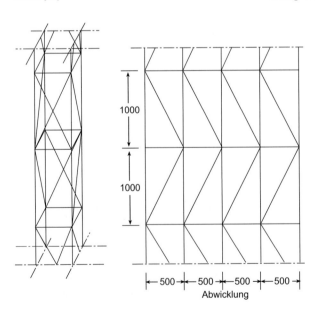

Abwicklung

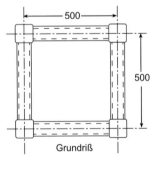

Grundriß

Bild 14-16 Geometrie des Berechnungsbeispiels (siehe Abschnitt 14.6.3)

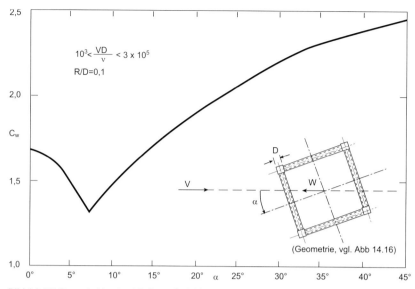

Bild 14-17 Gesamtwiderstandsbeiwert $C_W(\alpha)$ für den Gittermast [16]

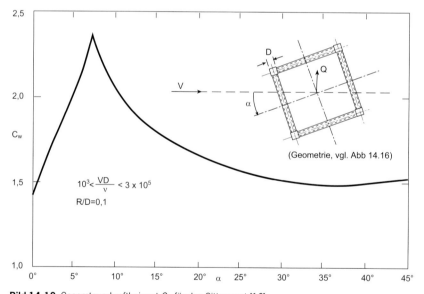

Bild 14-18 Gesamtquerkraftbeiwert C_Q für den Gittermast [16]

Die Bilder 14-17 und 14-18 zeigen die Ergebnisse unter der Annahme: $R/D = 0{,}1$.

14.7 Windwiderstände nach Eurocode 1 [15]

Basierend auf den Berichten und nationalen Vorschriften, die in den vorhergehenden Abschnitten beschrieben wurden, sind auch die Berechnungsempfehlungen für Windlasten auf kreiszylindrische und rechteckige Stäbe sowie auf ebene und räumliche Fachwerke, bestehend aus diesen Stäben, erarbeitet worden.

14.7.1 Windbelastung

Der Winddruck, der auf die Oberfläche eines Bauwerks wirkt, wird wie folgt berechnet:

$$W = G \cdot C_f \cdot q \qquad (14\text{-}11)$$

mit:

G = Böenreaktionsfaktor (vereinfacht anzunehmen, 2,0 für Gesamt- oder Teilbau-
ten, 2,5 für Komponenten eines Bauten-
oder Verkleidungsmaterials)

$$q \quad = \frac{1}{2} \cdot \rho \cdot V_{\text{ref}}^2$$

ρ = Dichte der Luft ($= \dfrac{1}{800}$ kNs^2/m^4)

V_{ref} = 10 min Windgeschwindigkeit in 10 m
Höhe vom Boden mit einer Auftritts-
wahrscheinlichkeit von 50 Jahren, auch
abhängig von der Topographie und der
Terrain-Rauhigkeit

C_f = aerodynamischer Kraftbeiwert

14.7.1.1 Windkraftbeiwert C_f für rechteckige Hohlprofile mit abgerundeten Ecken

Der Kraftbeiwert C_f mit Windrichtung normal
zur Oberfläche des Rechteckhohlprofils lautet:

$$C_f = C_{f,0} \cdot \psi_r \cdot \psi_\lambda \qquad (14\text{-}12)$$

mit:

$C_{f,0}$ = Grundkraftbeiwert (siehe Bild 14-19)
ψ_r = Reduktionsfaktor für Quadrathohlprofil
mit abgerundeten Ecken (siehe Bild
14-20)

ψ_λ = Reduktionsfaktor in Abhängigkeit von
der finiten Streckung λ und von der Völligkeit $\varphi = A_i/A_u$ (siehe Bild 14-21)

Tabelle 14-5 listet die $C_{f,o}$-Werte für verschiedene d/b-Verhältnisse aufgrund des Bildes 14-
19 auf.

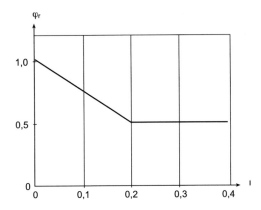

$\lambda \quad = \infty$
$A_{\text{ref}} = l \times b$

Bild 14-20 Reduktionsfaktor ψ_r für Windkraftbeiwert
eines Quadrathohlprofils mit abgerundeten Ecken [15]

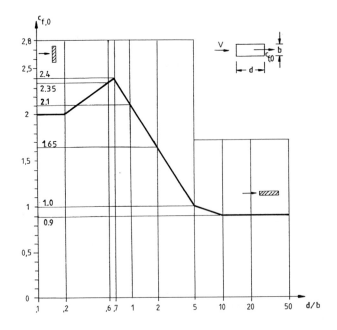

Bild 14-19 Grundkraftbeiwert $C_{f,0}$ für
rechteckige Hohlprofile mit scharfen
Ecken, $\lambda = l/b = \infty$ und Turbulenzintensität $I \geq 6\%$ [15]

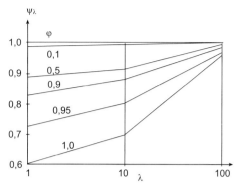

Bild 14-21 Reduktionsfaktor ψ_λ in Abhängigkeit der Streckung von λ und der Völligkeit $\varphi = A_i/A_u$ [15]

Tabelle 14-5 $C_{f,0}$-Werte (vgl. Bild 14-19)

d/b	0,1	0,2	0,7	5,0	≥ 10
$C_{f,0}$	2,0	2,0	2,4	1,0	0,9

Ferner gibt die folgende Gleichung die Beschreibung der Turbulenzintensität I an:

$$I(Z_e) = \frac{1}{C_t(Z_e) \cdot \ln(Z_e/Z_o)} \tag{14-13}$$

mit:

$C_t(Z_e)$ = Topographiefaktor in einer Höhe von Z_e

Z_o = Rauhigkeitslänge

$C_t(Z_e)$ und Z_o können nach den Gleichungen in Lit. [15] berechnet bzw. aus einer Tabelle in Lit. [15] entnommen werden.

14.7.1.2 Windkraftbeiwert C_f für kreiszylindrische Stäbe mit $\lambda = l/d$

Der Windkraftbeiwert C_f für finite zylindrische Stäbe lautet:

$$C_f = C_{f,0} \cdot \psi_\lambda \tag{14-14}$$

mit:

$C_{f,0}$ = Grundwindkraftbeiwert (siehe Bild 14-11) für $\lambda = l/d = \infty$ und verschiedene bezogene Rauhigkeiten k/d

ψ_λ = Reduktionsfaktor für Streckung (siehe Bild 14-21)

14.7.1.3 Windkraftbeiwert C_f für Fachwerke und Gerüste

Der Windkraftbeiwert C_f für Fachwerke und Gerüste wird wie folgt berechnet:

$$C_f = C_{f,0} \cdot \psi_\lambda \cdot \psi_{SC} \tag{14-15}$$

mit:

$C_{f,0}$ = Grundwindkraftbeiwert mit $\lambda = \infty$ ($\lambda = l/d$, l = Länge, d = Breite, siehe Bild 14-22)

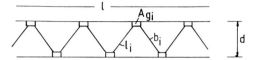

Bild 14-22 Fachwerke oder Gerüste

Völligkeit $\varphi = A/A_u$
A = Summe der Oberflächen der Bauteile und Knotenbleche: $\sum b_i \cdot l_i + \sum A_{gi}$; für räumliche Fachwerke w eine ebene Fläche (von Wind angegriffene Fläche) angenommen
A_u = Mantelfläche $d \times l$
l = Fachwerklänge
b_i, l_i = Breite und Länge einzelner Bauteile
A_{gi} = Oberfläche des Knotenbleches

Die Bilder 14-23 und 14-24 zeigen $C_{f,0}$-Werte in Abhängigkeit von der Völligkeit φ für ebene bzw. räumliche Fachwerke aus Winkeleisen. Bild 14-25 stellt die Abhängigkeit des $C_{f,0}$ von Reynoldszahl Re und Völligkeit φ für ebene und räumliche Fachwerke aus zylindrischen Stäben dar.

Für Gerüste kann der Grundwindkraftbeiwert $C_{f,0} = 1,3$ angenommen werden, falls alle Bauteile zylindrische Stäbe sind.

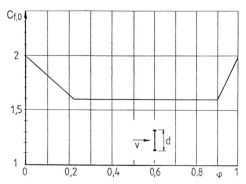

Bild 14-23 Grundwindkraftbeiwert $C_{f,0}$ eines ebenen Fachwerkes aus rechtwinkligen Stäben (Winkeleisen) in Abhängigkeit von der Völligkeit φ für $\lambda = \infty$ [15]

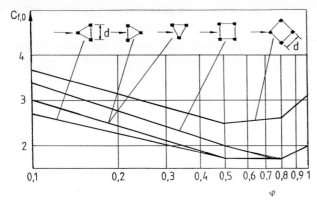

Bild 14-24 Grundwindkraftbeiwert $C_{f,0}$ eines räumlichen Fachwerkes aus rechtwinkligen Stäben (Winkeleisen) in Abhängigkeit von der Völligkeit φ für $\lambda = \infty$ [15]

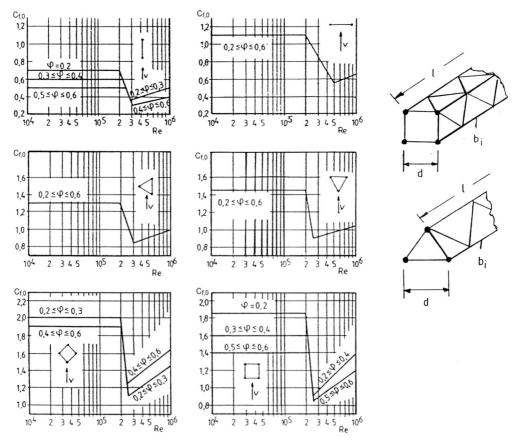

Bild 14-25 Grundwindkraftbeiwert $C_{f,0}$ eines ebenen bzw. räumlichen Fachwerkes aus kreiszylindrischen Stäben in Abhängigkeit von Reynoldszahl Re und Völligkeit φ für $\lambda = \infty$ [15]

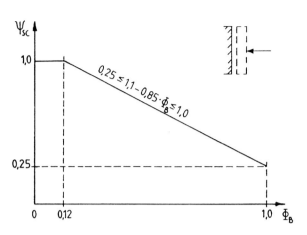

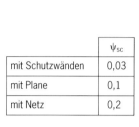

	ψ_{SC}
mit Schutzwänden	0,03
mit Plane	0,1
mit Netz	0,2

Bild 14-26 Reduktionsfaktor ψ_{SC} für Windkraftbeiwert eines Gerüsts ohne Luftabschirmeinrichtung und beeinflußt durch bebaute Flächen in Abhängigkeit vom Behinderungsfaktor Φ [15]

Reynoldszahl Re ist mit dem Bauteildiameter d_i zu bestimmen.

ψ_λ – Reduktionsfaktor für die Streckung λ ist in Abhängigkeit von der Völligkeit $\varphi = A/A_u$ in Bild 14-21 dargestellt.

ψ_{SC} – Reduktionsfaktor für Grundkraftbeiwert $C_{f,0}$ für Gerüste wird in Abhängigkeit vom Behinderungsfaktor Φ_B in Bild 14-26 gezeigt.

$$\Phi_B = \frac{A_{B,n}}{A_{B,g}}$$

mit:
$A_{B,n}$ = Nettooberfläche der Fassade
$A_{B,g}$ = Querfläche der Fassade

14.8 Symbolerklärungen

CEN   Comité Européen de Normalisation
      (Europäisches Komitee für Normung)
KHP   Kreishohlprofil
QHP   Quadrathohlprofil
RHP   Rechteckhohlprofil

A Oberfläche
A_i Oberfläche des Bauteils i ($i = 0, 1, 2$)
A_u Manteloberfläche eines Fachwerkes
A_{ref} Bezugsoberfläche
b Breite eines Körpers
C_f Kraftbeiwert
$C_{f,0}$ Grundkraftbeiwert bei $\lambda = \infty$
C_N Normalkraftbeiwert

C_Q Querkraftbeiwert
C_T Tangentialkraftbeiwert
C_t Topographiefaktor
C_W Windwiderstandskraftbeiwert
D, d Außendurchmesser des Kreishohlprofils oder Seitenlänge des rechteckigen oder quadratischen Hohlprofils (d stellt auch die Höhe eines Fachwerkes dar)
i Indize des Bauteils ($= 0, 1, 2$)
I Turbulenzintensität
k Rauhigkeit
K Knoteninterferenzfaktor
l Länge eines Körpers
Q Windquerkraft
q Staudruck
R, r Eckradius (QHP oder RHP)
V Windgeschwindigkeit
W Windwiderstandskraft
Z_e Bezugshöhe eines Körpers vom Boden
Z_o Rauhigkeitslänge

α, β Windanströmungswinkel
η Abschirmfaktor
λ Streckung
v kinematische Zähigkeit
ρ Dichte der Luft
φ Völligkeit
Φ Behinderungsfaktor
ψ_r Abminderungsfaktor für Eckradius (QHP oder RHP)
ψ_λ Abminderungsfaktor für Streckung
ψ_{SC} Abminderungsfaktor für Grundkraftbeiwert eines Gerüsts

Anlagen I–IV

Nennabmessungen und statische Werte kaltgefertigter kreisförmiger Hohlprofile nach EN 10219-2

Außen-durch-messer	Wand-dicke	Masse/Länge	Quer-schnitts-fläche	Trägheits-moment	Trägheits-radius	Elastisches Widerstands-moment	Plastisches Widerstands-moment	Torsions-trägheits-moment	Torsions-widerstands-moment	Oberfläche pro Meter Länge	Nenn-länge pro Tonne
D	T	M	A	I	i	W_{el}	W_{pl}	I_t	C_t	A_s	
mm	mm	kg/m	cm^2	cm^4	cm	cm^3	cm^3	cm^4	cm^3	m^2/m	m
21,3	2,0	0,95	1,21	0,571	0,686	0,536	0,748	1,14	1,07	0,0669	1050
21,3	2,5	1,16	1,48	0,664	0,671	0,623	0,889	1,33	1,25	0,0669	863
21,3	3,0	1,35	1,72	0,741	0,656	0,696	1,01	1,48	1,39	0,0669	739
26,9	2,0	1,23	1,56	1,22	0,883	0,907	1,24	2,44	1,81	0,0845	814
26,9	2,5	1,50	1,92	1,44	0,867	1,07	1,49	2,88	2,14	0,0845	665
26,9	3,0	1,77	2,25	1,63	0,852	1,21	1,72	3,27	2,43	0,0845	566
33,7	2,0	1,56	1,99	2,51	1,12	1,49	2,01	5,02	2,98	0,106	640
33,7	2,5	1,92	2,45	3,00	1,11	1,78	2,44	6,00	3,56	0,106	520
33,7	3,0	2,27	2,89	3,44	1,09	2,04	2,84	6,88	4,08	0,106	440
42,4	2,0	1,99	2,54	5,19	1,43	2,45	3,27	10,4	4,90	0,133	502
42,4	2,5	2,46	3,13	6,26	1,41	2,95	3,99	12,5	5,91	0,133	407
42,4	3,0	2,91	3,71	7,25	1,40	3,42	4,67	14,5	6,84	0,133	343
42,4	4,0	3,79	4,83	8,99	1,36	4,24	5,92	18,0	8,48	0,133	264
48,3	2,0	2,28	2,91	7,81	1,64	3,23	4,29	15,6	6,47	0,152	438
48,3	2,5	2,82	3,60	9,46	1,62	3,92	5,25	18,9	7,83	0,152	354
48,3	3,0	3,35	4,27	11,0	1,61	4,55	6,17	22,0	9,11	0,152	298
48,3	4,0	4,37	5,57	13,8	1,57	5,70	7,87	27,5	11,4	0,152	229
48,3	5,0	5,34	6,80	16,2	1,54	6,69	9,42	32,3	13,4	0,152	187
60,3	2,0	2,88	3,66	15,6	2,06	5,17	6,80	31,2	10,3	0,189	348
60,3	2,5	3,56	4,54	19,0	2,05	6,30	8,36	38,0	12,6	0,189	281
60,3	3,0	4,24	5,40	22,2	2,03	7,37	9,86	44,4	14,7	0,189	236
60,3	4,0	5,55	7,07	28,2	2,00	9,34	12,7	56,3	18,7	0,189	180
60,3	5,0	6,82	8,69	33,5	1,96	11,1	15,3	67,0	22,2	0,189	147
76,1	2,0	3,65	4,66	32,0	2,62	8,40	11,0	64,0	16,8	0,239	274
76,1	2,5	4,54	5,78	39,2	2,60	10,3	13,5	78,4	20,6	0,239	220
76,1	3,0	5,41	6,89	46,1	2,59	12,1	16,0	92,2	24,2	0,239	185
76,1	4,0	7,11	9,06	59,1	2,55	15,5	20,8	118	31,0	0,239	141
76,1	5,0	8,77	11,2	70,9	2,52	18,6	25,3	142	37,3	0,239	114
76,1	6,0	10,4	13,2	81,8	2,49	21,5	29,6	164	43,0	0,239	96,4
76,1	6,3	10,8	13,8	84,8	2,48	22,3	30,8	170	44,6	0,239	92,2
88,9	2,0	4,29	5,46	51,6	3,07	11,6	15,1	103	23,2	0,279	233
88,9	2,5	5,33	6,79	63,4	3,06	14,3	18,7	127	28,5	0,279	188
88,9	3,0	6,36	8,10	74,8	3,04	16,8	22,1	150	33,6	0,279	157

EN 10219-2 (Fortsetzung)

Außen-durch-messer	Wand-dicke	Masse/Länge	Quer-schnitts-fläche	Trägheits-moment	Trägheits-radius	Elastisches Widerstands-moment	Plastisches Widerstands-moment	Torsions-trägheits-moment	Torsions-widerstands-moment	Oberfläche pro Meter Länge	Nenn-länge pro Tonne
D	T	M	A	I	i	W_{el}	W_{pl}	I_t	C_t	A_s	
mm	mm	kg/m	cm^2	cm^4	cm	cm^3	cm^3	cm^4	cm^3	m^2/m	m
88,9	4,0	8,38	10,7	96,3	3,00	21,7	28,9	193	43,3	0,279	119
88,9	5,0	10,3	13,2	116	2,97	26,2	35,2	233	52,4	0,279	96,7
88,9	6,0	12,3	15,6	135	2,94	30,4	41,3	270	60,7	0,279	81,5
88,9	6,3	12,8	16,3	140	2,93	31,5	43,1	280	63,1	0,279	77,9
101,6	2,0	4,91	6,26	77,6	3,52	15,3	19,8	155	30,6	0,319	204
101,6	2,5	6,11	7,78	95,6	3,50	18,8	24,6	191	37,6	0,319	164
101,6	3,0	7,29	9,29	113	3,49	22,3	29,2	226	44,5	0,319	137
101,6	4,0	9,63	12,3	146	3,45	28,8	38,1	293	57,6	0,319	104
101,6	5,0	11,9	15,2	177	3,42	34,9	46,7	355	69,9	0,319	84,0
101,6	6,0	14,1	18,0	207	3,39	40,7	54,9	413	81,4	0,319	70,7
101,6	6,3	14,8	18,9	215	3,38	42,3	57,3	430	84,7	0,319	67,5
114,3	2,5	6,89	8,78	137	3,95	24,0	31,3	275	48,0	0,359	145
114,3	3,0	8,23	10,5	163	3,94	28,4	37,2	325	56,9	0,359	121
114,3	4,0	10,9	13,9	211	3,90	36,9	48,7	422	73,9	0,359	91,9
114,3	5,0	13,5	17,2	257	3,87	45,0	59,8	514	89,9	0,359	74,2
114,3	6,0	16,0	20,4	300	3,83	52,5	70,4	600	105	0,359	62,4
114,3	6,3	16,8	21,4	313	3,82	54,7	73,6	625	109	0,359	59,6
114,3	8,0	21,0	26,7	379	3,77	66,4	90,6	759	133	0,359	47,7
139,7	3,0	10,1	12,9	301	4,83	43,1	56,1	602	86,2	0,439	98,9
139,7	4,0	13,4	17,1	393	4,80	56,2	73,7	786	112	0,439	74,7
139,7	5,0	16,6	21,2	481	4,77	68,8	90,8	961	138	0,439	60,2
139,7	6,0	19,8	25,2	564	4,73	80,8	107	1129	162	0,439	50,5
139,7	6,3	20,7	26,4	589	4,72	84,3	112	1177	169	0,439	48,2
139,7	8,0	26,0	33,1	720	4,66	103	139	1441	206	0,439	38,5
139,7	10,0	32,0	40,7	862	4,60	123	169	1724	247	0,439	31,3
168,3	3,0	12,2	15,6	532	5,85	63,3	82,0	1065	127	0,529	81,8
168,3	4,0	16,2	20,6	697	5,81	82,8	108	1394	166	0,529	61,7
168,3	5,0	20,1	25,7	856	5,78	102	133	1712	203	0,529	49,7
168,3	6,0	24,0	30,6	1009	5,74	120	158	2017	240	0,529	41,6
168,3	6,3	25,2	32,1	1053	5,73	125	165	2107	250	0,529	39,7
168,3	8,0	31,6	40,3	1297	5,67	154	206	2595	308	0,529	31,6
168,3	10,0	39,0	49,7	1564	5,61	186	251	3128	372	0,529	25,6
177,8	4,0	17,1	21,8	825	6,15	92,8	121	1650	186	0,559	58,3

EN 10219-2 (Fortsetzung)

Außen-durch-messer	Wand-dicke	Masse/Länge	Quer-schnitts-fläche	Trägheits-moment	Trägheits-radius	Elastisches Widerstands-moment	Plastisches Widerstands-moment	Torsions-trägheits-moment	Torsions-widerstands-moment	Oberfläche pro Meter Länge	Nenn-länge pro Tonne
D	T	M	A	I	i	W_{el}	W_{pl}	I_t	C_t	A_s	
mm	mm	kg/m	cm^2	cm^4	cm	cm^3	cm^3	cm^4	cm^3	m^2/m	m
177,8	5,0	21,3	27,1	1014	6,11	114	149	2028	228	0,559	46,9
177,8	6,0	25,4	32,4	1196	6,08	135	177	2392	269	0,559	39,3
177,8	6,3	26,6	33,9	1250	6,07	141	185	2499	281	0,559	37,5
177,8	8,0	33,5	42,7	1541	6,01	173	231	3083	347	0,559	29,9
177,8	10,0	41,4	52,7	1862	5,94	209	282	3724	419	0,559	24,2
177,8	12,0	49,1	62,5	2159	5,88	243	330	4318	486	0,559	20,4
177,8	12,5	51,0	64,9	2230	5,86	251	342	4460	502	0,559	19,6
193,7	4,0	18,7	23,8	1073	6,71	111	144	2146	222	0,609	53,4
193,7	5,0	23,3	29,6	1320	6,67	136	178	2640	273	0,609	43,0
193,7	6,0	27,8	35,4	1560	6,64	161	211	3119	322	0,609	36,0
193,7	6,3	29,1	37,1	1630	6,63	168	221	3260	337	0,609	34,3
193,7	8,0	36,6	46,7	2016	6,57	208	276	4031	416	0,609	27,3
193,7	10,0	45,3	57,7	2442	6,50	252	338	4883	504	0,609	22,1
193,7	12,0	53,8	68,5	2839	6,44	293	397	5678	586	0,609	18,6
193,7	12,5	55,9	71,2	2934	6,42	303	411	5869	606	0,609	17,9
219,1	4,0	21,2	27,0	1564	7,61	143	185	3128	286	0,688	47,1
219,1	5,0	26,4	33,6	1928	7,57	176	229	3856	352	0,688	37,9
219,1	6,0	31,5	40,2	2282	7,54	208	273	4564	417	0,688	31,7
219,1	6,3	33,1	42,1	2386	7,53	218	285	4772	436	0,688	30,2
219,1	8,0	41,6	53,1	2960	7,47	270	357	5919	540	0,688	24,0
219,1	10,0	51,6	65,7	3598	7,40	328	438	7197	657	0,688	19,4
219,1	12,0	61,3	78,1	4200	7,33	383	515	8400	767	0,688	16,3
219,1	12,5	63,7	81,1	4345	7,32	397	534	8689	793	0,688	15,7
244,5	5,0	29,5	37,6	2699	8,47	221	287	5397	441	0,768	33,9
244,5	6,0	35,3	45,0	3199	8,43	262	341	6397	523	0,768	28,3
244,5	6,3	37,0	47,1	3346	8,42	274	358	6692	547	0,768	27,0
244,5	8,0	46,7	59,4	4160	8,37	340	448	8321	681	0,768	21,4
244,5	10,0	57,8	73,7	5073	8,30	415	550	10146	830	0,768	17,3
244,5	12,0	68,8	87,7	5938	8,23	486	649	11877	972	0,768	14,5
244,5	12,5	71,5	91,1	6147	8,21	503	673	12295	1006	0,768	14,0
273,0	5,0	33,0	42,1	3781	9,48	277	359	7562	554	0,858	30,3
273,0	6,0	39,5	50,3	4487	9,44	329	428	8974	657	0,858	25,3
273,0	6,3	41,4	52,8	4696	9,43	344	448	9392	688	0,858	24,1

EN 10219-2 (Fortsetzung)

Außen-durch-messer	Wand-dicke	Masse/Länge	Quer-schnitts-fläche	Trägheits-moment	Trägheits-radius	Elastisches Widerstands-moment	Plastisches Widerstands-moment	Torsions-trägheits-moment	Torsions-widerstands-moment	Oberfläche pro Meter Länge	Nenn-länge pro Tonne
D	T	M	A	I	i	W_{el}	W_{pl}	I_t	C_t	A_s	
mm	mm	kg/m	cm²	cm⁴	cm	cm³	cm³	cm⁴	cm³	m²/m	m
273,0	8,0	52,3	66,6	5852	9,37	429	562	11703	857	0,858	19,1
273,0	10,0	64,9	82,6	7154	9,31	524	692	14308	1048	0,858	15,4
273,0	12,0	77,2	98,4	8396	9,24	615	818	16792	1230	0,858	12,9
273,0	12,5	80,3	102	8697	9,22	637	849	17395	1274	0,858	12,5
323,9	5,0	39,3	50,1	6369	11,3	393	509	12739	787	1,02	25,4
323,9	6,0	47,0	59,9	7572	11,2	468	606	15145	935	1,02	21,3
323,9	6,3	49,3	62,9	7929	11,2	490	636	15858	979	1,02	20,3
323,9	8,0	62,3	79,4	9910	11,2	612	799	19820	1224	1,02	16,0
323,9	10,0	77,4	98,6	12158	11,1	751	986	24317	1501	1,02	12,9
323,9	12,0	92,3	118	14320	11,0	884	1168	28639	1768	1,02	10,8
323,9	12,5	96,0	122	14847	11,0	917	1213	29693	1833	1,02	10,4
355,6	5,0	43,2	55,1	8464	12,4	476	615	16927	952	1,12	23,1
355,6	6,0	51,7	65,9	10071	12,4	566	733	20141	1133	1,12	19,3
355,6	6,3	54,3	69,1	10547	12,4	593	769	21094	1186	1,12	18,4
355,6	8,0	68,6	87,4	13201	12,3	742	967	26403	1485	1,12	14,6
355,6	10,0	85,2	109	16223	12,2	912	1195	32447	1825	1,12	11,7
355,6	12,0	102	130	19139	12,2	1076	1417	38279	2153	1,12	9,83
355,6	12,5	106	135	19852	12,1	1117	1472	39704	2233	1,12	9,45
355,6	16,0	134	171	24663	12,0	1387	1847	49326	2774	1,12	7,46
355,6	20,0	166	211	29792	11,9	1676	2255	59583	3351	1,12	6,04
406,4	6,0	59,2	75,5	15128	14,2	745	962	30257	1489	1,28	16,9
406,4	6,3	62,2	79,2	15849	14,1	780	1009	31699	1560	1,28	16,1
406,4	8,0	78,6	100	19874	14,1	978	1270	39748	1956	1,28	12,7
406,4	10,0	97,8	125	24476	14,0	1205	1572	48952	2409	1,28	10,2
406,4	12,0	117	149	28937	14,0	1424	1867	57874	2848	1,28	8,57
406,4	12,5	121	155	30031	13,9	1478	1940	60061	2956	1,28	8,24
406,4	16,0	154	196	37449	13,8	1843	2440	74898	3686	1,28	6,49
406,4	20,0	191	243	45432	13,7	2236	2989	90864	4472	1,28	5,25
406,4	25,0	235	300	54702	13,5	2692	3642	109404	5384	1,28	4,25
457,0	6,0	66,7	85,0	21618	15,9	946	1220	43236	1892	1,44	15,0
457,0	6,3	70,0	89,2	22654	15,9	991	1280	45308	1983	1,44	14,3
457,0	8,0	88,6	113	28446	15,9	1245	1613	56893	2490	1,44	11,3
457,0	10,0	110	140	35091	15,8	1536	1998	70183	3071	1,44	9,07

EN 10219-2 (Fortsetzung)

Außen-durch-messer	Wand-dicke	Masse/Länge	Quer-schnitts-fläche	Trägheits-moment	Trägheits-radius	Elastisches Widerstands-moment	Plastisches Widerstands-moment	Torsions-trägheits-moment	Torsions-widerstands-moment	Oberfläche pro Meter Länge	Nenn-länge pro Tonne
D	T	M	A	I	i	W_{el}	W_{pl}	I_t	C_t	A_s	
mm	mm	kg/m	cm^2	cm^4	cm	cm^3	cm^3	cm^4	cm^3	m^2/m	m
457,0	12,0	132	168	41556	15,7	1819	2377	83113	3637	1,44	7,59
457,0	12,5	137	175	43145	15,7	1888	2470	86290	3776	1,44	7,30
457,0	16,0	174	222	53959	15,6	2361	3113	107919	4723	1,44	5,75
457,0	20,0	216	275	65681	15,5	2874	3822	131363	5749	1,44	4,64
457,0	25,0	266	339	79415	15,3	3475	4671	158830	6951	1,44	3,75
457,0	30,0	316	402	92173	15,1	4034	5479	184346	8068	1,44	3,17
508,0	6,0	74,3	94,6	29812	17,7	1174	1512	59623	2347	1,60	13,5
508,0	6,3	77,9	99,3	31246	17,7	1230	1586	62493	2460	1,60	12,8
508,0	8,0	98,6	126	39280	17,7	1546	2000	78560	3093	1,60	10,1
508,0	10,0	123	156	48520	17,6	1910	2480	97040	3820	1,60	8,14
508,0	12,0	147	187	57536	17,5	2265	2953	115072	4530	1,60	6,81
508,0	12,5	153	195	59755	17,5	2353	3070	119511	4705	1,60	6,55
508,0	16,0	194	247	74909	17,4	2949	3874	149818	5898	1,60	5,15
508,0	20,0	241	307	91428	17,3	3600	4766	182856	7199	1,60	4,15
508,0	25,0	298	379	110918	17,1	4367	5837	221837	8734	1,60	3,36
508,0	30,0	354	451	129173	16,9	5086	6864	258346	10171	1,60	2,83
610,0	6,0	89,4	114	51924	21,4	1702	2189	103847	3405	1,92	11,2
610,0	6,3	93,8	119	54439	21,3	1785	2296	108878	3570	1,92	10,7
610,0	8,0	119	151	68551	21,3	2248	2899	137103	4495	1,92	8,42
610,0	10,0	148	188	84847	21,2	2782	3600	169693	5564	1,92	6,76
610,0	12,0	177	225	100814	21,1	3305	4292	201627	6611	1,92	5,65
610,0	12,5	184	235	104755	21,1	3435	4463	209509	6869	1,92	5,43
610,0	16,0	234	299	131781	21,0	4321	5647	263563	8641	1,92	4,27
610,0	20,0	291	371	161490	20,9	5295	6965	322979	10589	1,92	3,44
610,0	25,0	361	459	196906	20,7	6456	8561	393813	12912	1,92	2,77
610,0	30,0	429	547	230476	20,5	7557	10101	460952	15113	1,92	2,33
711,0	6,0	104	133	82568	24,9	2323	2982	165135	4645	2,2,3	9,59
711,0	6,3	109	139	86586	24,9	2436	3129	173172	4871	2,23	9,13
711,0	8,0	139	177	109162	24,9	3071	3954	218324	6141	2,23	7,21
711,0	10,0	173	220	135301	24,8	3806	4914	270603	7612	2,23	5,78
711,0	12,0	207	264	160991	24,7	4529	5864	321981	9057	2,23	4,83
711,0	12,5	215	274	167343	24,7	4707	6099	334686	9415	2,23	4,64
711,0	16,0	274	349	211040	24,6	5936	7730	422080	11873	2,23	3,65

EN 10219-2 (Fortsetzung)

Außen-durch-messer	Wand-dicke	Masse/Länge	Quer-schnitts-fläche	Trägheits-moment	Trägheits-radius	Elastisches Widerstands-moment	Plastisches Widerstands-moment	Torsions-trägheits-moment	Torsions-widerstands-moment	Oberfläche pro Meter Länge	Nenn-länge pro Tonne
D	T	M	A	I	i	W_{el}	W_{pl}	I_t	C_t	A_s	
mm	mm	kg/m	cm²	cm⁴	cm	cm³	cm³	cm⁴	cm³	m²/m	m
711,0	20,0	341	434	259351	24,4	7295	9552	518702	14591	2,23	2,93
711,0	25,0	423	539	317357	24,3	8927	11770	634715	17854	2,23	2,36
711,0	30,0	504	642	372790	24,1	10486	13922	745580	20973	2,23	1,98
762,0	6,0	112	143	101813	26,7	2672	3429	203626	5345	2,39	8,94
762,0	6,3	117	150	106777	26,7	2803	3598	213555	5605	2,39	8,52
762,0	8,0	149	190	134683	26,7	3535	4548	269366	7070	2,39	6,72
762,0	10,0	185	236	167028	26,6	4384	5655	334057	8768	2,39	5,39
762,0	12,0	222	283	198855	26,5	5219	6751	397710	10439	2,39	4,51
762,0	12,5	231	294	206731	26,5	5426	7023	413462	10852	2,39	4,33
762,0	16,0	294	375	260973	26,4	6850	8906	521947	13699	2,39	3,40
762,0	20,0	366	466	321083	26,2	8427	11014	642166	16855	2,39	2,73
762,0	25,0	454	579	393461	26,1	10327	13584	786922	20654	2,39	2,20
762,0	30,0	542	690	462853	25,9	12148	16084	925706	24297	2,39	1,85
813,0	8,0	159	202	163901	28,5	4032	5184	327801	8064	2,55	6,30
813,0	10,0	198	252	203364	28,4	5003	6448	406728	10006	2,55	5,05
813,0	12,0	237	302	242235	28,3	5959	7700	484469	11918	2,55	4,22
813,0	12,5	247	314	251860	28,3	6196	8011	503721	12392	2,55	4,05
813,0	16,0	314	401	318222	28,2	7828	10165	636443	15657	2,55	3,18
813,0	20,0	391	498	391909	28,0	9641	12580	783819	19282	2,55	2,56
813,0	25,0	486	619	480856	27,9	11829	15529	961713	23658	2,55	2,06
813,0	30,0	579	738	566374	27,7	13933	18402	1132748	27866	2,55	1,73
914,0	8,0	179	228	233651	32,0	5113	6567	467303	10225	2,87	5,59
914,0	10,0	223	284	290147	32,0	6349	8172	580294	12698	2,87	4,49
914,0	12,0	267	340	345890	31,9	7569	9764	691779	15137	2,87	3,75
914,0	12,5	278	354	359708	31,9	7871	10159	719417	15742	2,87	3,60
914,0	16,0	354	451	455142	31,8	9959	12904	910284	19919	2,87	2,82
914,0	20,0	441	562	561461	31,6	12286	15987	1122922	24572	2,87	2,27
914,0	25,0	548	698	690317	31,4	15105	19763	1380634	30211	2,87	1,82
914,0	30,0	654	833	814775	31,3	17829	23453	1629550	35658	2,87	1,53
1016,0	8,0	199	253	321780	35,6	6334	8129	643560	12668	3,19	5,03
1016,0	10,0	248	316	399850	35,6	7871	10121	799699	15742	3,19	4,03
1016,0	12,0	297	378	476985	35,5	9389	12097	953969	18779	3,19	3,37
1016,0	12,5	309	394	496123	35,5	9766	12588	992246	19532	3,19	3,23

EN 10219-2 (Fortsetzung)

Außen-durch-messer	Wand-dicke	Masse/ Länge	Quer-schnitts-fläche	Trägheits-moment	Trägheits-radius	Elastisches Widerstands-moment	Plastisches Widerstands-moment	Torsions-trägheits-moment	Torsions-widerstands-moment	Oberfläche pro Meter Länge	Nenn-länge pro Tonne
D	T	M	A	I	i	W_{el}	W_{pl}	I_t	C_t	A_s	
mm	mm	kg/m	cm^2	cm^4	cm	cm^3	cm^3	cm^4	cm^3	m^2/m	m
1016,0	16,0	395	503	628479	35,4	12372	16001	1256959	24743	3,19	2,53
1016,0	20,0	491	626	776324	35,2	15282	19843	1552648	30564	3,19	2,04
1016,0	25,0	611	778	956086	35,0	18821	24557	1912173	37641	3,19	1,64
1016,0	30,0	729	929	1130352	34,9	22251	29175	2260704	44502	3,19	1,37
1067,0	10,0	261	332	463792	37,4	8693	11173	927585	17387	3,35	3,84
1067,0	12,0	312	398	553420	37,3	10373	13357	1106840	20747	3,35	3,20
1067,0	12,5	325	414	575666	37,3	10790	13900	1151332	21581	3,35	3,08
1067,0	16,0	415	528	729606	37,2	13676	17675	1459213	27352	3,35	2,41
1067,0	20,0	516	658	901755	37,0	16903	21927	1803509	33805	3,35	1,94
1067,0	25,0	642	818	1111355	36,9	20831	27149	2222711	41663	3,35	1,56
1067,0	30,0	767	977	1314864	36,7	24646	32270	2629727	49292	3,35	1,30
1168,0	10,0	286	364	609843	40,9	10443	13410	1219686	20885	3,67	3,50
1168,0	12,0	342	436	728050	40,9	12467	16037	1456101	24933	3,67	2,92
1168,0	12,5	356	454	757409	40,9	12969	16690	1514818	25939	3,67	2,81
1168,0	16,0	455	579	960774	40,7	16452	21235	1921547	32903	3,67	2,20
1168,0	20,0	566	721	1188632	40,6	20353	26361	2377264	40707	3,67	1,77
1168,0	25,0	705	898	1466717	40,4	25115	32666	2933434	50230	3,67	1,42
1219,0	10,0	298	380	694014	42,7	11387	14617	1388029	22773	3,83	3,35
1219,0	12,0	357	455	828716	42,7	13597	17483	1657433	27193	3,83	2,80
1219,0	12,5	372	474	862181	42,7	14146	18196	1724362	28291	3,83	2,69
1219,0	16,0	475	605	1094091	42,5	17951	23157	2188183	35901	3,83	2,11
1219,0	20,0	591	753	1354155	42,4	22217	28755	2708309	44435	3,83	1,69
1219,0	25,0	736	938	1671873	42,2	27430	35646	3343746	54860	3,83	1,36

Nennabmessungen und statische Werte warmgefertigter kreisförmiger Hohlprofile nach EN 10210-2

Außendurchmesser	Wanddicke	Masse/Länge	Querschnittsfläche	Trägheitsmoment	Trägheitsradius	Elastisches Widerstandsmoment	Plastisches Widerstandsmoment	Torsionsträgheitsmoment	Torsionswiderstandsmoment	Oberfläche pro Meter Länge	Nennlänge pro Tonne
D	T	M	A	I	i	W_{el}	W_{pl}	I_t	C_t	A_s	
mm	mm	kg/m	cm^2	cm^4	cm	cm^3	cm^3	cm^4	cm^3	m^2/m	m
21,3	2,3	1,08	1,37	0,629	0,677	0,590	0,834	1,26	1,18	0,0669	928
21,3	2,6	1,20	1,53	0,681	0,668	0,639	0,915	1,36	1,28	0,0669	834
21,3	3,2	1,43	1,82	0,768	0,650	0,722	1,06	1,54	1,44	0,0669	700
26,9	2,3	1,40	1,78	1,36	0,874	1,01	1,40	2,71	2,02	0,0845	717
26,9	2,6	1,56	1,98	1,48	0,864	1,10	1,54	2,96	2,20	0,0845	642
26,9	3,2	1,87	2,38	1,70	0,846	1,27	1,81	3,41	2,53	0,0845	535
33,7	2,6	1,99	2,54	3,09	1,10	1,84	2,52	6,19	3,67	0,106	501
33,7	3,2	2,41	3,07	3,60	1,08	2,14	2,99	7,21	4,28	0,106	415
33,7	4,0	2,93	3,73	4,19	1,06	2,49	3,55	8,38	4,97	0,106	341
42,4	2,6	2,55	3,25	6,46	1,41	3,05	4,12	12,9	6,10	0,133	392
42,4	3,2	3,09	3,94	7,62	1,39	3,59	4,93	15,2	7,19	0,133	323
42,4	4,0	3,79	4,83	8,99	1,36	4,24	5,92	18,0	8,48	0,133	264
48,3	2,6	2,93	3,73	9,78	1,62	4,05	5,44	19,6	8,10	0,152	341
48,3	3,2	3,56	4,53	11,6	1,60	4,80	6,52	23,2	9,59	0,152	281
48,3	4,0	4,37	5,57	13,8	1,57	5,70	7,87	27,5	11,4	0,152	229
48,3	5,0	5,34	6,80	16,2	1,54	6,69	9,42	32,3	13,4	0,152	187
60,3	2,6	3,70	4,71	19,7	2,04	6,52	8,66	39,3	13,0	0,189	270
60,3	3,2	4,51	5,74	23,5	2,02	7,78	10,4	46,9	15,6	0,189	222
60,3	4,0	5,55	7,07	28,2	2,00	9,34	12,7	56,3	18,7	0,189	180
60,3	5,0	6,82	8,69	33,5	1,96	11,1	15,3	67,0	22,2	0,189	147
76,1	2,6	4,71	6,00	40,6	2,60	10,7	14,1	81,2	21,3	0,239	212
76,1	3,2	5,75	7,33	48,8	2,58	12,8	17,0	97,6	25,6	0,239	174
76,1	4,0	7,11	9,06	59,1	2,55	15,5	20,8	118	31,0	0,239	141
76,1	5,0	8,77	11,2	70,9	2,52	18,6	25,3	142	37,3	0,239	114
88,9	3,2	6,76	8,62	79,2	3,03	17,8	23,5	158	35,6	0,279	148
88,9	4,0	8,38	10,7	96,3	3,00	21,7	28,9	193	43,3	0,279	119
88,9	5,0	10,3	13,2	116	2,97	26,2	35,2	233	52,4	0,279	96,7
88,9	6,0	12,3	15,6	135	2,94	30,4	41,3	270	60,7	0,279	81,5
88,9	6,3	12,8	16,3	140	2,93	31,5	43,1	280	63,1	0,279	77,9
101,6	3,2	7,77	9,89	120	3,48	23,6	31,0	240	47,2	0,319	129
101,6	4,0	9,63	12,3	146	3,45	28,8	38,1	293	57,6	0,319	104
101,6	5,0	11,9	15,2	177	3,42	34,9	46,7	355	69,9	0,319	84,0
101,6	6,0	14,1	18,0	207	3,39	40,7	54,9	413	81,4	0,319	70,7

EN 10210-2 (Fortsetzung)

Außen-durch-messer	Wand-dicke	Masse/Länge	Quer-schnitts-fläche	Trägheits-moment	Trägheits-radius	Elastisches Widerstands-moment	Plastisches Widerstands-moment	Torsions-trägheits-moment	Torsions-widerstands-moment	Oberfläche pro Meter Länge	Nenn-länge pro Tonne
D	T	M	A	I	i	W_{el}	W_{pl}	I_t	C_t	A_s	
mm	mm	kg/m	cm^2	cm^4	cm	cm^3	cm^3	cm^4	cm^3	m^2/m	m
101,6	6,3	14,8	18,9	215	3,38	42,3	57,3	430	84,7	0,319	67,5
101,6	8,0	18,5	23,5	260	3,32	51,1	70,3	519	102	0,319	54,2
101,6	10,0	22,6	28,8	305	3,26	60,1	84,2	611	120	0,319	44,3
114,3	3,2	8,77	11,2	172	3,93	30,2	39,5	345	60,4	0,359	114
114,3	4,0	10,9	13,9	211	3,90	36,9	48,7	422	73,9	0,359	91,9
114,3	5,0	13,5	17,2	257	3,87	45,0	59,8	514	89,9	0,359	74,2
114,3	6,0	16,0	20,4	300	3,83	52,5	70,4	600	105	0,359	62,4
114,3	6,3	16,8	21,4	313	3,82	54,7	73,6	625	109	0,359	59,6
114,3	8,0	21,0	26,7	379	3,77	66,4	90,6	759	133	0,359	47,7
114,3	10,0	25,7	32,8	450	3,70	78,7	109	899	157	0,359	38,9
139,7	4,0	13,4	17,1	393	4,80	56,2	73,7	786	112	0,439	74,7
139,7	5,0	16,6	21,2	481	4,77	68,8	90,8	961	138	0,439	60,2
139,7	6,0	19,8	25,2	564	4,73	80,8	107	1129	162	0,439	50,5
139,7	6,3	20,7	26,4	589	4,72	84,3	112	1177	169	0,439	48,2
139,7	8,0	26,0	33,1	720	4,66	103	139	1441	206	0,439	38,5
139,7	10,0	32,0	40,7	862	4,60	123	169	1724	247	0,439	31,3
139,7	12,0	37,8	48,1	990	4,53	142	196	1980	283	0,439	26,5
139,7	12,5	39,2	50,0	1020	4,52	146	203	2040	292	0,439	25,5
168,3	4,0	16,2	20,6	697	5,81	82,8	108	1394	166	0,529	61,7
168,3	5,0	20,1	25,7	856	5,78	102	133	1712	203	0,529	49,7
168,3	6,0	24,0	30,6	1009	5,74	120	158	2017	240	0,529	41,6
168,3	6,3	25,2	32,1	1053	5,73	125	165	2107	250	0,529	39,7
168,3	8,0	31,6	40,3	1297	5,67	154	206	2595	308	0,529	31,6
168,3	10,0	39,0	49,7	1564	5,61	186	251	3128	372	0,529	25,6
168,3	12,0	46,3	58,9	1810	5,54	215	294	3620	430	0,529	21,6
168,3	12,5	48,0	61,2	1868	5,53	222	304	3737	444	0,529	20,8
177,8	5,0	21,3	27,1	1014	6,11	114	149	2028	228	0,559	46,9
177,8	6,0	25,4	32,4	1196	6,08	135	177	2392	269	0,559	39,3
177,8	6,3	26,6	33,9	1250	6,07	141	185	2499	281	0,559	37,5
177,8	8,0	33,5	42,7	1541	6,01	173	231	3083	347	0,559	29,9
177,8	10,0	41,4	52,7	1862	5,94	209	282	3724	419	0,559	24,2
177,8	12,0	49,1	62,5	2159	5,88	243	330	4318	486	0,559	20,4
177,8	12,5	51,0	64,9	2230	5,86	251	342	4460	502	0,559	19,6

EN 10210-2 (Fortsetzung)

Außen-durch-messer	Wand-dicke	Masse/Länge	Quer-schnitts-fläche	Trägheits-moment	Trägheits-radius	Elastisches Widerstands-moment	Plastisches Widerstands-moment	Torsions-trägheits-moment	Torsions-widerstands-moment	Oberfläche pro Meter Länge	Nenn-länge pro Tonne
D	T	M	A	I	i	W_{el}	W_{pl}	I_t	C_t	A_s	
mm	mm	kg/m	cm^2	cm^4	cm	cm^3	cm^3	cm^4	cm^3	m^2/m	m
193,7	5,0	23,3	29,6	1320	6,67	136	178	2640	273	0,609	43,0
193,7	6,0	27,8	35,4	1560	6,64	161	211	3119	322	0,609	36,0
193,7	6,3	29,1	37,1	1630	6,63	168	221	3260	337	0,609	34,3
193,7	8,0	36,6	46,7	2016	6,57	208	276	4031	416	0,609	27,3
193,7	10,0	45,3	57,7	2442	6,50	252	338	4883	504	0,609	22,1
193,7	12,0	53,8	68,5	2839	6,44	293	397	5678	586	0,609	18,6
193,7	12,5	55,9	71,2	2934	6,42	303	411	5869	606	0,609	17,9
193,7	16,0	70,1	89,3	3554	6,31	367	507	7109	734	0,609	14,3
219,1	5,0	26,4	33,6	1928	7,57	176	229	3856	352	0,688	37,9
219,1	6,0	31,5	40,2	2282	7,54	208	273	4564	417	0,688	31,7
219,1	6,3	33,1	42,1	2386	7,53	218	285	4772	436	0,688	30,2
219,1	8,0	41,6	53,1	2960	7,47	270	357	5919	540	0,688	24,0
219,1	10,0	51,6	65,7	3598	7,40	328	438	7197	657	0,688	19,4
219,1	12,0	61,3	78,1	4200	7,33	383	515	8400	767	0,688	16,3
219,1	12,5	63,7	81,1	4345	7,32	397	534	8689	793	0,688	15,7
219,1	16,0	80,1	102	5297	7,20	483	661	10590	967	0,688	12,5
219,1	20,0	98,2	125	6261	7,07	572	795	12520	1143	0,688	10,2
244,5	5,0	29,5	37,6	2699	8,47	221	287	5397	441	0,768	33,9
244,5	6,0	35,3	45,0	3199	8,43	262	341	6397	523	0,768	28,3
244,5	6,3	37,0	47,1	3346	8,42	274	358	6692	547	0,768	27,0
244,5	8,0	46,7	59,4	4160	8,37	340	448	8321	681	0,768	21,4
244,5	10,0	57,8	73,7	5073	8,30	415	550	10146	830	0,768	17,3
244,5	12,0	68,8	87,7	5938	8,23	486	649	11877	972	0,768	14,5
244,5	12,5	71,5	91,1	6147	8,21	503	673	12295	1006	0,768	14,0
244,5	16,0	90,2	115	7533	8,10	616	837	15066	1232	0,768	11,1
244,5	20,0	111	141	8957	7,97	733	1011	17914	1465	0,768	9,03
244,5	25,0	135	172	10517	7,81	860	1210	21034	1721	0,768	7,39
273,0	5,0	33,0	42,1	3781	9,48	277	359	7562	554	0,858	30,3
273,0	6,0	39,5	50,3	4487	9,44	329	428	8974	657	0,858	25,3
273,0	6,3	41,4	52,8	4696	9,43	344	448	9392	688	0,858	24,1
273,0	8,0	52,3	66,6	5852	9,37	429	562	11703	857	0,858	19,1
273,0	10,0	64,9	82,6	7154	9,31	524	692	14308	1048	0,858	15,4
273,0	12,0	77,2	98,4	8396	9,24	615	818	16792	1230	0,858	12,9

EN 10210-2 (Fortsetzung)

Außen-durch-messer	Wand-dicke	Masse/ Länge	Quer-schnitts-fläche	Trägheits-moment	Trägheits-radius	Elastisches Widerstands-moment	Plastisches Widerstands-moment	Torsions-trägheits-moment	Torsions-widerstands-moment	Oberfläche pro Meter Länge	Nenn-länge pro Tonne
D	T	M	A	I	i	W_{el}	W_{pl}	I_t	C_t	A_s	
mm	mm	kg/m	cm^2	cm^4	cm	cm^3	cm^3	cm^4	cm^3	m^2/m	m
273,0	12,5	80,3	102	8697	9,22	637	849	17395	1274	0,858	12,5
273,0	16,0	101	129	10707	9,10	784	1058	21414	1569	0,858	9,86
273,0	20,0	125	159	12798	8,97	938	1283	25597	1875	0,858	8,01
273,0	25,0	153	195	15127	8,81	1108	1543	30254	2216	0,858	6,54
323,9	5,0	39,3	50,1	6369	11,3	393	509	12739	787	1,02	25,4
323,9	6,0	47,0	59,9	7572	11,2	468	606	15145	935	1,02	21,3
323,9	6,3	49,3	62,9	7929	11,2	490	636	15858	979	1,02	20,3
323,9	8,0	62,3	79,4	9910	11,2	612	799	19820	1224	1,02	16,0
323,9	10,0	77,4	98,6	12158	11,1	751	986	24317	1501	1,02	12,9
323,9	12,0	92,3	118	14320	11,0	884	1168	28639	1768	1,02	10,8
323,9	12,5	96,0	122	14847	11,0	917	1213	29693	1833	1,02	10,4
323,9	16,0	121	155	18390	10,9	1136	1518	36780	2271	1,02	8,23
323,9	20,0	150	191	22139	10,8	1367	1850	44278	2734	1,02	6,67
323,9	25,0	184	235	26400	10,6	1630	2239	52800	3260	1,02	5,43
355,6	6,0	51,7	65,9	10071	12,4	566	733	20141	1133	1,12	19,3
355,6	6,3	54,3	69,1	10547	12,4	593	769	21094	1186	1,12	18,4
355,6	8,0	68,6	87,4	13201	12,3	742	967	26403	1485	1,12	14,6
355,6	10,0	85,2	109	16223	12,2	912	1195	32447	1825	1,12	11,7
355,6	12,0	102	130	19139	12,2	1076	1417	38279	2153	1,12	9,83
355,6	12,5	106	135	19852	12,1	1117	1472	39704	2233	1,12	9,45
355,6	16,0	134	171	24663	12,0	1387	1847	49326	2774	1,12	7,46
355,6	20,0	166	211	29792	11,9	1676	2255	59583	3351	1,12	6,04
355,6	25,0	204	260	35677	11,7	2007	2738	71353	4013	1,12	4,91
406,4	6,0	59,2	75,5	15128	14,2	745	962	30257	1489	1,28	16,9
406,4	6,3	62,2	79,2	15849	14,1	780	1009	31699	1560	1,28	16,1
406,4	8,0	78,6	100	19874	14,1	978	1270	39748	1956	1,28	12,7
406,4	10,0	97,8	125	24476	14,0	1205	1572	48952	2409	1,28	10,2
406,4	12,0	117	149	28937	14,0	1424	1867	57874	2848	1,28	8,57
406,4	12,5	121	155	30031	13,9	1478	1940	60061	2956	1,28	8,24
406,4	16,0	154	196	37449	13,8	1843	2440	74898	3686	1,28	6,49
406,4	20,0	191	243	45432	13,7	2236	2989	90864	4472	1,28	5,25
406,4	25,0	235	300	54702	13,5	2692	3642	109404	5384	1,28	4,25
406,4	30,0	278	355	63224	13,3	3111	4259	126447	6223	1,28	3,59

EN 10210-2 (Fortsetzung)

Außen-durch-messer	Wand-dicke	Masse/Länge	Quer-schnitts-fläche	Trägheits-moment	Trägheits-radius	Elastisches Widerstands-moment	Plastisches Widerstands-moment	Torsions-trägheits-moment	Torsions-widerstands-moment	Oberfläche pro Meter Länge	Nenn-länge pro Tonne
D	T	M	A	I	i	W_{el}	W_{pl}	I_t	C_t	A_s	
mm	mm	kg/m	cm^2	cm^4	cm	cm^3	cm^3	cm^4	cm^3	m^2/m	m
406,4	40,0	361	460	78186	13,0	3848	5391	156373	7696	1,28	2,77
457,0	6,0	66,7	85,0	21618	15,9	946	1220	43236	1892	1,44	15,0
457,0	6,3	70,0	89,2	22654	15,9	991	1280	45308	1983	1,44	14,3
457,0	8,0	88,6	113	28446	15,9	1245	1613	56893	2490	1,44	11,3
457,0	10,0	110	140	35091	15,8	1536	1998	70183	3071	1,44	9,07
457,0	12,0	132	168	41556	15,7	1819	2377	83113	3637	1,44	7,59
457,0	12,5	137	175	43145	15,7	1888	2470	86290	3776	1,44	7,30
457,0	16,0	174	222	53959	15,6	2361	3113	107919	4723	1,44	5,75
457,0	20,0	216	275	65681	15,5	2874	3822	131363	5749	1,44	4,64
457,0	25,0	266	339	79415	15,3	3475	4671	158830	6951	1,44	3,75
457,0	30,0	316	402	92173	15,1	4034	5479	184346	8068	1,44	3,17
457,0	40,0	411	524	114949	14,8	5031	6977	229898	10061	1,44	2,43
508,0	6,0	74,3	94,6	29812	17,7	1174	1512	59623	2347	1,60	13,5
508,0	6,3	77,9	99,3	31246	17,7	1230	1586	62493	2460	1,60	12,8
508,0	8,0	98,6	126	39280	17,7	1546	2000	78560	3093	1,60	10,1
508,0	10,0	123	156	48520	17,6	1910	2480	97040	3820	1,60	8,14
508,0	12,0	147	187	57536	17,5	2265	2953	115072	4530	1,60	6,81
508,0	12,5	153	195	59755	17,5	2353	3070	119511	4705	1,60	6,55
508,0	16,0	194	247	74909	17,4	2949	3874	149818	5898	1,60	5,15
508,0	20,0	241	307	91428	17,3	3600	4766	182856	7199	1,60	4,15
508,0	25,0	298	379	110918	17,1	4367	5837	221837	8734	1,60	3,36
508,0	30,0	354	451	129173	16,9	5086	6864	258346	10171	1,60	2,83
508,0	40,0	462	588	162188	16,6	6385	8782	324376	12771	1,60	2,17
508,0	50,0	565	719	190885	16,3	7515	10530	381770	15030	1,60	1,77
610,0	6,0	89,4	114	51924	21,4	1702	2189	103847	3405	1,92	11,2
610,0	6,3	93,8	119	54439	21,3	1785	2296	108878	3570	1,92	10,7
610,0	8,0	119	151	68551	21,3	2248	2899	137103	4495	1,92	8,42
610,0	10,0	148	188	84847	21,2	2782	3600	169693	5564	1,92	6,76
610,0	12,0	177	225	100814	21,1	3305	4292	201627	6611	1,92	5,65
610,0	12,5	184	235	104755	21,1	3435	4463	209509	6869	1,92	5,43
610,0	16,0	234	299	131781	21,0	4321	5647	263563	8641	1,92	4,27
610,0	20,0	291	371	161490	20,9	5295	6965	322979	10589	1,92	3,44
610,0	25,0	361	459	196906	20,7	6456	8561	393813	12912	1,92	2,77

EN 10210-2 (Fortsetzung)

Außen-durch-messer	Wand-dicke	Masse/Länge	Quer-schnitts-fläche	Trägheits-moment	Trägheits-radius	Elastisches Widerstands-moment	Plastisches Widerstands-moment	Torsions-trägheits-moment	Torsions-widerstands-moment	Oberfläche pro Meter Länge	Nenn-länge pro Tonne
D	T	M	A	I	i	W_{el}	W_{pl}	I_t	C_t	A_s	
mm	mm	kg/m	cm^2	cm^4	cm	cm^3	cm^3	cm^4	cm^3	m^2/m	m
610,0	30,0	429	547	230476	20,5	7557	10101	460952	15113	1,92	2,33
610,0	40,0	562	716	292333	20,2	9585	13017	584666	19169	1,92	1,78
610,0	50,0	691	880	347570	19,9	11396	15722	695140	22791	1,92	1,45
711,0	6,0	104	133	82568	24,9	2323	2982	165135	4645	2,23	9,59
711,0	6,3	109	139	86586	24,9	2436	3129	173172	4871	2,23	9,13
711,0	8,0	139	177	109162	24,9	3071	3954	218324	6141	2,23	7,21
711,0	10,0	173	220	135301	24,8	3806	4914	270603	7612	2,23	5,78
711,0	12,0	207	264	160991	24,7	4529	5864	321981	9057	2,23	4,83
711,0	12,5	215	274	167343	24,7	4707	6099	334686	9415	2,23	4,64
711,0	16,0	274	349	211040	24,6	5936	7730	422080	11873	2,23	3,65
711,0	20,0	341	434	259351	24,4	7295	9552	518702	14591	2,23	2,93
711,0	25,0	423	539	317357	24,3	8927	11770	634715	17854	2,23	2,36
711,0	30,0	504	642	372790	24,1	10486	13922	745580	20973	2,23	1,98
711,0	40,0	662	843	476242	23,8	13396	18031	952485	26793	2,23	1,51
711,0	50,0	815	1038	570312	23,4	16043	21888	1140623	32085	2,23	1,23
711,0	60,0	963	1127	655583	23,1	18441	25500	1311166	36882	2,23	1,04
762,0	6,0	112	143	101813	26,7	2672	3429	203626	5345	2,39	8,94
762,0	6,3	117	150	106777	26,7	2803	3598	213555	5605	2,39	8,52
762,0	8,0	149	190	134683	26,7	3535	4548	269366	7070	2,39	6,72
762,0	10,0	185	236	167028	26,6	4384	5655	334057	8768	2,39	5,39
762,0	12,0	222	283	198855	26,5	5219	6751	397710	10439	2,39	4,51
762,0	12,5	231	294	206731	26,5	5426	7023	413462	10852	2,39	4,33
762,0	16,0	294	375	260973	26,4	6850	8906	521947	13699	2,39	3,40
762,0	20,0	366	466	321083	26,2	8427	11014	642166	16855	2,39	2,73
762,0	25,0	454	579	393461	26,1	10327	13584	786922	20654	2,39	2,20
762,0	30,0	542	690	462853	25,9	12148	16084	925706	24297	2,39	1,85
762,0	40,0	712	907	593011	25,6	15565	20873	1186021	31129	2,39	1,40
762,0	50,0	878	1118	712207	25,2	18693	25389	1424414	37386	2,39	1,14
813,0	8,0	159	202	163901	28,5	4032	5184	327801	8064	2,55	6,30
813,0	10,0	198	252	203364	28,4	5003	6448	406728	10006	2,55	5,05
813,0	12,0	237	302	242235	28,3	5959	7700	484469	11918	2,55	4,22
813,0	12,5	247	314	251860	28,3	6196	8011	503721	12392	2,55	4,05
813,0	16,0	314	401	318222	28,2	7828	10165	636443	15657	2,55	3,18

EN 10210-2 (Fortsetzung)

Außen-durch-messer	Wand-dicke	Masse/Länge	Quer-schnitts-fläche	Trägheits-moment	Trägheits-radius	Elastisches Widerstands-moment	Plastisches Widerstands-moment	Torsions-trägheits-moment	Torsions-widerstands-moment	Oberfläche pro Meter Länge	Nenn-länge pro Tonne
D	T	M	A	I	i	W_{el}	W_{pl}	I_t	C_t	A_s	
mm	mm	kg/m	cm^2	cm^4	cm	cm^3	cm^3	cm^4	cm^3	m^2/m	m
813,0	20,0	391	498	391909	28,0	9641	12580	783819	19282	2,55	2,56
813,0	25,0	486	619	480856	27,9	11829	15529	961713	23658	2,55	2,06
813,0	30,0	579	738	566374	27,7	13933	18402	1132748	27866	2,55	1,73
914,0	8,0	179	228	233651	32,0	5113	6567	467303	10225	2,87	5,59
914,0	10,0	223	284	290147	32,0	6349	8172	580294	12698	2,87	4,49
914,0	12,0	267	340	345890	31,9	7569	9764	691779	15137	2,87	3,75
914,0	12,5	278	354	359708	31,9	7871	10159	719417	15742	2,87	3,60
914,0	16,0	354	451	455142	31,8	9959	12904	910284	19919	2,87	2,82
914,0	20,0	441	562	561461	31,6	12286	15987	1122922	24572	2,87	2,27
914,0	25,0	548	698	690317	31,4	15105	19763	1380634	30211	2,87	1,82
914,0	30,0	654	833	814775	31,3	17829	23453	1629550	35658	2,87	1,53
1016,0	8,0	199	253	321780	35,6	6334	8129	643560	12668	3,19	5,03
1016,0	10,0	248	316	399850	35,6	7871	10121	799699	15742	3,19	4,03
1016,0	12,0	297	378	476985	35,5	9389	12097	953969	18779	3,19	3,37
1016,0	12,5	309	394	496123	35,5	9766	12588	992246	19532	3,19	3,23
1016,0	16,0	395	503	628479	35,4	12372	16001	1256959	24743	3,19	2,53
1016,0	20,0	491	626	776324	35,2	15282	19843	1552648	30564	3,19	2,04
1016,0	25,0	611	778	956086	35,0	18821	24557	1912173	37641	3,19	1,64
1016,0	30,0	729	929	1130352	34,9	22251	29175	2260704	44502	3,19	1,37
1067,0	10,0	261	332	463792	37,4	8693	11173	927585	17387	3,35	3,84
1067,0	12,0	312	398	553420	37,3	10373	13357	1106840	20747	3,35	3,20
1067,0	12,5	325	414	575666	37,3	10790	13900	1151332	21581	3,35	3,08
1067,0	16,0	415	528	729606	37,2	13676	17675	1459213	27352	3,35	2,41
1067,0	20,0	516	658	901755	37,0	16903	21927	1803509	33805	3,35	1,94
1067,0	25,0	642	818	1111355	36,9	20831	27149	2222711	41663	3,35	1,56
1067,0	30,0	767	977	1314864	36,7	24646	32270	2629727	49292	3,35	1,30
1168,0	10,0	286	364	609843	40,9	10443	13410	1219686	20885	3,67	3,50
1168,0	12,0	342	436	728050	40,9	12467	16037	1456101	24933	3,67	2,92
1168,0	12,5	356	454	757409	40,9	12969	16690	1514818	25939	3,67	2,81
1168,0	16,0	455	579	960774	40,7	16452	21235	1921547	32903	3,67	2,20
1168,0	20,0	566	721	1188632	40,6	20353	26361	2377264	40707	3,67	1,77
1168,0	25,0	705	898	1466717	40,4	25115	32666	2933434	50230	3,67	1,42
1219,0	10,0	298	380	694014	42,7	11387	14617	1388029	22773	3,83	3,35

EN 10210-2 (Fortsetzung)

Außen-durch-messer	Wand-dicke	Masse/Länge	Quer-schnitts-fläche	Trägheits-moment	Trägheits-radius	Elastisches Widerstands-moment	Plastisches Widerstands-moment	Torsions-trägheits-moment	Torsions-widerstands-moment	Oberfläche pro Meter Länge	Nenn-länge pro Tonne
D	T	M	A	I	i	W_{el}	W_{pl}	I_t	C_t	A_s	
mm	mm	kg/m	cm^2	cm^4	cm	cm^3	cm^3	cm^4	cm^3	m^2/m	m
1219,0	12,0	357	455	828716	42,7	13597	17483	1657433	27193	3,83	2,80
1219,0	12,5	372	474	862181	42,7	14146	18196	1724362	28291	3,83	2,69
1219,0	16,0	475	605	1094091	42,5	17951	23157	2188183	35901	3,83	2,11
1219,0	20,0	591	753	1354155	42,4	22217	28755	2708309	44435	3,83	1,69
1219,0	25,0	736	938	1671873	42,2	27430	35646	3343746	54860	3,83	1,36

Nennabmessungen und statische Werte kaltgefertigter quadratischer Hohlprofile nach EN 10219-2

Abmes-sungen	Wand-dicke	Masse/Länge	Quer-schnitts-fläche	Trägheits-moment	Trägheits-radius	Elastisches Widerstands-moment	Plastisches Widerstands-moment	Torsions-trägheits-moment	Torsions-widerstands-moment	Oberfläche pro Meter Länge	Nenn-länge pro Tonne
B = H	T	M	A	I	i	W_{el}	W_{pl}	I_t	C_t	A_s	
mm	mm	kg/m	cm^2	cm^4	cm	cm^3	cm^3	cm^4	cm^3	m^2/m	m
20	2,0	1,05	1,34	0,692	0,720	0,692	0,877	1,21	1,06	0,0731	953
25	2,0	1,36	1,74	1,48	0,924	1,19	1,47	2,53	1,80	0,0931	733
25	2,5	1,64	2,09	1,69	0,899	1,35	1,71	2,97	2,07	0,0914	610
25	3,0	1,89	2,41	1,84	0,874	1,47	1,91	3,33	2,27	0,0897	529
30	2,0	1,68	2,14	2,72	1,13	1,81	2,21	4,54	2,75	0,113	596
30	2,5	2,03	2,59	3,16	1,10	2,10	2,61	5,40	3,20	0,111	492
30	3,0	2,36	3,01	3,50	1,08	2,34	2,96	6,15	3,58	0,110	423
40	2,0	2,31	2,94	6,94	1,54	3,47	4,13	11,3	5,23	0,153	434
40	2,5	2,82	3,59	8,22	1,51	4,11	4,97	13,6	6,21	0,151	355
40	3,0	3,30	4,21	9,32	1,49	4,66	5,72	15,8	7,07	0,150	303
40	4,0	4,20	5,35	11,1	1,44	5,54	7,01	19,4	8,48	0,146	238
50	2,0	2,93	3,74	14,1	1,95	5,66	6,66	22,6	8,51	0,193	341
50	2,5	3,60	4,59	16,9	1,92	6,78	8,07	27,5	10,2	0,191	278
50	3,0	4,25	5,41	19,5	1,90	7,79	9,39	32,1	11,8	0,190	236
50	4,0	5,45	6,95	23,7	1,85	9,49	11,7	40,4	14,4	0,186	183
50	5,0	6,56	8,36	27,0	1,80	10,8	13,7	47,5	16,6	0,183	152
60	2,0	3,56	4,54	25,1	2,35	8,38	9,79	39,8	12,6	0,233	281
60	2,5	4,39	5,59	30,3	2,33	10,1	11,9	48,7	15,2	0,231	228
60	3,0	5,19	6,61	35,1	2,31	11,7	14,0	57,1	17,7	0,230	193
60	4,0	6,71	8,55	43,6	2,26	14,5	17,6	72,6	22,0	0,226	149
60	5,0	8,13	10,4	50,5	2,21	16,8	20,9	86,4	25,6	0,223	123
60	6,0	9,45	12,0	56,1	2,16	18,7	23,7	98,4	28,6	0,219	106
60	6,3	9,55	12,2	54,4	2,11	18,1	23,4	100	28,8	0,213	105
70	2,5	5,17	6,59	49,4	2,74	14, 1	16,5	78,5	21,2	0,271	193
70	3,0	6,13	7,81	57,5	2,71	16,4	19,4	92,4	24,7	0,270	163
70	4,0	7,97	10,1	72,1	2,67	20,6	24,8	119	31,1	0,266	126
70	5,0	9,70	12,4	84,6	2,62	24,2	29,6	142	36,7	0,263	103
70	6,0	11,3	14,4	95,2	2,57	27,2	33,8	163	41,4	0,259	88,3
70	6,3	11,5	14,7	93,8	2,53	26,8	33,8	168	42,1	0,253	86,7
80	3,0	7,07	9,01	87,8	3,12	22,0	25,8	140	33,0	0,310	141
80	4,0	9,22	11,7	111	3,07	27,8	33, 1	180	41,8	0,306	108
80	5,0	11,3	14,4	131	3,03	32,9	39,7	218	49,7	0,303	88,7
80	6,0	13,2	16,8	149	2,98	37,3	45,8	252	56,6	0,299	75,7

EN 10219-2 (Fortsetzung)

Abmes-sungen	Wand-dicke	Masse/Länge	Quer-schnitts-fläche	Trägheits-moment	Trägheits-radius	Elastisches Widerstands-moment	Plastisches Widerstands-moment	Torsions-trägheits-moment	Torsions-widerstands-moment	Oberfläche pro Meter Länge	Nenn-länge pro Tonne
$B = H$	T	M	A	I	i	W_{el}	W_{pl}	I_t	C_t	A_s	
mm	mm	kg/m	cm^2	cm^4	cm	cm^3	cm^3	cm^4	cm^3	m^2/m	m
80	6,3	13,5	17,2	149	2,94	37,1	46,1	261	57,9	0,293	74,0
80	8,0	16,4	20,8	168	2,84	42,1	53,9	307	66,6	0,286	61,1
90	3,0	8,01	10,2	127	3,53	28,3	33,0	201	42,5	0,350	125
90	4,0	10,5	13,3	162	3,48	36,0	42,6	261	54,2	0,346	95,4
90	5,0	12,8	16,4	193	3,43	42,9	51,4	316	64,7	0,343	77,9
90	6,0	15,1	19,2	220	3,39	49,0	59,5	368	74,2	0,339	66,2
90	6,3	15,5	19,7	221	3,35	49,1	60,3	382	76,2	0,333	64,6
90	8,0	18,9	24,0	255	3,25	56,6	71,3	456	88,8	0,326	53,0
100	3,0	8,96	11,4	177	3,94	35,4	41,2	279	53,2	0,390	112
100	4,0	11,7	14,9	226	3,89	45,3	53,3	362	68,1	0,386	85,2
100	5,0	14,4	18,4	271	3,84	54,2	64,6	441	81,7	0,383	69,4
1(X)	6,0	17,0	21,6	311	3,79	62,3	75,1	514	94,1	0,379	58,9
100	6,3	17,5	22,2	314	3,76	62,8	76,4	536	97,0	0,373	57,3
100	8,0	21,4	27,2	366	3,67	73,2	91,1	645	114	0,366	46,8
100	10,0	25,6	32,6	411	3,55	82,2	105	750	130	0,357	39,1
100	12,0	28,3	36,1	408	3,36	81,6	110	794	136	0,338	35,3
100	12,5	29,1	37,0	410	3,33	82,1	111	804	137	0,336	34,4
120	3,0	10,8	13,8	312	4,76	52,1	60,2	488	78,2	0,470	92,3
120	4,0	14,2	18,1	402	4,71	67,0	78,3	637	101	0,466	70,2
120	5,0	17,5	22,4	485	4,66	80,9	95,4	778	122	0,463	57,0
120	6,0	20,7	26,4	562	4,61	93,7	112	913	141	0,459	48,2
120	6,3	21,4	27,3	572	4,58	95,3	114	955	146	0,453	46,7
120	8,0	26,4	33,6	677	4,49	113	138	1163	175	0,446	37,9
120	10,0	31,8	40,6	777	4,38	129	162	1376	203	0,437	31,4
120	12,0	35,8	45,7	806	4,20	134	174	1518	219	0,418	27,9
120	12,5	36,9	47,0	817	4,17	136	178	1551	223	0,416	27,1
140	4,0	16,8	21,3	652	5,52	93,1	108	1023	140	0,546	59,7
140	5,0	20,7	26,4	791	5,48	113	132	1256	170	0,543	48,3
140	6,0	24,5	31,2	920	5,43	131	155	1479	198	0,539	40,8
140	6,3	25,4	32,3	941	5,39	134	160	1550	205	0,533	39,4
140	8,0	31,4	40,0	1127	5,30	161	194	1901	248	0,526	31,8
140	10,0	38,1	48,6	1312	5,20	187	230	2274	291	0,517	26,2
140	12,0	43,4	55,3	1398	5,03	200	253	2567	322	0,498	23,1

EN 10219-2 (Fortsetzung)

Abmes-sungen	Wand-dicke	Masse/Länge	Quer-schnitts-fläche	Trägheits-moment	Trägheits-radius	Elastisches Widerstands-moment	Plastisches Widerstands-moment	Torsions-trägheits-moment	Torsions-widerstands-moment	Oberfläche pro Meter Länge	Nenn-länge pro Tonne
B = H	T	M	A	I	i	W_{el}	W_{pl}	I_t	C_t	A_s	
mm	mm	kg/m	cm^2	cm^4	cm	cm^3	cm^3	cm^4	cm^3	m^2/m	m
140	12,5	44,8	57,0	1425	5,00	204	259	2634	329	0,496	22,3
150	4,0	18,0	22,9	808	5,93	108	125	1265	162	0,586	55,5
150	5,0	22,3	28,4	982	5,89	131	153	1554	197	0,583	44,9
150	6,0	26,4	33,6	1146	5,84	153	180	1833	230	0,579	37,9
150	6,3	27,4	34,8	1174	5,80	156	185	1922	239	0,573	36,6
150	8,0	33,9	43,2	1412	5,71	188	226	2364	289	0,566	29,5
150	10,0	41,3	52,6	1653	5,61	220	269	2839	341	0,557	24,2
150	12,0	47,1	60,1	1780	5,44	237	298	3231	380	0,538	21,2
150	12,5	48,7	62,0	1817	5,41	242	306	3321	389	0,536	20,5
150	16,0	58,7	74,8	2009	5,18	268	351	3830	440	0,518	17,0
160	4,0	19,3	24,5	987	6,34	123	143	1541	185	0,626	51,9
160	5,0	23,8	30,4	1202	6,29	150	175	1896	226	0,623	42,0
160	6,0	28,3	36,0	1405	6,25	176	206	2239	264	0,619	35,4
160	6,3	29,3	37,4	1442	6,21	180	213	2349	275	0,613	34,1
160	8,0	36,5	46,4	1741	6,12	218	260	2897	334	0,606	27,4
160	10,0	44,4	56,6	2048	6,02	256	311	3490	395	0,597	22,5
160	12,0	50,9	64,9	2224	5,86	278	346	3997	443	0,578	19,6
160	12,5	52,6	67,0	2275	5,83	284	356	4114	455	0,576	19,0
160	16,0	63,7	81,2	2546	5,60	318	413	4799	520	0,558	15,7
180	4,0	21,8	27,7	1422	7,16	158	182	2210	237	0,706	45,9
180	5,0	27,0	34,4	1737	7,11	193	224	2724	290	0,703	37,1
180	6,0	32,1	40,8	2037	7,06	226	264	3223	340	0,699	31,2
180	6,3	33,3	42,4	2096	7,03	233	273	3383	354	0,693	30,0
180	8,0	41,5	52,8	2546	6,94	283	336	4189	432	0,686	24,1
180	10,0	50,7	64,6	3017	6,84	335	404	5074	515	0,677	19,7
180	12,0	58,5	74,5	3322	6,68	369	454	5865	584	0,658	17,1
180	12,5	60,5	77,0	3406	6,65	378	467	6050	600	0,656	16,5
180	16,0	73,8	94,0	3887	6,43	432	550	7178	698	0,638	13,6
200	4,0	24,3	30,9	1968	7,97	197	226	3049	295	0,786	41,2
200	5,0	30,1	38,4	2410	7,93	241	279	3763	362	0,783	33,2
200	6,0	35,8	45,6	2833	7,88	283	330	4459	426	0,779	27,9
200	6,3	37,2	47,4	2922	7,85	292	341	4682	444	0,773	26,8
200	8,0	46,5	59,2	3566	7,76	357	421	5815	544	0,766	21,5

EN 10219-2 (Fortsetzung)

Abmessungen	Wanddicke	Masse/Länge	Querschnittsfläche	Trägheitsmoment	Trägheitsradius	Elastisches Widerstandsmoment	Plastisches Widerstandsmoment	Torsionsträgheitsmoment	Torsionswiderstandsmoment	Oberfläche pro Meter Länge	Nennlänge pro Tonne
B = H	T	M	A	I	i	W_{el}	W_{pl}	I_t	C_t	A_s	
mm	mm	kg/m	cm^2	cm^4	cm	cm^3	cm^3	cm^4	cm^3	m^2/m	m
200	10,0	57,0	72,6	4251	7,65	425	508	7072	651	0,757	17,6
200	12,0	66,0	84,1	4730	7,50	473	576	8230	743	0,738	15,2
200	12,5	68,3	87,0	4859	7,47	486	594	8502	765	0,736	14,6
200	16,0	83,8	107	5625	7,26	562	706	10210	901	0,718	11,9
220	5,0	33,2	42,4	3238	8,74	294	340	5038	442	0,863	30,1
220	6,0	39,6	50,4	3813	8,70	347	402	5976	521	0,859	25,3
220	6,3	41,2	52,5	3940	8,66	358	417	6277	543	0,853	24,3
220	8,0	51,5	65,6	4828	8,58	439	516	7815	668	0,846	19,4
220	10,0	63,2	80,6	5782	8,47	526	625	9533	804	0,837	15,8
220	12,0	73,5	93,7	6487	8,32	590	712	11149	922	0,818	13,6
220	12,5	76,2	97,0	6674	8,29	607	735	11530	951	0,816	13,1
220	16,0	93,9	120	7812	8,08	710	881	13971	1129	0,798	10,7
250	5,0	38,0	48,4	4805	9,97	384	442	7443	577	0,983	26,3
250	6,0	45,2	57,6	5672	9,92	454	524	8843	681	0,979	22,1
250	6,3	47,1	60,0	5873	9,89	470	544	9290	711	0,973	21,2
250	8,0	59,1	75,2	7229	9,80	578	676	11598	878	0,966	16,9
250	10,0	72,7	92,6	8707	9,70	697	822	14197	1062	0,957	13,8
250	12,0	84,8	108	9859	9,55	789	944	16691	1226	0,938	11,8
250	12,5	88,0	112	10161	9,52	813	975	17283	1266	0,936	11,4
250	16,0	109	139	12047	9,32	964	1180	21146	1520	0,918	9,18
260	6,0	47,1	60,0	6405	10,3	493	569	9970	739	1,02	21,2
260	6,3	49,1	62,6	6635	10,3	510	591	10475	772	1,01	20,4
260	8,0	61,6	78,4	8178	10,2	629	734	13087	955	1,01	16,2
260	10,0	75,8	96,6	9865	10,1	759	894	16035	1156	0,997	13,2
260	12,0	88,6	113	11200	9,96	862	1028	18878	1337	0,978	11,3
260	12,5	91,9	117	11548	9,93	888	1063	19553	1381	0,976	10,9
260	16,0	114	145	13739	9,73	1057	1289	23986	1663	0,958	8,77
300	6,0	54,7	69,6	9964	12,0	664	764	15434	997	1,18	18,3
300	6,3	57,0	72,6	10342	11,9	689	795	16218	1042	1,17	17,5
300	8,0	71,6	91,2	12801	11,8	853	991	20312	1293	1,17	14,0
300	10,0	88,4	113	15519	11,7	1035	1211	24966	1572	1,16	11,3
300	12,0	104	132	17767	11,6	1184	1402	29514	1829	1,14	9,65
300	12,5	108	137	18348	11,6	1223	1451	30601	1892	1,14	9,30

EN 10219-2 (Fortsetzung)

Abmes-sungen	Wand-dicke	Masse/Länge	Quer-schnitts-fläche	Trägheits-moment	Trägheits-radius	Elastisches Widerstands-moment	Plastisches Widerstands-moment	Torsions-trägheits-moment	Torsions-widerstands-moment	Oberfläche pro Meter Länge	Nenn-länge pro Tonne
B = H	T	M	A	I	i	W_{el}	W_{pl}	I_t	C_t	A_s	
mm	mm	kg/m	cm^2	cm^4	cm	cm^3	cm^3	cm^4	cm^3	m^2/m	m
300	16,0	134	171	22076	11,4	1472	1774	37837	2299	1,12	7,46
350	8,0	84,2	107	20681	13,9	1182	1366	32557	1787	1,37	11,9
350	10,0	104	133	25189	13,8	1439	1675	40127	2182	1,36	9,61
350	12,0	123	156	29054	13,6	1660	1949	47598	2552	1,34	8,16
350	12,5	127	162	30045	13,6	1717	2020	49393	2642	1,34	7,86
350	16,0	159	203	36511	13,4	2086	2488	61481	3238	1,32	6,28
400	10,0	120	153	38216	15,8	1911	2214	60431	2892	1,56	8,35
400	12,0	141	180	44319	15,7	2216	2587	71843	3395	1,54	7,07
400	12,5	147	187	45877	15,7	2294	2683	74598	3518	1,54	6,81
400	16,0	184	235	56154	15,5	2808	3322	93279	4336	1,52	5,43

Nennabmessungen und statische Werte warmgefertigter quadratischer Hohlprofile nach EN 10210-2

Abmes-sungen	Wand-dicke	Masse/Länge	Quer-schnitts-fläche	Trägheits-moment	Trägheits-radius	Elastisches Widerstands-moment	Plastisches Widerstands-moment	Torsions-trägheits-moment	Torsions-widerstands-moment	Oberfläche pro Meter Länge	Nenn-länge pro Tonne
$B = H$	T	M	A	I	i	W_{el}	W_{pl}	I_t	C_t	A_s	
mm	mm	kg/m	cm^2	cm^4	cm	cm^3	cm^3	cm^4	cm^3	m^2/m	m
20	2,0	1,10	1,40	0,739	0,727	0,739	0,930	1,22	1,07	0,0748	912
20	2,5	1,32	1,68	0,835	0,705	0,835	1,08	1,41	1,20	0,0736	757
25	2,0	1,41	1,80	1,56	0,932	1,25	1,53	2,52	1,81	0,0948	709
25	2,5	1,71	2,18	1,81	0,909	1,44	1,82	2,97	2,08	0,0936	584
25	3,0	2,00	2,54	2,00	0,886	1,60	2,06	3,35	2,30	0,0923	501
30	2,0	1,72	2,20	2,84	1,14	1,89	2,29	4,53	2,75	0,115	580
30	2,5	2,11	2,68	3,33	1,11	2,22	2,74	5,40	3,22	0,114	475
30	3,0	2,47	3,14	3,74	1,09	2,50	3,14	6,16	3,60	0,112	405
40	2,5	2,89	3,68	8,54	1,52	4,27	5,14	13,6	6,22	0,154	346
40	3,0	3,41	4,34	9,78	1,50	4,89	5,97	15,7	7,10	0,152	293
40	4,0	4,39	5,59	11,8	1,45	5,91	7,44	19,5	8,54	0,150	228
40	5,0	5,28	6,73	13,4	1,41	6,68	8,66	22,5	9,60	0,147	189
50	2,5	3,68	4,68	17,5	1,93	6,99	8,29	27,5	10,2	0,194	272
50	3,0	4,35	5,54	20,2	1,91	8,08	9,70	32,1	11,8	0,192	230
50	4,0	5,64	7,19	25,0	1,86	9,99	12,3	40,4	14,5	0,190	177
50	5,0	6,85	8,73	28,9	1,82	11,6	14,5	47,6	16,7	0,187	146
50	6,0	7,99	10,2	32,0	1,77	12,8	16,5	53,6	18,4	0,185	125
50	6,3	8,31	10,6	32,8	1,76	13,1	17,0	55,2	18,8	0,184	120
60	2,5	4,46	5,68	31,1	2,34	10,4	12,2	48,5	15,2	0,234	224
60	3,0	5,29	6,74	36,2	2,32	12,1	14,3	56,9	17,7	0,232	189
60	4,0	6,90	8,79	45,4	2,27	15,1	18,3	72,5	22,0	0,230	145
60	5,0	8,42	10,7	53,3	2,23	17,8	21,9	86,4	25,7	0,227	119
60	6,0	9,87	12,6	59,9	2,18	20,0	25,1	98,6	28,8	0,225	101
60	6,3	10,3	13,1	61,6	2,17	20,5	26,0	102	29,6	0,224	97,2
60	8,0	12,5	16,0	69,7	2,09	23,2	30,4	118	33,4	0,219	79,9
70	3,0	6,24	7,94	59,0	2,73	16,9	19,9	92,2	24,8	0,272	160
70	4,0	8,15	10,4	74,7	2,68	21,3	25,5	118	31,2	0,270	123
70	5,0	9,99	12,7	88,5	2,64	25,3	30,8	142	36,8	0,267	100
70	6,0	11,8	15,0	101	2,59	28,7	35,5	163	41,6	0,265	85,1
70	6,3	12,3	15,6	104	2,58	29,7	36,9	169	42,9	0,264	81,5
70	8,0	15,0	19,2	120	2,50	34,2	43,8	200	49,2	0,259	66,5
80	3,0	7,18	9,14	89,8	3,13	22,5	26,3	140	33,0	0,312	139
80	4,0	9,41	12,0	114	3,09	28,6	34,0	180	41,9	0,310	106

EN 10210-2 (Fortsetzung)

Abmes-sungen	Wand-dicke	Masse/Länge	Quer-schnitts-fläche	Trägheits-moment	Trägheits-radius	Elastisches Widerstands-moment	Plastisches Widerstands-moment	Torsions-trägheits-moment	Torsions-widerstands-moment	Oberfläche pro Meter Länge	Nenn-länge pro Tonne
B = H	T	M	A	I	i	W_{el}	W_{pl}	I_t	C_t	A_s	
mm	mm	kg/m	cm^2	cm^4	cm	cm^3	cm^3	cm^4	cm^3	m^2/m	m
80	5,0	11,6	14,7	137	3,05	34,2	41,1	217	49,8	0,307	86,5
80	6,0	13,6	17,4	156	3,00	39,1	47,8	252	56,8	0,305	73,3
80	6,3	14,2	18,1	162	2,99	40,5	49,7	262	58,7	0,304	70,2
80	8,0	17,5	22,4	189	2,91	47,3	59,5	312	68,3	0,299	57,0
90	4,0	10,7	13,6	166	3,50	37,0	43,6	260	54,2	0,350	93,7
90	5,0	13,1	16,7	200	3,45	44,4	53,0	316	64,8	0,347	76,1
90	6,0	15,5	19,8	230	3,41	51,1	61,8	367	74,3	0,345	64,4
90	6,3	16,2	20,7	238	3,40	53,0	64,3	382	77,0	0,344	61,6
90	8,0	20,1	25,6	281	3,32	62,6	77,6	459	90,5	0,339	49,9
100	4,0	11,9	15,2	232	3,91	46,4	54,4	361	68,2	0,390	83,9
100	5,0	14,7	18,7	279	3,86	55,9	66,4	439	81,8	0,387	68,0
100	6,0	17,4	22,2	323	3,82	64,6	77,6	513	94,3	0,385	57,5
100	6,3	18,2	23,2	336	3,80	67,1	80,9	534	97,8	0,384	54,9
100	8,0	22,6	28,8	400	3,73	79,9	98,2	646	116	0,379	44,3
100	10,0	27,4	34,9	462	3,64	92,4	116	761	133	0,374	36,5
120	5,0	17,8	22,7	498	4,68	83,0	97,6	777	122	0,467	56,0
120	6,0	21,2	27,0	579	4,63	96,6	115	911	141	0,465	47,2
120	6,3	22,2	28,2	603	4,62	100	120	950	147	0,464	45,1
120	8,0	27,6	35,2	726	4,55	121	146	1160	176	0,459	36,2
120	10,0	33,7	42,9	852	4,46	142	175	1382	206	0,454	29,7
120	12,0	39,5	50,3	958	4,36	160	201	1578	230	0,449	25,3
120	12,5	40,9	52,1	982	4,34	164	207	1623	236	0,448	24,5
140	5,0	21,0	26,7	807	5,50	115	135	1253	170	0,547	47,7
140	6,0	24,9	31,8	944	5,45	135	159	1475	198	0,545	40,1
140	6,3	26,1	33,3	984	5,44	141	166	1540	206	0,544	38,3
140	8,0	32,6	41,6	1195	5,36	171	204	1892	249	0,539	30,7
140	10,0	40,0	50,9	1416	5,27	202	246	2272	294	0,534	25,0
140	12,0	47,0	59,9	1609	5,18	230	284	2616	333	0,529	21,3
140	12,5	48,7	62,1	1653	5,16	236	293	2696	342	0,528	20,5
150	5,0	22,6	28,7	1002	5,90	134	156	1550	197	0,587	44,3
150	6,0	26,8	34,2	1174	5,86	156	184	1828	230	0,585	37,3
150	6,3	28,1	35,8	1223	5,85	163	192	1909	240	0,584	35,6
150	8,0	35,1	44,8	1491	5,77	199	237	2351	291	0,579	28,5

EN 10210-2 (Fortsetzung)

Abmes-sungen	Wand-dicke	Masse/Länge	Quer-schnitts-fläche	Trägheits-moment	Trägheits-radius	Elastisches Widerstands-moment	Plastisches Widerstands-moment	Torsions-trägheits-moment	Torsions-widerstands-moment	Oberfläche pro Meter Länge	Nenn-länge pro Tonne
$B=H$	T	M	A	I	i	W_{el}	W_{pl}	I_t	C_t	A_s	
mm	mm	kg/m	cm^2	cm^4	cm	cm^3	cm^3	cm^4	cm^3	m^2/m	m
150	10,0	43,1	54,9	1773	5,68	236	286	2832	344	0,574	23,2
150	12,0	50,8	64,7	2023	5,59	270	331	3272	391	0,569	19,7
150	12,5	52,7	67,1	2080	5,57	277	342	3375	402	0,568	19,0
150	16,0	65,2	83,0	2430	5,41	324	411	4026	467	0,559	15,3
160	5,0	24,1	30,7	1225	6,31	153	178	1892	226	0,627	41,5
160	6,0	28,7	36,6	1437	6,27	180	210	2233	264	0,625	34,8
160	6,3	30,1	38,3	1499	6,26	187	220	2333	275	0,624	33,3
160	8,0	37,6	48,0	1831	6,18	229	272	2880	335	0,619	26,6
160	10,0	46,3	58,9	2186	6,09	273	329	3478	398	0,614	21,6
160	12,0	54,6	69,5	2502	6,00	313	382	4028	454	0,609	18,3
160	12,5	56,6	72,1	2576	5,98	322	395	4158	467	0,608	17,7
160	16,0	70,2	89,4	3028	5,82	379	476	4988	546	0,599	14,2
180	5,0	27,3	34,7	1765	7,13	196	227	2718	290	0,707	36,7
180	6,0	32,5	41,4	2077	7,09	231	269	3215	340	0,705	30,8
180	6,3	34,0	43,3	2168	7,07	241	281	3361	355	0,704	29,4
180	8,0	42,7	54,4	2661	7,00	296	349	4162	434	0,699	23,4
180	10,0	52,5	66,9	3193	6,91	355	424	5048	518	0,694	19,0
180	12,0	62,1	79,1	3677	6,82	409	494	5873	595	0,689	16,1
180	12,5	64,4	82,1	3790	6,80	421	511	6070	613	0,688	15,5
180	16,0	80,2	102	4504	6,64	500	621	7343	724	0,679	12,5
200	5,0	30,4	38,7	2445	7,95	245	283	3756	362	0,787	32,9
200	6,0	36,2	46,2	2883	7,90	288	335	4449	426	0,785	27,6
200	6,3	38,0	48,4	3011	7,89	301	350	4653	444	0,784	26,3
200	8,0	47,7	60,8	3709	7,81	371	436	5778	545	0,779	21,0
200	10,0	58,8	74,9	4471	7,72	447	531	7031	655	0,774	17,0
200	12,0	69,6	88,7	5171	7,64	517	621	8208	754	0,769	14,4
200	12,5	72,3	92,1	5336	7,61	534	643	8491	778	0,768	13,8
200	16,0	90,3	115	6394	7,46	639	785	10340	927	0,759	11,1
220	6,0	40,0	51,0	3875	8,72	352	408	5963	521	0,865	25,0
220	6,3	41,9	53,4	4049	8,71	368	427	6240	544	0,864	23,8
220	8,0	52,7	67,2	5002	8,63	455	532	7765	669	0,859	19,0
220	10,0	65,1	82,9	6050	8,54	550	650	9473	807	0,854	15,4
220	12,0	77,2	98,3	7023	8,45	638	762	11091	933	0,849	13,0

EN 10210-2 (Fortsetzung)

Abmes-sungen	Wand-dicke	Masse/Länge	Quer-schnitts-fläche	Trägheits-moment	Trägheits-radius	Elastisches Widerstands-moment	Plastisches Widerstands-moment	Torsions-trägheits-moment	Torsions-widerstands-moment	Oberfläche pro Meter Länge	Nenn-länge pro Tonne
B = H	T	M	A	I	i	W_{el}	W_{pl}	I_t	C_t	A_s	
mm	mm	kg/m	cm^2	cm^4	cm	cm^3	cm^3	cm^4	cm^3	m^2/m	m
220	12,5	80,1	102	7254	8,43	659	789	11481	963	0,848	12,5
220	16,0	100	128	8749	8,27	795	969	14054	1156	0,839	10,0
250	6,0	45,7	58,2	5752	9,94	460	531	8825	681	0,985	21,9
250	6,3	47,9	61,0	6014	9,93	481	556	9238	712	0,984	20,9
250	8,0	60,3	76,8	7455	9,86	596	694	11525	880	0,979	16,6
250	10,0	74,5	94,9	9055	9,77	724	851	14106	1065	0,974	13,4
250	12,0	88,5	113	10556	9,68	844	1000	16567	1237	0,969	11,3
250	12,5	91,9	117	10915	9,66	873	1037	17164	1279	0,968	10,9
250	16,0	115	147	13267	9,50	1061	1280	21138	1546	0,959	8,67
260	6,0	47,6	60,6	6491	10,4	499	576	9951	740	1,02	21,0
260	6,3	49,9	63,5	6788	10,3	522	603	10417	773	1,02	20,1
260	8,0	62,8	80,0	8423	10,3	648	753	13006	956	1,02	15,9
260	10,0	77,7	98,9	10242	10,2	788	924	15932	1159	1,01	12,9
260	12,0	92,2	117	11954	10,1	920	1087	18729	1348	1,01	10,8
260	12,5	95,8	122	12365	10,1	951	1127	19409	1394	1,01	10,4
260	16,0	120	153	15061	9,91	1159	1394	23942	1689	0,999	8,30
300	6,0	55,1	70,2	10080	12,0	672	772	15407	997	1,18	18,2
300	6,3	57,8	73,6	10547	12,0	703	809	16136	1043	1,18	17,3
300	8,0	72,8	92,8	13128	11,9	875	1013	20194	1294	1,18	13,7
300	10,0	90,2	115	16026	11,8	1068	1246	24807	1575	1,17	11,1
300	12,0	107	137	18777	11,7	1252	1470	29249	1840	1,17	9,32
300	12,5	112	142	19442	11,7	1296	1525	30333	1904	1,17	8,97
300	16,0	141	179	23850	11,5	1590	1895	37622	2325	1,16	7,12
350	8,0	85,4	109	21129	13,9	1207	1392	32384	1789	1,38	11,7
350	10,0	106	135	25884	13,9	1479	1715	39886	2185	1,37	9,44
350	12,0	126	161	30435	13,8	1739	2030	47154	2563	1,37	7,93
350	12,5	131	167	31541	13,7	1802	2107	48934	2654	1,37	7,62
350	16,0	166	211	38942	13,6	2225	2630	60990	3264	1,36	6,04
400	10,0	122	155	39128	15,9	1956	2260	60092	2895	1,57	8,22
400	12,0	145	185	46130	15,8	2306	2679	71181	3405	1,57	6,90
400	12,5	151	192	47839	15,8	2392	2782	73906	3530	1,57	6,63
400	16,0	191	243	59344	15,6	2967	3484	92442	4362	1,56	5,24
400	20,0	235	300	71535	15,4	3577	4247	112489	5237	1,55	4,25

Nennabmessungen und statische Werte kaltgefertigter rechteckiger Hohlprofile nach EN 10219-2

Abmessungen H × B		Wanddicke T	Masse/ Länge M	Querschnittsfläche A	Trägheitsmoment I_{xx}	I_{yy}	Trägheitsradius i_{xx}	i_{yy}	Elastisches Widerstandsmoment $W_{el,xx}$	$W_{el,yy}$	Plastisches Widerstandsmoment $W_{pl,xx}$	$W_{pl,yy}$	Torsionsträgheitsmoment I_t	Torsionswiderstandsmoment C_t	Oberfläche pro Meter Länge A_s	Nennlänge pro Tonne
mm	mm	mm	kg/m	cm²	cm⁴	cm⁴	cm	cm	cm³	cm³	cm³	cm³	cm⁴	cm³	m²/m	m
40	20	2,0	1,68	2,14	4,05	1,34	1,38	0,793	2,02	1,34	2,61	1,60	3,45	2,36	0,113	596
40	20	2,5	2,03	2,59	4,69	1,54	1,35	0,770	2,35	1,54	3,09	1,88	4,06	2,72	0,111	492
40	20	3,0	2,36	3,01	5,21	1,68	1,32	0,748	2,60	1,68	3,50	2,12	4,57	3,00	0,110	423
50	30	2,0	2,31	2,94	9,54	4,29	1,80	1,21	3,81	2,86	4,74	3,33	9,77	4,84	0,153	434
50	30	2,5	2,82	3,59	11,3	5,05	1,77	1,19	4,52	3,37	5,70	3,98	11,7	5,72	0,151	355
50	30	3,0	3,30	4,21	12,8	5,70	1,75	1,16	5,13	3,80	6,57	4,58	13,5	6,49	0,150	303
50	30	4,0	4,20	5,35	15,3	6,69	1,69	1,12	6,10	4,46	8,05	5,58	16,5	7,71	0,146	238
60	40	2,0	2,93	3,74	18,4	9,83	2,22	1,62	6,14	4,92	7,47	5,65	20,7	8,12	0,193	341
60	40	2,5	3,60	4,59	22,1	11,7	2,19	1,60	7,36	5,87	9,06	6,84	25,1	9,72	0,191	278
60	40	3,0	4,25	5,41	25,4	13,4	2,17	1,58	8,46	6,72	10,5	7,94	29,3	11,2	0,190	236
60	40	4,0	5,45	6,95	31,0	16,3	2,11	1,53	10,3	8,14	13,2	9,89	36,7	13,7	0,186	183
60	40	5,0	6,56	8,36	35,3	18,4	2,06	1,48	11,8	9,21	15,4	11,5	42,8	15,6	0,183	152
70	50	2,0	3,56	4,54	31,5	18,8	2,63	2,03	8,99	7,50	10,8	8,58	37,5	12,2	0,233	281
70	50	2,5	4,39	5,59	38,0	22,6	2,61	2,01	10,9	9,04	13,2	10,4	45,8	14,7	0,231	228
70	50	3,0	5,19	6,61	44,1	26,1	2,58	1,99	12,6	10,4	15,4	12,2	53,6	17,1	0,230	193
70	50	4,0	6,71	8,55	54,7	32,2	2,53	1,94	15,6	12,9	19,5	15,4	68,1	21,2	0,226	149
70	50	5,0	8,13	10,4	63,5	37,2	2,48	1,90	18,1	14,9	23,1	18,2	80,8	24,6	0,223	123
80	40	2,0	3,56	4,54	37,4	12,7	2,87	1,67	9,34	6,36	11,6	7,17	30,9	11,0	0,233	281
80	40	2,5	4,39	5,59	45,1	15,3	2,84	1,65	11,3	7,63	14,1	8,72	37,6	13,2	0,231	228

EN 10219-2 (Fortsetzung)

Abmessungen H × B		Wanddicke T	Masse/Länge M	Querschnittsfläche A	Trägheitsmoment		Trägheitsradius		Elastisches Widerstandsmoment		Plastisches Widerstandsmoment		Torsionsträgheitsmoment	Torsionswiderstandsmoment	Oberfläche pro Meter Länge	Nennlänge pro Tonne
		T	M	A	I_{xx}	I_{yy}	i_{xx}	i_{yy}	$W_{el,xx}$	$W_{el,yy}$	$W_{pl,xx}$	$W_{pl,yy}$	I_t	C_t	A_s	
mm	mm	mm	kg/m	cm²	cm⁴	cm⁴	cm	cm	cm³	cm³	cm³	cm³	cm⁴	cm³	m²/m	m
80	40	3,0	5,19	6,61	52,3	17,6	2,81	1,63	13,1	8,78	16,5	10,2	43,9	15,3	0,230	193
80	40	4,0	6,71	8,55	64,8	21,5	2,75	1,59	16,2	10,7	20,9	12,8	55,2	18,8	0,226	149
80	40	5,0	8,13	10,4	75,1	24,6	2,69	1,54	18,8	12,3	24,7	15,0	65,0	21,7	0,223	123
80	60	2,0	4,19	5,34	49,5	31,9	3,05	2,44	12,4	10,6	14,7	12,1	61,2	17,1	0,273	239
80	60	2,5	5,17	6,59	60,1	38,6	3,02	2,42	15,0	12,9	18,0	14,8	75,1	20,7	0,271	193
80	60	3,0	6,13	7,81	70,0	44,9	3,00	2,40	17,5	15,0	21,2	17,4	88,3	24,1	0,270	163
80	60	4,0	7,97	10,1	87,9	56,1	2,94	2,35	22,0	18,7	27,0	22,1	113	30,3	0,266	126
80	60	5,0	9,70	12,4	103	65,7	2,89	2,31	25,8	21,9	32,2	26,4	136	35,7	0,263	103
90	50	2,0	4,19	5,34	57,9	23,4	3,29	2,09	12,9	9,35	15,7	10,5	53,4	15,9	0,273	239
90	50	2,5	5,17	6,59	70,3	28,2	3,27	2,07	15,6	11,3	19,3	12,8	65,3	19,2	0,271	193
90	50	3,0	6,13	7,81	81,9	32,7	3,24	2,05	18,2	13,1	22,6	15,0	76,7	22,4	0,270	163
90	50	4,0	7,97	10,1	103	40,7	3,18	2,00	22,8	16,3	28,8	19,1	97,7	28,0	0,266	126
90	50	5,0	9,70	12,4	121	47,4	3,12	1,96	26,8	18,9	34,4	22,7	116	32,7	0,263	103
100	40	2,5	5,17	6,59	79,3	18,8	3,47	1,69	15,9	9,39	20,2	10,6	50,5	16,8	0,271	193
100	40	3,0	6,13	7,81	92,3	21,7	3,44	1,67	18,5	10,8	23,7	12,4	59,0	19,4	0,270	163
100	40	4,0	7,97	10,1	116	26,7	3,38	1,62	23,1	13,3	30,3	15,7	74,5	24,0	0,266	126
100	40	5,0	9,70	12,4	136	30,8	3,31	1,58	27,1	15,4	36,1	18,5	87,9	27,9	0,263	103
100	50	2,5	5,56	7,09	91,2	31,1	3,59	2,09	18,2	12,4	22,7	14,0	75,4	21,5	0,291	180
100	50	3,0	6,60	8,41	106	36,1	3,56	2,07	21,3	14,4	26,7	16,4	88,6	25,0	0,290	152

EN 10219-2 (Fortsetzung)

Abmessungen H × B		Wanddicke T	Masse/Länge M	Querschnittsfläche A	Trägheitsmoment		Trägheitsradius		Elastisches Widerstandsmoment		Plastisches Widerstandsmoment		Torsionsträgheitsmoment I_t	Torsionswiderstandsmoment C_t	Oberfläche pro Meter Länge A_s	Nennlänge pro Tonne
H	B	T	M	A	I_{xx}	I_{yy}	i_{xx}	i_{yy}	Wel_{xx}	Wel_{yy}	Wpl_{xx}	Wpl_{yy}	I_t	C_t	A_s	
mm	mm	mm	kg/m	cm²	cm⁴	cm⁴	cm	cm	cm³	cm³	cm³	cm³	cm⁴	cm³	m²/m	m
100	50	4,0	8,59	10,9	134	44,9	3,50	2,03	26,8	18,0	34,1	20,9	113	31,3	0,286	116
100	50	5,0	10,5	13,4	158	52,5	3,44	1,98	31,6	21,0	40,8	25,0	135	36,8	0,283	95,4
100	50	6,0	12,3	15,6	179	58,7	3,38	1,94	35,8	23,5	46,9	28,5	154	41,4	0,279	81,5
100	50	6,3	12,5	15,9	176	58,2	3,32	1,91	35,1	23,3	46,9	28,6	158	42,1	0,271	79,9
100	60	2,5	5,96	7,59	103	46,9	3,69	2,49	20,6	15,6	25,1	17,7	103	26,2	0,311	168
100	60	3,0	7,07	9,01	121	54,6	3,66	2,46	24,1	18,2	29,6	20,8	122	30,6	0,310	141
100	60	4,0	9,22	11,7	153	68,7	3,60	2,42	30,5	22,9	37,9	26,6	156	38,7	0,306	108
100	60	5,0	11,3	14,4	181	80,8	3,55	2,37	36,2	26,9	45,6	31,9	188	45,8	0,303	88,7
100	60	6,0	13,2	16,8	205	91,2	3,49	2,33	41,1	30,4	52,5	36,6	216	51,9	0,299	75,7
100	60	6,3	13,5	17,2	203	90,9	3,44	2,30	40,7	30,3	52,8	36,9	223	53,0	0,293	74,0
100	80	2,5	6,74	8,59	127	90,2	3,84	3,24	25,4	22,5	30,0	25,8	166	35,7	0,351	148
100	80	3,0	8,01	10,2	149	106	3,82	3,22	29,8	26,4	35,4	30,4	196	41,9	0,350	125
100	80	4,0	10,5	13,3	189	134	3,77	3,17	37,9	33,5	45,6	39,2	254	53,4	0,346	95,4
100	80	5,0	12,8	16,4	226	160	3,72	3,12	45,2	39,9	55,1	47,2	308	63,7	0,343	77,9
100	80	6,0	15,1	19,2	258	182	3,67	3,08	51,7	45,5	63,8	54,7	357	73,0	0,339	66,2
100	80	6,3	15,5	19,7	259	183	3,62	3,04	51,8	45,7	64,6	55,4	371	75,0	0,333	64,6
120	60	2,5	6,74	8,59	161	55,2	4,33	2,53	26,9	18,4	33,2	20,6	133	31,7	0,351	148
120	60	3,0	8,01	10,2	189	64,4	4,30	2,51	31,5	21,5	39,2	24,2	156	37,1	0,350	125
120	60	4,0	10,5	13,3	241	81,2	4,25	2,47	40,1	27,1	50,5	31,1	201	47,0	0,346	95,4

EN 10219-2 (Fortsetzung)

Abmessungen H × B		Wanddicke T	Masse/Länge M	Querschnittsfläche A	Trägheitsmoment I_{xx}	I_{yy}	Trägheitsradius i_{xx}	i_{yy}	Elastisches Widerstandsmoment $W_{el\,xx}$	$W_{el\,yy}$	Plastisches Widerstandsmoment $W_{pl\,xx}$	$W_{pl\,yy}$	Torsionsträgheitsmoment I_t	Torsionswiderstandsmoment C_t	Oberfläche pro Meter Länge A_s	Nennlänge pro Tonne
mm	mm	mm	kg/m	cm²	cm⁴	cm⁴	cm	cm	cm³	cm³	cm³	cm³	cm⁴	cm³	m²/m	m
120	60	5,0	12,8	16,4	287	96,0	4,19	2,42	47,8	32,0	60,9	37,4	242	55,8	0,343	77,9
120	60	6,0	15,1	19,2	328	109	4,13	2,38	54,7	36,3	70,6	43,1	280	63,6	0,339	66,2
120	60	6,3	15,5	19,7	327	109	4,07	2,35	54,5	36,4	71,2	43,7	289	65,1	0,333	64,6
120	60	8,0	18,9	24,0	375	124	3,95	2,27	62,6	41,3	84,1	51,3	340	75,0	0,326	53,0
120	80	3,0	8,96	11,4	230	123	4,49	3,29	38,4	30,9	46,2	35,0	255	50,8	0,390	112
120	80	4,0	11,7	14,9	295	157	4,44	3,24	49,1	39,3	59,8	45,2	331	64,9	0,386	85,2
120	80	5,0	14,4	18,4	353	188	4,39	3,20	58,9	46,9	72,4	54,7	402	77,8	0,383	69,4
120	80	6,0	17,0	21,6	406	215	4,33	3,15	67,7	53,8	84,3	63,5	469	89,4	0,379	58,9
120	80	6,3	17,5	22,2	408	217	4,28	3,12	68,1	54,3	85,6	64,7	488	92,1	0,373	57,3
120	80	8,0	21,4	27,2	476	252	4,18	3,04	79,3	62,9	102	76,9	584	108	0,366	46,8
140	80	4,0	13,0	16,5	430	180	5,10	3,30	61,4	45,1	75,5	51,3	412	76,5	0,426	77,0
140	80	5,0	16,0	20,4	517	216	5,04	3,26	73,9	54,0	91,8	62,2	501	91,8	0,423	62,6
140	80	6,0	18,9	24,0	597	248	4,98	3,21	85,3	62,0	107	72,4	584	106	0,419	53,0
140	80	6,3	19,4	24,8	603	251	4,93	3,19	86,1	62,9	109	74,0	609	109	0,413	51,4
140	80	8,0	23,9	30,4	708	293	4,82	3,10	101	73,3	131	88,4	731	129	0,406	41,8
150	100	4,0	14,9	18,9	595	319	5,60	4,10	79,3	63,7	95,7	72,5	662	105	0,486	67,2
150	100	5,0	18,3	23,4	719	384	5,55	4,05	95,9	76,8	117	88,3	809	127	0,483	54,5
150	100	6,0	21,7	27,6	835	444	5,50	4,01	111	88,8	137	103	948	147	0,479	46,1
150	100	6,3	22,4	28,5	848	453	5,45	3,98	113	90,5	140	106	992	152	0,473	44,6

EN 10219-2 (Fortsetzung)

Abmessungen H × B		Wanddicke T	Masse/Länge M	Querschnittsfläche A	Trägheitsmoment		Trägheitsradius		Elastisches Widerstandsmoment		Plastisches Widerstandsmoment		Torsionsträgheitsmoment I_t	Torsionswiderstandsmoment C_t	Oberfläche pro Meter Länge A_s	Nennlänge pro Tonne
					I_{xx}	I_{yy}	i_{xx}	i_{yy}	Wel_{xx}	Wel_{yy}	Wpl_{xx}	Wpl_{yy}				
mm	mm	mm	kg/m	cm²	cm⁴	cm⁴	cm	cm	cm³	cm³	cm³	cm³	cm⁴	cm³	m²/m	m
150	100	8,0	27,7	35,2	1008	536	5,35	3,90	134	107	169	128	1206	182	0,466	36,1
150	100	10,0	33,4	42,6	1162	614	5,22	3,80	155	123	199	150	1426	211	0,457	29,9
150	100	12,0	37,7	48,1	1207	642	5,01	3,65	161	128	215	163	1573	229	0,438	26,5
150	100	12,5	38,9	49,5	1225	651	4,97	3,63	163	130	220	166	1606	233	0,436	25,7
160	80	4,0	14,2	18,1	598	204	5,74	3,35	74,7	50,9	92,9	57,4	494	88,0	0,466	70,2
160	80	5,0	17,5	22,4	722	244	5,68	3,30	90,2	61,0	113	69,7	601	106	0,463	57,0
160	80	6,0	20,7	26,4	836	281	5,62	3,26	105	70,2	132	81,3	702	122	0,459	48,2
160	80	6,3	21,4	27,3	846	286	5,57	3,24	106	71,4	135	83,3	732	126	0,453	46,7
160	80	8,0	26,4	33,6	1001	335	5,46	3,16	125	83,7	163	100	882	150	0,446	37,9
160	80	10,0	31,8	40,6	1146	380	5,32	3,06	143	95,0	191	117	1031	172	0,437	31,4
160	80	12,0	35,8	45,7	1171	391	5,06	2,93	146	97,8	204	125	1111	183	0,418	27,9
160	80	12,5	36,9	47,0	1185	396	5,02	2,90	148	98,9	208	127	1129	185	0,416	27,1
180	100	4,0	16,8	21,3	926	374	6,59	4,18	103	74,8	126	84,0	854	127	0,546	59,7
180	100	5,0	20,7	26,4	1124	452	6,53	4,14	125	90,4	154	103	1045	154	0,543	48,3
180	100	6,0	24,5	31,2	1310	524	6,48	4,10	146	105	181	120	1227	179	0,539	40,8
180	100	6,3	25,4	32,3	1335	536	6,43	4,07	148	107	186	124	1283	185	0,533	39,4
180	100	8,0	31,4	40,0	1598	637	6,32	3,99	178	127	226	150	1565	222	0,526	31,8
180	100	10,0	38,1	48,6	1859	736	6,19	3,89	207	147	268	177	1859	260	0,517	26,2
180	100	12,0	43,4	55,3	1965	782	5,96	3,76	218	156	292	194	2073	285	0,498	23,1

EN 10219-2 (Fortsetzung)

Abmessungen H × B		Wanddicke T	Masse/Länge M	Querschnittsfläche A	Trägheitsmoment		Trägheitsradius		Elastisches Widerstandsmoment		Plastisches Widerstandsmoment		Torsionsträgheitsmoment	Torsionswiderstandsmoment	Oberfläche pro Meter Länge	Nennlänge pro Tonne
					I_{xx}	I_{yy}	i_{xx}	i_{yy}	$W_{el,xx}$	$W_{el,yy}$	$W_{pl,xx}$	$W_{pl,yy}$	I_t	C_t	A_s	
mm	mm	mm	kg/m	cm²	cm⁴	cm⁴	cm	cm	cm³	cm³	cm³	cm³	cm⁴	cm³	m²/m	m
180	100	12,5	44,8	57,0	2001	796	5,92	3,74	222	159	300	199	2122	290	0,496	22,3
200	100	4,0	18,0	22,9	1200	411	7,23	4,23	120	82,2	148	91,7	985	142	0,586	55,5
200	100	5,0	22,3	28,4	1459	497	7,17	4,19	146	99,4	181	112	1206	172	0,583	44,9
200	100	6,0	26,4	33,6	1703	577	7,12	4,14	170	115	213	132	1417	200	0,579	37,9
200	100	6,3	27,4	34,8	1739	591	7,06	4,12	174	118	219	135	1483	208	0,573	36,6
200	100	8,0	33,9	43,2	2091	705	6,95	4,04	209	141	267	165	1811	250	0,566	29,5
200	100	10,0	41,3	52,6	2444	818	6,82	3,94	244	164	318	195	2154	292	0,557	24,2
200	100	12,0	47,1	60,1	2607	876	6,59	3,82	261	175	350	215	2414	322	0,538	21,2
200	100	12,5	48,7	62,0	2659	892	6,55	3,79	266	178	359	221	2474	329	0,536	20,5
200	120	4,0	19,3	24,5	1353	618	7,43	5,02	135	103	164	115	1345	172	0,626	51,9
200	120	5,0	23,8	30,4	1649	750	7,37	4,97	165	125	201	141	1652	210	0,623	42,0
200	120	6,0	28,3	36,0	1929	874	7,32	4,93	193	146	237	166	1947	245	0,619	35,4
200	120	6,3	29,3	37,4	1976	898	7,27	4,90	198	150	244	172	2040	255	0,613	34,1
200	120	8,0	36,5	46,4	2386	1079	7,17	4,82	239	180	298	209	2507	308	0,606	27,4
200	120	10,0	44,4	56,6	2806	1262	7,04	4,72	281	210	356	250	3007	364	0,597	22,5
200	120	12,0	50,9	64,9	3031	1368	6,84	4,59	303	228	395	278	3419	406	0,578	19,6
200	120	12,5	52,6	67,0	3099	1397	6,80	4,57	310	233	406	285	3514	416	0,576	19,0
250	150	5,0	30,1	38,4	3304	1508	9,28	6,27	264	201	320	225	3285	337	0,783	33,2
250	150	6,0	35,8	45,6	3886	1768	9,23	6,23	311	236	378	266	3886	396	0,779	27,9

EN 10219-2 (Fortsetzung)

Abmessungen H × B		Wand-dicke T	Masse/Länge M	Quer-schnitts-fläche A	Trägheits-moment		Trägheits-radius		Elastisches Widerstands-moment		Plastisches Widerstands-moment		Torsions-trägheits-moment	Torsions-widerstands-moment	Oberfläche pro Meter Länge	Nennlänge pro Tonne
					I_{xx}	I_{yy}	i_{xx}	i_{yy}	$W_{el,xx}$	$W_{el,yy}$	$W_{pl,xx}$	$W_{pl,yy}$	I_t	C_t	A_s	
mm	mm	mm	kg/m	cm²	cm⁴	cm⁴	cm	cm	cm³	cm³	cm³	cm³	cm⁴	cm³	m²/m	m
250	150	6,3	37,2	47,4	4001	1825	9,18	6,20	320	243	391	276	4078	412	0,773	26,8
250	150	8,0	46,5	59,2	4886	2219	9,08	6,12	391	296	482	340	5050	504	0,766	21,5
250	150	10,0	57,0	72,6	5825	2634	8,96	6,02	466	351	582	409	6121	602	0,757	17,6
250	150	12,0	66,0	84,1	6458	2925	8,77	5,90	517	390	658	463	7088	684	0,738	15,2
250	150	12,5	68,3	87,0	6633	3002	8,73	5,87	531	400	678	477	7315	704	0,736	14,6
250	150	16,0	83,8	106,8	7660	3453	8,47	5,69	613	460	805	566	8713	823	0,718	11,9
260	180	5,0	33,2	42,4	4121	2350	9,86	7,45	317	261	377	294	4695	426	0,863	30,1
260	180	6,0	39,6	50,4	4856	2763	9,81	7,40	374	307	447	348	5566	501	0,859	25,3
260	180	6,3	41,2	52,5	5013	2856	9,77	7,38	386	317	463	361	5844	523	0,853	24,3
260	180	8,0	51,5	65,6	6145	3493	9,68	7,29	473	388	573	446	7267	642	0,846	19,4
260	180	10,0	63,2	80,6	7363	4174	9,56	7,20	566	464	694	540	8850	772	0,837	15,8
260	180	12,0	73,5	93,7	8245	4679	9,38	7,07	634	520	790	615	10328	884	0,818	13,6
260	180	12,5	76,2	97,0	8482	4812	9,35	7,04	652	535	815	635	10676	911	0,816	13,1
260	180	16,0	93,9	120	9923	5614	9,11	6,85	763	624	977	759	12890	1079	0,798	10,7
300	100	6,0	35,8	45,6	4777	842	10,2	4,30	318	168	411	188	2403	306	0,779	27,9
300	100	6,3	37,2	47,4	4907	868	10,2	4,28	327	174	425	194	2515	318	0,773	26,8
300	100	8,0	46,5	59,2	5978	1045	10,0	4,20	399	209	523	238	3080	385	0,766	21,5
300	100	10,0	57,0	72,6	7106	1224	9,90	4,11	474	245	631	285	3681	455	0,757	17,6
300	100	12,0	66,0	84,1	7808	1343	9,64	4,00	521	269	710	321	4177	508	0,738	15,2

EN 10219-2 (Fortsetzung)

Abmessungen H × B		Wanddicke T	Masse/Länge M	Querschnittsfläche A	Trägheitsmoment		Trägheitsradius		Elastisches Widerstandsmoment		Plastisches Widerstandsmoment		Torsionsträgheitsmoment	Torsionswiderstandsmoment	Oberfläche pro Meter Länge	Nennlänge pro Tonne
		T	M	A	I_{xx}	I_{yy}	i_{xx}	i_{yy}	Wel_{xx}	Wel_{yy}	Wpl_{xx}	Wpl_{yy}	I_t	C_t	A_s	
mm	mm	mm	kg/m	cm²	cm⁴	cm⁴	cm	cm	cm³	cm³	cm³	cm³	cm⁴	cm³	m²/m	m
300	100	12,5	68,3	87,0	8010	1374	9,59	3,97	534	275	732	330	4292	521	0,736	14,6
300	100	16,0	83,8	107	9157	1543	9,26	3,80	610	309	865	386	4939	592	0,718	11,9
300	150	6,0	40,5	51,6	6074	2080	10,8	6,35	405	277	500	309	4988	479	0,879	24,7
300	150	6,3	42,2	53,7	6266	2150	10,8	6,32	418	287	517	321	5234	499	0,873	23,7
300	150	8,0	52,8	67,2	7684	2623	10,7	6,25	512	350	640	396	6491	612	0,866	18,9
300	150	10,0	64,8	82,6	9209	3125	10,6	6,15	614	417	776	479	7879	733	0,857	15,4
300	150	12,0	75,4	96,1	10298	3498	10,4	6,03	687	466	883	546	9153	837	0,838	13,3
300	150	12,5	78,1	99,5	10594	3595	10,3	6,01	706	479	912	563	9452	862	0,836	12,8
300	150	16,0	96,4	123	12387	4174	10,0	5,83	826	557	1092	673	11328	1015	0,818	10,4
300	200	6,0	45,2	57,6	7370	3962	11,3	8,29	491	396	588	446	8115	651	0,979	22,1
300	200	6,3	47,1	60,0	7624	4104	11,3	8,27	508	410	610	463	8524	680	0,973	21,2
300	200	8,0	59,1	75,2	9389	5042	11,2	8,19	626	504	757	574	10627	838	0,966	16,9
300	200	10,0	72,7	92,6	11313	6058	11,1	8,09	754	606	921	698	12987	1012	0,957	13,8
300	200	12,0	84,8	108	12788	6854	10,9	7,96	853	685	1056	801	15236	1167	0,938	11,8
300	200	12,5	88,0	112	13179	7060	10,8	7,94	879	706	1091	828	15768	1204	0,936	11,4
300	200	16,0	109	139	15617	8340	10,6	7,75	1041	834	1319	1000	19223	1442	0,918	9,18
350	250	6,0	54,7	69,6	12457	7458	13,4	10,3	712	597	843	671	14554	967	1,18	18,3
350	250	6,3	57,0	72,6	12923	7744	13,3	10,3	738	620	876	698	15291	1010	1,17	17,5
350	250	8,0	71,6	91,2	16001	9573	13,2	10,2	914	766	1092	869	19136	1253	1,17	14,0

EN 10219-2 (Fortsetzung)

Abmessungen H × B		Wand-dicke T	Masse/Länge M	Quer-schnitts-fläche A	Trägheits-moment I_{xx}	Trägheits-moment I_{yy}	Trägheits-radius i_{xx}	Trägheits-radius i_{yy}	Elastisches Widerstands-moment Wel_{xx}	Elastisches Widerstands-moment Wel_{yy}	Plastisches Widerstands-moment Wpl_{xx}	Plastisches Widerstands-moment Wpl_{yy}	Torsions-trägheits-moment I_t	Torsions-widerstands-moment C_t	Oberfläche pro Meter Länge A_s	Nennlänge pro Tonne
mm	mm	mm	kg/m	cm²	cm⁴	cm⁴	cm	cm	cm³	cm³	cm³	cm³	cm⁴	cm³	m²/m	m
350	250	10,0	88,4	113	19407	11588	13,1	10,1	1109	927	1335	1062	23500	1522	1,16	11,3
350	250	12,0	104	132	22197	13261	13,0	10,0	1268	1061	1544	1229	27749	1770	1,14	9,65
350	250	12,5	108	137	22922	13690	12,9	9,99	1310	1095	1598	1272	28764	1830	1,14	9,30
350	250	16,0	134	171	27580	16434	12,7	9,81	1576	1315	1954	1554	35497	2220	1,12	7,46
400	200	8,0	71,6	91,2	18974	6517	14,4	8,45	949	652	1173	728	15820	1133	1,17	14,0
400	200	12,5	108	137	27100	9260	14,1	8,22	1355	926	1714	1062	23594	1644	1,14	9,30
400	200	16,0	134	171	32547	11056	13,8	8,05	1627	1106	2093	1294	28928	1984	1,12	7,46
400	300	10,0	104	133	30609	19726	15,2	12,2	1530	1315	1824	1501	38407	2132	1,36	9,61
400	300	12,0	123	156	35284	22747	15,0	12,1	1764	1516	2122	1747	45527	2492	1,34	8,16
400	300	12,5	127	162	36489	23517	15,0	12,0	1824	1568	2198	1810	47237	2580	1,34	7,86
400	300	16,0	159	203	44350	28535	14,8	11,9	2218	1902	2708	2228	58730	3159	1,32	6,28

Nennabmessungen und statische Werte warmgefertigter rechteckiger Hohlprofile nach EN 10210-2

Abmessungen H × B		Wanddicke T	Masse/Länge M	Querschnittsfläche A	Trägheitsmoment I_{kx}	I_{yy}	Trägheitsradius i_x	i_{yy}	Elastisches Widerstandsmoment $W_{el,x}$	$W_{el,yy}$	Plastisches Widerstandsmoment $W_{pl,x}$	$W_{pl,yy}$	Torsionsträgheitsmoment I_t	Torsionswiderstandsmoment C_t	Oberfläche pro Meter Länge A_s	Nennlänge pro Tonne
mm	mm	mm	kg/m	cm²	cm⁴	cm⁴	cm	cm	cm³	cm³	cm³	cm³	cm⁴	cm³	m²/m	m
50	25	2,5	2,69	3,43	10,4	3,39	1,74	0,994	4,16	2,71	5,33	3,22	8,42	4,61	0,144	371
50	25	3,0	3,17	4,04	11,9	3,83	1,72	0,973	4,76	3,06	6,18	3,71	9,64	5,20	0,142	315
50	30	2,5	2,89	3,68	11,8	5,22	1,79	1,19	4,73	3,48	5,92	4,11	11,7	5,73	0,154	346
50	30	3,0	3,41	4,34	13,6	5,94	1,77	1,17	5,43	3,96	6,88	4,76	13,5	6,51	0,152	293
50	30	4,0	4,39	5,59	16,5	7,08	1,72	1,13	6,60	4,72	8,59	5,88	16,6	7,77	0,150	228
50	30	5,0	5,28	6,73	18,7	7,89	1,67	1,08	7,49	5,26	10,0	6,80	19,0	8,67	0,147	189
60	40	2,5	3,68	4,68	22,8	12,1	2,21	1,60	7,61	6,03	9,32	7,02	25,1	9,73	0,194	272
60	40	3,0	4,35	5,54	26,5	13,9	2,18	1,58	8,82	6,95	10,9	8,19	29,2	11,2	0,192	230
60	40	4,0	5,64	7,19	32,8	17,0	2,14	1,54	10,9	8,52	13,8	10,3	36,7	13,7	0,190	177
60	40	5,0	6,85	8,73	38,1	19,5	2,09	1,50	12,7	9,77	16,4	12,2	43,0	15,7	0,187	146
60	40	6,0	7,99	10,2	42,3	21,4	2,04	1,45	14,1	10,7	18,6	13,7	48,2	17,3	0,185	125
60	40	6,3	8,31	10,6	43,4	21,9	2,02	1,44	14,5	11,0	19,2	14,2	49,5	17,6	0,184	120
80	40	3,0	5,29	6,74	54,2	18,0	2,84	1,63	13,6	9,00	17,1	10,4	43,8	15,3	0,232	189
80	40	4,0	6,90	8,79	68,2	22,2	2,79	1,59	17,1	11,1	21,8	13,2	55,2	18,9	0,230	145
80	40	5,0	8,42	10,7	80,3	25,7	2,74	1,55	20,1	12,9	26,1	15,7	65,1	21,9	0,227	119
80	40	6,0	9,87	12,6	90,5	28,5	2,68	1,50	22,6	14,2	30,0	17,8	73,4	24,2	0,225	101
80	40	6,3	10,3	13,1	93,3	29,2	2,67	1,49	23,3	14,6	31,1	18,4	75,6	24,8	0,224	97,2
80	40	8,0	12,5	16,0	106	32,1	2,58	1,42	26,5	16,1	36,5	21,2	85,8	27,4	0,219	79,9
90	50	3,0	6,24	7,94	84,4	33,5	3,26	2,05	18,8	13,4	23,2	15,3	76,5	22,4	0,272	160

EN 10210-2 (Fortsetzung)

Abmessungen H × B		Wanddicke T	Masse/ Länge M	Querschnittsfläche A	Trägheitsmoment I_{xx}	Trägheitsmoment I_{yy}	Trägheitsradius i_{xx}	Trägheitsradius i_{yy}	Elastisches Widerstandsmoment $W_{el,xx}$	Elastisches Widerstandsmoment $W_{el,yy}$	Plastisches Widerstandsmoment $W_{pl,xx}$	Plastisches Widerstandsmoment $W_{pl,yy}$	Torsionsträgheitsmoment I_t	Torsionswiderstandsmoment C_t	Oberfläche pro Meter Länge A_s	Nennlänge pro Tonne
mm	mm	mm	kg/m	cm²	cm⁴	cm⁴	cm	cm	cm³	cm³	cm³	cm³	cm⁴	cm³	m²/m	m
90	50	4,0	8,15	10,4	107	41,9	3,21	2,01	23,8	16,8	29,8	19,6	97,5	28,0	0,270	123
90	50	5,0	9,99	12,7	127	49,2	3,16	1,97	28,3	19,7	36,0	23,5	116	32,9	0,267	100
90	50	6,0	11,8	15,0	145	55,4	3,11	1,92	32,2	22,1	41,6	27,0	133	37,0	0,265	85,1
90	50	6,3	12,3	15,6	150	57,0	3,10	1,91	33,3	22,8	43,2	28,0	138	38,1	0,264	81,5
90	50	8,0	15,0	19,2	174	64,6	3,01	1,84	38,6	25,8	51,4	32,9	160	43,2	0,259	66,5
100	50	3,0	6,71	8,54	110	36,8	3,58	2,08	21,9	14,7	27,3	16,8	88,4	25,0	0,292	149
100	50	4,0	8,78	11,2	140	46,2	3,53	2,03	27,9	18,5	35,2	21,5	113	31,4	0,290	114
100	50	5,0	10,8	13,7	167	54,3	3,48	1,99	33,3	21,7	42,6	25,8	135	36,9	0,287	92,8
100	50	6,0	12,7	16,2	190	61,2	3,43	1,95	38,1	24,5	49,4	29,7	154	41,6	0,285	78,8
100	50	6,3	13,3	16,9	197	63,0	3,42	1,93	39,4	25,2	51,3	30,8	160	42,9	0,284	75,4
100	50	8,0	16,3	20,8	230	71,7	3,33	1,86	46,0	28,7	61,4	36,3	186	48,9	0,279	61,4
100	60	3,0	7,18	9,14	124	55,7	3,68	2,47	24,7	18,6	30,2	21,2	121	30,7	0,312	139
100	60	4,0	9,41	12,0	158	70,5	3,63	2,43	31,6	23,5	39,1	27,3	156	38,7	0,310	106
100	60	5,0	11,6	14,7	189	83,6	3,58	2,38	37,8	27,9	47,4	32,9	188	45,9	0,307	86,5
100	60	6,0	13,6	17,4	217	95,0	3,53	2,34	43,4	31,7	55,1	38,1	216	52,1	0,305	73,3
100	60	6,3	14,2	18,1	225	98,1	3,52	2,33	45,0	32,7	57,3	39,5	224	53,8	0,304	70,2
100	60	8,0	17,5	22,4	264	113	3,44	2,25	52,8	37,8	68,7	47,1	265	62,2	0,299	57,0
120	60	4,0	10,7	13,6	249	83,1	4,28	2,47	41,5	27,7	51,9	31,7	201	47,1	0,350	93,7
120	60	5,0	13,1	16,7	299	98,8	4,23	2,43	49,9	32,9	63,1	38,4	242	56,0	0,347	76,1

EN 10210-2 (Fortsetzung)

Abmessungen H × B		Wanddicke T	Masse/Länge M	Querschnittsfläche A	Trägheitsmoment		Trägheitsradius		Elastisches Widerstandsmoment		Plastisches Widerstandsmoment		Torsionsträgheitsmoment I_t	Torsionswiderstandsmoment C_t	Oberfläche pro Meter Länge A_s	Nennlänge pro Tonne
mm	mm	mm	kg/m	cm²	I_{xx} cm⁴	I_{yy} cm⁴	i_{xx} cm	i_{yy} cm	Wel_{xx} cm³	Wel_{yy} cm³	Wpl_{xx} cm³	Wpl_{yy} cm³	cm⁴	cm³	m²/m	m
120	60	6,0	15,5	19,8	345	113	4,18	2,39	57,5	37,5	73,6	44,5	279	63,8	0,345	64,4
120	60	6,3	16,2	20,7	358	116	4,16	2,37	59,7	38,8	76,7	46,3	290	65,9	0,344	61,6
120	60	8,0	20,1	25,6	425	135	4,08	2,30	70,8	45,0	92,7	55,4	344	76,6	0,339	49,9
120	60	10,0	24,3	30,9	488	152	3,97	2,21	81,4	50,5	109	64,4	396	86,1	0,334	41,2
120	80	4,0	11,9	15,2	303	161	4,46	3,25	50,4	40,2	61,2	46,1	330	65,0	0,390	83,9
120	80	5,0	14,7	18,7	365	193	4,42	3,21	60,9	48,2	74,6	56,1	401	77,9	0,387	68,0
120	80	6,0	17,4	22,2	423	222	4,37	3,17	70,6	55,6	87,3	65,5	468	89,6	0,385	57,5
120	80	6,3	18,2	23,2	440	230	4,36	3,15	73,3	57,6	91,0	68,2	487	92,9	0,384	54,9
120	80	8,0	22,6	28,8	525	273	4,27	3,08	87,5	68,1	111	82,6	587	110	0,379	44,3
120	80	10,0	27,4	34,9	609	313	4,18	2,99	102	78,1	131	97,3	688	126	0,374	36,5
140	80	4,0	13,2	16,8	441	184	5,12	3,31	62,9	46,0	77,1	52,2	411	76,5	0,430	75,9
140	80	5,0	16,3	20,7	534	221	5,08	3,27	76,3	55,3	94,3	63,6	499	91,9	0,427	61,4
140	80	6,0	19,3	24,6	621	255	5,03	3,22	88,7	63,8	111	74,4	583	106	0,425	51,8
140	80	6,3	20,2	25,7	646	265	5,01	3,21	92,3	66,2	115	77,5	607	110	0,424	49,6
140	80	8,0	25,1	32,0	776	314	4,93	3,14	111	78,5	141	94,1	733	130	0,419	39,9
140	80	10,0	30,6	38,9	908	362	4,83	3,05	130	90,5	168	111	862	150	0,414	32,7
150	100	4,0	15,1	19,2	607	324	5,63	4,11	81,0	64,8	97,4	73,6	660	105	0,490	66,4
150	100	5,0	18,6	23,7	739	392	5,58	4,07	98,5	78,5	119	90,1	807	127	0,487	53,7
150	100	6,0	22,1	28,2	862	456	5,53	4,02	115	91,2	141	106	946	147	0,485	45,2

EN 10210-2 (Fortsetzung)

Abmessungen H × B		Wanddicke T	Masse/Länge M	Querschnittsfläche A	Trägheitsmoment		Trägheitsradius		Elastisches Widerstandsmoment		Plastisches Widerstandsmoment		Torsionsträgheitsmoment I_t	Torsionswiderstandsmoment C_t	Oberfläche pro Meter Länge A_s	Nennlänge pro Tonne
					I_{xx}	I_{yy}	i_{xx}	i_{yy}	Wel_{xx}	Wel_{yy}	Wpl_{xx}	Wpl_{yy}				
mm	mm	mm	kg/m	cm²	cm⁴	cm⁴	cm	cm	cm³	cm³	cm³	cm³	cm⁴	cm³	m²/m	m
150	100	6,3	23,1	29,5	898	474	5,52	4,01	120	94,8	147	110	986	153	0,484	43,2
150	100	8,0	28,9	36,8	1087	569	5,44	3,94	145	114	180	135	1203	183	0,479	34,7
150	100	10,0	35,3	44,9	1282	665	5,34	3,85	171	133	216	161	1432	214	0,474	28,4
150	100	12,0	41,4	52,7	1450	745	5,25	3,76	193	149	249	185	1633	240	0,469	24,2
150	100	12,5	42,8	54,6	1488	763	5,22	3,74	198	153	256	190	1679	246	0,468	23,3
160	80	4,0	14,4	18,4	612	207	5,77	3,35	76,5	51,7	94,7	58,3	493	88,1	0,470	69,3
160	80	5,0	17,8	22,7	744	249	5,72	3,31	93,0	62,3	116	71,1	600	106	0,467	56,0
160	80	6,0	21,2	27,0	868	288	5,67	3,27	108	72,0	136	83,3	701	122	0,465	47,2
160	80	6,3	22,2	28,2	903	299	5,66	3,26	113	74,8	142	86,8	730	127	0,464	45,1
160	80	8,0	27,6	35,2	1091	356	5,57	3,18	136	89,0	175	106	883	151	0,459	36,2
160	80	10,0	33,7	42,9	1284	411	5,47	3,10	161	103	209	125	1041	175	0,454	29,7
160	80	12,0	39,5	50,3	1449	455	5,37	3,01	181	114	240	142	1175	194	0,449	25,3
160	80	12,5	40,9	52,1	1485	465	5,34	2,99	186	116	247	146	1204	198	0,448	24,5
180	100	4,0	16,9	21,6	945	379	6,61	4,19	105	75,9	128	85,2	852	127	0,550	59,0
180	100	5,0	21,0	26,7	1153	460	6,57	4,15	128	92,0	157	104	1042	154	0,547	47,7
180	100	6,0	24,9	31,8	1350	536	6,52	4,11	150	107	186	123	1224	179	0,545	40,1
180	100	6,3	26,1	33,3	1407	557	6,50	4,09	156	111	194	128	1277	186	0,544	38,3
180	100	8,0	32,6	41,6	1713	671	6,42	4,02	190	134	239	157	1560	224	0,539	30,7
180	100	10,0	40,0	50,9	2036	787	6,32	3,93	226	157	288	188	1862	263	0,534	25,0

EN 10210-2 (Fortsetzung)

Abmessungen H × B	Wanddicke T	Masse/ Länge M	Querschnitts-fläche A	Trägheitsmoment I_{xx}	Trägheitsmoment I_{yy}	Trägheitsradius i_{xx}	Trägheitsradius i_{yy}	Elastisches Widerstandsmoment $W_{el,xx}$	Elastisches Widerstandsmoment $W_{el,yy}$	Plastisches Widerstandsmoment $W_{pl,xx}$	Plastisches Widerstandsmoment $W_{pl,yy}$	Torsionsträgheitsmoment I_t	Torsionswiderstandsmoment C_t	Oberfläche pro Meter Länge A_s	Nennlänge pro Tonne
mm	mm	kg/m	cm²	cm⁴	cm⁴	cm	cm	cm³	cm³	cm³	cm³	cm⁴	cm³	m²/m	m
180 100	12,0	47,0	59,9	2320	886	6,22	3,85	258	177	333	216	2130	296	0,529	21,3
180 100	12,5	48,7	62,1	2385	908	6,20	3,82	265	182	344	223	2191	303	0,528	20,5
200 100	4,0	18,2	23,2	1223	416	7,26	4,24	122	83,2	150	92,8	983	142	0,590	54,9
200 100	5,0	22,6	28,7	1495	505	7,21	4,19	149	101	185	114	1204	172	0,587	44,3
200 100	6,0	26,8	34,2	1754	589	7,16	4,15	175	118	218	134	1414	200	0,585	37,3
200 100	6,3	28,1	35,8	1829	613	7,15	4,14	183	123	228	140	1475	208	0,584	35,6
200 100	8,0	35,1	44,8	2234	739	7,06	4,06	223	148	282	172	1804	251	0,579	28,5
200 100	10,0	43,1	54,9	2664	869	6,96	3,98	266	174	341	206	2156	295	0,574	23,2
200 100	12,0	50,8	64,7	3047	979	6,86	3,89	305	196	395	237	2469	333	0,569	19,7
200 100	12,5	52,7	67,1	3136	1004	6,84	3,87	314	201	408	245	2541	341	0,568	19,0
200 100	16,0	65,2	83,0	3678	1147	6,66	3,72	368	229	491	290	2982	391	0,559	15,3
200 120	6,0	28,7	36,6	1980	892	7,36	4,94	198	149	242	169	1942	245	0,625	34,8
200 120	6,3	30,1	38,3	2065	929	7,34	4,92	207	155	253	177	2028	255	0,624	33,3
200 120	8,0	37,6	48,0	2529	1128	7,26	4,85	253	188	313	218	2495	310	0,619	26,6
200 120	10,0	46,3	58,9	3026	1337	7,17	4,76	303	223	379	263	3001	367	0,614	21,6
200 120	12,0	54,6	69,5	3472	1520	7,07	4,68	347	253	440	305	3461	417	0,609	18,3
200 120	12,5	56,6	72,1	3576	1562	7,04	4,66	358	260	455	314	3569	428	0,608	17,7
250 150	6,0	36,2	46,2	3965	1796	9,27	6,24	317	239	385	270	3877	396	0,785	27,6
250 150	6,3	38,0	48,4	4143	1874	9,25	6,22	331	250	402	283	4054	413	0,784	26,3

EN 10210-2 (Fortsetzung)

Abmessungen H × B		Wanddicke T	Masse/Länge M	Querschnittsfläche A	Trägheitsmoment I_{xx}	Trägheitsmoment I_{yy}	Trägheitsradius i_{xx}	Trägheitsradius i_{yy}	Elastisches Widerstandsmoment $W_{el\,xx}$	Elastisches Widerstandsmoment $W_{el\,yy}$	Plastisches Widerstandsmoment $W_{pl\,xx}$	Plastisches Widerstandsmoment $W_{pl\,yy}$	Torsionsträgheitsmoment I_t	Torsionswiderstandsmoment C_t	Oberfläche pro Meter Länge A_s	Nennlänge pro Tonne
mm	mm	mm	kg/m	cm²	cm⁴	cm⁴	cm	cm	cm³	cm³	cm³	cm³	cm⁴	cm³	m²/m	m
250	150	8,0	47,7	60,8	5111	2298	9,17	6,15	409	306	501	350	5021	506	0,779	21,0
250	150	10,0	58,8	74,9	6174	2755	9,08	6,06	494	367	611	426	6090	605	0,774	17,0
250	150	12,0	69,6	88,7	7154	3168	8,98	5,98	572	422	715	497	7088	695	0,769	14,4
250	150	12,5	72,3	92,1	7387	3265	8,96	5,96	591	435	740	514	7326	717	0,768	13,8
250	150	16,0	90,3	115	8879	3873	8,79	5,80	710	516	906	625	8868	849	0,759	11,1
260	180	6,0	40,0	51,0	4942	2804	9,85	7,42	380	312	454	353	5554	502	0,865	25,0
260	180	6,3	41,9	53,4	5166	2929	9,83	7,40	397	325	475	369	5810	524	0,864	23,8
260	180	8,0	52,7	67,2	6390	3608	9,75	7,33	492	401	592	459	7221	644	0,859	19,0
260	180	10,0	65,1	82,9	7741	4351	9,66	7,24	595	483	724	560	8798	775	0,854	15,4
260	180	12,0	77,2	98,3	8999	5034	9,57	7,16	692	559	849	656	10285	895	0,849	13,0
260	180	12,5	80,1	102	9299	5196	9,54	7,13	715	577	879	679	10643	924	0,848	12,5
260	180	16,0	100	128	11245	6231	9,38	6,98	865	692	1081	831	12993	1106	0,839	10,0
300	200	6,0	45,7	58,2	7486	4013	11,3	8,31	499	401	596	451	8100	651	0,985	21,9
300	200	6,3	47,9	61,0	7829	4193	11,3	8,29	522	419	624	472	8476	681	0,984	20,9
300	200	8,0	60,3	76,8	9717	5184	11,3	8,22	648	518	779	589	10562	840	0,979	16,6
300	200	10,0	74,5	94,9	11819	6278	11,2	8,13	788	628	956	721	12908	1015	0,974	13,4
300	200	12,0	88,5	113	13797	7294	11,1	8,05	920	729	1124	847	15137	1178	0,969	11,3
300	200	12,5	91,9	117	14273	7537	11,0	8,02	952	754	1165	877	15677	1217	0,968	10,9
300	200	16,0	115	147	17390	9109	10,9	7,87	1159	911	1441	1080	19252	1468	0,959	8,67

EN 10210-2 (Fortsetzung)

Abmessungen H × B		Wand-dicke T	Masse/Länge M	Quer-schnitts-fläche A	Trägheitsmoment		Trägheitsradius		Elastisches Widerstandsmoment		Plastisches Widerstandsmoment		Torsions-trägheits-moment	Torsions-widerstands-moment	Oberfläche pro Meter Länge	Nennlänge pro Tonne
mm	mm	mm	kg/m	cm²	I_{xx} cm⁴	I_{yy} cm⁴	i_{xx} cm	i_{yy} cm	Wel_{xx} cm³	Wel_{yy} cm³	Wpl_{xx} cm³	Wpl_{yy} cm³	I_t cm⁴	C_t cm³	A_s m²/m	m
350	250	6,0	55,1	70,2	12616	7538	13,4	10,4	721	603	852	677	14529	967	1,18	18,2
350	250	6,3	57,8	73,6	13203	7885	13,4	10,4	754	631	892	709	15215	1011	1,18	17,3
350	250	8,0	72,8	92,8	16449	9798	13,3	10,3	940	784	1118	888	19027	1254	1,18	13,7
350	250	10,0	90,2	115	20102	11937	13,2	10,2	1149	955	1375	1091	23354	1525	1,17	11,1
350	250	12,0	107	137	23577	13957	13,1	10,1	1347	1117	1624	1286	27513	1781	1,17	9,32
350	250	12,5	112	142	24419	14444	13,1	10,1	1395	1156	1685	1334	28526	1842	1,17	8,97
350	250	16,0	141	179	30011	17654	12,9	9,93	1715	1412	2095	1655	35325	2246	1,16	7,12
400	200	8,0	72,8	92,8	19562	6660	14,5	8,47	978	666	1203	743	15735	1135	1,18	13,7
400	200	10,0	90,2	115	23914	8094	14,4	8,39	1196	808	1480	911	19259	1376	1,17	11,1
400	200	12,0	107	137	28059	9418	14,3	8,30	1403	942	1748	1072	22622	1602	1,17	9,32
400	200	12,5	112	142	29063	9738	14,3	8,28	1453	974	1813	1111	23438	1656	1,17	8,97
400	200	16,0	141	179	35738	11824	14,1	8,13	1787	1182	2256	1374	28871	2010	1,16	7,12
450	250	8,0	85,4	109	30082	12142	16,6	10,6	1337	971	1622	1081	27083	1629	1,38	11,7
450	250	10,0	106	135	36895	14819	16,5	10,5	1640	1185	2000	1331	33284	1986	1,37	9,44
450	250	12,0	126	161	43434	17359	16,4	10,4	1930	1389	2367	1572	39260	2324	1,37	7,93
450	250	12,5	131	167	45026	17973	16,4	10,4	2001	1438	2458	1631	40719	2406	1,37	7,62
450	250	16,0	166	211	55705	22041	16,2	10,2	2476	1763	3070	2029	50545	2947	1,36	6,04
500	300	10,0	122	155	53762	24439	18,6	12,6	2150	1629	2595	1826	52450	2696	1,57	8,22
500	300	12,0	145	185	63446	28736	18,5	12,5	2538	1916	3077	2161	62039	3167	1,57	6,90

EN 10210-2 (Fortsetzung)

Abmessungen H × B		Wanddicke T	Masse/Länge M	Querschnittsfläche A	Trägheitsmoment		Trägheitsradius		Elastisches Widerstandsmoment		Plastisches Widerstandsmoment		Torsionsträgheitsmoment I_t	Torsionswiderstandsmoment C_t	Oberfläche pro Meter Länge A_s	Nennlänge pro Tonne
					I_{xx}	I_{yy}	i_{xx}	i_{yy}	Wel_{xx}	Wel_{yy}	Wpl_{xx}	Wpl_{yy}				
mm	mm	mm	kg/m	cm²	cm⁴	cm⁴	cm	cm	cm³	cm³	cm³	cm³	cm⁴	cm³	m²/m	m
500	300	12,5	151	192	65813	29780	18,5	12,5	2633	1985	3196	2244	64389	3281	1,57	6,63
500	300	16,0	191	243	81783	36768	18,3	12,3	3271	2451	4005	2804	80329	4044	1,56	5,24
500	300	20,0	235	300	98777	44078	18,2	12,1	3951	2939	4885	3408	97447	4842	1,55	4,25

Neuere Traglastformeln für ebene und räumliche Knoten aus kreisförmigen Hohlprofilen ([116], Kapitel 6), die aufgrund analytischer und numerischer Untersuchungen erstellt wurden.

1. Normalkraftbelasteter ebener X-Knoten ($\alpha = 11,5$), Gurtenden frei

$$\frac{F_{1,u}}{f_{y,0} \cdot t_0^2} = \frac{8,7\,\gamma^{0,5\beta-0,5\beta^2}}{(1-0,9\beta)+\sqrt{(1-0,9\beta)^2+\dfrac{2-(0,9\beta)^2}{\gamma^2}}} \qquad (IV\,1)$$

Gültigkeitsbereich:
$\alpha = 11,5$
$0,25 \leq \beta \leq 1,0$
$14,5 \leq 2\gamma \leq 50,8$

2. Normalkraftbelasteter ebener X-Knoten ($6,0 \leq \alpha \leq 18,0$), Gurtenden frei

$$F_{1,u}(\alpha) = f(\alpha) \cdot F_{1,u}(\alpha = 11,5) \qquad (IV\,2)$$

wobei $f(\alpha)$ wie folgt definiert wird:

$$f(\alpha) = \frac{12,5\,\alpha}{11,5\,(1+\alpha)} \qquad (IV\,3)$$

Gültigkeitsbereich:
$6,0 \leq \alpha \leq 18,0$
$0,25 \leq \beta \leq 1,0$
$2\gamma = 25,4$

3. Ebener X-Knoten unter Biegung in der Ebene

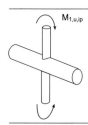

$$\frac{M_{1,u,ip}}{f_{y,0} \cdot t_0^2 \cdot d_1} = \frac{5,1\,\gamma^{1,04\beta-0,43\beta^2}}{(1-0,4\beta)+\sqrt{(1-0,4\beta)^2+\dfrac{2-(0,4\beta)^2}{\gamma^2}}} \qquad (IV\,4)$$

Gültigkeitsbereich:
$\alpha = 12,0$
$0,25 \leq \beta \leq 1,0$
$14,5 \leq 2\gamma \leq 50,8$

4. Ebener X-Knoten unter Biegung aus der Ebene

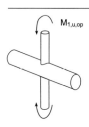

$$\frac{M_{1,u,op}}{f_{y,0} \cdot t_0^2 \cdot d_1} = 1,56\,\gamma^{0,33\beta-0,24\beta^2}\,\frac{C_1 \cdot 2\gamma^2\left[C_2+\sqrt{(1-0,9\beta)^2+\dfrac{2-(0,9\beta)^2}{\gamma^2}}\right]+C_3}{(0,9\beta+0,55)\cdot(2-(0,9\beta)^2)^2} \qquad (IV\,5)$$

mit:
$C_1 = 3+0,9\beta-2\cdot(0,9\beta)^2$
$C_2 = 0,9\beta-1$
$C_3 = -(0,9\beta)^4+3\cdot(0,9\beta)^2-2$

Gültigkeitsbereich:
$\alpha = 12,0$
$0,25 \leq \beta \leq 1,0$
$14,5 \leq 2\gamma \leq 50,8$

5. Räumlicher XX-Knoten unter Normalkraftbelastung ($\alpha = 16,0$)

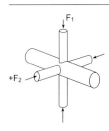

$J = 0,0$:	
$$\frac{F_{1,u}}{f_{y,0} \cdot t_0^2} = \frac{8,0\,\gamma^{0.7\beta - \beta^2}}{\sqrt{1 - (0,9\beta)^2} - 0,9\beta + \sqrt{\left(\sqrt{1 - (0,9\beta)^2} - 0,9\beta\right)^2 + \frac{2}{\gamma^2}}}$$	(IV 6)
$-0,6 \leq J \leq 1,0$:	
$$F_{1,u}(J) = \frac{F_{1,u}(J = 0,0)}{1 - (1,6\beta - 1,2\beta^2)\,J + (1,5\beta - 2,5\beta^2)\,J^2}$$	(IV 7)
$F_{2,u} = J F_{1,u}$	

Gültigkeitsbereich:	
$\alpha = 16,0$	$J =$ Verhältnis von der Last im Füllstab aus der Ebene zur Last im Füllstab in der Ebene
$0,22 \leq \beta \leq 0,60$	
$14,5 \leq 2\gamma \leq 50,8$	

6. Räumlicher XX-Knoten unter Normalkraftbelastung ($6,0 \leq \alpha \leq 16,0$)

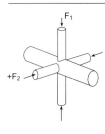

$F_{1,u}(\alpha) = f(\alpha, J) \cdot F_{1,u}(\alpha = 16,0)$	(IV 8)
$f(\alpha, J)$ wird wie folgt definiert:	
$$f(\alpha, J) = \frac{17,0\,\alpha}{16,0\,(1 + \alpha)} \cdot \left(1 + 0,5\,Je^{-0.3\alpha}\right)$$	(IV 9)

Gültigkeitsbereich:	
$6,0 \leq \alpha \leq 16,0$	$J =$ Verhältnis von der Last im Füllstab aus der Ebene zur Last im Füllstab in der Ebene
$0,22 \leq \beta \leq 0,60$	
$2\gamma = 25,4$	
$-0,60 \leq J \leq 1,0$	

7. Räumlicher XX-Knoten unter Biegung in der Ebene im Füllstab in der Ebene und unter Normalkraft im Füllstab aus der Ebene

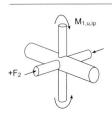

$M_{1,u,ip}(F_2) = M_{1,u,ip}(F_2 = 0,0) + F_2 \cdot \left(-0,4 + 0,7\beta + 1,5\,\dfrac{\gamma}{100}\right)$	(IV 10)
Gültigkeitsbereich:	
$\alpha = 12,0$	
$0,22 \leq \beta \leq 0,60$	
$14,5 \leq 2\gamma \leq 50,8$	
$-0,6 F_u \,(\text{Zug}) \leq F_2 \leq 0,6 F_u \,(\text{Druck})$	(IV 11)
$F_u = \dfrac{7,46}{1 - 0,812\,\beta}\,(2\gamma)^{-0.05} \cdot \left(\dfrac{f_{u,0}}{f_{y,0}}\right)^{0.173} \cdot f_{y,0} \cdot t_0^2$	(IV 12)

8. Räumlicher XX-Knoten unter Biegung in der Ebene sowohl im Füllstab in der Ebene als auch im Füllstab aus der Ebene

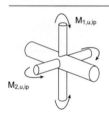

$$J = 0,0:$$

$$\frac{M_{1,u,ip}}{f_{y,0} \cdot t_0^2 \cdot d_1} = \frac{4,8\,\gamma^{1,2\beta - 0,6\beta^2}}{\sqrt{1 - (0,4\beta)^2} - 0,4\beta + \sqrt{\left(\sqrt{1 - (0,4\beta)^2} - 0,4\beta\right)^2 + \dfrac{2}{\gamma^2}}} \qquad \text{(IV 13)}$$

$$-1,0 \leq J \leq 1,0:$$

$$M_{1,u,ip}(J) = \frac{M_{1,u,ip}(J = 0,0)}{1 - 0,5\beta^2 J - (0,16 - 0,9\beta + 0,42\beta^2)J^2} \qquad \text{(IV 14)}$$

$$M_{2,u,ip} = J M_{1,u,ip} \qquad \text{(IV 15)}$$

Gültigkeitsbereich:	J = Verhältnis von der Last im Füllstab aus der Ebene zur
$\alpha = 12,0$	Last im Füllstab in der Ebene
$0,22 \leq \beta \leq 0,60$	
$14,5 \leq 2\gamma \leq 50,8$	

9. Normalkraftbelasteter ebener T-Knoten (Einfluß von Gurtbiegung wird durch kompensierende Momente an den Gurt-enden ausgeglichen)

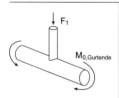

$$\frac{F_{1,u,loc}}{f_{y,0} \cdot t_0^2} = \frac{2,3\,\gamma^{0,66\beta - 0,3\beta^2} \cdot (1 + C_1)}{\left(1 - \dfrac{0,8\psi_2}{\pi}\right)\sin(0,8\psi_2)(1 + C_1) - \left(1 - \dfrac{\arcsin 0,8\beta}{\pi}\right)0,8\beta\,(1 + \cos 0,8\psi_2) + \dfrac{0,7}{\gamma^2}} \qquad \text{(IV 16)}$$

mit:

$$C_1 = \sqrt{1 - (0,8\beta)^2}$$

$$\psi_2 = 1,2 + 0,8\beta^2 \text{ rad.}$$

Gültigkeitsbereich:	$F_{1,u,loc}$ = Traglast in Füllstab ($i = 1$) beim Ausgleich der Gurt-
$0,22 \leq \beta \leq 1,0$	biegung
$14,5 \leq 2\gamma \leq 50,8$	

10. Normalkraftbelasteter ebener T-Knoten (Einfluß von Gurtbiegung wird berücksichtigt)

$$0,32\left(\frac{M_{0,u}}{M_{0,pl,V}}\right) + \left(\frac{F_{1,u}}{F_{1,u,loc}}\right) = 1,0 \qquad \text{(IV 17)}$$

mit:

$$M_{0,pl,V} = \frac{1}{4} F_{1,pl,V}(l_0 - d_1)$$

$$\frac{F_{1,pl,V}}{f_{y,0} \cdot t_0^2} = \frac{8\gamma^2}{\sqrt{12}} \cdot \frac{\left(1 - \left(1 - \dfrac{1}{\gamma}\right)^2\right)\left(1 - \left(1 - \dfrac{1}{\gamma}\right)^3\right)}{\sqrt{\left(1 - \left(1 - \dfrac{1}{\gamma}\right)^3\right)^2 + \dfrac{3}{16}\,\alpha^2\left(1 - \dfrac{2\beta}{\alpha}\right)^2\left(1 - \left(1 - \dfrac{1}{\gamma}\right)^2\right)^2}} \qquad \text{(IV 18)}$$

Gültigkeitsbereich:	$M_{0,u}$ = Biegemoment im Gurtstab aus der Normalkraft-
$0,22 \leq \beta \leq 1,0$	traglast im Füllstab
$14,5 \leq 2\gamma \leq 50,8$	$M_{0,pl,V}$ = Reduzierte plastische Momentenbeanspruchbar-
$M_{0,u}/M_{0,pl,V} \leq 1,0$	keit des Gurtstabes wegen der Kombination von
	Biegemoment und Schubkraft im Gurtstab

11. Ebener T-Knoten unter Biegung in der Ebene

$M_{1,u,ip}$

$$\frac{M_{1,u,ip}}{f_{y,0} \cdot t_0^2 \cdot d_1}$$

$$= \frac{\gamma^{0.78\beta - 0.13\beta^2} \cdot (1 + C_1)}{\left(1 - \frac{0,4\psi_2}{\pi}\right) \sin(0,4\psi_2)(1 + C_1) - \left(1 - \frac{\arcsin 0,4\beta}{\pi}\right) 0,4\beta(1 + \cos 0,4\psi_2) + \frac{0,7}{\gamma^2}}$$

(IV 19)

mit:

$$C_1 = \sqrt{1 - (0,4\beta)^2}$$

$$\psi = 1,2 + 0,8\beta^2 \, \text{rad}.$$

Gültigkeitsbereich:
$\alpha = 12,0$
$0,25 \leq \beta \leq 1,0$
$14,5 \leq 2\gamma \leq 50,8$

12. Ebener T-Knoten unter Biegung aus der Ebene

$M_{1,u,op}$

$$\frac{M_{1,u,op}}{f_{y,0} \cdot t_0^2 \cdot d_1} = \frac{2,5\gamma^{0.28\beta} \cdot (0,8\beta + \sin 0,8\psi_2)}{(0,8\beta + 1,0)\left[\left(1 - \frac{\arcsin 0,8\beta}{\pi}\right) \sin(0,8\psi_2) - \left(1 - \frac{0,8\psi_2}{\pi}\right) 0,8\beta\right] + \frac{0,5}{\gamma^2}}$$

(IV 20)

mit:
$$\psi_2 = 1,8 + 0,5\beta^2 \, \text{rad}.$$

Gültigkeitsbereich:
$\alpha = 12,0$
$0,25 \leq \beta \leq 1,0$
$14,5 \leq 2\gamma \leq 50,8$

13. Räumliche TT-Knoten unter Normalkraftbelastung (Einfluß von Gurtbiegung wird durch kompensierende Momente an den Gurtenden ausgeglichen.)

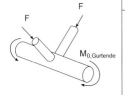

F

F

$M_{0,\text{Gurtende}}$

TT-Knoten, die wie ebene T-Knoten versagen.

$$\beta_{eq.} = \left[0,93 + 0,07 \frac{\sin\left(\frac{\phi}{2} + \arcsin\beta\right)}{\beta}\left(2 - \frac{\sin\left(\frac{\phi}{2} + \arcsin\beta\right)}{\beta}\right)\right] \sin\left(\frac{\phi}{2} + \arcsin\beta\right)$$

(IV 21)

Traglast wird ermittelt durch Einsetzen des $\beta_{eq.}$-Wertes in Gl. (IV 16)

TT-Knoten, die wie ebene X-Knoten versagen.

$$\beta_{eq.} = \frac{\beta}{\sin\frac{1}{2}\phi}$$

(IV 22)

Traglast wird ermittelt durch Einsetzen des $\beta_{eq.}$-Wertes in Gl. (IV 1).

Gültigkeitsbereich:
$0,22 \leq \beta \leq 0,60$
$2\gamma = 36,9$

Literaturverzeichnis

Literatur zu Kapitel 2

[1] EN 10002-1: Metallische Werkstoffe – Zugversuch, Teil 1: Prüfverfahren (bei Raumtemperatur)

[2] EN 10045-1: Metallische Werkstoffe – Kerbschlagbiegeversuch nach Charpy, Teil 1: Prüfverfahren

Literatur zu Kapitel 3

[1] ISO 630: Structural steels. International Organization of Standardization

[2] DIN 17100: Allgemeine Baustähle, Gütenorm

[3] DIN 17119: Kaltgefertigte, geschweißte, quadratische und rechteckige Stahlrohre (Hohlprofile) für den Stahlbau, Technische Lieferbedingungen

[4] DIN 17120: Geschweißte kreisförmige Rohre aus allgemeinen Baustählen für den Stahlbau, Technische Lieferbedingungen

[5] DIN 17121: Nahtlose kreisförmige Rohre aus allgemeinen Baustählen für den Stahlbau, Technische Lieferbedingungen

[6] BS 4360: Weldable structural steels. British Standards Institution

[7] NF 49-501: Profils creux finis a chaud pour construction. Norme Française

[8] NF 49-541: Profils creux finis a froid pour construction. Norme Franoçaise

[9] UNI 7806: Prodotti finiti di acciaio formati a caldo per construzioni metalliche. Profilati cavi, Qualita, prescrizioni e prove. Norma Italiana

[10] UNI 7810: Prodotti finiti di acciaio formati a freddo per construzioni metalliche. Profilati cavi, Qualita, prescrizioni e prove. Norma Italiana

American Society for Testing and Materials ASTM:

[11] A 36: Specification for structural steel

[12] A 441: Specification for high-strength low-alloy structural Manganese-Vanadium steel

[13] A 500: Specification for cold-formed welded and seamless carbon steel structural tubing in rounds and shapes

[14] A 501: Specification for hot-formed welded and seamless carbon steel structural tubing

[15] A 529: Specification for standard steel with 42 KSi minimum yield point (1/2 in. [13 mm] maximum thickness)

[16] A 572: Specification for high-strength low-alloy columbium-Vanadium steels of structural quality

[17] A 588: Specification for high-strength low-alloy structural steel with 50 KSi minimum yield point to 4 in. (100 mm) thick

[18] A 618: Grade II and III (Grade I if the properties are suitable for welding), Specification for hot-formed welded and seamless high-strength low-alloy structural tubing

[19] A 633: Specification for normalized high-strength low-alloy structural steel

[20] JISG 3444: Carbon steel tubes for general structural purposes. Ministry of International Trade and Industry, Japan

[21] JISG 3466: Carbon steel square pipes for general structural purposes. Ministry of International Trade and Industry, Japan

[22] EN 10210-1: Warmgefertigte Hohlprofile für den Stahlbau aus unlegierten Baustählen und aus Feinkornbaustählen, Teil 1: Technische Lieferbedingungen, Euronorm, CEN

[23] EN 10219-1: Kaltgefertigte Hohlprofile für den Stahlbau aus unlegierten Baustählen und aus Feinkornbaustählen, Teil 1: Technische Lieferbedingungen, Euronorm, CEN

[24] DASt-Ri 011: Richtlinie 011 des Deutschen Ausschusses für Stahlbau, Hochfeste schweißgeeignete Feinkornbaustähle St E 460 und St E 690, Anwendung für Stahlbauten

[25] DASt-Ri 007: Richtlinie 007 des Deutschen Ausschusses für Stahlbau, Richtlinien für die Lieferung, Verarbeitung und Anwendung wetterfester Baustähle

[26] EN 10155: Wetterfeste Baustähle, Euronorm, CEN

[27] DIN V ENV 1993-1-1: 1992. Eurocode 3: Bemessung und Konstruktion von Stahlbauten, Teil 1.1: Allgemeine Bemessungsregeln, Bemessungsregeln für den Hochbau, Beuth Verlag, Berlin

[28] DASt-Ri 009: Richtlinie 009 des Deutschen Ausschusses für Stahlbau, Empfehlungen zur Wahl der Stahlgütegruppen für geschweißte Stahlbauten

[29] Bathke, W.: Schweißen in kaltverformten Bereichen an Winkelproben mit 6 mm Schenkeldicke. In: Schweißen und Schneiden 37 (1985), Heft 11

Literatur zu Kapitel 4

[1] EN 10210-2: Hot finished structural hollow sections of non-alloy and fine grain structural steels, Part 2: Tolerances, dimensions and sectional properties. European Standard, CEN, 1997

[2] EN 10219-2: Cold formed welded structural hollow sections of non-alloy and fine grain structural steels, Part 2: Tolerances, dimensions and sectional properties. European Standard, CEN, 1997

[3] ISO 657/14: Hot rolled steel sections, Part 14: Hot formed structural hollow sections – Dimensions and sectional properties. International Organization for Standardization

[4] ISO 4019: Cold finished steel structural hollow sections – Dimensions and sectional properties. International Organization for Standardization

Literatur zu Kapitel 5

[1] DIN 18800: Stahlbauten, Teil 1: Bemessung und Konstruktion, November 1990; Teil 2: Stabilitätsfälle, Knicken von Stäben und Stabwerken, November 1990; Teil 3: Stabilitätsfälle, Plattenbeulen, November 1990; Teil 4: Stabilitätsfälle, Schalenbeulen, November 1990

[2] DIN V ENV 1993, Teil 1-1: Eurocode 3, Bemessung und Konstruktion von Stahlbauten, Allgemeine Bemessungsregeln, Bemessungsregeln für den Hochbau, April 1993

[3] ENV 1991: Eurocode 1, Basis of design and actions on structures

[4] ISO 2394: General principles for the verifications of the safety of structures. International Organization of Standardization

[5] DIN: Grundlagen zur Festlegung von Sicherheitsforderungen für bauliche Anlagen, Beuth Verlag, Berlin

[6] DIN 18808: Stahlbauten, Tragwerke aus Hohlprofilen unter vorwiegend ruhender Beanspruchung, Oktober 1984

[7] Anpassungsrichtlinie Teil 2 zu DIN 18800 – Stahlbauten – Teile 1–4/11.90, Abschnitt 4.4: DIN 18808/10.84 – Stahlbauten, Tragwerke aus Hohlprofilen unter vorwiegend ruhender Beanspruchung, Mitteilungen des Deutschen Instituts für Bautechnik, 1994, Heft 4, S. 132–133

[8] Dutta, D.; Würker, K.-G.: Handbuch Hohlprofile in Stahlkonstruktionen, Verlag TÜV Rheinland GmbH, Köln, 1988

[9] Rondal, J.; Würker, K.-G.; Dutta, D.; Wardenier, J.; Yeomans, N.: Knick- und Beulverhalten von Hohlprofilen (rund und rechteckig), CIDECT-Serie „Konstruieren mit Hohlprofilen", Verlag TÜV Rheinland, Köln, 1992

[10] Sfintesco, D.: Fondement experimental des courbes europeenes de flambement, Constructions métallique, Nr. 3, Paris, 1970

[11] Braham, M.; Grimault, J. P.; Rondal, J.: Flambement de profils creux á minces – Cas des Profils rectangulaires chargés axialement, Schlußbericht EGKS-Nr. 6210/SA/3/301-1981-EUR 6730 Fr

[12] Braham, M.; Grimault, J. P.; Massonet, C.; Mouty, J.; Rondal, J.: Das Knickverhalten dünnwandiger Hohlprofile, acier-Stahl-steel, 1/1980

[13] Beer, H.; Schulz, G.: Die Traglast des mittig gedrückten Stabes mit Imperfektionen, VDI-Zeitschrift, Bd. 111 (1969), Nr. 21, 23, 24

[14] Beer, H.: Aktuelle Probleme der Stabilitätsforschung, Sonderdruck 1971, Österreichischer Stahlbauverband, Wien

[15] SSRC: Stability of metal structures – a world view. Structural Stability Research Council, 2nd edition, 1991

[16] CIDECT: Buckling behaviour of hot finished SHS in high strength steel S460. Research project no. 2T

[17] DIN 4114: Stahlbau; Stabilitätsfälle (Knickung, Kippung, Beulung), Teil 1: Berechnungsgrundlagen, Vorschriften, Juli 1952; Teil 2: Berechnungsgrundlagen, Richtlinien, Februar 1953

[18] Klöppel, K./Scheer, J.; Klöppel, K./Möhler, J.: Beulwerte ausgesteifter Rechteckplatten, Band I und II, Verlag Wilhelm Ernst und Sohn, Berlin, München

[19] DASt-Ri 012: Beulsicherheitsnachweise für Platten, Deutscher Ausschuß für Stahlbau, Oktober 1978

[20] v. Karman, Th.; Tsien, H. S.: The buckling of thin cylindrical shells under axial compression. Journal of Aeronautical Science, 1941

[21] SIA 161: Stahlbauten, Norm Ausgabe 1979, Schweizerischer Ingenieur- und Architekten-Verein

[22] AISI: Specifiction for the design of cold formed steel structural members, 2nd edition, 1968–1973, Deutsche Übersetzung herausgegeben von der Beratungsstelle für Stahlverwendung, Düsseldorf, 1976

[23] BS 5950: Structural use of steelwork in building, Part 1. Code of practice for design in simple and continuous construction: hot rolled sections. British Standards Institution, London, 1985

[24] ECCS: European recommendations for steel structures. ECCS-CECM-EKS 77-2E, March 1978

[25] Lorenz, R.: Achsensymmetrische Verzerrungen in dünnwandigen Hohlzylindern, VDI-Zeitschrift 52 (1908), Heft 43, S. 1706

[26] Timoshenko, S.: Einige Elastizitätsprobleme aus der Elastizitätstheorie, Zeitschrift für Mathematik und Physik 58 (1910), H. 4, S. 378

[27] Robertson, A.: The strength of tubular struts. Proceedings of Royal Society, London, A 121 (1928), S. 553

[28] Wilson, W.; Newmark, N.: The strength of thin cylindrical shells as columns. Engineering Experiment Station, University of Illinois, Bulletin 255 (1933) und Bulletin (1941)

[29] Donnel, L. H.: A new theory for the buckling of thin cylinders under axial compression and bending. Transactions ASME 56 (1934), S. 795

[30] Kappus, R.: Druck-, Biege- und Torsionsversuche mit Holmrohren aus Stahl, Aero 70, Jahrbuch der Deutschen Luftfahrtforschung (1939), S. 173

[31] Donnel, L. H.; Wan: Effect of imperfections on buckling of thin cylinders and columns under axial compression. Journal of Applied Mechanics 17 (1950)

[32] Lindenberger, H.: Bericht über Druckversuche an Kreiszylindern (Fortschritte im Stahlbrückenbau), Stahlbau-Verlag, Köln, 1958,

[33] Almroth, B. O.; Holmes, A. M. C.; Brush, D. O.: An experimental study of the buckling of cylinders under axial compression. Experimental Mechanics, September 1964, USA

[34] Steinhardt, O.; Schulz, V.: Zum Beulverhalten von Kreiszylinderschalen, Schweizerische Bauzeitung 89 (1971), Heft 1

[35] Plantema, J.: Collapsing stresses of circular cylinders and round tubes. Report 5280, Nat. Luchtvaartlaboratorium, Amsterdam, 1946

[36] DNV Det Norske Veritas: Rules for the design, construction and inspection of offshore structures. 2nd edition, Oslo, 1977

[37] DASt-Ri 013: Beulsicherheitsnachweise für Schalen, Deutscher Ausschuß für Stahlbau, Juli 1980

[38] ECCS-EKS: European recommendations for steel construction – Section 4.6 Buckling of shells. European Convention for Constructional Steelwork, 1981

[39] Roik, K.; Kindmann, R.: Das Ersatzstabverfahren – eine Nachweisform für den einfeldrigen Stab bei planmäßig einachsiger Biegung mit Druckkraft, Der Stahlbau 12, 1981

[40] Roik, K.; Kindmann, R.: Das Ersatzstabverfahren – Tragsicherheitsnachweise für Stabwerke bei einachsiger Biegung und Normalkraft, Der Stahlbau 5, 1982

[41] Rondal, J.; Maquoi, R.: Formulations d'Ayrton-Perry pour le flambement des barres métalliques, Construction metallique, Nr. 4, Paris, 1979

[42] Roik, K.; Kuhlmann, U.: Beitrag zur Bemessung von Stäben für zweiachsige Biegung mit Druckkraft, Der Stahlbau 9, 1985

[43] DIN 18808: Stahlbauten, Tragwerke aus Hohlprofilen unter vorwiegend ruhender Beanspruchung, Normenausschuß Bauwesen (NA Bau) im DIN Deutsches Institut für Normung, Beuth Verlag, Berlin, Oktober 1984

[44] API: API Recommended practice for planning, designing and constructing fixed offshore platforms. American Petroleum Institute, API-RP-2A, January 1980

[45] DNV: Rules for the design, construction and inspection of offshore structures. Det Norske Veritas, 1977

[46] de Jong, H.: The effect of the joint rigidity on the buckling behaviour of a member in compression. Technische Universität Delft, Stevinreport 6-86-6, September 1986

[47] Mouty, J.: Knicklängen-Ermittlung der Stäbe von Fachwerkträgern, CIDECT, Monografie 4, Paris, 1980

[48] Grimault, J. P.: Longueurs de flambement de treillis en profils creux sur membrures eu profils creux, programmes 3E et 3G, rapport CIDECT, mars 1977

[49] Mouty, J.: Calcul des longueurs de flambement par la méthode de rotules élastiques, Chambre Syndicale des Fabricants de Tubes d'Acier, Notice 1074, Paris, 1978

[50] Rondal, J.: Effective lengths of tubular lattice girder members, statistical tests. CIDECT-report 3K-88/9, University of Liége, August 1988

[51] Spira, E.; Pollner, E.: Le problème du flambage des poutres tubulaires soudées en treillis, Acier-Stahl-Steel Nr. 11, Brüssel, 1968

[52] Baar, S.: Étude théorique et expérimentale du déversement des poutres à membrures tubulaires, Collection des publications de la Faculté des Sciences Appliquées de Université de Liége, N° 10, 1968

[53] Kollbrunner, C. F.; Basler, K.: Torsion, Springer-Verlag, Berlin, 1966

[54] Timoshenko, S.: Theory of elasticity, 2nd edition. McGraw-Hill, New York, 1951

Literatur zu Kapitel 6

[1] Kato, B.; Nishiyama, I.: Behaviour of rigid frame connections subjected to horizontal force. CIDECT programme 5Z, Final report, University of Tokyo, 1979

[2] DIN 4114: Stahlbau: Stabilitätsfälle (Knickung, Kippung, Beulung), Teil 1: Berechnungsgrundlagen, Vorschriften, Juli 1952; Teil 2: Berechnungsgrundlagen, Richtlinien, Februar 1953 (am 1.1.1997 ausgelaufen)

[3] DIN V ENV 1993, Teil 1-1: Eurocode 3, Bemessung und Konstruktion von Stahlbauten, Allgemeine Bemessungsregeln für den Hochbau, April 1993

[4] Mang, F.; Steindl, G.; Bucak, Ö.: Design of welded lattice joints and moment resisting knee joints made of hollow sections. Doc.No. XV-463-80, International Institute of Welding, University of Karlsruhe, Germany, 1980

[5] DIN 18808: Stahlbauten, Tragwerke aus Hohlprofilen unter vorwiegend ruhender Beanspruchung, Deutsches Institut für Normung, Berlin,
Deutschland, Oktober 1984

[6] Packer, J. A.; Wardenier, J.; Kurobane, Y.;
Dutta, D.; Yeomans, N.: Knoten-Verbindungen
aus rechteckigen Hohlprofilen unter vorwie-
gend ruhender Beanspruchung, CIDECT-Reihe
„Konstruieren mit Stahlhohlprofilen", Verlag
TÜV Rheinland, Köln, 1993

[7] Wardenier, J.: Hollow section joints. Delft University Press, Delft, The Netherlands, 1982

[8] Packer, J. A.; Hendersen, J. E.: Design guide for
hollow structural section connections. Canadian
Institute of Steel Construction, Ontario, Canada, 1992

[9] Dutta, D.; Würker, K.-G.: Handbuch Hohlprofile in Stahlkonstruktionen, Verlag TÜV Rheinland, Köln, 1988

[10] DIN 18800: Stahlbauten, Teil 1: Bemessung
und Konstruktion, November 1990; Teil 2: Stabilitätsfälle, Knicken von Stäben und Stabwerken, November 1990; Teil 3: Stabilitätsfälle,
Plattenbeulen, November 1990; Teil 4: Stabilitätsfälle, Schalenbeulen, November 1990

[11] CIDECT-Project 6E: L-type joint of circular
hollow sections. Final report, Versuchsanstalt
für Stahl, Holz und Steine, Universität Karlsruhe (TH), August 1995

[12] Mang, F.; Dutta, D.: Static strength of plate connections to circular and rectangular hollow section. CIDECT-Programme 5AM, Final report,
Versuchsanstalt für Stahl, Holz und Steine, Universität Karlsruhe (TH), 1989

[13] AWS 1992: Structural welding code-steel.
ANSI/AWS D 1.1-92, American Welding Society

[14] Rockey, K. C.; Griffiths, D. W.: The behaviour
of bolted flanged joints in tension. University of
Cardiff, 1970

[15] Rockey, K. C.; Griffiths, D. W.: The effect of
initial bolt tension on the performance of bolted
flanged joints in tension. University of Cardiff,
1971

[16] Griffiths, D. W.; Rockey, K. C.: The behaviour
of ring flanges in bolted joints in tension. University of Cardiff, 1973

[17] Griffiths, D. W.: The behaviour of blank flanges
in bolted joints in tension. University of Cardiff,
1973

[18] Griffiths, D. W.: Tensile test results of the flanges of bolted joints in tubular members. University of Cardiff, 1974

[19] Timoshenko, S.: Theory of plates and shells,
2nd edition. McGraw-Hill Book Company, 1959

[20] DASt-Ri 010: Anwendung hochfester Schrauben im Stahlbau, Deutscher Ausschuß für Stahlbau, 1974

[21] CSA 1989: Limit states design of steel structures. CAN/CSA-S 16.1-M89, Canadian Standards Association, Rexdale, Ontario

[22] Kato, B.; Hirose, A.: Bolted tension flanges
joining circular hollow section members.
CIDECT report 8C-84/24-E

[23] Igarashi, S.; Wakiyama, K.; Inoue, K.; Matsu-
moto, T.; Murase, Y.: Limit design of high
strength bolted tube flange joint, Part 1 and 2.
Journal of Structural and Construction Engineering Transactions of AIJ, Department of
Architecture reports, Osaka University, Japan,
August 1985

[24] AIJ: Recommendations for the design and fabrication of tubular structures in steel, 3rd edition. Architectural Institute of Japan, 1990

[25] Mang, F.: Untersuchungen an geschraubten
Stirnplatten – Regelanschlüssen für Rechteck-
und Rundhohlprofile, Projekt 38, Studiengesellschaft für Anwendungstechnik von Eisen
und Stahl e.V., Düsseldorf, Mai 1981

[26] Kato, B.; Mukai, A.: Bolted tension flanges
joining square hollow section members. Final
report, CIDECT programme 8B, March 1982

[27] Packer, J. A.; Bruno, L.; Birkemoe, P. C.: Limit
analysis of bolted RHS flange plate joints. Journal of Structural Engineering, American Society of Civil Engineers, Vol. 115, No. 9, September 1989, pp. 2226–2242

[28] Birkemoe, P. C.; Packer, J. A.: Ultimate strength
design of bolted tubular tension connections.
Conference on Steel Structures – Recent Research Advances and their Applications to Design, Budva, Yugoslavia, 1986, Proceedings,
pp. 153–168

[29] Struik, J. H. A.; de Back, J.: Tests on bolted T-
Stubs with respect to a bolted beam-to-column
connection. Stevin Laboratory report 6-69-13,
Delft University of Technology, The Netherlands, 1969

[30] Bouwmann, L. P.: Fatigue of bolted connections
and bolts in tension. Stevin Laboratory report 6-
79-9, Delft University of Technology, The
Netherlands, 1979

[31] Kurobane, Y.: Design of plate-to-tube joints. International Institute of Welding, IIW- Doc. XV-
E-90-158

[32] Mang, F.; Bucak, Ö.; Karcher, D.: Load-bearing
behaviour of hollow sections with inserted plates. Proceedings of 5th International Symposium on Tubular Structures, Nottingham, United
Kingdom 1993, E & FN Spon, London

[33] Lindner, J.; Bamm, D.; Müller W.: Geschraubte
Anschlüsse an Hohlprofilen, Teil 1: Bestimmung der Lochleibungstragfähigkeit; Teil 2:
Querkraftbeanspruchte Verbindungen, Schluß-
bericht zum DFG Forschungsvorhaben Li 351/

5-1, Bericht VR 2101, Technische Universität Berlin, August 1990

[34] Lindner, J.: Bolted connections to hollow sections with through bolts. Proceedings of the fifth International Symposium on Tubular Structures, Nottingham, United Kingdom, 1993, E & FN Spon, London

[35] Scheer, J.; Maier, W.; Klarhold, M.; Vajem, K.: Bestimmung der reinen Lochleibungsfestigkeiten und des Lochleibungspressungs-Verformungsverhaltens, Bericht Nr. 6066, Institut für Stahlbau, Technische Universität Braunschweig, 1985

[36] Scherr, J.; Maier, W.; Klarhold, M.; Vajem, K.: Zur Lochleibungsbeanspruchung in Schraubenverbindungen, Der Stahlbau 56 (1987), S. 129–136

[37] Mang, F.: Geschraubte Hohlprofil-Laschen-Verbindungen, Abschlußbericht, CIDECT-Programm 6E, Versuchsanstalt für Stahl, Holz und Steine, Universität Karlsruhe (TH), August 1993

[38] ENV 1090-4: Execution of steel structures, Part 4: Supplementary rules for hollow section lattice structures. Draft CEN TC 135, WG8, May 1995

[39] DIN 2559: Schweißnahtvorbereitung, Teil 1: Richtlinien für Fügenformen, Schmelzschweißen von Stumpfstößen an Stahlrohren, Ausgabe Mai 1973; Teil 2: Anpassen der Innendurchmesser für Rundnähte an nahtlosen Rohren, Ausgabe Februar 1984

[40] DIN 8551, Teil 1: Schweißnahtvorbereitung, Fügenformen an Stahl, Gasschweißen, Lichtbogenhandschweißen und Schutzgasschweißen, Ausgabe Juni 1976

[41] Dutta, D.; Wardenier, J.; Yeomans, N.; Sakae, K.; Bucak, Ö.; Packer, J. A.: Design guide for fabricatin, assembly and erection of hollow section structures. CIDECT-Series „Construction with hollow steel sections", Verlag TÜV Rheinland, Cologne, 1997

[42] CSA: Welded steel construction (metal arc welding). W 59-M 1989, Canadian Standards Association, 1989

[43] AS 4100: Steel structures. Standards Australia, 1990

[44] Cramer, K.: Einiges zum Messen von Stumpf- und Kehlnähten, Der Praktiker 10 (1980)

[45] DIN EN 10025: Warmgewalzte Erzeugnisse aus unlegierten Baustählen, Technische Lieferbedingungen, 1990

[46] prEN 10113, Part 1–3: Hot-rolled products in weldable fine grain structural steels. 1990

[47] DIN EN 10210–1: 1993, Warmgefertigte Hohlprofile für den Stahlbau aus unlegierten Baustählen und aus Feinkornbaustählen, Teil 1: Technische Lieferbedingungen

[48] EN 10219-1: Cold finished structural hollow sections of non-alloy and fine grain structural steels, Part 1: Technical delivery conditions. 1995

[49] IIW 1989: Design recommendations for hollow section joints – predominantly statically loading. Doc. XV-701–89, International Institute of Welding

[50] Jamm, W.: Gestaltfestigkeit geschweißter Rohrverbindungen und Rohrkonstruktionen unter statischer Belastung, Schweißen und Schneiden, Jahrgang 3 (1951), Sonderheft

[51] Toprac, A. A.; Natarajan, M.: Studies of tubular joints in Japan, Part I. Report no. R682, Technology Laboratories, Austin, Texas, prepared for Welding Research Council, New York, September 1968

[52] Togo, T.: Experimental study on mechanical behaviour of tubular joints (in Japanese). Doctorial dissertation, Osaka University, January 1967

[53] Kurobane, Y.: New developments and practices in tubular joint design. IIW-Doc. XV-488-81 + Addendum

[54] Kurobane, Y.: Welded truss joints of tubular structural members. Memoirs of the Faculty of Engineering, Kumamoto University, Vol. XII, No. 2, December 1964

[55] Kanatani, H.: Experimental study on welded tubular connections. Memoirs of the Faculty of Engineering, Kobe University, No. 12, 1966

[56] Naka, T.; Kato, B.; Kanatani, H.: Experimental study on welded tubular connections. Research Institute of Welding, University of Tokyo, 1964

[57] Washio, K.; Togo, T.; Mitsui, N.: Experimental study on local failure of chords in tubular truss joints, Part I+II. Technology reports of Osaka University, Vol. 18, No. 850 (1968) and Vol. 19, No. 874 (1969)

[58] Washio, K.; Togo, T.; Mitsui, N.: Cross joints of tubular members (in Japanese). Report Kinki Branch of AIJ, May 1966

[59] Kurobane, Y.; Makino, Y.; Honda, T.; Mitsui, Y.: Additional tests on tubular K-joints with CHS members under static loads. IIW-Doc. XV-460-80

[60] Kurobane, Y.; Makino, Y.; Mitsui, Y.: Re-analysis of ultimate strength data for truss connections in circular hollow sections. IIW-Doc. XV-461-80

[61] Kurobane, Y.; Makino, Y.; Mitsui, Y.: Ultimate strength formulae for simple tubular joints. IIW-Doc. XV-385-76, Department of Architecture, Kumamoto University, May 1976

[62] Makino, Y.; Kurobane, Y.; Minoda, Y.: Design of CHS X- and T-joints under tensile brace loading. IIW-Doc. XV-487-81

[63] Kurobane, Y.; Natarajan, M.; Toprac, A. A.: Studies on tubular joints in Japan, Part II. Spe-

cifications on tubular steel-structures and list of literature, June 1968

[64] Marshall, P. W.; Toprac, A. A.: Basis for tubular design. ASCE preprint 2008, April 1973, also Welding Journal, May 1974

[65] Marshall, P. W.: Design of simple tubular joints. CDG Report 12, Shell Oil Co., January 1967

[66] Reber, J. B.: Ultimate strength design of tubular joints. OTC 1964, Proceedings of Offshore Technology Conference, 1972, Houston, Texas

[67] Pan, B. P.; Plummer, F. B.; Kuang, J. G.: Ultimate strength design of tubular joints. OTC 2644 (1976)

[68] Lee, M. S.; Cheng, M. P.: Plastic consideration on punching shear strength of tubular joints. OTC 2641 (1976)

[69] Marshall, P. W.: A review of American criteria for tubular structures and proposed revisions. IIW-Doc. XV-405-77

[70] Graff, W. F.; Marshall, P. W.; Minas, A. N.: Review of design considerations for tubular joints. ASCE, Int. Conv. and Exp., New York, May 1981

[71] Beale, L. A.; Toprac, A. A.: Analysis of in-plane, T, Y and K welded tubular connections. Bulletin no. 125, Welding Research Council, October 1967

[72] Bouwkamp, J. G.: Behaviour of tubular truss joints under static loads. Structure and Material Research, Report no. SESM-65-4, College of Engineering, University of California, Berkeley, July 1965

[73] Beale, L. A.; Toprac, A. A.; Natarajan, M.: Experiment in tubular joints: elastic stresses. IIW-Doc. XV-215-66, 1966

[74] Bouwkamp, J. G.: Research on tubular connections in structural work. WRC-Bul. 71, 1961

[75] Bouwkamp, J. G.: Concept on tubular joints design. Proceedings of ASCE, Vol. 90, No. ST2, 1964

[76] Dundrova, V.: Stress and strain investigations of a cylindrical shell loaded along a curve. Structures fatigue research lab., Dept. of Civil Engineering, Univ. of Texas, Austin, SFRL, Techn. Report, pp. 550–4, July 1965

[77] Dundrova, V.: Stresses at intersection of tubes cross and T-joints. Structures fatigue research lab., Techn. Report P550-5, Univ. of Texas, Austin, 1965

[78] Bijlaard, P. P.: Stresses from radial loads and external moments in cylindrical pressure vessels. The Welding Journal 34, Research Suppl., pp. 608–617, 1955

[79] Bijlaard, P. P.: Additional data on stresses in cylindrical shells under local loading. Welding Research Council, Bul.-no. 50, pp. 10–50, May 1959

[80] Brown, R. C.; Toprac, A. A.: An experimental investigation of tubular T-joints. Structures fatigue research lab., Report no. P550-8, Univ. of Texas, Austin, Texas 1966

[81] Andrian, I. E.; Sewell, K. A.; Womack, W. R.: Partial investigation of directly loaded pipe T-joints. Thesis for the Civil Engineering Dept., Southern Methodist Univ., Dallas, 1958

[82] Boone, T. J.; Yura, J. A.; Hoadley, P. W.: Chord stress effects on the ultimate strength of tubular joints. PMFSEL, Report no. 82-1, Univ. of Texas, Austin, 1982

[83] Brown and Root Company: An investigation of welded tubular joints loaded by axial and moment loads. Offshore Structure Dept., Job no. ER-0169, Houston, Texas, 1976

[84] Grigory, S. C.: Experimental determination of the ultimate strength of tubular joints. Southwest Research Institute, Project no. 03-3054, Report to Humble Oil and Refining Co., San Antonio, 1971

[85] Healy, B. E.; Zettlemayer, N.: In-plane bending strength of circular tubular joints. Proceedings of 5th International Symposium on Tubular Structures, Nottingham, U.K., pp. 325–344, 1993

[86] Hoadley, P. W.; Yura, J. A.: Ultimate strength of tubular joints subjected to combined loads. PMFSEL, Report no. 83-3, Univ. of Texas, Austin, 1983

[87] Kurobane, Y.; Makino, Y.; Ogawa, K.; Maruyama, Y.: Capacity of CHS T-joints under combined OPB and axial loads and its interactions with frame behaviour. Proceedings of 4th International Symposium on Tubular Structures, Delft, The Netherlands, pp. 412–423, 1991

[88] Makino, Y.; Kurobane, Y.; Ochi, K.: Reliability-based design criteria for tubular X-joints under tension. Summary papers, Annual Conference of Architectural Institute of Japan, pp. 1781–1782, 1982

[89] Makino, Y.; Kurobane, Y.; Takizawa, S.; Yamamoto, N.: Behaviour of tubular T- and K-joints under combined loads. Proceedings of Offshore Technology Conference, Paper no. 5133, pp. 429–438, 1986

[90] Makino, Y.; Kurobane, Y.; Ochi, K.: Ultimate capacity of tubular double K-joints. IIW, Proceedings of International Conference on Welding of Tubular Structures, Boston, pp. 451–458, 1984

[91] Makino, Y.; Kurobane, Y.; Paul, J. C.; Orita, Y.; Hiraishi, K.: Ultimate capacity of gusset plate-to-tube joints under axial and in-plane bending loads. Proceedings of 4th International Symposium on Tubular Structures, Delft, pp. 424–434, 1991

[92] Makino, Y.; Kurobane, Y.; Paul, J. C.: Ultimate behaviour of diaphragm stiffened tubular KK-

joints. Proceedings of 5th International Symposium on Tubular Structures, Nottingham, U.K., pp. 465–472, 1993

[93] Makino, Y.; Kurobane, Y.; Paul, J. C.: Further tests on unstiffened tubular KK-joints. Proceedings of 5th International Conference on Steel Structures, Jakarta, Indonesia, pp. 183–190, 1994

[94] Makino, Y.; Kurobane, Y.: Tests on CHS KK-joints under anti-symmetrical loads. Proceedings of 6th International Symposium on tubular Structures, Melbourne, Australia, pp. 449–446, 1994

[95] Makino, Y.; Kurobane, Y.; Wilmhurst, S. R.; Lee, M. M. K.: Proposed ultimate capacity equations for CHS KK-joints under anti-symmetrical loads. Proceedings of 5th International Offshore and Polar Engineering Conference, The Hague, The Netherlands, Vol. IV, pp. 6–11, 1995

[96] Ochi, K.; Kurobane, Y.; Makino, Y.: Further tests on CHS K-joints with various d/D ratios. Technical reports, Vol. 30, No. 3, Kumamoto University, Kumamoto, Japan, pp. 119–124, 1981

[97] Ohtake, A.; Sakamoto, S.; Tanaka, T.; Kai, T.; Nakazato, T.; Takizawa, T.: Static and fatigue strength of steel tubular joints for offshore structures. Proceedings of Offshore Technology Conference, Paper no. 3254, pp. 1747–1755, 1978

[98] Paul, J. C.; Ueno, T.; Makino, Y.; Kurobane, Y.: The ultimate behaviour of circular multiplanar TT-joints. Proceedings of 4th International Symposium on Tubular Structures, Delft, pp. 448–460, 1991

[99] Paul, J. C.; Ueno, T.; Makino, Y.; Kurobane, Y.: Ultimate behaviour of multiplanar double K-joints of circular hollow section members. Proceedings of 2nd International Offshore and Polar Engineering Conference, San Francisco, pp. 377–383, 1992

[100] Paul, J. C.; Makino, Y.; Kurobane, Y.: Ultimate resistance of tubular double T-joints under axial brace loading. Journal of Constructional Steel Research, Vol. 24, No. 3, pp. 205–228, 1993

[101] Paul, J. C.; Ueno, T.; Makino, Y.; Kurobane, Y.: Ultimate behaviour of multiplanar double K-joints. International Journal of Offshore and Polar Engineering, Vol. 3, No. 1, pp. 43–50, 1993

[102] Sanders, D. H.; Yura, J. A.: Ultimate strength and behaviour of double-tee tubular joints in tension. PMFSEL, Report 86-2, Univ. of Texas, Austin, 1989

[103] Takizawa, S.; Yamamoto, N.; Mihara, J.; Ohkata, S.: Full scale experiments of tee and cross type tubular joints under static and cyclic loading. Technical reports, Kawasaki Steel

Technical Review, Vol. 11, No. 2, Kawasaki Steel Corp., pp. 115–125, 1979

[104] Toprac, A. A.; Natarajan, M.; Erzurumulu, H.; Kanoo, A. L. J.: Research in tubular joints static and fatigue loads. Proceedings of Offshore Technology Conference, Paper no. 1062, 1969

[105] Yamasaki, T.; Takizawa, S.; Komatsu, M.: Static and fatigue tests on large-size tubular T-joints. Proceedings of Offshore Technology Conference, Paper no. 3424, pp. 583–591, 1979

[106] Yonemura, H.; Makino, Y.; Kurobane, Y.; van der Vegte, G. J.: Tests on CHS planar KK-joints under antisymmetrical loads. Proceedings of 7th International Symposium on Tubular Structures, Miscolc, Hungary, 1996

[107] Yura, J. A.; Howell, L. E.; Frank, K. H.: Ultimate load tests on tubular connections. Civil Engineering Structures Research Laboratory, Univ. of Texas, Report no. 78-1, Austin, 1978

[108] Yura, J. A.; Zettlemayer, N.; Edwards, I. F.: Ultimate capacity equations for tubular joints. Proceedings of Offshore Technology Conference, Paper no. 3690, Houston, 1980

[109] Paul, J. C.; Valk, C. A. C.; Wardenier, J.: The static strength of multiplanar X-joints. Proceedings of 3rd International Symposium on Tubular Structures, pp. 73–80, Lappeenranta, Finland, 1989

[110] Koning, C. H. M.; Wardnier, J.: The static strength of welded CHS K-joints. Stevin Report 6-81-13, Stevin Laboratory, Delft University of Technology, Delft, The Netherlands, 1981

[111] Stol, H. G. A.; Puthli, R. S.; Bijlaard, F. S. K.: Static strength of welded tubular T-joints under combined loading. TNO-IBBC, Report B-84-561/63.6.0829, Delft, The Netherlands, 1984

[112] Stol, H. G. A.; Puthli, R. S.; Bijlaard, F. S. K.: Experimental research on tubular T-joints under proportionally applied combined static loading. Proceedings of the Conference on the Behaviour of Offshore Structures (BOSS), Delft, The Netherlands, 1985

[113] van der Vegte, G. J.; Koning, C. H. M.; Puthli, R. S.; Wardenier, J.: Static behaviour of multiplanar welded joints in circular hollow sections. Stevin Report 25.6.90.13/A1/11.03, TNO-IBBC Report BI-90-106/63.5.3860, Delft, The Netherlands, 1990, Rev. February 1991

[114] van der Vegte, G. J.; Puthli, R. S.; Wardenier, J.: The influence of the chord and can length on the static strength of uniplanar tubular steel X-joints. Proceedings of 4th International Symposium on Tubular Structures, pp. 435–447, Delft, The Netherlands, 1991

[115] van der Vegte, G. J.; Lu, L. H.; Puthli, R. S.; Wardenier, J.: The non-linear behaviour of uni-

planar tubular steel X-joints under out-of-plane loading. Proceedings of 2nd International Offshore and Polar Engineering Conference (ISOPE), Vol. IV, pp. 361–368, San Francisco, 1992

[116] van der Vegte, G. J.: The static strength of uniplanar and multiplanar tubular T- and X-joints. Doctoral Thesis, Delft University of Technology, Delft, The Netherlands, 1995

[117] Wardenier, J.; Koning, C. H. M.: Investigation into the static strength of welded Warren type joints made of circular hollow sections. Stevin Report no. BI-77-19, Stevin Laboratory, Delft University of Technology, Delft, The Netherlands, 1977

[118] Dexter, E. M.: Overlapped tubular joints in CHS, validation and the effect of overlap on strength. Civil Engineering Research Report no. CR/825/94, Univ. College of Swansea, U.K., 1994

[119] Dexter, E. M.; Haswell, J. V.; Lee, M. M. K.: A comparative study on out-of-plane moment capacity of tubular T/Y-joints. Proceedings of 5th International Symposium on Tubular, Structures, Nottingham, U.K., pp. 675–682, 1993

[120] Eimanis, A.; Grundy, P.: Load capacity of innovative tubular X-joints. Proceedings of 5th International Symposium on Tubular Structures, Nottingham, U.K., pp. 485–494, 1993

[121] Lee, M. M. K.; Dexter, E. M.: A parametric study on the out-of-plane bending strength of T/Y-joints. Proceedings of 6th International Symposium on tubular Structures, Melbourne, Australia, pp. 433–440, 1994

[122] Ma, S. Y. A.: A test programme on the static ultimate strength of welded fabricated tubular. Offshore Tubular Joints Conference (OTJ '88), Surrey, U.K.

[123] Tebbett, I. E.; Becket, D. C.; Billington, C. J.: The punching shear strength of tubular joints reinforced with a grouted pile. Proceedings of Offshore Technology Conference, Paper no. 3463, 1979

[124] Wilmhurst, S. R.; Lee, M. M. K.: Finite element analysis of KK-joints – an assessment of the test data of Mouty and Rondal. University College of Swansea, Report no. CR/781/93, Swansea, U.K., 1993

[125] Stammenkovic, A.; Sparrow, K. D.: Load interaction in T-joints of steel circular hollow sections. Journal of Structural Engineering, ASCE, Vol. 109, No. 9, 1983

[126] Stammenkovic, A.; Sparrow, K. D.: In-plane bending and interaction of CHS T- and X-joints. Proceedings of 1st International Symposium on Tubular Structures, Boston, pp. 543–554, 1984

[127] Mouty, J.; Rondal, J.: Etude du Comportement sous Charge Statique des Assemblages Soudes de Profils Creux Circulaires dans les Poutres de Sections Triangulaires et Quadrangulaires, Valexy, CECA 7210.SA.310, Bruxelles, 1990

[128] Brandi, R.: Behaviour of unstiffened and stiffened tubular joints. Commission of the European Community, Proceedings of International Conference in Marine Structures, Paris, Paper no. 6.1, 1981

[129] Zimmermann, W.: Tests on panel point type joints for large diameter tubes. Otto Graf Institute, Technische Hochschule Stuttgart, Report to CIDECT, Germany, 1965

[130] Davarpanah, P.: Load transmission in cruciform joints. Construction Metallique, No. 2, 1972

[131] Gibstein, M. B.: The static strength of T-joints subjected to in-plane bending moments. Det Norske Veritas, Report no. 76-137, Oslo, Norway, 1976

[132] Gibstein, M. B.: Static strength of tubular joints. Det Norske Veritas, Report no. 73-86C, Oslo, Norway, 1973

[133] Hlavacek, V.: Strength of welded tubular joints in lattice girders. Construzioni Metalliche, No. 6, 1970

[134] Scola, S.: Behaviour of axially loaded tubular V-joints. M. Sc. Thesis, McGill University, Montreal, Canada, 1989

[135] Scola, S.; Redwood, R. G.; Mitri, H. S.: Behaviour of axially loaded V-joints. Journal of Constructional Steel Research, No. 16, pp. 89–109, 1990

[136] Makino, Y.; Kurobane, Y.; Ochi, K.; van der Vegte, G. J.; Wilmhurst, S. R.: Database of test and numerical analysis results for unstiffened tubular joints. Kumamoto University, IIW-Doc. XV E-96-220, 1996

[137] Sammet, H.: Die Festigkeit knotenblechloser Verbindungen im Stahlbau, Schweißtechnik, Berlin, November 1963

[138] Bader, W.: Stahlrohrkonstruktion für statische und dynamische Beanspruchung, Schweißtechnik, Berlin, Dezember 1962

[139] Brodka, J.: Stahlrohrkonstruktionen, Verlagsgesellschaft Rudolf Müller, Köln, Braunsfeld, 1968

[140] Wanke, J.: Stahlrohrkonstruktionen, Springer-Verlag, Wien, New York, 1968

[141] Stammenkovic, A.; Sparrow, K. D.: Existing methods for calculating the static strength of welded T, Y, N, K joints in CHS, Part 1 and 2. Kingston Polytechnic, England, Juni 1977

[142] Wardenier, J.: The static strength of welded lattice girder joints in structural hollow sections, Part 3: Joints made of circular hollow sections.

Stevin Report no. 6-78-4, ECSC Report-Eur 6428 e, MF, 1980

[143] Wardenier, J.: The ultimate static strength of tubular cross joints. Stevin Report no. 6-77-22, Delft University of Technology, Delft, 1977

[144] Wardenier, J.: The ultimate static strength of tubular T- and Y-joints. Stevin Report no. 6-77-23, Delft University of Technology, Delft, 1977

[145] Yura, J. A.: Ultimate capacity equations for tubular joints. Proceedings of Offshore Technology Conference, Paper no. 3690, 1980

[146] Sparrow, K. D.: Ultimate strengths of welded joints in tubular steel structures. Thesis, School of civil Engineering, Kingston Polytechnik, England, 1979

[147] Fessler, H.; Spooner, H.: Experimental determination of stiffness of tubular joints. Conference Integrity of Offshore Structures, Glasgow, July 1981

[148] American Petroleum Institute API RP2A: Recommended practice for planning, designing and constructing fixed platforms. 1991

[149] Det Norske Veritas: Rules for the design, construction and inspection of fixed offshore structures

[150] Wardenier, J.; Giddings, T. W.: The strength and behaviour of statically loaded welded connections in structural hollow sections. Monograph no. 6, CIDECT, Corby, England, 1986

[151] Giddings, T. W.: The development of recommendations for the design of welded joints between steel structural hollow sections or between steel structural hollow sections and H-sections. ECSC Final Report no. 7210-SA/814, February 1984

[152] Giddings, T. W.; Yeomans, N. F.; Wardenier, J.: The development of recommendations for the design of welded joints between steel structural hollow sections or between steel structural hollow sections and H-sections. Summary Report for ECSC Project 7210-SA/814, September 1985

[153] de Koning, C. H. M.; Wardenier, J.: The static strength of welded joints between structural hollow sections or between structural hollow sections and H-sections Part 1: Joints between circular hollow sections; Part 2: Joints between rectangular hollow sections; Part 3: Joints between structural hollow sections bracings and H-section chord. Stevin Report no. 6-84-18, 19, 20, Delft University of Technology, December 1984, March/April 1985

[154] Wardenier, J.; de Koning, C. H. M.: Investigation into the static strength of welded lattice girder joints in structural hollow sections; Part 1: Joints with rectangular hollow sections; Part 2: Joints with circular hollow sections and a rect-

angular boom. Stevin Report no. 6-76-6, Delft University of Technology, Delft

[155] Wardenier, J.; Stark, J. W. B.: The static strength of lattice girder joints. Stevin Report no. 6-78-4, Delft, also ECSC Report EUR 6428 E, MF-1980, European Community of Steel and Coal

[156] de Koning, C. H. M.; Wardenier, J.: Tests on welded joints in complete girders made of square hollow sections. Stevin Report 6-79-4, also TNO-IBBC Report no. 79-19/0063.4.3471, Delft

[157] Wardenier, J.; de Koning, C. H. M.: Investigation into the static strength of welded joints with SHS bracings and an I profile as chord. Stevin Report no. 6-76-19, also TNO-IBBC Report no. BI-76-89/35.3.51 210, Delft

[158] Wardenier, J.; Davies, G.: The strength of predominantly statically loaded joints with a square or rectangular hollow section chord. IIW-Doc. XV-492-81

[159] Davies, G.; Wardenier, J.; Stolle, P.: The effective width of branch cross walls for RR cross joints in tension. Stevin Report no. 6-81-7, Delft University of Technology, Delft

[160] Wardenier, J.; de Koning, C. H. M.; van Douwen, A. A.: Behaviour of axially loaded K- and N-type gap joints with bracings of structural hollow sections and an I-profile as chord. IIW-Doc. XV-401-72

[161] Wardenier, J.: Comparison of various investigations into the static strength of tubular joints, Part 1. Cross joints. Stevin Report no. 6-76-3, also TNO-IBBC Report no. BI-76-33/35.3.51 210, Delft

[162] Wardenier, J.; de Koning, C. H. M.: Supplement with test results of welded joints in structural hollow sections with rectangular boom. Stevin Report no. 6-76-5, also TNO-IBBC Report no. BI-76-122/35.3.51 210, Delft

[163] Wardenier, J.; de Koning, C. H. M.; van Douwen, A. A.: Investigation into the static strength of welded Warren and Pratt type joints of rectangular hollow sections. Stevin Report no. 6-76-9, also TNO-IBBC Report no. BI-76-65/35.3.51 210, Delft

[164] Wardenier, J.; de Koning, C. H. M.: Investigation into the static strength of welded joints with RHS bracings and a channel profile as chord. Stevin Report no. BI-77-4/35.3.51 210, CIDECT Final Report, 1977

[165] Wardenier, J.; de Koning, C. H. M.: Comparison of static strength of welded joints made of RHS with different steel qualities. Stevin Report no. 6-77-20, also TNO-IBBC Report no. 77-109/05.3.31 310, Delft

[166] Wardenier, J.; de Koning, C. H. M.: Investigations into the static strength of welded TK

joints with three bracings made of RHS or CHS. TNO-IBBC Report no. BI-77-37/ 35.3.51210, also Stevin Report no. 6-77-6, Delft

[167] Wardenier, J.; Mouty, J.: Design rules for predominantly statically loaded welded joints with hollow sections as bracings and an I- or H-section as chord. Welding in the World, Vol. 17, No. 9/10, 1979

[168] Bettzieche, P.: Konstruktive Gestaltung von Knotenpunkten aus Vierkanthohlprofilen, Studienhefte zum Fertigbau, No. 12, Vulkan Verlag, Essen, 1969

[169] Mang, F.; Bucak, Ö.; Striebel, A.: The load carrying behaviour of unstiffened K-joints of large size thinwalled rectangular hollow sections of steel grade St 42 and St 52. IIW-Doc. XV-417-78

[170] Mang, F.; Bucak, Ö.: Investigations into the behaviour of high tensile steel joints of rectangular hollow sections. IIW-Doc. XV-416-78

[171] Mang, F.; Bucak, Ö.; Wolfmüller, F.: Bemessungsverfahren für T-Knoten aus Rechteckhohlprofilen, Foschungsbericht, Projekt-Nr. 82 der Studiengesellschaft für Anwendungstechnik von Eisen und Stahl e.V., Düsseldorf, Mai 1981

[172] Mang, F.; Bucak, Ö.; Knödel, P.: Ermittlung des Tragverhaltens von biegesteifen Rahmenecken aus Rechteckhohlprofilen (St 37, St 52) unter statischer Belastung, Forschungsbericht, Projekt-Nr. 70 der Studiengesellschaft für Anwendungstechnik von Eisen und Stahl e.V., Düsseldorf, Juni 1981

[173] Mang, F.; Bucak, Ö.; Steindl, G.: Untersuchungen an Verbindungen von geschlossenen und offenen Profilen aus hochfesten Stählen, Forschungsbericht, Projekt-Nr. 71 der Studiengesellschaft für Anwendungstechnik von Eisen und Stahl e.V., Düsseldorf, Juni 1981

[174] Mang, F.; Bucak, Ö.: Hohlprofilkonstruktion, Stahlbau Handbuch, Band 1, Stahlbau-Verlag, Köln, 1983

[175] Mee, B. L.: The structural behaviour of joints in rectangular hollow sections. Ph. D. Thesis, University of Sheffield, 1969

[176] Eastwood, A.; Wood, A. A.: The static strength of welded joints in structural hollow sections. Constructional Steelwork, January 1981

[177] Davie, J.; Giddings, T. W.: Research into the strength of welded lattice girder joints in structural hollow sections. CIDECT Report 5EC/ 71/7E, April 1971

[178] Anonym: The behaviour of welded joints in complete lattice girders with RHS chords. CIDECT Report 5FC-77/31, prepared by British Steel Corporation, Corby, U.K.

[179] Packer, J. A.: Theoretical behaviour and analysis of welded steel joints with RHS chord sections. Ph. D. Thesis, University of Nottingham, 1978

[180] Haleem, R.: Determination of ultimate joint strength for statically loaded SHS welded lattice girder joints with RHS chords. CIDECT Report no. 77/37, October 1977 and addendum, March 1978

[181] Davies, G.: Estimating the strength of some welded lap joints formed from RHS members. Proceedings of International Conference on Joints in Structural Steelwork, Teeside, England, April 1981

[182] Coutie, M. G.; Davies, G.: The strength of welded gap joints with RHS members. Proceedings of International Conference on Joints in Structural Steelwork, Teeside, England, April 1981

[183] Korol, R. M.; El-Zanaty, M.; Brady, F. J.: Unequal width connections of square hollow sections in Vierendeel trusses. Canadian Journal of Civil Engineering, Vol. 4, No. 2, 1977

[190] Korol, R. M.; Mirza, F. A.; Elhifnawy, L.: Elastic-plastic finite element analysis of rectangular hollow section T-joints. McMaster University, Canada, CIDECT Report 5Jt-81/8

[191] Redwood, R. G.; Harries, P. J.: Welded joints for triangular trusses. McGill University, Montreal, Canada, Dept. of Civil Engineering and Applied Mechanics, Report no. 81-2, 1981

[192] Chidiac, M.; Korol, R. M.: Rectangular hollow section double chord T-joints. ASCE Journal of the Structural Division, Vol. 105, No. St. 8, August 1979

[193] Mehrotra, L.; Redwood, R. G.: Load transfer through connections between box sections. Canadian Engineering Institute, Report no. C-70-BR and Str. 10, Aug.–Sept. 1970

[194] Loo, Y.: Moment connections for Vierendeel trusses of square hollow structural sections. Project Thesis, McMaster University, Canada, 1973

[195] Patel, N. M.; Graff, W. J.; White, A.: Punching shear characteristics of RHS joints. ASCE National Structural Engineering Meeting, San Francisco, April 1980

[196] Mouty, J.: Calcul des charges ultimes des assemblages soudes de profils creux carrés et rectangulaires, Construction Metallique, No. 2, Juin 1976

[197] Strating, J.: The interpretation of test results for a level I code. IIW-Doc. XV-462-80

[198] Brockenbrough, R. L.: Strength of square-tube connections under combined loads. Proceedings of ASCE, Journal of Structural Division, St. 12, December 1972

[199] Bailly, R.; Mouty, J.: Experimental research on K and N welded joints composed of web members of hollow sections and of chords of HE and IPE sections. IIW-Doc. XV-425-78

[200] Bailly, R.: Etude des assemblages soudes-profiles creux sur profils ouverts (I et H), CIDECT-Programm 5N, CIDECT Report 77/15/5N, Juin 1977

[201] Roloos, A.: The effective weld length of beam to column connections without stiffening plates. IIW-Doc. XV-276-69

[202] Korol, R. M.; Mansour, M. H.: Theoretical analysis of haunch reinforced T-joints in square hollow sections. Canadian Journal of Civil Engineering, Vol. 6, No. 4, 1979

[203] Morris, G. A.: Designing HSS trusses with end cropped webs. CIDECT Reference SK-83/2, University of Manitoba, Winnipeg, Canada, February 1983

[204] Eastwood, W.; Osgerby, C.; Wood, A.; Blockley, D. I.: An experimental investigation into the behaviour of joints between structural hollow sections. Dept. of Civil and Structural Engineering, University of Sheffield, 1967

[205] Thiensiripipat, N.; Morris, G. A.; Pinkney, R. B.: Statical behaviour of cropped-web tubular truss joints. Canadian Journal for Civil Engineering, Vol. 7, No. 3

[206] Morris, G. A.; Frolich, L. E.; Thiensiripipat, N.: An experimental investigation of flattened-end tubular truss joints. Dept. of Civil Engineering, University of Manitoba, Canada, 1974

[207] Thiensiripipat, N.: Statical behaviour of cropped web joints in tubular trusses. Ph. D. Thesis, University of Manitoba, Canada, 1979

[208] Ciwko, B. J.: Statical behaviour of cropped-web joints for trusses with round tubular members. M. Sc. Thesis, University of Manitoba, Canada, 1980

[209] Davies, G.; Panjeshahi, E.: TEE joints in rectangular hollow sections (RHS) under axial loading and bending. Dept. of Civil Engineering, University of Nottingham, 1983

[210] Jubb, J. E. M.; Redwood, R. G.: Design of joints to box sections. Institute of Structural Engineers, Conference on Industrial Buildings and Structural Engineering, U.K., May 1966

[211] Lazar, B. E.; Fang, P. J.: T-type moment connections between rectangular tubular sections. Res. Rep., Sir George Williams University, Faculty of Engineering, Montreal, Canada, 1971

[212] Duff, G.: Joint behaviour of a welded beamcolumn connection in rectangular hollow sections. Ph. D. Thesis, The College of Aeronautics, Cranfield, U.K., 1963

[213] Cute, D.; Camo, S.; Rumpf, J. L.: Welded connections for square and rectangular structural steel tubing. Res. Report no. 292-10, Drexel Institute of Technology, Philadelphia, USA, 1968

[214] Korol, R. M.: The behaviour of HSS double chord Warren trusses and aspects of design. CIDECT Reference 5V-83/3, McMaster University, Hamilton, Canada, February 1983

[215] Lalani, M.: Static strength – design of simple and complex welded joints. Offshore Tubular Joints Conference (OTJ), London, 1985

[216] Lalani, M.; Bolt, H. M.: Strength of multiplanar joints on offshore platforms. Proceedings of 3rd International Symposium on Tubular Structures, Lappeenranta, Finland, pp. 90–102, 1989

[217] Ma, S. Y. A.; Tebbett, I. E.: New data on the ultimate strength of tubular welded K-joints under moment loads. Proceedings of Offshore Technology Conference, Paper No. 5831, Houston, USA, 1988

[218] Mäkeläinen, P. K.; Puthli, R. S.: Semi-analytical models for the static behaviour of T and DT tubular joints. Proceedings of International Conference on Behaviour of Offshore Structures (BOSS), Trondheim, Norway, pp. 1285–1300, 1988

[219] Wilmshurst, S. R.; Lee, M. M. K.: Ultimate capacity of axially loaded multiplanar double K-joints. Proceedings of 5th International Symposium on Tubular Structures, Nottingham, U.K., pp. 712–719, 1993

[220] Weinstein, R. M.; Yura, J. A.: The effect of chord stresses on the static strength of DT tubular connections. Proceedings of Offshore Technology Conference, Paper no. 5135, Houston, USA, 1986

[221] Boone, T. J.: Ultimate strength of tubular joints – chord stress effects. Proceedings of Offshore Technology Conference, Paper no. 4828, Houston, USA, 1984

[222] Davies, G.; Morita, K.: Three dimensional cross joints under combined axial branch loading. Proceedings of 4th International Symposium on Tubular Structures, Delft, The Netherlands, pp. 324–333, 1991

[223] Lau, B. L.; Morris, G. A.; Pinkney, R. B.: Testing of Warrentype cropped-web tubular truss joints. Proceedings of CSCE Annual Conference, Saskatoon, Saskatchewan, Canada, 1985

[224] Morris, G. A.; Packer, J. A.: Yield line analysis of cropped-web Warren truss joints. Proceedings of CSCE Annual Conference, Calgary, Alberta, Canada, 1988

[225] Frater, G. S.; Packer, J. A.: Design of fillet weldments for hollow structural section trusses. CIDECT Report no. 5AN/2-90/7, University of Toronto, Ontario, Canada, 1990

[226] Wardenier, J.; Kurobane, Y.; Packer, J. A.; Dutta, D.; Yeomans, N.: Berechnung und Bemessung von Verbindungen aus Rundhohlprofilen unter vorwiegend ruhender Beanspruchung, Verlag TÜV Rheinland, Köln, 1991

[227] Packer, J. A.; Birkemoe, P. C.; Tucker, W. J.: Canadian implementation of CIDECT Monograph 6. University of Toronto, Dept. of Civil Engineering, Publ. 84-04, 1984

[228] Davies, G.; Packer, J. A.; Coutie, M. G.: The behaviour of full width RHS cross joints. In welding of tubular structures, Pergamon Press, Oxford, pp. 411–418, 1984

[229] Anpassungsrichtlinie Teil 2 zu DIN 18800 – Stahlbauten – Teile 1 bis 4/11.90, Abschnitt 4.4: DIN 18808/10.84 – Stahlbauten, Tragwerke aus Hohlprofilen unter vorwiegend ruhender Beanspruchung, Mitteilungen des Deutschen Instituts für Bautechnik, Heft 4, 1994, S. 132–133

[230] ENV 1993-1-1: 1992/A1: 1994, Eurocode 3: Bemessung und Konstruktion von Stahlbauten, Teil 1-1: Allgemeine Bemessungsregeln, Bemessungsregeln für den Hochbau, Entwurf, Ergänzung A1, November 1994

[231] Shinouda, M. R.: Stiffened tubular joints. Ph. D. Thesis, University of Sheffield, England, 1967

[232] Packer, J. A.: Cranked-chord HSS connections. Journal of Structural Engineering, American Society of Civil Engineers, Vol. 117, No. 8, August 1991, pp. 2224–2240

[233] Wardenier, J.; de Koning, C. H. M.; de Back, J.: Behaviour of axially loaded K- and N-type joints with bracings of rectangular hollow sections with a channel profile as chord. IIW-Doc. XV-402-77

[234] Roik, K.; Wagenknecht, G.: Traglastdiagramme zur Bemessung von Druckstäben mit doppelsymmetrischem Querschnitt aus Baustahl, Mitteilungen des Instituts für konstruktiven Ingenieurbau, Universität Bochum, Heft 27, Januar 1977

[235] Philiastides, A.: Fully overlapped rolled hollow section welded joints in trusses. Ph. D. Thesis, University of Nottingham, England, 1988

[236] Coutie, M. G.; Davies, G.; Philiastides, A.; Yeomans, N.: Testing of full-scale lattice girders fabricated with RHS members. Conference on Structural Assessment based on Full and Large Scale Testing, Building Research Station, Watford, England, April 1987

[237] Frater, G. S.: Performance of welded rectangular hollow structural section trusses. Ph. D. Thesis, University of Toronto, Canada, 1991

[238] Czeckowski, A.; Gasparski, T.; Zycinski, J.; Brodka, J.: Investigation into the static behav-

iour and strength of lattice girders made of RHS. IIW-Doc. XV-562-84, Poland, 1984

[239] Wilmhurst, S. R.; Lee, M. M. K.: Nonlinear FEM study of ultimate strength of tubular multiplanar double K-joints. 12th International Conference on Mechanics and Arctic Engineering (OMAE), ASME, Vol. III-B, Matrials Engineering, 1993

[240] Davies, G.; Crockett, P.: Interaction diagrams for CHS T-DT multiplanar joints under axial loads. 4th International Offshore Polar Engineering Conference, Osaka, Japan, Vol. IV, pp. 15–20, also IIW-Doc. XVE-94-204

[241] Mitri, H. S.; Scola, S.; Redwood, R. G.: Experimental investigation into the behaviour of axially loaded tubular V-joints. Proceedings of the 1987 CSCE Centennial Conference, Montreal, May 1987

[242] Project Team 1A, Dutta, D.; Grotmann, D.; Wardenier, J.: Eurocode 3 Annex KK, Hollow section connections. Preliminary draft, Aix-la-Chapelle, Germany, February 1993

[243] Paul, J. C.: The ultimate behaviour of multiplanar TT- and KK-joints made of circular hollow sections. Doctoral Dissertation, Kumamoto University, Kumamoto, Japan, 1992

[244] Ng, C. F.: Influence of chord preload on behaviour of tubular truss joints with cropped webs. M. Sc. Thesis, University of Manitoba, 1980

[245] Rondal, J.: Study of maximum permissible weld gaps in connections with plane end cuttings (5AH2); Simplification of circular hollow section welded joints (5AP). CIDECT Report 5AH2/5AP-20/90

[246] Morris, G. A.: Influence of cropping on effective length factors of tubular steel struts. Canadian Journal for Civil Engineering, Vol. 6, No. 2, pp. 260–267, 1979

[247] Mouty, J.: Buckling lengths for tubular members in welded lattice girders. CIDECT Report 69/22/E, September 1969

[248] Korol, R. M.; Chidiac, M. A.: K-joints of double chord square hollow sections. Canadian Journal of Civil Engineering, 7(3), pp. 523–539, 1980

[249] Kanatani, H.; Fujiwara, K.; Tabuchi, M.; Kamba, T.: Bending tests on T-joints of RHS chord and RHS or H-shape branch. CIDECT Report 5AF-80/15, Croydon, England, 1980

[250] Kanatani, H.; Kamba, T.; Tabuchi, M.: Effect of the local deformation of the joints on RHS Vierendeel trusses. Proceedings International Meeting on Safety Criteria in Design of Tubular Structures, Tokyo, Japan, pp. 127–137, 1986

[251] Szlendak, J.; Brodka, J.: Design of strengthened frame RHS joints. Proceedings International Meeting on Safety Criteria in Design of Tu-

bular Structures, Tokyo, Japan, pp. 159–168, 1986

[252] Szlendak, J.: Interaction curves for M-N loaded T RHS joints. Proceedings International Meeting on Safety Criteria in Design of Tubular Structures, Tokyo, Japan, 1986

[253] Staples, C. J. L.; Harrison, C. C.: Test results of 24 rightangled branches fabricated from rectangular hollow sections. University of Manchester, Institute of Science and Technology (UMIST) Report, England

[254] Zhao, X. L.; Hancock, G. J.: Tubular T-joints subject to combined actions. Proceedings 10th International Specialty Conference on Cold-formed Steel Structures, St. Louis, Missouri, USA, pp. 545–573, October 1990

[255] EGKS-Bericht „Entwicklung von Konstruktionsempfehlungen für geschweißte Knoten aus Stahlhohlprofilen (T- und X-Knoten)", Forschungsprojekt-Nr. 7210.SA.109, Mannesmannröhren-Werke AG, Dezember 1983

[256] Akiyama, N.; Yajima, M.; Akiyama, H.; Otake, F.: Experimental study on strength of joints in steel tubular structures. JSSC, Vol. 10, No. 102, 1974

[256] Det Norske Veritas: Rules for the design, construction and inspection of fixed offshore structures. Oslo, 1977

[257] Efthymiou, M.: Local rotational stiffness of unstiffened tubular joints. KSEPL Report, RKER 85.199

[258] Davies, G.; Packer, J. A.: Analysis of web crippling in a rectangular hollow section. Proceedings of the Institution of Civil Engineers, part 2, 83785-798, 1987

[259] Makino, Y.; Kurobane, Y.: Recent research in Kumamoto University in tubular joint design. International Institute of Welding, IIW-Doc. XV-615-86, July 1986

[260] Wardenier, J.; Davies, G.; Stolle, P.: The effective width of branch plate to RHS chord connections in cross joints. Stevin Report 6-81-6, Stevin Laboratory, Delft University of Technology, Delft, The Netherlands, 1981

[261] Dawe, J. L.; Grondin, G. Y.: W-shape beam to RHS column connections. Canadian Journal of Civil Engineering, 17(5), pp. 788–797

[262] Guravich, S. J.: Reinforced branch plate-to-RHS connections in tension and compression. M. Sc. Thesis, Department of Civil Engineering, The University of New Brunswick, Fredericton, Canada, 1992

[263] Ono, T.; Iwata, M.; Ishida, K.: An experimental study on joints of new truss system using rectangular hollow sections. 4th International Symposium on Tubular Structures, Delft, The Netherlands, June 1991, Proceedings, pp. 344–353

Literatur zu Kapitel 7

[1] Kuang, F. C.; Potvin, A. E.; Leick, R. D.: Stress concentrations in tubular joints. OTC 2205, offshore Techn. Conf. 1975, Houston, Texas

[2] Beale, L. A.; Toprac, A. A.: Analysis of inplane, T, Y and K welded tubular connections. Welding Research Council 125/October 1967

[3] Gibstein, M. E.: Parametrical stress analysis of T joints, Select Seminar. European Offshore Steels Research, November 1978 at the Welding Institute, Abington Hall, Cambridge, U.K.

[4] Wordsworth, A. C.; Smedley, G. P.: Stress concentrations at unstiffened tubular joints. Select Seminar, Offshore Steels Research, November 1978 at the Welding Institute, Abington Hall, Cambridge, U.K.

[5] Zirn, R.: Schwingfestigkeitsverhalten geschweißter Rohrknotenpunkte und Rohrlaschenverbindungen, Techn. Wiss. Bericht MPA Stuttgart (1975), Heft 75-01

[6] Maeda, T.; Uchino, K.; Sakurai, H.: Experimental study on the fatigue strength of welded tubular K joints. IIW-Doc. XV-260-69

[7] DIN 15018, Teil 1: Krane, Grundsätze für Stahltragwerke, Berechnung, Ausg. Nov. 1984

[8] Leitfaden für eine Betriebsfestigkeitsrechnung, Empfehlungen zur Lebensdauerabschätzung von Bauteilen in Hüttenwerksanlagen, Bericht-Nr. ABF 01, Arbeitsgemeinschaft Betriebsfestigkeit, Verein Deutscher Eisenhüttenleute, Düsseldorf, Februar 1977

[9] Noordhoek, C.; Wardenier, J.; Dutta, D.: The fatigue behaviour of welded joints in square hallow sections. ECSC Research 6210-KD/1/103, May 1980

[10] Dutta, D.; Mang, F.; Wardenier, J.: Schwingfestigkeitsverhalten geschweißter Hohlprofilverbindungen. CIDECT-Monografie Nr. 7, Beratungsstelle für Stahlverwendung, Düsseldorf, 1981

[11] Wardenier, J.; Dutta, D.: The fatigue behaviour of lattice girder joints in square hollow sections. IIW-Doc. XV-493-81, XIII-1005-81

[12] API RP2A: Planning, designing and constructing fixed offshore platforms

[13] AWS D 1.1–94 Structural Welding Code. American Welding Society, Miami, USA, 1994

[14] Toprac, A. A.; Louis, B. G.: The fatigue behaviour of tubular connections. Structures Fatigue Research Laboratory, University of Texas, Austin, Texas, May 1970

[15] Kurobane, Y.; Konomi, M.: Fatigue strength of tubular K joints – S-N releationship proposed as tentative design criteria. IIW-Doc. XV-370-73

[16] Uchino, K.; Sakurai, H.; Sugiyama, S.: Experimental study on the fatigue strength of welded tubular K joints. IIW-Doc. XV-690-73, IIW-Doc. XV-344-73

[17] Kurobane, Y.: Effects of low-cycle alternating loads on tubular K-joints. IIW-Doc. XV-271-69

[18] Toprac, A. A.; Louis, B. G.: The fatigue behaviour of tubular constructions. IIW-Doc. XV-293-70, May 1970

[19] CIDECT Programme 7 B: Fatigue strength of overlapping CHS N-joints. Final report, Sept. 1981

[20] Dijkstra, O. D.; Hartog, J.: Dutch part of the large scale welded tubular T-joints. Select Seminar, European Offshore Steels Research, Preprints Vol. 2, At the Welding Institute, Abington Hall, Cambridge, U.K., 27–29 November 1978

[21] Kwan, C.; Graff, W. F.: Analysis of tubular T-Connections by the finite element method, comparison with experiments. Preprint OTC 1669, Offshore Technology Conference, Houston, Texas, 1969

[22] Visser, W.: On the structural design of tubular joints. Preprint OTC 2117, Offshore Technology Conference, Houston, Texas, 1974

[23] Reber, J. B., Jr.: Ultimate strength design of tubular joints. Preprint OTC 1664, Offshore Technology Conference, Houston, Texas, 1972

[24] Haibach, E.: Schwingfestigkeitsverhalten von Schweißverbindungen, VDI Darmstadt, VDI-Bericht Nr. 268, 1976

[25] Haibach, E.: Einfluß von Eigenspannungen auf den Schwingbruch, LBF, Vortrag beim schweißtechnischen Kolloquium am 2. und 6. Mai 1977, „Eigenspannungen in geschweißten Konstruktionen" in der schweißtechnischen Lehr- und Versuchsanstalt Duisburg

[26] Bouwman, L. P.: Fatigue of bolted connections and bolt loaded in tension. Report 6-79-9, Delft University of Technology, Dept. of Civil Engineering

[27] Fisher, J. W.; Struik , J. H. A.: Guide to design criteria for bolted and riveted joints. John Wiley & Sons, New York, London, Sydney, 1973

[28] Austen, I. M.: Factors affecting corrosion fatigue crack growth in steels. Select Seminar, European Offshore Steels Research, Preprints Vol. 1, November 1978, Welding Institute, Abington Hall, Cambridge, U.K.

[29] Wildschut, H.; de Back, J.; Dortland, W.; von Leeuween, J. L.: Fatigue behaviour of welded joints in air and sea water, Select Seminar, European Offshore Steels. Research, Preprints, Vol. 1, November 1978, Welding Institute, Abington Hall, Cambridge, U.K.

[30] Haibach, E.: Die Schwingfestigkeit von Schweißverbindungen aus der Sicht einer örtlichen Beanspruchungsmessung, Laboratorium für Betriebsfestigkeit, Darmstadt, Bericht Nr. FB-77 (1968)

[31] Dutta, D.; Wardenier, J.; Noordhoek, C.: Zeit- und Dauerfestigkeit von einfachen und ge-

schweißten Fachwerkknoten aus Rundhohlprofilen, EGKS-Forschung 6210-KD/1-103, April 1980

[32] Dutta, D.; Hauk, V.; Mang, F.: A Survey of investigation into the behaviour of unstiffened structures. Lectures in Offshore Engineering 1978, Institute of Building Technology and Structural Engineering, Aalborg University Centre, Denmark

[33] Lauresen, A. A.; Dijkstra, O. D.: Fatigue tests on large post-weld heat-treated and as-welded tubular T-joints. Preprint OTC 4405, Offshore Technology Conference, Houston, Texas, May 1982

[34] Wardenier, J.: Hollow Section joints. Delft University Press, 1982

[35] Dijkstra, O. D.; Hartog, J.: Dutch part of the large scale welded tubular T-joints. Select Seminar, European Offshore Steels Research, Preprint Vol. 2, Abington Hall, Cambridge, U.K., November 1978

[36] de Back, J.: Testing tubular joints. Session developer's report, International Conference on Steel in Marine Structures, Paris, October 1981

[37] Mang, F.; Bucak, Ö.: Hohlprofilkonstruktionen, Stahlbau-Handbuch, Bd. I, Stahlbau-Verlag, Köln, 1983

[38] Snedden, N. W.: Offshore Installations: Guidance on design and construction, Proposed new fatigue design procedures for steel welded joints in offshore structures. Recommendations of the Department of Energy, „Guidance Notice" Revision Drafting Panel AERE Harwell, Oxfordshire, U.K., June 1981

[39] Snedden, N. W.: Background to proposed new fatigue design rules for steel welded joints in offshore structures. Report of the Department of Energy „Guidance Notes" Revision Drafting Panel, AERE Harwell, Oxfordshire, U.K., May 1981

[40] IIW-Subcomm. XV E: Recommended fatigue design procedure for hollow section joints, Part 1 – Hot spot stress method for nodal joints. Doc. XV-582-85, International Institute of Welding Annual Assembly, Strasbourg, France, 1985

[41] Committee TC6 „Fatigue, European Convention for Constructional Steelwork". Recommendations for the fatigue design of steel structures, No. 43, 1985

[42] DIN V ENV 1993-1-1, Eurocode 3: Bemessung und Konstruktion von Stahlbauten, Teil 1-1: Allgemeine Bemessungsregeln für den Hochbau, CEN (Europäisches Komitee für Normung), Brüssel, April 1993

[43] Schütz, W.: Lebensdauervorhersage an geschweißten Rohrknoten

[44] Schütz, W.; Zenner, H.: Schadensakkumulationshypothesen zur Lebensdauervorhersage bei

schwingender Beanspruchung – ein kritischer Überblick, Zeitschrift für Werkstofftechnik, Teil 1, S. 25–33, Teil 2, S. 97–102, 1973

[45] Mang, F.; Bucak, Ö.; Steidl, G.: Über den Einfluß von Eigenspannungen auf die Schwingfestigkeit von Hohlprofilknoten, Heft 5 der Schriftenreihe des Institutes für Fördertechnik an der Universität Karlsruhe, 1983

[46] de Back, J.; Vaessen, G. H. G.: Effect of plate thickness, temperature and weld toe profile on the fatigue and corrosion fatigue behaviour of welded offshore structures, Part I & II. Final report, Project no. 7210-KG/601, Commission of the European Communities, Luxembourg, EUR 10 309 EN, 1986

[47] de Back, J.: Strength of tubular joints. International Conference „Steel in Marine Structures", Paris, 1981, Commission of the European Community

[48] Wardenier, J.; Mang, F.; Dutta, D.: Fatigue strength of welded joints in latticed structures and Vierendeel girders. Final report, ECSC research programme 7210-SA/111, August 1989

[49] Research team: Fatigue behaviour of multiplanar welded hollow section joints and reinforcement measures for repair. Final report, ECSC research programme 7210-SA/114, September 1992

[50] van Delft, D. R. V.; Noordhoek, C.; Da Re, M. L.: The results of the European fatigue tests on welded tubular joints compared with SCF formulas and design lines. Steel in Marine Structures (SIM '87), Delft, The Netherlands, Elsevier applied science publisbers ltd., Amstrdam/London/New York, Tokyo, June 1987

[51] Romeijn, A.: Stress and strain concentration factors of welded multiplanar tubular joints. Delft University Press, The Netherlands, 1994

[52] Frater, G.: Performance of welded rectangular hollow structural section trusses. Ph. D. thesis, University of Toronto, Canada, 1991

[53] van Wingerde, A. M.: The fatigue behaviour of T- and X-joints made of square hollow sections. Ph. D. thesis, Delft University of Technology, The Netherlands, 1992

[54] Panjeh Shahi, E.: Stress and strain concentration factors of welded multiplanar joints between square hollow sections. Ph. D. thesis, Delft University Press, The Netherlands, 1994

[55] Dover, W. D.; Petrie, J. R.: In-plane bending fatigue of a tubular welded T-joint. Proceedings S.E.E. Conference „Fatigue Testing and Design", 1976

[56] Brink, F. I. A.; Krogt, A. H. van de: Stress analysis of a tubular cross joint without internal stiffening for offshore structures. Proceedings W.I. Conference, Paper 5, Newcastle, November 1974

[57] Wordsworth, A. C.: Stress concentration factors at K and KT-joints. Proceedings Conference „Fatigue in Offshore Structural Steel", ICE, London, 1981

[58] Efthymiou, M.; Durkin, S.: Stress concentrations in T/Y and gap/overlap K-joints. Proceedings Conference BOSS 1985, pp. 429–440, Delft, July 1985

[59] Efthymiou, M.: Development of SCF formulae and generalised influence functions for use in fatigue analysis. Proceedings OTJ '88 „Recent developments in tubular joints technology", Eaglefield Green, Surrey, U.K., October 1988

[60] Underwater Engineering Group: Design of tubular joints for offshore structures, Vol. 3, Part F, 1985

[61] Lalani, M.: Developments in tubular joints technology for offshore structures. Proceedings Second International Offshore and Polar Engineering Conference, San Francisco, June 1992

[62] Tyler, E.; Gibstein, M. B. et al.: Parametrical stress analysis of T-joints. Technical report 77–253, Det Norske Veritas, Oslo, November 1977

[63] Gibstein, M. B.: Parametrical stress analysis of T joints. European Offshore Steel Research Seminar, Cambridge, November 1978

[64] de Back, J.; Vaessen, G. H. G.: Fatigue behaviour and corrosion fatigue behaviour of offshore structures. Final report ECSC programme 7210-KB/6/602 (J.7.1 f/76), Foundation for Materials Research in the Sea, Delft/Apeldoorn, The Netherlands, April 1981

[65] Marshall, P. W.: Design of welded tubular connections: basis and use of AWS code provisions. Report, Civil Engineering Consultant, Shell Oil Company, Houston, USA, 1989

[66] Romeijn, A.; Puthli, R. S.; de Koning, C.; Wardenier, J.: Stress and strain concentration factors of multiplanar joints made of circular hollow sections. Proceedings 2nd Internatinal Offshore and Engineering Conference, San Francisco, USA, International Society of Offshore and Polar Engineers, June 1992

[67] Romeijn, A.; Puthli, R. S.; de Koning, C.; Wardenier, J.; Dutta, D.: Fatigue behaviour and influence of repair on multiplanar K joints made of circular hollow sections. Proceedings 3rd International Offshore and Engineering Conference, Singapore, International Society of Offshore and Polar Engineers, June 1993

[68] Research team: Fatigue strength of welded, unstiffened RHS joints in latticed structures and Vierendeel girders. Final reports, ECSC research programme 7210-SA/111, August 1989

[69] van Wingerde, A. M.; Packer, J. A.; Wardenier, J.; Dutta, D.: The fatigue behaviour of K-joints made of square hollow sections. Final re-

port, CIDECT Programme 7P, University of Toronto, September 1995

[70] Herion, S.: Räumliche K-Knoten aus Rechteck-
Hohlprofilen, Dissertation, Universität Fredri-
ciana zu Karlsruhe (TH), Karlsruhe, 1994

[71] van Wingerde, A. M.; Yu, Y.; Puthli, R. S.; Wardenier, J.; Dutta, D.: Influence of corner radius
and weld dimensions on the stress concentration
factors of SHS T- and X-joints. Proceedings 4th
International Symposium „Tubular Structures",
Delft, The Netherlands, Delft University Press,
June 1991

[72] Herion, S.; Mang, F.: Parametric study on multiplanar K-joints made of RHS regarding axial
force, inplane-bending and out-of-bending moments. Proceedings 4th International Offshore
and Polar Engineering Conference, April 10–
15, Osaka, Japan, 1994

[73] Department of Energy: Offshore installation,
guidance on design and construction. London,
United Kingdom, 1990

[74] Thorpe, T. W.; Sharp, J. V.: The fatigue performance of tubular joints in air and seawater.
MaTSU report, Harwell Laboratory, Oxfordshire, United Kingdom, 1989

[75] van Wingerde, A. M.; Packer, J. A.; Wardenier,
J.: New guidelines for fatigue design of HSS
connection. IIW XV-E-96-221, International Institute of Welding, 1996

[76] Herion, S.; Mang, F.: Comparison of uniplanar
and multiplanar K-joints with gap made of rectangular hollow sections. Proceedings 6th International Offshore and Polar Engineering Conference, May 26–31, 1996, Los Angeles, USA

[77] Mang, F.; Bucak, Ö.; Klinger, J.: Wöhlerlinien-
katalog für Hohlprofilverbindungen, Studiengesellschaft für Anwendungstechnik von Eisen
und Stahl e.V., Düsseldorf, Juni 1987

[78] DIN 18808: Stahlbauten, Tragwerke aus Hohlprofilen unter vorwiegend ruhender Beanspruchung, Deutsches Institut für Normung, Berlin,
Oktober 1984

[79] DASt-Richtlinie 011: Hochfeste schweißgeeignete Feinkornbaustähle mit Mindeststreckgren-
zenwerten von 460 und 690 N/mm^2, Anwendung für Stahlbauten, Deutscher Ausschuß für
Stahlbau, Berlin, Februar 1988

[80] Mang, F.; Bucak, Ö.; Stauff, K.: Fatigue behaviour of rectangular hollow section joints made
of high strength steels. Proceedings 4th International Symposium on Tubular Structures, Delft,
June 1991

[81] Mang, F.; Bucak, Ö.; Herion, S.: Fatigue behaviour of hollow section joints of high tensile
steel. CIDECT-programme 7L, Final report,
March 1997

[82] Van Wingerde, A. M.; Packer, J. A.; Wardenier, J.; Dutta, D.: Simplified design graphs and
comparison of fatigue design guidelines for uniplanar RHS K-joints. CIDECT Programme 7R,
Report 7R-01/97, January 1997

[83] Soh, A. K.; Soh, C. K.: Stress concentrations in
T/V and K square-to-square and square-to-
round tubular joints. Journal of Offshore Mechanics and Arctic Engineering (OMAE), 1992,
Vol. 114, No. 3, pp. 220–230

[84] Niemi, E. J.: Fatigue resistance predictions for
RHS K-joints using two alternative methods.
Proceedings 7th International Symposium on
Tubular Structures, Miscolc, Hungary, 1996

Literatur zu Kapitel 8

[1] British Steel Tubes & Pipes: Flowdrill jointing
system, Part I. Mechanical integrity tests,
Part II. Structural hollow section connections.
CIDECT report no. 6F-13A+B/96, 1996

[2] British Steel Tubes & Pipes: Flowdrill jointing
system for hollow section connections. CIDECT
report n. 6D-16/94, 1994

[3] Sidercad: Hollow section connections using
(Hollo-Fast) Hollo-Bolt expansion bolting.
CIDECT report no. 6G-19/94 and 6G-16/95,
1994/95

[4] British Steel Tubes & Pipes: Hollo-Fast and
Hollo-Bolt system for hollow section connections. CIDECT report no. 6G-14(a)/96, 1996

[5] Rondal, J.: Study of maximum permissible weld
gaps in connections with plane end cuttings
(5AH2); Simplification of circular hollow section welded joints (5AP). CIDECT report
no. 5AH2/4AP-90/20, 1990

[6] Wardenier, J.; Dutta, D.; Yeomans, N.; Packer,
J. A.; Bucak, Ö.; Grotmann, D.: Anwendung
von Hohlprofilen im Maschinenbau, CIDECT-
Serie: Konstruieren mit Stahlhohlprofilen,
Nr. 6, Verlag TÜV Rheinland, Köln, 1996

[7] Stahlrohr-Handbuch, 9. Aufl. 1982, Vulkan-Verlag, Essen

[8] Kennedy, J. B.: Minimum bending radii for
square and rectangular hollow section (3 roller
cold bending). CIDECT report 11C-88/14-E,
1988

[9] Brady, F. J.: Determination of minimum radii
for cold bending of square and rectangular hollow structural sections. Final report, CIDECT-
Programme 11B, May 1978

[10] CAN/CSA-S16.1-M89: Limit states design of
steel structures. Canadian Standards Association

[11] AS 4100-1990: Steel structures. Standards Australia

[12] AISC 1978: Recommendations for the design,
fabrication and erection of building structures
in steel. American Institute of Steel Construction

[13] ENV 1993-1-1: 1992, Eurocode 3: Design of steel structures – Part 1.1: General rules and rules for buildings. European Commitee for Standardisation (CEN), 1992

[14] EN 10210-1: Hot finished structural hollow sections of non-alloy and fine grain structural steels, Part 1: Technical delivery conditions. European Standard (CEN)

[15] EN 10219-1: Cold formed welded structural hollow sections of non-alloy and fine grain structural steels, Part 1: Technical delivery conditions. European Standard (CEN)

[16] AWS 1992: Structural welding code – Steel. ANSI/AWS D.10.1-92, American Welding Society, USA

[17] AS 1163: Structural steel hollow sections. Standards Australia

[18] JIS G3444: Carbon steel tubes for general structurad purposes. Ministry of Interntional Trade and Industry, Japan

[19] JIS G3466: Carbon steel square pipes for general structural purposes. Ministry of International Trade and Industry, Japan

[20] A 500: Standard specifications for cold-formed welded and seamless carbon steel structural tubing in rounds and shapes. American Society for Testing and Materials

[21] A 501: Specification for hot formed welded and seamless carbon steel structural tubing. American Society for Testing and Materials

[22] A 242: Specifications for high strength low-alloy structural steel. American Society for Testing and Materials

[23] A 588-91a: Standard specifications for high strength low-alloy structural steel with 50 KSi (345 MPa) minimum yield point to 4 in. (100 mm) thick. American Society for Testing and Materials

[24] A 618: Specification for hof formed welded and seamless high strength low-alloy structural tubing. American Society for Testing and Materials

[25] CAN/CSA-G40.20-M92: General requirements for rolled or welded structural quality steel. Canadian Standards Association

[26] CAN/CSA-G40.21-M92: Structural quality steels. Canadian Standards Association

[27] ISO 630: Structural steels. International Organisation of Standardisation

[28] Stahl-Eisen-Werkstoffblatt 088-87: Schweißgeeignete Feinkornbaustähle, Richtlinien für die Weiterverarbeitung, besonders für das Schmelzschweißen, Verlag Stahleisen, Düsseldorf, 1987

[29] DIN EN 288, Teil 1: Anforderung und Anerkennung von Schweißverfahren für metallische Werkstoffe, Allgemeine Regeln für das Schmelzschweißen, Deutsche Fassung EN 288-1: 1992, Ausgabe April 1992

[30] DIN EN 288-2, Teil 2: Anforderungen und Anerkennung von Schweißverfahren für metallische Werkstoffe, Schweißanweisung für das Lichtbogenschweißen, Deutsche Fassung EN 288-2: 1992, Ausgabe April 1992

[31] DIN EN 288, Teil 3: Anforderungen und Anerkennung von Schweißverfahren für metallische Werkstoffe, Schweißverfahrensprüfungen für das Lichtbogenschweißen von Stählen, Deutsche Fassung EN 288-3: 1992, Ausgabe April 1992

[32] Wasserstoff- und Bauteilverhalten unter Schwingbeanspruchung, VDI-Berichte 268, 1976

[33] ENV 1090-1: Execution of steel structures, Part 1: General rules and rules for buildings. Draft, CEN

[34] CSA 1983: Certification of companies for fusion welding of steel structures. W47.1-1983, Canadian Standards Association

[35] DIN EN 287, Teil 1: Prüfung von Schweißern, Schmelzschweißen, Stähle, CEN, April 1992

[36] DIN 18800, Teil 7: Stahlbauten; Herstellen, Eignungsnachweise zum Schweißen, Mai 1993

[37] Anpassungsrichtlinie Teil 2 zu DIN 18800 – Stahlbauten – Teile 1–4/11.90, Abschnitt 4.4: DIN 18808/10.84 – Stahlbauten, Tragwerke aus Hohlprofilen unter vorwiegend ruhender Beanspruchung, Mitteilungen des Deutschen Instituts für Bautechnik, Heft 4, 1994, S. 132–133

[38] Packer, J. A.; Krutzler, R. T.: Nailing of steel tubes. Proceedings of 6th International Symposium on Tubular Structures, Delft, Balkema, Rotterdam/Brookfield, 1994

[39] Shakir-Khalil, H.: Resistance of concrete-filled steel tubes to pushout forces. The Structural Engineer 71(13), 1993

Literatur zu Kapitel 9

[1] Makowski, Z. S.: Räumliche Tragwerke aus Stahl, Verlag Stahleisen, Düsseldorf, 1963

[2] Makowski, Z. S.: Approximate Methods of Analysis of Grid Frameworks. Survey 1979 (Übersetzung von Witte, H.: Raumfachwerke, Beratungsstelle für Stahlverwendung, Düsseldorf, 1980)

[3] Witte, H.: Einfache Regeln zur Vorbemessung von Raumfachwerken, Merkblatt 110, Beratungsstelle für Stahlverwendung, Düsseldorf, 1981

[4] Scheer, J.; Koep, H.: Wirtschaftlich optimierte Raumfachwerke, Forschungsbericht, Projekt 43, Studiengesellschaft für Anwendungstechnik von Eisen und Stahl e.V., Düsseldorf, November 1980

[5] Mengeringhausen, M.: Raumfachwerke aus Stäben und Knoten, Komposition im Raum, Bd. 1, Bauverlag GmbH, Wiesbaden und Berlin, 1975

[6] Emde, H.: Geometrie der Knoten-Stab-Trag-werke, Hrsg.: Strukturforschungszentrum e. V., Würzburg 1979

[7] Girkmann, K.: Flächentragwerke, Springer Verlag, Wien, New York, 1956

[8] Eberlein, H.: Räumliche Fachwerksstrukturen: Versuch einer Zusammenstellung und Wertung hinsichtlich Konstruktion, Statik und Montage, Acier-Stahl-Steel, Heft 2, 1975, S. 50–66

[9] Lacher, G.: Ein neues Raumtragwerk zur Über-brückung großer Spannweiten im Hochbau, Der Stahlbau 7/1977, S. 205–212

[10] Dauner, H.-G.: Einige Gedanken zur Wahl, Konstruktion und Berechnung ebener Raum-fachwerke, Acier-Stahl-Steel, Heft 3, 1977, S. 107–112

[11] Demidov, N.; Klimke, H.: Optimierung einiger Parameter bei vorgespannten Raumstabwerken, Bauingenieur 55 (1980), Heft 4, S. 137–140

Literatur zu Kapitel 10

[1] Gregor, A.: Der praktische Stahlbau, Bd. I, Ver-lagsgesellschaft R. Müller, Köln-Braunsfeld, 1972

[2] Widenroth, M.: Einspanntiefe und zulässige Be-lastung eines in einen Betonkörper eingespann-ten Stabes, Die Bautechnik 12, 1971

[3] Sherif, G.: Elastisch eingespannte Bauwerke, Verlag W. Ernst & Sohn, Berlin/München/Düs-seldorf, 1974

[4] Wölfer: Elastisch gebettete Balken, Bauverlag Wiesbaden, Berlin, 1970

[5] Mang, F.: Stützen aus Rechteck-Hohlprofilen mit Einspannung in Betonfundamenten, Schluß-bericht, CIDECT-Forschungsprogramm 2J, Ver-suchsanstalt für Stahl, Holz und Steine, Universi-tät Karlsruhe, September 1979

[6] Beton Kalender, Verlag W. Ernst & Sohn, Berlin/ München/Düsseldorf

Literatur zu Kapitel 11

[1] Klöppel, K.; Goder, W.: Traglastversuche mit ausbetonierten Stahlrohren und Aufstellung einer Bemessungsformel, Der Stahlbau 26 (1957)

[2] British Code BS 5400: Steel, concrete and com-posite bridges, Part 5, Section 11: Composite columns, 1979

[3] ACI-Building Code 318-77/USA, Section 10.14: Composite compression members, 1977

[4] DIN 18 806 Teil 1: Verbundkonstruktionen; Ver-bundstützen, Ausg. März 1984

[5] Eurocode 4: Design of composite steel and con-crete Structures, Part 1.1: General rules and ru-les for buildinges. ENV 1994-1-1: 1992

[6] Guiaux, P.; Janss, J.: Comportement an flambe-ment de colonnes constituées de tubes en acier remplis de beton, CRIF-Bericht MT 65, Brüs-sel, 1970

[7] Janns, J.: Charges ultines des profils creux remplis de beton charges axialement, CRIF-Be-richt MT 101, Brüssel, 1974

[8] Asourian, P.: Rigid frame connections to con-crete-filled tubular steel columns and San, H. K.: Triaxial stresses in short concrete-filled tu-bular steel colums. CRIF-Bericht MT 86, Brüs-sel, Jan. 1974

[9] Guiaux, P.; Janss, J.: Noends d'ossature com-prenant des colonnes tubulaires en acier remplis de beton et des pontes en acier, CRIFT-Bericht MT 103, Brüssel, 1975

[10] CIDECT, Monographie Nr. 5: Calcul des po-teaux en profils creux remplis de beton, 1979, Abaques de calcul

[11] Basu, A. K.; Sommerville, W.: Derivation of formula for the design of rectangular composite columns. Proceedings of the Institution of civil Engineers, Supplement volume, paper 7206 S, London, 1969

[12] Neogi, P. K.; Sen, H. K.; Chapman, J.G.: Con-crete-filled tubular steel columns under excen-tric loading. The Structural Engineer, Vol. 47, Nr. 5, London, Mai 1969

[13] Virdi, K. S.; Dowling, P. J.: The ultimate strength of composite columns in biaxial bend-ing. Proceedings of the Institution of Civil Eng-ineers, Vol. 55, Part 2, London, 1973

[14] Virdi, K. S.; Dowling, P. J.: A unified design method for composite columns. IABSE, Mé-moires, Vol. 36-II, Zürich, 1976

[15] Bridge, R. O.: Concrete-filled steel tubular co-lumns. Civil Engineering transaction, 1976

[16] Dowling, P. J.; Janss, J.; Virdi, K. S.: The design of composite-steel concrete columns. II. Int. Coll. on Stability, 1977, Introductory Report

[17] Roik, K.; Bergmann, R.; Bode, H.; Wagen-knecht, G.: Tragfähigkeit von ausbetonierten Hohlprofilen aus Baustahl, Ruhr-Universität Bochum, Institut für konstruktiven Ingenieur-bau, TWM-Heft Nr. 75-4, Mai 1975

[18] Roik, K.; Wagenknecht, G.: Ermittlung der Grenztragfähigkeit von ausbetonierten Hohlpro-filstützen aus Baustahl, Bauingenieur, 51. Jahr-gang, Heft 5, Mai 1976

[19] Bergmann, R.; Bode, H.; Grube, R.: Die Be-messung von Verbundstützen mit Hilfe von Tabellen und Interaktionsdiagrammen, Univer-sität Bochum, Institut für konstruktiven Inge-nieurbau, Heft 32, Vulkan-Verlag, Essen, 1978

[20] Roik, K.; Bergmann, R.; Bode, H.: Einfluß von Kriechen und Schwinden des Betons auf die Tragfähigkeit von ausbetonierten Hohlprofilen, Herausg. Studiengesellschaft für Anwendungs-technik von Eisen und Stahl e.V., Projekt 27, Düsseldorf, 1979

[21] Bergmann, R.: Traglastberechnung von Ver-bundstützen, Mitteilung Nr. 81-2, Institut für

konstruktiven Ingenieurbau, Ruhr-Universität Bochum, Februar 1981

[22] Roik, K.; Bergmann, R.: Berechnung der Traglast von dickwandigen Verbundstützen mit zentrischer und geringer exzentrischer Normalkraft mit beliebig über den Querschnitt verteilten Werkstoffeigenschaften, Bericht Nr. 7801, Institut für konstruktiven Ingenieurbau, Ruhr-Universität Bochum

[23] DIN 18 800, Teil 2: Stahlbauten, Stabilitätsfälle, Knicken von Stäben und Stabwerken, November 1990

[24] Merkblatt Nr. 167, Betongefüllte Stahlhohlprofilstützen, Beratungsstelle für Stahlverwendung, Düsseldorf, 1981

[25] Stahlbauhandbuch, Band 1, Stahlbau-Verlags GmbH, Köln, 1982

[26] DIN 4102, Teil 4: Brandverhalten von Baustoffen und Bauteilen; Zusammenstellung und Anwendung klassifizierter Baustoffe, Bauteile und Sonderbauteile, Ausgabe März 1981

[27] Roik, K.; Breit, M.; Schwalbenhofer, K.: Untersuchung der Verbundwirkung zwischen Stahlprofil und Beton bei Stützenkonstruktionen, Projekt P51 der Studiengesellschaft für Anwendungstechnik von Eisen und Stahl, Düsseldorf, Mai 1984

[28] Roik, K.; Breit, M.: Momentfreier Anschluß betongefüllter Hohlprofilstützen, Projekt P52 der Studiengesellschaft für Anwendungstechnik von Eisen und Stahl, Düsseldorf, Oktober 1981

[29] Roik, K.; Schwalbenhofer, K.: Experimentelle Untersuchungen zum plastischen Verhalten von Verbundstützen, Projekt P125 der Studiengesellschaft für Anwendungstechnik von Eisen und Stahl, Düsseldorf

[30] Merkblatt Verbundträger, Beratungsstelle für Stahlverwendung, Düsseldorf, 1987

[31] Bergmann, R.; Matsui, C.; Mainsma, C.; Dutta, D.: Bemessung von betongefüllten Hohlprofil-Verbundstützen unter statischer und seismischer Beanspruchung, CIDECT-Reihe „Konstruieren mit Stahlhohlprofilen", Nr. 5, Verlag TÜV Rheinland, Köln, 1995

[32] DIN V ENV 1993, Teil 1-1: Eurocode 3, Bemessung und Konstruktion von Stahlbauten, Allgemeine Bemessungsregeln, Bemessungsregeln für Hochbau, April 1993

[33] Packer, J. A.; Fear, C. E.: Concrete-filled rectangular hollow section X and T connections. Proceedings of 4th International Symposium on Tubular Structures, Delft, The Netherlands, pp. 382–391, June 1991

Literatur zu Kapitel 12

[1] DIN 55928 Teil 1: Korrosionsschutz von Stahlbauten durch Beschichtungen und Überzüge; Allgemeines, Ausg. Nov. 1976

[2] DIN 55928 Teil 2: Korrosionsschutz von Stahlbauten durch Beschichtungen und Überzüge; Korrosionsschutzgerechte Gestaltung, Ausg. Okt. 1979

[3] DIN 55928 Teil 3: Korrosionsschutz von Stahlbauten durch Beschichtungen und Überzüge; Planung der Korrosionsschutzarbeiten, Ausg. Nov. 1978

[4] DIN 55928 Teil 4: Korrosionsschutz von Stahlbauten durch Beschichtungen und Überzüge; Vorbereitung und Prüfung der Oberfläche, Ausg. Jan. 1977

[5] DIN 55928 Teil 4 Beiblatt 1: Korrosionsschutz von Stahlbauten durch Beschichtungen und Überzüge; Vorbereitung und Prüfung der Oberflächen, Photographische Vergleichsmuster, Ausg. Aug. 1978

[6] DIN 55928 Teil 5: Korrosionsschutz von Stahlbauten durch Beschichtungen und Überzüge; Beschichtungsstoffe und Schutzsysteme, Ausg. März 1980

[7] DIN 55928 Teil 6: Korrosionsschutz von Stahlbauten durch Beschichtungen und Überzüge; Ausführung und Überwachung der Korrosionsschutzarbeiten, Ausg. Nov. 1978

[8] DIN 55928 Teil 7: Korrosionsschutz von Stahlbauten durch Beschichtungen und Überzüge; Technische Regeln für Kontrollflächen, Ausg. Febr. 1980

[9] DIN 55928 Teil 8: Korrosionsschutz von Stahlbauten durch Beschichtungen und Überzüge; Korrosionsschutz von tragenden, dünnwandigen Bauteilen (Stahlleichtbau), Ausg. März 1980

[10] DIN 55928 Teil 9: Korrosionsschutz von Stahlbauten durch Beschichtungen und Überzüge; Bindemittel und Pigmente für Beschichtungsstoffe, Ausg. Aug. 1982

[11] DASt-Richtlinie 007 – für die Lieferung, Verarbeitung und Anwendung wetterfester Baustähle, Stahlbau-Verlags-GmbH, Köln, Februar 1970

[12] Friehe, W.; van Oeteren, K. A.; Schwenk, W.: Korrosionsschutz im Stahlbau-Leistungsbereich DIN 55928, Merkblatt 259, Beratungsstelle für Stahlverwendung, Düsseldorf, 1982

[13] Buchholz, H.; Kleingarn, J.-P.; Schier, K. H.: Feuerverzinkungsgerechtes Konstruieren im Stahlbau, Merkblatt 359, Beratungsstelle für Stahlverwendung, Düsseldorf

[14] Kranitzky, W.: Das Verhalten der Innenflächen geschlossener Hohlbauteile aus Stahl hinsichtlich Feuchtigkeitsniederschlag und Korrosion, Der Stahlbau, Heft 7, 1983

[15] DIN 18808: Stahlbauten, Tragwerke aus Hohlprofilen unter vorwiegend ruhender Belastung, Ausg. Okt. 1984

[16] Seils, A.; Kranitzky, W.: Sind Stahlbauwerke, bei denen allseits geschlossene Hohlkörper verwendet wurden, durch Wassersammlung und In-

nenkorrosion gefährdet? Der Stahlbau 22 (1953), Nr. 4, S. 80–84 und Nr. 5, S. 113–118

[17] Seils, A.; Kranitzky, W.: Die Verwendung geschlossener Hohlquerschnitte im Stahlbau und ihr Korrosionsschutz, Eisenbahntechnische Rundschau (ETR), Sonderausgabe 4 „Brückenbau und Ingenieurhochbauten", Juli 1954, S. 119–135

[18] Seils, A.; Kranitzky, W.: Der Korrosionsschutz im Inneren geschlossener Hohlkästen, Der Stahlbau 28 (1959), Nr. 2, S. 46–53

[19] Kranitzky, W.: Untersuchung der Innenkorrosion bei Stahlrohrkonstruktionen und geschlossenen Kastenquerschnitten aus Stahlblechen, Bericht im Auftrag der Studiengesellschaft für Anwendungstechnik von Eisen und Stahl e.V., Düsseldorf

[20] Tournay, M.: La résistance à corrosion de l'interieur des profiles creux en acier (Korrosionsfestigkeit im Inneren geschlossener Hohlprofile), Studie im Auftrag von CSFTA und CIDECT, Paris, 1978. Auszugsweise veröffentlicht in Acier-Stahl-Steel 43 (1978), Nr. 2, S. 67–75

[21] Seils, A.: Optimaler Korrosionsschutz der Stahlbauwerke, Der Stahlbau 37 (1968), Nr. 3, S. 72–81

[22] Marberg, J.: Verminderung der Verzugsgefahr beim Feuerverzinken, Verzinken 6 (1977), S. 17–19

[23] Horstmann, D.: Das Verhalten mikrolegierter Baustähle mit höherer Festigkeit beim Feuerverzinken, Archiv des Eisenhüttenwesens 46 (1975), S. 137–141

[24] Peterson, Ch.: Dauerfestigkeit von Schweißverbindungen nach Überschweißung der Feuerverzinkung, Der Stahlbau 46 (1977), S. 277–282

[25] Kranitzky, W.: Klimatische Bedingungen und Korrosion im Inneren großer Hohlkästen aus Stahl, Der Stahlbau, Heft 2, 1983

[26] Kleingarn, J.-P.: Feuerverzinken von Einzelteilen aus Stahl, Stückverzinken, Merkblatt 293, Beratungsstelle für Stahlverwendung, Düsseldorf, 1980

[27] Van Oeteren, K. A.: Feuerverzinken und Beschichten = Duplex-System, Merkblatt 329, Beratungsstelle für Stahlverwendung, Düsseldorf, 1981

[28] Horstmann, D.: Das Feuerverzinken siliziumhaltiger Stähle, Gemeinschaftsausschuß Verzinken e.V. Düsseldorf, Vortrags- und Diskussionsveranstaltung 1974, Vortragstexte, S. 9–33

[29] DIN 8565: Korrosionsschutz von Stahlbauten durch thermisches Spritzen von Zink und Aluminium; Allgemeine Grundsätze, Ausg. März 1977

[30] DIN 8566 Teil 1: Zusätze für das thermische Spritzen; Massivdrähte zum Flammspritzen, Ausg. März 1979. Teil 2: Zusätze für das ther-

mische Spritzen; Massivdrähte zum Lichtbogenspritzen, Technische Lieferbedingungen, Ausg. Dez. 1984

[31] DIN 8567: Vorbereitung von Oberflächen metallischer Werkstücke und Bauteile für das thermische Spritzen, Ausg. Aug. 1984

[32] Friehe, W.; Schwenk, W.: Entwicklungsarbeiten zum Korrosionsschutz von Stahlbauten durch Beschichtungen, Der Stahlbau 50 (1981), S. 115–120

[33] von Oeteren, K. A.: Werkstättengrundanstriche – Ablieferungsanstriche und Walzstahlkonservierung mit Shop-Primer (eine technische Bestandsaufnahme), Werkstoffe und Korrosion 16 (1965), Heft 7

[34] DASt-Richtlinie 006: Vorläufige Richtlinien für die Auswahl von Fertigungsstrichen bei der Walzstahlkonservierung im Stahlbau, Stahlbau-Verlags GmbH, Köln, Juni 1968

Literatur zu Kapitel 13

[1] Stahlbau-Kalender, jährliche Neuausgabe, Herausgeber: Deutscher Stahlbauverband, Ebertplatz 1, Köln

[2] Bauaufsichtliche Brandschutzanforderungen an Bauteile aus Stahl, eine zusammenfassende Darstellung der bauaufsichtlichen Vorschriften, Verordnungen und Normen, Stahlbau-Verlag, Köln

[3] DIN 4102, Beiblatt 1: Brandverhalten von Baustoffen und Bauteilen; Inhaltsverzeichnisse, Ausg. Mai 1981; Teil 1: Brandverhalten von Baustoffen und Bauteilen; Baustoffe; Begriffe, Anforderungen und Prüfungen, Ausg. Mai 1981; Teil 2: Brandverhalten von Baustoffen und Bauteilen; Bauteile, Begriffe, Anforderungen und Prüfungen, Ausg. Sept. 1977; Teil 3: Brandverhalten von Baustoffen und Bauteilen; Brandwände und nichttragende Außenwände, Begriffe, Anforderungen und Prüfungen, Ausg. Sept. 1977; Teil 4: Brandverhalten von Baustoffen und Bauteilen; Zusammenstellung und Anwendung klassifizierter Baustoffe, Bauteile und Sonderbauteile, Ausg. März 1981; Teil 5: Brandverhalten von Baustoffen und Bauteilen; Feuerschutzabschlüsse in Fahrschachtwänden und gegen feuerwiderstandsfähige Verglasungen, Begriffe, Anforderungen und Prüfungen, Ausg. Sept. 1977; Teil 6: Brandverhalten von Baustoffen und Bauteilen; Lüftungsleitungen, Begriffe, Anforderungen und Prüfungen, Ausg. Sept. 1977; Teil 7: Brandverhalten von Baustoffen und Bauteilen; Bedachungen, Begriffe, Anforderungen und Prüfungen, Ausg. Sept. 1977; Teil 8: Brandverhalten von Baustoffen und Bauteilen; Kleinprüfstand, Ausg. Mai 1986

[4] Fire Resistance Tests of Structures. ISO Recommendation R834, International Organization for Standards, 1968

[5] Wassergefüllte Tragwerke, Merkblatt 467, Beratungsstelle für Stahlverwendung, Düsseldorf, 1981

[6] Giddings, T. W.: Fire resistent constructions using HSS. International Symposium on Hollow Structural Sections, Toronto, May 1977

[7] Instruct Ing.: Brandverhalten von Stahl- und Stahlverbundkonstruktionen, Stahlkonstruktionen mit Wasserkühlung, Stud. Ges. P86, Studiengesellschaft für Anwendungstechnik von Eisen und Stahl e.V., Düsseldorf, 1981

[8] Polthier, K.: Entwicklung und Anwendung wassergefüllter Stützen im Hochbau, Forschungsbericht EGKS, EUR 5317d 1975, zu beziehen durch: Verlag Bundesanzeiger, Köln

[9] Klingsch, W.; Würker, K. G.: Hohlprofil-Verbundstützen, sichtbarer Stahl für feuerwiderstandsfähige Konstruktionen, DBZ 11/82

[10] Quast, U.; Rudolf, K.: Brandverhalten von Stahl und Stahlverbundkonstruktionen – Bemessungshilfe für Verbund – Stützen mit definierten Feuerwiderstandsklassen, Band 1, 2, 3, Studiengesellschaft für Anwendungstechnik von Eisen und Stahl e.V., Düsseldorf, 1985, Projekt BMFT Bau 6004/Stud.Ges. P86/Akt. 2.3

[11] Kordina, K.; Klingsch, W.: Brandverhalten von Stahlstützen im Verbund mit Beton und massiven Stahlstützen ohne Beton, Institut für Baustoffe, Massivbau und Brandschutz, Technische Universität Braunschweig, Abschlußbericht zum Forschungsprojekt P35 der Studiengesellschaft für Anwendungstechnik (EGKS 6210/SA/1-108), 1983

[12] Klingsch, W.: Grundlagen für die rechnerische Ermittlung des Tragverhaltens von Bauteilen im Brandfall, Bauphysik 1 (1979), Heft 1, S. 29–33

[13] Klingsch, W.: Grundlagen der brandschutztechnischen Auslegung und Beurteilung von Verbundstützen, Bauphysik 3 (1981), Heft 4, S. 129–133

[14] Grandjean, G.; Grimault, J. P.; Petit, L.: Determination de la durée au feu des Profils creux remplis de Beton, forschungsbericht Cometube, Paris (CIDECT 15B/80-10, CECA 7210/SA/3/302), 1980

[15] Kordina, K.; Klingsch, W.: Fire resistance of composite columns of concrete filled hollow sections, Report CIDECT 15C/83-27, 1983

[16] DIN 1045: Beton und Stahlbeton; Bemessung und Ausführung, Ausgabe Dez. 1978

[17] Witte, H.; Schwenk, W.: Stahlhohlprofile mit Wasserkühlung für den baulichen Brandschutz, VDI-Sonderdruck, Vortrag anläßlich einer Tagung der VDI-Gesellschaft Werkstofftechnik „Korrosion und Korrosionsschutz metallischer Bau- und Installationsstelle innerhalb Gebäuden" – Außenkorrosion der Bau- und Installationsstelle – 29. und 30. November 1984 in Mannheim

[18] Haß, R.; Quast, U.: Brandverhalten von Verbundstützen mit Berücksichtigung der unterschiedlichen Stützen/Riegel-Verbindung, Studiengesellschaft für Anwendungstechnik von Eisen und Stahl e.V., Düsseldorf, 1985, Projekt BMFT Bau 6004/Stud. Ges. P86/Akt 2.2

[19] BS 5950: The structural use of steelwork in buildings, Part 8: Code of practice for fire resistant design. British Standards Institution BSI, 1990

[20] Underwriters Laboratory: Fire tests of building construction and matrials. UL263, USA, 1991

[21] IMO: Recommendation on fire test procedure for „A", „B" and „F" class divisions". IMO Resolution A.517(13), November 1983

[22] ENV 1993-1-2, Eurocode 3: Design of steel structures, Part 1.2: Structural fire design. CEN, 1994

[23] ENV 1994-1-2, Eurocode 4: Design of composite steel and concrete structures, Part 1.2: Structural fire design. CEN, 1994

[24] ENV 1992, Eurocode 2: Design of concrete structures, Part 10: Structural fire design of concrete structures. CEN, 1994

[25] ENV 1991-2-7, eurocode 1: Basis of design and actions on structures, Part 2.7: Actions on structures exposed to fire. CEN, 1994

[26] Twilt, L.; Hass, R.; Klingsch, W.; Edward, M.; Dutta, D.: Bemessung von Hohlprofilstützen unter Brandbeanspruchung, CIDECT-Reihe „Konstruieren mit Stahlhohlprofilen", Verlag TÜV Rheinland, Köln, 1994

[27] Steel Promotion Committee of Eurofer: Steel and fire safety, a global approach. Eurofer, Brussels, 1990

[28] Twilt, L.; Both, C.: Technical notes on the realistic behaviour and design of fire exposed steel and composite structures. Final report ECSC 7210SA112, Activity D: Basis for technical notes, TNO Building and Construction Research, BL-91-069, 1991

[29] CEFICOSS: Computer engineering of the fire resistance for composite and steel structures; Computer code for both thermal and mechanical response of steel and composite structures exposed to fire. ARBED, Luxembourg

[30] COMSYS-T: Computer code for the determination of the ultimate load capacity in fire case. Wuppertal University, Institute for Structural Engineering and Fire Safety, Germany

[31] STABA-F: Computer code for the determination of load bearing and deformation behaviour of uni-axial structural elements (beams, columns) under fire action. Technical University of Brunwick, Brunswick, Germany

[32] DIANA: DIsplacement method ANAlyser, a general purpose finite element programme suitable for the calculation of geometrical and physical non-linear problems. TNO Building and Construction Research, Rijswijk, The Netherlands

[33] Bond, G. V. L.: Fire and steel construction; water cooled hollow columns. The Steel Construction Institute, Ascot, United Kingdom, 1975

[34] Klingsch, W.: Optimization of cross sections of steel composite columns. Proceedings of the 3rd International Conference on Steel-Concrete Composite Structures, Fukuoka, Japan, 1991, pp. 99–105

[35] Twilt, L.; Haar, v.d. P. W.: Harmonization of the calculation rules for the fire resistance of concrete filled SHS columns. CIDECT report 15F-86/7-0, IBBC-TNO report B-86-461, August 1986

[36] Twilt, L.: Design charts for the fire resistance of concrete filled HSS columns under centric loading. Final report, CIDECT project 15J, TNO report BL-88-134, August 1988

[37] Design for SHS fire resistance to BS 5950, Part 8. TD 361/5E, British Steel plc, Tubes and Pipes, Corby, Northants, May 1993

[38] Roik, K.; Bergmann, R.; Haensel, J.; Hanswille, G.: Verbundkonstruktionen, Bemessung auf der Grundlage des Eurocode 4, Teil 1, Betonkalender, Verlag Ernst & Sohn, Berlin, 1993

[39] Hass, R.: Reinforcement of concrete by steel fibres in composite columns; simplified manufacture and defined fire-resistance, Final report, CIDECT research project 15L, 1991

Literatur zu Kapitel 14

[1] Schulz, G.: Der Windwiderstand von Fachwerken aus zylindrischen Stäben und seine Berechnung, Interntionaler Normenvergleich für die Windlasten auf Fachwerken, Monographie Nr. 3, CIDECT (Comité International pour le Developpement et l'Etude de la Construction Tubulaire), Düsseldorf, 1970

[2] Schulz, G.: Windlasten an Fachwerken aus Rohrstäben, Merkblatt 469, Beratungsstelle für Stahlverwendung, Düsseldorf, 1973

[3] DIN 1055, Teil 4: Lastannahmen für Bauten, Verkehrslasten, Windlasten bei nicht schwingungsanfälligen Bauwerken, Ausgabe August 1986

[4] Wichmann, K.: Windkraftmessungen an Quadratprofilen mit verschiedenem Eckradius, Bericht der DFVLR, IB 157-79C 28

[5] Richter, A.: Strömungskräfte an umströmten Quadratprofilen mit unterschiedlichen Eckra-

dien, Untersuchungen und Beurteilungen, Institut für Hydromechanik, Universität Karlsruhe, März 1984

[6] Gould, R. W. F.; Raymer, W. G.: Measurements over a wide range of Reynolds numbers of the wind forces on models of lattice frameworks with tubular members. National Physical Laboratory (NPL), Sci. Rep. No. 5-72 (Department of Trade and Industry)

[7] Zuranski, J. A.: Windbelastung von Bauwerken und Konstruktionen, Verlagsgesellschaft R. Müller, Köln, 1969

[8] Rosemeier, G.: Winddruckprobleme bei Bauwerken, Springer-Verlag, Berlin, Heidelberg, New-York, 1976

[9] Schulz, G.; Hayn, F.: Widerstandsmessungen an Systemteilen von Rohrkonstruktionen, Teil I: Rohre und ebener Rohrknoten, Bericht AM 506 (1-NK-I-66-19), Nov. 1966

[10] Hayn, F.: Widerstandsmessungen an Systemteilen von Rohrkonstruktionen, Teil II: Dreidimensionaler Mastschuß und Ebene eines Mastschusses, Bericht AM 507 (1-NK-I-67-30), August 1967

[11] Schulz, G.; Hayn, F.: Widerstandsmessungen an Systemteilen von Rohrkonstruktionen, Teil III: Einfluß des Durchmessers und der Oberflächenstruktur auf den Widerstand von Zylinder, Bericht 1-NK-I-68-34, April 1968

[12] Delany, N. K.; Sorensen, N. E.: Low speed drag of cylinders of various shapes. NACA Technical Note 3038, 1953

[13] Roshko, A.: Experiments on the flow past a circular cylinder at very high Reynolds number. Journal of Fluid Mechanics 10, S. 345–356, 1961

[14] Fa. Stewarts & Lloyds: Aerodynamic drag and shielding. Stewarts & Lloyds, Department of Research and Technical Development, Corby, Report No. E. 56/22, July 1960

[15] ENV 1991, Eurocode 1: Basis of design and actions on structures, Part 2.4: Wind actions. CEN, 1994

[16] Richter, A.: Wind forces on square sections with various corner radii. CIDECT report 9D, Supplement, Institute for hydromechanics, University of Karlsruhe, August 1986

[17] Hoerner, S. F.: Fluid-dynamic drag. published by the author, New York, 1964

[18] Biriuliu, A. P.: Aerodynamiczeskuje charakteristiki stierzniej: rieszetczatych fierm, 1974

[19] Richter, A.: Wind forces on square sections with various corner radii. Final report (supplement), CIDECT project 9D, August 1986

Stichwortverzeichnis

A

Abflachen   199, 205 f.
Ablehren   331
Abmeiseln   331
Abminderungsfaktor   71, 74, 359, 445 f.
Abrostung   381
Abscheren   198, 205, 216 f., 338
Abscherfläche, Abscherspannung   145
Abscherkraft   144 f., 152
Abscherkraft-Modell   146
Abschirmfaktor   448
Abschleifen   304, 331
Abstandhalter   109
Abstützkraft   107 f.
Anlaufwinkel   123, 129
Anschlußblech   222, 226, 372
Anschlußwinkel   313
Anstrichfläche   7
Anwärmlänge   198 f.
Architektur   9, 12 ff.
Aufschäumung   394
Aufstapelung   341
Ausbetonieren   357
Auslastungsgrad   214
Ausnutzungsfaktor   392
Ausnutzungsgrad   222
Außenkorrosion   383
Aussteifungsblech   176
Aussteifungsplatte   225

B

Balken   322
Balkendurchbiegung   92
Balkenflansch   93 f.
Balkensteg   93
Bauelemente
– Anpassung   307
– Einspannung   330
– Steifigkeit   330
Bauformen, drillsteif   4
Bauhöhe   350
Baustähle
– mechanische Eigenschaften   30
– physikalische Werte   50
– Schmelzanalyse   29
– vergleichbare   30
– wetterfeste   387

Bauteile
– Geometrie   6
– Markieren   308
– Schneiden   308
– Zugfestigkeit   108
– Zusammenbau   308
Bauteilenden, Andrücken   308
Bauteilgeometrie   7
Bauteilwerkstoff, Streckgrenze   120
Beanspruchbarkeit   48, 50 ff., 99
Beanspruchung   48
Bemessungssituation   49
Beschichtungsstoff   383
Beton
– Bruchdehnung   363
– Zylinderdruckfestigkeit   373
Betonfestigkeit   374
– Teilsicherheitsbeiwert   373
Betonfestigkeitsklassen   432
Betonflur   95
Betonfüllung   7, 357, 373, 375, 378
Betonfundament, Einbetonierung   353
Betonhaube   372
Betonkern, Massigkeit   399
Betonklappkübel   376 f.
Betonklassen   359
Betonüberdeckung   375, 401
Betriebsfestigkeit   288
Beulen   56 ff., 156, 180, 220
Beulfaktor   66
Beulknickspannung   68
Beulkurve   68
Beulschlankheit   63
Beulschlankheitsgrad   61 f.
Beulspannung   62 f., 66, 69, 71
Beulspannungskurve   68
Bewehrung   355, 379 f.
Bewehrungskorb   402
Bezugsschlankheitsgrad   60
Biegebeanspruchung   4, 47, 107
Biegedrillen   56
Biegedrillknicken   72, 76, 392
Biegekasten   318 f.
Biegeknicken   56, 64, 72, 76
Biegen   308, 317 ff.
Biegepressen   318, 320
Biegesteifigkeit   62, 88

Biegetechnik 96
Biegeverfahren 317
Biegung 52 f., 74, 87 f., 188, 254 f., 258 f., 262 f.,
    267, 270 ff., 360 f., 368
Bindefehler 327, 333 f.
Bindegurt 92
Bindemittel, Einsatzgebiete 384
Binder 92
Binderauflager 90 ff.
Blechkonsolfuß 92
Blechschere 197
Blechstreifenverbindung 114
Blindschrauben 87, 323 f.
Bodenbereich, Ringbewehrung 355
Bodenmontage 348
Bogenträger 96 f.
Bolzenschweißen 336
Brandfall 391
Brandlast 389 f.
Brandschutzbeschichtung 392 f.
Brandschutzisolierung 392 ff.
Brandschutzklasse 357, 403
Brandschutzummantelung 392
Brennschneiden
– manuell 309
– maschinell 310
Bruchdehnung 35 ff.

D
Dämmschichtsysteme 394
Dampfbildung 396, 398
DASt-Richtlinie 33, 37
Dauerfestigkeit 234 ff.
Deckbeschichtungen 384
Decklagenunterwölbung 118
Dehnungskonzentrationsfaktor 244 ff.
Dehnungsmeßstreifen 251, 271, 278
Diagonalstab, Beanspruchung 128
Diaphragma 94
Dichtigkeit, Wassereintritt 322
Doppelgurtträger 208
– Schnittgrößen 208
– Steifigkeit 208
Dreigurtbinder 206
Dreigurtträger 191
Dreiwalzen-Biegevorrichtung 25
Dreiwalzenbiegen 320
Dreiwalzenbiegesystem 24
Drillsteifigkeit 97
Dübel 372
Duplex-System 386
Durchstanzen 307
Durchstrahlungsprüfung 334

E
Edelstähle 339
Eigenspannung 238
Eignungsprüfung 334 f.

Einbindetiefe 354
Einbrand 120, 131, 327
Einbrandkerbe 239, 243
– Glättung 303
Einbrandtiefe 131
Einheitstemperaturkurve 389 f., 396
Einlauftrichter 377
Einspannung 340
Einspannungsparameter 257
Einstechen 310
Einwirkungsgröße 48
Einzelknoten 8
Elastizitätsmodul 83, 250
Elastizitätstheorie 104
Elektro-Lichtbogenhandschweißen 325 f.
Endabflachung 196
Endenbearbeitung 122
Ermüdungsbeanspruchung 239
Ermüdungsfestigkeit 108, 301 ff.
Ersatzstabmethode 73, 76
Erwärmen 330
Exzentrizitätsmoment 139

F
Fachwerkbogenträger 96, 124
Fachwerke
– Demontage 382
– Montage 340
– Tragfähigkeit 122
Fachwerkknoten 129, 132 ff., 136, 277 f.,
    328
– Beanspruchung 200
– Bemessung 177
– Ermüdungsfestigkeit 287
– HV-Naht-Fugenformen 134 f.
– Kehlnahtformen 132 f.
– Tragfähigkeit 200
Fachwerkträger 7, 97, 121, 219
– Abstand 440
– Schnittgrößen 138, 141
Fachwerkfüllstäbe 77
Fahrzeugbau 9, 14
Fallrohr 397
Farbeindringverfahren 28, 333
Feinkornbaustähle 29, 32, 37, 132, 282, 324
– mechanische Eigenschaften 35
Feldmontage 4, 88, 222
Fertigungsbeschichten 385
Fertigungstoleranz 88
Festigkeits- und Verformungs-Kennwerte,
    Zugversuche 27
Feuchtigkeit 381
Feuereinwirkzeit 400
Feuerpreßschweißverfahren 25
Feuerschutzummantelung 398
Feuerverzinken 385
– Explosionsgefahr 316
Feuerwiderstandsdauer 389 f., 393 f., 396, 400,
    433

Feuerwiderstandsklasse 390, 433
Finite-Elemente-Berechnungen 192
Finite-Elemente-Methode 246 f.
Flächenmoment 54
Flächentragwerke 348
Flankenabstand 171
Flanschplatte, Verformung 105
Flanschplattenwerkstoff, Streckgrenze 104
Flanschteile 65
Flanschverbindungen 4
– Tragfähigkeit 105
– Traglast 105
Fließen 156, 180
Fließgelenk 50
Fließgelenktheorie 73
Fließgrenze 47
Fließlinien-Modell 146 f., 173, 204, 212
– Membranaktion 147
Fließlinientheorie 107
Fließmoment 101
Flowdrill-System 323
Fokuspunkt, Energiedichte 336
Fördertechnik 9, 16 f.
Formfaktor 392 ff., 399
Formwiderstand 4
Formwiderstandsbeiwert 4, 122
Fugenbreite 355
Fügetechniken
– Kleben 4
– Schrauben 4
– Schweißen 4
Führungsschlitten 339 f.
Füllagenschweißen 326
Füllstäbe 78, 120 ff., 124, 126, 128, 160
– Abmessungen 185
– Anschlußpunkte 141
– Spalt 138
– Spaltweite 176
– Stahlgüte 218
– Überlappung 138, 166, 168
– übertragene Querkräfte 181
Fußplatte 88 ff.

G
Gabel 103, 110
Gebrauchslast 57, 390
Gebrauchstauglichkeit 49
– Verformungsgrenze 150, 152
Gehrungsschnitt 99, 319 f.
Gehrungsstoß 100
Gelenk 90
Gelenkknoten 140
Geradheit 40 f.
Gesamtfachwerkträger, Knoten 8
Gestaltfestigkeit 153
Gewindemuffe 115
Gewindezapfen 115
Gittermast 448
Glocken-Verfahren, nach Whitehouse 2

Grenzlast 64
Grenzschweißnahtspannung 166
Grenzspannung 51
Grenzspannungsverhältnis 239, 301
Grenztragfähigkeit 64, 70
Grenzzustände
– für Einwirkungszeit 47
– für Gebrauchstauglichkeit 47
– für Gleichgewicht 47
– für Tragfähigkeit 47
Grundbeschichtungen 384
Grundkraftbeiwert 445 ff.
Gurtflansch 173, 176, 226, 300
– Abscheren 182, 184
– Plastizieren 184
Gurtflanschverstärkung 173
Gurtprofile, Traglast 142
Gurtstäbe 78, 120 ff., 196
– Anschlußwinkel 161
Gurtstabmaterial, Streckgrenze 202
Gurtsteg 158
– Abscheren 209
Gurtstegversagen 156, 172 ff., 214, 218, 226
Gurtstegverstärkungsblech 174 f.
Gurtvorspannkraft 139
Gurtvorspannung 151
Gußeisen 308
Gußknoten 338

H
Hämmern 303
Handlöcher 4, 307
Hängerohr 397
Häufigkeitsfaktor 49
Heftschweißen 135 f., 330
Hilfskonsole 93
Hochdruckspritzen 385
Hohldraht 327
Hohlprofil-Verbund-Stützen 9, 364
– Tragfähigkeit 358 ff., 399
Hohlprofil
– DIN-Normen 31
– mechanische Eigenschaften 34
Hohlprofilfachwerk, Spannweite 208
Hohlprofilfachwerkknoten 131, 136
Hohlprofilknoten 121 f.
– Beanspruchung 148
– Dehnungsmeßstreifen 247
– Gurtvorspannkraft 148
– Korrosionsschutzbeschichtung 9
– Momentenbeanspruchung 209 ff.
– Reparatur 297 ff.
– Sanierung 297 ff.
– Schwingfestigkeit 238
– Spitzenspannung 245
– Streckgrenze 143, 249
– Tragfähigkeit 141 f., 172 ff., 373
– Verformungen 142

Hohlprofilstahl
– Streckgrenze   317, 401
– Zugfestigkeit   317
Hohlprofilstützen
– Belastbarkeit   399
– Brandbeanspruchung   432
– Brandschutz   432
– Tragfähigkeit   375

I

Imperfektionsempfindlichkeit   59
Imperfektionsfaktor   61
Imperfektionsmoment   361
Induktor   26, 321
Innenkorrosion   381
Interaktionsnachweis   101
Interpolation   155

K

Kaltbiegung, Krümmungsradius   319
Kaltformgebung   2
Kaltrissigkeit   324
Kaltumformung   196, 198
Kaltverformung   38, 81
– Aufhärtung   27
Kapilarität   333
Kehlnahtformen   130
Kerbgruppenziffer 288, 295 f.
Kerbschlagarbeit   27, 29, 36 f.
– Gütegruppe   33
KHP-Blech, Querschnittfläche   110
KHP-Knoten
– Lebensdauer   239
– Spalt   260
KHP-Verbindungsteile
– Schnittkurve   312
– Traglast   313
KHP-Wand
– Beulen   105
– Biegebeanspruchung   111
KHP-Werkstoff, Zugfestigkeit   338
Kieskörnung   374
Kipp-Schlankheitsgrad   52
Kippen   52 f.
Kippstabilität   88, 122
Klassifikationsverfahren   288, 292
Knickbeanspruchung   89
Knicken   56 ff.
Knickkurven   57
Knicklänge   60, 76 ff., 97, 123, 205, 208, 391, 402, 432
Knicklängenbeiwert   76
Knicklast   60
Knickschlankheitsgrad   61
Knickspannung   60, 155 f.
Knickspannungskurve   56 ff., 61, 68, 72, 74, 78, 80 f., 359
– Reduktionsfaktor   391
Knicksteifigkeit   3

Knicktraglast   57
Knoten   120 f., 123 f., 349 f.
– Abscheren   151
– Elastizitätsgrenze   144
– Forschungsarbeit   181
– Profilierungsschnitt   127
– räumliche   254
– Schnittformen   127
– Spalt   151 f., 157, 160
– Steifigkeit   212, 214, 217 f., 220
– Steifigkeitsverteilung   145
– Tragfähigkeit   135, 138, 140, 142, 156, 161 f., 186
– Traglast   151, 156, 168, 171, 186, 203
– Überlappung   151 f., 157, 160, 171, 182, 184, 260
– Versteifungen   185
Knotenblech   7, 87 f., 372, 432
Knotenexzentrizität   138, 182, 187
Knotenformen   125
Knotengeometrie   188
Knoteninterenz   447
Knotenkonfiguration   7, 187, 240
Knotensteifigkeit   77, 139, 142
Knotentragfähigkeit   128, 279
Knotenversagen   143
Kohlenstoffäquivalent   324 f.
Kohlenstoffstähle   339
Kombinationsfaktor 48 f.
Kondenzwasser   383
Konkavität   43
Konvexität   43
Kopfplatte   87, 103 f.
– Biegung   104
– Spaltaufweitung   104
Kopfplattenstoß   4
Kopfplattenverbindung, Fließlast   108
Korrosionspotential   387
Korrosionsschutz   7, 90, 114, 387
Korrosionsschutzbeschichtungen   384 ff..
Kraftbeiwert   445
Kreishohlprofil   19, 82
– Ovalität   317
Kreiszylinder   71
Kreiszylinderschale   69
Krümmungsradius   318, 320
Kugelgraphiteisen, Duktilität   339
Kugelstrahlen   303

L

Landwirtschaft   9, 15
Längsstöße   119 f.
Längsstoßverbindungen   4, 102 ff., 115, 186
Langzeitverhalten   383
Laserschneiden   315
Laserschweißen   336
Lastwechselzahl   235, 303
Leitungselemente   1
Lichtbogen   315
Lichtbogenschweißen   325 f.
Lindapter   323 f.

Lochleibung   338
Lochleibungstragfähigkeit   112 f.

M

Magnetpulverprüfung   333
Maßwalzwerk   22
Matrizen   197 ff.
Membranwirkung   345
Meßlehre   130
Metallspritzüberzüge   385
Mindeststreckgrenze   76
Mobilkran   342
Momentenbeanspruchbarkeit   221 f.
Momentenbeanspruchung   121, 215
Momentenbeiwert   75
Momententraglast   218
Montagestöße   341

N

Nachlaufeffekte   440
Nägel, Durchdringung   337
Nageln   337 f.
Nahtüberhöhung   289
Nenndehnungsschwingbreite   249 f.
Nennspannungsschwingbreite   248, 250, 274, 287,
   292
Nippel   116
Normalkraft   53, 55 f., 72, 183 f., 188, 192, 215,
   221, 252, 255 f., 258 f., 261, 263, 265 ff.
Normalkraftbeiwert   441
Normalspannung   71

O

Oberfläche   44
Oberflächenfehler   333
Oberflächenschutz, Systeme   384
Oberflächenspannung   333
Oberflächenwasser   383
Offshore-Bereich   236
Offshore-Technik   9, 14 f.
Ovalität   321

P

Palmgren-Miner-Regel   237, 292
Pfetten   163 ff.
– Beanspruchung   165
Pfosten   219
Pilgerschrittverfahren   21 f.
Pilgerwalzvorgang   22
Plasmabehandlung   282
Platten-Beulreduktionsfaktor   66
Platten-Beulschlankheitsgrad   62
Platten-Beulspannung   63
Plattenbeulen   62
Plattensteifigkeit   62
Polygonzug   368
Preß- und Ziehverfahren   19, 21

Preßschweißverfahren   26
Pressung   353
Pumpbeton   376 ff.

Q

Querabstützung   185
Querdehnungszahl   83
Querkontraktionszahl   69
Querkraft 54 f., 99
Querkraftbeiwert   440
Querschnittseigenschaften
– Biegung   3
– Verdrehung   3
Querschnittsfläche   44, 52, 359
Querschnittstragfähigkeit   363
Quetschlast   361

R

Rahmenecken   7, 97 ff.
Rahmenträger   219
Randspannung   50
Rauhigkeit   438
Raumbausteine   345, 347
Raumfachwerke   191, 346, 348 ff.
– Montage   347 f.
– Steifigkeit   345
Rautenfachwerke,   123 f.
Reaktionskraft   439
Rechteckhohlprofilknoten   134, 144
– Sägeschnitt   6
– Steifigkeit   145
Rechtwinkligkeit   42
Reduktionsfaktor   57 ff., 73, 100 f., 168, 192,
   450
Reduzierverfahren   26
Reduzierwalzwerk   22
Regenrohr   90
Regressionsanalyse   251
Reißboden   339
Reißlackverfahren   122
Reynolds-Zahl   437 f.
RHP-Flanschverbindung, Biegung   106
RHP-Material, Zugfestigkeit   113
Riegel   97 f.
Ring-Modell   144 f.
Rippenblech   226
Rißbildung   317
Rißfortpflanzung   432
Rißlänge 279
Rißspitze   281
Rißstopper   300
Rohrkonti-Walzverfahren   19 f.
– Kontistaffel   23
– Schrägwalzwerk   23
– Streckreduzierwalzwerk   23
Rohrwand, Tragfähigkeit   225
Rohrwandung, Lochleibungsversagen   337
Röntgenprüfung   28

Rotationskapazität   50 f.
Rotationssteifigkeit   209, 212, 217
Rotationsvermögen   139 f., 209
Rüttelgerät   355

S
Sägen   312 ff.
Sägeschnitt   126, 195, 201, 313
Sandstrahlen   304
Schablone, Herstellung   309
Schablonenschweißnahtlehre   131
Schalenschlankheitsgrad   71
Scherfläche   54 f.
Schienentransport   341
Schlackeneinschlüsse   336
Schlagarbeit, Kerbschlagbiegeversuche   27
Schlankheit   187
Schlankheitsgrad   57, 60, 73, 186
Schlitzen   315 ff.
Schlitzherstellung   316
Schlitzrohr   24, 26
Schlitzrohrherstellung
Schmelzanalyse   32
Schmelzbad   325, 385
Schmelzschweißen   325
Schnittflächen
– Abscheren   314
– Abschleifen   314
– Profilierungsschleifen   314
Schnittgenauigkeit   310
Schnittkräfte
– Normalkraft   354
– Querkraft   354
Schnittwinkel   126
Schrägwalz-Pilgerschrittverfahren   19 f.
Schrägwalzverfahren   21 f.
Schraube
– Abscheren   113
– Beanspruchung   109
– Grenzabscherkraft   114
– Grenzlochleibungskraft   114
– Steigung   109
– Zugfestigkeit   109
Schraubenanordnung   106 ff., 113
Schraubenverbindung   4, 102 ff., 108, 111, 206, 432
Schraubenwinden   330
Schub   52, 56
Schubbeanspruchung   147, 221
Schubspannung   54 f.
Schubtragfähigkeit   147
Schubversagen 155, 174 f.
Schüttbeton   376
Schutzgasschweißen   326 f., 340
Schutzgasschweißverfahren   25
Schweißbadsicherung   119
Schweißeigenspannung   136
Schweißfase   309
Schweißfolgen   329

Schweißgutanhäufung   239
Schweißkerbe   281
Schweißlagen   328
Schweißnaht
– Beanspruchbarkeit   119
– Tragfähigkeit   136
Schweißnahtdurchführung, Reihenfolge   328
Schweißnahtfuß   240, 243, 246, 300, 303
Schweißnahtüberhöhung   118
Schweißverbindungen 115 ff.
Schweißverfahren   23 ff., 325 ff.
Schwingfestigkeit   233 ff., 278, 280 ff., 288, 301 f.
– Bestimmung   235
Schwingfestigkeitsbeanspruchung   244
Sicherheitsfaktor   237
Sichtkontrolle   331 ff.
Spalt   124 ff., 129, 273 f., 284
Spaltaufweitung   106
Spaltgröße   117
Spaltweite   158 f., 167, 171
Spannungsschwingbreite   237
Spannungsamplitude   282
Spannungsarmglühen   26, 238, 302 f., 328, 330
Spannungskonzentration   84, 158, 282, 317
Spannungskonzentrationsfaktor   244 ff., 248, 252 f., 287
Spannungsspitze   158, 239 f., 251, 254
Spannungsumlagerung   141, 239
Spannweite   163
Spiraleinformung 24 f.
Spitzendehnung   197, 240, 246
Spitzendehnungsschwingbreite   240
Spitzenspannung   244, 246, 265, 270, 282
– Ermittlung   251
Spitzenspannungsschwingbreite   240, 244, 248, 278, 284
Spritzputzummantelung   394
Sprödbruch   284, 324
Sprödbruchunempfindlichkeit   29
Sprödbruchverhalten   37
Stahl, Wärmeleitfähigkeit   392, 398
Stahlbauprofil, geschichtliche Entwicklung   1
Stahlgütegruppe   37
Stahlhohlprofile
– Lieferbedingungen   27
– Prüfung   27 f.
– Werkstoff-Normen   31
Ständerfachwerke   123
Steckschlüssel   104
Stegblech   64
Steifigkeit   201, 342
Steifigkeitssprung   37, 239
Steifigkeitsverteilung   141
Steifigkeitswerte   50
Stirnplattenstoß   114
Stopfenwalzverfahren   19 f., 22
Stoßbankverfahren   19 f., 22
Strahlen   308

Strangpreßverfahren   19 f., 22 f.
Strebenfachwerke   122 f.
Streckgrenze   35 ff., 50, 57, 70 f., 73, 81, 99, 363, 369
Streckreduzierverfahren   26
Streuflußverfahren   28
Stumpfnahtschweißung   116
Stumpfnahtvorbereitung   117
Stumpfstöße, Tragfähigkeit   117
Stützen   90 ff., 322
– Knicklänge   359
– Knicklast   120 f.
– schlanke   398
– Schlankheit   401
– Tragfähigkeit   360
– wassergekühlte   395 f.
Stützenflansch   94
Stützensteg   94

T
T-Knoten
– Momententragfähigkeit   210
– Steifigkeit   210
Tangentialkraftbeiwert   441
Teilabflachung   200, 206
Teileinheiten, Konfiguration   341
Teilsicherheitsbeiwert   48 ff., 73, 71, 237, 387
Terrassenbruch   37 f., 106, 148
Topographiefaktor   451
Torsion   87
Torsionsmoment   82 f.
Torsionsschubspannung   83
Torsionssteifigkeit   77, 122, 342, 349
Torsionsträgheitsmoment   3, 44 f., 83
Torsionswiderstandsmoment   83, 44 f.
Tragfähigkeit   98
Trägheitsmoment   3, 44, 54
Trägheitsradius   60, 121
Traglastformeln   177 f., 183 f., 188, 195, 216
Trichterziehverfahren   25
Turbulenzintensität   451

U
Übergangslänge   198 f.
Überlappung   124 ff., 272 ff., 284, 290, 297
Überlappungsgrad   126, 188
Ultraschallprüfung   28, 333 f.
Unter-Pulver-Schweißverfahren   23 ff.
Unterlegblech   174 ff.
Unterpulverschweißen   327
UP-Schweißverfahren   25

V
Verbundstütze   7, 358
– Umschnürungswirkung   360
Verbindungen, Konfiguration   6
Verbundspannung   371
Verdampfungswärme   398
Verdrängungseffekte   440

Verdrehung   43
Verdrehwinkel   3
Verformung   197, 317, 386
Versagensformen   111
Versagenswahrscheinlichkeit   236
Verschneidungskurven   195, 309
Verschrauben   322 ff.
Verstärkungsblech   294
Verstärkungsrippen   106
Versteifung   89
Versteifungsblech   296
Versteifungsplatte   100
Versteifungsrippen   177
Verzinkung   386 f.
Vierendeelträger   7, 217 ff.
Viergurtträger   191, 341
Vollplastizität   47 f.
– Schnittgrößen   48
Vollschweißung   135
Vorbeulen   69
Vorverformung   330
Vorwärmen   324
Voute   101

W
Walzenprofile   4
Wanddicke, Streckgrenze   31
Warmbiegeverfahren   321
Wärmebehandlung   301 ff.
Wärmeformgebung   2
Wärmekeile, Winkelverformung   331
Wärmeleitfähigkeit   389, 392 ff.
Wärmestraßen   330 f.
Warmformgebungsverfahren   19
Warmumformung   196 f.
Wasserkühlung   394 ff.
Wassersäulendruck   399
Wasserstoffversprödung   281, 326
Wasserstraßentransport   341 f.
Wendevorrichtung   340
Werkstattarbeiten   307
Widerstandsbeiwert   437, 442
Widerstandsmoment   67, 72, 84, 99, 214 f., 221, 266, 369
– elastisches   44
– plastisches   44
Wiederholgenauigkeit   310, 315
Wind, Anströmwinkel   439
Windkanal   440
Windkanalversuch   440
Windwiderstandsbeiwert   444 ff.
Wölbung   322
Wurzelschweißen   326
Wurzelüberhöhung   118

X
XX-Knoten
– Steifigkeit   192
– Tragfähigkeit   192

Z

Zement, Einspritzen   373
Zinküberzüge   386 f.
Zirkulation 397
Zugband   97
Zugfestigkeit   50, 235 f.
Zuggurtflansch, Tragfähigkeit 194

Zuggurtstab, Materialgewicht   186
Zugversuche
– Bruchdehnung   27
– Streckgrenze   27
– Zugfestigkeit   27
Zwischenblech   97 ff., 102, 175 f.